新能源发电
事故隐患重点排查手册

中国华能集团清洁能源技术研究院有限公司
华能山东发电有限公司　　组编

中国电力出版社
CHINA ELECTRIC POWER PRESS

内容摘要

《新能源发电事故隐患重点排查手册》系统全面地介绍了风力发电机组变桨系统、变流系统、传动变速系统、发电机系统、风轮系统、机舱及塔架系统、偏航系统、通信系统、制动系统、风机基础，以及太阳能发电机组光伏组件、汇流箱、基础与支架、光伏区接地系统的典型故障及其解决方案。

本书立足于风力发电、太阳能发电设备的典型故障溯源及其解决方案、设备潜在故障排查和运行调整策略；通过大量的案例帮助解决实际运维过程中的技术、管理疑难问题；探讨通过技术和管理的手段实现风力发电设备和太阳能发电设备的状态检修和预测性运维。

本书主要面向风力发电、太阳能发电设备的技术人员和管理人员，希望通过实战案例，帮助技术人员找到解决技术问题的方案；通过流程梳理，帮助管理人员合理调配资源，快速抓住重点与难点。

本书可供风力发电、太阳能发电等相关行业从事设备管理的技术人员和管理人员、设备检修和维护人员阅读，也可供从事相关专业的科研、设计人员借鉴之用。

图书在版编目（CIP）数据

新能源发电事故隐患重点排查手册/华能山东发电有限公司，中国华能集团清洁能源技术研究院有限公司组编. —北京：中国电力出版社，2023.2（2023.4 重印）
ISBN 978-7-5198-7579-4

Ⅰ. ①新… Ⅱ. ①华… ②中… Ⅲ. ①新能源－发电－安全隐患－安全检查－手册 Ⅳ. ①TM61-62

中国版本图书馆 CIP 数据核字（2023）第 022554 号

出版发行：中国电力出版社
地　　址：北京市东城区北京站西街 19 号（邮政编码 100005）
网　　址：http://www.cepp.sgcc.com.cn
责任编辑：孙　芳（010-63412381）
责任校对：黄　蓓　郝军燕　李　楠　王海南
装帧设计：赵姗姗
责任印制：吴　迪

印　　刷：北京瑞禾彩色印刷有限公司
版　　次：2023 年 2 月第一版
印　　次：2023 年 4 月北京第二次印刷
开　　本：787 毫米×1092 毫米　16 开本
印　　张：30.75
字　　数：633 千字
印　　数：1001—2000 册
定　　价：238.00 元

《新能源发电事故隐患重点排查手册》
编审委员会

▼

主　任	王　栩	李卫东	高　冰		
副主任	任立兵	王　垚	曹　治	李　杰	郭　辰
	沙德生	叶　林			
委　员	刘增瑞	杨新宇	王建国	刘吉辰	孟鹏飞
	鲍　捷				

主　编	沙德生	曹　治	李　杰		
副主编	刘增瑞	李　芊	张　庆	杨新宇	邹　歆
	梁晏萱	吴国民	马东森	王晓磊	王俊杰
参　编	王玉玉	张鑫赟	浦永卿	裴永锋	高开峰
	黄永琪	于腾云	陈　颖	徐景悦	柳　汀
	房　剑	黄宁波	马　斌	唐立新	盛志成
	冷述文	韩同刚	董立均		

前　言

　　风力发电、太阳能发电具有清洁、可再生、装机规模灵活等优点。随着风力发电、太阳能发电的快速发展，近年来对风力发电机、太阳能发电设备的运行维护技术、设备管理人才需求迫切，并且由于风电场、太阳能电场通常地理位置偏僻、气候条件恶劣，尤其是海上风电出海成本高昂等因素，都需要风力发电机组、太阳能发电机组运维技术、管理人员有较强的独立并快速处理故障、保证机组顺利并网发电的能力。为减少频繁的非计划停机对发电量造成的损失，尤其海上风电出海成本的损耗，对于风力发电机组、太阳能发电机组的可预测性维护也是未来日常运行维护的重要手段和发展方向之一。

　　风力发电、太阳能发电设备作为一种复杂的机电设备，涉及的学科很多，包括空气动力学、流体传动、机械设计原理、电力电子学、控制理论、振动理论、测试技术等。本书将诸多学科有机地结合起来，应用于风力发电机、太阳能发电机组的故障诊断和故障处理之中，尽可能深入浅出地将故障根本原因描述清楚，将故障处理方案和排查过程梳理清晰，为现场运维技术、管理人员进行同类故障消除提供解决思路。同时，由于风力发电、太阳能发电行业起步晚，故障案例积累有限，行业内风电机组、太阳能发电机组故障模式库尚不成体系，本书也将为风力发电、太阳能发电故障模式库的建立起到抛砖引玉的功能。

　　本书旨在从更深层次、更广范畴，理论与实际相结合方式，以及风力发电设备、太阳能发电设备典型故障处理和设备管理的角度出发，以实际的故障案例为依托，结合理论方法挖掘故障根本原因，明确解决故障的思路和方法。在部分案例查找其故障根本原因的过程中应用了有限元分析、振动信号分析、实验室检测、现场测试等专业理论及方法。提供尽可能全面、准确、有理论依据的解决方案，为开展故障处理、故障诊断，以及更全面的定检、有计划的预测性检修提供了技术、管理支撑。

第 1 章，讲述了本书编制的背景与主要目的，并通过积极探讨新能源专业各系统隐患排查治理措施及对策，对提升新能源发电公司现场检修管理水平、切实提高现场技术人员隐患排查能力提供一定的帮助。

第 2 章，着重对风电专业典型故障进行了梳理，以实际案例为依托，详细阐述了风力发电机组的变桨系统、变流系统、传动变速系统等主要系统的典型故障表现、故障根本原因、故障处理措施及其结果。并结合相关理论知识从设备维护与运行调整两个方面提出了隐患排查的重点。

第 3 章，着重对光伏专业典型故障进行了梳理，对太阳能发电机组光伏组件、汇流箱、基础与支架、光伏区接地系统的典型故障进行了描述，以及提出相应的解决方案，现有设备的维护方法及运行调整方案。

感谢各位领导、同事和朋友们的支持和帮助，使《新能源发电事故隐患重点排查手册》一书得以顺利正式出版发行。在本书撰写过程中，得到了中国电力技术市场协会运维检修分会的大力支持，中国华能集团新能源公司刘庆伏副总经理、中国华能集团呼伦贝尔风电公司刘兴伟总经理提出了许多宝贵的意见和建议，同时得到了华能威海电厂新能源管理部张军主任、华能酒泉风电公司生产部强威威主任助理等的帮助。

限于编写时间与作者水平，书中难免存在不妥之处，此版本主要作为华能内部学习资料使用，恳请读者批评指正，并提出宝贵的意见和建议。

编　者

2023 年 1 月

目 录

3　光伏专业重点事故隐患排查 …………………………… 457

概　　述

当前，世界能源格局和供求关系已发生深远变革，能源低碳、清洁化发展已经成为世界能源发展的重点趋势。随着我国绿色经济发展，能源发展局面已进入了由总量扩张向提质增效转变的新征程。加快调整以化石能源为主的能源结构，进一步扩大清洁能源的开发利用规模已成为国家战略规划。2020 年，中国正式作出"将力争 2030 年前实现碳达峰、2060 年前实现碳中和"的"双碳"目标承诺。在推动我国"双碳"目标逐步实施过程中，煤炭、石油、天然气等化石能源有序退出，风力、太阳能等新能源产业实现弯道超车。从能源端来看，大规模提升风电、光伏发电比例是实现"碳中和"目标的重要抓手，为实现碳达峰，2030 年风电、光伏装机需达到 12 亿 kW，占总发电装机的 25%。2022 年国家发改委发布《"十四五"现代能源体系规划》提出：展望 2035 年，非化石能源消费比重在 2030 年达到 25%的基础上进一步大幅提高，可再生能源发电成为主体电源，新型电力系统建设取得实质性成效，碳排放总量达峰后稳中有降。作为"十四五"规划深化之年，截至 2022 年 12 月底，全国累计发电装机容量约 25.6 亿 kW，同比增长7.8%。其中，风电装机容量约 3.7 亿 kW，同比增长 11.2%；太阳能发电装机容量约 3.9亿 kW，同比增长 28.1%，预计至 2030 年，每年新增风电光伏装机容量可达 5500 万 kW，风电光伏即将进入迅速发展阶段。

在风力发电方面，一方面，风电场通常集中修建在三北地区及东南沿海地区，长期处于沙尘、雷电、冰雪、高盐、风暴、低温等极端恶劣气象条件下，风机工况变化频繁、载荷冲击严重，致使早年投产的风电机，性能退化严重；同时，随着风电机组单机容量的不断增加，系统结构趋于复杂，风电机组各部件间存在更紧密复杂的耦合关系，一个灾难性的故障发生通常源自早期微弱故障的持续恶化，迫使风电机组降负荷运行甚至停机的事故，一些风电场不断发生因风电机组故障而导致停机脱网的事故，致使机组可利用率无法达到预期目标，风场的经济性和市场竞争力大打折扣。另一方面，随着可用陆上风力资源逐步减少，风电机组不断向大型化、轻量化转变，塔筒高度由原来的 70～90m 增加至 120～160m，叶片长度也由原来的 30～40m 增加至 60～90m 甚至更高，而风电场风机点位分散，设备发生故障时难以及时发现并采取有效维修措施，5 年质保期后，风电场维护和维修工作相当繁重，维护人员对设备状态性能和故障管理相当模糊，主要依赖制造商的指导，为风电场的运维管理工作带来严峻的挑战。从 2022 年初至今，公开报道的倒塔事件就已经发生了至少 4 起，造成了极大的经济损失。

在光伏发电方面，近年来，我国光伏发电产业迅速发展，光伏发电装机容量超预期增长。在政府的大力支持下，我国已构建了许多大基地型光伏电站及分散式光伏电站；电站的开发位置也逐步从平原、丘陵地区向山地、戈壁、水上乃至海上转变，多样的开发方式及位置导致了多样的运行环境与气候条件，极高的发展速度与高涨的原材料价格也必然会带来制造、运输及安装过程中的潜在隐患，直接影响到光伏电站的盈利能力。在运维阶段，伴随着光伏发电系统设备和组件的不断创新，光伏发电先进技术逐步规模化应用，光伏发电容量不断增大，对光伏电站的运行、维护、检修人员的职业素养和技术水平提出了更为严格的要求。相比于建设一座光伏电站所需要的短短数月时间，光伏电站的运维、检修、保养周期长达 20～25 年之久。当前分布式光伏规模较大、分布较为零散且主要关注前端建设而忽略后期运维，且分布式光伏领域存在运维标准缺失的情况，现场出现光伏组件灰尘、污垢、裂痕、遮挡、发热等异常情况检修不及时，可能会造成设备及系统故障连锁反应，导致能量损失、发电效率降低，甚至严重缩短光伏电站寿命。2021 年 3 月中旬，内蒙古出现大风和强沙尘天气，平均风力 8～9 级，最高风力达到 11 级，瞬时极大风速一度逼近 50 年一遇极大风速。大风造成多个光伏电站受灾，组件破碎、支架断裂，个别光伏电站直接经济损失达上千万元。

随着风力发电机组、光伏发电机组容量的提升，发电—输电—储电综合系统日趋复杂，导致发生故障事故的风险也随之增加。风力发电与光伏发电过程中一旦发生故障，往往会造成重大经济损失。通常，大部分故障发生前会存在故障隐患，如果故障预防或检测措施落实到位，各级人员尽职尽责、管理到位，都能够使故障隐患得到及时发现和控制，有效避免或减少故障事故，即使发生事故，也能减轻人员伤害和经济损失。因此，如果要最大限度地减少故障，首先应该从源头上辨识、抑制故障隐患。辨识、控制、消除故障隐患不但是保证清洁能源系统安全生产的必要之举，同时也是一项具有高度复杂性、挑战性、坚持性的工作。若要消除和控制故障事故隐患，就需要从辨识隐患入手，总结隐患特点，挖掘故障隐患存在的发展规律及治理方法，做到知己知彼，才能有效地管控故障事故隐患，保障风电机组和光伏发电机组的长周期平稳运行。

面对这些此起彼伏且年年发生的新能源发电系统设备故障及安全隐患，亟需思考如何以全生命周期的系统可靠性来保障发电站收益。本书以新能源故障案例为切入点，积极探讨新能源专业各系统隐患排查治理措施及对策。通过对风电、光伏板块重点设备进行各类典型故障及代表性案例进行深入分析，划分重点系统部件及相应关键隐患排查单元，汇总、统计、分析并梳理关键隐患排查单元可能发生故障的事故类型、排查方式和结果，以及共性经验，将分析结果作为重点设备隐患排查体系的编制重点，并从设备维护和运行调整两个维度给出各关键设备隐患排查的重点和实施步骤。

本书主要内容如下：

（1）概述。主要介绍风电、光伏产业的政策背景及其规模，并从风电设备和光伏设备结构运行环境、操作维修特点出发，指出现场运维存在的痛点、难点。

（2）风电企业重点事故隐患排查。围绕风力发电领域，汇总故障案例 94 例，其中90%以上的案例发生时间为近 8 年，以 1.5MW 及以上风机为主，涵盖基本风机类型（双馈、直驱、半直驱），涉及变桨系统、变流系统、传动变速系统、发电机系统、风轮系统、机舱及塔架系统、偏航系统、通信系统、制动系统、风机基础共 10 个重要系统的故障案例。

（3）光伏专业重点事故隐患排查。围绕光伏发电领域，汇总故障案例 14 例，其中90%以上的案例发生时间为近 8 年，涉及光伏电站中光伏组件、汇流箱、基础与支架、光伏区接地系统共 4 个重要系统基础组件的故障案例。

本书立足于风电、光伏领域发电设备的典型故障溯源及其解决方案，通过丰富的故障案例以及详实的隐患排查建议，对提升新能源发电公司现场检修管理水平，切实提高现场技术人员隐患排查能力提供帮助，进一步保障新能源发电设备安全、稳定运行并提高其供电可靠性。

2

风电专业重点事故隐患排查

2.1 ▶ **变桨系统事故隐患排查**

2.1.1 电动变桨驱动系统故障事故案例及隐患排查

2.1.1.1 轮毂驱动故障

▶ **事故表现**

某机组"轮毂驱动"故障是由位于机舱控制柜 NCC310 柜内的 A240.1 模块 I22 口所采集：正常情况下，I22 口会检测到 24V 电压，如果该接口接收到电压为 0 或低于某一限定值，主控则会报出该故障。同样，其他原因引起变桨柜内的安全链继电器-K25.2/-K25.2.1、-K35.2/-K35.2.1、-K45.2/-K45.2.1 的 A1 口失电，使得变桨变频器的 10 号口反馈失电，从而断开变桨控制柜内接触器-K21.3、-K31.3、-K41.3 失电。因为这三个接触器触点处于串联关系，所以任一支叶片故障，都会导致"轮毂驱动"故障回路到 A240.1 模块 I22 口的反馈，例如，3 号变桨变频器故障导致其控制板 26 号口不能正常输出 24V 控制信号。详细接线情况如图 2-1 所示。

以单一柜内接触器 K21.3 为例进行分析，K21.3 控制逻辑如图 2-2 所示。

▶ **事故根本原因**

按电源到反馈的顺序，该故障回路经过的电器元器件的过程为：24V 电源（主要分析进轮毂的回路，因此省去机舱柜内部分元器件）经过过电压保护器 F238.2 后，再经齿轮箱中空轴内的轮毂大线 3 号线与滑环连接，然后将各支叶片的限位开关 S28.7、S38.7、S48.7 串联起来，分成 4 号、5 号线两条回路，其中 4 号线最后回到机舱 A240.1 模块 I21 口，反馈丢失时机组报出"超出工作位置"故障，5 号线经过各个变桨柜将接触器 K41.3、K31.3、K21.3 的辅助触点串联起来，最后回到机舱 A240.1 模块 I22 口，反馈丢失时机组报出"轮毂驱动"故障。

在整个回路中，任一节点或元器件出现问题，都会导致最终的反馈无法到达模块的相应接口完成正常状态反馈，所以在排查该故障时，需要检查的元器件主要有 24V 电源、过压保护器、限位开关、滑环、变桨变频器、模块 A240.1、变桨柜内接触器，并检查回

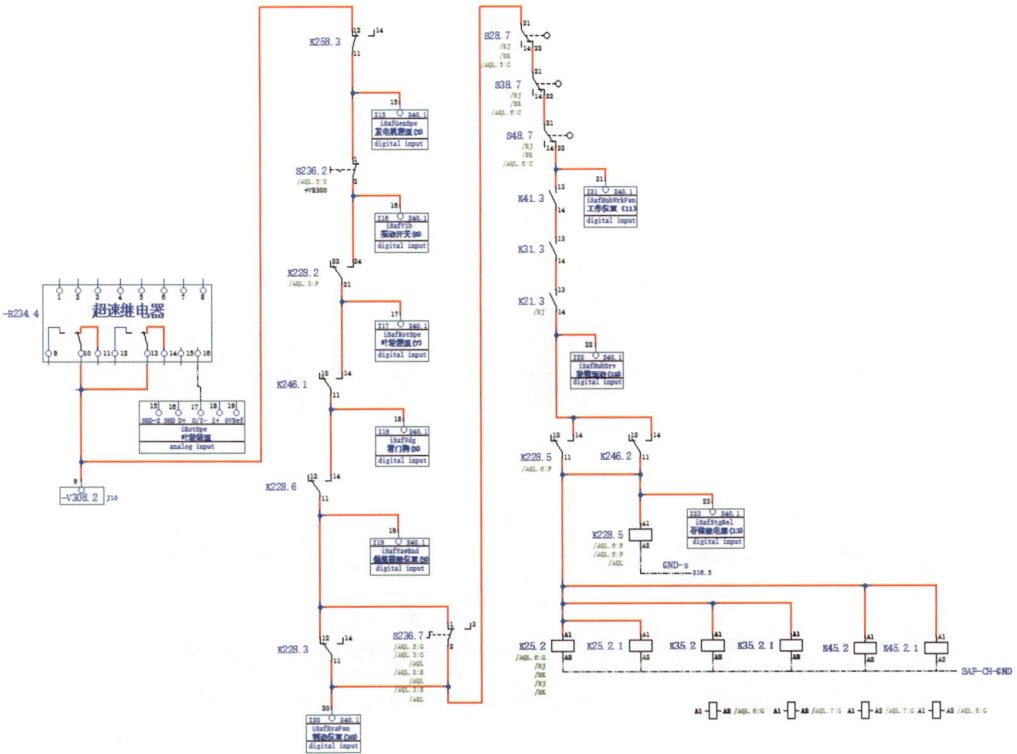

图 2-1 风电机组轮毂安全链简图

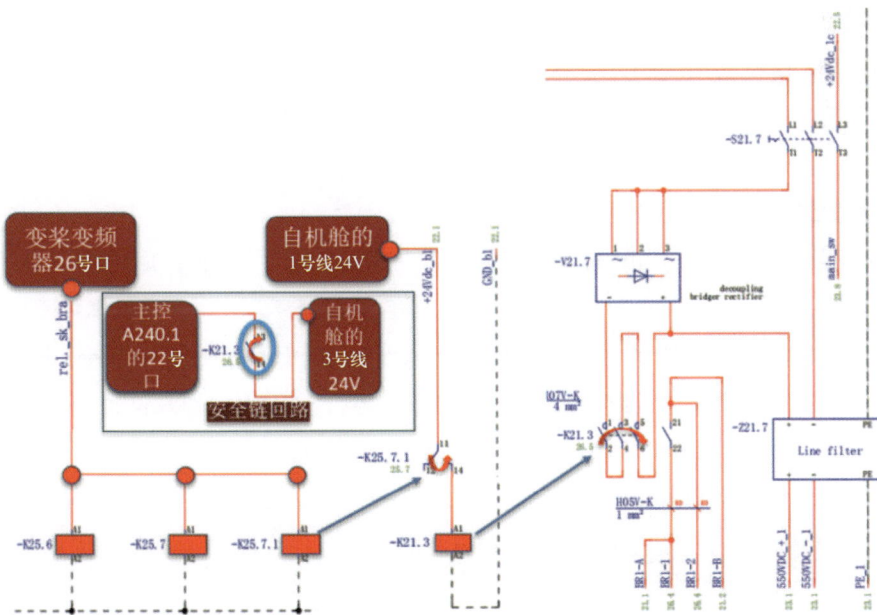

图 2-2 风电机组柜内接触器 K21.3 控制逻辑

路各端子接线接触良好且回路线路完好且无断点。此外，因为变桨柜内接触器的 A1 口电源是通过轮毂大线的 1 号线供给，所以在接触器不吸合的情况下还应检查接触器供电电源回路是否正常。

如图 2-3 所示，从左至右分别为过压保护器、变桨变频器与 A240.1 模块。

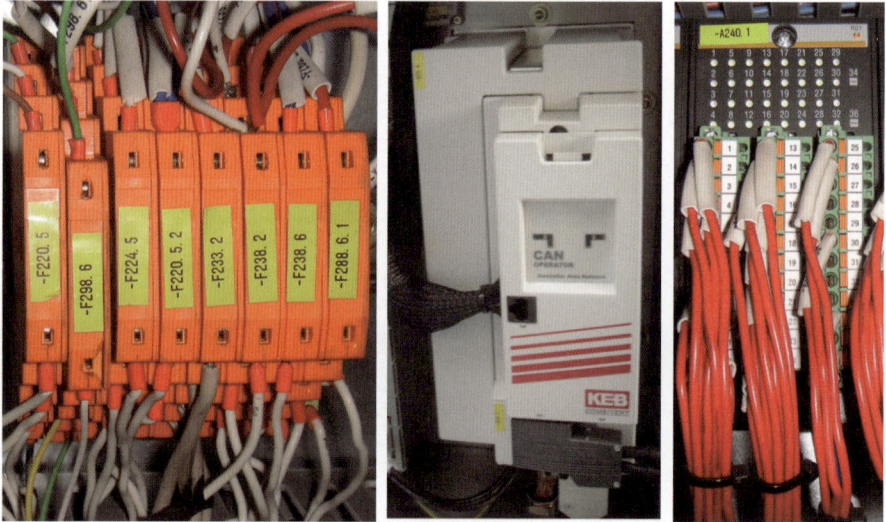

图 2-3　过压保护器、变桨变频器与 A240.1 模块

通过现场大量的检修情况看，在风电场并网初期，该故障的主要原因为轮毂内接线固定不牢靠，时常会出现断线、虚接等，主要体现在柜体之间的控制电缆、CAN 通信电缆磨损、折断等。近年来，随着维护质量水平的提高，因线路问题引起的该故障已完全消除，随之出现了变频器运行不可靠等原因导致的故障频发。

现阶段最常见的故障原因有：

（1）相应叶片报出"叶片停止超时故障"导致变桨变频器停止工作，随后变频器 26 号口无 24V 电源输出，使得变桨柜内中间继电器 K25.7.1、K35.7.1、K45.7.1 触点断开，断开后由机舱 1 号线供电给接触器 K21.3、K31.3、K41.3 的回路断开，所以断开了轮毂驱动的反馈回路，机组报出此故障。柜内接触器、中间继电器及其控制回路如图 2-4 所示。

（2）通过对变桨变频器的拆解、维修发现，其控制板上的继电器触点随着运行年限的增加，容易损坏，并且其控制板的 24V 电源回路电容值会随着运行年限的增加而衰减，使得输出电压无法满足回路的要求电压，从而最终还是导致柜内接触器 K21.3、K31.3、K41.3 的回路断开，报出此故障。控制板内部电源组件、继电器组件如图 2-5、图 2-6 所示。

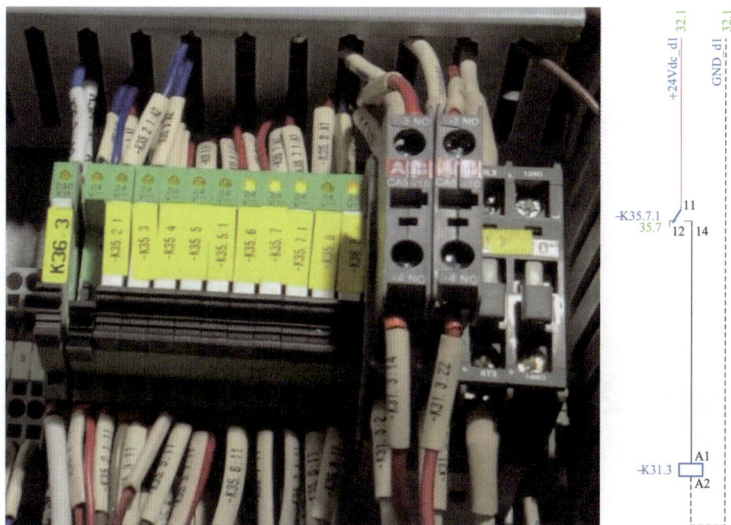

图 2-4　柜内接触器、中间继电器及其控制回路

图 2-5　控制板内部电源组件

图 2-6　控制板内部继电器组件

（3）夏天会出现的常见原因有：①变频器内部散热风扇损坏引起内部过热；②IGBT模组上导热硅脂失效，引起变频器功率模块过热。以上两种情况都会导致变频器工作异常，从而附带出"轮毂驱动"故障。变频器功率模块组件如图 2-7 所示。

图 2-7　变频器功率模块组件

▶ **事故处理措施及结果**

针对现场高频出现的"轮毂驱动"故障，采用的处理方法如下：

（1）更换变桨变频器整体，然后将其送维修厂家进行电源电容更换、继电器更换，并对 IGBT 模块进行导热硅脂涂抹后再使用；

（2）倒换试用控制板，大多数情况下可以短时间缓解对备件的需求；

（3）在日常工作中加强对变桨变频器的检查，及时更换冷却风扇，确保平稳夏季高温时段；

（4）加强与厂家人员沟通，解决因主控程序等原因引起的"叶片停止超时"问题，从而降低机组变桨故障。

▶ **隐患排查重点**

（1）设备维护。

1）对问题报出轮毂驱动故障较多的机组，应对变桨变频器做出相应的技改，或寻找相同厂家同种机型运行相对稳定的变频器。

2）检查继电器运行情况，特殊项目可采取 IP 防护等级高的继电器，防止因盐雾、高温、高湿造成继电器触点腐蚀，导致故障率增高。

3）增加变桨柜散热能力，针对变桨柜散热不好的项目可做出相应的技改，可将变桨柜散热风扇更换成功率较大的散热风扇，采用新工艺减少变桨逆变器的散热量。

4）在夏季高温到来之前，对变桨系统进行全面巡检，重点检查变桨柜散热风扇运行是否正常，散热滤网是否有堵塞现象，确保变桨柜散热系统处在最优的工作状态，减少故障的发生。

5）很多故障都是因控制板损坏引起的，若现场出现备件不足时，对控制板开展全场定期检查、及时维修，减少备品备件更换频率。

6）优化主控程序，部分机组由于主控控制策略不佳，造成机组报出"叶片停止超时"故障，造成机组停机给项目带来发电损失。

7）检修时，检查轮毂内接线是否固定牢靠，是否有断线、虚接、线缆磨损等，发现上述现象应及时进行整改。

8）检修时，检查柜体之间的控制电缆、CAN 通信电缆是否有磨损、折断现象，防止由于通信原因造成机组故障停机。

9）检修时，检查驱动器至变桨电机动力线缆绑扎是否牢固，若松动应重新紧固。

（2）运行调整。

1）对故障频次较高的项目现场，应及时分析变桨驱动故障的原因，若是由于变桨逆变器质量原因造成机组故障率较高，应找到逆变器损坏的主要原因。逆变器损坏的主要原因之一是控制板损坏，控制板损坏的原因大多是长时间高温运行、电网电压波动、本身质量问题等。现场出现类似批量问题时，建议做批量技改，以降低故障发生的频次。

2）日常监控要注意逆变器温度，观察 3 个变桨逆变器温度是否有较大差距，对逆变器温度异常机组要定期排查，找不到原因可直接更换逆变器，以防大风天机组报出故障影响发电量。

3）对主机厂家质量进行监督，在风机出质保前将故障率较高的备件进行整体技改，以降低自身的安全风险，增加自身收益。

2.1.1.2 驱动器 AC3 复位故障

▶ 事故表现

某风电场 19 台 2.5MW 机组（自主变流）在风电场输电线路掉电时间较长重新上电后，有 15 台机组报出故障，故障现象为：

（1）机组报变桨逆变器 AC3 OK 信号丢失故障。

（2）待超级电容电压达到 100V 额定电压后，通过塔底监控对 AC3 使能进行复位。其中，有些变桨柜能够一次复位成功，有些需要多次复位才能解决。

（3）每次塔底复位时，变桨柜内 I/O 模块 KL2408 能够正常输出 24～28V 电压给 13K5 继电器线圈，并且继电器 LED 灯亮。

（4）13K5 继电器 11、12 常闭触点不是每次都能正常动作，导致 AC3 的 B1 口电压 100V 没有得到复位。

▶ **事故根本原因**

总结故障的主要原因是驱动器 AC3 掉电后再上电不能复位，造成机组不能正常变桨，报出故障。

（1）关键过程、根本原因分析。

故障的主要问题是驱动器 AC3 掉电后再上电不能复位。以下考虑可能的原因并核实：

1）核实变桨程序和主控程序，确认程序可以执行。

此项核实工作已经完成，并验证变桨程序和主控程序没有问题。

2）核实现场复位操作是否有问题。

此项核实工作已经完成，并验证现场复位操作没有问题。

3）核实继电器是否有问题。

此项核实工作已经通过下面的试验完成，并得到了相关结论。

（2）现场返回复位继电器故障验证性试验。

此试验所用继电器型号如图 2-8 所示，测试样本是从现场返回的故障继电器，如图 2-9 所示。

图 2-8　继电器型号

图 2-9　测试样品

在环境温度下，通过变桨程序控制复位继电器，同时用万用表记录图纸中继电器触点 12 针角的电压，每一个继电器动作 30 次。当继电器不动作时，12 针角的电压是 100V DC。当继电器动作时，12 针角的电压是 0V。由此判断继电器常闭触点是否断开。13K5 工作电路图如图 2-10 所示，其中 B1 口驱动器内部电源电路图如图 2-11 所示。

用钳形电流表测量继电器 11、12 触点流过的电流。

继电器常闭触点测试结果见表 2-1。

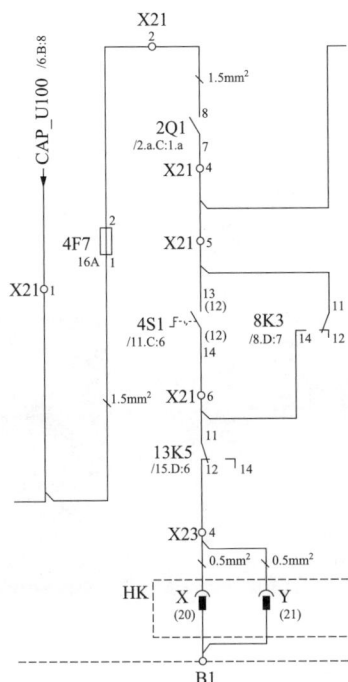

图 2-10 13K5 工作电路图

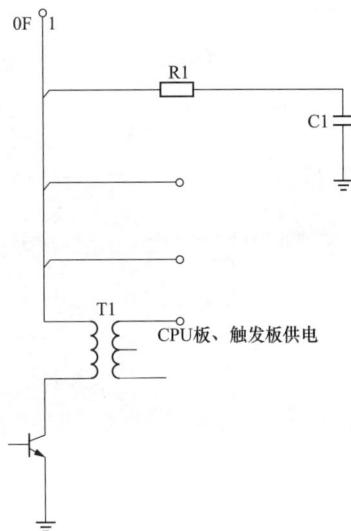

图 2-11 B1 口驱动器内部电源电路图

表 2-1 继电器常闭触点测试结果

序号	工作有无异常	异常现象	备注
1	全部异常	每次线圈得电后能听到继电器里面的响声，但常闭触点不打开	拆开继电器外壳后，检查触点是正常的没有粘连。拆开后又做了 30 次实验，结果正常，判断可能是拆之前继电器内部机械结构性卡死
2	无		
3	无		
4	无		
5	21～30 次测试结果异常	线圈得电后继电器里面没有响声，常闭触点不打开	
6	2～30 次测试结果异常	线圈得电后继电器里面没有响声，常闭触点不打开	
7	2、3 次测试结果异常	线圈得电后继电器里面没有响声，常闭触点不打开	
8	5～12 次14～30 次测试结果异常	5～10 次，12、17、18、21 次，23～30 次，线圈得电后能听到继电器里面的响声，常闭触点不打开；11、14、15、16、19、20、22 次，线圈得电后继电器里面没有响声，常闭触点不打开	
9	无		
10	无		

继电器触点流过电流的测试结果：

在驱动器驱动电机工作时，13K5 的 11、12 点的电流是 0.16A，如图 2-12 所示；在驱动器不驱动电机工作时，13K5 的 11、12 点的电流是 0.1A，如图 2-13 所示。

图 2-12　驱动器驱动电机工作电流

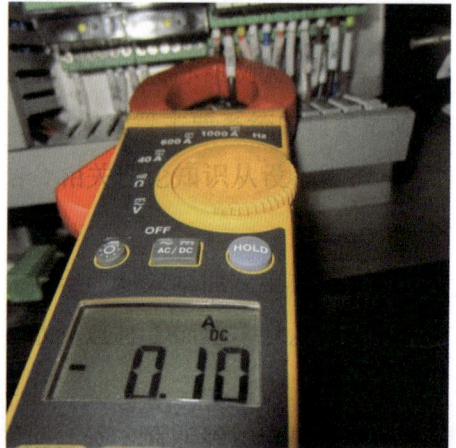

图 2-13　驱动器不驱动电机工作电流

13K5（2961105）继电器主要参数如图 2-14 所示。

最大切换电压	250 V AC/DC
最小切换电压	5 V (100 mA时)
最大启动电流	根据客户要求提供
最小切换电流	10 mA (12 V时)
限制连续电流	6 A
最大额定功率值（电阻负载）	140 W (24 V DC)
	20 W (可用于48 V DC)
	18 W (可用于60 V DC)
	23 W (可用于110 V DC)
	40 W (可用于220 V DC)
	1500 VA (可用于250V AC)
符合DIN VDE 0660/IEC 60947的通断容量	2 A (24 V DC13时)
	0.2 A (110 V DC13时)
	0.1 A (220 V DC13时)
	3 A (24 V AC15时)
	3 A (120 V AC15时)
	3 A (230 V AC15时)

图 2-14　13K5（2961105）继电器主要参数

13K5 线圈电压工作是 24V，11、12 触点的分断电压 100V DC，11、12 触点流过最大电流是 0.16A，以上数据表明 13K5 继电器的使用环境是满足此继电器的设计要求。

本次实验的 10 个继电器，在各实验了 30 次的情况下，有 5 个继电器工作出现异常。继电器故障得到验证。

（3）设计复位继电器后续测试试验，对故障可能原因进行查找。

方案 1：更改变桨柜内接线，使用两个可调直流电源作为电源，驱动器作为负载，用一个可调直流电源给驱动器 AC3 供电 100V，将原来超级电容给 B1 口的接线取掉（将 X21 的 3 与 4 之间的短接片取掉），将另一个可调直流电源的 0V 和变桨柜 0V 相连接，将它的正级接入 X21 的 3 号端子，分别在电压 70、80、90、100、110V 和 120V 的时候对每个复位继电器操作 5 次，对 18 个待测继电器（9 个现场返回故障继电器，编号为坏 2～坏 10；9 个全新继电器，编号为好 2～好 10）工作状态、触点是否打开和触点闭合时工作的电流进行观察和记录。

此次试验的测试结果未发现有继电器出现故障，成功率为 100%。为了能够与下面方案 2 的数据进行对比，分别选取了现场返回继电器"坏 10"和新的继电器"好 2"，抓取它们在负载电压 100V、电流 98mA 时，吸合瞬间电流的波形图，见图 2-15 和图 2-16。

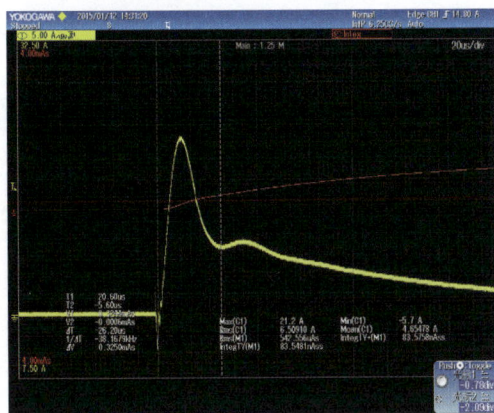

图 2-15　100V 98mA 下继电器坏 10 触点吸合瞬间电流波形图

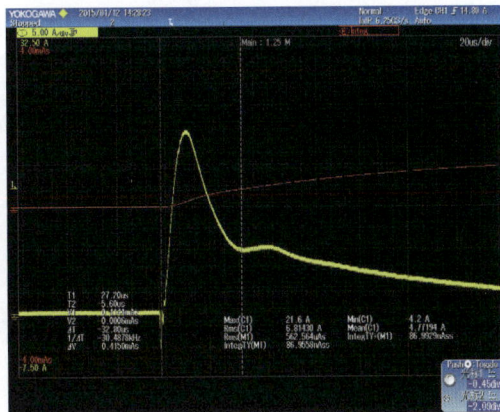

图 2-16　100V 98mA 下继电器好 2 触点吸合瞬间电流波形图

方案 2：将方案 1 中的负载驱动器变更为可调电子负载，并去掉给驱动器供电的可调直流电源，调节电子负载的电流，保证在负载电压为 24、60、70、85V 和 100V 的时候对每个复位继电器操作 10 次，并同时调节流经触点的电流为 200、150mA 和 100mA，观察并记录触点是否断开，表 2-2 显示了此次试验继电器触点吸合的成功率。

表 2-2　　　　　　　　　　　　　继电器触点吸合的成功率

测试环境		9 个坏继电器	9 个好继电器
100V	200mA	19%	21%
	150mA	22%	33%
	100mA	14%	47%
85V	200mA	26%	72%
	150mA	24%	50%
	100mA	37%	42%

测试环境		9 个坏继电器	9 个好继电器
70V	200mA	48%	77%
	150mA	50%	33%
	100mA	41%	59%
60V	200mA	61%	77%
	150mA	61%	67%
	100mA	49%	69%
24V	200mA	100%	100%
	150mA	—	—
	100mA	—	—

分别选取了现场返回继电器"坏 10"和新的继电器"好 2",抓取它们在不同负载电压和电流时,吸合瞬间电流的波形图,见图 2-17~图 2-42。

图 2-17 和图 2-18 分别是继电器在 100V、200mA 工作环境下继电器坏 10、好 2 触点吸合瞬间电流波形图。

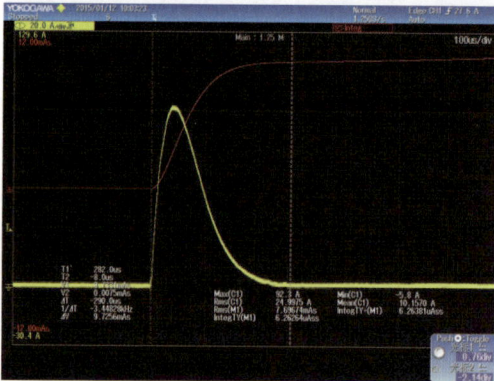

图 2-17　100V、200mA 工作环境下继电器坏 10
触点吸合瞬间电流波形图

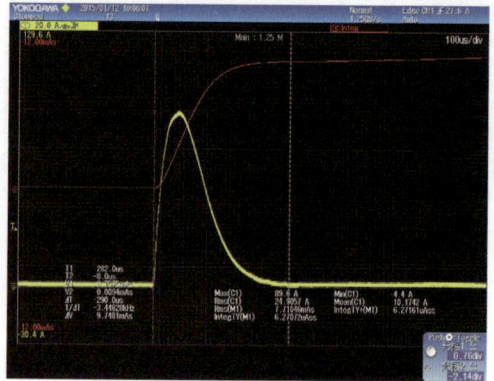

图 2-18　100V、200mA 工作环境下继电器好 2
触点吸合瞬间电流波形图

图 2-19 和图 2-20 分别是继电器在 100V、150mA 工作环境下继电器坏 10、好 2 吸合瞬间电流波形图。

图 2-21 和图 2-22 分别是继电器在 100V、100mA 工作环境下继电器坏 10、好 2 触点吸合瞬间电流波形图。

图 2-23 和图 2-24 分别是继电器在 85V、200mA 工作环境下继电器坏 10、好 2 触点吸合瞬间电流波形图。

图 2-25 和图 2-26 分别是继电器在 85V、150mA 工作环境下继电器坏 10、好 2 触点吸合瞬间电流波形图。

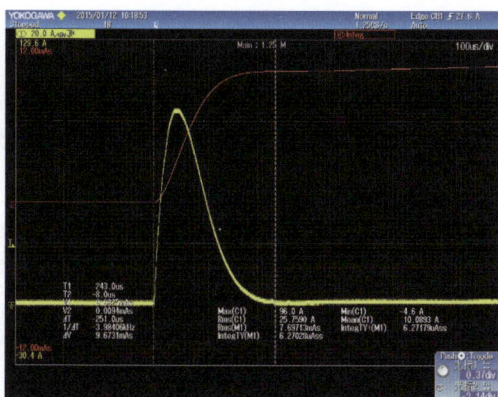

图 2-19　100V、150mA 工作环境下继电器坏 10 触点吸合瞬间电流波形图

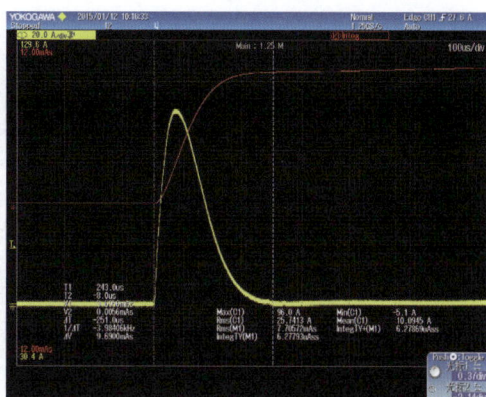

图 2-20　100V、150mA 工作环境下继电器好 2 触点吸合瞬间电流波形图

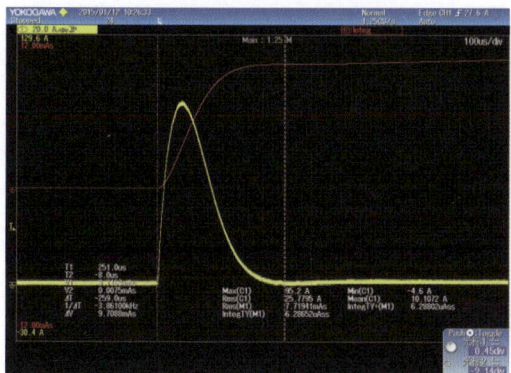

图 2-21　100V、100mA 工作环境下继电器坏 10 触点吸合瞬间电流波形图

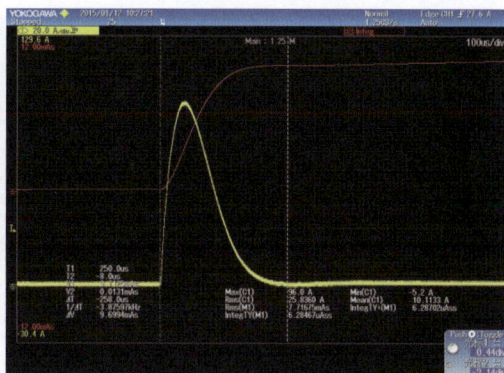

图 2-22　100V、100mA 工作环境下继电器好 2 触点吸合瞬间电流波形图

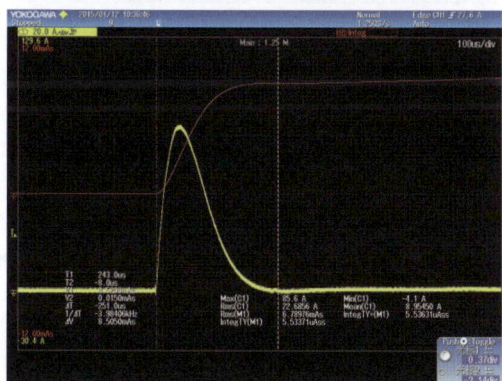

图 2-23　85V、200mA 工作环境下继电器坏 10 触点吸合瞬间电流波形图

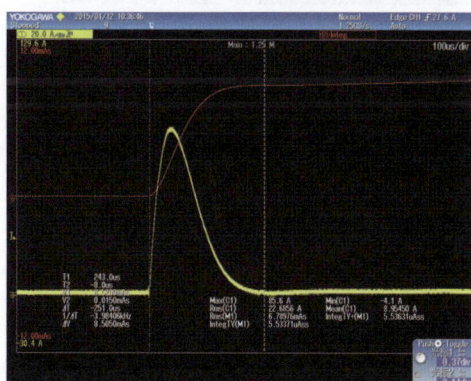

图 2-24　85V、200mA 工作环境下继电器好 2 触点吸合瞬间电流波形图

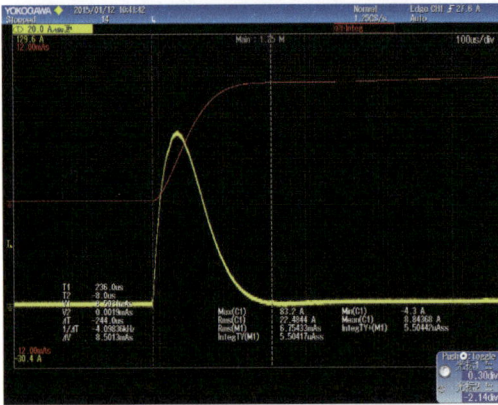

图 2-25　85V、150mA 工作环境下继电器坏 10
触点吸合瞬间电流波形图

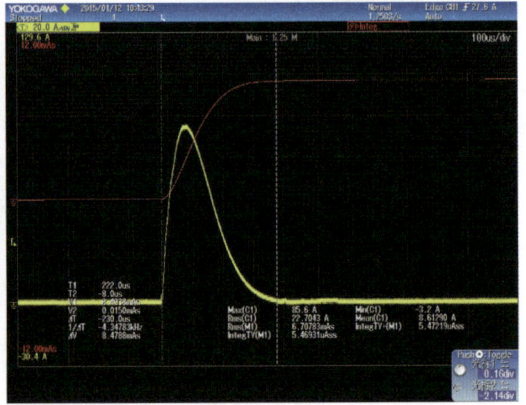

图 2-26　85V、150mA 工作环境下继电器好 2
触点吸合瞬间电流波形图

图 2-27 和图 2-28 分别是继电器在 85V、100mA 工作环境下继电器坏 10、好 2 触点吸合瞬间电流波形图。

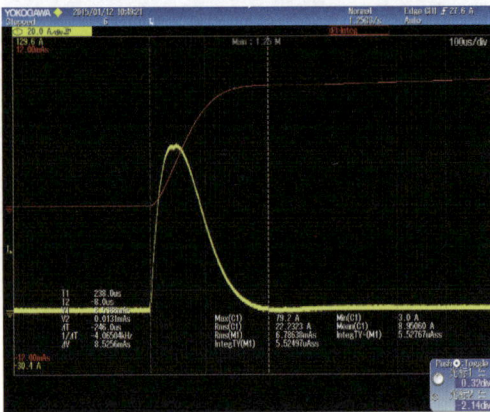

图 2-27　85V、100mA 工作环境下继电器坏 10
触点吸合瞬间电流波形图

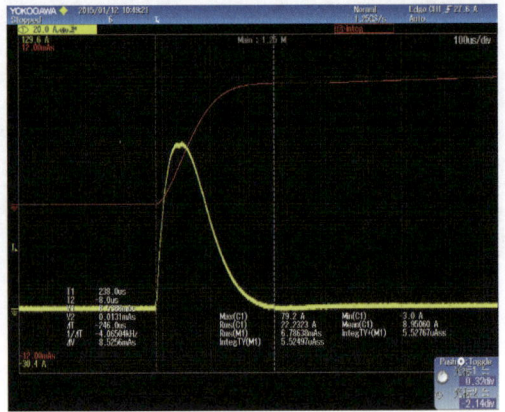

图 2-28　85V、100mA 工作环境下继电器好 2
触点吸合瞬间电流波形图

图 2-29 和图 2-30 分别是继电器在 70V、200mA 工作环境下继电器坏 10、好 2 触点吸合瞬间电流波形图。

图 2-31 和图 2-32 分别是继电器在 70V、150mA 工作环境下继电器坏 10、好 2 触点吸合瞬间电流波形图。

图 2-33 和图 2-34 分别是继电器在 70V、100mA 工作环境下继电器坏 10、好 2 触点吸合瞬间电流波形图。

图 2-35 和图 2-36 分别是继电器在 60V、200mA 工作环境下继电器坏 10、好 2 触点吸合瞬间电流波形图。

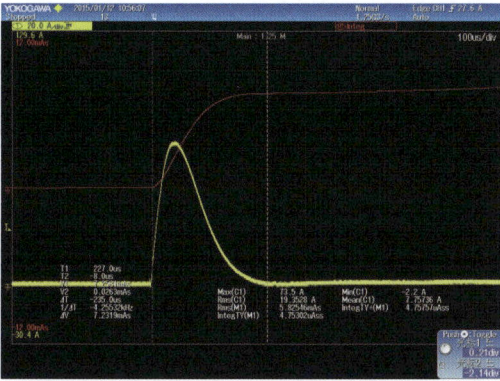

图 2-29　70V、200mA 工作环境下继电器坏 10
触点吸合瞬间电流波形图

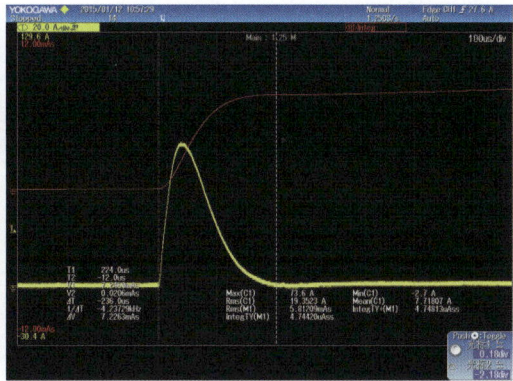

图 2-30　70V、200mA 工作环境下继电器好 2
触点吸合瞬间电流波形图

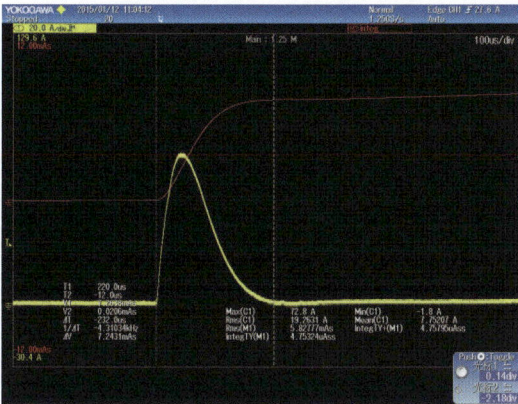

图 2-31　70V、150mA 工作环境下继电器坏 10
触点吸合瞬间电流波形图

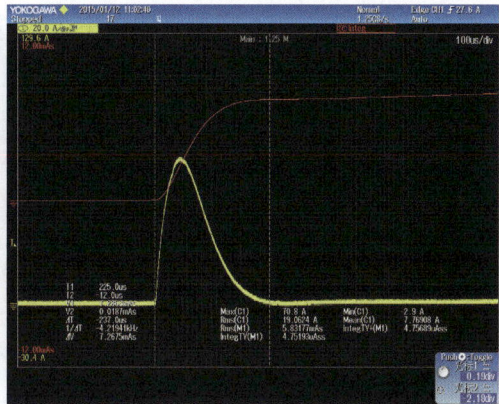

图 2-32　70V、150mA 工作环境下继电器好 2
触点吸合瞬间电流波形图

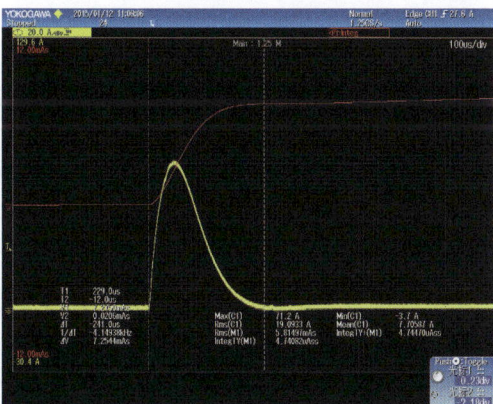

图 2-33　70V、100mA 工作环境下继电器坏 10
触点吸合瞬间电流波形图

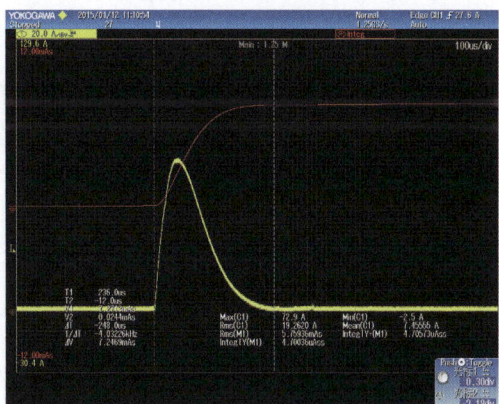

图 2-34　70V、100mA 工作环境下继电器好 2
触点吸合瞬间电流波形图

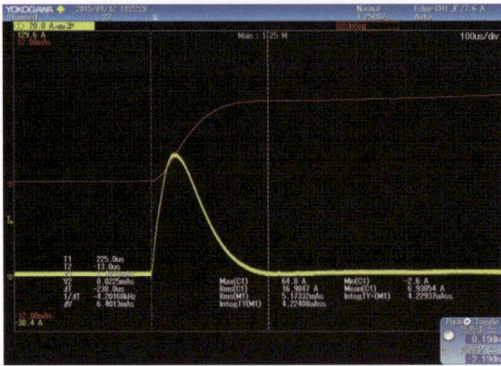

图 2-35　60V、200mA 工作环境下继电器坏 10
触点吸合瞬间电流波形图

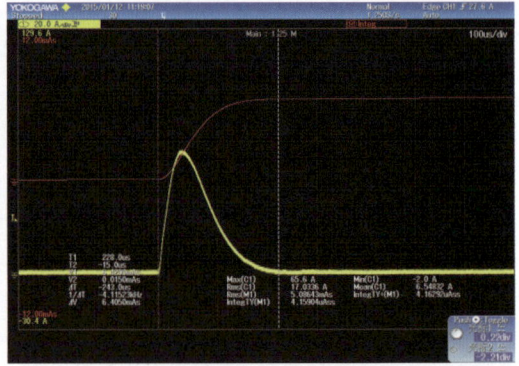

图 2-36　60V、200mA 工作环境下继电器好 2
触点吸合瞬间电流波形图

图 2-37 和图 2-38 分别是继电器在 60V、150mA 工作环境下继电器坏 10、好 2 触点吸合瞬间电流波形图。

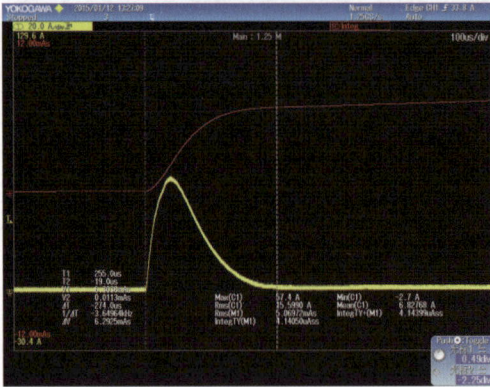

图 2-37　60V、150mA 工作环境下继电器坏 10
触点吸合瞬间电流波形图

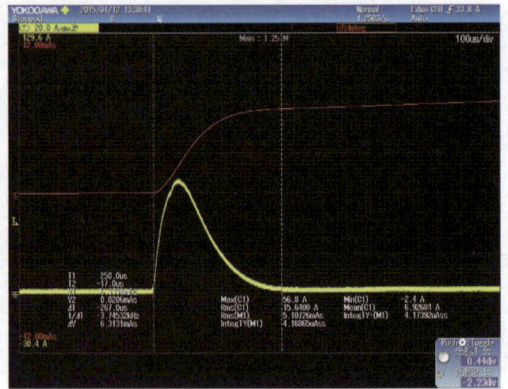

图 2-38　60V、150mA 工作环境下继电器好 2
触点吸合瞬间电流波形图

图 2-39 和图 2-40 分别是继电器在 60V、100mA 工作环境下继电器坏 10、好 2 触点吸合瞬间电流波形图。

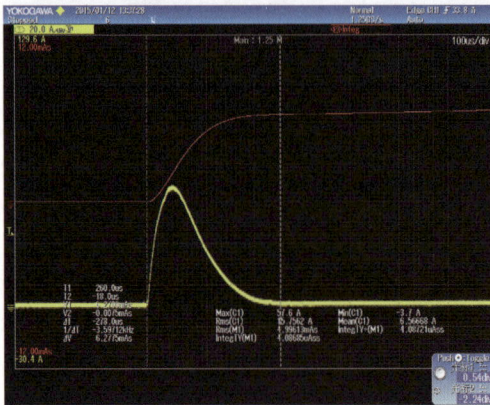

图 2-39　60V、100mA 工作环境下继电器坏 10
触点吸合瞬间电流波形图

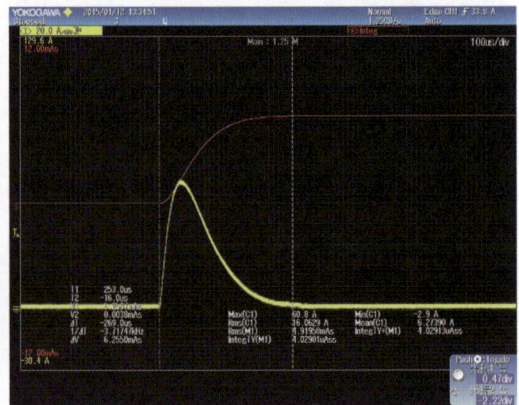

图 2-40　60V、100mA 工作环境下继电器好 2
触点吸合瞬间电流波形图

图 2-41 和图 2-42 分别是继电器在 24V、200mA 工作环境下继电器坏 10、好 2 触点
吸合瞬间电流波形图。

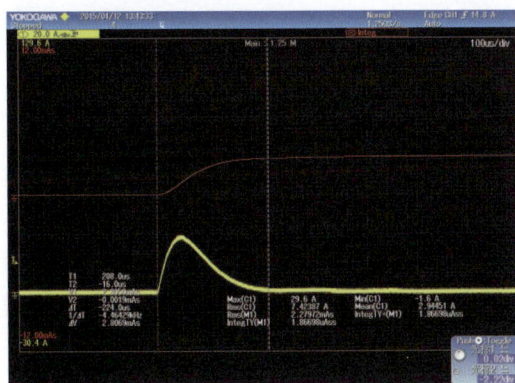

图 2-41　24V、200mA 工作环境下继电器坏 10
触点吸合瞬间电流波形图

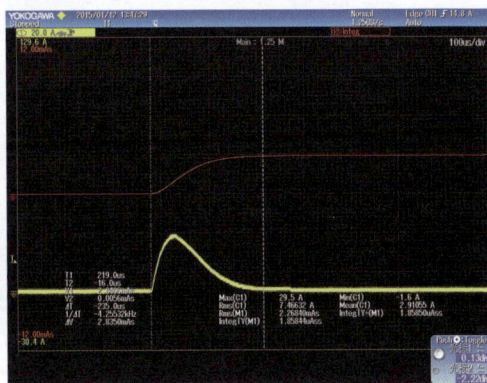

图 2-42　24V、200mA 工作环境下继电器好 2
触点吸合瞬间电流波形图

根据试验方案 2 的测试数据得到统计结果见表 2-3～表 2-7。

表 2-3　　　　　　　　　　　方案 2 现场返还继电器吸合成功率统计

电压（V）＼电流（mA）	200	150	100
100	19%	22%	14%
85	26%	24%	37%
70	48%	50%	41%
60	61%	61%	49%
24	100%	—	—

表 2-4　　　　　　　　　　　方案 2 新继电器吸合成功率统计

电压（V）＼电流（mA）	200	150	100
100	21%	33%	47%
85	72%	50%	42%
70	77%	33%	59%
60	77%	67%	69%
24	100%	—	—

表 2-5　　　方案 2 现场返还继电器峰值电流（A）和尖峰电流积分（mAs）统计

电压（V）＼电流（mA）	200		150		100	
100	92.3	9.7256	96.0	9.6731	95.2	9.7088

电压（V）\电流（mA）	200		150		100	
85	85.6	8.5050	83.2	8.5013	79.2	8.5256
70	73.5	7.2319	72.8	7.2431	71.2	7.2544
60	64.8	6.4013	57.4	6.2925	57.6	6.2775
24	29.6	2.8069	—	—	—	—

表2-6　　　方案2新继电器峰值电流（A）和尖峰电流积分（mAs）统计

电压（V）\电流（mA）	200		150		100	
100	89.6	9.7481	96.0	9.6900	96.0	9.6994
85	82.4	8.5031	85.6	8.4788	85.6	8.5144
70	73.6	7.2263	70.8	7.2675	72.9	7.2469
60	65.6	6.4050	56.8	6.3131	60.8	6.2550
24	29.5	2.8350	—	—	—	—

表2-7　　　方案2新旧继电器峰值电流（A）和尖峰电流积分（mAs）统计

继电器编号\工况	100V，98mA	
坏10	21.2	0.3250
好2	21.6	0.4150

▶ **隐患排查重点**

（1）设备维护。

1）风电机组继电器在不同的电压和电流下，随着所带功率（产品手册允许范围之内）的增加，继电器吸合成功的概率有明显的下降趋势。

发现当用 AC3 作为负载时的电流尖峰值和尖峰电流积分明显小于用电子负载作为负载时的，可能与电子负载在继电器吸合瞬间造成的电流尖峰过大并且持续时间过长有关。电流尖峰过大并且持续时间过长会产生较大的热能，造成继电器触点粘连，使其在下一次动作时不能断开。所以，现场发生的继电器不能正常工作很可能也与此有关，如要确认，须完全模拟现场情况并抓取继电器工作失败前一次触点吸合时的电流波形。

风电机组出现上述现象时应升级变桨驱动器程序，使因驱动器电压小于 35V 所报故障可以自动复位，这项解决方案已经实施并取到了良好的效果。

风电机组后期运行出现此类故障时，建议更换此型号继电器，使用容量更大的继电器。

2）复位继电器在选型时应按照纯电阻负载选型，但现场实际应用的驱动器本身是带有容性特性的负载，按照经验估计容性负载的冲击电流是额定电流的 10 倍，常闭触点一动作就会有电弧产生，容易出现触点粘连现象。因此建议选用大电流型号的继电器替换目前使用的继电器，以满足容性负载的需求。

风电机组如遇到类似故障，首先可以更换继电器，然后更换后验证是否恢复正常，避免在没有确定其他器件损坏的前提下，盲目查找，导致耗时、耗力，影响工作效率。

检修时，检查复位继电器接线是否松动，如松动应及时紧固。

（2）运行调整。

1）对故障频次较高的项目现场，应及时分析变桨驱动故障的原因。若是由于复位继电器质量原因造成机组故障率较高，应找到继电器损坏的主要原因，做相应的技改。

2）日常监控要注意逆变器温度，观察 3 个变桨逆变器温度是否有较大差距。逆变器温度异常时，机组要定期排查，若暂时找不到原因可直接更换逆变器，防止大风等恶劣天气机组报出故障从而影响发电量。

3）对于特殊区域，继电器触点腐蚀严重的项目可采取使用耐腐蚀型号的继电器替换原来的继电器，也可以对关键继电器采取并联的方式，减少由于继电器质量原因造成机组停机时间过长。

2.1.1.3 变桨电机电磁刹车故障

▶ 事故表现

某风电场安装有直驱型 121-2500 风电机组 19 台。该机型运行五年以来，变桨故障占据 47%，主要故障有变桨位置偏差大故障、变桨逆变器 OK 信号丢失故障、变桨电机温度高故障等，使风电机组不能正常运行。

2020 年 5 月 17 日 09:25，5 号风电机组报出变桨位置偏差大故障，后台监控显示 3 号桨叶在故障时刻桨叶位置为 84.6°，随后桨叶在 87°左右来回变动，电机温度持续升高。

5 月 17 日 10:12，检修人员到达故障风电机组现场，发现塔底显示屏新增故障为 3 号变桨限位开关触发故障，AC3 OK 信号丢失故障，电机温度 42℃。

5 月 17 日 10:37，检修人员上塔进行手动开桨，未听到电磁刹车动作声音，在断电瞬间齿形带压板崩开，机组产生强烈振动，固定齿形带压板的四颗螺栓断裂，齿形带压板卡入涨紧轮中，齿形带发生形变损坏。桨叶当时位置在 120°附近。

5 月 17 日 12:32，检修人员对故障进行分析，判断故障原因为电机电磁刹车失效，叶片失去刹车阻力，撞限位后崩开齿形带压板。

▶ 事故根本原因

结合机组故障现象，导出机组故障时刻数据文件，具体分析如下：

（1）桨叶变化：机组故障前在停机状态，3 个桨叶位置为 88.13°附近。故障前 3.98s 3 号桨叶开始开桨，变桨至 84.61°时触发变桨位置比较偏差大。故障前、后桨叶位置变化情况如图 2-43 所示。

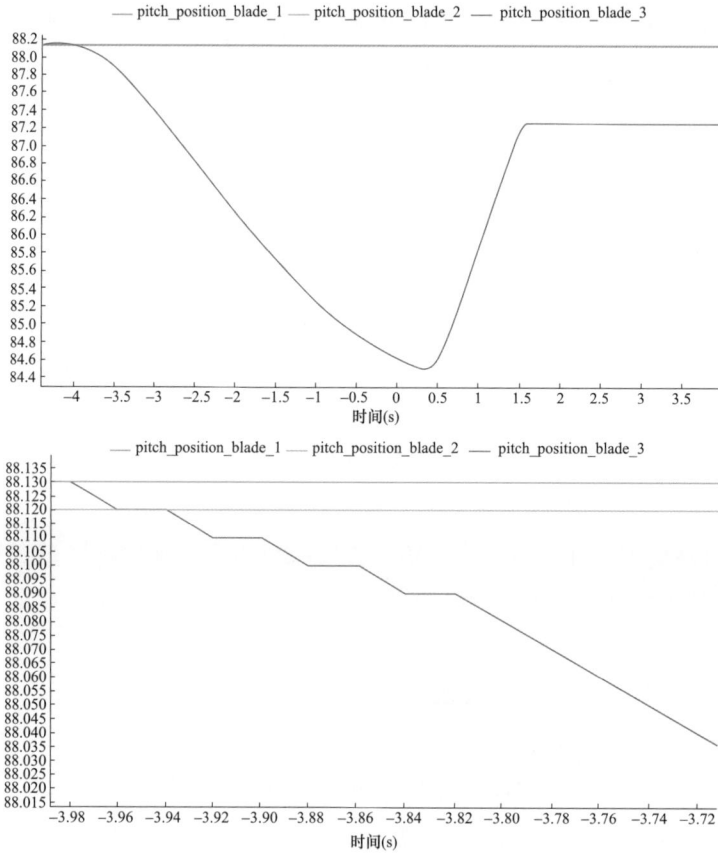

图 2-43　故障前、后桨叶位置变化图

（2）控制输出：查看变桨逆变器输出信号，故障前没有输出，故障后有输出。故障前、后逆变器信号输出变化情况如图 2-44 所示。

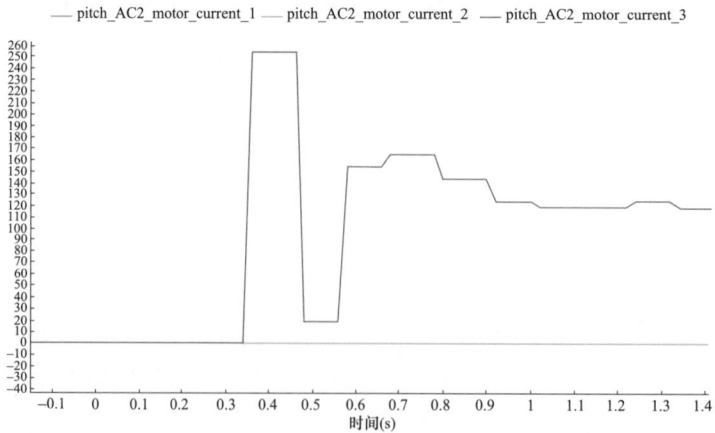

图 2-44　故障前、后逆变器信号输出变化图（一）

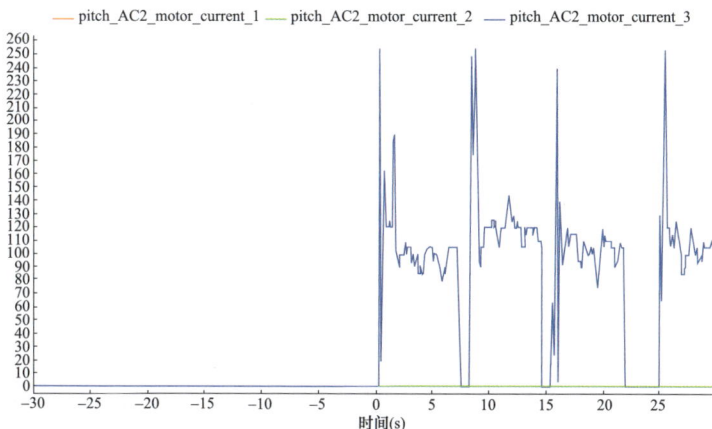

图 2-44　故障前、后逆变器信号输出变化图（二）

（3）从故障前桨叶角度和逆变器输出的情况看，没有输出的情况下桨叶位置出现大幅度变化，有两种可能，即桨叶角度真实发生变化和旋转编码器数据跳变。从故障前、后数据看，旋转编码器数据未发生跳变，桨叶真实变化的可能性最大。

（4）未变桨时桨叶角度变化，可能原因有齿形带与驱动轮跳齿或电机刹车失效空转。如果出现跳齿的情况，桨叶实际角度与旋编角度会出现偏差。从故障后信号触发的情况看，87°接近开关触发角度为 86.85°，未出现上述角度偏差现象。故障前、后桨叶位置变化情况如图 2-45 所示。

（5）对拆解下的变桨电磁刹车进行带电测试，故障前、后刹车电压及超级电容变化情况如图 2-46 所示，工作正常；检查拆解下来的刹车片，发现刹车片表面有裂纹，且磨损严重，是导致变桨电机刹车失效空转的主要原因。事故刹车片如图 2-47 所示。

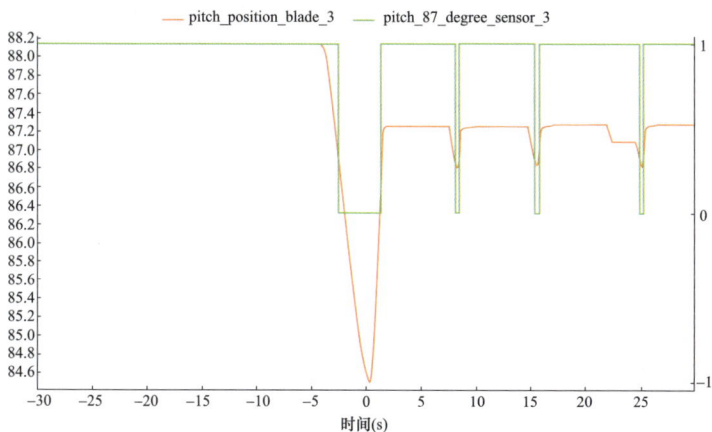

图 2-45　故障前、后桨叶位置变化图（一）

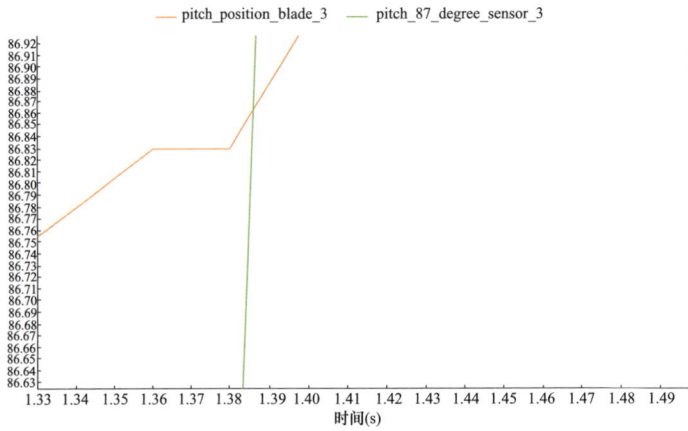

图 2-45　故障前、后桨叶位置变化图（二）

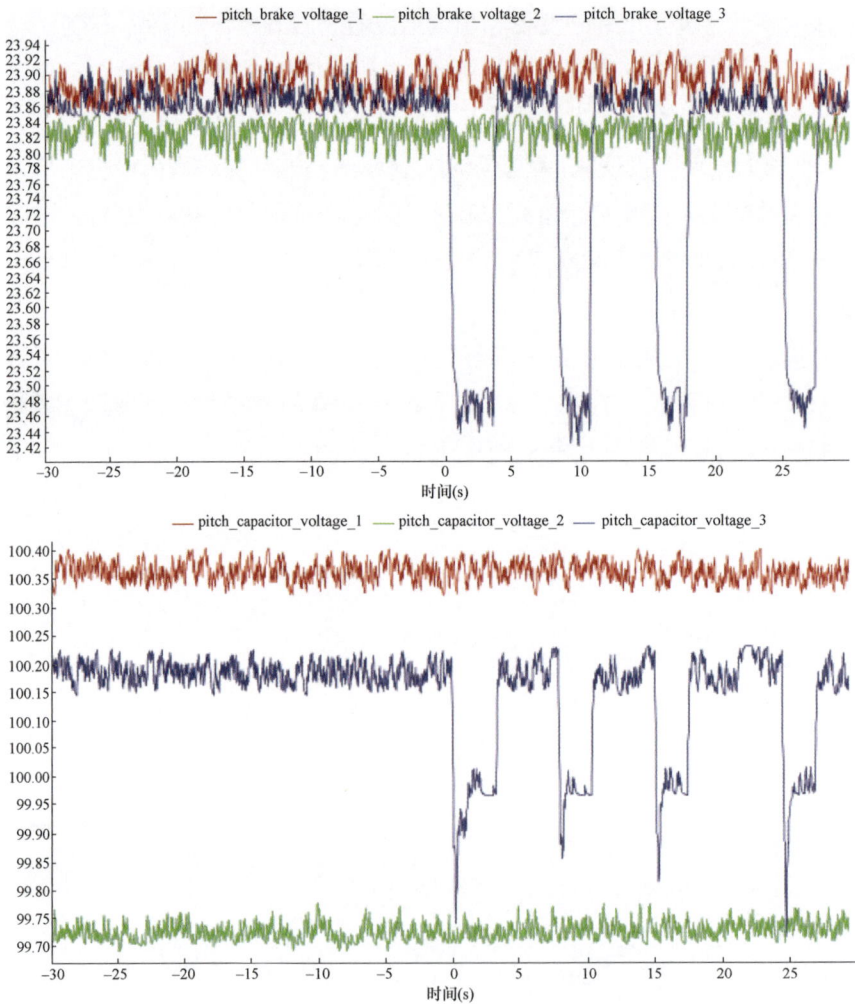

图 2-46　故障前、后刹车电压及超级电容变化图

（6）从机组运行的历史数据（见图 2-48、图 2-49）分析，可以将变桨电机温度的变化作为刹车异常的预警信号。可以看出，桨叶在小角度运行时，电机温度会一直高于其他两支桨叶。当桨叶保持待机或停机状态时，电机温度与其他两支桨叶温度基本一致。同时，也从侧面说明电磁刹车制动力不足。

图 2-47　事故刹车片

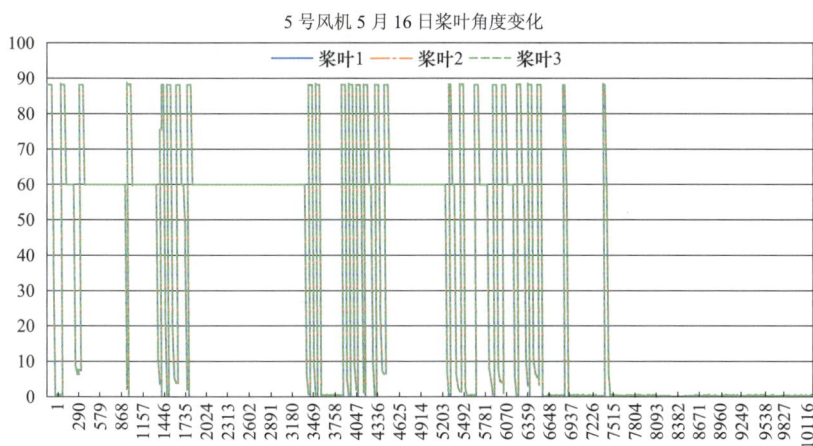

图 2-48　故障风机 5 月 16 日桨叶角度变化图（一）

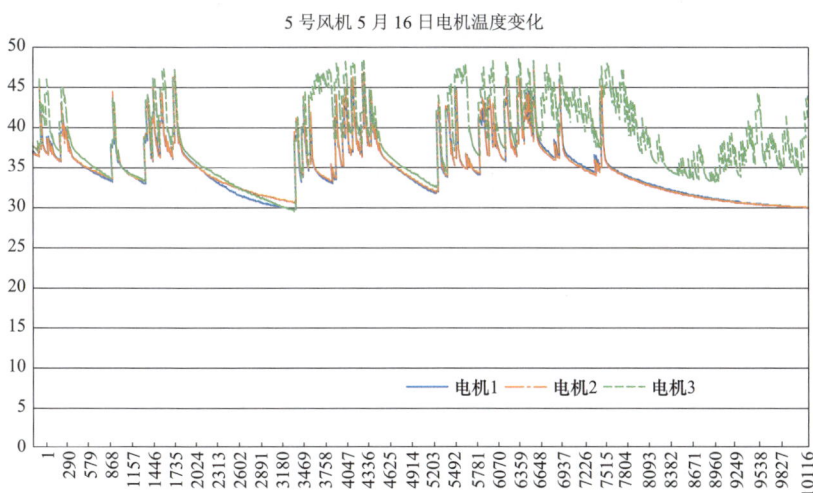

图 2-49　故障风机 5 月 16 日桨叶角度变化图（二）

（7）对 5 号风电机组变桨电机 2020 年 1～5 月的 10min 数据进行分析，发现 3 号桨叶在数据统计中的电机温度一直高于其他两支桨叶，如图 2-50 所示。

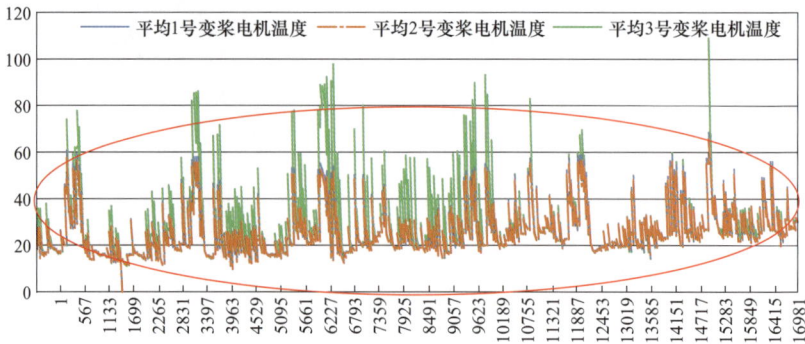

图 2-50　故障风机 2020 年 1～5 月电机温度变化图

针对上述分析，总结故障根本原因如下：

（1）电磁刹车回路信号异常，在大风天变桨电机频繁动作情况下，刹车未及时动作，导致刹车片磨损严重、电机温度升高（对电控回路来说，不存在大角度或小角度的区别，因此故障风电机组因电控回路问题导致刹车片异常磨损的情况偏小）。

（2）电磁刹车盘固定螺栓松动，导致刹车间隙变小，也可能引发刹车片磨损严重、电机温度升高，长期振动摩擦造成制动力矩变小或者失去制动力矩（此种情况发生概率比较大）。

▶ **事故处理措施及结果**

针对排查到的故障原因，检修人员对齿形带及电磁刹车进行更换后，机组恢复正常运行。同时，对全场风电机组进行变桨温度分析。此外，针对此类故障风电场制定的具体措施如下：

（1）每月对风电机组变桨电机温度进行统计分析，检查是否出现单只桨叶变桨电机温度异常现象。

（2）结合日常风电机组巡视作业，对变桨刹车回路进行检查，检查电磁刹车阻值是否正常，手动变桨时能否听到清晰的电磁刹车打开的声音，刹车回路接线是否正常。

（3）风电机组报出变桨位置偏差大后，要重点分析机组故障故障 B 文件。在故障时刻同时分析桨叶位置及变桨电机电压，是否出现电机无输出桨叶位置突然变动情况。若发生此类情况，检查重点是查看以下情况：桨叶位置是否来回变化或丢失、电机是否持续有输出电流、电机温度是否持续升高，限位开关是否触发。若出现上述情况，需到现场将故障叶片锁在正下方，并将叶片锁住，以防桨叶晃动导致齿形带崩断。

（4）除了从温度异常做数据预警外，检修时也可拆开变桨电机后壳检查刹车磨损情况，对磨损粉末较多的刹车片进行更换；还可做电磁刹车磨损检测工装，研制相关产品提高刹车检测方面的效率。

▶ **隐患排查重点**

日常电磁刹车故障与维护方法主要有：

1）针对制动故障：制动力不足、制动臂不能张开、制动器松闸动作慢、制动力矩不能及时制动、制动器失灵、轮温过高、制动闸瓦冒烟等故障。

2）针对电气方面：由于电机电磁制动器整流模块电源输入、输出电压不足，导致电机电磁制动器运行中无法正常吸合，电源引线长期腐蚀氧化，造成接地或短路过流开关跳闸事件。电机电磁制动器整流模块接线端子、引线脏污、松动过热，造成电磁制动器无法正常松开，将会磨损转轴磨片，甚至会增大电机电流使其过载跳闸的事件发生。

3）针对自身故障：电机电磁制动器长时间运行造成本身绕组过热氧化、腐蚀烧损，系统在运行过程中频繁故障。

4）电机电磁失电制动器（马达电磁断电刹车器）发生故障一般是在启动；空转及负载的时候，在启动的时候发生的比较多，主要表现为无法启动；排除方法就是检测输入电压是否为电机电磁制动器的要求电压、线圈短路；针对这种故障通常情况下是更换或者修复使用，建议将更换或者修改后的电路进行改造。

5）电机电磁失电制动器（马达电磁断电刹车器）运转不稳定，很有可能是输入电流不稳定，检测电源的功率大于电磁制动器额定功率的 1.5 倍左右，电压波动在±5%范围内。解决运转不稳定的方法，就是检查电压情况、稳定电压。另外一种情况，可能是摩擦升温，原因是发热导致线圈烧坏或者短路。

6）自身故障处理方法。断电后，将电磁制动器引线与整流模块分开，用万用表欧姆挡测量电磁制动器直流电阻值是否正常（电阻值一般为 0.58kΩ 左右），同时测量电磁制动器表面温度是否超标（温度一般不超过 70℃）。如果电阻值、温度超标，则断定为制动器绕组烧损，应使用相同规格的材料对绕组进行重新绕制。

7）磨损处理方法：电机电磁失电制动器（马达电磁断电刹车器）与电磁磨片的间隙值为 0.3～0.6mm，选择塞尺测量电磁制动器与电磁磨片的间隙。在规定值范围以内，如有偏差则应立即进行调整，电磁磨片磨损严重则应及时更换电磁磨片，直至电磁制动器与电磁磨片能够正常吸合为止。加强巡检力度，定期清扫，防止粉尘及水雾，确保其能够正常运行。

2.1.2 液压变桨驱动系统故障事故案例及隐患排查

2.1.2.1 变桨系统工作错误故障

▶ **事故表现**

某风电场 36 台某机型风电机组频繁报变桨类故障，通过对历史数据挖掘分析，主要故障为变桨系统工作错误故障。

现场运维人员检查后，初步分析自然环境恶劣、受湍流影响，变桨机构响应滞后；

沙尘严重，液压系统内部受到污染，影响比例阀等电磁的有效动作。采取措施是集中更换到年限的液压油与液压滤芯，集中更换老旧变桨轴承，但变桨系统运行一段时间后还是报出相同的变桨系统工作错误故障。

▶ **事故根本原因**

该故障的触发条件：（INGETEAM）控制系统内部 SA 控制参考桨角值和实际桨角值执行误差在 3°以上，持续 2s 时产生。变桨系统控制检测回路如图 2-51 所示，主要由 BALLUFF、BH2351（U17）EA0 组成。变桨系统结构及轮毂内部结构如图 2-52 和图 2-53 所示。

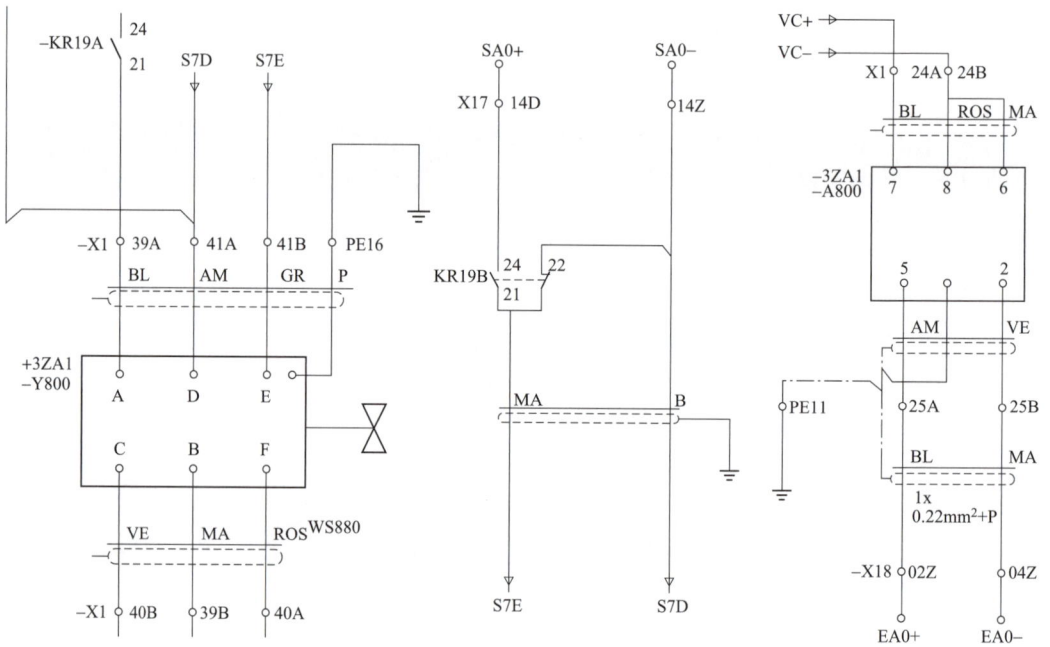

图 2-51　变桨系统控制检测回路

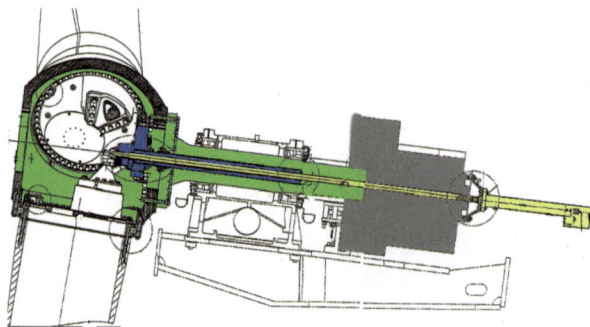

图 2-52　液压变桨系统概貌和结构

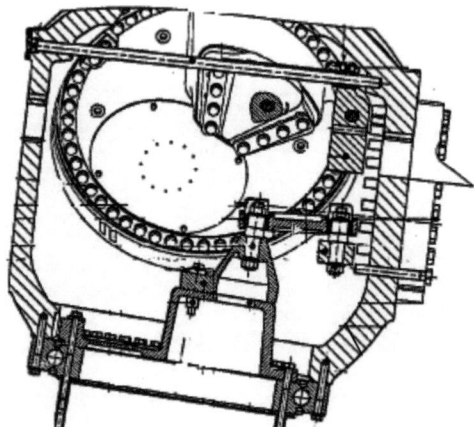

图 2-53　轮毂内部结构

故障排查过程如下：

（1）排查过程 1。锁定叶轮，机舱侧风 90°。操作触摸屏进入变桨测试菜单，激活高速刹车，输入任意变桨值后指令不执行，同时伴随报变桨系统工作错误故障，观察继电器带电正常，测量比例阀供电正常，指令给定电压均正常。考虑比例阀阀芯动作卡涩或比例阀电路损坏，拆解故障比例阀后发现阀芯处有异物卡涩，此异物为变桨液压缸内部防转特氟龙滑块碎屑。更换比例阀后故障消除。进一步检查变桨缸活塞杆随行程杆转动，

考虑最终原因为变桨推力轴承卡涩，随即检查后确定为推力轴承损坏；随后对变桨缸拆解后发现内部防转特氟龙滑块损坏，存在大量碎屑，防转特氟龙滑块拆解后损坏情况如图 2-54所示。

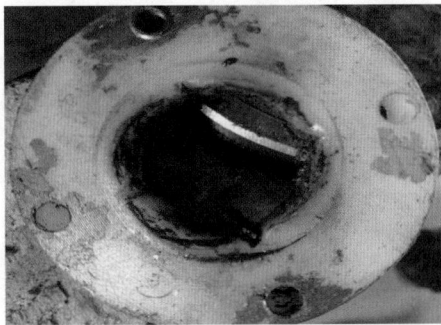

（2）排查过程 2。锁定叶轮，机舱侧风 90°。操作触摸屏进入变桨测试菜单，激活高速刹车，输入任意变桨值可有效执行，检测值、反馈值均正常。测试中发现轮毂内有异响声音，考虑到内部机构存在异常，检查后发现变桨拐臂变桨异响声大，三脚架晃动幅度大，在桨角值 88°

图 2-54　液压变桨缸防转特氟龙滑块
拆解后损坏情况

时，拐臂受力不均，可手动晃动拐臂，进一步检查确定为变桨拐臂损坏，分析为拐臂运行年限久，球头锈蚀磨损，内部断裂，间隙变大，使得三支叶片变桨时存在三脚架受力不均，机构卡涩。变桨拐臂拆解后损坏情况如图 2-55 所示。

（3）排查过程 3。锁定叶轮，机舱侧风 90°。操作触摸屏进入变桨测试菜单，激活高速刹车，输入任意变桨值可有效执行，检测值、反馈值均正常。变桨过程中可明显感觉变桨有卡顿迹象，到达某一位置轮毂内有异响。进一步检查发现变桨轴承排出油脂内存

在大量铁屑，确定为变桨轴承损坏。变桨轴承拆解后滚道损坏情况如图 2-56 所示。

图 2-55　变桨拐臂拆解后损坏情况

图 2-56　变桨轴承拆解后滚道损坏情况

（4）排查过程 4。锁定叶轮，机舱侧风 90°。操作触摸屏进入变桨测试菜单，激活高速刹车，输入任意变桨值执行有卡顿，伴随轮毂内异响明显，且叶片不可有效转动。进一步检查后发现变桨空心轴螺钉断裂，变桨空心轴从三脚架退出，三脚架失去支撑倾倒。分析最终原因为变桨三脚架的受力不均，导致变桨空心轴与三脚架连接螺栓断裂，空心轴从变桨三脚架中退出，如图 2-57 所示。最终导致三脚架失去支撑而倾倒，见图 2-58。

图 2-57　空心轴从变桨三脚架退出

图 2-58　变桨三脚架倾倒

▶ **事故处理措施及结果**

（1）针对变桨推力轴承损坏引起的轴承卡涩现象，对变桨缸和变桨推力轴承进行更换，同时清洗液压管路。

（2）针对变桨拐臂损坏引发的三脚架受力不均、机构卡涩现象，更换变桨拐臂后故障消除，异响也消失。

（3）针对变桨轴承损坏引发的故障，吊装更换变桨轴承后故障消除。

（4）针对变桨三脚架受力不均引发的故障，随即恢复变桨系统后更换变桨轴承及其附件后故障消除。

通过技术经济评估后,建议风电场采购某公司加强型变桨轴承及附件对36台风电机组,共计108个老旧变桨轴承进行了批量替换。更换后,为及时评估改造后的效果,对同期变桨系统故障报警次数进行对比,发现自运行以来,未发生变桨系统工作错误故障,未发现变桨系统部件损坏。机组运行正常,验证更换后的效果明显,故障从根本上得到了根治。

▶ **隐患排查重点**

(1)设备维护。

1)检查变桨轴承与轮毂是否存在不同心,或因为变桨轴承安装不到位或制造过程中安装孔与轮毂预制孔中心偏差较大而引起了"咬"螺栓的现象。在运行中咬合较大的地方是应力相对集中的部位,长时间运行后容易造成螺栓的疲劳断裂。

2)检查变桨系统在设计中是否存在缺陷,在轮毂内通过控制系统测试,或将叶轮吊至地面并使用工装进行变桨时,可以发现变桨过程中三叶片动作有滞后、不同期的现象,尤其是变桨工作启动的一瞬间,不同期的现象十分明显。叶轮在转动过程中如发生变桨跳动(发电机转速检测问题或控制问题),那么因为不同期的存在,个别叶片在跳动过程中受力大,如设备急停后执行紧急顺桨,尤其是高速转动过程中紧急顺桨,不同期引起的单个叶片受力将更大。这也是叶片轴承损坏、导向空心轴法兰损坏、变桨空心轴螺栓断裂的原因之一。

3)检查三脚架是否因自身重力、叶片重力影响导致变桨空心轴的旋转轴线存在偏差,三脚架和变桨空心轴通过过盈配合安装后其应力集中到了变桨空心轴与滑动轴承和导向空心轴上,现场导向空心轴在三脚架倾倒后100%损坏,滑动轴承内轴瓦严重磨损。这是属于产品设计上的不足。

4)检查是否存在比例阀卡涩现象。由于推力轴承损坏后轴承卡涩、卡死导致变桨行程杆随叶轮转动,行程杆转动后会引起变桨液压缸内防转特氟龙滑块损坏,由原有的方孔变为圆孔,特氟龙滑块在液压缸内磨损后的特氟龙碎渣流入比例阀内,引起比例阀的卡涩,设备频繁报变桨错误,拆卸比例阀后能在阀芯内看到特氟龙磨损后的碎渣。发生比例阀卡涩的同时伴随着止退垫圈和锁紧螺母损坏,在传动系统中的止退垫圈和止退螺母是与变桨锁子环配合使用,锁定变桨行程杆与推力轴承内圈,保证行程杆和推力轴承内圈相对静止的状态,因此变桨三脚架倾倒前的特征之一就是比例阀卡涩,清理比例阀时有肉眼可见的残渣,同时止退垫圈和锁紧螺母有损坏的可能性。

5)在转速测试中进行转速测试,以500r/min为初始转速,听取30s后无跳动逐步递增150r/min的转速,直至1100r/min。在每次递增后均要听取变桨有无跳动情况,如果存在跳动,则查明跳动的原因并处理。

6)检查变桨蓄能器压力是否正常,确保变桨蓄能器能够紧急顺桨。

7)检查蓄能器、液压缸、液压油管是否漏油,若有渗油现象应及时找到漏油原因,进行相应的整改，防止漏油扩大化，影响发电量。

（2）运行调整。

1）通过技术经济评估后，对故障较多的老旧变桨轴承进行批量替换。更换后，为及时评估改造后的效果，对同期变桨系统故障报警次数进行对比，验证技改效果。若技改效果较明显，可全场进行更换。

2）日常巡检与检修相配合。在大风季来临之前，对全场机组进行巡检；加大对液压变桨系统的检查力度，对变桨声音异常的机组应及时进行检查，若大部件存在问题，应及时进行更换。

3）液压系统多采用胶管进行油路传输，风电场可根据油管的漏油情况，在运行适当年份后进行全部更换。

4）定期对液压油进行油化验，发现问题及时更换液压油或进行相应排查。

2.1.2.2 变桨角度错误故障

▶ 介绍栏

变桨系统的整体结构及局部结构如图 2-59 和图 2-60 所示。

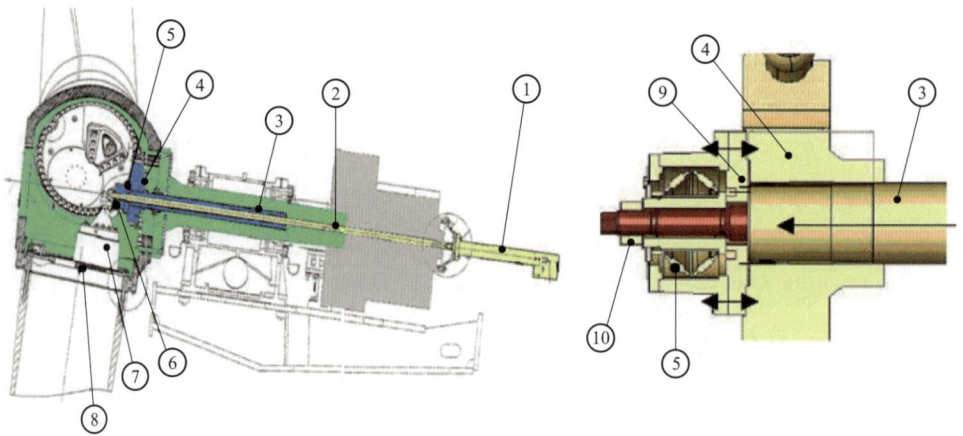

图 2-59 变桨系统结构

①—变桨液压缸；②—变桨杆；③—空心轴；④—三角法兰；⑤—推力轴承；

⑥—连杆；⑦—"销"状叶片支撑；⑧—叶根轴承；⑨—挡板；⑩—超级螺母

注 绿色部件为旋转运动部件，黄色部件为线性运动部件，蓝色部件为旋转与线性运动部件。

在图 2-59 与图 2-60 中，变桨系统通过①变桨液压缸→驱动②变桨杆，②变桨杆→通过⑤推力轴承（及超级螺母）→与④三角法兰刚性连接，③空心轴→经⑨挡板→通过 8 颗螺栓→与④三角法兰刚性连接，④三角法兰→通过三根⑥连杆→分别与三支叶片的⑦"销"状叶片支撑铰接，⑦"销"状叶片支撑铰接→通过螺栓→与⑧叶根轴承连接。液压驱动系统通过以上连接方式将变桨杆的直线运动转化为叶根轴承的圆周运动，从而实现调节叶片位置的目的。

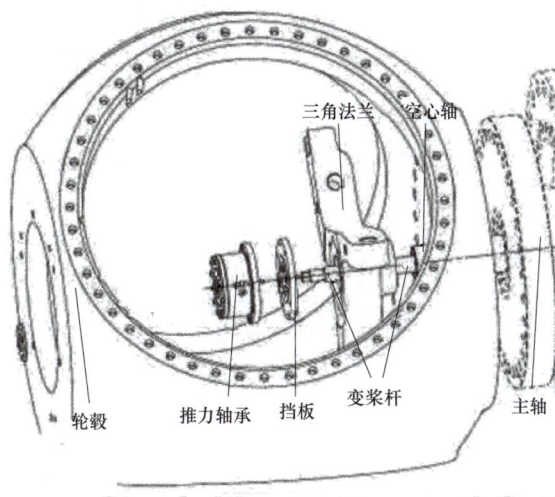

图 2-60 变桨系统局部结构

事故表现

某风电场一期安装 58 台风电机组，容量 4.93 万 kW，于 2005 年 12 月机组并网运行。该风电机组变桨系统采用液压变桨驱动装置（含变桨液压缸、变桨杆、空心轴等）通过三角法兰与三支叶片铰接，将变桨缸及变桨杆的直线运动转化为叶根轴承的圆周运动，实现叶片桨矩角的变化。

监控系统显示风机故障触发，故障代码为 800（变桨角度错误）和 803（变桨角度低）。检修人员现场检查发现三角法兰倾倒和变桨杆折断，详细检查后发现空心轴、保护钢筒，以及叶片与三角法兰连接杆均发生不同程度的损坏，但已无法继续使用，需对其进行更换。

事故根本原因

随着设备运行时间的增长，正常机械磨损不可避免，沙尘等进入各零部件配合间隙更加重磨损。由于空心轴是支撑三角法兰的主要承载部件，叶根轴承损伤、叶片零位漂移或各零部件配合间隙过大都将导致空心轴受力偏载，而空心轴作为主要承载部件仅通过 8 颗 M10 螺栓与三角法兰刚性连接，受力偏载将直接导致该 8 颗螺栓断裂，严重时三角法兰倾倒。

通过现场排查，分析故障原因如下：

（1）在设备完好情况下，风机并网时，空心轴在运行工位 0°左右工作，空心轴探出主轴 25cm 左右，这种位置由于空心轴大部在主轴腔内，是最稳定状态。限电情况下，单机调整功率，空心轴随三角法兰前出，而风机处于高速旋转状态，同时风的不稳定性，造成三个叶片受力不等，不均衡的作用力作用在三角法兰上，造成三角法兰、变桨空心轴与保护钢桶不处于同心位置，致使三角法兰外檐和保护缸筒法兰侧外檐受力过大，三角法兰内孔阶梯壁和保护缸筒变形，使变桨线性运动阻力增大，导致空心轴螺栓拉断。

（2）液压站压力不足，变桨杆在响应时间内，调控不到位。风机频繁变桨，会增加变桨部件的工作频次，造成部件损坏。变桨油缸活塞正常工作是在油缸内沿直线往复运动。液压站压力不足造成频繁地变桨，或者变桨轴承卡涩带动变桨油缸旋转，造成变桨油缸的损坏。叶片与三角法兰连接拐臂、导向杆锈蚀，在变桨时，运动受阻，也会造成空心轴连接螺栓的折断，造成三角法兰倾倒。

▶ **事故处理措施及结果**

1. 故障维修过程

（1）87°锁止三角法兰。

（2）拆开变桨油缸与齿轮箱法兰连接螺栓（M16×70）。

（3）打开变桨轴承端盖（M6 内六角螺栓）。

（4）拆卸 M36×2/W 超级螺母。首先松开 8 个 M10 内六角螺栓，然后再松开超级螺母及其垫圈。松 M10 内六角螺栓不要一次拧松螺栓，应均匀的松开。工作前，在变桨杆头端划水平红线作为标记，以观察变桨杆转动。

（5）拆下变桨轴承与三角法兰的 8 颗 M12×65 连接螺栓，操作时，应拖住变桨轴承，防止变桨轴承掉下。

（6）拆下空心轴与空心轴法兰的 8 颗 M12×40 连接螺栓。

（7）测量空心轴与石墨轴承的间隙，要求最大间隙不能超过 0.5mm。

（8）更换新的 8 颗 M12×40，以及 8 颗 M12×65 螺栓，紧固力矩为 72N·m。

（9）测量三角法兰与空心轴法兰间隙，标准为不超过 0.1mm，如果超过 0.1mm，应将空心轴推入三角法兰，并重新按项目 8 紧固力矩。

（10）变桨油缸与齿轮箱法兰的 M16×70 螺栓紧固，力矩为 174N·m。

（11）回装超级螺母，交叉紧固超级螺母上 8 个内六角螺栓，第一次紧固至 8.5N·m，最后一次紧固至 12N·m。

（12）安装三角法兰固定装置。

（13）测试变桨动作是否正常，有无卡涩等异常现象。

2. 故障解决方案

通过添加一套三角法兰加固装置辅助空心轴与三角法兰的固定装置，提高空心轴和三脚架的连接强度，三个轴向特殊定制的"螺母"增强三角法兰和螺母的连接关系，三角法兰加固装置属于辅助装置具有拆卸功能不影响设计要求，当空心轴发生一定损坏也可通过三角法兰加固装置来弥补，从而提高三角法兰的稳定性，加固装置如图 2-61 所示，其工装与零部件设计如图 2-62 所示。

因此三角法兰装置在不改变设计要求的前提下进行加固，可以提高空心轴与三角法兰的连接刚性，降低三角法兰倾倒的可能性。

图 2-61 通过工装设计增强空心轴和三角法兰连接

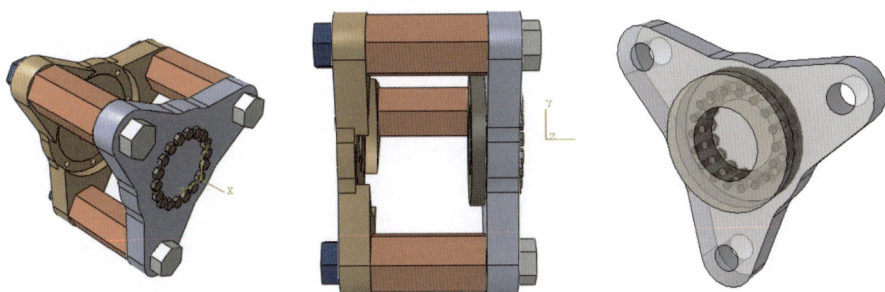

图 2-62 工装与零部件设计

▶ **隐患排查重点**

（1）设备维护。

1）由液压法兰本身引起的故障。如法兰零件加工精度不高、表面粗糙、配合间隙不适当、形位误差等不符合技术要求。对于达不到规定技术要求的突出现象，建议风电场提前技改。

2）检修时，着重检查变桨系统法兰运行情况，检查法兰是否有裂纹，如有裂纹应及时进行更换。

（2）运行调整。

1）机组运行 5 年后每年对机组液压法兰进行无损探伤检测，提前发现问题，提前解决，防止事故扩大。

2）优化机组控制程序优化机组控制策略，在机组发电状态下优化减少变桨程序。

2.1.3 齿形带变桨驱动系统故障事故案例及隐患排查

2.1.3.1 变桨 400V 电源空开跳开故障

▶ **介绍栏**

一、变桨系统内部电气连接

变桨系统内部电气连接如图 2-63 所示。

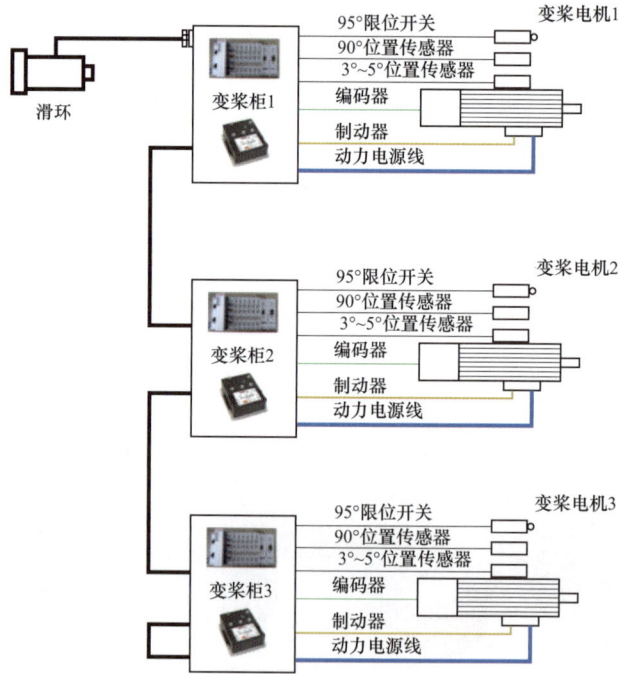

图 2-63　变桨系统内部电气连接图

二、变桨系统控制逻辑

（1）正常模式。400V 电源正常，温度正常，未撞限位，400V 电源通过 1Q1（400V 供电总开关）→1F2（400V 供电空开）→1G1（电源管理模块，400V/75V）→1F6（熔丝）→AC2→2M1（变桨电机），具体逻辑：4K2 及 4K3 线圈得电，常开触点闭合，8K1 辅助触点闭合，AC2 中 F1 KEY 回路得电，AC2 中 F9 给 0V 信号，4K1（制动线圈）得电吸合发出变桨指令。

（2）手动模式。400V 电源正常，温度正常，未撞限位，6S1 右旋（手动模式）。主回路同上，控制逻辑为：6A1 中 1 端口置 1，本桨叶＜94，其他两桨叶＞85，6S2 左旋；6A1 中 4 端口置 1，顺时针变桨，6S2 右旋；6A1 中 5 端口置 1，逆时针变桨，转速 2°/s。

（3）强制手动。400V 电源正常，温度正常，2X1 端子排 9、10 口短接，6S1 右旋（手动模式）。主回路同上，控制逻辑为：7A1 中 1 收到强制手动信号，8A1 中 6 输出手动允许信号，8K5 得电辅助触点闭合，8K1 辅助触点闭合，AC2 中 F1 KEY 回路得电，AC2 中 F9 给 0V 信号，4K1（制动线圈）得电吸合发出变桨指令，转速 7°/s。

（4）紧急回桨。400V 主电源故障，通过串联超级电容 C1C2C3C4C5 给 AC2 供电，控制逻辑为 6A1 中 2：当机舱 24V DC EFC 信号断开，11K1 开关断开，6A1 中 2 置零，变桨 5、紧急顺桨。紧急回桨后，需触发人工手动模式，伺服才能重新得电，并手动变桨解除 95°限位。6S1：两位带保持开关，手动/自动转换开关，同时取消紧急顺桨（W6），8K5：Finder 46 系列继电器，手动允许，撞 95°限位后断开，当手动模式及反转信号得到，则吸合，2U1 得电-2U1：正常情况下得电，辅助触点吸合，KEY 回路导通，给 2U1 提供工作电源，撞限位时脱离 95°限位失电。

（5）手操盒控制。调试期间，无 400V 主电源，手操盒 DP 头插到 A12XS1 上，手操盒 75V 供电连接到超级电容两端，手操盒控制正、反转信号分别接入 AC2 的 E：13 及 F：4 接口，手操盒 2 75V AC 直接给到 KEY 回路，进行手操盒控制变桨。

▶ **事故表现**

2021 年 5 月 4 日 14:13，风机监控后台报出 A145 风机机舱柜 400V 供电保护空开跳开故障代码：SC02_02_018。故障报出时，现场天气为瞬时雷电。

▶ **事故根本原因**

滑环与滑环接线处电源线长时间磨损、破裂，造成接地拉弧，轮毂内多个元器件烧坏。分析原因，因 A145 风机在 2020 年 10 月 8 日更换过一次滑环，因滑环线装配问题，导致滑环线持续受力，风机长时间运行后滑环线磨损，出现 400V 供电断开故障。

▶ **事故处理措施及结果**

初步怀疑变桨系统遭受雷电流入侵，导致变桨 400V 电源空开跳开。

故障处理过程如下：

（1）首次处理，登塔检查，发现变桨 400V 电源空开跳开，检查空开上口电压正常，下口无接地现象。试合空开无效，变桨滑环线有四根线缆破皮短接。更换变桨滑环线及变桨滑环，恢复后报出变桨通信故障。

（2）再次处理，检查通信模块正常，测量 11-K4 有电，测量 11-FA1 1.2.6.5.8.7 口有电，测得 11.12 口没电，测量 DI005 无问题，发现 EFC 反馈无信号，得出结论：轮毂或滑环接线或模块有问题。检查轮毂与滑环室接线导通，测得无误；检查滑环室与滑环 CN 柜进线接线盒导通无问题；检查轮毂变桨柜内元器件，检查无问题。对 A 桨与 C 桨 PLC 进行交换测试，交换时发现 A 桨 PLC 异常，更换新备件，原 A 桨 PLC 有异味，疑似烧毁。更换完成后检查回路接线，发现 A 桨、C 桨 PLC 的 DP 插头烧毁，B 桨 PLC 烧毁，机舱柜 EL6731 模块失效。全部更换失效备件，故障变为主控未收到 EFCF 反馈信号。

（3）最后登塔，再次检查发现防雷器损坏，更换防雷器，故障消除。风机恢复正常运行。

▶ **隐患排查重点**

（1）设备维护。

1）强化定检质量及检修质量，防止重复维护或检修，对滑环、变桨进/出线应加强检修时巡查力度，避免因线路短接造成机组故障。

2）每年对风电机组防雷设施进行检查，并形成报告存档，重点检查防雷模块、接地电阻等设备。

3）对老旧机组进行防雷技改，减少因雷雨天气造成的机组停机。

（2）运行调整。

大风天气、雷雨天气过后及时对风机进行登塔巡检，定期对风机振动报告和各部件温度信息等进行分析，发现异常及时进行登塔检查。

2.1.4 变桨子站总线故障事故案例及隐患排查

▶ 介绍栏

2.5MW 机组控制系统主要包括塔底主控柜、水冷 1 号柜、水冷 2 号柜、机舱主控柜、机舱测量柜。主控柜体之间模块采用 E-bus 通信，并主控与变流系统、变桨系统通信采用 DP 通信。整体风机系统通信连接情况如图 2-64 所示。

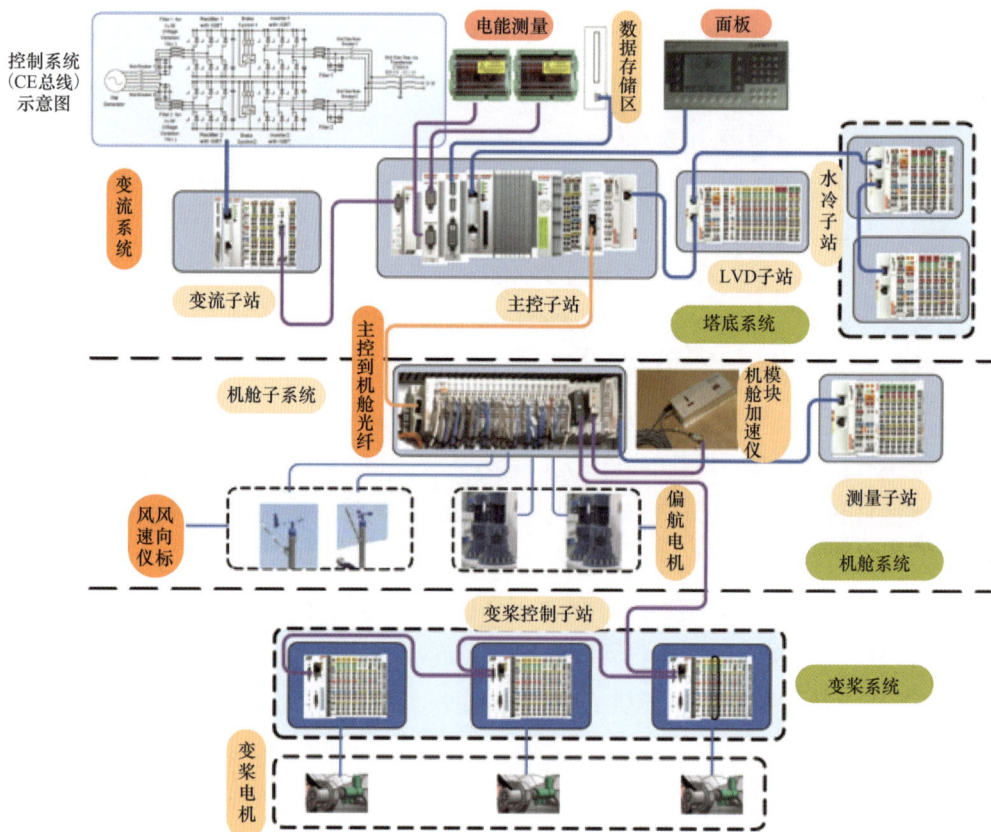

图 2-64　2.5MW 整机风机系统通信连接简图

国产变桨控制柜主电路采用交流—直流—交流回路，由逆变器为变桨电机供电。PLC 组成变桨的控制系统，它通过核心控制器 BX3100 和主控制系统交互通信，接受主控制系统的指令（主要是桨叶转动的速度指令），并控制交流调速装置驱动交流电动机，带动桨叶朝要求的方向和角度转动，同时监测变桨系统的内部信号，把它直接传递给主控制系统。

某项目自投产后变桨子站故障一直占比较大，2016 年和 2017 年该项目出现变桨子站故障 17 次，2018 年 1～3 月出现变桨子站故障 12 次。故障数量占比一直位居前 2 位。

出现变桨子站故障有以下两种典型形式：

（1）机组报出单个或者两个变桨子站通信故障或者变桨内部安全链故障。报出该故障的主要现象是报出单个或者 2 个变桨子站故障，也有部分机组报出变桨内部安全链故障，随后会报出三个变桨子站故障。故障可自复位，报出故障时变桨柜单个柜体或者 2 个柜体数据丢失，全部为 0，变桨子站状态为 2。登机检查不能发现明显异常点，所有数据通信均正常。

故障时的 F 文件截图见图 2-65，机组报出 42、43 变桨子站总线故障。

profibus					
error_profi_node_2_diag	off	error_profi_node_8_diag	off	error_profi_node_9_diag	off
error_profi_node_11_diag	off	error_profi_node_20_diag	off	error_profi_node_21_diag	off
error_profi_node_41_diag	off	error_profi_node_42_diag	on	error_profi_node_43_diag	on
profi_node_2_diag_info	0	profi_node_80_diag_info	0	profi_node_43_diag_info	2
profi_node_41_diag_info	0	profi_node_42_diag_info	2		
error_profi_node_8_fuse1_defect	off	error_profi_node_9_fuse1_defect	off	error_profi_node_11_fuse1_defect	off
error_profi_node_20_fuse1_defect	off	error_profi_node_21_fuse1_defect	off	warning_profi_node_80_fuse1_defect	off

图 2-65　机组报出 2 个变桨子站故障的 F 文件截图

故障时的 F 文件截图见图 2-66，机组报出 2 号和 3 号柜内无数据。

pitch temperatures					
error_pitch_power_sup_temp_1_high	off	error_pitch_power_sup_temp_2_high	off	error_pitch_power_sup_temp_3_high	off
error_pitch_power_sup_temp_1_low	off	error_pitch_power_sup_temp_2_low	off	error_pitch_power_sup_temp_3_low	off
error_pitch_capacitor_temp_1_high	off	error_pitch_capacitor_temp_2_high	off	error_pitch_capacitor_temp_3_high	off
error_pitch_capacitor_temp_1_low	off	error_pitch_capacitor_temp_2_low	off	error_pitch_capacitor_temp_3_low	off
error_pitch_conv_temp_1_high	off	error_pitch_conv_temp_2_high	off	error_pitch_conv_temp_3_high	off
error_pitch_conv_temp_1_low	off	error_pitch_conv_temp_2_low	off	error_pitch_conv_temp_3_low	off
error_pitch_motor_temperature_1_high	off	error_pitch_motor_temperature_2_high	off	error_pitch_motor_temperature_3_high	off
error_pitch_motor_temperature_1_low	off	error_pitch_motor_temperature_2_low	off	error_pitch_motor_temperature_3_low	off
pitch_motor_temperature_1	37.90 C	pitch_motor_temperature_2	0.00 C	pitch_motor_temperature_3	0.00 C
pitch_capacitor_temperature_1	19.40 C	pitch_capacitor_temperature_2	0.00 C	pitch_capacitor_temperature_3	0.00 C
pitch_converter_temperature_1	19.00 C	pitch_converter_temperature_2	0.00 C	pitch_converter_temperature_3	0.00 C
pitch_cabinet_temperature_1	22.60 C	pitch_cabinet_temperature_2	0.00 C	pitch_cabinet_temperature_3	0.00 C
pitch_power_supply_temperature_1	22.60 C	pitch_power_supply_temperature_2	0.00 C	pitch_power_supply_temperature_3	0.00 C

图 2-66　机组报出 2 个变桨柜内无数据的 F 文件截图

（2）机组报出三个变桨子站总线故障。该故障会报出 41、42、43 三个变桨子站总线故障。故障不可复位，通过网页或者 F 文件可以发现机组三个变桨柜内数据均无数据。登机检查会发现变桨柜内 BX3100 通信灯为红色。机舱柜内 EL6731 数据亮红灯。机舱柜内现象如图 2-67 所示。

该故障当紧固或者重新安装 EL6731 模块后，EL6731 正常启动，变桨数据正常。但是会出现 EL6751 故障灯亮，显示故障状态或者 EK1110 灯不亮，观察组态内测量柜无数据，如图 2-68 所示。

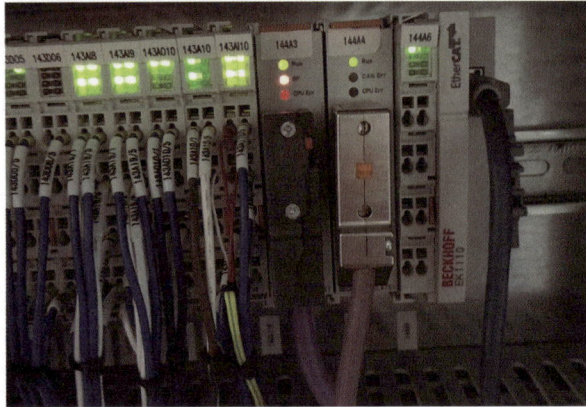

图 2-67　机舱内 EL6731 故障时所亮的灯

图 2-68　重新插拔或者松动 EL6731 后 EL6751 显示故障状态

▶ 事故根本原因

第一种类型故障的主要原因为机组滑环信号电缆绑扎不合理，发生松动，导致通信收到干扰。

第二种类型故障的主要原因为 EL9410 损坏后供电能力下降，导致 EL6731 供电能力不足，数据无法正常传输。

▶ 事故处理措施及结果

（1）对于第一种现象，因为故障点较多且可以在极短的时间复位，甚至自行复位后机组可以运转数天。因此故障较为难以处理，故障可自行复位，内部通信存在干扰可能性较大，硬件损坏概率较低。

1）首先对连接组态，查看组态内 Device 10（EL6731）的状态，点击 reset counter

进行置位清零；点击 refresh 进行刷新，进行查看通信质量，见图 2-69；正常情况下通信正常全部为 0，如有异常数据会增加并有计数；可根据具体信号数值判断异常子站点。

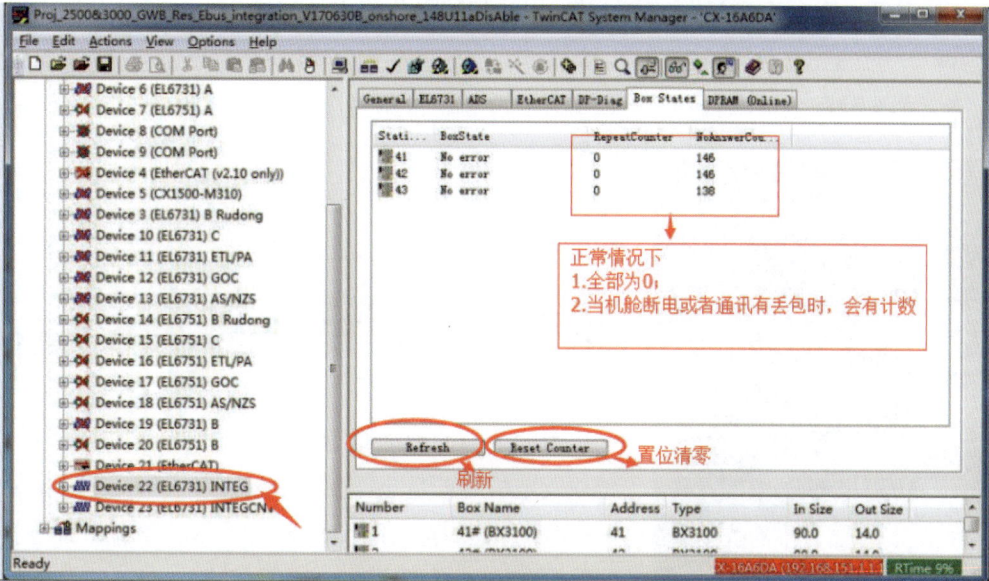

图 2-69　组态查看通信质量

2）通过组态查看 Device 4（Ethercat），在 Ethercat-Advanced settings-diagnosis-online view 设置增加 change 信号查看 online 列模块状态是否 op 及 CRC 数值，见图 2-70。可通过模块状态及变化数值确认异常通信模块，正常状态下，CRC 数值都为 0；如果不为 0，则该模块和该模块前、后都可能损坏。对相应的模块进行倒换后观察故障是否转移。

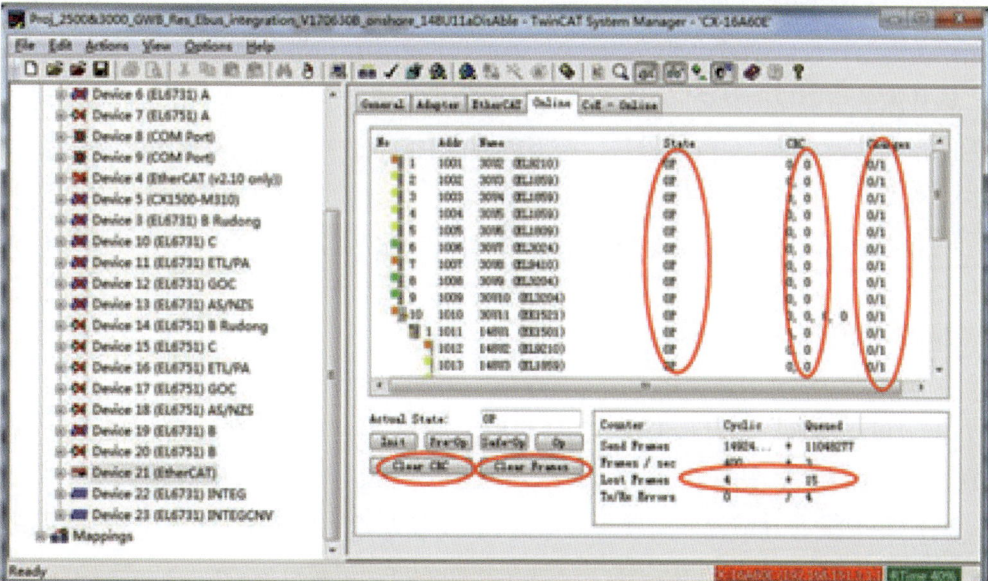

图 2-70　组态查看 op 及 CRC 数值

3）如果检查发现所有通信均正常，首先检查 DP 头是否有异常，和正常的柜体倒换 DP 头和 BX3100，做好记录并进行观察。同时对柜体内线缆进行绑扎。

4）如果故障现象依旧未变化，对报出故障的柜体将柜体内模块一分为二分别倒换到其余两个变桨柜，观察故障是否转移。

5）如果故障依旧未转移，更换滑环到变桨柜的信号电缆。涉及 10 台机组，没有发现硬件损坏的现象。最终确认为机组滑环信号电缆绑扎不合理，发生松动，导致通信受到干扰。滑环到变桨柜信号电缆在滑环拨叉上绑扎，扎带数量少而且机组长期运行后出现松动，在 2018 年 3、4 月的半年检修后，对信号线缆进行绑扎，该故障没有再报出过，绑扎效果见图 2-71。

查明故障的原因是滑环拨叉为锥形方钢，横截面积越往发电机方向越小，在机组运行一段时间后，扎带会向横截面积小的位置滑动，导致滑环信号电缆受到干扰而报出故障。对后续的整合柜机型和 3S 机型上公司以及滑环拨叉进行了改进，在滑环拨叉设置绑线槽，方便用扎带进行捆绑，从设计上杜绝了该问题。

图 2-71　重新绑扎的信号电缆

（2）对于第二种现象，因不可复位故障处理相对简单。EL6731 亮灯不正常，无数据传输。造成的原因可能是 EL6731 本体损坏或者是其前、后模块损坏。

1）更换 EL6731 前面的测温模块 EL3204，发现故障未消除。

2）更换 EL3204 前面的模块 EL9410。EL9410 供电端子主要是给右侧端子供电。在机组中主要给后续端子模块进行 24V DC 供电，更换后机组恢复正常。

该故障的主要原因是 EL9410 损坏后供电能力下降，导致 EL6731 供电能力不足，数据无法正常传输。因此更换该模块，若不更换模块，仅仅按照正常处理 E 总线故障的模块插拔紧固，重启 CE 均不能使机组恢复正常。

经上述系统分析处理后，2018 年后该故障发生率有显著的降低，2019 年该故障减少到三次。整个故障的处理取得了明显的效果。

▶ **同类原因分析**

1. 变桨柜内 DP 回路问题

（1）DP 头损坏。其是指 DP 头的插针损坏，DP 头内部的终端电阻损坏，终端电阻不为 220Ω。

（2）DP 线路损坏或接线问题。其是指 DP 线或光纤存在断点、虚接、红绿线接反、进出线接反、DP 头 on 和 off 拨错（1、2 号柜为 OFF，3 号柜为 ON），以及 DP 线屏蔽线没有接好或 DP 线和交流电源（400V/230V）绑扎在一起，造成干扰也会产生 DP 通信故障。

（3）外部线路虚接或器件损坏造成的内部干扰。例如，滑环长时间没有维护、变桨柜内 400V 进线动力线的中性线虚接、400V 的端子排生锈、变桨充电器 NG6 内部有线虚接脱落，滑环信号电缆和动力电缆绑扎不牢等，都会导致机组容易报 41、42、43 变桨子站总线故障。

2. DP 主站及其子站模块损坏或者物理地址错误

主要指的是变桨柜内 BX3100 损坏或者没有上电。PLC 通信模块的物理地址和软件中设置的地方不一样，检查子站的物理地址是否正确，如与实际配置不符，应立即调整。1～3 号柜对应的子站为 41、42、43。

3. 普通模块损坏

（1）变桨柜内 BX3100 或者其他 PLC 模块、变桨柜内的信号防雷损坏等都会导致该故障发生。例如变桨柜中的 KL3204 通信芯片损坏，KL3204 与 BX3100 之间的 K-Bus 通信不通，进而影响到 BX3100 工作不正常，也会报变桨子站总线故障。在此种情况下，KL3204 之后所有 PLC 模块都不工作，指示灯全灭。

（2）机舱柜中的 E 总线模块损坏，导致 EL6731 和 EK1501 通信不通，进而影响到 BX3100 工作不正常，也会报该子站总线故障。例如，机舱柜 E 总线供电模块 EL9410 损坏也会导致变桨数据与 EL6731 不通导致机组报出变桨子站总线故障。

▶ 隐患排查重点

（1）设备维护。

1）检修时，注重检查变桨柜内 BX3100 供电回路接线是否有松动现象。

2）若机组通信故障是由于 BX3100 供电引起的通信类故障，可根据现场实际情况进行相应技改，沿海地区机组运行环境较为恶劣，湿空气进入模块内部，会造成供电模块报出故障，若现场出现此类故障较多，可将供电模块升级为密封性更好的供电模块。

3）同厂家不同批次的供电模块也存在故障现象不同的状况，可根据相邻风电场同类型机组进行相应的备件申请，降低故障频次。

（2）运行调整。

1）机组很多通信故障是由于滑环长时间运行，造成轨道灰尘较大，滑环供电不良，通信丢失，报出的大量故障。若项目现场滑环较脏，建议风电场在小风季对全场机组滑环进行拆解，全面维护，可大大降低通信故障的发生。

2）变桨系统通信故障直接影响风机收桨：若三个变桨供电都出现问题，就会造成风机飞车，给风电场带来非常严重的损失；若风电场存在供电模块批量故障问题，建议现场提早技改，加强风电机组安全、稳定运行的措施，以防出现重大的安全事故。

2.1.5 变桨位置比较故障事故案例及隐患排查

▶ **事故表现**

机组故障之后执行了安全停机，并且停在安全位置，之后主控 PLC 不再进行数据记录，所以想要找到停机之后的变桨数据只能从中央监控的瞬态数据中找出。导出瞬态数据，查找变桨相关的数据见图 2-72（瞬态数据是以 7s 为一个周期记录数据变化）。

2021 年 5 月 12 日 22:43:26，1 号叶片停留在 87°，直到 22:44:08 叶片的角度出现在 92.59°，这段时间显然是叶片停机之后，又出现了其他的故障，造成变桨继续冲限位。在此先进行一些可能发生故障的假设：接近开关失效，挡块晃动。继续观察叶片的变化情况。

2021 年 5 月 13 日 00:14:26，叶片变桨到 94.84°，叶片角度变化过程如图 2-73 所示。

主要信息时间	叶片1角度	叶片2角度	叶片3角度
22:43:12	35.81	35.65	35.91
22:43:19	63.54	63.34	63.93
22:43:26	87.41	87.69	87.56
22:43:33	87.41	87.69	87.58
22:43:40	87.41	87.69	87.58
22:43:47	87.41	87.69	87.58
22:43:54	87.41	87.69	87.58
22:44:01	87.41	87.69	87.58
22:44:08	92.59	87.69	87.58
22:44:15	92.59	87.69	87.58
22:44:22	92.59	87.69	87.58

图 2-72 瞬态数据 1

主要信息时	叶片1角度	叶片2角度	叶片3角度
0:14:04	92.97	87.69	87.58
0:14:11	92.97	87.69	87.58
0:14:18	92.97	87.69	87.58
0:14:26	94.84	87.69	87.58
0:14:33	94.84	87.69	87.58
0:14:40	94.84	87.69	87.58
0:14:47	94.84	87.69	87.58
0:14:54	94.84	87.69	87.58
0:15:01	94.84	87.69	87.58
0:15:08	94.84	87.69	87.58

图 2-73 瞬态数据 2

2021 年 5 月 13 日 08:27:48，叶片变桨到 95.8°，叶片角度变化过程如图 2-74 所示。

2021 年 5 月 13 日 08:48:46，叶片变桨到 101.05°，叶片角度变化过程如图 2-75 所示。

A	EE	EF	EG
主要信息时	叶片1角度	叶片2角度	叶片3角度
8:26:58	94.84	87.69	87.58
8:27:05	94.84	87.69	87.58
8:27:12	94.84	87.69	87.58
8:27:19	94.84	87.69	87.58
8:27:27	94.84	87.69	87.58
8:27:34	94.84	87.69	87.58
8:27:41	94.84	87.69	87.58
8:27:48	95.8	87.69	87.58
8:27:55	95.8	87.69	87.58
8:28:02	95.8	87.69	87.58
8:28:09	95.8	87.69	87.58
8:28:16	95.8	87.69	87.58

图 2-74 瞬态数据 3

A	EE	EF	EG
主要信息时	叶片1角度	叶片2角度	叶片3角度
8:48:39	95.8	87.69	87.58
8:48:46	95.8	87.69	87.58
8:48:54	101.05	87.69	87.58
8:49:01	115.13	87.69	87.58
8:49:08	129.13	87.69	87.58
8:49:15	137.55	87.69	87.58
8:49:22	143.55	87.69	87.58
8:49:29	157.77	87.69	87.58
8:49:36	173.99	87.69	87.58
8:49:43	188.13	87.69	87.58
8:49:50	202.3	87.69	87.58
8:49:57	216.5	87.69	87.58
8:50:01	222.6	87.69	87.58
8:50:09	238.83	87.69	87.58

图 2-75 瞬态数据 4

从图 2-75 可以看出，08:48:54 开始已经是齿形带断裂，之后叶片的运动轨迹如图 2-76 所示。

叶片角度的变化如下所述：

5 月 12 日，1 号变桨柜的叶片从发电位置顺桨到停机位置（87.41°），这个过程是变桨执行停机的过程，再从 87.41° 变桨到 92.59°，并且在 87.41° 保持了 45s 左右的时间，证明刚开始的停机过程中，87°接近开关起到了保护作用。之后，87°接近开关因为某种原因保护失效，继而叶片走向 92.59°，停止变桨，此时 92°限位开关起保护。

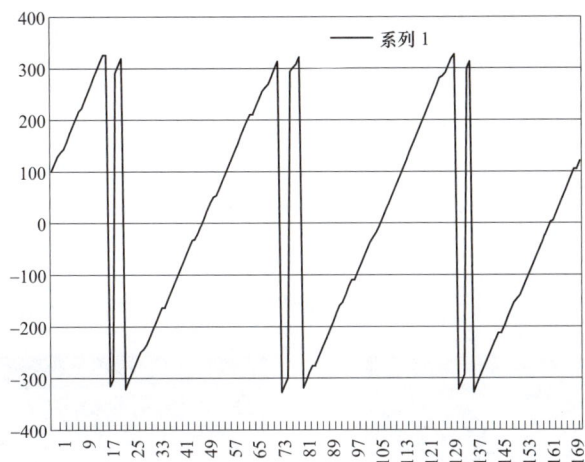

图 2-76 瞬态数据 5

5 月 13 日，1 号变桨柜叶片从 92.59°→92.97°→94.84°→95.8°变化过程中限位开关是一直起到保护作用的，可能是挡块的晃动造成限位开关短暂的恢复后，叶片变桨继续触发限位开关执行保护。从 95.8°之后，叶片角度一直变化，限位开关已经走出了挡块的范围，不能再触发保护，之后的结果就是冲断齿形带。叶片角度的具体变化过程如图 2-77 所示。

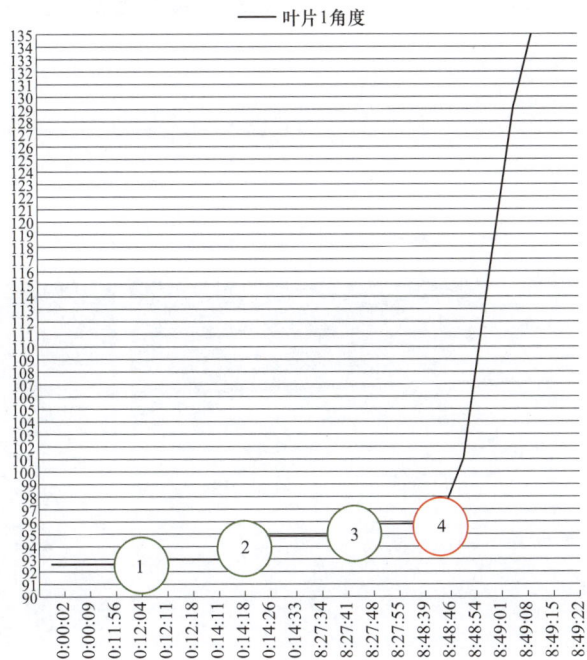

图 2-77 叶片角度变化过程

▶ **事故根本原因**

挡块的晃动，不断地被触发、释放，叶片的变化过程在 92.59°、94.84°、95.8°位置出现停顿。从 95.8°之后，限位开关完全出了挡块的范围，未被触发，逆变器继续工作执行变桨导致齿形带断裂，机组报出故障。

▶ **事故处理措施及结果**

1. 根本原因分析

检查故障机组的 87°接近开关、92°限位开关都没有损坏迹象，且都能正常工作，如图 2-78 所示。

从挡块上可以明显看到限位开关走过留下的痕迹，如图 2-79 所示。

图 2-78　接近开关、限位开关

图 2-79　挡块

以上分析证明了，接近开关和限位开关都进行了正常的保护工作，且保护过程中未出现损坏现象。导致保护失效的根本原因为固定的挡块螺钉松动，导致挡块偏离原来位置，使变桨系统的保护一次次失效。松动的螺栓如图 2-80 所示。

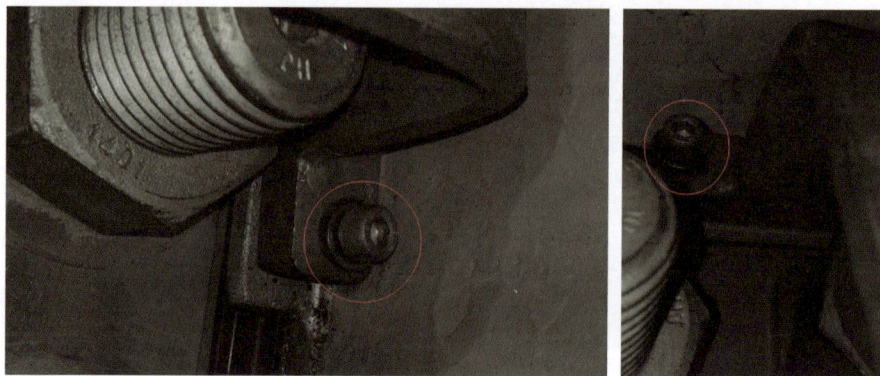

图 2-80　松动的螺栓

固定的螺栓松动之后导致挡块不能在正常的位置，所以才出现了接近开关和限位开关在保护过程中失效，87°接近开关失效之后叶片继续执行急停变桨，冲向 92°限位开关，变桨的限位开关是通过 K3 继电器的触点，控制驱动器 F1 使能端口，使逆变器停止变桨。电路原理图见图 2-81。

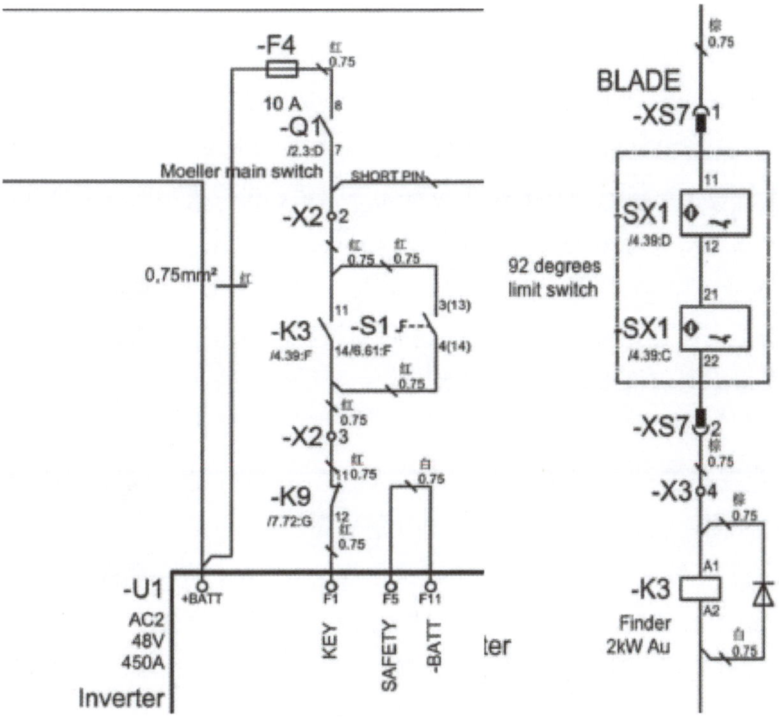

图 2-81　电路原理图

在 5 月 13 日的变桨过程中，限位开关由于挡块的晃动，不断地被触发、释放，从而出现了叶片的变化过程在 92.59°、94.84°、95.8°位置出现停顿。从 95.8°之后，限位开关完全走出了挡块的范围，不再被触发，逆变器继续工作，执行变桨导致齿形带断裂。

2. 结论、解决方案及效果

通过故障文件以及中央监控数据，可以判定此次故障原因是固定的挡块螺栓松动导致的变桨保护失效，并且根据数据初步还原了叶片冲断齿形带的过程。

▶ 隐患排查重点

（1）设备维护。

1）现场在安装挡块时，需要给挡块螺栓加强紧固，并打螺纹锁固胶做防松标记，建议在机组维护的过程中也将此项作为检查。

2）现场在调试变桨时，接近开关、限位开关都应该正常触发，且限位开关走到挡块正面时不能被冲断造成失效。

3）调试或者维护时，都要清理轮毂里面的杂物，避免由于叶轮旋转，轮毂里面遗留物品打坏接近开关或者限位开关。

4）故障发生后，通过机组的故障文件检查87°接近开关是否被重复点亮，查看开关量是否多次重复由1变为0，然后由0变为1，若存在此种情况可能是接近开关或者挡块松动，登机后应着重检查此处。

5）检修时，多次验证87°、5°接近开关是否工作正常，若不正常应及时进行调整，并观察接近开关与挡块的距离是否合适，若距离过大应及时进行调整。

6）故障处理后，一定要确定挡块安装位置是否正确，应进行变桨测试，个别风电场出现过由于挡块安装错误，造成叶片卡在0°位置无法收桨、机组飞车的重大事件，所以现场恢复完成后，应重复确定挡块位置是否在正确位置。

7）检修时，检查5°、87°接近开关回路是否正常，应重点检查变桨柜上哈丁头是否有松动现象，若松动应及时紧固。个别机组由于螺栓断裂，将哈丁头固定卡扣砸坏，现场无备件用胶带固定，现场检修发现应及时处理。

（2）运行调整。

1）记录变桨位置比较故障，对频发机组小风天气进行巡检，查明问题原因，重点对电磁刹车控制与叶片位置检测和检查5°、87°挡块等回路。

2）处理变桨位置比较故障，由于部分工作决定着机组安全、稳定运行，建议一定要有经验丰富员工带队进行处理，避免由于人员失误造成重大财产损失。

3）针对老旧机组进行专项巡检消缺，根据项目风速、机组运行状态合理安排消缺进度。

2.1.6　变桨通信故障事故案例及隐患排查

▶ 介绍栏

1. 变桨距控制系统

变桨系统安装在风力发电设备的轮毂内，其可以实现三个叶片独立电动变桨，每个叶片上都有一个备用电池箱或蓄电池，以维持当电网掉电、变桨供电或控制单元故障时，系统能正常工作。三个轴柜驱动器间通过以太网连接至 EtherCAT 耦合器 EK1100 模块上，再通过 CANopen 通信模块 EK6751 和 EK6731-0010 模块经过防雷模块传至滑环底座，最后通过滑环内部滑道连接至 6731-0000 上，形成一个完整的通信回路。具体通信回路如图 2-82 所示。

2. CAN 总线介绍

CAN 总线是德国 bosch 公司为解决现代汽车中众多的控制与测试仪器之间的数据交换而开发的一种串行数据通信协议。它是一种多总线，通信介质可以是双绞线、同轴电缆或光纤通信，速率可达 1Mb/s，通信距离可达 10km。CAN 协议的最大特点是废除了传统的站地址编码，而代之以对通信数据块进行编码，使网络的节点数理论上不受限制。

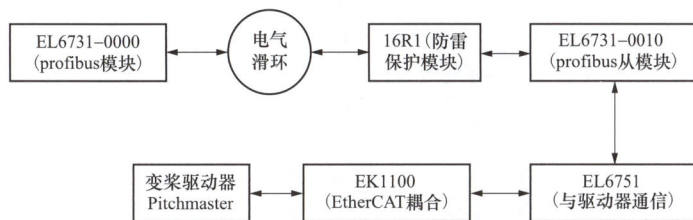

图 2-82　通信回路图

▶ **事故表现**

某风电场 2021 年 9 月 22 日 1 号机组报变桨系统通信故障，当时风速为 4.36m/s，通过主控界面观察变桨系统数据都为 0。该风电机组主控系统和变桨系统通常采用现场总线（CANopen）进行通信，由于设备转动和电磁环境复杂等原因，导致变桨系统故障大多是瞬间动作，其中动力电缆的干扰信号窜入信号电缆、通信线固定不牢或者模块、滑环都可能引起"变桨系统通信故障"。

▶ **事故根本原因**

滑环损坏造成变桨系统与机舱之间通信中断，变桨数据丢失，机组报出故障。

▶ **事故处理措施及结果**

1. 故障排查分析过程

（1）通信模块。通过模块状态灯显示，可最直观地排除相关故障。将风机设置到服务模式，打开机舱上主控柜门观察 EL6731 Profibus 通信主/从模块状态，故障灯对应故障如表 2-8 所示。

表 2-8　　　　　　　　　　　　故障灯对应故障表

RUN 绿灯	灭	EtherCAT 初始化状态 INIT
	2Hz 闪烁	EtherCAT 准备操作状态 PREOP
	1Hz 闪烁	EtherCAT 安全模式状态 SAFEOP
	亮	EtherCAT 正常操作模式 OP
BF 红灯	灭	主站、从站工作正常
	1Hz 闪烁	主站正常，至少一个从站正常
	亮	主站通信故障
CPU-Error 红灯	亮	EL6731 CPU 错误
	2Hz 闪烁	EL6731 初始化

轮毂内检查 EtherCAT 耦合器 EK1100 模块，具体状态显示如图 2-83 所示。

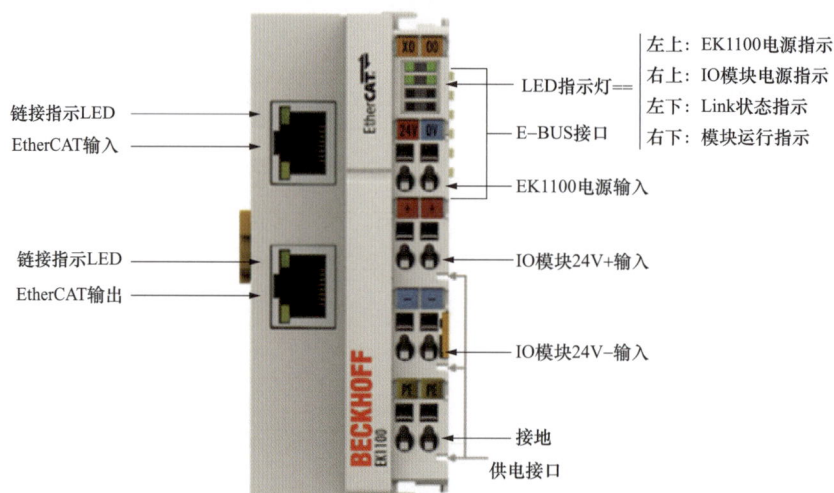

左上：EK1100电源指示
右上：IO模块电源指示
左下：Link状态指示
右下：模块运行指示

链接指示LED
EtherCAT输入

LED指示灯
E-BUS接口

EK1100电源输入

链接指示LED
EtherCAT输出

IO模块24V+输入

IO模块24V-输入

接地
供电接口

图 2-83　EtherCAT 耦合器具体状态显示图

（2）通信回路。若通信回路有断点或者通信线固定不牢靠会造成通信闪断，从而报出故障。可将 profibus DP 头拆下，用万用表打至欧姆挡测其 DP 头的 3、8 插针之间的阻值。如果测得为 110Ω，则可判断机舱与轮毂之间的通信线路正常，DP 头无损坏、滑环正常。若测其 DP 头阻值不为 110Ω，则进行分段测量找其故障点。可将检测线路分为两段：第一段，主控柜 DP 头至滑环航空插座母针段；第二段，滑环航空插座公针至轮毂轴 3 控制柜 DP 头。

断电，将滑环的航空插头卸下，用万用表欧姆挡测量航空母针 4、5 之间的阻值，若为 220Ω，则可判断主控柜 DP 头至滑环航空插头之间的线路正常，DP 头无损坏。可继续进行第二段检查。若不为 220Ω，则该线路存在问题，疑似可能的问题有：

1）DP 头损坏（方法：将 DP 头卸下并打开，将与之相连的线卸下，单独测量 DP 头 3、8 间的阻值，若为 220Ω 则 DP 头正常；若为其他值则该 DP 头需进行更换）。

2）DP 头通往航空插头的线及航空插头本身（方法：用万用表蜂鸣挡进行校对）。DP 头内部部件如图 2-84 所示。

2. 故障处理过程。

（1）登机检查，使用万用表欧姆挡测量滑环航空插头公针 4、5 之间的阻值为 100Ω，说明滑环航空插头公针至滑环底座再至轮毂线路异常，由此判断出故障出在滑环至轮毂内部。

（2）判断轮毂轴 3 柜的 profibus DP 头是否损坏，将 DP 头卸下并打开，并将与之相连的线卸下，单独测量 DP 头 3、8 间的阻值，测得电阻为 220Ω，说明 DP 头正常。

（3）拆解滑环，手动转动滑环听其声音运转不正常，将滑环保护壳拆解开，发现滑环内部通信滑道损坏，造成变桨与机舱直接通信中断机组报出故障。对故障修复后风机正常运行。

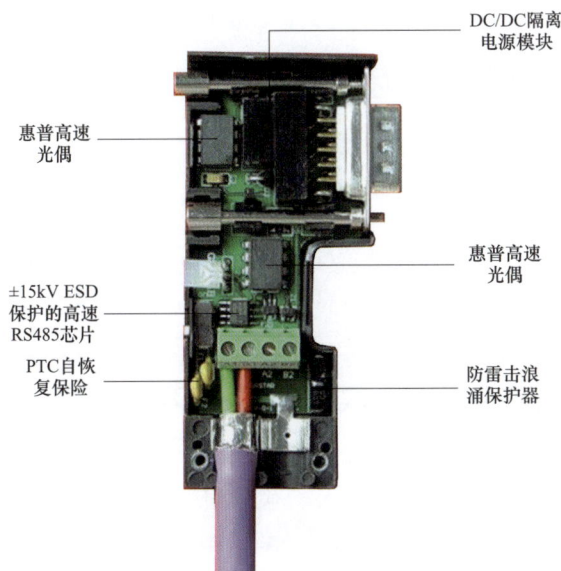

图 2-84 DP 头内部部件

▶ 隐患排查重点

（1）设备维护。

1）在维护状态下的 DP 通信故障现象。在维护状态下，如果机组发生 DP 通信故障，就地面板会显示"某子站总线故障"或"某子站电源故障"，在就地面板上，这个子站的所有数据都为 0。

2）在并网状态下的 DP 通信故障现象。当机组在并网时，如果机组发生 DP 通信故障，除在面板上"某子站总线故障"外，主控还会在 CF 卡中生成故障 F 文件和故障 B 文件。故障文件中会显示通信站点状态不正常，通信数据有丢失。

3）查找故障方法。①DP 回路接线错误。主要指 DP 线存在断点，DP 线有虚接，DP 线红、绿线接反，DP 线进、出线接反，DP 头 on 和 off 拨错。②子站物理地址错误。指的是 PLC 通信模块的物理地址和软件中设置的地方不一样。③主控程序组态配置或下载存在问题。主要指软件中组态的倍福模块的配置和实物对应错误。④DP 主站模块损坏。主要指的是 CX1500-M310（1.5MW 使用）、CX5020-M310（2.0MW 使用）和 EL6731 这三种模块。⑤DP 子站模块损坏。子站模块损坏，主要指的是 BC3150、BK3150、BX3100 模块损坏或者没有上电。⑥普通模块损坏。除 DP 主站和 DP 子站之外的其他 PLC 模块损坏，例如，变桨柜中的 KL3204 通信芯片损坏，KL3204 与 BC3150 之间通信不畅，进而影响到 BC3150 工作不正常，也会报变桨子站总线故障。在此种情况下，KL3204 之后所有 PLC 模块都不工作，指示灯全灭。再例如，主控柜中的 KL 模块通信芯片损坏，KL3204 与 BK3150 之间通信不畅，进而影响到 BK3150 工作不正常，也会报该子站总线故障。⑦DP 头损坏。指 DP 头的插针损坏，DP 线虚接，DP 头内部的终端电阻损坏，终端电阻不为 220Ω。⑧DP 线的整体屏蔽未接好。干扰造成 DP 线屏蔽线没有接好或 DP 线距离交流电源线（尤其是 690V）很近时，也会产生 DP 通信故障。

（2）运行维护。

当出现 BC3150 在箱变断电后、上电后丢程序或者远程刷程序后丢程序问题时，人员需要在轮毂内部本地给 BC3150 更新程序，更新程序的步骤按照调试手册执行。唯一不同的操作是，在程序更新中需要断电时，直接断 24V 电，断 BC3150 的 1 号线，不要断 Q1 开关。

2.1.7　直流变桨系统"BIT"故障事故案例及隐患排查

▶ **事故表现**

某风电场 165 台风电机组安装使用某品牌直流变桨系统，本品牌直流变桨系统分为"第一代"与"第二代"产品，其中 A 风电场安装使用 132 台"第一代"变桨系统，B 风电场安装使用 33 台"第二代"变桨系统。这两代变桨系统均易报"变桨充电器 Bit"类故障。此故障在变桨系统故障中：A 风电场占比 20%，B 风电场占比 47%。

▶ **事故根本原因**

在变桨充电器 AC400/500 对电池柜的温度有监测和故障设定，其温度故障值为 55℃。高温环境情况下，导致轮毂内温度过高，从而导致三个电池柜温度都高，PLC 不输出接触器吸合命令，最终触发故障。

▶ **事故处理措施及结果**

1. 故障逻辑

当变桨系统电池充电器（AC400 或 AC500）报警后，内部继电器断开，变桨 PLC 丢失充电器的 1 个及以上信号（Bit1 或 Bit0），便会触发"error pitch battery charger error bit0 sys X"或"erro pitch battery charger error Bit1 sys X"故障。

2. 原因分析

变桨充电器内部电路如图 2-85 所示。无论是 AC400 还是 AC500 充电器，充电器内部有逻辑控制单元，并设置 22 个故障，故障列表如图 2-86 所示，只要其中一个报警触发，则会断开相应的继电器从而触发变桨的充电器故障。行业内常说的 bit0 与 bit1 其实应该是 bitO 与 bitI 故障。从图 2-86 中可以看出作用于 relay2 的故障有 15 个（bitI），作用于 relay1 的故障有 7 个（bitO）。

要想解决此类故障的"bit"类频发故障，就要找出此充电器所报故障具体类型，而这两代变桨系统在变桨系统设计上，电池充电器的充电原理不同，所以在故障表现上不同，针对两类变桨系统分别做以下分类分析。

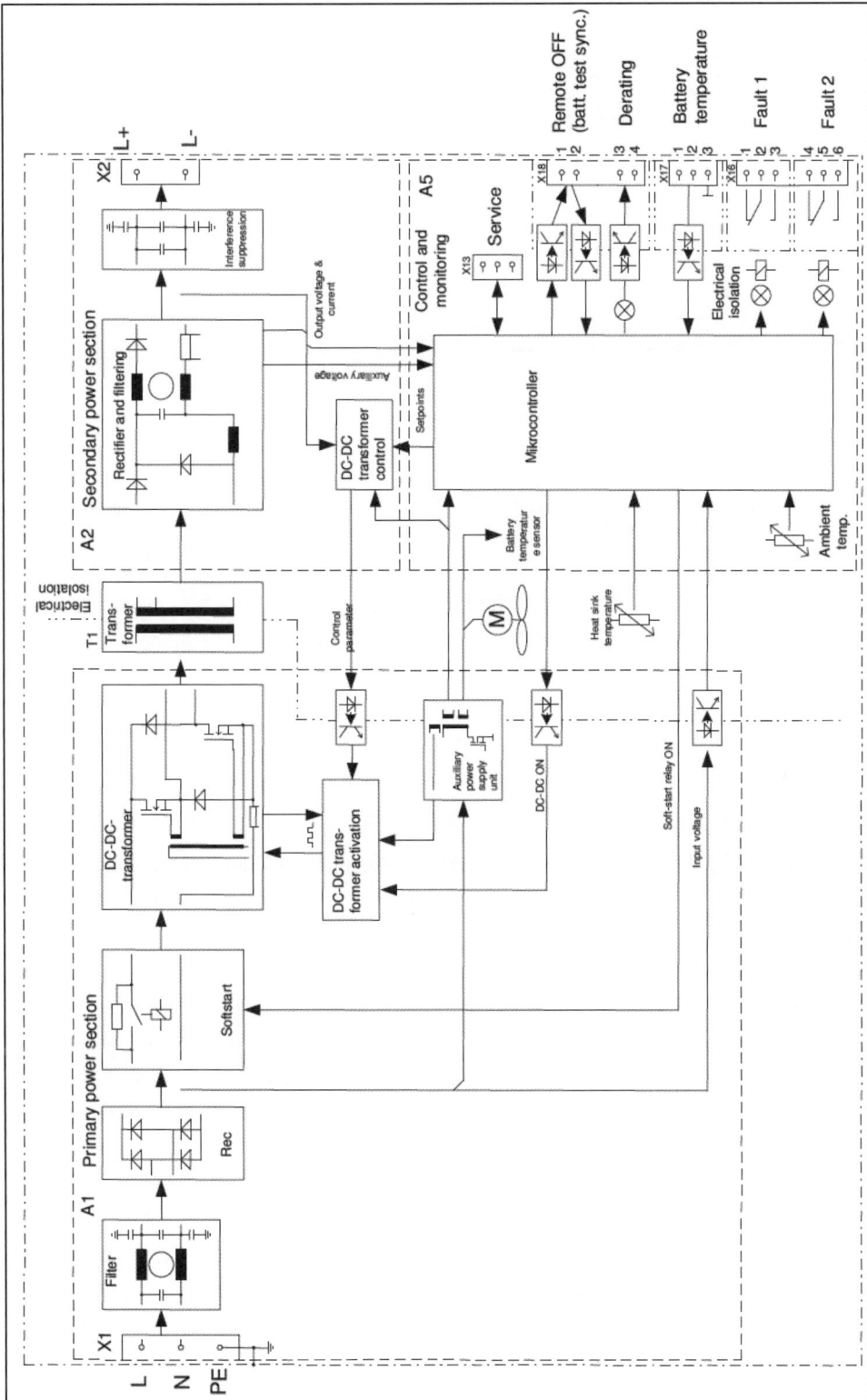

图 2-85 变桨充电器内部电路图

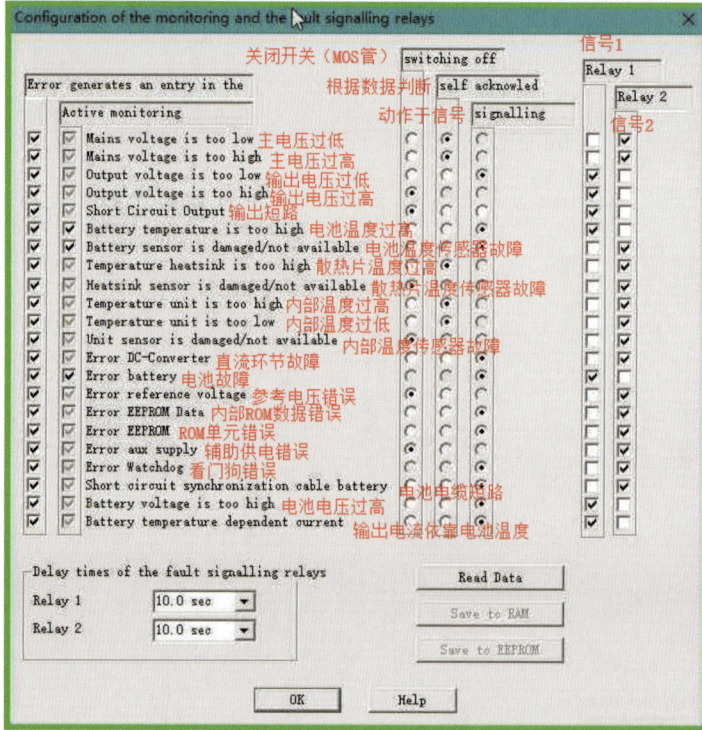

图 2-86　变桨充电器故障列表

（1）A 风电场。本次随机抽取了 A 风电场的 8 台风电机组，成功下载了 22 个变桨充电器的故障记录，如表 2-9 所示。每个变桨充电器只能保存最近的 100 条故障，可能最近故障未解决会导致本故障次数偏高，但根据故障记录可以看出风电场变桨充电器的故障类别较多，其中故障频次最高的为 Mains voltage is too high（输入电压高），次数达到 755 次，充电器内缓存此故障累计 3596 次（仅缓存此故障），其次是电池故障 174 次、温度类故障 305 次，输入/输出电压低类故障 93 次。

表 2-9　　　　　　　　　　A 风电场 22 个变桨充电器的故障记录

序号	故障名称	故障次数
1	Mains voltage is too high 输入电压高	755（累计 3596）
4	Error battery 电池故障	174
3	Battery temperature dependent current limitation is active 电池温度达到限定值	164
6	Battery sensor is damaged/ not available 电池温度传感器失效	83
7	Mains voltage is too low 输入电压低	83
5	Battery temperature is too high 电池温度过高	50

续表

序号	故障名称	故障次数
8	Output voltage is too low 输出电压低	10
2	Temperature unit is too high AC400 内部温度高	8

根据分析：Mains voltage is too high（输入电压高）故障是由于此机组的 400V 系统中性点未接地，如图 2-87 所示。由于三相负载不对称、各相对地绝缘电阻不对称、各相分布电容不对称，机组带接地故障运行等原因，中性点的对地电压会产生漂移，从而导致单相电压忽高忽低，且"地电位"不能钳位为 0，短时的电压抬升则会触发 Mains voltage is too high（输入电压高）故障，短时的电压跌落则会导致 Mains voltage is too low（输入电压低）故障。

Battery sensor is damaged/not available（电池温度传感器失效）故障是由于电池温度传感器断路或短路造成，现场多发为传感器线路断线导致。温度传感器导线断裂示意图见图 2-88。

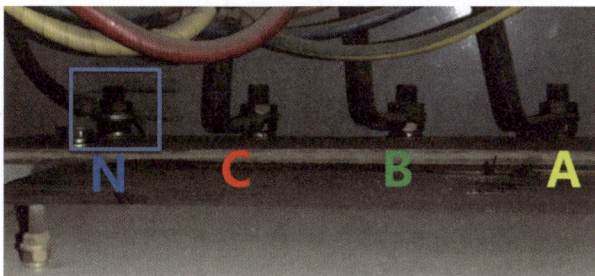

图 2-87　400V 系统中性点未接地

图 2-88　温度传感器导线断裂

Battery temperature is too high（电池温度过高）风场普遍原因为电池损坏（鼓包、漏液）导致温度过高或加热器温控开关损坏导致温度过高。由于充电器有温度限制，一旦电池柜温度超过 [−20～+45℃] 区间范围，便会导致此故障 Battery temperature dependent current limitation is activec（电池温度达到限定值）。Temperature unit is too high（内部温度高）AC400 内部超过 75℃，则触发此故障。

（2）B 风电场。"第二代"变桨系统与"第一代"变桨系统有所区别，其充电回路由 1 个充电器、3 个接触器和 3 个电池组组成，见图 2-89。由变桨 PLC 控制 3 个接触器轮回充电，时间间隔为 20min，切换充电回路的同时也要切换电池温度传感器回路。

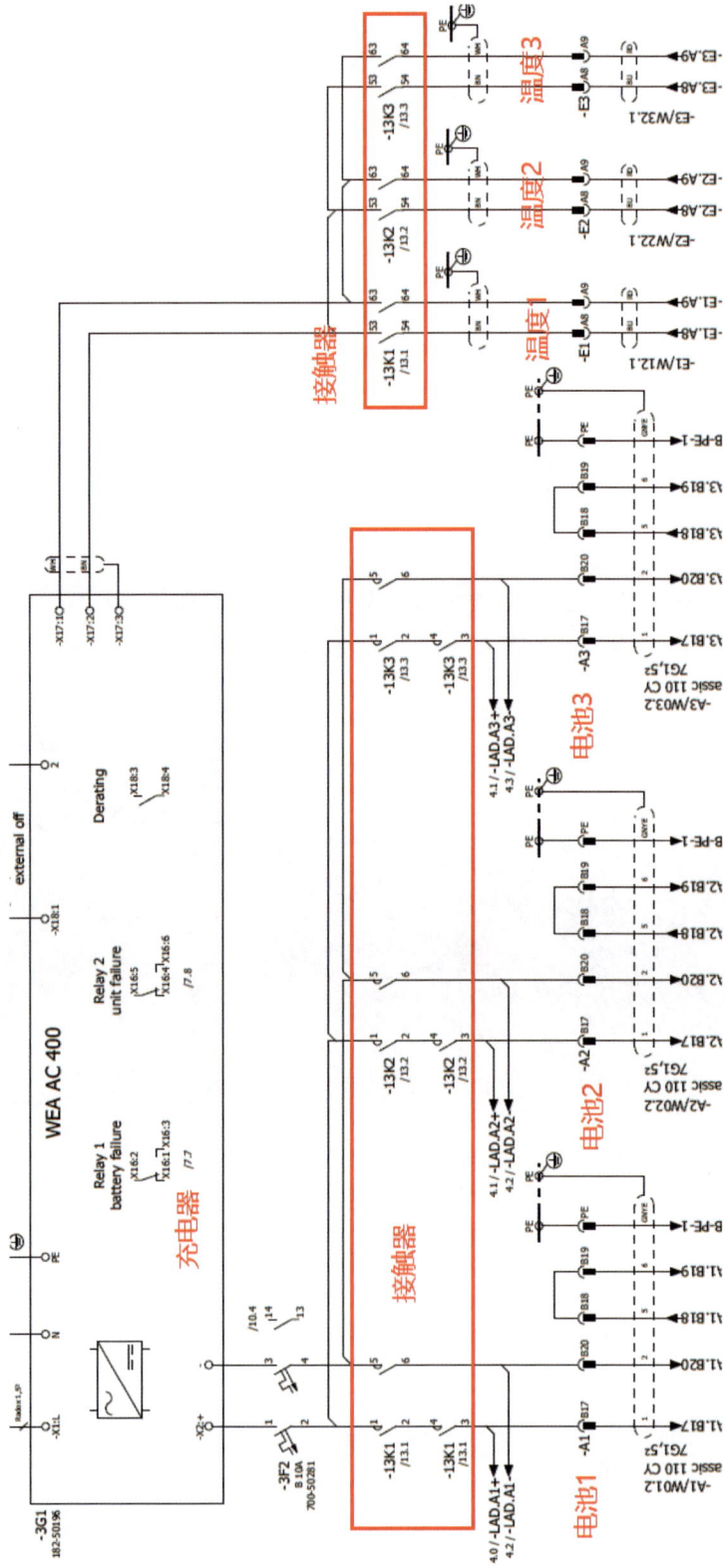

图 2-89 "第二代"变桨电池充电回路

通过调取 7 台机组的 AC400 故障文件，分析归类主要有以下两种情况：

（1）输出电压高导致"bit"类故障。从图 2-90 中可以看出，此台机组每小时最多触发 3 次，最少触发 1 次"输出电压高故障"，刚好和 20min 轮回充电一次的逻辑相符，可以判断此故障是在切换充电回路时触发的此故障。

No.	Oper.	Error	Min- or	Error	Unit State
100	2097 h	Output voltage is too high	270.5 V	5319.7 sec	Stop
99	2097 h	Output voltage is too high	265.6 V	< 0.1 sec	Stop
98	2097 h	Output voltage is too high	292.7 V	0.1 sec	Stop
97	1968 h	Output voltage is too high	266.0 V	73.3 sec	Stop
96	1968 h	Output voltage is too high	267.4 V	< 0.1 sec	Stop
95	1968 h	Output voltage is too high	265.3 V	< 0.1 sec	Stop
94	1967 h	Output voltage is too high	267.0 V	< 0.1 sec	Stop
93	1966 h	Output voltage is too high	266.3 V	< 0.1 sec	Stop
92	1965 h	Output voltage is too high	268.8 V	< 0.1 sec	Stop
91	1965 h	Output voltage is too high	267.7 V	< 0.1 sec	Stop
90	1964 h	Output voltage is too high	269.5 V	< 0.1 sec	Stop
89	1964 h	Output voltage is too high	268.4 V	< 0.1 sec	Stop
88	1964 h	Output voltage is too high	267.4 V	< 0.1 sec	Stop
87	1963 h	Output voltage is too high	265.6 V	< 0.1 sec	Stop

图 2-90　输出电压高类故障

根据登塔检查测试发现，每当控制电池充电接触器断开时，将会大概率触发此故障。该变桨系统使用的充电接触器型号为 SIEMENS 3RT1017-1BB41，见图 2-91。"第二代"变桨系统中使用的《充电接触器手册》见图 2-92，根据手册解释此接触器为三相电动机用交流接触器，在 400V 额定电压时，标准通过电流为 12A，而实际所接回路为 230V DC，输出电流最大为 1.2A，在正常使用时此接触器是满足要求的。

图 2-91　"第二代"变桨系统中使用的充电接触器

图 2-92 "第二代"变桨系统中使用的《充电接触器手册》

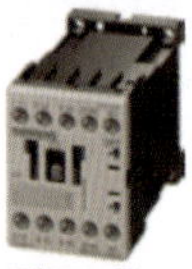

但在接触器断开时，AC400 充电器并不会关闭输出，因此此接触器是带直流充电电流断开的，以图 2-93 为例来解释。

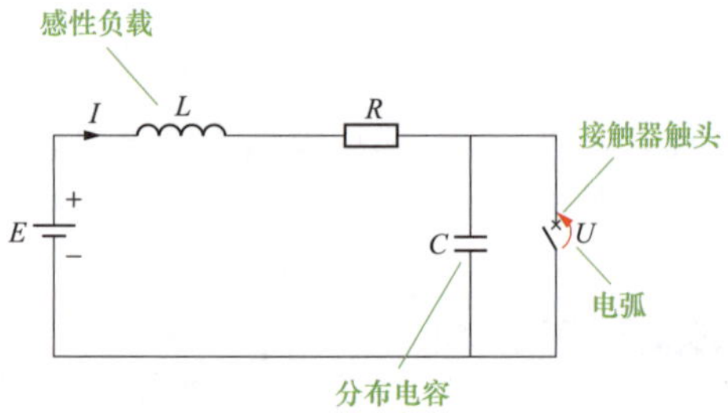

图 2-93 充电回路简图（未画出电池组）

根据简图可列出的计算式为

$$E = L\frac{dI}{dt} + RI + U \qquad (2-1)$$

式中：E 为电源电压；U 为动静触头电弧电压；I 为充电电流+接触器断开的电弧电流。

由于充电器内有感性负载 L，当 I 趋近于 0 时，电感的感应电动势最大，则 U 可达到 U_{max}，于是可得出

$$U_{max} = E - L\frac{dI}{dt}\bigg|_{I \to 0} \qquad (2-2)$$

从式（2-2）中可以看出，除去电感量 L、断开时间 t 由设备参数和特性决定且无法修改外，要想解决此问题就只能从电弧电流 I 来入手，I 变化率越小，则 U 越小。由于对感性负载及能量守恒来说，此电流可能凭空减小，只能使用某种设备来降低或吸收此部分能量，从而降低电流变化率，对于这种突变电流可以使用阻容吸收来降低电流变化率，或使用 TVS 管来钳位输出电压。

（2）接触器不吸合导致"bit"类故障。接触器不吸合类导致的故障截图见图 2-94。可以看出，此类故障是先报出 Battery temperature dependent current limitation is active（电池温度达到限定值）故障，再报出 Battery sensor is damaged/ not available（电池温度传感器失效）故障，最后报出 Error battery（电池故障）。

43	66305 h	Error battery	----	1248.2 sec	Running
42	66305 h	Battery sensor is damaged/not available	----	1624.8 sec	Running
41	66305 h	Battery sensor is damaged/not available	----	17.6 sec	Running
40	66303 h	Battery sensor is damaged/not available	----	6553.5 sec	Stop
39	66303 h	Battery temperature dependent current limitation is active	----	16.8 sec	Stop
38	66303 h	Battery sensor is damaged/not available	----	0.5 sec	Stop
37	66303 h	Battery temperature dependent current limitation is active	----	2.1 sec	Stop

图 2-94 接触器不吸合类导致的故障截图

从图 2-94 所示的时序中可以进一步表明，先是报出"温度传感器不在曲线范围内"，然后报出"温度传感器失效"，最后报出"电池故障"。

因为 AC400 检测温度有一定延迟，所以电池温度在传感器断开时可能会先触发"电池温度达到限定值"，再触发"电池温度传感器失效故障"，所以当电池温度传感器断开时必定会触发"传感器失效"，但不一定会触发"温度传感器不在曲线范围内"故障。最后报出"电池故障"的原因是 AC400 每隔 5min 降低输出电压，检测电池电压低于定值会触发此故障。

综上所述，以上 3 个故障均是由于传感器导线断开和电池导线断开导致，这两类导线接在一个接触器上，由此可以判断此故障是由于接触器长时间断开导致的，且是三个接触器都不吸合。

根据测试发现，接触器是否能吸合与变桨 PLC 采集的各电池柜体温度有关，一旦本电池柜温度超过限定值则此电柜的接触器就不会吸合。目前，程序的温度限制为 45℃，12 版程序为 50℃，测试波形见图 2-95。

B 风电场所处地区环夏季环境温度高，2021 年夏季极端高温可达 37℃，平均高温可达 30℃以上。当年 5～7 月轮毂温度散点见图 2-96，通过分析 5～7 月的轮毂温度可以看出，仅有轮毂温度高出 50℃点很多，也有小部分散点超过 55℃。

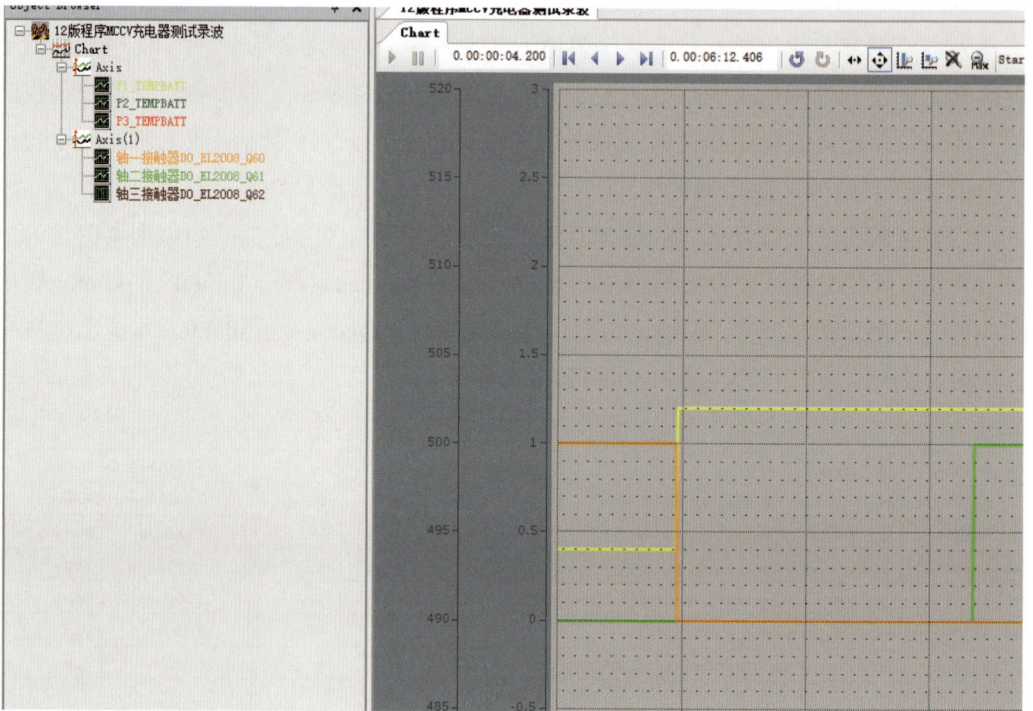

图 2-95　12 版程序测试波形

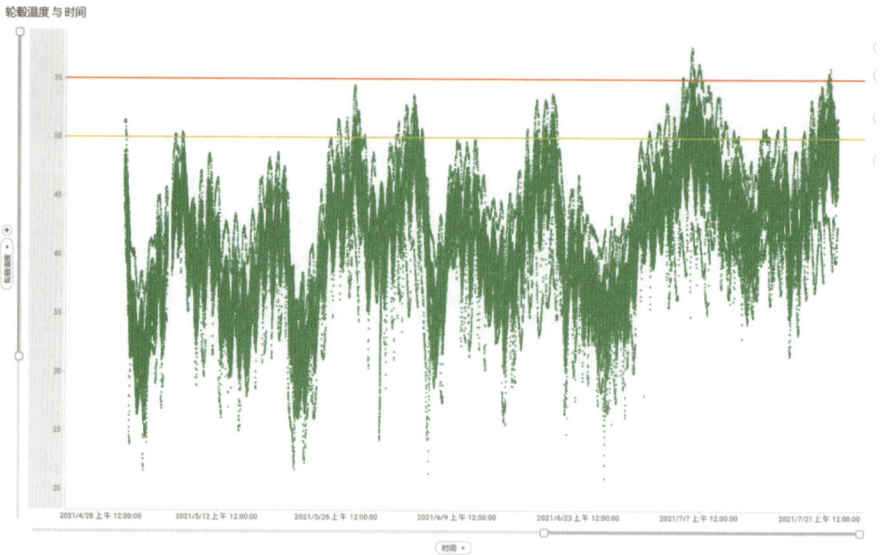

图 2-96　5～7 月轮毂温度散点图

　　由此得到：在这种高温环境情况下，轮毂内温度过高，从而导致 3 个电池柜温度都高，PLC 不输出接触器吸合命令，最终触发故障。因此调整故障触发值或采取降低变桨柜温度的措施可消除此故障。

▶ **隐患排查重点**

（1）设备维护。

1）购置充电器时对关键元器件使用条件、质量严格把关，确认工艺符合风电产品使用条件。若出现充电器故障频繁，现场应进行及时技改或更换成熟型充电器。

2）检修时，排查充电器充电电压是否正常。

3）检修时，断开变桨充电器电源，将单只叶片从87°往0°变桨，0°往87°变桨。若超级电容不能支撑2次变桨动作，则需将超级电容进行更换。

4）现场多数充电器反馈丢失故障，多是由于充电器损坏或反馈信号线松动，报出充电器故障。为了减少故障发生，建议检修维护时按5）～9）进行排查。

5）检修时，排查充电器指示灯是否工作正常。

6）检修时，排查充电器400V供电接线是否牢固。

7）检修时，排查充电器至倍福模块3路（温度、AC2ok信号、充电器OK信号）接线是否有松动现象，尤其注意充电器出线侧插排是否松动。

8）检修时，排查10Q1工作是否正常，若旋到ON时供电不正常应及时进行更换，检修时应重点排查。

9）检修时，给充电器充电、送电，并观察NG5工作是否正常（声音、散热风扇等）。

（2）运行调整。

1）对频发机组小风天气进行巡检，查明充电器故障的问题原因，重点检查充电器OK信号至倍福模块的反馈线。

2）针对区域性、季节性明显的充电器故障情况，定制相应技改方案（如更换启动电容等）。

3）巡视与定期维护相结合，在定期维护项目中对10Q1、充电工作状态、反馈信号等进行检查。

2.1.8　变桨轴承故障事故案例及隐患排查

▶ **事故表现**

某风电场运维人员在日常登机巡检中发现风机变桨轴承外表面出现渗油脂现象，并有一定开裂情况。其开裂情况发生在与轮毂连接侧的变桨轴承外套圈，非常靠近叶片侧轴承滚道堵球孔侧，如图2-97所示。

针对此情况，为避免事故扩大，将变桨轴承拆卸进行深度检查。通过对拆卸下的变桨轴承观察，此次故障主要集中在变桨轴承。其轮毂铸件未受到损坏，开裂发生在堵球孔导销部分并扩展至下部堵球孔部位，如图2-98所示。

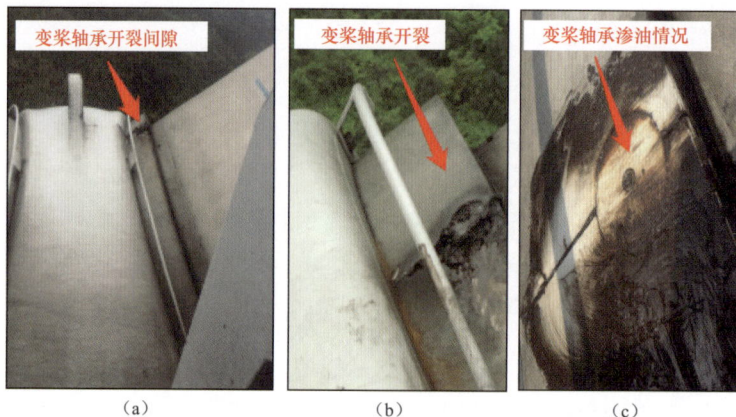

图 2-97 风机变桨轴承表面情况

（a）变桨轴承开裂间隙；（b）变桨轴承开裂；（c）变桨轴承渗油情况

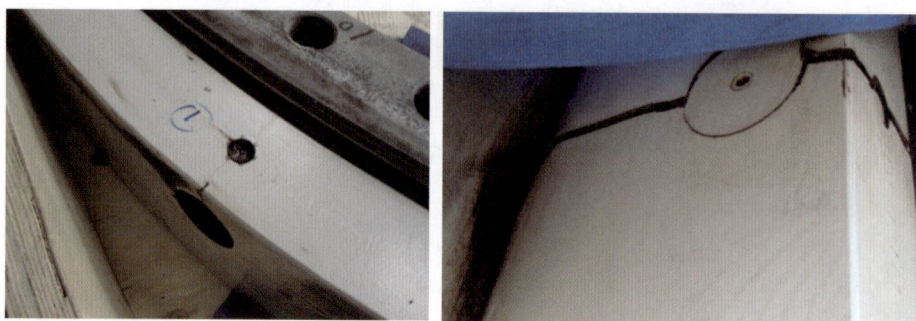

图 2-98 拆卸后变桨轴承开裂情况

在拆下的轮毂变桨轴承未断裂面中发现有油脂泄漏、堵球销腐蚀等现象，说明已有开裂前期趋势。其断裂面开裂部位是在高应力区域、堵球孔尖锐边缘及堵球销孔锥形边缘部位，如图 2-99 所示。

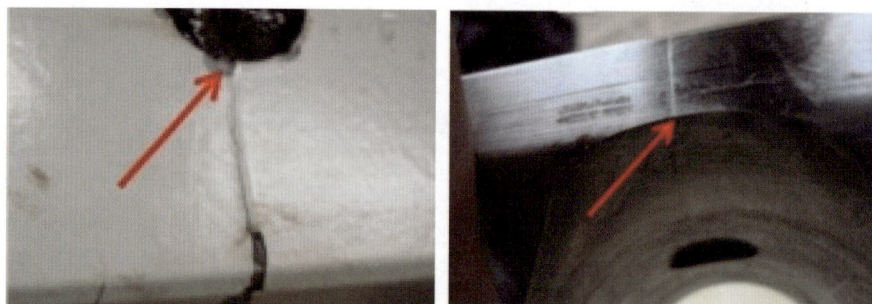

图 2-99 堵球塞拆卸后变桨轴承外套圈表面外观情况

▶ 事故根本原因

1. 变桨轴承表面及断口分析

变桨轴承堵球塞和堵球孔均有锈蚀情况，如图 2-100 所示。其主要由于堵球销与轴承孔洞之间存在间隙且堵球孔有变形导致堵球梢位置有水进入轴承，这是造成锈蚀的直接原因，锈蚀导致部件疲劳强度减小。

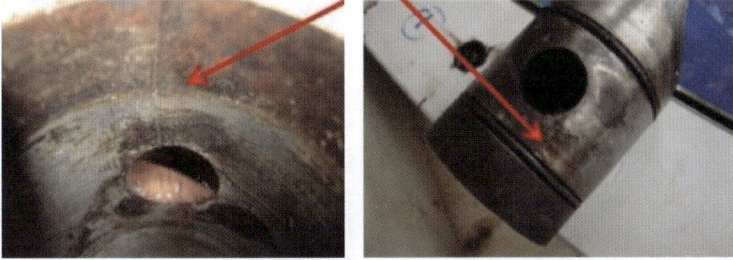

图 2-100 堵球塞与堵球孔表面锈蚀情况

以开裂表面为基础，选择典型断口位置使用扫描电镜进行处理分析，电镜检查试样如图 2-101 所示，电镜扫描情况如图 2-102、图 2-103 所示。

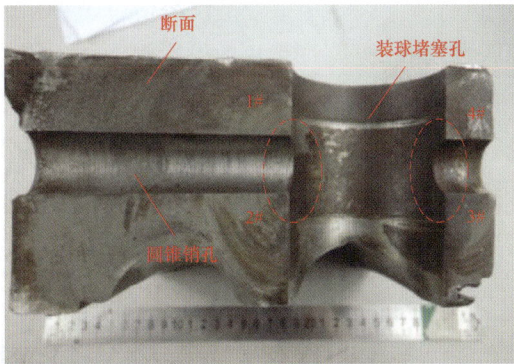

图 2-101 电镜检查试样

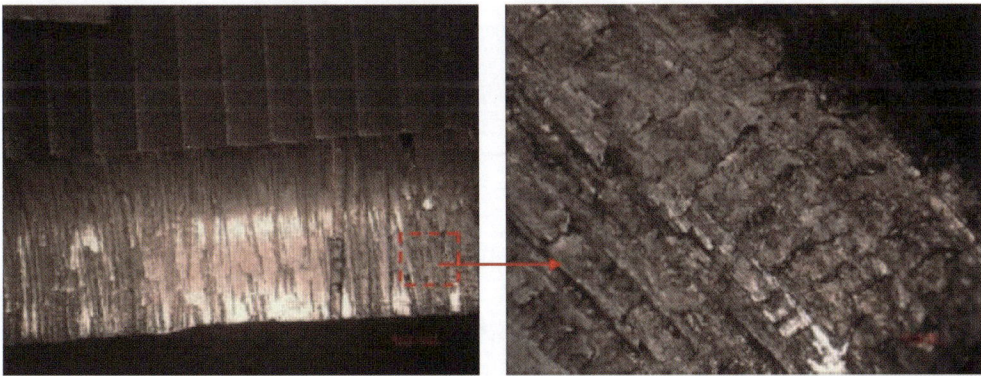

图 2-102 圆锥销孔内表面低倍形貌

从图 2-101 可知，电镜检查试样存在明显的锈蚀现象，装球孔左侧区域轻微锈蚀，装球孔及其右侧区域锈蚀严重，且两孔相交处属于明显的应力集中区域，但是电镜扫描试样两孔相交边缘处（如图 2-101 所示的红圈）未做倒角处理，因此造成开裂现象主要是圆锥销与销孔配合不良，以及销孔内壁存在微裂纹导致疲劳断裂。

图 2-103　断面微观形貌

从图 2-102、图 2-103 可见，孔壁存在严重的磨损沟槽，沟槽底部可见大量细小台阶，台阶扩展方向与沟槽方向垂直，且边缘存在明显的撕裂台阶和明显的疲劳辉纹，辉纹间距较窄且有明显的韧窝形貌，说明被扫描试样断口存在较严重的带状偏折。

2.　变桨轴承堵球孔结构分析

运维人员发现的变桨轴承开裂位置，即靠近叶片侧堵球孔位置，如图 2-104 所示。开裂位置有大量的油脂外泄漏，如图 2-105 所示。

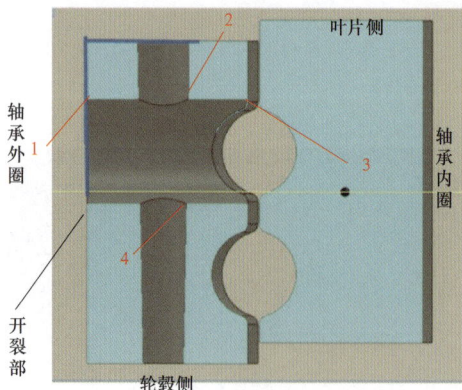

图 2-104　失效位置截面图

图 2-105　拆卸下的堵球塞

从图 2-104 可以看到，该部分轴承结构由于堵球塞孔和堵球销孔的存在，局部变得薄弱，从拆卸下的堵球塞边缘出现刺边，结构组合中的尖角部分未做倒角处理，两孔相交处属于明显的应力集中区域，可能加剧堵球孔位置的疲劳损伤。首先从堵球销处产生开裂，扩展到堵球塞，最终造成轴承外圈外侧环切断，变桨轴承疲劳开裂。

3. 变桨轴承堵球孔位置分析

堵球孔位置作为变桨轴承的设计薄弱点，应避免堵球孔处于在最大载荷区域，堵球孔位置的工艺处理需避免应力集中。该风场机组堵球孔位于 18°（开裂位置）和 198°位置，该区域属于非最大载荷区，但其疲劳载荷较大。根据图 2-106 可以看出，该风电场风力发电机组堵球孔布局位置有 150°～180°、345°～360°，其位置均靠近疲劳载荷区，将堵球孔位置布置在 210°和 330°附近区域更有利于变桨轴承的受力。由上述可知，堵球孔位置布置不当也是变桨轴承开裂的原因之一。

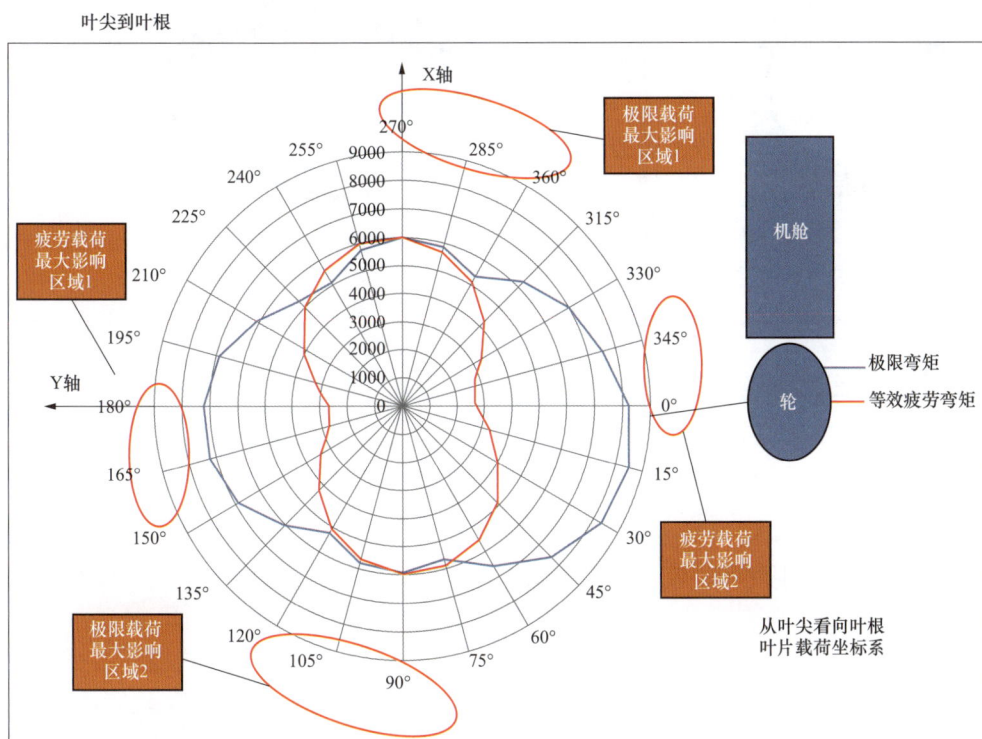

图 2-106　叶根受力分布雷达图

4. 变桨轴承连接结构及刚度分析

通过理论计算和有限元仿真分析，结果如图 2-107 所示。轴承滚道及螺栓的极限和疲劳强度满足安全要求，但由于出现螺栓松动和断裂，变桨轴承的承载区域发生变化，局部区域出现应力超大，同时导致轴承运转不顺畅。同时，由于山地风场湍流度大、风况载荷较复杂，可能出现非正常风况，导致变桨轴承载荷超出额定设计载荷，也可导致轴承运转出现偏差。轴承外圈螺栓采用盲孔，现场叶片刚度经过改造，不断加固的叶片造成与变桨轴承连接刚度不匹配现象，引起结构件的变形较大，不利于变桨轴承整体的受力，从而导致变桨轴承发生损伤。

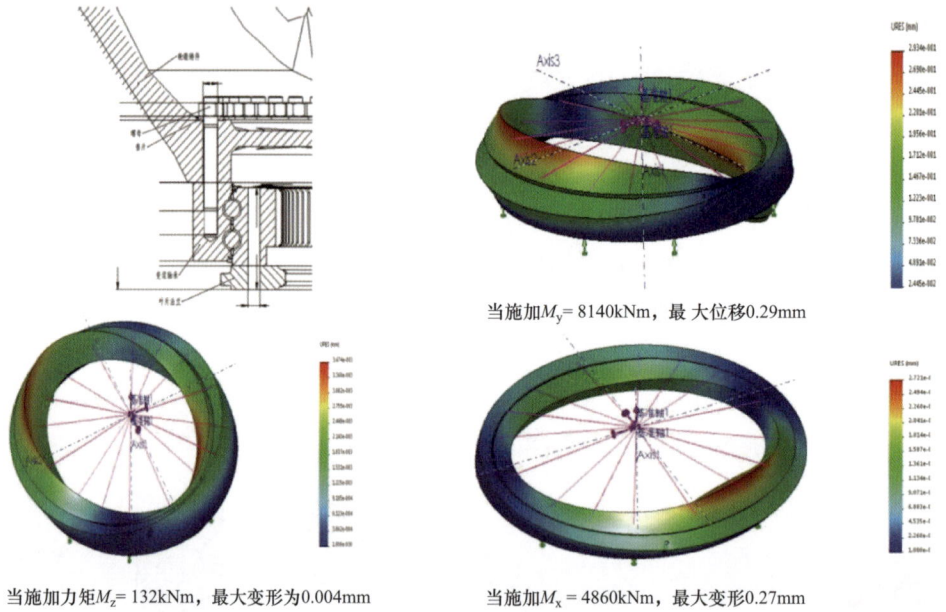

当施加 M_y= 8140kNm，最大位移0.29mm

当施加力矩 M_z= 132kNm，最大变形为0.004mm

当施加 M_x = 4860kNm，最大变形0.27mm

图 2-107   变浆轴承变形云图

▶ **事故处理措施及结果**

1. 加强变浆轴承本体结构

变浆轴承截面如图 2-108 所示。在维持原机组轮毂安装接口一致的情况下，将原轴承的外径增加 8mm，轴承内、外圈高度增加 30mm，轴承本体的截面积增加能显著提高轴承抗弯、抗扭的刚度和强度，使得轴承运行过程中变形更小、轴承内部滚动体的接触应力更均匀。

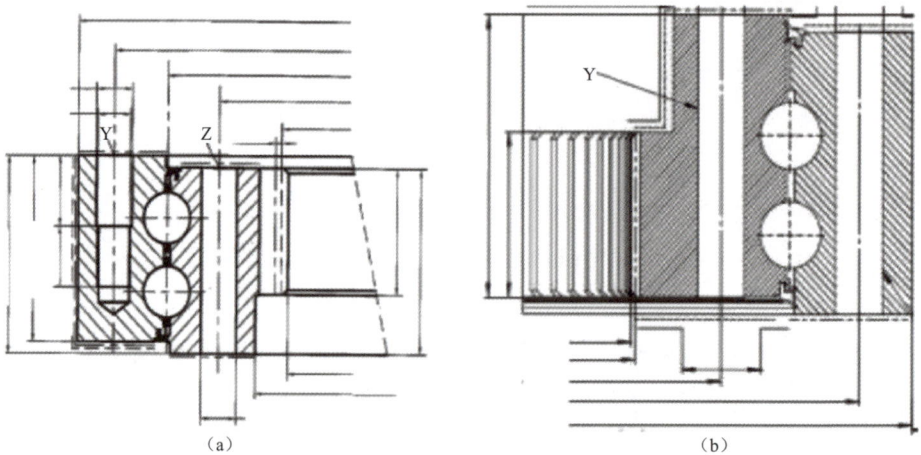

（a）   （b）

图 2-108   变浆轴承截面图

（a）原机组变浆轴承；（b）优化后的机组变浆轴承

2. 优化变桨轴承堵球孔位置

根据叶根载荷分布图，将轴承外圈堵球孔位置，以叶片零位为基准，沿顺时针方向由18°与198°分别调整至324°与330°，使得外圈堵球孔位置的应力更小，有利于提高轴承外圈薄弱环节的疲劳强度，实际优化后如图2-109所示。

3. 优化螺栓连接结构

（1）增加变桨轴承与轮毂之间的螺栓连接刚度。将轴承外圈的螺栓安装孔由原来的盲孔改为通孔，并采用双头螺柱连接轮毂，螺栓连接的夹紧长度随轴承外圈高度增加而加长，从而提高了连接螺栓的疲劳寿命；将轴承外圈的叶片侧端面由螺母压紧，并加装防止动垫板，从而使得轴承外圈承受螺母的压应力，有效提高轴承外圈的疲劳寿命；将轮毂与轴承外圈的连接螺栓维护力矩仍然可以在

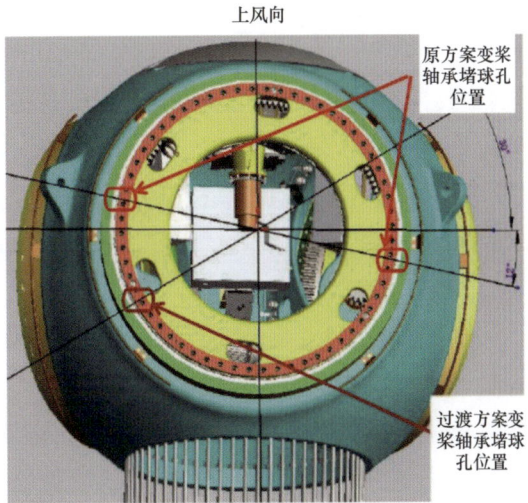

图 2-109　变桨轴承堵球孔位置

轮毂内施加，保证了维护便捷性，有利于通过有效维护来规避螺栓松动带来的轴承连接刚度丧失的风险。

（2）增加变桨轴承与叶片之间的螺栓连接刚度。更换原叶片根部螺栓，调整螺栓安装预紧值，规避螺栓重复施加扭矩后复用的风险；使叶片螺栓连接的夹紧长度随轴承内圈高度增加而加长，从而提高了连接螺栓的疲劳寿命。

▶ **隐患排查重点**

（1）设备维护。

1）山地风场湍流度大、风况载荷复杂，若变桨轴承产品的质量本身存在问题，就有可能出现堵球塞、锥销和堵球孔配合不当等问题，所以建设期间及进行相关技术改造时必须把控产品质量；其次通过及时、规范的风机现场维护工作确保变桨轴承可靠的运行环境，避免堵球销、堵球塞组合的尖锐边缘处于高应力区域，减少轴承堵球孔处存在应力集中与变桨轴承的冲击载荷，保障轴承的使用寿命。

2）轴承断裂主要发生在轴承—轮毂连接螺栓负载集中的区域，断口方向为外圈径向，断面疲劳裂纹扩展明显。通过失效分析和现场运维判断轴承外圈断裂主要原因是设计裕度不足导致的。由于轴承强度不够，容易引发螺栓断裂，周期性交变载荷和螺栓断裂又加剧了轴承负载和变形，导致疲劳裂纹扩展和轴承断裂。部分风电场风轮组装、更换轮毂—轴承连接副螺栓时，由于采用的润滑方式不同，导致螺栓轴力差异较大、受力较大，以及应力集中区域的螺栓容易先期断裂，使得轴承更容易出现裂纹，发

生断裂。

3）加强风电检修管理。若风电场定检运维注脂不足、注脂不规范，以及排油孔堵塞和密封不严等，使得滚珠和轨道之间长期润滑不良，导致轴承出现不同程度的磨损剥落，部分磨损剥落严重，进而导致变桨过程卡涩；在安装叶片变桨轴承时，该机组未考虑轴承软带应避开轴承负载较大的区域，使得软带及其过渡区域易发生磨损；此外，机组的防雷设计存在缺陷，雷电流直接通过叶片轴承，造成叶片轴承滚珠与滚道间容易产生电蚀损伤。

4）加强厂家的入场风机质量检验。可以建议厂家在提高轴承材料性能和制造工艺条件的同时，增加淬火硬度层厚度，优化内轨道面过渡位置的倒角和注油孔内表面几何形状，降低局部结构应力和疲劳接触应力，进而提高轨道周边结构强度。

5）若风电场变桨轴承故障率较高，可做相应技改。在保持螺栓接口尺寸和轴承滚珠轴向和金相相对位置不变的条件下，轴承外圈外径增厚10mm，轴承内圈内径增厚10mm，内、外圈在轴向增厚10mm，以便提高变桨轴承的刚度，进而提高承载叶片轴向力、径向力和倾覆力矩，降低轴承变形，改善螺栓受力等。

（2）运行调整。

1）变桨轴承属于大部件，若发生损坏可能导致叶片掉落，造成严重的事故，因此轴承故障是不容忽视的问题，应加大检修质量，延长轴承的寿命。

2）变桨轴承损坏时，一般会报出5°、87°接近开关故障，因此报出此故障时，建议风电场立即停机对轴承进行排查。

2.1.8.2 变桨轴承开裂故障2

▶ **事故表现**

在巡检某风电场的过程中发现，一期2MW机组的变桨轴承存在裂纹，如图2-110所示。

图2-110 变桨轴承裂纹

对于风机而言，风机变桨轴承的状态直接关系到风机能否在设计寿命期内安全、可靠的运行，风电场风机变桨轴承裂缝的出现不但极大程度地影响结构的使用性能和使用寿命，甚至可能会因为轴承开裂导致风电机组损伤和人员伤亡，造成极大的生命和财产损失。

因此，现场对轴承进行外观检查，该轴承外圈共断裂4处，断口表面相对粗糙，存在明显放射线且放射线收敛于齿根部位，在螺栓孔位置滚道以及挡边存在多处凹坑；对轴承外圈进行荧光磁粉检测，发现断口齿根处均存在微裂纹，螺栓孔位置滚道面也存在多处裂纹。

▶ **事故根本原因**

一、变桨轴承失效故障分析

为保证变桨轴承分析的可靠性，共进行以下 6 个检测项目。

1. 化学成分分析

取自轴承外圈试样，采用 OES 和 O/N/H 仪进行了化学成分分析。由表 2-10 可知，轴承外圈的化学成分符合 GB/T 29717—2013 中牌号 42CrMo 的技术要求。

表 2-10　　　　　　　　　　化 学 分 析 结 果

样品	化学成分（wt%）										
	C	Mn	Si	Cr	Mo	Ni	Cu	S	P	H	O
轴承外圈	0.43	0.71	0.25	1.14	0.19	0.028	0.024	0.005	0.013	<0.00006	0.0009
根据 GB/T 29717—2013											
42CrMo	0.41~0.45	0.60~0.80	0.17~0.37	1.00~1.20	0.15~0.25	≤0.30	≤0.20	≤0.025	≤0.025	≤0.0002	≤0.0020

2. 硬度测试

取自轴承外圈试样，进行硬度测试，其测试标准依据 GB/T4340.1—2009。测试结果如表 2-11 所示，结果显示齿面近表面平均硬度为 605 HV，齿根近表面平均硬度为 561 HV，芯部的平均硬度为 253 HV，均符合标准。

表 2-11　　　　　　　　　　硬 度 测 试 结 果

测试项目	样品	测试位置	测试结果			
			1	2	3	平均值
HV0.5	轴承外圈	1 号断口齿根近表面	566	551	565	561
HV0.5	轴承外圈	1 号断口齿面近表面	614	605	595	605
HV1	轴承外圈	芯部	256	246	256	253
根据客户提供的技术要求						

基体硬度 250~290HB，齿面表面硬度 50~60HRC，齿根表面硬度 50~60HRC
根据 GB/T 1172—1999 转换成：基体硬度 252~295HV，齿面表面硬度 512~698HV，齿根表面硬度 512~698HV

为了确定齿面和齿根的硬化层深度，采用显微维氏硬度计进行硬度梯度测试，以 40HRC（根据 GB/T 1172—1999 转换成 381HV）为硬度临界值进行硬化层深度判定。发现存在齿根、齿面硬化层深度不满足要求。

3. 拉伸测试

拉伸试样取自轴承外圈和螺栓，测试标准为 GB/T 228.1—2010，拉伸试验结果显示，轴承外圈标准取样位置处拉伸试样的拉伸性能均基本符合 JB/T 6396—2006 的技术要求；螺栓拉伸试样的性能均符合 NB/T 31082—2016 中 10.9 级的技术要求。

4. 冲击试验

试样取自轴承外圈和螺栓，根据 GB/T 229—2007 进行冲击试验，结果显示冲击试样在标准取样位置处–40℃的平均冲击吸收功值为 38J，螺栓在–45℃的平均冲击吸收功值为 57J，均符合要求。

5. 金相测试

在轴承外圈芯部以及断口齿根位置分别制取截面金相试样，依次镶嵌、磨抛和腐蚀，观察其微观组织，发现金相组织存在偏析，滚道表面裂纹尾端存在沿晶倾向，同时金相显微镜下进行非金属夹杂物的显微评定，发现非金属夹杂物不满足标准规定的要求。

6. 宏观检测与 SEM-EDS 分析

断口的断裂扩展方向是由齿根往内扩展，断口局部区域发现疲劳条纹，齿根裂纹源处内发现存在着一些夹杂物，其中较大的尺寸可达 95.87μmX37.91μm，其成分中除有高含量的 Al、Si 元素外，还含有较高含量的 K、Ti、Ca 等元素；3 号断口裂纹从齿根往内扩展，部分区域断口呈现解理断裂特征，齿根裂纹源附近发现存在较大面积的非金属夹杂物（密集分布区域达 1mm 以上），其成分除含有很高含量的 Al、Si 元素外，还含有较高含量的 K、P、Mg 等元素。将断口附近的较大 C 型齿面裂纹打开后显示其断口形貌呈沿晶特征。

根据以上试验分析变桨轴承发生失效的原因，其轴承外圈的断口裂纹源处存在较大的和密集分布的非金属夹杂物是其发生断裂的主要原因，EDS 检测显示其成分除含有很高含量的 Al、Si 元素外，还含有较高含量的 K、P、Mg 等元素，显示其属于脆性的铝硅酸盐非金属夹杂物，由于其尺寸和聚集区域大并处于断口的裂纹源区域，这大大降低了轴承外圈的疲劳强度甚至断裂强度。此外，轴承外圈的齿面硬化层裂纹以及滚道硬化层上的裂纹均发现呈沿晶特征，显示其可能为感应淬火微裂纹。

二、总结故障原因

（1）变桨轴承外圈 D 类细系非金属夹杂物等级为 1.5 级，不符合相应标准要求（≤1.0 级）。

（2）变桨轴承外圈的齿面硬化层和滚道面硬化层中所存在的裂纹呈沿晶特征，显示其可能存在感应淬火微裂纹。

（3）变桨轴承外圈断裂裂纹源均位于其齿根处，一处断口呈疲劳断裂特征，另一处断口呈解理断裂特征。

（4）变桨轴承外圈断口裂纹源处存在较大的和密集分布的铝硅酸盐非金属夹杂物，这是导致其断裂失效的主要原因。

（5）变桨轴承螺栓的拉伸性能符合相应标准要求。

▶ 事故处理措施及结果

以上原因分析可知，变桨轴承本身设计质量就会导致裂纹的产生，原先使用

FL-HSW2175D 变桨轴承，其螺栓安装部分的设计厚度较薄，而根据检查发现的断裂口多在螺栓连接处这一点不难看出，在螺栓和螺孔接口多次在交变切应力的作用下，且因载荷分布不均匀，所以导致变桨轴承出现裂纹，并且变桨轴承本身存在着微动磨损，这直接减小了变桨轴承的疲劳强度和疲劳寿命，同时风机的桨叶振荡幅度较大，在这些振荡载荷的效果下更是加快了裂纹的成型和扩张，最终导致了变桨轴承裂纹的产生。

因此，在综合考虑经济和时间效益后，风电场提出整体更换所有包含此类轴承的方案，并将变桨轴承检查列入日常风机巡检工作。

▶ 隐患排查重点

（1）设备维护。

1）部分厂家变桨轴承材料强度不够，造成机组在运行过程中产生损坏，若风电场出现轴承批量问题，可提前进行变桨轴承加固技改。

2）变桨轴承发生裂纹时，应送至专业的机构进行检查，检查齿圈中是否存在硫化物类夹杂物，硫化物类夹杂物级别评为 1.0 级；显微组织为回火索氏体+少量铁素体，并且在孔内壁剖面试样上可见腐蚀坑以及由腐蚀坑底扩展的微裂纹。

3）变桨轴承损坏后，应送至专业机构进行检测，根据该型机组变桨轴承的损坏状况和失效模式，在现有轴承连接尺寸和设计条件下，对该型机组变桨轴承进行技术升级，主要体现在以下两个方面：①在提高轴承材料性能和制造工艺条件的同时，增加淬火硬度层厚度，优化内轨道面过渡位置的倒角和注油孔内表面几何形状，降低局部结构应力和疲劳接触应力，进而提高轨道周边结构强度；②在保持螺栓接口尺寸、轴承滚珠轴向和金相相对位置不变的条件下，轴承外圈外径增厚 10mm，轴承内圈内径增厚 10mm，内、外圈在轴向增厚 10mm，以便提高变桨轴承的刚度，进而提高承载叶片轴向力、径向力和倾覆力矩，降低轴承变形，改善螺栓受力等。

4）风电机组变桨轴承批量损坏的失效模式和主要原因有轴承材料性能较低，整体和轨道等结构设计导致安全裕度较低，此外风电场维护和保养不足，也是导致其严重磨损卡涩的原因。基于失效分析的结果分析，建议风机厂家对轴承进行材料性能、制造工艺，以及整体和轨道结构进行优化设计，进而实现对该型机组叶片变桨轴承技术升级。

（2）运行调整。

1）风电机组一半左右的机器事故源于过度磨损和摩擦。风电润滑主要作用于风电机组主齿轮箱、偏航和变桨齿轮箱、制动液压控制和变桨控制、偏航轴承和主轴承等重要部件，是降低摩擦并实现风电机组安全高效运行的关键一环。因此加强检修质量管理也就变得尤为重要，在费用允许的情况下可进行全场自动润滑技改。

2）优化检修内容，建议运行十年以上的机组，进行变桨轴承全场无损探伤检测，做到提前发现问题，提前解决问题，以防设备故障停机、吊装更换，造成更大的成本损失。

2.1.8.3　变桨轴承漏脂故障

▶ **介绍栏**

变桨轴承结构，主要由轴承内外套圈、滚动体、保持架、密封圈、锥销及堵塞块等组成。由于加工工艺的限制，堵塞孔开在轴承套圈中的软带区域，堵塞孔位置也决定了轴承套圈软带位置。考虑到变桨轴承作转速很低的回转运动或间歇摆动的工作状态及其主要是由静载荷引起的失效的情况，可以采用静态模型确定堵塞孔位置。

▶ **事故表现**

变桨轴承在风场运行一段时间后，经常会出现润滑油脂从轴承密封圈唇口处泄漏。如果采用自动润滑系统的周期性润滑脂注入量不合理，漏脂的现象更为明显。大量泄漏的润滑脂堆积在密封圈处。

▶ **事故根本原因**

从风场统计情况看，变桨轴承漏脂的部位相对比较固定，该区域是叶片对变桨轴承形成倾覆力矩的压力位置。变桨轴承均设计有注油孔和排油孔，注油孔连接注油管，为轴承注脂使用，确保轴承内部润滑脂能够得到及时填充；排油孔安装有接油瓶，接油瓶主要回收轴承内部多余的润滑脂。但风场运转过程中，接油瓶内却很少或没有收集到轴承内部多余的润滑脂，润滑脂是从密封圈唇口处泄漏。而密封圈密封性差、变桨轴承沟道结构设计不良、油脂润滑效果不佳等原因都会造成变桨轴承润滑油脂泄漏的问题。

▶ **事故处理措施及结果**

1. 提高密封圈的密封性

（1）选择质量可靠的密封圈材料。国内密封圈的抗老化、抗磨损等关键性能与国外还有一定差距，当前大多风电机组制造商采用成本较高的进口密封圈材料。

（2）改善密封圈的结构。目前，国内大部分变桨轴承密封圈采用类似双唇的结构，同时增加2道直密封唇加强防泄漏效果，第1道封油唇前端与变桨轴承内圈的外圆表面紧密接触，末端与外圈的内圆表面紧密接触，其外侧凸起的弧面有利于抵消变桨轴承内部的润滑脂压力，可防止润滑脂从第1道封油唇与内、外圈之间的间隙泄漏。第2道、第3道封油唇外形呈鱼尾状，其与内圈外圆表面上的密封槽接触，两者之间存在微小的间隙，丁腈橡胶密封圈具有一定的弹性，既能保证变桨轴承正常回转，又能防止从第1道封油唇泄漏的润滑脂继续向外泄漏。第4道封油唇与外圈的嵌槽接触，可防止变桨轴承泄漏的润滑脂继续向外泄漏。防尘唇外形呈鱼鳍状，末端与内圈的外圆表面紧密抵靠，其外侧面凸起的弧面不仅保证了防尘唇与内圈紧密抵靠，而且利于加工。第1道、第2道直密封唇与外圈表面接触，可防止泄漏的润滑脂继续向外泄漏。凸台位于主密封体上，上表面为平面，同时与防尘唇之间预留了安装工具操作空间，可使用带滚轮结构的操作工具沿凸台上表面前后滚压，将密封圈压实，从而保证密封圈的密封效果。新型防泄漏密封圈整体外形呈鱼骨形，采用1道防尘唇、4道封油唇、2道直密封唇，可有效杜绝轴承内部润滑脂向外泄漏。

（3）合理维护并及时更换损坏或老化的密封圈。必须严格按规定的工艺安装或维护密封圈，避免密封圈安装不合格或密封圈损坏的情况。对漏脂变桨轴承密封圈进行检查，如发现密封圈存在老化、磨损严重、破损、翘曲变形等情况，需及时清理漏脂，并按工艺要求更换新密封圈。

2. 改善变桨轴承内部结构

（1）沟道底部沟槽。变桨轴承沟道结构设计不仅影响润滑脂在轴承内部沟道的流动性，也影响与沟道相连接的一段排脂孔的直径。润滑脂的流动性与其流经的截面形状及面积有关，截面越小，流动性越差。试验结果表明，沟道截面形状改进后润滑脂可从排脂孔顺畅排出，且密封圈无鼓包、漏脂现象。

（2）改善轴承脂孔尺寸与分布结构。当有特殊要求时，排脂孔数量、位置和规格由轴承制造商与风电机组制造商协商确定。整个排脂通道为阶梯结构，分为轴承外侧与集脂瓶相接的螺纹孔部分和靠近轴承内侧与沟道相连接的光孔部分。润滑脂流经的截面面积越小，排出时阻力越大，因此，在轴承结构允许的情况下，适量增加轴承排脂孔外侧连接螺纹孔的直径和深度，尽量使排脂螺纹孔接近沟道，以减小润滑脂排出的阻力。排脂孔靠近沟道的光孔部分由于受沟底设计槽宽限制，若改善轴承沟底结构，增大槽宽，可考虑增加排脂孔靠近沟道的光孔部分的直径，有利于排脂。变桨轴承排脂孔与注脂孔一般均为间隔分布，排脂孔轴向位置处于沟道中心。

3. 合理选择润滑脂及集中润滑系统设置

（1）选择合适的润滑脂。根据变桨轴承的实际工况、润滑脂的稠度及其与密封圈的兼容性等选择合适的润滑脂。润滑脂使用温度为$-40\sim+150℃$，应具备抗微动磨损性、极压性、抗水性、防腐性和泵送性良好等性能。

（2）选择合适的注脂量及润滑系统控制策略。强制要求变桨轴承最多只能加注70%的填充量，且使用集中润滑系统，不建议采用人工注脂的方式。考虑到变桨轴承不运行或机组长时间停机状态时集中润滑系统仍按其预设好的固定程序继续注脂，因此需对集中润滑系统的控制策略进行优化，更改注脂控制方式为变桨轴承运行时注脂，不运行时不注脂。同时参考变桨轴承变桨的角度、速度、时间及累计变桨时间等因素设计控制策略，确定注脂的频率、时间等各项指标。

（3）增加废脂清除系统。废脂清除系统的工作原理为：启动液压泵，压力油通过动力管A驱动废油吸排脂器将轴承内的废油吸入吸排脂器内腔，然后分控箱启动二位四通阀，系统换向，压力油通过动力管B驱动废油吸排脂器将排脂内腔中收集到的废脂通过集废油管集中收集到集油箱。另外，可采用真空袋代替集脂瓶来收集废脂，或者缩短废脂排出管路，增大集脂瓶管口直径等方法来改善废脂不易排出的情况。

综上，通过改进密封圈，优化沟道底部沟槽结构，改善脂孔尺寸与分布结构，合理选择润滑脂，改善润滑系统控制策略，增加废脂清除系统等措施，基本上可杜绝变桨轴承漏脂问题，从而避免因漏脂造成的风电机组故障停机，提高了变桨轴承使用寿命及风电机组可利用小时数，从而提高了发电量和经济效益。

▶ **隐患排查重点**

（1）设备维护。

1）检修时，检查变桨轴承和轮毂连接螺栓：①检查螺栓无锈蚀；②全部螺栓依照额定力矩紧固一遍，重新做防腐和防松标记。

2）检修时，检查变桨轴承密封及外观：①检查变桨轴承密封圈无油脂泄漏；②仔细检查变桨轴承整体外观无裂纹，特别是内、外圈堵球孔部位。

3）检修时，检查变桨轴承加脂：①加脂工具的容器内和油管应干净、无异物。②润滑脂内不应有异物。③检查加脂孔的螺塞无损坏。④每个螺塞孔处均匀加注；加脂时，拆下加脂孔螺塞，使用加脂枪所配的带外螺纹的油管进行加脂；该油嘴加脂完成后安装恢复。⑤根据轴承的设计加脂量进行加脂，加脂量 500～550g/半年/轴承。

4）检修时，叶片锁定设备：目测无损伤和裂纹。

5）加强环外观检查（如有）：①目测检查加强环外观有无裂纹；②安装了裂纹预警装置的，检查其线缆外观良好。

（2）运行调整。

1）运行十年以上机组，建议对全场机组轴承进行无损探伤，提前发现轴承内部裂纹，以防造成叶片掉落的严重事件。

2）采用新技术、新方案对大部件进行监测，随时监测大部件运行状态，可尽早发现问题，避免造成倒塌的重大事故。

2.1.9　变桨电池故障事故案例及隐患排查

▶ **事故表现**

变桨蓄电池是变桨直流系统中不可缺少的设备。变桨系统正常时，变桨蓄电池组处于浮充电备用状态，当机组处于紧急停机状态或者失去电网电压时，变桨蓄电池直接驱动变桨电机，将叶片收回到安全位置。在交流失电或者紧急停机状态下，变桨蓄电池作为备用能源显得尤为重要。

2021 年 5、6 月开始某风场风机频报变桨电池欠电压故障，导致风机叶片不能回到安全位置，在大风天气很容易出现超速飞车等事故。

▶ **事故根本原因**

为避免超速飞车等事故发生，自 2021 年 7 月中旬开始，风场人员利用小风天气对 24 台风机变桨电池进行深度检查维护。检查结果主要原因有蓄电池内阻失效（见图 2-111）、蓄电池架松动断裂（见图 2-112）、固定蓄电池胶失效、固定蓄电池胶垫硬化失效（见图 2-113）、蓄电池接线端子虚接氧化（见图 2-114）。

图 2-111 更换前后电池内阻

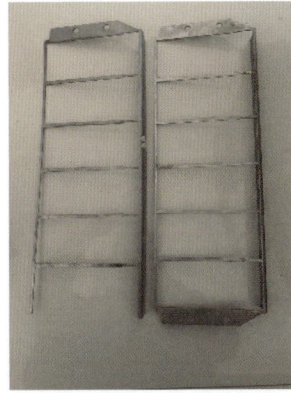

图 2-112 更换前后电池固定支架

图 2-113 更换前后固定胶垫

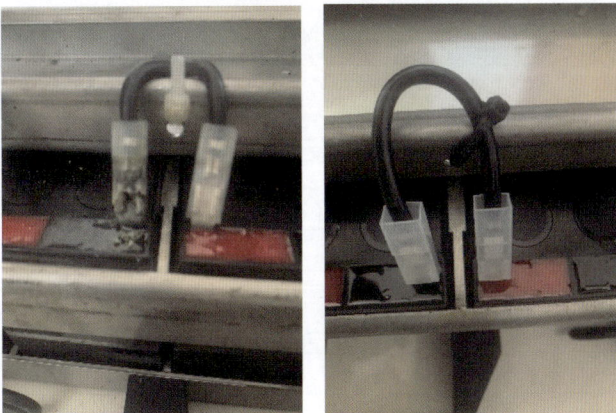

图 2-114 更换前后电池接线端子

▶ 事故处理措施及结果

针对上述问题对变桨蓄电池进行内阻测量，找出不合格的电池进行更换，检查蓄电池连接线，对接头松动的进行紧固，对蓄电池接线端子氧化和破损的进行更换，同时为了防止由于固定电池的双面胶黏性降低，风机旋转时蓄电池在支架内产生晃动，在蓄电池与固定支架处加装固定胶皮，使其更加牢固。

变桨蓄电池禁止新老组合，容量不同的变桨蓄电池不可在同一组中串联使用，风场制定专项方案将全部蓄电池进行拆除，将内阻相近的电池重新组成一组进行回装，很大程度延长了电池寿命，减少不必要的经济损失。历时1个半月多的时间，已将所有风机全部维护完成，经过对变桨电池维护后的风机，效果显著。据统计6、7月中旬，变桨蓄电池故障约10台次，故障时间89.9h，损失电量4.82万kWh，维护后近半年内未发生变桨后备电源故障，有效地解决了由于变桨电池欠电压而引发的风机停运。对设备进行优化及深度维护，使风机运行状态得到了良好的提升，减少了由于电池故障带来的电量损失，为风机日后的健康稳定运行提供了安全性保障。以F01机组变桨蓄电池测量电压为例，见表2-12。

单节变桨蓄电池内阻大于42MΩ（含连接线大于52MΩ时）或者电池电压低于12V时失效，针对测量结果，将风机电池更换，并将换下的同内阻蓄电池进行重新匹配回装。然后对每个叶片电压进行测量，电压值为310V左右，基本满足正常的电压输出需求。故障得到及时解决，保证了变桨直流系统的正常运行。

表2-12　　　　　　　　　　F01风机蓄电池内阻、电压测量结果

风电场名称机组号		机组号	日期	内阻测试仪编号		记录人	环境温度	
某风场1号机组		F01	2021.8.8				25℃	
序号	电池型号：LC-R127R2							
	1号叶片			2号叶片			3号叶片	
	电池位号	内阻（Ω）	电压（V）	电池位号	内阻（Ω）	电压（V）	电池位号	内阻（Ω）	电压（V）
1	1	27.8	13.19	1	26.7	13.33	1	34.7	12.78
2	2	27.7	13.21	2	27.4	13.34	2	33.0	12.82
3	3	25.5	13.18	3	28.8	13.33	3	35.8	12.80
4	4	26.7	13.19	4	26.8	13.36	4	38.0	12.80
5	5	27.3	13.16	5	26.6	13.36	5	32.7	12.81
6	6	28.3	13.19	6	115.4	12.2	6	31.9	12.80
7	7	26.5	13.19	7	18.7	13.22	7	31.4	12.81
8	8	184.3	12.90	8	18.7	13.25	8	28.2	12.82
9	9	0	12.28	9	18.6	13.24	9	31.2	12.82
10	10	102.3	12.02	10	18.2	13.25	10	28.0	12.80
11	11	28.8	13.24	11	18.5	13.25	11	27.5	12.83

续表

风电场名称机组号	机组号	日期	内阻测试仪编号		记录人	环境温度
某风场1号机组	F01	2021.8.8				25℃

序号	电池型号：LC-R127R2								
	1号叶片			2号叶片			3号叶片		
	电池位号	内阻（Ω）	电压（V）	电池位号	内阻（Ω）		电池位号	内阻（Ω）	电压（V）
12	12	26.2	13.24	12	18.8	13.22	12	28.7	12.83
13	13	25.5	13.21	13	27.6	13.31	13	32.1	12.84
14	14	25.9	13.20	14	25.3	13.34	14	29.5	12.85
15	15	26.0	13.23	15	31.6	13.31	15	31.2	12.84
16	16	27.4	13.22	16	28.3	13.32	16	28.4	12.85
17	17	27.2	13.22	17	27.7	13.29	17	28.3	12.86
18	18	28.5	13.22	18	27.6	13.34	18	29.2	12.84
19	19	26.5	13.22	19	29.1	13.30	19	33.3	12.84
20	20	26.3	13.17	20	26.7	13.32	20	28.7	12.85
21	21	26.7	13.17	21	28.6	13.30	21	28.7	12.84
22	22	33.7	13.23	22	27.3	13.31	22	34.2	12.84
23	23	30.4	13.21	23	29.8	13.30	23	33.3	12.84
24	24	25.8	13.17	24	30.0	13.30	24	35.0	12.85

注：机组每个叶片有24只电池。

▶ **隐患排查重点**

（1）设备维护。

1）在实际工作中变桨蓄电池的安装，需注意以下几点：①变桨蓄电池安装前应彻底检查变桨蓄电池的外壳，仔细查看有无破裂处。②变桨蓄电池应避免阳光直射，环境应通风、干燥。③变桨蓄电池之间应保持一定距离，确保散热良好。④变桨蓄电池安装前应逐个检测变桨蓄电池的开路电压。否则，应先均衡充电。⑤变桨蓄电池安装应牢靠，必要时可采用绝缘填充物。

2）检修或日常巡检时，应经常检查变桨蓄电池浮充电压、浮充电流是否正常。

3）检修或日常巡检时，应经常检查变桨蓄电池组接处是否松动，测量端电压。

4）检修或日常巡检时，检查变桨蓄电池的清洁度、端子的损伤痕迹，外壳及壳盖的损坏或过热痕迹。

5）检修或日常巡检时，应定期打扫，以防变桨蓄电池绝缘降低。

6）检修或日常巡检时，注意当变桨蓄电池因单只容量不够需更换时，只能一次性全部更换或将内阻相近的电池组装成一个新电池组，不能仅把性能指标不够的变桨蓄电池单独更换下来，否则会因变桨蓄电池的内阻不平衡而影响整组电池的发挥，缩短整组电池的使用寿命。

7）变桨电池组，需要准备大量库存。变桨电池组是变桨驱动的后备储能装置，在整个风机中的作用至关重要，并且因电池特性及使用环境和系统充电方式等原因电池故障频繁发生，现有系统又无法提前准确预知变桨电池组的故障，变桨电池组故障若没有备件及时更换，直接导致风电机组停机。同时，受到厂商采购周期的限制（电池厂阀控铅酸蓄电池的供货周期是一个月，国产变桨电池组的供货周期至少在一个月、或一个半月以上），为确保不停机需提前储备大量备件，以备不时之需。而蓄电池的长期存放，也会有电池自放电，若不及时进行充电，电池组还没用就已经报废了。据了解，很多小规模风场在场内都不具备相关充电设备。

在线监测系统有预警时间，还有购买电池常规一般以一组为单位购买，一次购买需要数量多、时间长。时间长对电池要进行一次存放电过程，如果长时间不对电池进行存、放电会使电池有不同程度的损伤，更为严重的就是整组电池彻底损坏。而有电池检测的电池组每支电池是可以方便拆除更换，采购与存储也方便。

8）因电池热失控特性，夏季高温时节电池开始出现损坏，因现有检测条件限制，导致电池组损坏大部分在冬季才被发现。冬季野外运维，因风雪、道路等因素，运维团队劳动强度大、风险高。另外，冬季时多风季节，设备损坏导致的停机给风场带来的损失巨大。

以 25℃ 为基准，高温升高 10℃，电池寿命就缩短一半，风场野外环境，夏季的风机温度应该在 35℃ 以上，大部分电池因温度及热失控等原因从夏季开始坏的，但因为现有风机检测方式（只检测总电压）无法准确到单只电池的损坏。到冬季时，电池组已经是彻底损坏了，冬季的风场野外作业，对于运维团队来讲劳动强度太大。且冬季是风电的黄金季节，设备故障停机给风场效益带来一定影响。

利用蓄电池组在线监测系统，随时掌握蓄电池使用状况和蓄电池性能下降曲线，可以根据系统监控数据，及时发现性能下降的单支蓄电池，把损坏的电池及时更换以免影响其他电池损坏，这样既节省成本，又节省检修时间和劳动强度，提高风机可靠运行。

（2）运行调整。

1）变桨蓄电池组在正常运行时以浮充电方式运行，浮充电压值一般控制为 13V，在运行中主要监视变桨蓄电池组的端电压、浮充电流，以及每只变桨蓄电池的电压。

2）变桨蓄电池应定期检查变桨直流系统正常运行状态下的单只端电压及总电压，最好能定期进行维护，确保变桨蓄电池组随时都具有额定容量，以保证运行安全、可靠。

3）变桨蓄电池的工作状态下的浮充电压应为 1.05 倍变桨蓄电池组的额定电压，均充电压应为 1.1 倍变桨蓄电池组的额定电压，主充电电流应为电池组额定容量的 0.1 倍，如有偏差应及时调整。

4）变桨蓄电池宜在 15～35℃ 的环境下充电，当环境温度超过高时（＞45℃），应采取降温措施。

5）注意不要让变桨蓄电池长期搁置不用，不要长期处于浮充电状态而不放电。尽量避免使变桨蓄电池过电流或过电压充电，每次放电完后应及时充电。

6）注意防止变桨蓄电池过放电。当有紧急停机或电网故障造成交流电源中断时，变桨直流系统会立即投入，驱动变桨电机，提供变桨后备电源，若变桨蓄电池组端电压下降到 288V 时，交流电源还未恢复，应手动断开变桨蓄电池组的供电，以免因变桨蓄电池组过放电而损坏。当交流电源恢复送电时，充电装置应自动进入恒流充电—恒压充电—浮充电。

7）对全场进行技改，使用超级电容替换变桨电池。

2.1.10 超级电容故障事故案例及隐患排查

2.1.10.1 超级电容电压波动大故障

▶ **事故表现**

2015 年 3 月，某项目 C1 机组 2 号变桨柜频繁报逆变器 OK 故障。故障数据如图 2-115 所示。

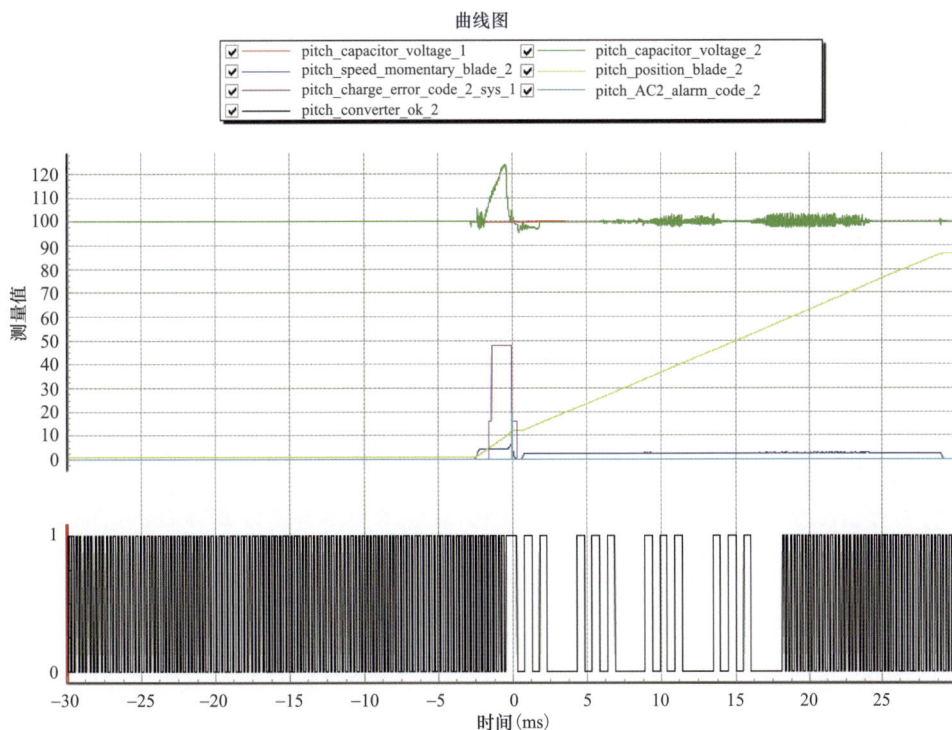

图 2-115 故障数据 1

报故障时，根据图 2-115 中数据，可以发现：

超级电容电压波动很大，最高到 120 多伏（数据见图 2-115 的 pitch_capacitor_voltage_2）。

机组也报逆变器 OK 信号故障，故障闪烁频率是 3 次（数据见图 2-115 的 pitch_converter_OK_2）。正常情况下，这个信号应该是长闪的。此时闪 3 下，代表不正常。驱动器的故障子代码是 19（数据见图 2-115 的 pitch_AC2_alarm_code_2），充电器的故障代码是 16 和 48（数据见图 2-115 的 pitch_charge_error_code2_sys_1），叶片位置是从 0°顺桨到 88°（数据见图 2-115 的 pitch_position_2），顺桨速度是最开始是 4.6°/s，后来是 2.6°/s（数据见图 2-115 的 pitch_speed_momentary_blade_2）。根据图 2-115 的数据，仔细对比可以发现，2 号变桨，在不变桨的时候也就是变桨速度为 0 的时候，超级电容电压不波动；在 2.6°/s 顺桨时，超级电容电压波动小；在 4.6°/s 顺桨时，超级电容电压波动很大。

正常的 1 号变桨柜，无论在变桨或不变桨时，变桨速度大或小时，超级电容电压都比较稳定，基本没有波动（数据见图 2-115 中的 pitch_capacitor_voltage_2）。

▶ **事故根本原因**

事故根本原因是均压控制板的信号线接错导致均压电阻承受的电压降有异常，长时间运行后均压电阻烧毁，整组超级电容均压能力下降，致使在变桨能量交换比较大的时刻，出现超级电容过压现象。

▶ **事故处理措施及结果**

1. 判断超级电容是真的过压

（1）正常情况下，超级电容的电压应该是 100V，根据图 2-115 显示，A10 和 KL3404 检测的超级电容电压在瞬间超过了 120V。

（2）驱动器上报的故障代码是 19，其中 19 的故障解释为：Over or under voltage detection has triggered。因此驱动器检测到了超级电容过压。

（3）充电器上的故障代码是 16 和 48。一开始是 16，后来变为 48，电压正常后故障代码又变为 0。$16=2^4$；$48=32+16=2^5+2^4$。根据充电器的故障解析（见图 2-116），也就是说 Bit4 和 Bit5 都为 1，代表充电器检测到输出过压和输出过高压。输出过压代表电压超过 105V，输出过高代表电压超过 108V。

以上三点表明变桨柜的三个检测装置都检测到了超级电容在故障时刻出现了过压，表明超级电容是真的过压，超级电容电压检测回路没有问题。

2. 超级电容过压初步原因

超级电容过压原因可能是充电器损坏，输出电压过高；电机驱动器损坏；电机驱动器参数设置不正确；超级电容本身损坏。

（1）在空载情况下，充电器的输出是 100V；现场也更换了新的充电器，更换新充电器之后超级电容还是过压，排除了充电器的原因。

（2）现场把报过超级电容电压高故障柜子里的电机驱动器放到另一个柜子，驱动电机进行工作，超级电容电压正常，排除了电机驱动器的原因。

位	描述	值
Bit0	输入低压标志(1级)	0：正常 1：输入低压
Bit1	输入过低压标志(2级更低)	0：正常 1：输入过低压
Bit2	输入电压高高标志	0：正常 1：输入高压
Bit3	输入缺相标志	0：正常 1：输入缺相
Bit4	输出高压标志(1级)	0：正常 1：输出高压
Bit5	输出过高压标志(2级更高)	0：正常 1：输出过高压
Bit6	输出过流标志	0：正常 1：输出过流
Bit7	充电器过温标志	0：正常 1：过温
Bit8	充电器硬件异常标志	0：正常 1：硬件异常
Bit9	充电器外部开关控制	0：开启充电器 1：关闭充电器
Bit10	实时开关机状态	0：关机 1：开机
Bit11	保留	——
Bit12	保留	——
Bit13	保留	——
Bit14	保留	——
Bit15	保留	——

图 2-116　充电器故障代码解析

（3）查看了现场其他风机和这一台风机其他两个变桨柜的超级电容电压的情况，都非常平稳，排除了驱动器参数的原因。

基于以上三点判断，在该项目现场判断超级电容损坏，更换完超级电容后，超级电容电压在变桨或不变桨的时候电压都非常稳定，更换后风机不报故障。

3. 超级电容过压根本原因

将失效的超级电容进行性能测试和拆解分析。总共 7 个自制超级电容，其中一个超级电容内阻约为 10MΩ，其他 6 个超级电容内阻约为 1MΩ。拆开内阻明显偏大的超级电容，发现超级电容均压控制板内的均压电阻有烧毁现象。红色圈内电阻损坏，见图 2-117。

进一步检查发现，均压控制板的信号线接错，见图 2-118、图 2-119。正确的接线顺序应该是白、棕、绿、黄。接线错误导致均压电阻承受的电压降有异常，长时间运行后均压电阻烧毁，电容整体均压能力下降，电容单体也受到影响。因此，整组超级电容均压能力下降，在变桨能量交换比较大的时刻，出现超级电容过压现象。

图 2-117　均压电阻损坏图

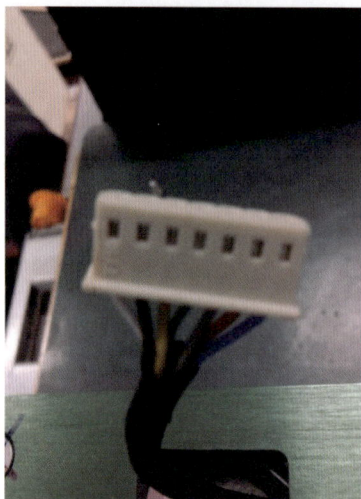

图 2-118　错误接线图

图 2-119　正确接线图

判定超级电容过压的根本原因是均压控制板的信号接线错误，在更换新的超级电容后，机组运行正常。

▶ 隐患排查重点

（1）设备维护。

1）更换超级电容时，不需要将变桨 PLC 控制柜中的板子拆掉，只需要将 4 个固定螺栓取松，拆盖板向柜门左侧打开。

2）做疑难故障处理时，需要做好每一步处理过程的记录，遇到处理人变换时，要做好记录。

3）超级电容出现过压现象，部分机组原因是有一组超级电容漏液，只有 2V 左右的电压，从变桨柜拆下来检查后发现此超级电容电压有漏液现象。在电机减速时，超级电容不能吸收减速时反灌的电压，导致超级电容电压波动。

4）若现场出现超级电容电压异常波动时，建议直接更换新的超级电容。

5）后续需要加强主机厂商质量的管理，加强入厂检的力度。保证电缆顺序正确。

6）检修时，排查超级电容是否有鼓包、漏液现象。

7）检修时，排查超级电容两端红蓝插头是否有松动。

8）检修时，排查断路器内部的超级电容电压检测模块接线端子是否插紧。

9）检修时，排查 KL3404 模块上接地是否牢固。

10）检修时，排查充电器充电电压是否正常。

11）检修时，断开变桨充电器电源，将单只叶片从 87°往 0°变桨，0°往 87°变桨，若超级电容不能支撑 2 次变桨动作，需将超级电容进行更换。

（2）运行调整。

1）观察超级电容电压运行数据，对电压不正常机组应及时进行停机巡检。

2）超级电容运行 10 年后，应请专业机构进行鉴定，电容容值低于厂家要求值时，应对全场机组超级电容进行更换，防止机组飞车。

3）巡视与定期维护相结合，在定期维护项目中增加超级电容外观、超级电容容值测量、电压检测回路的检查。

2.1.10.2 超级电容保险扭断故障

▶ 事故表现

变桨安全链触发故障的触发条件为：变桨内部安全链继电器未吸合，反馈信号持续 40ms 为 0。

某日 15:12:19，机组报出变桨安全链触发故障，检修人员快速读取数据并分析，但未发现有任何异常数据及危害机组运行的可能性，经确认无误后，重新启动机组，机组正常运行。次日 01:22:16，机组报出变桨安全链故障，并且多次人工自启停机。经检查，所有回路供电电源正常、通信回路都是正常状态，测量超级电容电压也都在正常范围之内。当机组叶片处于手动状态变桨时，变桨良好，无故障现象；当机组转为自动模式启动时，则会报出故障。

▶ 事故根本原因

经排查，故障报出的根本原因是减震棉的脱落导致相邻两块超级电容存有间隙，机组转动起来存有间隙的两块超级电容上、下移动，使得电容之间的保险扭断。

1. 超级电容主回路原理

后备电源由四组超级电容串联而成，充电器额定充电电压 60V，超级电容电压检测接线如图 2-120 所示。本系统中，为了更加准确检测超级电容运行状态，在串联的第二组和第四组超级电容正极取了两个检测点，分别检测高、低电压，检测回路通过 14A10（超级电容电压转换模块）将超级电容高电压 60V、低电压 30V 转换为倍福模块适宜检测的电压范围，从而更加准确、稳定地监测超级电容高低电压。

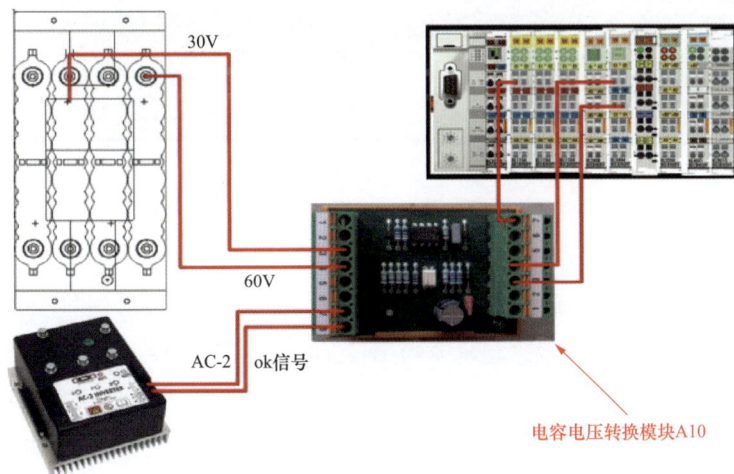

图 2-120　超级电容电压检测接线

2. 超级电容电压转换模块（14A10）原理图

超级电容电压检测原理如图 2-121 所示。超级电容高、低电压通过 14A10 模块的输入端到内部的 PCB 板，经过处理再由输出端直接连接到变桨控制模块 KL3404 上。现取高压 60V 回路分析，由图 2-121 可以看出，超级电容 60V 输入电压通过两个串联电阻接地，阻值分别为 5.1kΩ、51kΩ，运用了串联分压的原理，计算得 $60 \times \dfrac{5.1}{5.1+51} = 5.5$。由此可知，当超级电容电压为 60V 时，检测回路最终输出电压为 5.5V。同理可得低压检测回路输出电压为 2.8V。14A10 模块将超级电容的高、低电压转化成倍福模块 KL3404（工作电压为 –10V～+10V）能够可靠检测的电压范围。

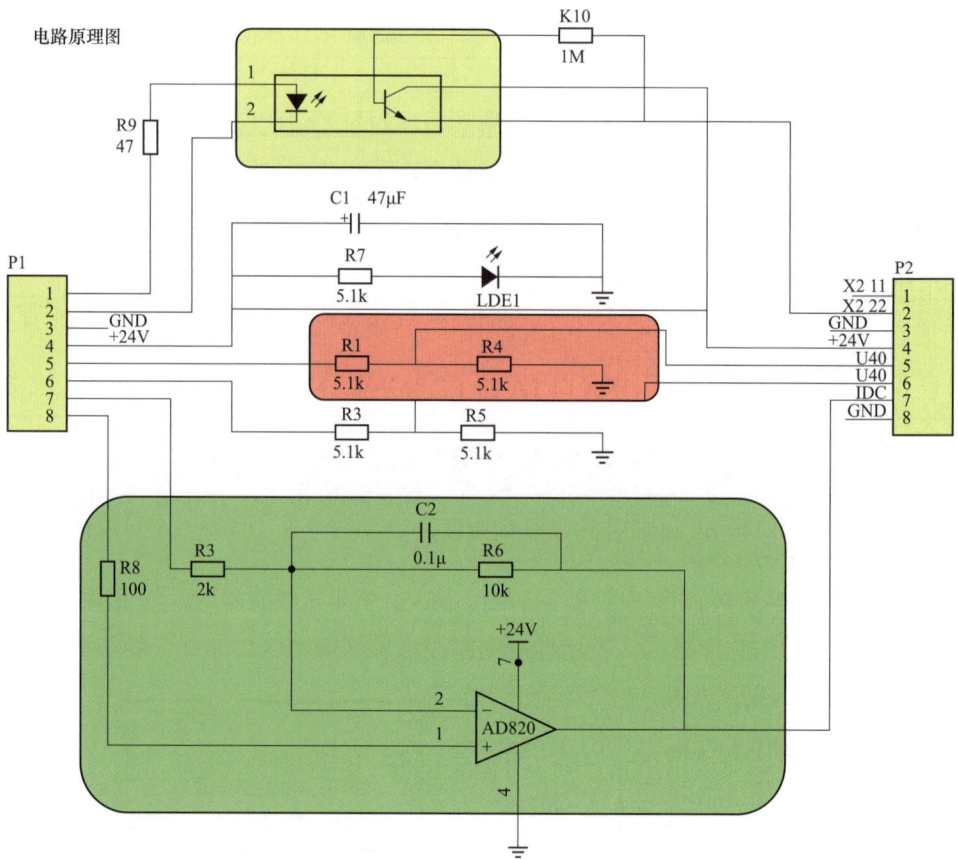

图 2-121　超级电容电压检测原理

▶ 事故处理措施及结果

导出 F 文件（故障时刻数据记录）与 B 文件（故障前 90s、后 30s 数据记录）进行分析。查看 F 文件，发现故障时刻机组叶片角度、变桨逆变器温度、变桨程序版本号等多项数据为 0，超级电容高、低电压存在明显异常，如图 2-122 所示，初步分析为 2 号变桨子站通信中断导致。

图 2-122 故障时刻数据

对机组 B 文件进行如下分析，见图 2-123。选取数据分别为 2 号叶片角度（pitch position blade 2）、2 号叶片超级电容高电压（in vensys capacitor voltage hi 2）、2 号叶片超级电容低电压（in vensys capacitor voltage lo 2）。在故障前 89s 时，发现超级电容高电压有轻微波动，此时低电压正常、叶片并未执行任何动作，说明高电压这一回路存在异常。在故障发生时刻，叶片位置、超级电容高电压、低电压同时跳变为 0，持续 5s 后，数据恢复正常。这三个数据同时闪断，说明 2 号变桨子站通信丢失，这也验证了对 F 文件的分析结果。通信丢失的主要原因有变桨控制器故障、DP 总线故障、变桨控制器供电中断。这里采用排除法进行分析：如果变桨控制器损坏导致数据闪断，变桨数据大概率不会自行恢复，且故障前 89s 不会发生超级电容高电压单一数据的波动，因此可以排除变桨控制器故障；如果 DP 总线故障，故障时刻叶片应该开始顺桨，而 B 文件显示叶片在变桨数据丢失期间，角度未发生变化，可以排除 DP 总线故障，所以此故障初步判断为变桨控制器供电中断导致。中断原因可能为 T2 电源模块故障、超级电容故障、线缆故障。结合故障前 89s 时，超级电容高电压发生闪变，故障点很可能在第三、四组超级电容上，若这两组超级电容存在虚接，T2 电源模块输入的 60V 会存在闪断情况，导致变桨控制器供电存有闪断，与故障波形吻合。

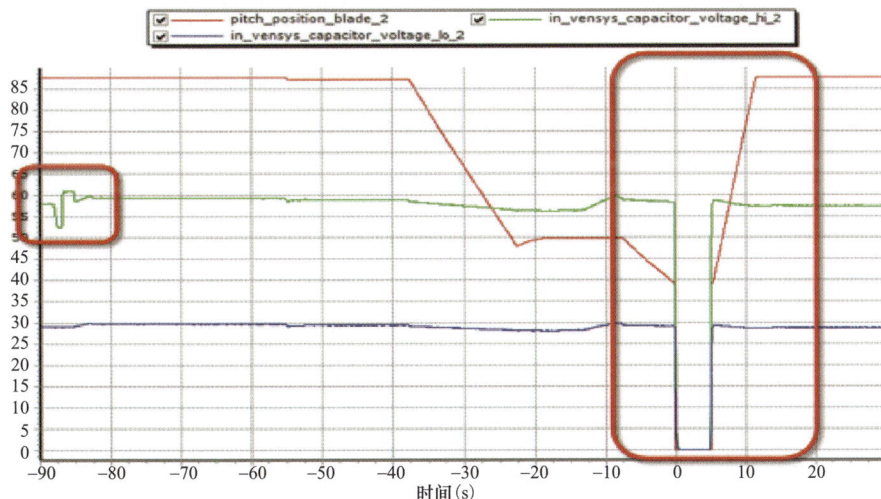

图 2-123 故障波形

经上述分析，将故障点锁定至第三、四组超级电容。

第一次登塔，对超级电容外观进行检查，外观正常无鼓包、漏液、温度无明显升高；各超级电容之间所连接的自锁螺母均处于紧固状态，未发现异常；检查 300A 保险外观正常，测量阻值正常，但拆下检查发现保险内部断裂虚接，更换保险机组恢复正常。

第二次登塔，发现 300A 保险处有明显的打火痕迹，经测量保险已损坏。连续两次保险损坏，说明保险不是意外熔断，存在其他原因。检查超级电容电压正常，将超级电容进行放电操作，当电压低于 2V 时，测量四块超级电容组内阻，均处于正常范围，未发现异常，拆出超级电容，发现电容底座的减震棉已经脱落。由于减震棉的脱落导致相邻两块超级电容有间隙，机组转动起来有间隙的两块超级电容上、下移动，使得电容之间的保险扭断，这验证了为什么第一次保险断裂但无熔断痕迹。重新安装电容底座的减震棉，对电容进行可靠固定，并更换超级电容保险后，超级电容自动充满电，故障消除，再未报出。经了解，该机组前不久更换过超级电容，由于不了解安装工艺，减震棉脱落未引起安装人员重视。

▶ **隐患排查重点**

（1）设备维护。

1）电容质量问题。超级电容工作在频繁的充、放电状态，需要有很好的性能。目前的控制方式是变桨充电器给超级电容充电，超级电容为变桨负载提供电源。这种控制方式对电容的特性和质量要求很高。电容生产厂家对产品的使用寿命这样描述"在常温 25℃、额定电压下工作，超级电容的寿命可达 10 年以上，循环使用寿命超过百万次"，因此建议运行十年以上机组对全场机组超级电容进行更换，以防出现飞车事故。

2）超级电容固定螺母松动，导致机组在长期运行过程中，部分回路形成虚接，使得出现电压跳变情形，建议此项检查内容加至日常检修维护内容。

3）超级电容安装时底座防震棉脱落或者严重变形，致使超级电容与固定夹板之间存有间隙，起不到减震保护作用。在风机启动后，由于变桨柜的旋转使超级电容上、下移动导致保险扭断，最终导致故障报出，这就要求超级电容的安装工艺要达标，建议更新超级电容安装工艺，并在检修时检查超级电容底座防震棉是否脱落，提前发现问题。

4）加强检修人员培训力度，减少由于检修人员对超级电容更换知识了解甚少导致故障发生。考虑到采用超级电容作为变桨后备电源机组的机型较多，为避免此类故障的出现，各现场应提高设备维护工艺，提前结合现场实际做好风险预控、危险点辨识、专业技术培训，不能一味地只求进度，最后导致疑难故障产生。

5）风电机组超级电容运行时故障，大多是因为电容器质量差导致。如果选择质量好的电力超级电容，可以大大降低其运行时的故障率，确保风电机组的长期稳定运行。

6）风电机组超级电容运行时，电压、电流、温度等因素十分重要。如果风电机组超级电容长期过电压、过电流或过温运行，不仅会影响电容器的使用寿命，还会导致风电机组超级电容损坏。因此主机厂家需要严格控制电容器运行参数，定期检查电容器的运行状态。

7）风电机组中，检修人员应定期对超级电容进行检查。如果在巡视和检查中发现超级电容存在外壳变形、膨胀、漏油等问题，应及时进行处理。

（2）运行调整。

1）定期对风电机组超级电容进行测试，首先将变桨动力电切除，强制手动状态下将变桨系统由 90°变至 0°位置，由 0°位置变至 90°位置，观察超级电容电压，弱电压余量较低建议更换超级电容。

2）超级电容在生产制造过程中，存在着工艺和材质的不均匀问题，同批次同规格的电容在内阻、容量等参数上存在着某些差异。因此，超级电容组件在使用时需要加有串联均压装置，来提高组件的能量利用率和安全性，部分风电场将超级电容均压装置拆除造成超级电容损坏，建议有类似情况的现场及时恢复均压板。

3）巡视与定期维护相结合，在定期维护项目中增加超级电容外观、超级电容容值测量、电压检测回路的检查。

2.1.10.3　超级电容电压低故障

▶ 介绍栏

变桨系统包括三个相对独立的变桨轴箱，分别编号为轴箱 A、轴箱 B 和轴箱 C，以及与各轴箱连接的伺服电机、位置传感器和限位开关。每个轴箱单独控制一个桨叶，轴箱与轴箱、轴箱与电机之间通过电缆连接。电机通过减速箱连接至桨叶法兰齿轮。

系统外部进线经滑环接入系统，其进线有 3×400V+N+PE 三相供电电源回路，PROFIBUS-DF 通信回路，其次还有安全链回路，如图 2-124 所示。以上三路由机舱柜引出连接至 A 柜，再由 A 柜连接至 B 柜，B 柜连接到 C 柜。三相电源在送入下一轴箱前倒换了相位，以避免各轴箱加热器、电机风扇等单相负载均使用同一相供电而造成三相电源不平衡。

三个轴箱内部布置基本相同，布置详见安装说明。其右侧 A 区安装电容 2C1、2C2、2C3、2C4，四个电容串联接线，以及安装有进线开关 1Q1、1F2，接线端子 1X1、1X2，转换开关 6S1、6S2；左侧底部 B 区安装电源管理模块 1G1，交流伺服驱动器 2U1，以及加执器 1E1。考虑到 B 区散热需求，功率器件均安装于散热板上。C 区为控制板，C 板一侧装有合页，作夹层设计安装于 B 区上方，C 板安装有控制 PLC，24V 电源 2T1、2T2，温度控制开关 1S1，接线端子排 2X1、4X1，继电器组以及控制空开 2F2、2F3、2F4、1F4、1F5。轴箱背面为外部接线插头，其连接都经过过压保护端子 4X1。轴箱正面装有系统总开关和模式转换开关。

桨叶的位置由电机内置的光电编码器送出信号至 PLC 运算获得。为了校准和监视桨叶位置，桨叶上装有两只接近开关，一只负责 3°～5°桨叶位置监视与校准，另外一只负责 90°桨叶位置监视与校准。正常情况下，桨叶运行区间为 0°～89°。当系统顺桨时，桨叶收回至 89°。若 PLC 本身或与伺服通信故障，收桨超过 95°，触发限位开关，此时伺服断电、电机抱闸。95°限位开关作为变桨系统最后一条安全措施，保证了系统的安全运行。系统每个轴箱均由一套独立 PLC 控制。PLC 需完成的控制任务有：①轴箱作为风机主控的从站接受主控发送的指令信号，并且回传本轴运行状态，三个轴箱 PROFIBUS-DP 通信站号分别为 51、52 和 53；②监视变桨系统的运行状态，当出现异常情况时断开安全链，通知风机进入紧急状态；③PLC 通过 CAN 总线连接伺服驱动器，控制电机到达所需位置。

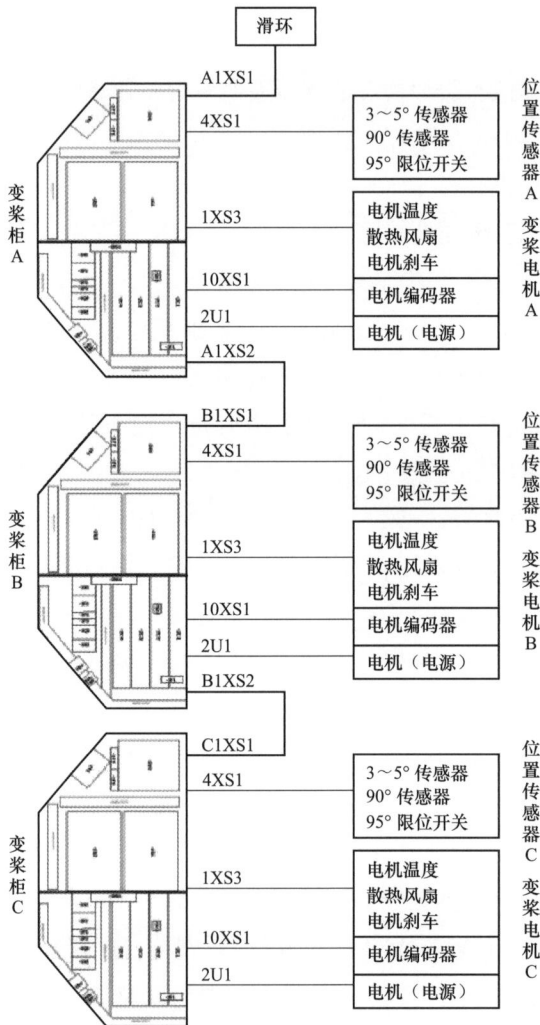

图 2-124　变桨系统结构布置图

由于变桨系统工作环境温度范围大，当温度较低时，为了避免 PLC 等控制器件失效，系统安装有轴箱加热装置 1E1。温度设定由 1S1 温控开关控制。当轴箱内部温度低于 5℃ 时，PLC 不启动，1S1 启动 1E1 模块加热，高于 15℃ 时，加热器件。当温度高于 5℃，1S1 控制 PLC 正常启动。当系统启动后，其工作热耗散可维持正常工作温度。另外，当轴箱内部温度大于 50℃ 时，PLC 启动 1E1 散热风扇。

某变桨系统超级电容模组参数为 500F、16V，4 个模组串联，工作电压 60V，最大持续放电电流可达 150A。电源管理模块将系统电源和充电模块合二为一，超级电容模块并联于直流母线上，主备电源在紧急模式下可无延时切换。系统选用宽输入电压范围的 24V 开关电源为 PLC 和继电器等控制器件供电。

正常工作时，变桨系统接受主控制指令控制桨叶到达设定位置。当风机系统故障，安全链断开时，变桨系统进入紧急模式，桨叶以 9°/s 迅速顺桨至安全位置，保护了风机的安全运行。若变桨系统交流供电故障，则整个系统由超级电容供电，8s 左右后变桨系统进入紧急模式。另外，由于三个轴箱均由独立的 PLC 系统控制，若一台轴箱故障，其余两台接收到安全链断开信号后可保证风机系统安全停机。

▶ **事故表现**

某风电场报出 pitch_Atech_capacitor.reeor_pitch_Atech_capacitor_voltage_low 故障（超级电容电压低故障），通过监控界面发现变桨系统高电压为 40V DC。此故障触发条件：主控变桨都判，当任一轴箱变桨系统电容电压低于 53V DC 时，报此故障。

▶ **事故根本原因**

超级电容损坏，造成变桨系统电压不正常，机组报出故障。

▶ **事故处理措施及结果**

1. 故障可能原因

可能原因有以下几种：

（1）超级电容损坏；

（2）电源管理模块损坏；

（3）伺服驱动器与主控 CAN 通信中断；

（4）伺服驱动器损坏。

2. 处理方法及结果

（1）观察模块显示灯是否正常，如亮红灯，观察 95°限位开关是否动作，4K2、4K3 是否掉电，伺服是否断电。重新上电，断开/闭合 2F2。测量 5X1 的 2 和 3 端子间电阻应为 602。若上述操作均不起作用，检查变频器接线端子是否牢固，测量 F1 与 2X1 的 22 电压是否 60V DC。

（2）检查电源管理模块进线空开是否闭合，闭合状态时，手动变桨，观察电容电压是否维持 60V DC（如果是两个充电器，则维持 56～60V DC），是否过压，电源管理模块工作显示灯是否正常，正常工作灯颜色为绿色，如不正常，更换电源管理模块。

（3）分别测试四块电容端电压，发现单块电压不正常（正常约为15V DC），更换电容后机组恢复正常。

▶ **隐患排查重点**

（1）设备维护。

1）对运行时间较久，已经处于老化、亚健康运行状态的超级电容，进行替代改进工作，同时硬件改造之后，对变桨系统进行整体检测和软件版本匹配性升级，软硬兼备，才能做到防患于未然。

2）对于老旧机组（运行10年以上机组），建议对全厂超级电容进行更换。

3）超级电容在正常运行情况下无任何声响，如果运行中，发现有放电声或其他不正常声音，说明电容器内部有故障，应立即停止运行。

4）针对电容量测量困难，建议风电场购置先进的电容测量设备，检修人员定期进行电容量测量，当电容器电容量一发生变化，便及时更换超级电容。

5）超级电容设计和维护等方面的疏忽都可能对电容器的安全运行带来隐患。因此，配置完善的保护，定期测量电容量，防微杜渐，才能减少甚至避免电容器事故扩大，提高电容器的可用率，延长电容器的使用寿命。

6）检修时检查电磁刹车状态是否正常，变桨时是否有异响等异常状况。

（2）运行调整。

当超级电容失效或处于亚健康状态时，超级电容储能失败，反映到机组变桨系统则为故障增多，可利用率下降，影响机组发电量。甚至不能实现紧急条件下的安全收桨，埋下机组飞车的隐患，因此应加大对超级电容运行状态的排查，在小风天气，合理安排检修人员进行排查。

2.1.11　变桨紧急模式故障事故案例及隐患排查

▶ **事故表现**

变桨系统为3柜结构，采用了低压交流异步驱动控制技术和超级电容后备电源技术。

某风电场使用电动变桨的风电机组频繁报变桨系统紧急模式故障。该故障的停机等级为"RP"（变桨后备电源驱动停机），复位等级为"MR"（手动复位）。该类型故障的触发逻辑（变桨系统紧急模式故障的触发逻辑）：变桨系统状态异常时断开8K3供电，使得变桨安全链继电器11K1失电，叶片执行紧急顺桨至89°安全位置。

▶ **事故根本原因**

1. 变桨系统11K1失电原因

根据变桨系统紧急顺桨原理图（见图2-125）可知变桨系统11K1失电原因如下：

（1）主控系统安全链2故障K65.5继电器异常；

（2）主控紧急顺桨命令继电器 K107.3 继电器异常；

（3）变桨系统三个轴柜 8K3 继电器都会导致失电。

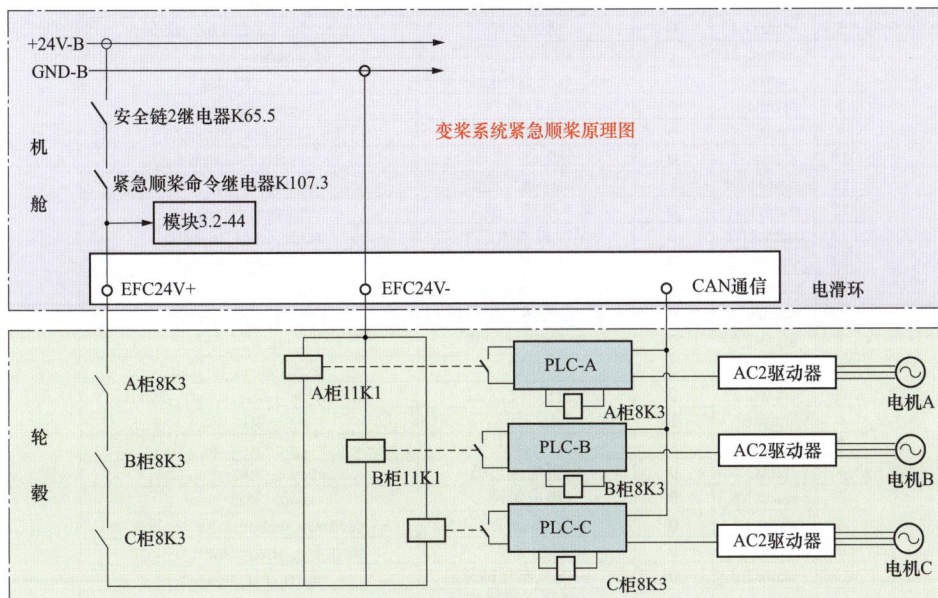

图 2-125 变桨系统紧急顺桨原理图

2. 变桨系统 8K3 失电原因

变桨系统异常由变桨系统程序判定。主要原因：

（1）温度异常：如电机超温、伺服驱动器超温、控制柜超温等。

（2）电压异常：电容电压低、电容中间点电压异常、400V 主电源故障等。

（3）桨叶位置异常：如桨叶位置过高，桨叶位置过低，91°、95°限位开关等。

（4）电机转速异常：如电机超速、电机堵转等。

（5）传感器类：如 3°～5°位置传感器、86°～88°位置传感器。

（6）变桨通信异常。

（7）变桨安全链异常。

（8）其他：如 PLC 卡件、控制软件程序等。

▶ **事故处理措施及结果**

故障处理过程可以按照如下分析思路开展：首先对结合故障现象对故障时刻的数据进行分析，其次登塔进入机舱、轮毂就地测量检查，最后整改验证。

以桨叶位置异常引起变桨系统紧急模式故障处理过程举例如下：

（1）数据分析：通过主控后台分析软件 gateway 触发记录（故障时刻毫秒级数据）查看变桨系统三个轴柜的状态 1 和状态 2，结合主控系统与变桨系统 CANopen 通信协议（见图 2-126）。

序号	点名	二进制	点描述	备注
1	status1.0	1	伺服的Can通讯正常	NOT (converter_no_ok)
2	status1.1	0	95°限位开关动作	i_bo_95_deg_1
3	status1.2	1	主电源正常	NOT (sg6_no_ok)
4	status1.3	0	手动操作允许	i_bo_auto_manual
5	status1.4	0	强制手动	i_bo_forced_manual_mode
6	status1.5	1	SSI状态正常	NOT (i_b8_position_sensor_status_1.6)
7	status1.6	0	90°位置传感器信号	i_bo_90_deg
8	status1.7	0	心跳	heartbeat_pitch
9	status1.8	0	分配器1信号	i_bo_feedback_distributor_1
10	status1.9	0	分配器2信号	i_bo_feedback_distributor_2
11	status1.10	1	Teach操作完成	positions_teached
12	status1.11	0	紧急模式（8K3）	emergency_request
13	status1.12	0	桨叶位置值过小	blade_angle_to_low
14	status1.13	0	桨叶位置值过大	blade_angle_to_high
15	status1.14	0	90°位置传感器故障	switch_90_deg_defect
16	status1.15	0	3°位置传感器故障	switch_3_deg_defect
1	status2.0	0	SSI编码器故障	ssi_encoder_defect
2	status2.1	0	超速	pitch_speed_to_high
3	status2.2	0	安全链（11K1）	NOT (i_bo_relais_savety_chain)
4	status2.3	1	1G1工作正常	i_bo_SG6_ok_1
5	status2.4	1	1G1工作正常	i_bo_SG6_ok_1
6	status2.5	0	电容电压过低	capacitor_voltage_to_low
7	status2.6	0	电机堵转	motor_stall_error
8	status2.7	0	伺服超温(75℃)	controller_temperature_to_high
9	status2.8	0	轴箱超温(65℃)	pitch_box_temperature_to_high
10	status2.9	0	中间点电压故障	error_cap_voltage
11	status2.10	0	3°位置传感器信号	i_bo_3_to_5_deg
12	status2.11	0	润滑油位	i_bo_grease_level
13	status2.12	0	电机超温	motor_temperature_to_high
14	status2.13	0	电机超温且堵转	motor_temperature_to_high_motor_stall
15	status2.14	0	91°限位开关动作	NOT（i_bo_91_deg_1）
16	status2.15	0	电机制动器继电器故障	4k8_error

图 2-126　主控系统与变桨系统 CANopen 通信协议

以图 2-127 触发记录为例：

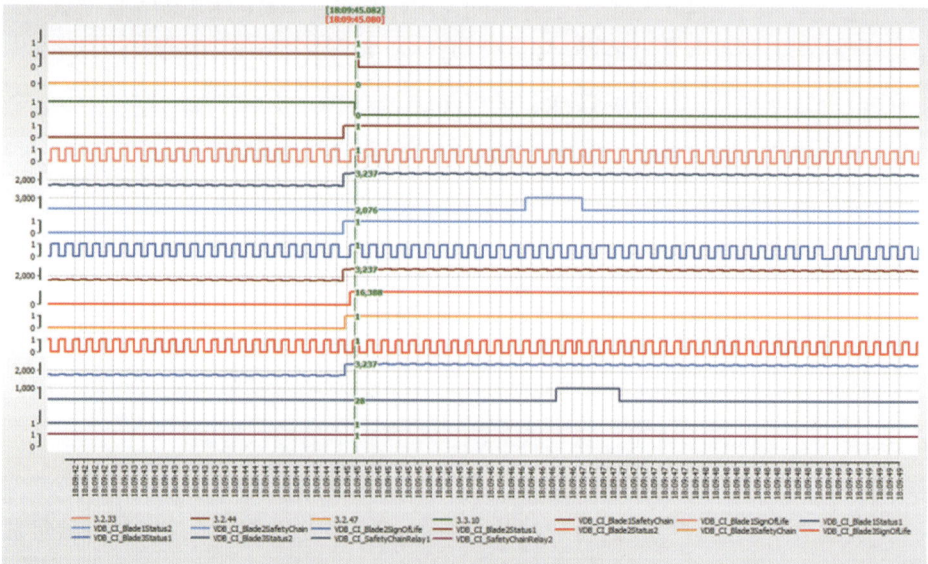

图 2-127　故障时刻毫秒级触发记录

变桨系统三个轴柜的 8K3 和 11K1 反馈信号都异常，轴柜 2 的 91°限位开关动作。通过查看故障时刻的毫秒级触发记录（见图 2-128）中桨叶角度发现，故障报出后桨叶 1、桨叶 3 均已回桨至 89°左右位置，但桨叶 2 角度发生跳变，角度显示为−281.5°。

综上所述，初步分析本次故障原因为变桨系统桨叶 2 角度突变至−281.5°，超过限位开关 91°，PLC 判定限位开关触发系统不正常，使轴柜 2 的 8K3 失电。因此要解决该故障就要找到变桨系统桨叶 2 位置跳变的原因。

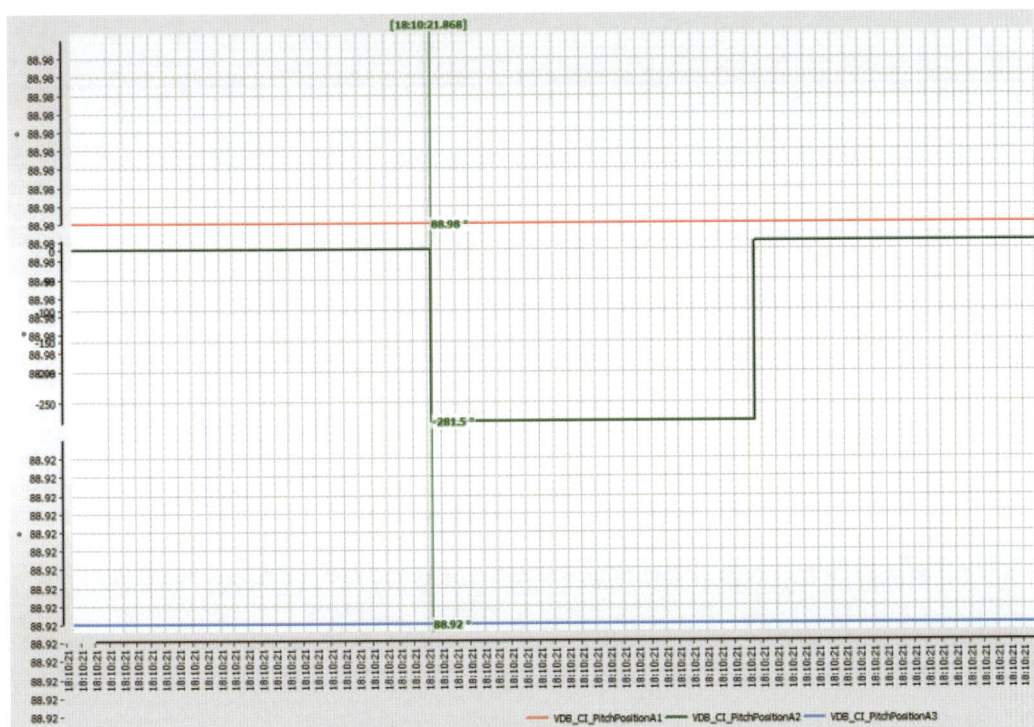

图 2-128 变桨系统电机编码器跳变触发记录

可通过变桨电机编码器的信号线最终反馈给变桨系统 PLC 模拟量模块 KL5001 检测桨叶位置角度，如图 2-129 所示。

因此桨叶 2 位置跳变的可能原因有 PLC 模块 KL5001 与编码器之间的连接回路存在虚接、开路或者短路、编码器故障等。

（2）登塔实际检测。进入轮毂查看桨叶 2 实际位置已回桨至 89°左右，KL5001 模块各指示灯均正常，KL5001 与编码器之间的连接回路接线均良好，因此判断原因可能为编码器故障。现场发现 4K1、4K2、4K3、4K4、4K5、4K6、4K7、4K8 继电器均失电，通过原理图可知这些继电器均由 2T1 电源供电，因此使用万用表测量 2T1 电源，有 90V 输入，无 24V 输出，初步判断 2T1 电源损坏。

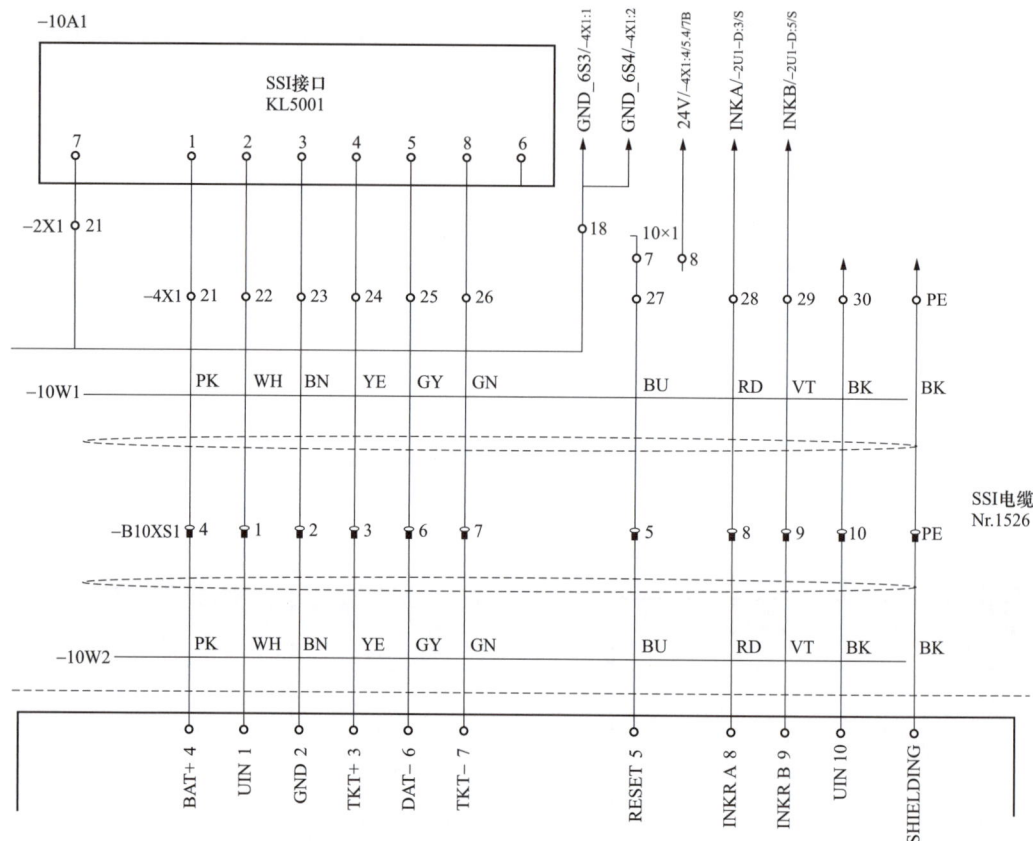

图 2-129　桨叶位置检测原理图

（3）整改测试。更换变桨系统轴柜 2 变桨电机编码器和 2T1 电源，并重新对桨叶 2 实际零度校准、TEACH 后，手动测试桨叶 2 角度测试无异常。

综上排查分析结果可知，此次故障报出的原因为轴柜 2 的编码器和 2T1 电源损坏导致。对故障部件进行更换后，风机不再报此故障。

▶ 隐患排查重点

设备维护具体内容如下：

1）针对现象：电源输入电压过高。确定输出端是否悬空或无负载，输出端负载过轻。轻于 10% 的额定负载，输入电压偏高或干扰电压等原因。

解决措施：可以调整输出端的负载与输入电压范围，确保输出端不小于 10% 的额定负载，若实际电路工作中会有空载现象，可以在输出端并接一个假负载。需要更换在合理范围内输入电压的电源模块，存在干扰电压时要考虑在输入端并上 TVS 管或稳压管。

2）针对现象：电源输出电压过低。确定模块电源输入电压较低或输出是否过载，功率不足。输出线路过长或过细，造成线损过大或阻抗大。输入端的防反接二极管压降过大，输入滤波电感过大等原因。

解决措施：可以通过调整供电或更换相应的外围电路来改善，调高电压或换用更大功率输入电源。调整布线，增大导线截面积或缩短导线长度，减小内阻。换用导通压降小的二极管，减小滤波电感值或降低电感的内阻。

3）针对现象：电源输出噪声过大。确定电源模块与主电路噪声敏感元件是否距离过近，主电路噪声敏感元件的电源输入端处未接去耦电容。多路系统中各单路输出的模块之间产生差频干扰、地线处理不合理等原因。

解决措施：可以通过将模块与噪声器件隔离或在主电路使用去耦电容等方案改善，将模块尽可能远离主电路噪声敏感元件或模块与主电路噪声敏感元件进行隔离。主电路噪声敏感元件（如 A/D、D/A 或 MCU 等）的电源输入端处接 0.1μF 去耦电容。使用一个多路输出的电源模块代替多个单路输出模块消除差频干扰，采用远端一点接地、减小地线环路面积。

4）针对现象：电源启动困难。确定电源模块在启动中是否出现启动困难，甚至启动不了，有外接电容过大、容性负载过大、负载电流过大、输入电源功率不够等原因。

解决措施：可以调整输出端的电容以及负载或调整输入端的功率进行改善，外接电容过大，在电源模块启动时向其充电较长时间，难以启动，需要选择合适的容性负载。容性负载过大时可先串联一个合适的电感，输出负载过重会造成启动时间延长，选择合适负载，换用功率更大的输入电源。

5）针对现象：电源发热严重。确定模块电源在电压转换过程中有无能量损耗，产生热能导致发热。使用了线性电源、负载过流、负载太小、环境温度过高或散热不良都有可能出现这种现象。

解决措施：可以提高电源模块的负载，确保不小于10%的额定负载。降低环境温度，保持散热良好的条件，使用线性电源时要加散热片。

6）针对现象：电源上电后快速烧毁。确定有输入电压极性是否接反了，输入电压远远高于标称电压，输出端极性电容接反了。输出电路易引起短路或者外接负载在上电瞬间存在大电流等原因。

解决措施：需在接线前注意检查或加防反接保护电路，选择合适的输入电压，上电前检查电容极性，确保正确。

▶ 运行调整

（1）蓄电池故障率较高时可以将对全场进行技改，将变桨系统后备电源更换为超级电容，可大大降低由于蓄电池引起的变桨系统故障。

（2）定期对变桨系统蓄电池进行更换，建议 3 年内对全场蓄电池进行更换一次。

2.1.12 变桨充电器反馈信号丢失故障事故案例及隐患排查

2.1.12.1 变桨充电器无法正常启动故障

▶ 事故表现

宁夏某项目，当地年平均气温 9.4℃。风电场并网运行期间，由于监视升压站高压母线电压持续降低，部分机组远程停机后，断开了风机侧箱式变压器。等恢复上电后，发现机组变桨充电器不能正常启动，发生故障的充电器都为A厂家生产，部分充电器经过多次试验发现，环境温度稍高一些，可以正常启动。大部分不能正常启动。

图2-130和图2-131分别为A型号充电器的拓扑图和内部结构图。

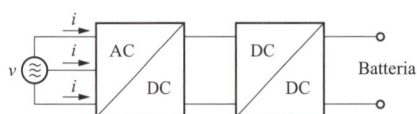

图2-130　充电器拓扑图

图2-131　A型号充电器内部结构图

▶ **事故根本原因**

1. 对损坏的A型号充电器从以下方面进行检查

（1）拆开用万用表检查电源部分、功率回路部分和元器件是否有明显损坏，初步检查结果显示：未发现有元器件存在明显损坏情况。

（2）现场带电检查，接通400V AC后发现充电器电源指示灯不亮，用万用表测量主控板上+15V以及−12V电源均无电压。

（3）拆除功率回路以及主控板（两者电源部分互不影响），测量功放板上+15V以及−12V电源，显示均无电压。

（4）使用示波器测量功放板电源驱动芯片，测得电压值只有7.6V DC，检测到驱动芯片电源波形如图2-132所示。

（5）驱动芯片启动电压只有7.52V未达到电源驱动芯片的开启电压，初步确定充电器故障是启动电容C13导致。

（6）拆下启动电容（35V100μF）测其容值，测量值为67.6μF（见图2-133），同时观察电容外观有轻微的鼓包现象。

（7）现场验证，用现场仅有的220μF电容替换，上电充电器可以正常启动，且示波器观察到了芯片电源脚的电压波形。如图2-134所示，此时启动电压达到了芯片启动电压8V的要求，芯片启动后提供一个12V稳定直流电源，其他电源也建立。恢复接上功率回路以及主控板，上电机器正常运行，至此故障锁定。

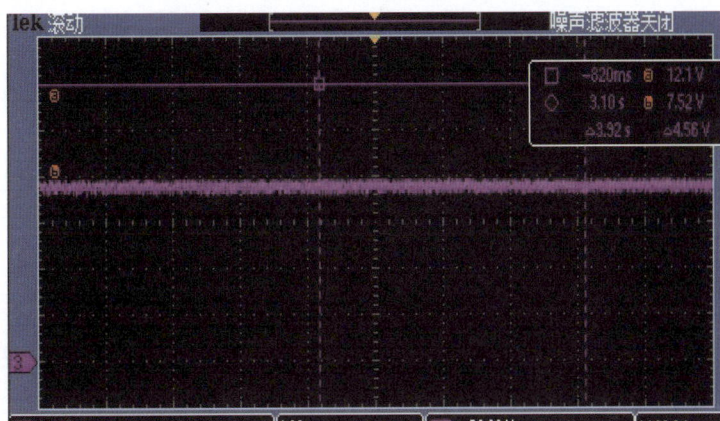

图 2-132 芯片电压值

图 2-133 启动电容

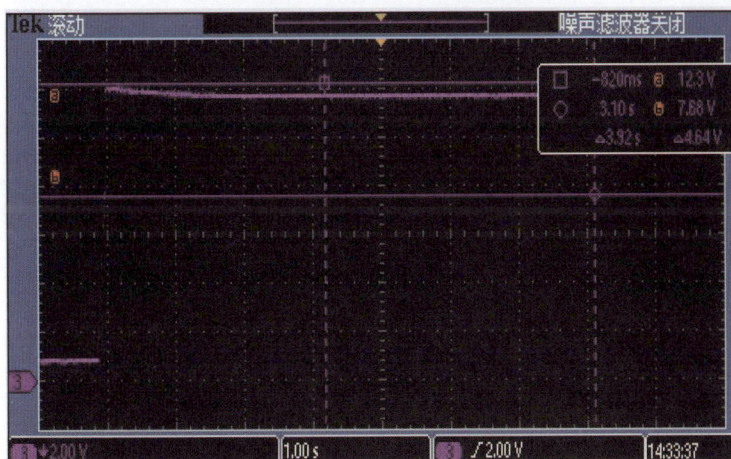

图 2-134 充电器正常启动

2. 故障原因分析

图 2-135 为充电器的整个控制流程图，从充电器的故障点可以发现是由于控制部分

电源失效而导致的故障。

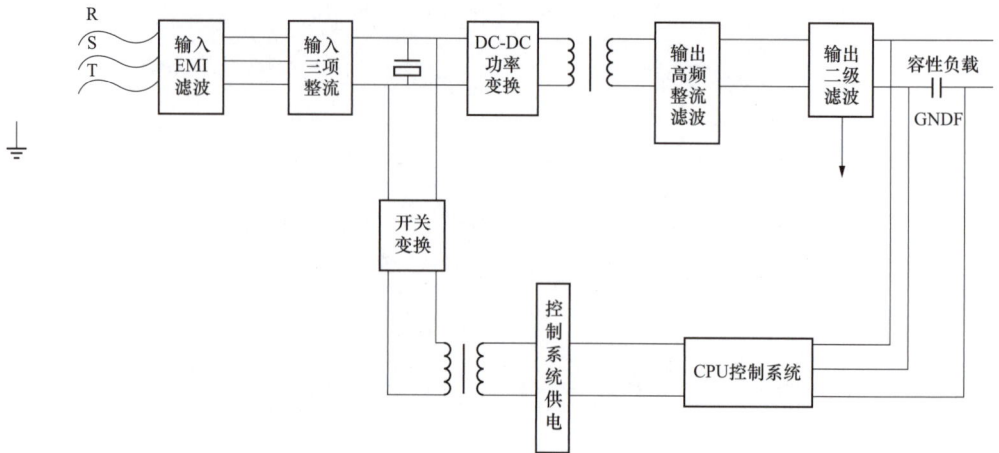

图 2-135　充电器的整个控制流程图

充电器无法启动的内部原因是芯片电源启动电容 C13 容值变小，导致芯片启动工作电源只有 7.5V 左右，未能达到驱动芯片的电源工作电压。芯片工作不起来，无法提供主控板的控制电源，最终导致机器故障现象的出现。当通过电容的更换芯片的启动电压达到了 8.0V，芯片可以正常触发，通过 DC/DC 变化为芯片提供稳定+12V DC 的同时提供主控板的控制+15V DC 以及 VSS 电源，从而使充电器恢复正常工作，如图 2-136 所示。

▶ 事故处理措施及结果

（1）此次报变桨充电器 OK 反馈丢失，造成变桨不能正常启机的原因为 A 型号充电器内部的启动电容 C13 容值衰减导致。

（2）对使用了这批电容的充电器进行电容升级技改，使用其他品牌更为稳定的电容替代。

（3）充电器 OK 反馈丢失故障，现场查找故障原因可以参考表 2-13 所述方法。

表 2-13　　　　　　　　　　　　故 障 分 析 表

故障现象	判断原因	解决方法
开机后指示灯不亮	缺相	检查交流输入是否缺相
	超出交流输入范围	检查输入电压是否在 320～480V 范围内
	机器自身温度高于 85℃	温度低于 70℃后，恢复工作
工作指示灯在工作过程中突然灭掉	缺相	检查交流输入是否缺相
	超出交流输入范围	检查输入电压是否在 320～480V 范围内
	机器自身温度高于 85℃	温度低于 70℃后，恢复工作

▶ 隐患排查重点

（1）设备维护。

1）个别厂家充电器供应商在设计产品前没有足够了解用户真正需要什么样的产品，

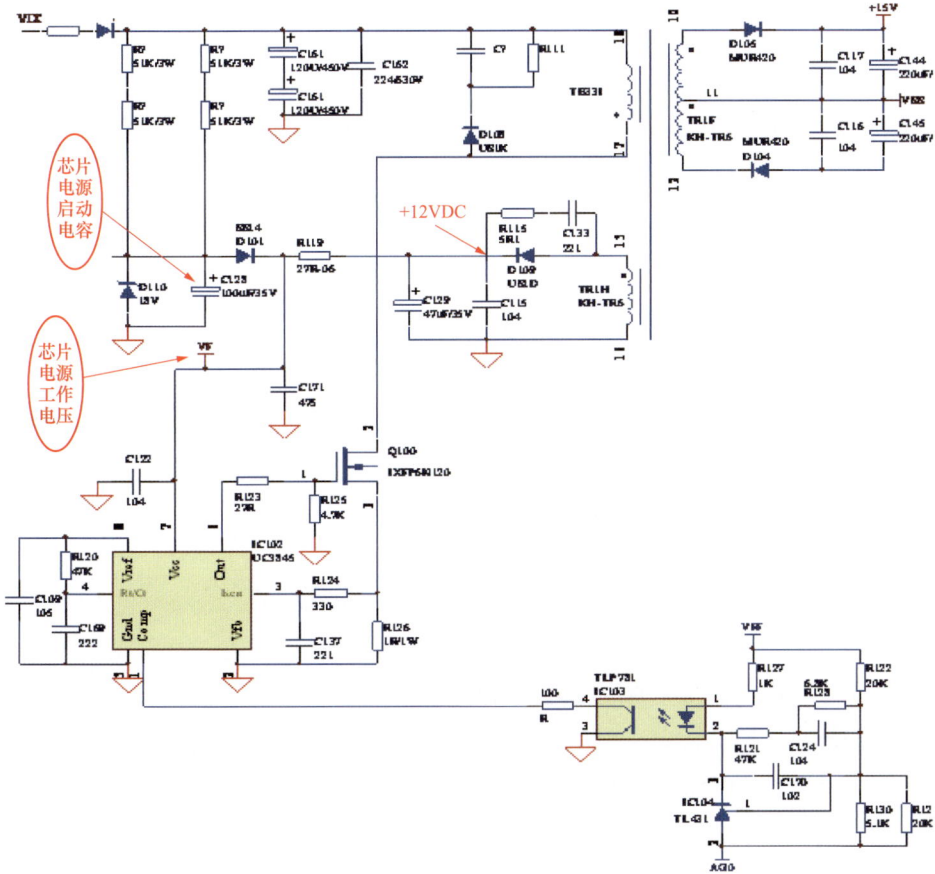

图 2-136 控制电路电源

只是把已有的技术平移到另一个产品平台，适应性问题推到批量使用中验证，测试老化环节不够完善，对关键元器件使用条件、质量把关不严，工艺不符合风电产品使用条件，对于充电器故障频繁现场应进行及时技改或更换成熟型充电器。

2）若现场风电机组故障现象与本故障案例现象一致，可根据本案例进行相应的技改。风机出现部分充电器无法启动的内部原因是芯片电源启动电容 C13 容值变小，导致芯片启动工作电源只有 7.5V 左右，未能达到驱动芯片的电源工作电压。芯片工作不起来无法提供主控板的控制电源，最终导致机器故障现象的出现。当通过电容的更换芯片的启动电压达到了 8.0V，芯片可以正常触发，通过 DC/DC 变化为芯片提供稳定+12V DC的同时提供主控板的控制+15V DC 以及 VSS 电源，从而使充电器恢复正常工作。

3）全场停电检修时，注意超级电容充电时间，是否存在充电过长的现象。

4）现场多数充电器反馈丢失故障，多是由于充电器损坏或反馈信号线松动，报出充电器故障。为了减少故障发生，建议检修维护时按 5）～9）进行排查。

5）检修时，排查充电器指示灯是否工作正常。

6）检修时，排查充电器 400V 供电接线是否牢固。

7）检修时，排查充电器至倍福模块 3 路（温度、AC2 OK 信号、充电器 OK 信号）接线是否有松动现象，尤其注意充电器出线侧插排是否松动。

8）检修时，排查 10Q1 工作是否正常，若旋到 ON 时供电不正常应及时进行更换，检修时应重点排查。

9）检修时，给充电器充电、送电，并观察 NG5 工作是否正常（声音、散热风扇等）。

（2）运行调整。

1）充电器故障，对频发机组小风天气进行巡检，查明问题原因，重点检查充电器 OK 信号至倍福模块的反馈线。

2）针对区域性、季节性明显的逆变器故障的情况，定制相应技改方案（如更换启动电容等）。

3）巡视与定期维护相结合，在定期维护项目中对 10Q1、充电工作状态、反馈信号等进行检查。

4）值班时注意升压站内母线电压波动情况，母线电压波动大会造成机组报出充电器相关故障。

2.1.12.2　SG6 变桨电源充电器损坏故障

▶ **事故表现**

某项目在吊装和静态调试过程中发现有 20 个 SG6 损坏。图 2-137 是 SG6 损坏照片，拆开 SG6，发现多数 SG6 前端压敏电阻损坏，失去对后级电路保护作用，造成 SG6 后级电路损坏。

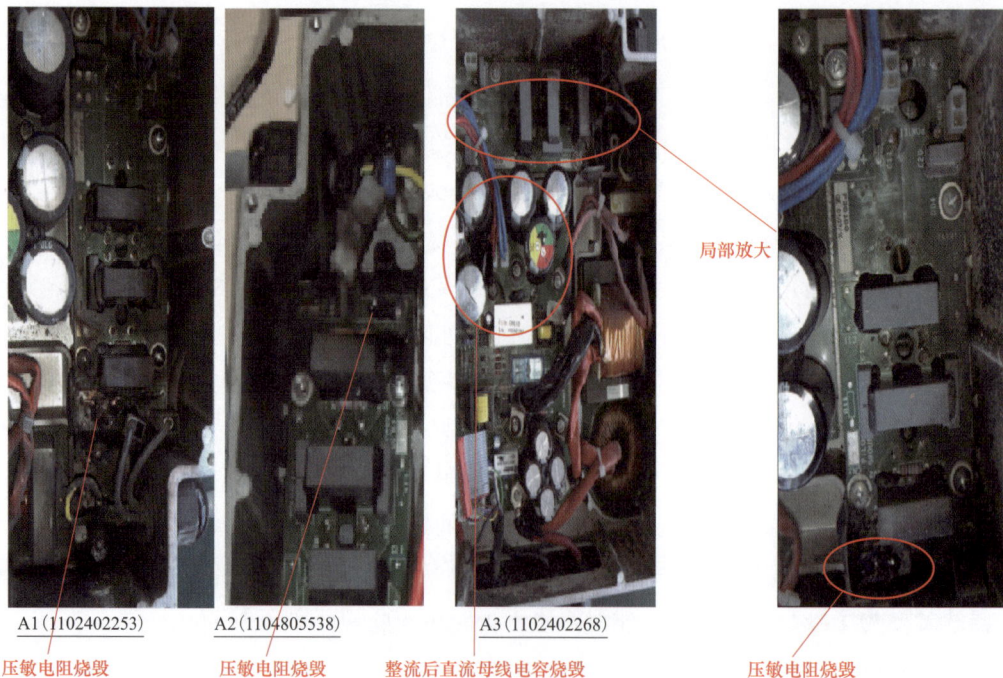

局部放大

A1（1102402253）　　A2（1104805538）　　A3（1102402268）

压敏电阻烧毁　　压敏电阻烧毁　　整流后直流母线电容烧毁　　压敏电阻烧毁

图 2-137　SG6 损坏照片

> **事故根本原因**

1. SG6 工作原理及器件参数

SG6 工作原理如图 2-138 所示，器件参数如表 2-14 所示。

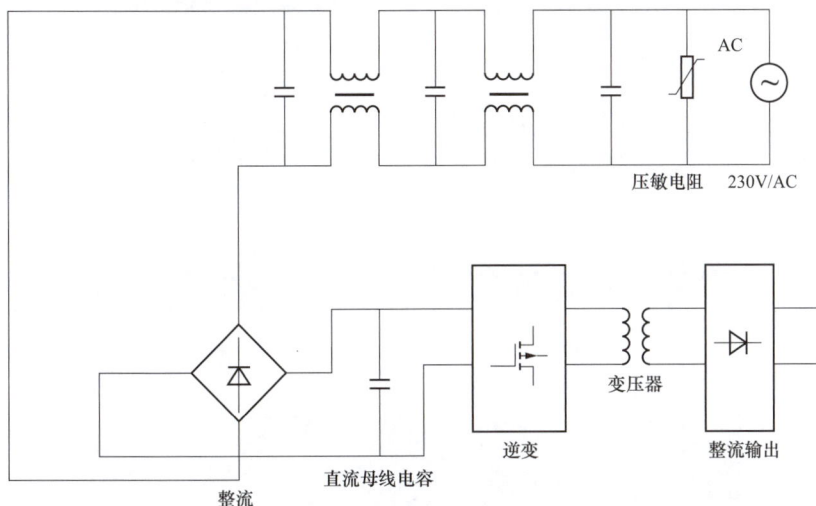

图 2-138　SG6 工作原理图

表 2-14　　　　　　　　　　　　**SG6 参 数 表**

描述	输入电压	输入电流	压敏电阻	直流母线电容	逆变器件耐压值 V_{DSS}
数值/范围	230±10%	3	275	400	600
单位	V（AC）	A	V（AC）	V（铝电解）	V
参数出处	SG6 手册	SG6 手册	器件标识	器件标识	器件手册

图 2-137 表明 6 个模块损坏原因一致，主要集中在压敏电阻和整流后直流母线电容。图 2-138 所示原理图标明压敏电阻和直流母线电容的位置。根据压敏电阻的特性，当加在它上面的电压低于它的阈值"U_N"时，流过它的电流极小，相当于一只关死的阀门；当电压超过 U_N 时，它的阻值变小，这样就使得流过它的电流激增，从而减小过电压对后续敏感电路的影响。在实际使用中，电压过高，超过连续工作电压寿命，同时超过规定的冲击次数，会造成压敏电阻损坏，损坏后失去对后级电路的保护，相当于没有并联压敏电阻，此时持续的高电压经过整流桥造成母线电容的损坏，如图 2-139 所示。

2. SG6 试验检测

更换母线电容后测试，当输入电压为正常范围时（230±10%）V AC，工作正常，结果如图 2-140 所示，证明电路的其他部分并没有损坏。排除 SG6 损坏原因是由输出级造成的，只能是输入侧造成的。

图 2-139　过压造成的母线电容损坏

图 2-140　更换母线电容后测试输出正常

注：SG6 输出电压有两种模式，一种为 75V DC；另一种为 60V DC。在此选择了 60V DC 模式，不影响试验结论。

3. SG6 高电压穿越测试（实验室进行）

先给 SG6 提供 230V AC，待输出稳定后，断开 230V AC，299V AC 供电 200ms。实验过程记录如图 2-141 所示。

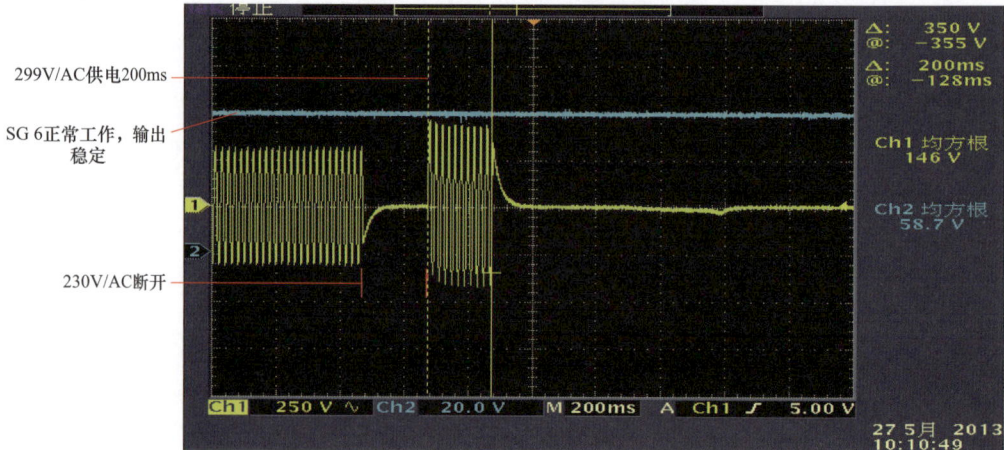

图 2-141　1.3 倍额定电压供电 200ms

重新给 SG6 提供 230V AC，输出正常，见图 2-142。

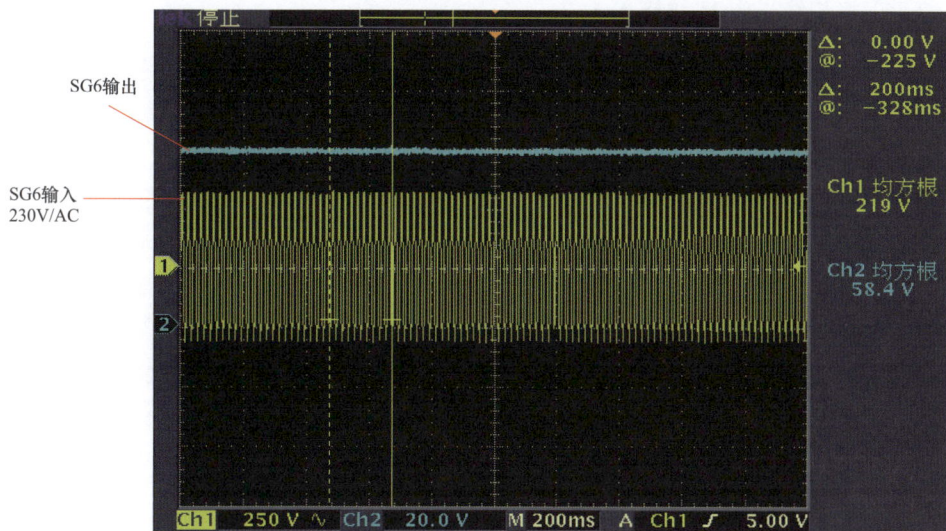

图 2-142　SG6 正常供电

SG6 选取的标称值为 275V AC，表示最大连续工作电压，压敏电压（即阈值电压）为 387-473A/AC。通过实验室对正常的 SG6 进行测试，确认 SG6 模块在试验室内，能够承受 200ms、299V AC 输入。说明现场 SG6 内压敏电阻损坏是因为长时间的过压才会导致压敏电阻损坏。

4. 现场工况

发电机接线图见图 2-143。

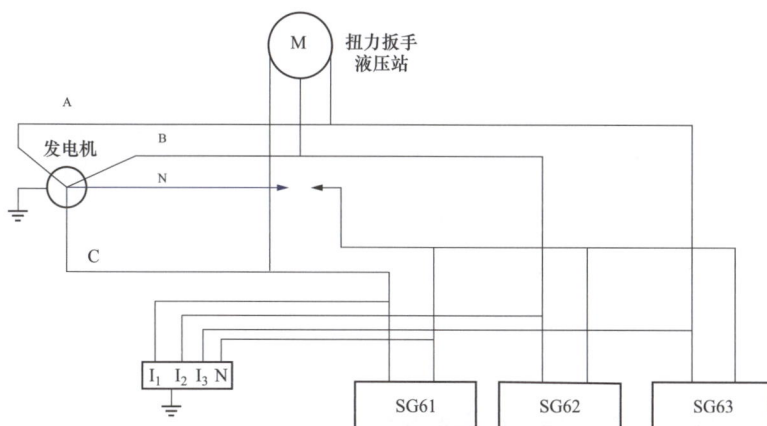

图 2-143　发电机接线图

因此，得出 SG6 损坏原因：

（1）发电机电源出线没有接稳压器；

（2）发电机到变桨柜内的 N 线没有接；

（3）误将相线当作 N 线接入 SG6。

以上三种情况属于违规的误操作，容易造成 SG6 过压，特别是第三种情况，会造成严重损坏。

▶ **事故处理措施及结果**

绝大多数 SG6 损坏是由于输入侧过压造成，因此针对 SG6 损坏较多的项目进行技改，以提升 SG6 供电质量。对于只损坏了压敏电阻的 SG6，现场通过更换压敏电阻修复 SG6，对于不只是压敏电阻损坏的 SG6，将损坏的 SG6 送至专业的维修机构进行维修，难以修复的，直接进行更换。

在完成上述处理措施后，该项目 SG6 故障率大大降低。

▶ **隐患排查重点**

（1）设备维护。

1）吊装时使用发电机，发电机出口应该接稳压器。

2）安装和调试时，变桨柜和机舱柜或发电机之间接线要正确，保证发电机中性线与变桨柜中性线一定要连接正确，变桨柜中性线和机舱柜中性线连接正确。在人员确认接线正确后才能给变桨系统上电。

3）安装期间，当液压站工作时，容易引起发电机出口电压波动，此时应该将变桨柜电源关掉，避免由于发电机电压波动导致 SG6 损坏。

4）机组如果发生 SG6 损坏，现场工程师需要检查 SG6 电源进线和输入电压是否正常。

5）检修时，排查 SG6 指示灯是否工作正常。

6）检修时，排查 SG6 400V 供电接线是否牢固。

（2）运行调整。

1）机组调试时，尽量采用大功率带有稳压器的发电机进行调试，以免由于电压波动导致 SG6 损坏。

2）对调试人员进行技术交底，说明发电机中性线的重要性，以免出现由于缺零导致 SG6 烧毁。

3）值班时注意升压站内母线电压波动情况，母线电压波动大会造成机组报出充电器相关故障。

2.1.13 变桨逆变器故障事故案例及隐患排查

2.1.13.1 逆变器 OK 信号丢失故障 1

▶ **介绍栏**

变桨控制系统的主要作用是实时调整叶片桨角使风机的主轴转速，始终精准地控制在整机设定风速范围以内的一个理想恒定转速。当整机采集到各系统故障信息时，根据故障的级别，判定需执行安全链断开保护时，变桨迅速利用控桨的独立后备电源，执行快速顺桨运转及时将桨叶转回到风暴位置（安全位置）。当遇到主电网瞬时失压或电压跌落在一定范围内的情况时，能实现低电压穿越平稳过渡、输出稳定持续 3s 通过实时变桨，以及衰减风转交互作用引起的整机振动，将风机上的机械载荷实现到最小化。

1. AC2 的名称

AC2 为异步电机用高频 MOSFET 逆变器，其正面俯视图见图 2-144。

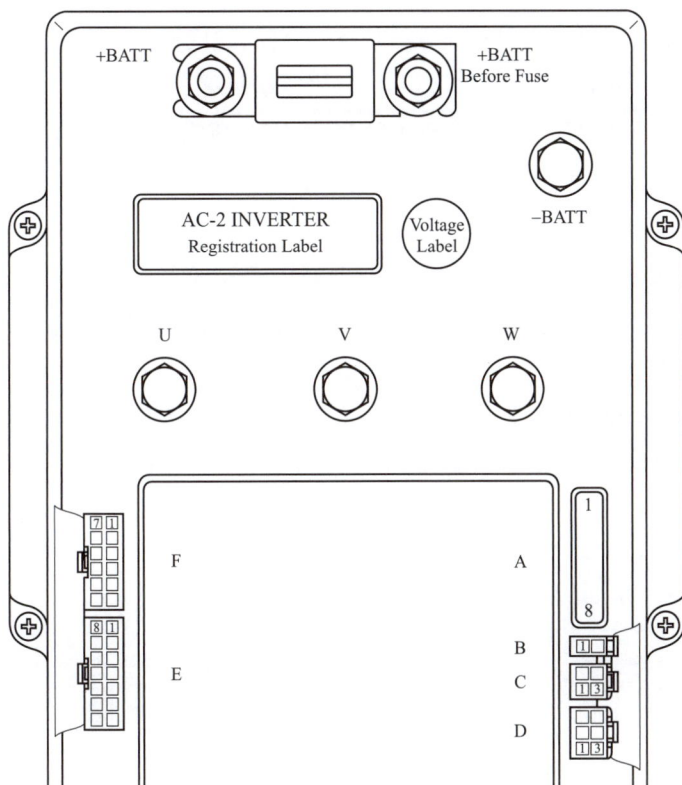

图 2-144　AC2 正面俯视图

2. 变桨逆变器的四大功能

（1）变频器对交流异步三相电机。

（2）再生制动功能。

（3）CAN 总线接口。

（4）基于单片机数字控制。

3. 实际工作性能参数

额定电压为 48V，最大电流为 450A。实际使用时，由 60V 的直流稳压电源供电，工作频率为 8kHz，输出电压为 3 相 29V，频率范围为 0.6～56Hz。

4. 各个端口的作用

（1）两个大端口。

1）直流电的输入端+BATT（变桨逆变器的输入正极），–BATT（变桨逆变器的输入负极）。

2）交流电的输出端 U、V、W（变桨逆变器输出为 U V W 三相 29V 的交流电）。

（2）六个小端口。

1）A 端口：串行通信口，共有 8 个针。①A1、A2 为串口接受；②A3、A4 为串行传输；③A5 接地负控制台电源；④A6+12 积极控制台电源；⑤A7 FLASH 必须被连接到 A8 的闪存编程（如果使用）；⑥A8 FLASH 必须被连接到 A7 的闪存编程（如果使用）。根据现场需求，这里只使用了 A3（PCLTXD）、A4（NCLTXD）两个针。输出的是驱动器内部状态信号，用于指示驱动器当前的内部故障。

2）B 端口。

3）C 端口：CAN 总线，共有 4 个针，即 C1、C2、C3 和 C4。

4）D 端口：连接光电编码器接口，共有 6 个针（见图 2-145）：①D1 电源+ 5V/+12V 的直流电源给编码器供电；②D2 旋转编码器的负极，也是零电位；③D3 编码器阶段 A，诊断输出 DV 和 DV MT 以数据字的形式跳变；④D4 编码器阶段 A 倒置（编码器与微分输出）；⑤D5 编码器阶段 B，计算选编的旋转方向；⑥D6 编码器阶段 B 倒置（编码器与微分输出）。

各接线端子的作用如表 2-15 所示。

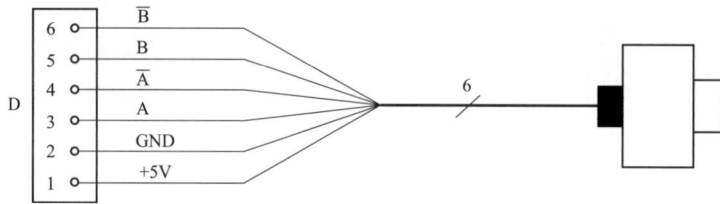

图 2-145　旋转编码器至逆变器的 6 个端子

表 2-15　　　　　　　　　　　旋转编码器接线端子作用表

引脚号	电缆颜色	引脚含义
1	棕色	UB（编码器电源）
2	黑色	GND（编码器电源地 0
3	蓝色	Pulse+（正 SSI 脉冲输入）
4	米色	Data+（微分线路驱动器的正的、串行数据输出）
5	绿色	Zero（置零输入）
6	黄色	Data-（微分线路驱动器的负的、串行数据输出）

续表

引脚号	电缆颜色	引脚含义
7	蓝紫色	Pulse-（负 SSI 脉冲输入）
8	棕色/黄色	DATAVALID（诊断输出 DV 和 DV MT 以数据字的形式跳变）
9	粉色	UP/DOWN（计算方向）
10	黑色/黄色	DATAVALID MT（不用）

5）E 端口：共有 14 个针。①E1 接入控制器送来的 0～10V 模拟量电压信号，此信号决定了驱动器输出电压的频率，用于调速；②E2、E3 两个针间串入 5kΩ 的电阻；③E12 用来接收主控发来的手动向前变桨信号；④E13 用来接收主控发来的手动向后变桨信号。

6）F 端口：共有 12 个针。①F1 为驱动器的使能信号，此端口接入 60V 电压后驱动器才能工作；②F4 为送闸信号，此端口收到高电平后，会在端口 F9（NBRAKE）输出高电平，通过继电器控制变桨电机内的电磁刹车；③F5（SAFETY）和 F11（-BATT）短接；④F6 和 F12 之间串入变桨电机内部的 PT100，用于测量电机的温度。

▶ 事故表现

某风场 19 号风机在一段时间内频繁报出 AC2 OK 信号丢失故障，故障停机后，叶片处于故障点时所处角度，不能顺桨。某日对该风机进行调试，第二日机组停机，报出故障为安全链 OK、三叶片角度差值大。

▶ 事故根本原因

旋转编码器跳变或是从旋转编码器到 AC2 的转速信号传输中存在异常。

▶ 事故处理措施及结果

1. 故障分析

查看故障文件，发现二号变桨的位置角度与其他两个变桨角度相差 4.4°左右，可能情况有光电旋转编码器内部故障、KL5001 故障、AC2 的内部故障。

（1）连上监控看变桨数据及变桨信号的异常问题。拷出故障文件查看 F 文件，见图 2-146。

pitch position					
error_pitchV_position_range_sensor_1	off	error_pitchV_position_range_sensor_2	off	error_pitchV_position_range_sensor_3	off
pitchV_in_5_position_sensor_1	off	pitchV_in_5_position_sensor_2	off	pitchV_in_5_position_sensor_3	off
error_pitchV_87_position_sensor_1	off	error_pitchV_87_position_sensor_2	off	error_pitchV_87_position_sensor_3	off
pitchV_in_87_position_sensor_1	off	pitchV_in_87_position_sensor_2	off	pitchV_in_87_position_sensor_3	off
error_pitchV_position_end_switch_1	off	error_pitchV_position_end_switch_2	off	error_pitchV_position_end_switch_3	off
pitchV_in_end_switch_1	on	pitchV_in_end_switch_2	on	pitchV_in_end_switch_3	on
error_pitchV_position_encoder_battery_low_1	off	error_pitchV_position_encoder_battery_low_2	off	error_pitchV_position_encoder_battery_low_3	off
error_pitchV_position_blade_cmp	on				
pitchV_blade_position_1	17.44 deg	pitchV_blade_position_2	21.05 deg	pitchV_blade_position_3	17.33 deg

图 2-146　19 号风机的 F 文件

（2）进入叶轮中时，检查叶片、5°和 87°接近开关、92°限位开关，以及变桨电机有无异常或者有异常的气味。检查后没有异常。

（3）检查 AC2、光电编码器及通信模块的端子和接头是否有虚接的现象。检查后没有虚接现象，接线牢固。

（4）根据出现的问题，猜测可能是模块中 KL5001（A7 模块）损坏。与其他的变桨柜更换 KL5001 后，进行复位，故障未消除，排除 KL5001 损坏的可能。

（5）测量 KL4001 模块的模拟量输出端子可输出 0～10V 范围的信号，最后发现 A2 模块 KL1104 的第一个信号灯闪烁即是 AC2 的 OK 信号灯，上电后开始闪，断电后每次给变桨柜上电时发现 A2 模块的信号灯 1 闪烁，故障指示灯见图 2-147。初步判定是 AC2 的问题。

图 2-147　A2 模块（KL1104）1 号口 AC2 的故障指示灯

（6）最后与 3 号变桨柜中的 AC2 进行更换，更换完毕后 3 号变桨柜中 A2 通信模块的灯闪烁情况并未出现，并且进行自动、手动变桨都正常，确定为 A2 模块异常。

2. 故障处理过程

19 号风机的 B 文件如图 2-148 所示。

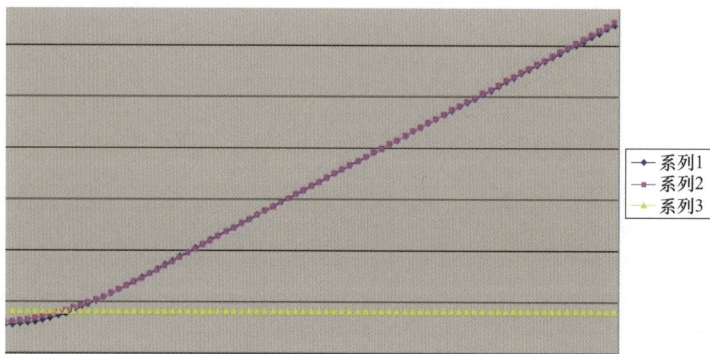

图 2-148　19 号风机的 B 文件（一）

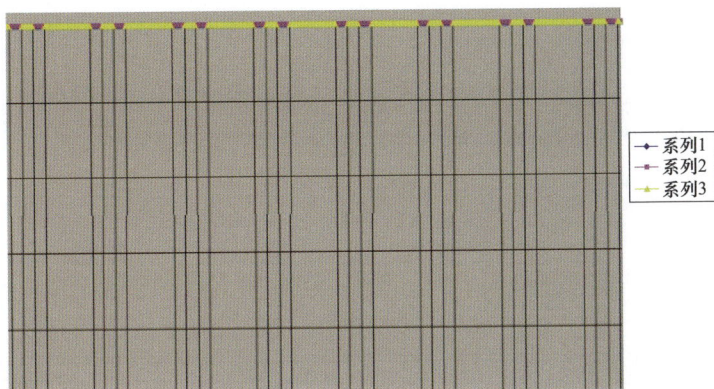

图 2-148　19 号风机的 B 文件（二）

看完 F 文件和 B 文件后发现所报的故障叶片角度差值大，确认是变桨逆变器的问题。最后与 3 号柜调换 AC2 后发现，故障转移到 3 号变桨柜，最后确定故障原因是 AC2 损坏，并及时更换 AC2。更换 AC2 后，机组恢复正常，再没报过此类 AC2 OK 信号丢失故障。

▶ **同类事故原因分析**

AC2 代表了当今最为先进的技术（IMS 功率模块、Flash 内存、微处理器控制、CANBus）。常见发生变桨逆变器 AC2 OK 信号丢失故障原因如下：

（1）变桨逆变器温度高，AC2 自我保护。

（2）变桨电机缺相、电机绕组损坏。

（3）A10 模块接线松动或 A10 模块损坏。

（4）AC2 接线松动或损坏。

（5）旋转编码器计数发生跳变。

▶ **隐患排查重点**

（1）设备维护。

1）在处理变桨逆变器 AC2 故障时，应查看故障文件并配合它的故障诊断说明来判断故障点，以便快速有效地处理此类故障。

2）更换逆变器时的注意事项：

a. 一定要将变桨柜断电，打到强制手动进行变桨，直到不能变桨为止。用万用表检查 AC2 的进线直流电压（大概为 20V 左右），虽然电压 20V 但是超级电容内还存有很大的能量，如果短路会释放大电流烧坏原件。

b. 拆除 AC2 的直流进线时一定要用带绝缘的扳手卸，并且拆除一个用绝缘胶带缠好防止短路，拆除另外一个时也必须缠好胶带防止正负极短路，防止烧伤或是烧坏元件。

（2）运行调整。

由于涉及的元器件和信号较为复杂，此故障现场报出频率较高。但现在现场对此故障已经基本可以处理。需要提醒的是，一定要注意观察现象，对于 B、F 文件相应数据进行分析，怀疑处进行实际测量，不可盲目更换元器件。

2.1.13.2 逆变器 OK 信号丢失故障 2

▶ **事故表现**

机组如果报"变桨逆变器 OK 信号丢失"故障，故障 F 文件如图 2-149 所示。

pitch converter

profi_out_pitch_converter_enable_1	on	profi_out_pitch_converter_enable_2	on	profi_out_pitch_converter_enable_3	on
error_pitch_converter_temperature	off	.		.	.
error_pitch_converter_temperature_1	off	error_pitch_converter_temperature_2	off	error_pitch_converter_temperature_3	off
pitch_converter_temperature_1	43.600 C	pitch_converter_temperature_2	42.300 C	pitch_converter_temperature_3	63.700 C
error_pitch_converter_ok	on				
error_pitch_converter_ok_1	off	error_pitch_converter_ok_2	off	error_pitch_converter_ok_3	on

pitch converter

profi_out_pitch_converter_enable_1	on	profi_out_pitch_converter_enable_2	on	profi_out_pitch_converter_enable_3	on
error_pitch_converter_temperature	off				
error_pitch_converter_temperature_1	off	error_pitch_converter_temperature_2	off	error_pitch_converter_temperature_3	off
pitch_converter_temperature_1	28.100 C	pitch_converter_temperature_2	27.300 C	pitch_converter_temperature_3	27.000 C
error_pitch_converter_ok	on				
error_pitch_converter_ok_1	on	error_pitch_converter_ok_2	off	error_pitch_converter_ok_3	off

图 2-149　"变桨逆变器 OK 信号丢失"故障 F 文件

▶ **事故根本原因**

报此故障可能的故障点如下：

（1）变频器内部逻辑故障；

（2）变频器收到不正确的启动顺序，制动开关未打开，或正、反向的速度同时给定；

（3）相电压充电失败；

（4）加速度故障；

（5）变频器内部电压电流检测故障；

（6）变频器内部接触器驱动故障；

（7）AC2 变频器内部检测到过温故障；

（8）CANBus 总线故障。

▶ **事故处理措施及结果**

机组如果报此故障，叶片停止在报故障时的位置，连接该机组就地监控可以发现对应的信号灯在闪烁。但是，由于通信延迟等原因，在就地监控上看到的闪烁频率与变桨柜内 A2 模块和 KL1104 的 1 号通道的状态灯闪烁频率不一致，必须进行机组现场检查。

进入轮毂后先观察 A2 模块 KL1104 的 1 号通道的状态灯的闪烁频率，对应闪烁频率，查找 AC2 故障说明，可以找出相应的故障点。

（1）闪烁频率为 1 时，表明 AC2 检测到逻辑故障。如超级电容电压发生突变，"看门狗"复位能触发该类故障的发生。超级电容损坏或者质量问题，可能会发生电压跳变，导致此故障，此时必须要更换超级电容。在充电器损坏时，并联的超级电容正、负极的充电器输出端可能出现瞬间短路，导致逆变器检测到超级电容电压跳变，也报此故障，同时也报出超级电容高电压故障，更换 NG5 后此故障也排除。除了上述两种情况，一般该类故障发生时，正常的断点复位后可以解决此问题。

（2）闪烁频率为 2 时，表明 AC2 收到不正确的启动命令，或者正、反相的速度同时给定。不正确的启动顺序，制动开关未打开，以及同时正、反向进行速度给定，都容易导致此故障的发生。该故障发生率是最高的，输入接口 E1 接线端子时设定 AC2 变桨速度的，只能接收 0~10V 的模拟电压信号，如果主控制器的 KL4001 损坏，输出信号超出 AC2 的输入范围，导致 AC2 接收到不正确的启动命令，就会报此故障，此时更换 KL4001 模块即可。变桨时，主控制器给 AC2 一个变桨电机的旋转速度和方向的信号，同时，变桨电机会通过旋转编码器反馈将电机旋转方向的信号给 AC2，如果旋转编码器损坏，反馈信号出现差错也会报此故障，这时需要更换旋转编码器。变频器与电机的电缆由于绝缘磨损短路，或者电机内部短路，电机过载出现电机卡死等也会报此故障。首先，通过就地监控面板观察变桨电机的温度和变桨时的速度，如果温度过高或者变桨速度比另外两个变桨速度慢，就必须登机进入轮毂，就地检查连接电缆，并且手动变桨测试电机好坏，在变桨时仔细听变桨电机和叶片轴承是否有异常声音，如果变桨电机出现问题需要更换变桨电机。

（3）闪烁频率为 3 时，相电压充电失败。可能是电机与变频器连接虚接，连接不可靠，或者连接电缆断裂，或者电机内部开路。需要更换连接电缆和检查变桨电机。

（4）闪烁频率为 4 时，加速度故障。加速度故障一般都是虚报的，进行复位启动即可，也有时候是真正的振动，需要对机舱内部振动木块进行检测或更换。

（5）闪烁频率为 5 时，表明 AC2 内部电压电流检测环节发生故障。重启 AC2 仍然报此故障需要更换 AC2 变频器。

（6）闪烁频率为 6 时，AC2 内部接触器驱动故障，重启 AC2 仍然报此故障需要更换 AC2 变频器。

（7）闪烁频率为 7 时，AC2 变频器内部检测到过温故障。

（8）闪烁频率为 8 时，CANBus 总线故障，现在运行的变桨系统没有使用 AC2 的 CANBus 总线。故障灯一直亮，超级电容电压低。未出现该故障时，主控已经报超级电容高电压故障，更换充电器后，故障自动消失。

▶ 隐患排查重点

（1）设备维护。

1）逆变器投运前，要仔细阅读说明书，按照说明书上的要求严格执行设备的连接和安装工作。

2）仔细检查逆变器各个部件以及端子在运输的过程中是否有松动脱落问题。

3）仔细检查逆变器各线径是否符合要求；绝缘性能是否良好；系统接地是否符合规定。注意：在使用时，要严格按照逆变器的使用维护说明来操作，逆变器上的警示标识应该完好无损。

4）逆变器投运过程中，定期检查逆变器各连线是否牢固，检查防尘网、风扇、功率模块、各端子等部件功能是否正常。

5）逆变器机柜内有高压，平时应注意检查柜门是否锁死。

6）在室温超过30℃时，应采取有效的散热降温措施，防止逆变器过热烧坏。

7）逆变器结构和电气连接应保持完整，不得存在锈蚀、积灰等现象，逆变器在运行过程中不应有较大振动和异常噪声。

8）定期将逆变器交流输出侧断路器断开一次。

（2）运行调整。

1）逆变器中直流母线电容温度过高或超过使用年限时，应及时发现并更换。

2）逆变器属于高可靠运行设备，可实现长期无故障运行，平日应进行巡检，倾听逆变器声音是否正常，外部有无杂物，通风口是否积灰，面板显示是否正常，发现问题及时处理、汇报。

3）非专业人员不得擅自拆装检修逆变器。逆变器一般均有短路、过电流、过电压、过热等项目的自动保护，发生问题时，并不需要人工停机。

2.1.13.3 逆变器 OK 信号丢失故障 3

▶ 介绍栏

元件介绍：变桨逆变器又称 AC2，是当今最为先进的技术（IMS 功率模块、Flash 内存、微处理器控制、CANBus），其外观示意图与内部结构图如图 2-150 和图 2-151 所示。

图 2-150　AC2 外观示意图　　　　图 2-151　AC2 内部结构图

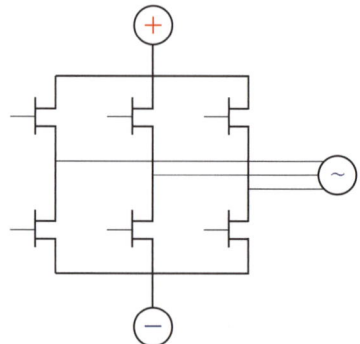

AC2 额定电压 48V，最大电流 450A，实际使用时由 60V 的直流稳压电源供电，工作频率为 8kHz，输出电压为 3 相 29V，频率范围为 0.6～56Hz。

结合变桨系统图纸（见图 2-152）可知，E1 端口控制变桨速度与方向，接收 0～10V 的有效电平，0～5V 向 90°变桨；5～10V 向 0°变桨。E5 接收主控松闸输入信号，通过内部程序分析通过 F9 输出松闸输出信号，由变频器输出给继电器绕组，控制触点吸合，使电机松闸。同时，对变桨电机发出变桨指令，实现变桨功能。

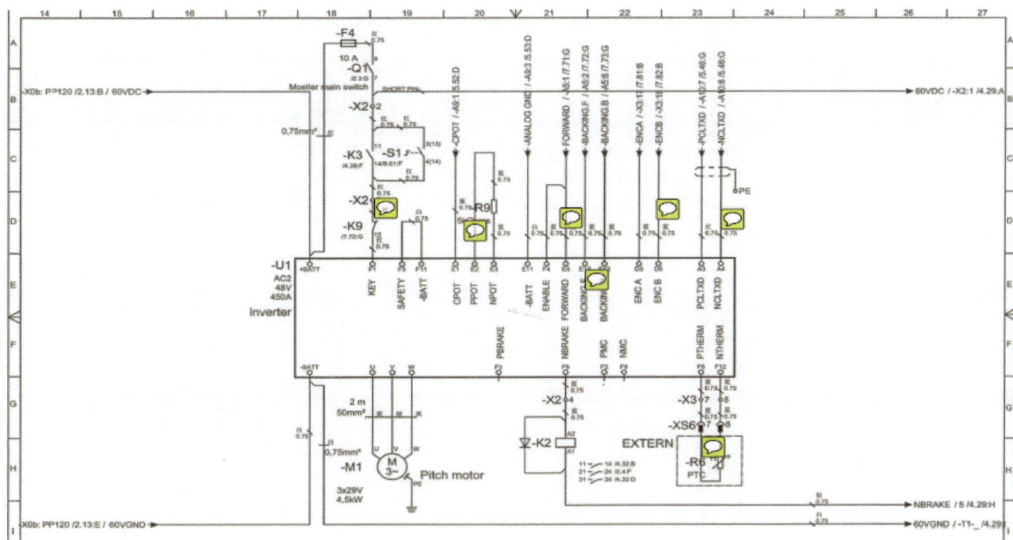

图 2-152　变桨系统图纸

▶ **事故表现**

某风机采取水平轴、三叶片、上风向、变速变桨距调节、直接驱动、外转子永磁同步发电机并网发电。该机组额定输出功率 1.5MW，功率控制在额定风速以下采取变速调节，额定风速以上采取叶片桨距角可根据风速与输出功率自动调节，通过变桨逆变器发出指令使 3 支叶片同时开桨、收桨来达到功率控制的目的。

某一机组报出 2 号桨叶变桨逆变器 OK 信号丢失故障，现场人员通过后台风机监控查看风机数据，发现 1、3 号桨叶已经收回到 87°，2 号桨叶没有收桨，处于 0°位置，同时查看该风机的其他变桨数据，发现其他数据均正常，2 号桨叶变桨电机的温度比其他变桨电机温度轻微升高。

▶ **事故根本原因**

本台机组报出的变桨逆变器 OK 信号丢失故障原因为变桨电机接线盒出线处无法禁锢动力线缆，风机运行过程中轮毂转动，变桨电机接线摆动较大，导致内部接线存在摆动并存在受力现象。上述现象导致变桨电机动力电缆 B 相线鼻子接线处多股铜线断裂，引发故障的产生。

▶ 事故处理措施及结果

由于该风机故障现象为叶片没有收桨，且变桨风机温度没有明显升高，故排除变桨电机堵转，证明变桨柜内 K2 继电器、变桨电机电磁刹车良好。观察变桨数据没有发现变桨位置出现跳变的情况，因此排除旋转编码器故障。初步判断故障有以下原因：①变桨逆变器温度高，AC2 自我保护；②变桨电机缺相；③AC2 接线松动或损坏；④模块 KL4001 失效。

下面详细讲述一下判断依据。

由故障数据可知，变桨电机温度没有明显升高，证明变桨电机没有堵转。由电磁刹车电气图纸（见图 2-153）显示，变桨柜内的 K2 继电器是控制变桨电机电磁刹车的电源，若 K2 继电器吸合，电磁刹车得电动作，松开刹车，变桨电机则可以实现变桨功能。由此可见，该故障桨叶没有收桨，与此两元件无关。

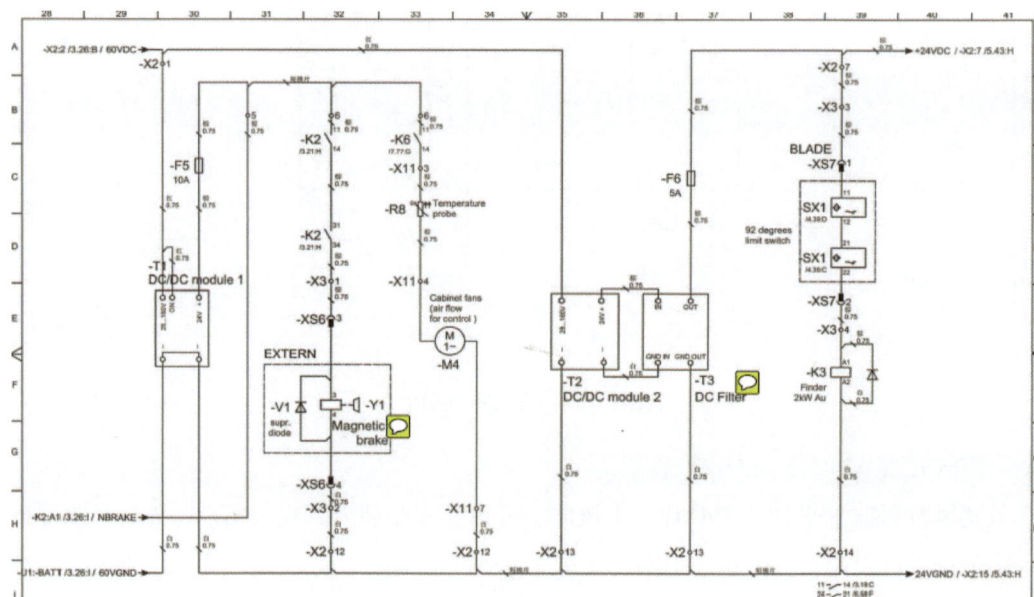

图 2-153　电磁刹车电气图纸

根据故障文件观察故障时刻，监控后台显示桨叶位置没有跳变，故障排除旋转编码器故障。当变桨电机旋转编码器发生故障时，监测的叶片位置发生错误，将此刻桨叶位置回传到 AC2，其认为自身发生启动故障，随即报出变桨逆变器 OK 信号丢失（该元件损坏也会报出三支叶片变桨位置偏差大故障）。

变桨功能是 AC2 给其他电气元件一系列电信号所实现，所以若其发生故障损坏，则肯定会引发故障产生，无法实现变桨功能，并且与故障名称相符合变桨逆变器 OK 信号丢失。如果 AC2 接线松动，动作元件无法收到指令，则也无法完成变桨功能。

若变桨电机缺相则会导致 AC2 发出指令，变桨电机无法实现正常变桨功能。故障现象与此相同，由于缺相运行，变桨电机启动时，三相电流不平衡，未断相电流会急剧增大，此时 AC2 智能保护报出变桨逆变器 OK 信号丢失故障。

根据变桨控制图纸（见图 2-154）可知，主控模块 KL4001 发出 0～10V 有效电平，该电平则控制变桨的方向与速率，达到故障变桨目的。如果该模块损坏，则 AC2 无法发出变桨信号，系统也会报出变桨逆变器 OK 信号丢失。

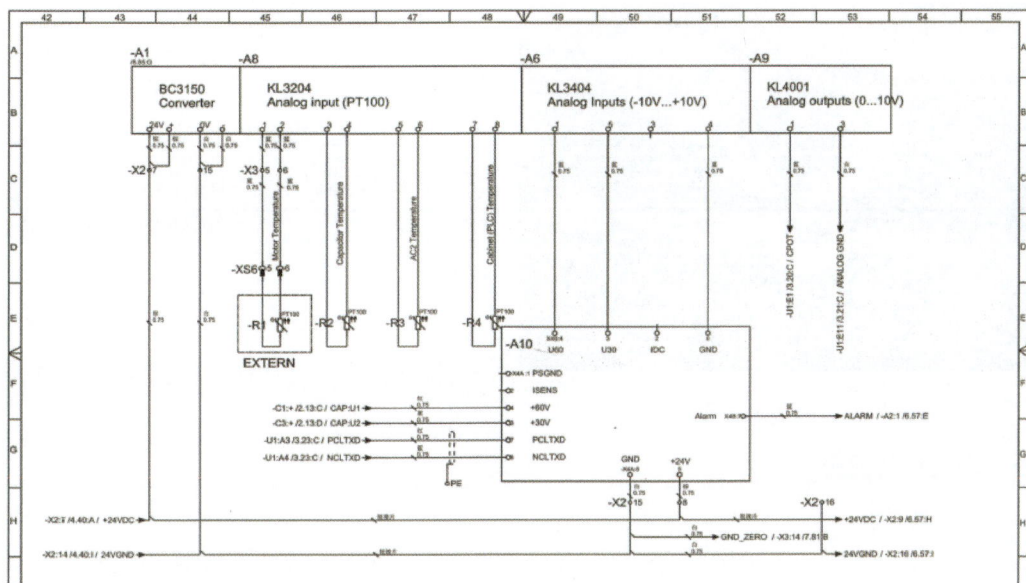

图 2-154　变桨控制图纸

故障处理过程如下：

（1）通过故障 B 文件中的变桨逆变器 OK 信号的数字量可以看出，逆变器 OK 信号闪烁频次为 3 次。

AC2 的 OK 信号闪烁频次为 3 次对应的是 AC2 内部电容充电失败、VMN 低和 VMN 高故障。该故障的正确处理思路是首先检查 AC2 到变桨电机的三相动力接线是否松动、断开或磨损，是否对地短路或虚接；其次检查 AC2 的"KEY"使能输入信号是否为+60V DC，测量端子 X2-2 直流电压；最后判断 AC2 损坏，更换 AC2。

（2）现场作业人员根据以上思路对其桨叶"手动/自动"开关切至手动，并重新对变桨柜上电，先将其桨叶收回至 87°，发现可以正常收桨。现场作业人员为排除干扰，多次进行变桨，在手动模式下和自动模式下都可以正常变桨，此刻怀疑 AC2 接线存在虚接情况，在运行过程中信号出现闪断，导致报出故障。为了进一步确认，人员测量 KL4001 的 1 号口输出电压，变桨不动作时其输出电压为 4.8～5.0V，则又排除 KL4001 模块损坏导致故障。作业人员对 AC2 接线进行全面细致地检查并禁锢。

（3）运行人员通过就地监控观察风机故障消除，现场作业人员对风机进行启机，待风机运行 30min 左右，风机再次报出变桨逆变器 OK 信号丢失，并且 OK 信号依然闪烁为 3 次。

（4）人员目测变桨电机接线盒内接线、变桨电机至 AC2 的线路没有损坏现象，判断故障为 AC2 损坏导致。因此，对 AC2 进行更换工作后将风机启机。

图 2-155　B 相线鼻子处接线情况

（5）机组再一次报出同样的故障，怀疑变桨电机内阻出现故障，虽可以完成变桨操作但内部电流发生变化。便进行了对变桨电机接线拆除工作，于是发现接线盒内最下面的 B 相线鼻子处接线磨损严重，断股铜线已超过 4/5 但由于被其他两相挤压，存在虚接现象。B 相线鼻子处接线情况见图 2-155。

（6）更换变桨电机动力电缆 B 相线鼻子重新接好后，机组故障彻底消除，并网发电。

▶ 隐患排查重点

设备维护：

（1）逆变器损坏原因排查方法。①检查整流部分：整流民用都是单相交流输入，只需根据二极管的单向导通性判断好坏即可，同时还要注意整流桥的绝缘耐压。②检查继电器：限流电阻器抑制冲击电流的峰值。滤波电容器充电结束，电阻短路用继电器等，即将电流抑制电阻器的两端短路。一般在几欧姆到几十欧姆之间。电阻没问题，确认一下继电器是否坏了或者触点烧连接了。③检查二极管：根据二极管单相导通性测试好坏。首先 6 组 IGBT 的静态阻值正、反测电阻必须是一致的，否则判断异常的那一组损坏。④主回路静态测试：主回路静态测试有问题将问题原件拆除，然后对控制线路目测，没有明显烧焦痕迹的可以送电测试。⑤检测线路板的供电电压是否正常，一般要有 5V（单片机供电），正负 15V（IC 供电）。⑥使用示波器检测控制回路驱动部分：波形必须一致，发现异常的这一路驱动元件最好全部更换。⑦整体动态测试：直接测试逆变器输出电压是否稳定，电压值是否正常即可。

（2）运行调整。

1）机组报出变桨逆变器故障后作业人员对故障点排除时，应进行深度分析，要有合理的数据支持，不能以经验做出判断或目测时对看不到的地方不予理睬，要关注每一个细节，关注每一条故障数据。

2）场站维护人员应在风机定检时，对变桨电机接线盒出线锁紧帽要进行检查，并需检查是否存在动力电缆没有使用扎带绑紧的情况。一旦发现隐患应及时上报记录，并合理地安排消缺工作。

2.1.13.4 逆变器 OK 信号丢失故障 4

▶ **事故表现**

某项目风机 2 号变桨柜在运行过程中报 AC2 OK 信号故障，故障 F 文件如图 2-156 所示。当 F 文件 error_pitchV_converter_ok 这一行为 on 时，代表有此故障。

本机组当天共报过三次 AC2 OK 信号故障。

		pitch converter	
error_pitchV_converter_ok_1	off	error_pitchV_converter_ok_2	on

图 2-156　故障 F 文件

第一次报 AC2 OK 信号故障，检查发现 A2 KL1104 模块-1 端子状态灯闪三下，叶片没有顺桨。

第二次和第三次报故障，AC2 OK 信号有短暂丢失，然后又恢复正常。当 OK 信号正常后，叶片顺桨。故障前、后信号如图 2-157 所示。

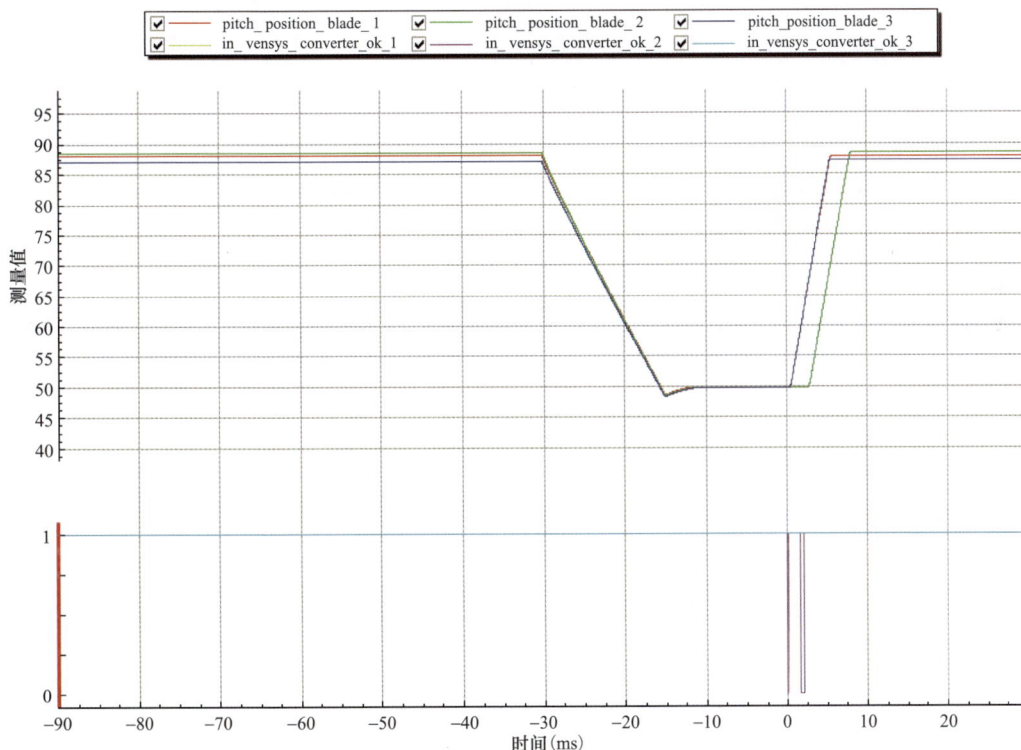

图 2-157　故障前、后信号

▶ **事故根本原因**

第一次报故障是因为 AC2 本身损坏。

第二次和第三次报 AC2 OK 信号故障是因为 K3 继电器接线松动。

更换 AC2 和紧固 K3 继电器接线后故障消除。

▶ 事故处理措施及结果

（1）排查过程。

第一次报故障后，检查发现 A2 KL1104 模块-1 端子状态灯闪三下。

闪烁频率为 3 时，原因可能为电机与逆变器 AC2 连接虚接，连接不可靠，或连接电缆断裂。该故障发生，首先检查电机与逆变器之间的连接电缆，如果更换后该故障仍发生，则有可能电机或逆变器发生损坏，其次检查电机和逆变器。

1）检查了 AC2 F1 端口的 60V 直流电压正常；

2）检查了 AC2 +BATT 和-BATT 电压正常；

3）检查了 AC2 动力电缆接线情况，检查了 AC2 本身相间和相对地没有短路；

4）检查了 AC2 和变桨电机之间动力电缆相间和相对地没有短路；

5）检查了变桨电机接线盒内接线情况；

6）检查了变桨电机绝缘情况。

完成如上几步检查之后，全部正常，则直接更换 AC2，更换后机组没有故障。

第二次和第三次 AC2 OK 信号故障后，检查 B 文件（见图 2-158），发现报故障时，机组报了 AC2 OK 信号故障也报了限位开关故障。由电气原理图（见图 2-159）可知，

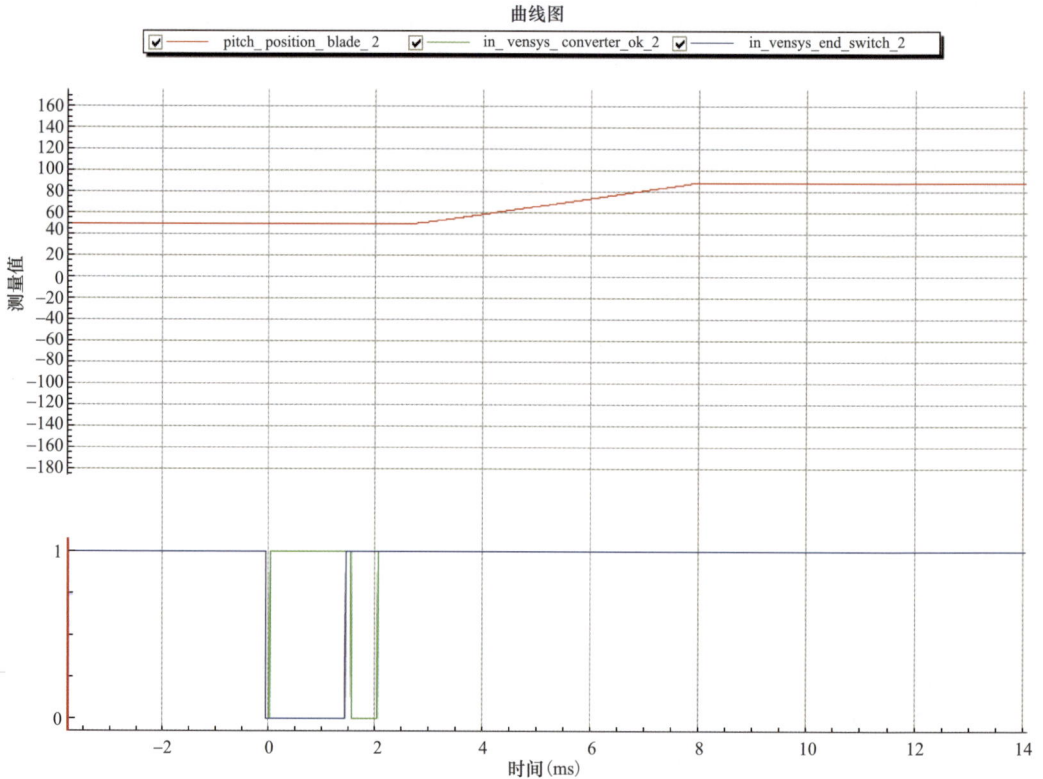

图 2-158　故障 B 文件

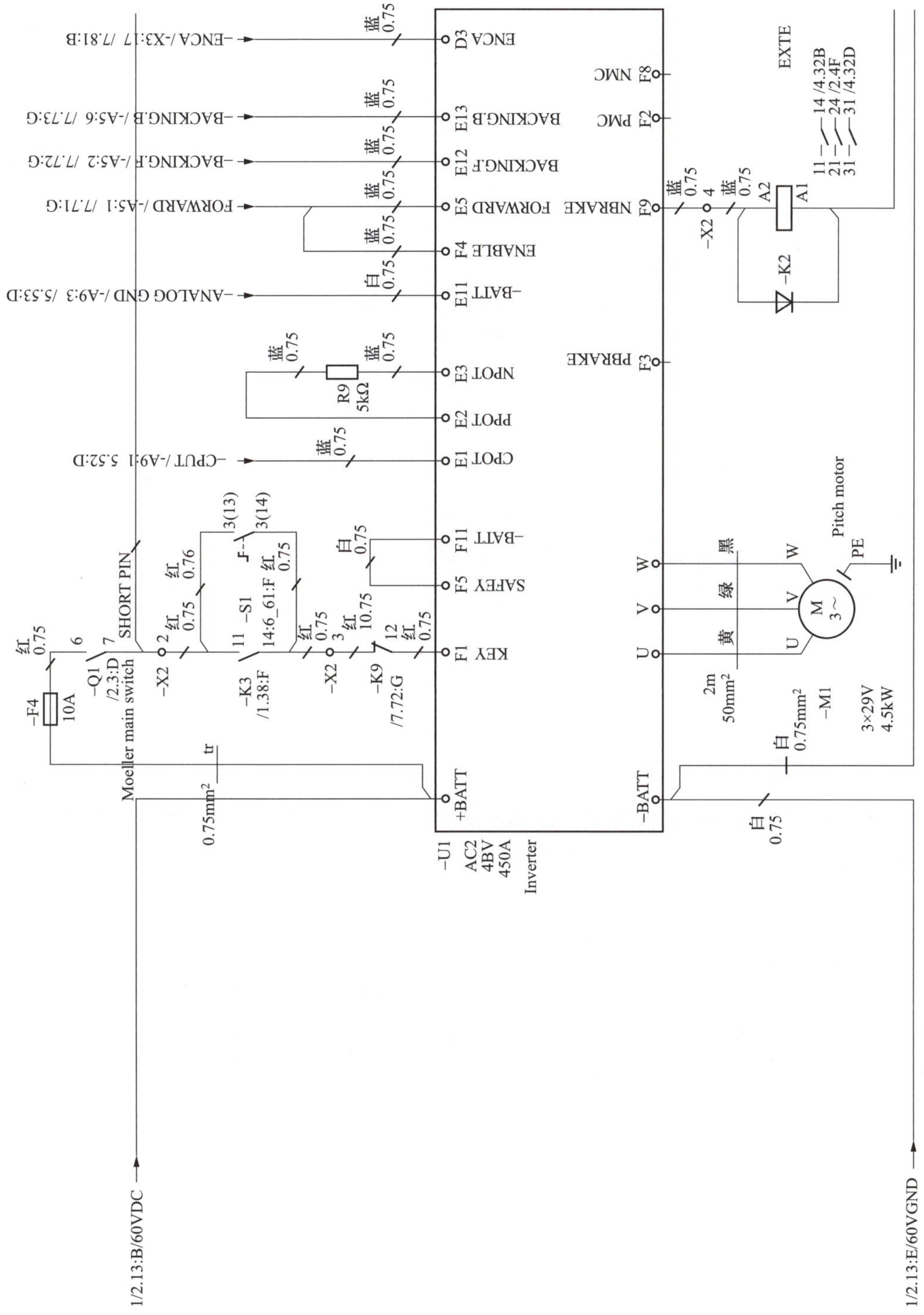

–ENCA /-X3:17 /7.81:B
–BACKING.B /-A5:6 /7.73:G
–BACKING.F /-A5:2 /7.72:G
–FORWARD /-A5:1 /7.71:G
–ANALOG GND /-A9:3 /5.53:D
–CPUT /-A9:1 5.52:D
蓝 0.75
白 0.75
红 0.75
R9 5kΩ
D3 ENCA
E13 BACKING.B
E12 BACKING.F
E5 FORWARD
F4 ENABLE
E11 –BATT
E3 NPOT
E2 PPOT
E1 CPOT
F11 –BATT
F5 SAFEY
F1 KEY
F8 NMC
F2 PMC
F9 NBRAKE
F3 PBRAKE
W V U
+BATT
–BATT
–U1
AC2
4BV
450A
Inverter
–F4
10A
–Q1
/2.3:D
Moeller main switch
SHORT PIN
–X2
–K3
/1.38:F
–S1
14:6_61:F
3(13)
3(14)
–K9
/7.72:G
0.75mm²
tr
–X2
A2
A1
–K2
EXTE
11 — 14 /4.32B
21 — 24 /2.4F
31 — 31 /4.32D
黑
绿
黄
2m
50mm²
Pitch motor
PE
M
3~
–M1
3×29V
4.5kW
白 0.75mm²
1/2.13:B/60VDC
1/2.13:E/60VGND

图 2-159 电气原理图

正常情况下，机组的限位开关没有被触发，K3 的线圈是有 24V 电压，机组的 K3 继电器的一组触点 11 和 14 是吸合的，所以 AC2 上的使能 F1 端口是会有 60V 电压。K3 继电器的另一组触点 21 和 24 是吸合的，所以 A2 KL1104 的 5 号端子是有 24V 电压，机组不会报限位开关故障。基于以上原因，将 2 号变桨柜和其他正常变桨柜的 K3 继电器互换，紧固 K3 继电器接线后机组正常。

正常情况下，in_vensys_end_switch 信号和 in_vensys_converter_OK 信号都应该是高电平。

备注：B 文件中的 in_vensys_converter_OK 信号和 A2 KL1104 的 1 号端口逻辑上是反的。

in_vensys_converter_OK= −kbus_in_pitch_converter_ok（A2 的 KL1104 的 1 号端口）。当 in_vensys_converter_OK 是高电平 1 时，是正常的。可以看到，几乎是同时，AC2 OK 信号故障和限位开关故障都报出来了。在−0.04～1.42s，K3 的 21 和 24 触点断开，所以这段期间报限位开关故障。在−0.04～1.42s，K3 的 11 和 14 触点断开，AC2 的 F1 口使能没有电，所以 in_vensys_converter_OK 是低电平，此段期间报 AC2 OK 信号故障。在 1.46s 时刻，当 K3 继电器正常运行后，限位开关信号恢复正常，AC2 的 F1 口有使能。1.56～2.04s 是 AC2 重新启动的过程，在重启过程中，in_vensys_converter_OK 是低电平。当重启完后，in_vensys_converter_OK 变成高电平，机组没有故障。

（2）故障排查方法。

1）机组报故障时，首先要观察机组的其他数据是否有异常。

2）当 AC2 的 F1 使能端口没有电时，机组会报逆变器 OK 信号故障，但是 A2 KL1104 模块这个时候是不会闪烁的。内部模拟电路没有电了，所以就不会将故障信号传出来。

3）某 1.5MW 风机变桨驱动器 I 型 AC2 OK 信号故障解析。

观察 A2 KL1104 模块−1 端子状态灯，是否闪烁。如有闪烁，则表明 AC2 OK 信号故障，对应闪烁频率，查找如下的 AC2 故障说明，可以找出相应的故障点。

闪烁频率为 1 时，表明 AC2 检测到逻辑故障。如超级电容电压发生突变（超级电容 300A 保险损坏或 60V 航空插头松动会引起此现象）、看门狗复位、EEPROM 等都能触发该类故障的发生。一般该类故障发生时，正常的上电复位可以解决该问题。

闪烁频率为 2 时，表明 AC2 接收到不正确的启动命令，或者正、反相的速度同时给定。不正确的启动顺序，制动开关未打开，以及同时正、反向进行速度给定，都容易导致该故障的发生。

闪烁频率为 3 时，电机与逆变器连接虚接，连接不可靠，或连接电缆断裂。如果该故障发生，请检查电机与逆变器之间的连接电缆，如果更换后该故障仍发生，则有可能电机或逆变器发生损坏，请检查电机和逆变器。

闪烁频率为 4 时，加速度故障。

闪烁频率为 5 时，表明 AC2 内部电流检测发生故障，需更换 AC2 逆变器。

闪烁频率为 6 时，电机绕组短路；驱动器 I/O 通道接线短路；24V 回路接线发生短路；T1 的输出为 0V；K2 损坏；AC2 的 F9 口对地短路。

闪烁频率为 7 时，AC2 逆变器内部检测到过温故障。该故障发生时，逆变器停机，需等逆变器自然冷却后，温度降低到合适的范围后，才能起机。

闪烁频率为 8 时，CANBus 总线故障。

故障灯一直亮，表明超级电容，与充电电源电压不正常（低电压故障），或是 AC2 本身损坏。

▶ 隐患排查重点

（1）设备维护。

1）排查变桨轴承螺栓是否有松动、断裂。

2）排查 AC2 内部程序是否为最新版本。

3）检查 AC2 上的 KEY 回路供电是否正常、使能回路是否正常、变桨系统供电是否正常等，再按图纸检查断路器的外围接线是否正确，同时还要通过 B 文件分析检查是否为 AC2 故障信号丢失导致报出的故障。

4）检修时，排查变桨轴承螺栓是否有断裂现象，排查变桨柜支撑螺栓附近是否有断裂现象。

5）检修时，排查 AC2 上接线端子排是否有松动现象，若有松动现象应及时紧固接线。

6）检修时，排查应注意变桨内动力线扎带固定是否牢固，若松动应及时紧固，防止由于动力线松动造成 AC2 过流报出逆变器故障。

7）检修时，排查变桨电机动力线缆接线盒接线是否松动。

8）检修时，排查变桨电机接线盒 PG 锁母处是否有磨损，此处故障点不易发现，磨损不严重会间歇性地报出逆变器 OK 信号丢失故障，检修时应重点排查。

（2）运行调整。

1）记录逆变器故障，对频发机组小风天气进行巡检，查明问题原因，重点检查 AC2 与变桨电机的动力电缆。

2）针对区域性、季节性明显的逆变器故障的情况，定制相应技改方案（如变桨柜加装加热器）。

3）巡视与定期维护相结合，在定期维护项目中对 AC2 控制线缆、动力线缆、变桨电机等元器件进行检查。

2.1.13.5　逆变器 AC2 失效故障

▶ 介绍栏

1. 变桨逆变器 AC2 的工作原理

通过三相桥将 60V DC 逆变为频率、电压可调的三相交流电，达到电机调速的目的。

功率器件为 MOSFET，其开关频率为 8kHz。图 2-160 为某风机变桨逆变器 AC2 工作原理图。

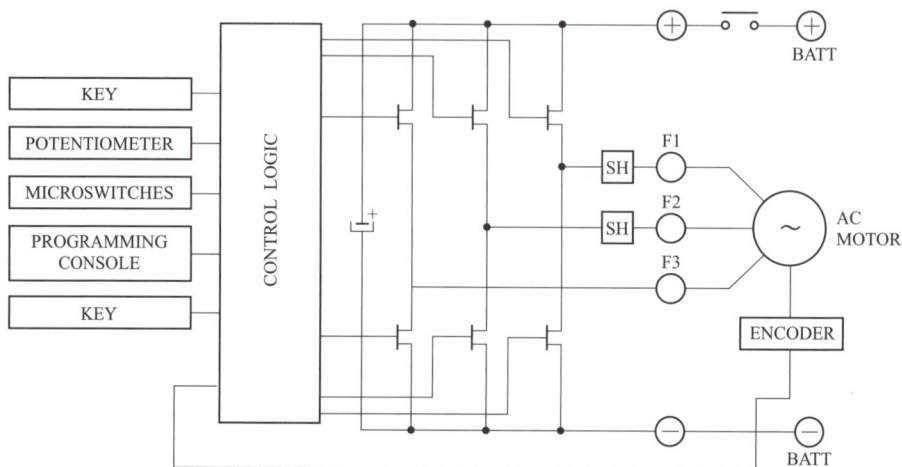

图 2-160 某风机变桨逆变器 AC2 工作原理图

2. 变桨逆变器 AC2 的接线端子定义

某风机变桨逆变器 AC2 接线端子如图 2-161 所示，各接线端子的作用如表 2-16 所示。

图 2-161 某风机变桨逆变器 AC2 接线端子

表 2-16　　　　　　　　　　变桨逆变器 AC2 接线端子作用表

端子名称	功能
C1/C2/C3/C4	CAN 通信接口，C1/C3 分别定义为 CAN-L，CAN-H 信号输入；C2/C4 之间为 120ΩCAN 通信终端电阻
D3/D5	电机速度反馈输入
E6	变桨 6S1 切为手动时，E6 输入为高电平，用于屏蔽 CAN 通信故障和使能信号消失故障，即使发生上述情况，AC2 也不输出，变桨不动作

续表

端子名称	功能
E8	模拟量输入，用于检测中间点电压
E12	正常运行时，PLC 通过 DO 输出发送一个电压信号至 AC2
E13	手操盒
E14/E7/E4	输入必须可靠短接在一起，E4 为公共端，E14 为码盘接线设置，E7 为 AC2 的 CAN 通信站号设置，若 E14，E7 任一没有与 E4 短接，AC2 将无法正常工作
F1	AC2 控制电源输入，该回路不通，将导致 AC2 断电
F4	手操盒
F5，F11	必须可靠短接在一起，F5：SAFETY
F9	驱动制动器线圈

▶ **事故表现**

事件经过：自 2022 年 1 月起，风电场 134 台某型风机频繁报"桨叶 95 度限位开关动作"故障，1~6 月已更换 17 个 AC2。通过对机组 10min 数据分析，现场运维人员登塔检查后，初步分析由于变桨逆变器 AC2 自身损坏，导致变桨电机使能信号和 CAN 通信丢失。

▶ **事故根本原因**

1. 故障名称：95°限位开关触发故障

触发条件：轴箱出现 CAN 通信故障、编码器故障，以及变桨逆变器 AC2 正常通信状态下无法检测 KL1408 模块 6A1 的 6 口为低电平且延时 0s 时，进入紧急模式，变桨逆变器 AC2 驱动变桨电机至 95°限位开关触发故障停机。

2. 处理过程

（1）撞 95°限位开关的 3 种情况：①PLC 与 AC2 CAN 通信故障，以速度 7.5°/s 顺桨；②AC2 使能信号丢失，以速度 7.5°/s 顺桨；③编码器故障，速度反馈信号（包括信号采集，电机真实堵转）（速度 4°/s），位置反馈信号（速度 5°/s），变桨速度与桨叶各工况统计表见表 2-17。

表 2-17　　　　　　　　　　　变桨速度与桨叶各工况统计表

工况	变桨速度（°/s）	工况	变桨速度（°/s）
主控控制开桨顺桨	5	强制手动模式	0~9
主控一般故障停机	7	CAN 通信中断	7.5
主控安全链故障	9	AC2 使能丢失	7.5
变桨内部 15 个故障之一	9	编码器速度反馈错误	4
变桨手动模式	2	编码器位置反馈错误	5

（2）检查项目。

1）检查 CAN 通信回路接线及两个终端电阻是否正常；

2）检查变桨 PLC 和 AC2 供电回路是否正常；

3）检查编码器速度反馈信号及 AC2 D3、D5 接线是否完好；

4）检查编码器位置是否有跳变，检查与电机联轴节是否正常；

5）检查编码器 24V 电源、脉冲和位置反馈是否正常；

6）检查 KL5001 是否完好；

7）检查使能信号回路接线和 KL2408 卡件是否完好。

案例中通过对故障机组 10min 数据分析，判断为 AC2 本身问题，导致桨叶顺桨至 95°故障触发，对更换下的 AC2 进行拆解分析，发现 AC2 触发板上电容烧毁，功率板上 MOSFET 管失效，拆解后的 AC2 触发板、功率板如图 2-162、图 2-163 所示。

图 2-162　AC2 触发板示意图

图 2-163　AC2 功率板示意图

变桨逆变器 AC2 失效影响因素有很多，如在 50℃工况下长期运行（AC2 环境温度范围：-40℃～+50℃），AC2 触发板上电容漏液导致电容失效，加之 AC2 功率板由 12×2×3 共 72 只 MOSFET，组成三相逆变桥，每相电流可达 450A，底板采用铝基板与铝制散热板连接进行散热，散热板上导热膏涂抹不均匀影响散热，使 AC2 功率板失效加速。以上原因加上 AC2 内部单片机逻辑控制 AI、DI 接口电路、串口通信、CAN 通信接口，电压、电流、温度检测回路，转速反馈增量等参数采集，对温度要求也比较苛刻。运行工况环境温度异常是影响变桨逆变器 AC2 性能好坏的主要指标，本案例中由于变桨逆变器 AC2 长期运行在 50℃环境中，随着变桨电机的开顺桨次数不断增加，AC2 触发板电容失效，AC2 功率板 MOSFET 管失效，最终引起变桨逆变器 AC2 批量失效。

▶ **事故处理措施及结果**

通过现场技术分析评估后，一是风电场对 134 台风电机组 3 支桨叶变桨逆变器 AC2 背板重新涂抹导热膏；二是在二、三级维护过程中采用 AC2 专用软件对 AC2 进行历史故障信息采集，进行专题数据分析；三是通过采购一批变桨柜背板散热风扇进行更换，共计约 120 个损坏风扇进行了批量替换。为及时评估改造后的效果，采集 AC2 温度、变桨控制柜温度对去年同期报"95°限位开关动作"故障次数机组进行对比，验证更换后的效果，运行工况温度下降明显，以上"95°限位开关动作"故障次数减少，节约了备件采购成本近 30 万元，减少故障停机时长 100h。

▶ **隐患排查重点**

（1）设备维护。

1）进行逆变器检修工作时，在逆变器正常关闭后需等待 5min，待电容放电完毕后，才能打开逆变器柜门。因外部电网原因导致逆变器关闭时，逆变器将自动进入重启状态。

2）直流输入不足。检查直流电压测量值与显示面板数值是否一致，若一致则确定是电压传感回路不正常，检查接线有无脱落、熔丝是否熔断、电路板有无损坏。

3）线路准备未就绪。①检查交流侧隔离开关确已合好，检查逆变器交流侧电压在额定值（320V）左右。②检查交流电压、频率测量值与显示面板数值是否一致，若一致则确定是线路电压传感回路不正常，检查接线有无脱落、熔丝是否熔断、电路板有无损坏。

4）逆变器保险熔断。①检查逆变器保险是否熔断，检查逆变器模块是否有损坏的 IGCT 或门极信号驱动板。②若模板完好，更换击穿的熔丝，并在下次投运前检查门极信号控制模板是否正常。

5）逆变器温度过高。①检查空气过滤网是否清洁无杂物，是否堵塞。②检查风扇工作是否正常。③检查温度测量装置是否正常。

6）直流输入过流。①检查直流电流传感器的接线是否正确，接线牢固，有无脱落现象等。②检查直流母线是否有短路现象。③将逆变器的功率调节点设定为 10%，让逆变器运行，测量实际电流是否与面板显示一致。

（2）运行调整。

1）对风电机组中变桨逆变器 AC2 的失效机理进行预先分析，加强机组运行数据分析，借助采用 Tableau、Matlab 等专业数据分析软件，为预防性检修维护提供数据支撑。

2）在环境温度异常的工况下，加强对变桨逆变器的巡检，以便及时发现由于温度异常而失效的逆变器，并进行预知检修。

2.1.14 变桨系统看门狗断开故障事故案例及隐患排查

▶ **事故表现**

故障时间：2021 年 9 月 25 日，某风场 4 号风机报出故障代码："OAT 变桨看门狗断开故障"，代码释义为"OAT 变桨系统 3 个 PMM 或 3 个 PMC 的看门狗断开"。3 个桨叶收回 89°，风机故障停机。

做好相关安全措施后，登塔进轮毂检查，发现变桨中控箱的轴一 220V 单极空开 F11 跳闸。断电验电后，测量 F11 空开下口对地绝缘正常，检查空开本体正常、接线紧固、型号正确；检查由 F11 空开供电的 1KM1 接触器线圈阻值正常，没有短路现象；检查 1KM1 接触器主触点回路阻值正常，没有粘连现象。

试合 F11 空开，1KM1 接触器正常吸合，检查三相电压正常，轴一的 PMM 电源管理模块、PMC 控制模块工作状态正常。复位风机故障，恢复正常运行。

▶ **事故根本原因**

变桨系统看门狗回路逻辑：如图 2-164 所示，当变桨系统 3 个桨叶的 PMM 模块或 PMC 模块正常时，其内部看门狗触点闭合，K21 看门狗继电器得电，K21 触点闭合反馈给主控一个 24V 看门狗信号，当主控接收不到该 24V 看门狗信号，则会报出"OAT 变桨看门狗断开故障"代码。

变桨系统看门狗的作用：监视变桨控制器运行状态，当程序陷入死循环的时候，执行相应的保护措施，保障设备稳定运行。看门狗断开的原因主要有：①控制器失电；②控制器硬件故障；③控制器失去通信或受到干扰；④控制器程序出错。

变桨轴箱 PMM 模块上电回路逻辑：如图 2-165 所示，F11 空开闭合后，当湿度满足低于 80% 的条件时，1B6 湿度控制器常闭触点 2/3 闭合，1KM1 接触器线圈得电自锁，同时三相主触点闭合，PMM 电源模块 400V 上电，控制器开始工作。

该故障触发逻辑分析：由上述两个回路的分析可知，当 F11 空开跳闸后，1KM1 接触器失电，三相主触点断开，PMM 电源模块断电停止工作，其内部的看门狗触点断开，从而使 K21 看门狗继电器失电，K21 触点断开，主控接收不到 24V 看门狗信号，最终报出"OAT 变桨看门狗断开故障"代码。

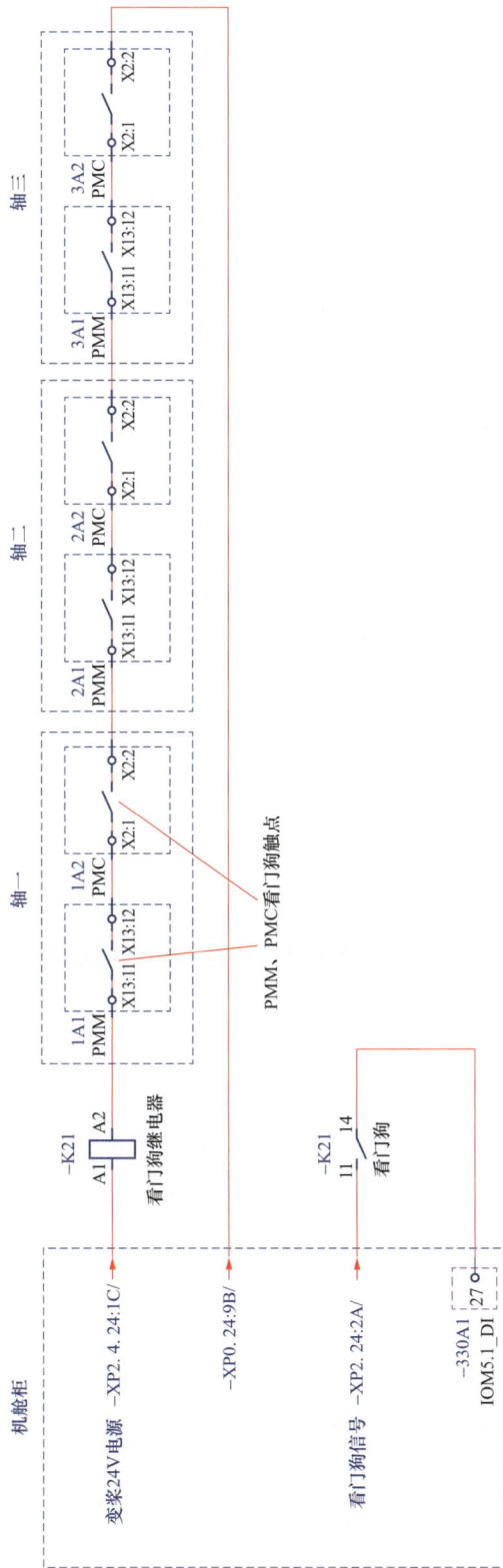

图 2-164 变桨看门狗回路

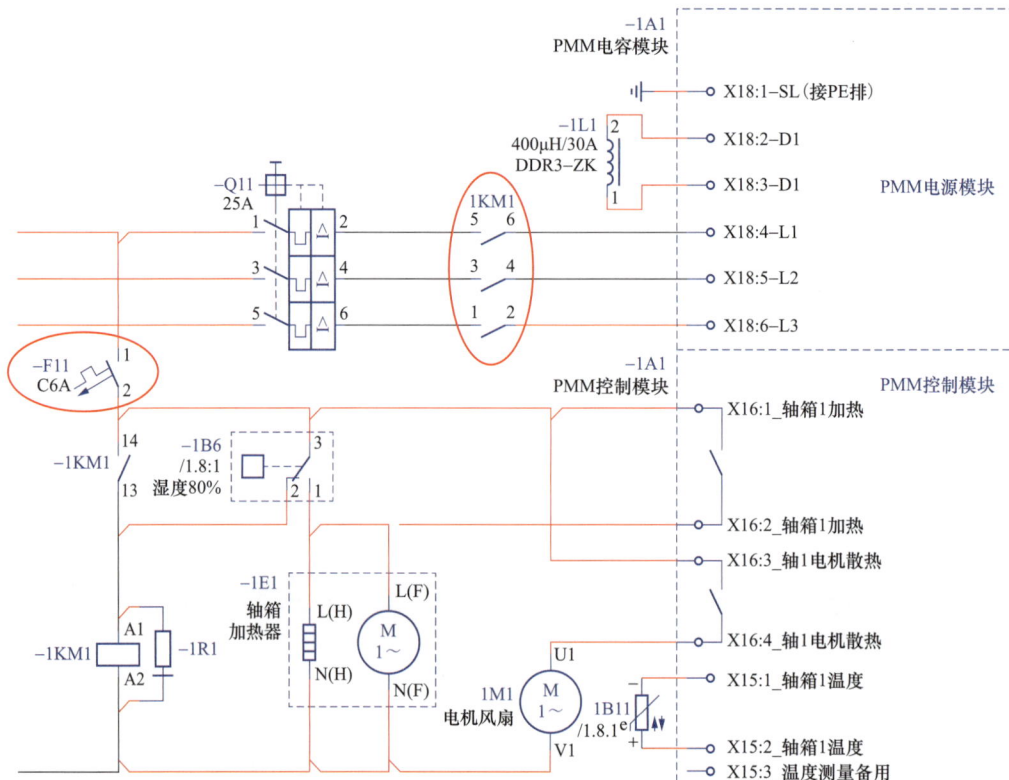

图 2-165 变桨轴箱 PMM 模块上电回路逻辑

1. 原因初步分析

该故障的主要原因是 F11 空开跳闸引起，因此重点分析空开跳闸原因。

（1）空开 F11 本体问题：空开型号参数选择错误，导致定值偏小则会引起跳闸；空开本体脱扣器异常导致跳闸；接线松动导致打火。在首次登塔检查中已排除该问题。

（2）接触器 1KM1 问题：1KM1 线圈由 F11 空开供电，线圈短路将造成空开跳闸。在首次登塔检查中已排除该问题。

（3）轴箱加热器 1E1 问题：由图 2-165 可知，1E1 轴箱加热器由 F11 供电，1E1 短路故障将造成空开跳闸。1E1 轴箱加热器启动需满足条件：①湿度大于 80%时，1B6 湿度控制器常开触点闭合，开始加热；②在温度低于 5℃时，PMM 控制模块内部触点闭合，开始加热。由故障时刻的天气情况可判断上述两个条件均不满足，1E1 轴箱加热器并没有启动，可排除该问题。

（4）电机风扇 1M1 问题：由图 2-165 可知，1M1 电机风扇由 F11 供电，1M1 电机短路或者堵转故障将造成空开跳闸。1M1 电机风扇启动需满足条件：在变桨电机温度高于 80℃时，PMM 控制模块内部触点闭合，风扇启动开始给电机散热。结合故障时刻瞬时风速 11m/s，功率 2015kW，桨叶处于动态调节状态，可推断此时桨叶电机温度较高，散热风扇在启动状态。

综上所述，结合首次登塔排查情况分析，可大致判断该故障的原因为桨叶电机风扇问题造成 F11 空开跳闸，下一步将导出故障数据进行验证。

2. 故障数据分析

桨叶 1 电机温度如图 2-166 所示，故障时刻前电机温度已超过 80℃，达到电机风扇启动条件，风扇启动开始散热，故障时刻桨叶 1 电机平均温度 82.78℃，与正常桨叶 2 电机温度对比如图 2-167 所示，平均高 2.5℃。可判断此时桨叶 1 电机散热不良，导致温度异常升高。

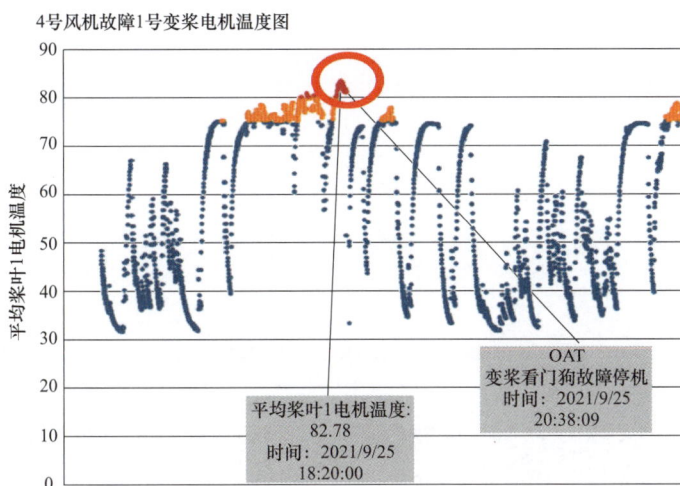

图 2-166　桨叶 1 电机温度

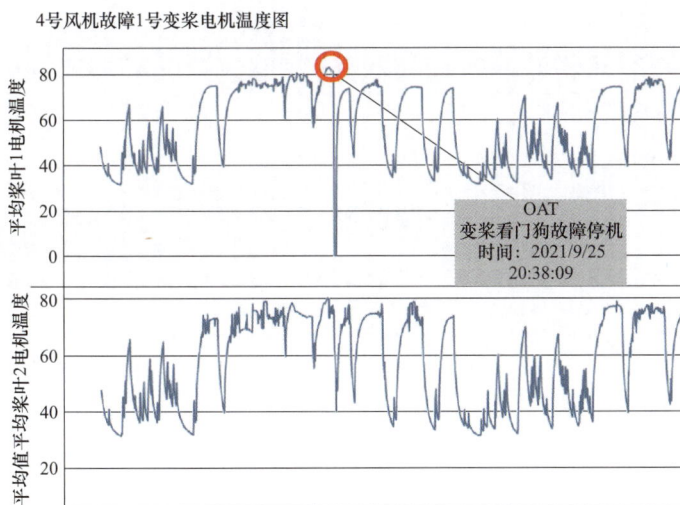

图 2-167　桨叶 1、2 电机温度对比

桨叶电机电流对比如图 2-168 所示，故障时刻前桨叶 1 电机电流（蓝色曲线）在额定电流范围内，可排除电机绕组问题导致电机温度升高。

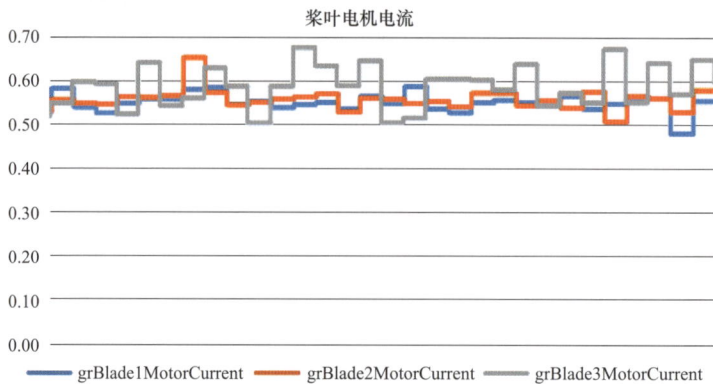

图 2-168　桨叶电机电流对比

导出故障前 2 个月的全场机组桨叶电机温度数据进行对比（见图 2-169），发现 4 号风机桨叶 1 电机温度从 8 月 5 日开始出现异常，最大值达 86.51℃，且均为大风满发时出现高温，到 9 月 25 日报出第一次故障。

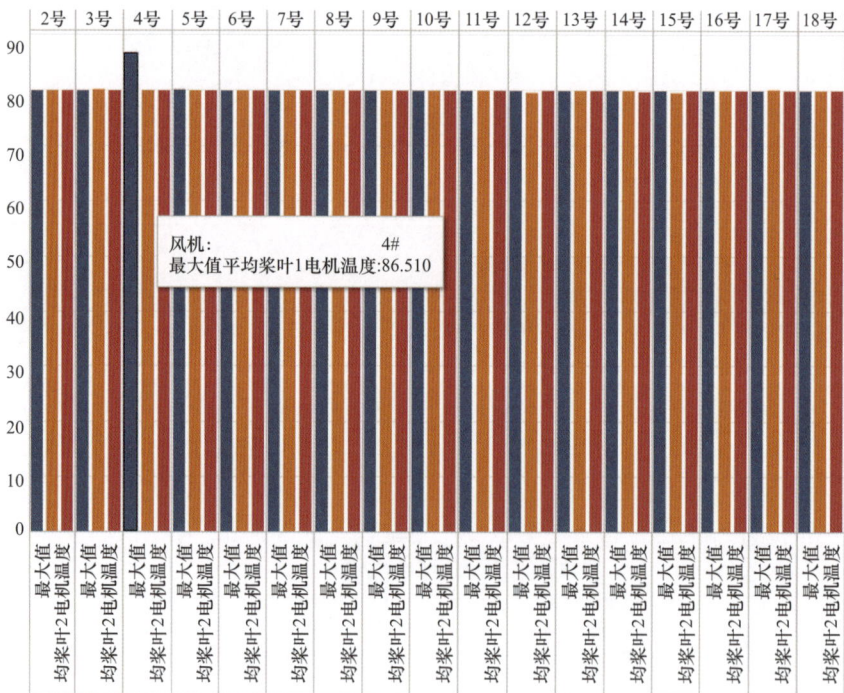

图 2-169　全场机组桨叶电机温度数据对比

数据分析结果：排除桨叶电机绕组问题，可判断为电机散热不足导致温度异常升高。原因可能为：①散热风扇轴承卡涩引起堵转；②散热风扇启动电容损坏；③散热风扇电机绕组损坏。最终导致散热风扇空开跳闸报出故障。因为散热风扇启动条件为 80℃，所以在风速较小、桨叶不需频繁变桨时风扇未启动，机组仍可正常运行，只有大风满发时才可能报出故障，建议立即检查电机散热风扇，消除隐患。

▶ **故障处理措施及结果**

10月7日，大风满发时4号风机再次报出同样故障，与数据分析结果一致。做好相关安全措施后，登塔进轮毂检查，测试桨叶1电机散热风扇无法启动，更换新备件，测试正常。进一步检查变桨电机三相绕组阻值正常、三相阻值平衡、对地绝缘正常，排除变桨电机绕组问题。

对散热风扇解体检查，启动电容容值正常，风扇轴承转动有异响，测量电机主绕组阻值无穷大，为绕组问题导致风扇故障。

对电机散热风扇进行检修后，故障消除。

▶ **隐患排查重点**

（1）设备维护。

1）变桨电机散热不良，长期在高温下运行会导致变桨电机绝缘降低，造成电机损坏，因此变桨电机散热问题是风电场不容忽视的问题。

2）检修时，应检查变桨电机进风口有杂物挡住，使进风不畅，构成进风量小。

3）故障处理完成后，对损坏电机进行拆解检查，检查电动机内部尘土是否过多，影响散热，直流电机还应检查电机内部碳粉是否过多，导致变桨电机绝缘降低，造成绕组之间击穿。

4）检修时，应检查变桨电机散热电扇是否损坏或装反，构成无风或风量小，当变桨电机散热风扇损坏时变桨电机温度会比正常电机高出10℃左右。

5）检修时，应检查风罩或电动机端盖内未装挡风板是否有安装合格。部分风场由于变桨电机风扇外壳安装较为复杂，部分检修人员在更换完旋编后未及时安装电机端盖，长时间后造成电机端盖丢失。电机长期在无端盖条件下运行，造成电动机无必定的风路。

6）个别机组报出看门狗故障，主要是由于安全继电器内部触点腐蚀，造成触点阻值过大，该类型故障可根据现场实际运行情况进行技改，对故障率较高的机组，可采购双继电器并联的方式整改。

7）检修时，检查机舱柜内安全链继电器接线是否有松动现象，若有松动应及时紧固接线。

8）检修时，检查滑环滑道是否有黑色粉末或尘土较大，滑环内部灰尘较多时可导致滑环短路，报出看门狗故障。

（2）运行调整。

1）加强机组运行数据分析，提前发现异常数据并进行预知检修，有效减少机组故障次数和故障停机时长。可通过桨叶电机温度数据的分析，提前发现变桨电机温度异常，即可进行计划检修排查异常原因。

2）运用数据分析指导定期维护，形成一个完善的预警—检修模式，将有效提高定期维护质量，降低机组非停时长，保证机组的安全、稳定运行。

3）加强机组检修质量管理，形成工作闭环管理，机组运行数据与员工绩效挂钩，增加员工的主动工作积极性。

2.1.15　变桨驱动器故障事故案例及隐患排查

▶ **事故表现**

某项目机组在 8 月有多台机组叶片没有顺桨，叶片没有收回到 88°。其中有部分机组在变桨改造完后还存在叶片没有收回的现象。风机报驱动器 OK 信号故障，Pitch_AC2_alarm_code 是 244，Pitch_converter_OK 信号闪烁 4 次，故障文件如图 2-170 所示。图 2-171 为驱动器故障闪烁次数。

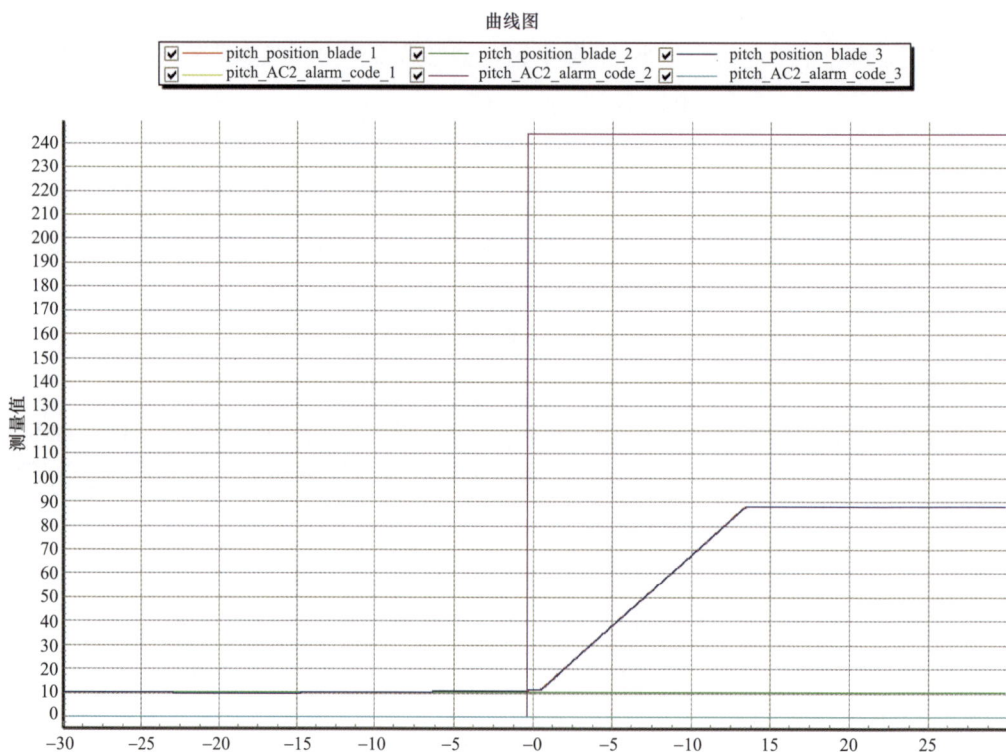

图 2-170　故障文件

▶ **事故根本原因**

变桨系统进行过一次升级改造，其中有一项是对变桨 X3、X4、X5 线束进行改造。图 2-172 和图 2-173 分别是改造前、后照片。改造后的线束加了线卡子，可以避免刹车电源线松动，防止刹车打不开，部分机组未改造，由于长时间晃动导致刹车电源线松动，最终导致了叶片不顺桨。

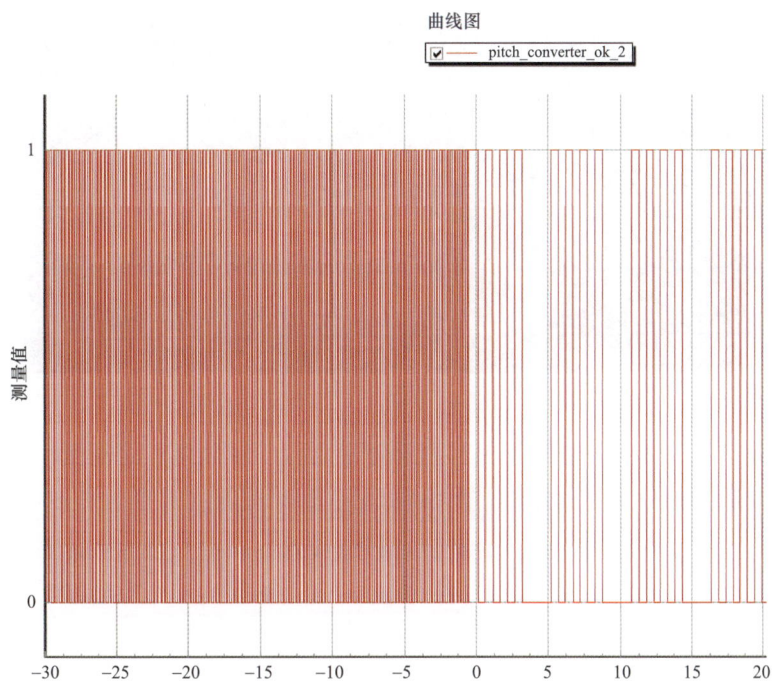

图 2-171 驱动器故障闪烁次数

图 2-172 变桨改造前线束照片

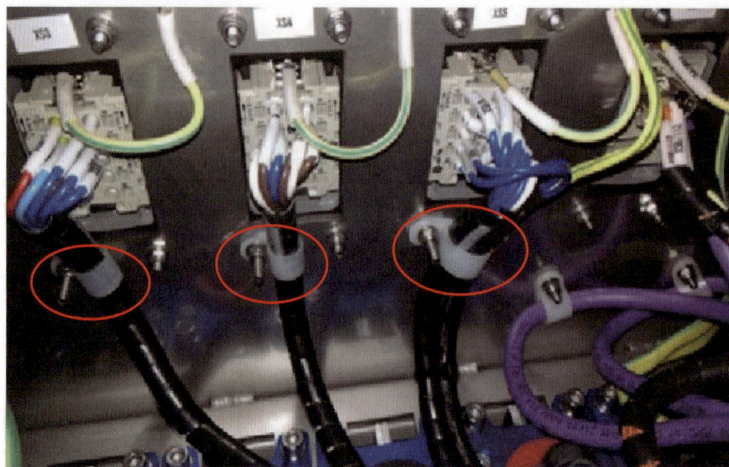

图 2-173　变桨改造后线束照片

▶ **事故处理措施及结果**

该项目组一共有 40 台机组出现过叶片没有收回来，其中有绝大多数机组是没有进行变桨改造。当机组运行两三个月后，由于长时间晃动导致刹车电源线松动，最终导致了叶片不顺桨。

对于部分变桨进行改造后还出现叶片没有顺的情况，根据驱动器的故障代码 244 号故障说明，根本原因是驱动器检测到电机的旋转方向和加速度不正常，当刹车突然关断时也是可以造成电机的旋转方向和加速度不正常的。可能原因主要有如下几点：

1）编码器损坏。

2）编码器的 AC3 驱动器之间的增量通道信号线有问题。

3）刹车 24V 电源损坏。

4）刹车继电器损坏。

5）刹车电气回路中有断点。

最后，查明改造完叶片还没有顺桨的机组是由于刹车继电器损坏，更换刹车继电器后机组运行正常。

同时，采取措施如下：

1）核实变桨 X3、X4、X5 线束改造是否完成，对于没有完成变桨改造的，进行变桨改造。

2）对改造后的变桨柜，确定电源、接线、外围控制回路正常后，直接更换 5K1 刹车继电器。

▶ **隐患排查重点**

（1）设备维护。

1）检修时，检查电机动力电缆有破损或被扯断或对地短路，若发现电缆有磨损则需恢复电机电缆。

2）检修时，检查电机接线盒松动，若电机接线盒内螺栓掉出来引起短路，取出引起短路的螺栓，重新固定电机电缆和电机接线盒。

3）检修时，检查电机动力电缆在驱动器上或电机上没有固定好，若接线松动有虚接，重新紧固接线。

4）检修时，检查电机内部绝缘损坏，若有一相或几相对地短路，更换变桨电机。

5）检修时，检查电机控制电缆连接器 XS3 内部信号虚接或短路，检查连接器 XS3 内部接线。

6）检修时，检查驱动器的直流输入电压过低，低于 27V 左右，检查充电器和超级电容是否正常，驱动器直流电压恢复故障后，复位硬件使能信号 key。

7）检修时，检查驱动器的直流输入端断开或者松开，检查驱动器直流输入端电压和红蓝航空插头，并恢复正确接线.

8）检修时，检查驱动器过温故障，检查接线或驱动器散热风扇或电机散热风扇是否损坏或者有硬物堵住导致风扇不转或者 PT100 安装是否有问题。

9）检修时，检查驱动器没有 CAN 数据，检查线路板接线是否虚接或插头、插针是否存在问题。

10）检修时，检查驱动器上插头或线有无松动，发现松动现象则紧固接线或更换插头。

11）检修时，检查驱动器外部接线是否牢固，若松动应重新紧固。

12）检修时，检查驱动器至变桨电机动力线缆绑扎是否牢固，若松动应重新紧固。

（2）运行调整。

1）对经常报变桨逆变器故障的机组，应在小风天气进行主动巡检，主要检查逆变器驱动电路、信号反馈回路接线是否有松动。

2）日常监控要注意逆变器温度，观察三个变桨逆变器温度是否有较大差距，对逆变器温度异常机组要定期排查，找不到原因可直接更换逆变器。

3）对厂家运维人员进行技术交底，更换逆变器危险性相对较大，应将超级电容切除后才能进行更换工作。

2.1.16 变桨位置比较故障事故案例及隐患排查

2.1.16.1 5°接近开关故障

▶ 事故表现

某项目机组报出 5°接近开关故障，故障现象为叶片到达 6.5°后，机组 5°接近开关没有熄灭，机组报出故障。

▶ 事故根本原因

机组报出 5°接近开关故障，现场作业人员对该机组进行了仔细的排查和现象分析，具体内容如表 2-18 所示。

表 2-18　　　　　　　　　　　1 号变桨位置传感器范围故障分析表

故障代码	故障名称		故障说明		
401101	1 号变桨位置传感器范围故障		在设定的范围内没有正常动作		
备注：	故障时间	故障设置值	正常停机	快速停机	紧急停机
	100ms	6.5°；3.5°	0	0	1
	禁止自动复位	禁止所有偏航	禁止对风	禁止解缆	故障使能
	1	1	1	1	1
	复位时间	复位值	断安全链	断网侧空开	
	0	0	1	0	

（1）故障解释：①风机运行过程中，当叶片角度大于 6.5°，持续 100ms、0°接近开关输出高电平信号，风机报此故障。②当叶片角度小于 3.5°时，持续 100ms、0°接近开关输出低电平信上号，风机报此故障。

在叶片角度大于 6.5°时，5°接近开关还亮，机组报出该故障；叶片角度小于 3.5°时没有亮，机组报出该故障。

（2）可能原因：

1）5°接近开关，与挡块的距离太远或 5°挡块没调整合适。

2）5°接近开关损坏。

3）5°接近开关接线外皮磨损，接近开关插针或屏蔽层损坏。

4）5°接近开关质量问题，长亮或长灭。

5）旋转编码器跳变。

6）数字量采集模块 KL1104（A4）损坏。

故障文件截图如图 2-174 所示。

pitch position					
error_pitchV_position_range_sensor_1	on	error_pitchV_position_range_sensor_2	off	error_pitchV_position_range_sensor_3	off
pitchV_in_5_position_sensor_1	off	pitchV_in_5_position_sensor_2		pitchV_in_5_position_sensor_3	
error_pitchV_87_position_sensor_1	off	error_pitchV_87_position_sensor_2	off	error_pitchV_87_position_sensor_3	off
pitchV_in_87_position_sensor_1	off	pitchV_in_87_position_sensor_2	off	pitchV_in_87_position_sensor_3	off
error_pitchV_position_end_switch_1	off	error_pitchV_position_end_switch_2	off	error_pitchV_position_end_switch_3	off
pitchV_in_end_switch_1		pitchV_in_end_switch_2		pitchV_in_end_switch_3	
error_pitchV_position_encoder_battery_low_1	off	error_pitchV_position_encoder_battery_low_2	off	error_pitchV_position_encoder_battery_low_3	off
error_pitchV_position_blade_cmp	off				
pitchV_blade_position_1	3.44 deg	pitchV_blade_position_2	3.40 deg	pitchV_blade_position_3	3.43 deg

图 2-174　故障文件截图

从故障文件可以看出及时报故障，机组控制给定的速度都是正常，但是机组实际角度与采集角度有异常，每次变桨都有误差。5°接近开关故障和限位开关故障其实性质一样，都是实际该触发接近或者限位开关但是没有触发相应的开关。

经排查，得到事故根本原因是变桨减速器损坏，造成机械位置与电气位置存在误差，最终报出故障。

▶ **事故处理措施及结果**

故障具体处理过程如下：

（1）首先对该机组最直接的信号传输元件是5°接近开关进行了检查，从外观和性能上进行了检查，并未发现异常，但是为了确保无误，现场作业人员仍然将5°接近开关进行了更换。

（2）更换后机组仍然报出5°接近开关故障（排除了5°接近开关本身的问题），现场人员再次登机进行处理。对检测回路进行了检查，接近开关连接的下一个元件是位置检测模块，二者之间的接线没有问题，怀疑是位置检测模块发生损坏，对位置检测模块进行了倒换（1号变桨柜和2号变桨柜进行了倒换），倒换后运行继续观察，此后该台机组继续报出5°接近上开关故障。

接近开关示意图如图 2-175 所示，接近开关可以通过一个高频的交流电磁场和目标体相互作用实现无损不接触地检测金属物体。接近开关的磁场是通过一个 LC 振荡电路产生的，其中的线圈为铁氧体磁芯线圈。采用特殊的铁氧体磁芯使得接近开关能够抗交流磁场和直流磁场的干扰，其一般安装位置距离金属部件±3mm。

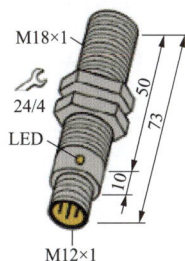

图 2-175　接近开关

（3）现场作业人员相继更换速度检测模块、更换速度给定模块，更换变桨逆变器 AC2（给定变桨速度），更换旋转编码器及其接线（采集叶片位置，见图 2-176、图 2-177），更换限位开关支架总成（包括5°接近开关、87°接近开关、92°限位开关及其接线），但是机组还是阶段性地报出该故障。

图 2-176　旋转编码器

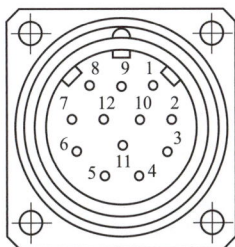

图 2-177　GM400 的连接引脚

137

（4）将 2 号变桨柜的旋转编码器和 1 号变桨柜的旋转编码器倒换后，1 号变桨柜仍然冲限位，2 号变桨柜正常。1 号还是在进行自动变桨时，87°接近开关还是慢慢地往 92°靠近，3 次自动就冲限位开关，而且期间角度还有漂移。

（5）登机将 1 号限位开关总成（包括两个接近开关和一个限位开关及其接线）更换并清零后，手动从 0°走到 87°，再从 87°走回 0°，进行了两次这样的操作，期间角度和速度都正常；手动走到 70°后打成自动模式（风机调试手册要求在调试期间打自动角度是在 70°），进行了两次这样的操作，87°接近开关停留位置，和自动变桨速度都正常，并且相差不大。但是在进行启动风机后，并网的瞬间，机组还是报出了 5°接近开关故障。清零后再进行操作，机组就开始冲限位，角度漂移。

（6）将 1 号柜体中的所有模块（进口变桨从 20A1 到 20A10，即相关的采集和计算模块）1 号变桨进行重新清零后，在 70°打自动变桨模式，机组 87°刚亮时自动变桨停止，再次在 70°时打自动变桨模式，限位开关动作。

（7）变桨 BC3150 如图 2-178 所示。对每个总线端子进行配置，使其直接通过现场总线实现与上层控制单元的数据交换。同样，预处理的数据也可通过现场总线实现总线端子控制器和上层控制器之间的数据交换。

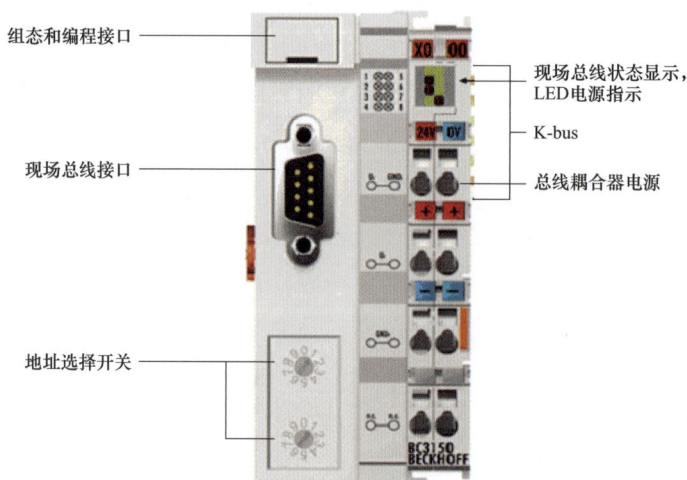

图 2-178　BC3150

（8）对变桨逆变器 AC2 程序进行了更新（前面换过 AC2 后，未确定是否刷过程序），更新成功。然后将叶片打到机械 0°后对变桨进行了清零，打到 5°接近开关刚亮时，面板显示角度 4.68°，对挡块进行了调整，使接近开关刚亮时刚好是 5°（角度误差允许误差是 0.3°），进行手动变桨，打到 87°接近开关刚亮时，面板显示 85.52°，对这个挡块也进行了调整，调整后面板显示 87.01°。然后进行手动和自动变桨，还是出现前面冲限位和角度漂移的情况。整个过程中都仔细检查和观察了齿形带，变桨主动轮，齿形带为 GODYEAR，登机使用张紧测试仪测得张紧度在 180 左右，并且和另外两条齿形带频率相差不大。未发现齿形带有明显打滑和跳齿情况，同时也没有明显异响。变桨电机和减速器也无明显异响或是有咯噔、咯噔声响。AC2 动作说明如表 2-19 所示。

表 2-19   AC2 动 作 说 明 表

动作	所用端口	有效电平	说明
使能	F1	高电平（60V）	允许变频器工作
变桨速度设定	E1	0～10V	0～5V 向 90°变桨；5～10V 向 0°变桨
松闸输出信号	F9	0V	由变频器输出给继电器绕组，控制触点吸合，使电机松闸（不变桨时输出 24V，变桨时输出 0V）
手动向前变桨	E12	24V	使电机松闸，同时向 0°变桨一小段距离，只识别上升沿
手动向后变桨	E13	24V	使电机松闸，同时向 90°变桨一小段距离，只识别上升沿

（9）最后排查到变桨电机和变桨减速器，将变桨电机和变桨减速器拆开、分离，单独对变桨电机（见图 2-179）进行检查，外观无异常，变桨时也未出现异常振动和异常声音，并且在其转动前进行了位置标记，转动数周后，回到这个位置，其标记位置没有变化，而且位置方面和转动前保持一致，排除变桨电机问题。

（10）继而怀疑是变桨减速器发生损坏，现场作业人员将变桨减速器（见图 2-180）拆开，取其油样进行观察，未发现存在铁屑、铁渣等异物。观察啮合各个小齿，无明显断齿、错齿、缺齿情况。将变桨电机和减速器分开，查看连接键位和键槽，均没有问题；甩开变桨减速器进行变桨，即只动作变桨电机，并且在电机与减速器连接的轴侧用记号笔标记好三个位置（分别使用红、蓝、黑色记号笔进行标记），记下该标记位置时的角度（测试实际角度为 86.50°），手动、自动变桨几次，再回到刚才记下的角度位置

图 2-179 变桨电机轴承

图 2-180 变桨减速器

（86.50°），变桨电机轴侧三个标记的刻线刚好重合；动作了多次之后三条刻度线依然能够完全重合；将减速器齿芯拆下查看，齿轮外观上都正常；但将减速器带上之后在变桨位置就出现偏差，所以现场可确定为减速器本身问题。

因此，判定故障原因为是变桨减速器损坏，造成机械位置与电气位置存在误差，最终报出故障。

现场对损坏的变桨减速器进行了更换处理，机组运行正常。

▶ **隐患排查重点**

（1）设备维护。

1）同类型设备变桨逆变器 AC2 的端口 D：6 个针，增量型编码器接口，使用 D3、D5，为旋转编码器送来的两路正交编码信号。AC2 是根据选编采集回来的速度进行比较来变桨。日常报出故障应检查此处是否有问题，AC2 上面的拔插是塑料的，检查是否松动，即使没有松动也要检查里面的公头和母头是否接触不良，建议直接更换选编的线，同时建议打开 X9 哈丁头进行检查。

2）在机组运行三年后，每年对机组变桨减速器进行油脂化验，若减速器油脂达不到运行指标应及时进行更换。

3）检修时，重点检查减速器油位是否正常，若发现油位不正常应及时加注减速器油脂。

4）处理故障时，一定要把电气原因导致的故障和机械原因导致的故障相结合，综合考虑故障原因。

5）检修时，检查减速器运行是否有异响，若减速器有异响应及时停机，以免造成更大的损失。

6）检修时，检查变桨轴承是否有异响，变桨轴承外观是否有黑色的油脂，若出现黑色的油脂说明变桨轴承外圈出现裂纹，应及时停机，以免发生叶片掉落的风险。

7）检修时，检查变桨齿形带张紧度是否满足厂家要求，齿形带过紧也会造成变桨速度不正常，增加减速器的运行载荷，导致减速器寿命降低。

（2）运行调整。

1）对变桨电机进行温度监测，若变桨电机温度长时间出现异常，应及时停机对变桨减速器、变桨轴承、齿形带频率进行检查，若减速器、变桨轴承出现问题属于重大问题，在未解决问题前不能使机组恢复运行。

2）对区域性频发的故障，例如齿形带断裂（运行 10 年后），可根据损坏情况提前全场更换，由于部分区域空气中水汽含量较高，齿形带内部钢丝会被腐蚀，造成齿形带寿命降低。

3）变桨轴承是风机承受最为复杂载荷的部件之一，建议机组运行十年后全场进行无损探伤检查。

2.1.16.2　变桨发电位置传感器异常故障

▶ 介绍栏

（1）变桨系统介绍：某变桨系统根据风机启动、变桨、停机、维护等要求，按照上位机 PLC 通过 PROFIBUS DP 发送的桨距角调节命令，将三个叶片桨距角同步调节到所需的位置，同时向上位机 PLC 发送相关状态信息及运行参数。变桨系统是风力发电机组的重要组成部分，主要功能是通过对叶片桨距角的控制，实现最大风能捕获以及变速运行；同时还是风力发电机组的主刹车系统。变桨系统通过改变风机的桨叶角度来调节风力发电机的功率以适应随时变化的风速；保障风力发电机组安全。

工作原理：变桨系统原理如图 2-181 所示。变桨系统接收主控系统的指令，调节风机的叶片到指定角度：额定风速以下，桨叶位置保持在 0°附近，最大限度捕获风能，保证空气动力效率；达到或超过额定风速时，根据主控系统的指令调节叶片角度，保证机组的输出功率；超过安全风速或紧急情况下，调节桨叶至安全位置，实现急停顺桨功能，保证机组的安全。急停顺桨状态下，变桨系统是在机组主控系统之外独立工作的，这样可以避免因机组的主控系统停止工作或是错误工作而不能急停顺桨。

（2）结构介绍。

1）国产变桨控制柜主电路采用交流-直流-交流回路，由逆变器为变桨电机供电。变桨电机采用交流异步电机。总线端子控制器组成变桨的控制系统，它通过现场总线（profibus-DP 总线）和主控制系统交互通信，接受主控制系统的指令（主要是桨叶转动的速度指令），并控制交流调速装置驱动交流电动机，带动桨叶朝要求的方向和角度转动，同时监测变桨系统的内部信号，将其直接传递给主控制系统。

2）国产充电器工作方式为连续充电方式，系统一上电，充电器就以连续供电的方式为超级电容、变桨电机驱动器供电。

3）主电路采用交流-直流-交流回路，由逆变器为变桨电机供电，变桨电机采用交流异步电机。额定电压为 29V AC，变桨传动系统采用变桨电机减速器拖动齿形带转动，实现叶片变桨功能。

4）旋转编码器是一种采用光电或磁电方法将轴的机械转角转换成数字或模拟电讯号输出的传感器件，利用它可以实现角度、直线位移、转速等其他模拟物理量的测量。当编码器轴带动码盘旋转时，发光元器件发出的光经码盘后光电形成具有一定规律的图样，该图样经光电元件接收后形成模拟信号。再经后续电路处理后，输出电讯号。

5）梅花形弹性联轴器如图 2-182 所示，其利用梅花形弹性元件置于两半联轴器凸爪之间，以实现两半联轴器的连接，适用于连接两同轴线的传动轴系，梅花联轴器适用于小扭矩、小空间场合，中间采用弹性体特连接无回转间隙，顺时针和逆时针回转特性完全相同，可吸收振动，补偿径向、角向和轴偏差，免维护，采用沉头螺栓拧紧的力量来使夹缝收缩，而将轴心紧紧夹持住，固定和拆卸方便，而且不会造成轴心的损坏。

141

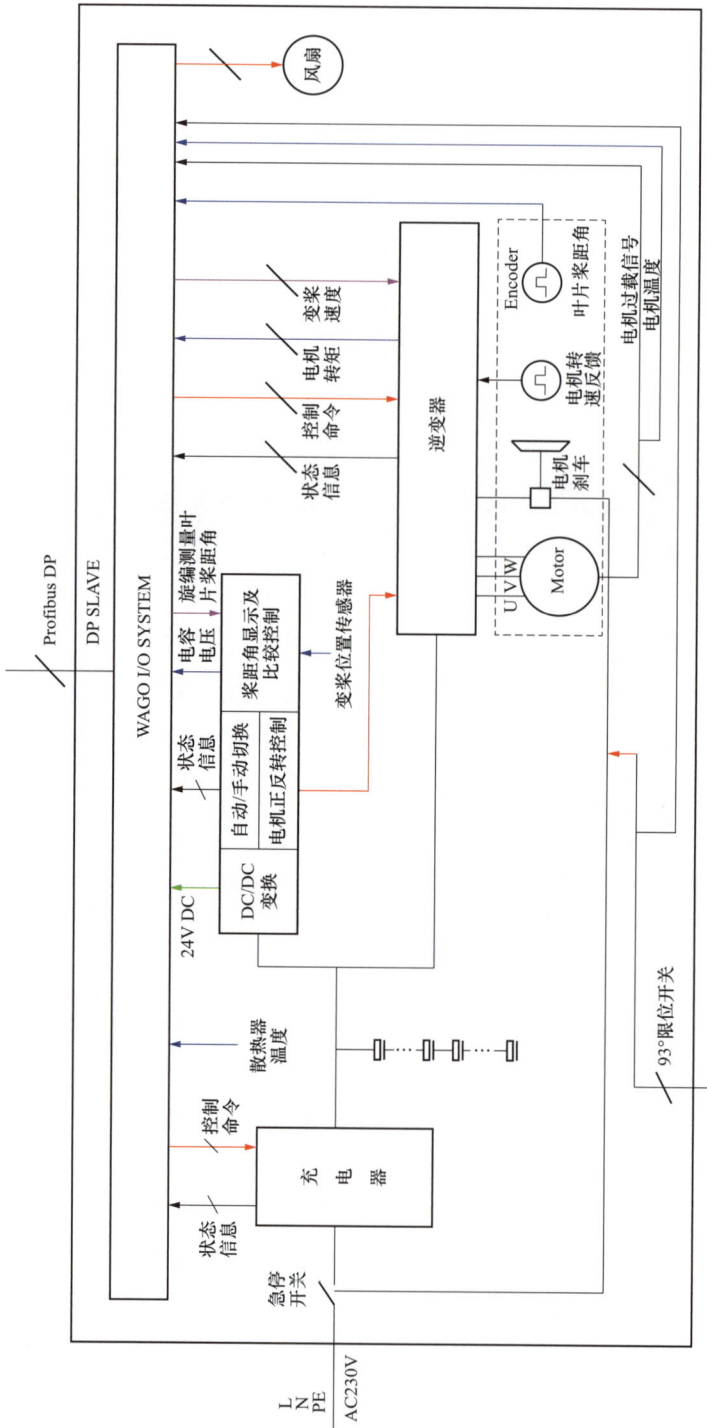

图 2-181 变桨系统原理图

▶ **事故表现**

2017 年 11 月，风电场 A2-15F 风力发电机组频繁报出 3 号变桨发电位置传感器异常，通过对故障瞬时数据分析，发现风力发电机组在执行变桨过程中，3 号叶片角度逐渐与其他两个不同步。现场检修人员登机检查后，对叶片角度进行清零后机组恢复正常，可是风力发电机组运行一段时间后，机组又开始报相同故障。对故障文件叶片角度进行对比后，发现故障现象

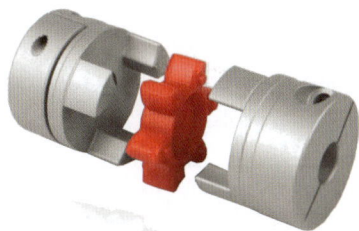

图 2-182　梅花形弹性联轴器

与之前相同。经过一段时间的运行，3 号叶片角度逐渐与其他两个不同步，初步认为旋转编码器运行时间较长，旋编运行可靠性降低。机组执行变桨过程中，旋转编码器采集数据跳变，导致传输到控制系统叶片角度出现差错，导致机组执行保护动作，机组报出故障。检修人员随即更换旋转编码器后，风力发电机组恢复运行。经过一段时间的观察，发现运行一段时间后，3 号叶片角度又出现偏差。

（1）故障名称。3 号变桨发电位置传感器异常（Error_3# pitch 5°inductive sensor）。

（2）触发条件。

1）叶片位置大于等于 6.5°时，变桨位置传感器信号为 1，并持续 140ms；

2）叶片位置小于等于 3.5°时，变桨位置传感器信号为 0，并持续 140ms。

▶ **事故根本原因**

旋转编码器随着变桨电机转轴长时间频繁运行，在长时间的转动力矩作用下，变桨电机转轴处安装的半联轴器紧固松动；随着风力发电机组频繁执行变桨动作，旋转编码器与变桨电机转轴之间出现相对位移，叶片角度就会发生偏移，机组报出故障。

▶ **事故处理措施及结果**

（1）分析故障 F 文件（见图 2-183），通过故障文件可以看到 2017 年 12 月 8 日 18:27:15，风力发电机组出现故障，故障编号为 165，通过对照"1.5MW 风力发电机组故障手册中文版"手册，查看 165 号故障为 3 号变桨发电位置传感器异常。

（2）通过查看 B 文件进行分析，选择三个叶片故障 90s 后的 30s 叶片角度数据和 5°接近开关触发信号，两者放到同一图中绘制曲线图（见图 2-184）进行对比，在故障发生前 140ms，1～3 号叶片角度一直保持在 6.5°以上，此时 3 号叶片 5°接近开关触发，1、2 号叶片 5°接近开关未触发。根据图形可以明显看到，3 号叶片角度已经出现偏差，根据故障触发条件，3 号叶片角度大于 6.5°，变桨位置传感器信号为 1 并持续 140ms 后，机组报出故障；根据叶片角度数据（见表 2-20），三个叶片显示位置未到 5°接近开关触发位置，而实际 3 号叶片 5°接近开关已触发；根据机组正常运行时三叶片角度相差不大，故障停机后 3 号叶片角度明显大于其他两个叶片的现象，初步判断为叶片在运行中叶片

角度发生跳变；叶片显示角度跟实际角度不相符，其他两个叶片运行正常，判断为旋编损坏。检修人员登机检查叶片数据采集回路接线未发现异常，更换旋转编码器对叶片清零后，机组恢复正常运行。

head				
GOLDWIND 1500 windturbine				
init_init_windturbine_nr	19	init_init_windturbine_location	zizhuhua	
date	12/8/2017 6:27 PM	version	errorconverter version 2014-09-04 JRQ	
converter_type	3	pitch_type		
cooling_type	3	grid_measure_type	0	
program_version	1500_FR_V141120	init_file_info	LM40.3_V20130531	
errdef_file_info	131170225	evtdef_file_info	2	
time				
time_hour	18	time_minutes	27	time_second	15
time_year	2017	time_month	12	time_day	8
main_loop				
main_loop_mode_number	4	operation_data_power_production_time	43586.31 h	operation_data_energy_yield	18735164 kWh
GlobalErr_Stop_Level	5	GlobalErr_Yaw_Level	0	GlobalErr_Start_Level	2
GlobalErr_Reset_Level	2	GlobalErr_Deactive_Mode	0		
GlobalEvt_Stop_Level	2	GlobalEvt_Start_Level	0	GlobalEvt_Reset_Level	0
GlobalEvt_Yaw_Level	0	GlobalEvt_Deactive_Mode	0		
Global_Stop_Level	5	Global_Start_Level	0	Global_Reset_Level	0
Global_Yaw_Level	0	Global_Deactive_Mode	0		
first fault code				
error_code_first_fault_1	165	error_code_first_fault_2	0	error_code_first_fault_3	0

图 2-183　故障 f 文件

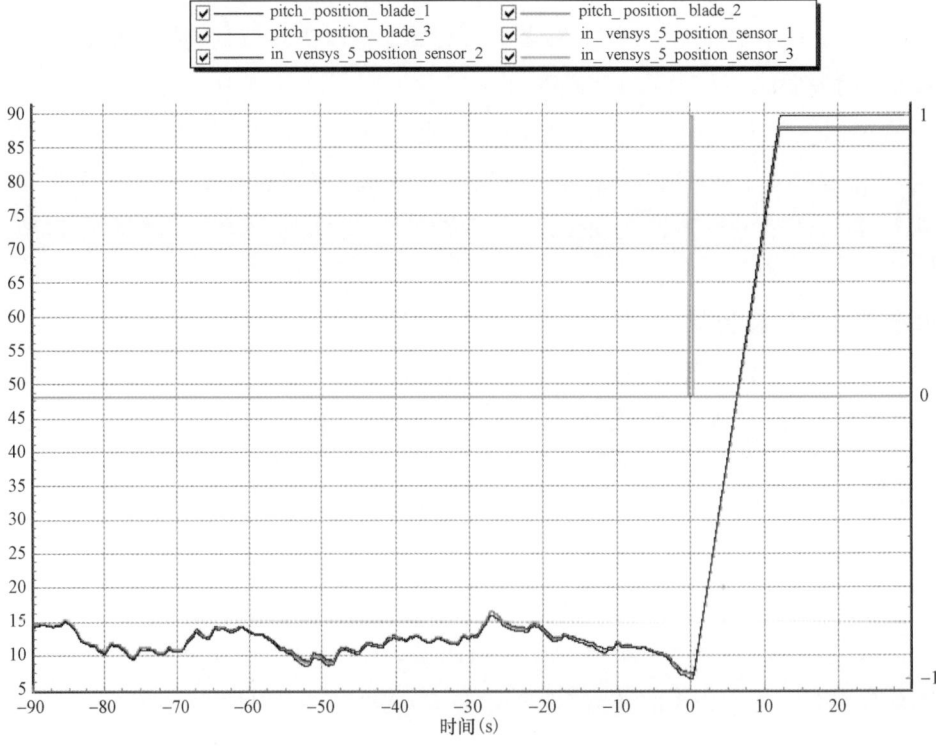

图 2-184　叶片角度与接近开关动作对比

144

表 2-20 故障瞬间信号状态

序号	时间（s）	角度需求	1 号叶片角度	2 号叶片角度	3 号叶片角度	1 号 5° 开关	2 号 5° 开关	3 号 5° 开关	备注
1	−0.14	5.904	7.5	7.33	6.65	0	0	1	
2	−0.12	5.897	7.5	7.33	6.64	0	0	1	
3	−0.1	5.891	7.5	7.32	6.63	0	0	1	
4	−0.08	5.885	7.49	7.32	6.62	0	0	1	
5	−0.06	5.879	7.49	7.32	6.61	0	0	1	
6	−0.04	5.875	7.49	7.32	6.61	0	0	1	
7	−0.02	5.87	7.49	7.31	6.61	0	0	1	
8	0	5.865	7.49	7.31	6.61	0	0	1	
9	0.02	5.859	7.49	7.31	6.62	0	0	1	
10	0.04	5.852	7.49	7.31	6.62	0	0	1	
11	0.06	7.49	7.49	7.3	6.62	0	0	1	
12	0.08	7.63	7.49	7.3	6.62	0	0	1	
13	0.1	7.77	7.49	7.29	6.62	0	0	1	
14	0.12	7.91	7.48	7.29	6.62	0	0	1	
15	0.14	8.05	7.48	7.28	6.63	0	0	1	

（3）机组运行两天后，2017 年 12 月 10 日 12:52:29，又报 3 号变桨发电位置传感器异常故障。运行中 3 号叶片角度出现偏差，由于 12 月 8 日已更换旋转编码器，并对叶片进行清零处理，猜测在这两天运行中，叶片角度又出现跳变，转动部件在旋转过程中出现位移。检修人员再次登机检查，检查回路接线无松动，变桨减速器、变桨逆变器、SSI 传感器接口端子模块都正常，旋编安装牢固可靠，安装位置见图 2-185。逐个拆开检查各元器件转动之间是否存在滑动空转，拆除旋转编码器进行检查变桨电机转轴时，发现

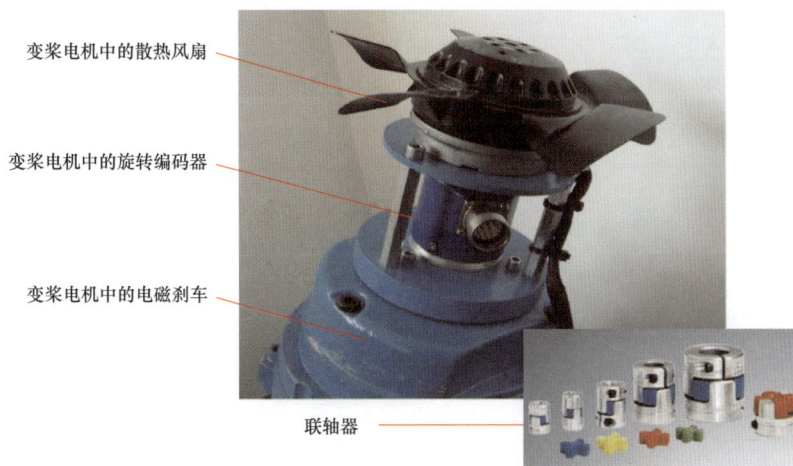

图 2-185 旋转编码器安装位置

联轴器安装位置处（见图 2-186）有黑灰，现场情况如图 2-187 所示。要进一步检查需要拆除电磁刹车，拆除电磁刹车后发现变桨电机转轴上的半联轴器紧固松动。风力发电机组执行变桨时，电机转轴和旋转编码器之间会出现滑动，引起叶片测量角度与实际角度出现偏差。由于联轴器采用沉头螺栓拧紧的力量来使夹缝收缩，而将轴心紧紧夹持住，检修人员紧固螺栓后将机组恢复正常，至此之后机组故障消除。

图 2-186　联轴器安装位置

图 2-187　联轴器松动相互摩擦出黑灰

▶ 隐患排查重点

（1）设备维护。

1）若项目运行时间较长后批量报出此故障，可对全场机组编码器、联轴器花键进行更换。由于编码器与电机联轴器的花键材质为塑料，长时间磨损就会出现空隙，空隙越大，花键与联轴器之间的磨损也就越大，因此对于运行时间较长机组可根据机组运行情况提前进行花键更换。

2）检修时，检查旋编上接线螺母是否紧固，若松动也会造成角度跳变。

3）检修时，检查变桨电机端盖边缘处编码器接线是否有磨损现象，若电机端盖松动可能会将编码器通信线缆磨损造成风机报出故障。

4）检修时，检查变桨柜旋编通信线缆哈丁头是否松动、哈丁头底座拉手是否损坏，若损坏哈丁头在机组运行时会发生晃动，造成角度数据丢失，机组报出故障。

5）检修时，检查 X2、X3 端子排变桨速度角度数据线缆是否有磨损现象，若发生磨损现象应及时进行防护。

6）检修时，检查 KL4001、KL5001 接线是否牢固。

（2）运行调整。

1）对经常报变桨逆变器的机组，应在小风天气进行主动巡检，主要检查编码器与变桨电机花键磨损是否严重。

2）日常监控要注意变桨角度数量，定期对变桨角度进行分析，以及变桨动作时针对数据异常的叶片进行排查。

3）旋编价格相对较高，现场出现备件损坏后建议寻找维修质量较好的厂家进行维修，以防维修备件质量原因导致机组故障频次增加。

2.1.17 变桨高温故障事故案例及隐患排查

▶ **事故表现**

某区域两个项目报变桨柜温度高故障，通过查看项目报变桨柜温度高机组的故障文件发现，当时的环境温度并不是非常高，而是在 30℃ 左右，当风速超过 12m/s 以上时，机组处于满功率运行，变桨系统开始频繁变桨，故障时发电机最高绕组温度为 120℃ 左右，变桨柜的温度就升高了 55℃ 的故障值。图 2-188～图 2-191 为风机运行曲线图。

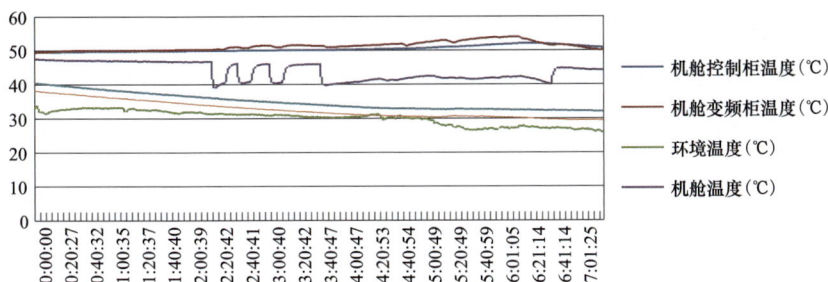

图 2-188 环境温度（项目 1）风机运行电线图

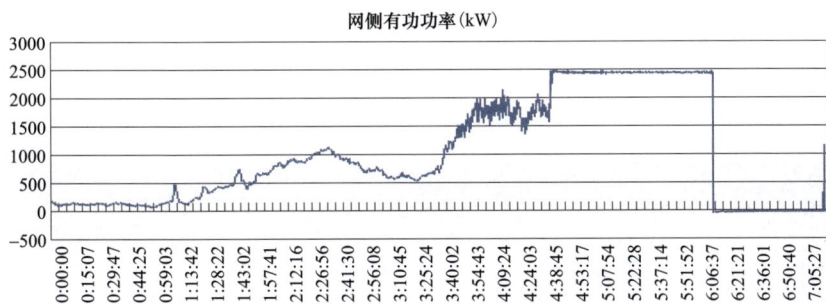

图 2-189 机组功率（项目 1）风机运行电线图

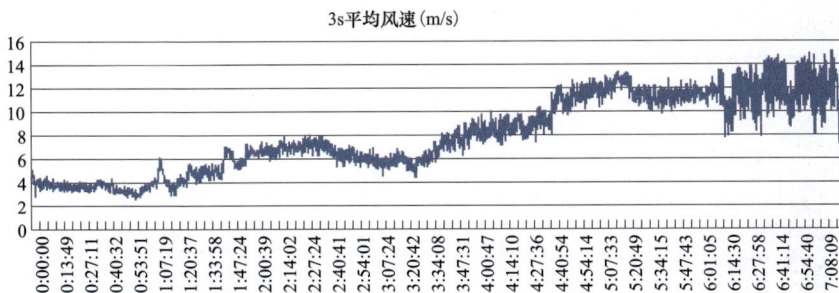

图 2-190 机组风速（项目 2）风机运行电线图

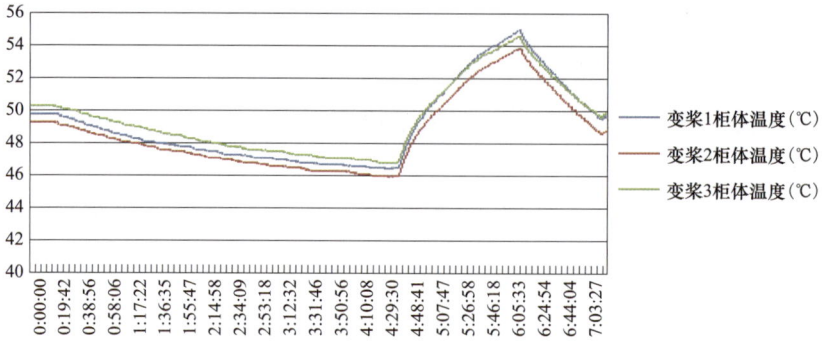

图 2-191　变桨柜温度（项目 2）风机运行电线图

▶ **事故根本原因**

PT100 安装在 AC2 散热器附近，造成柜体测量温度偏高，机组报出故障。

▶ **事故处理措施及结果**

1. 关键过程、根本原因分析

查看运行机组的变桨柜，发现这两个项目使用的变桨柜有两个版本，即第一版和第二版。这两个版本的柜体元器件布置、排列方式有些区别，第二版的测量柜体 PT100 安装在安装板上，靠近 T1；第一版的 PT100 安装在柜体下方的散热片上，而报批量变桨故障都发生在第二版变桨柜上，参考故障文件报柜体过温的时候，变桨电机和 AC2 的温度并不是很高。变桨电机温度为 60～80℃。

2. 处理过程

将两个温湿度记录仪清零后，开始启动记录，温湿度记录仪设置界面如图 2-192 所

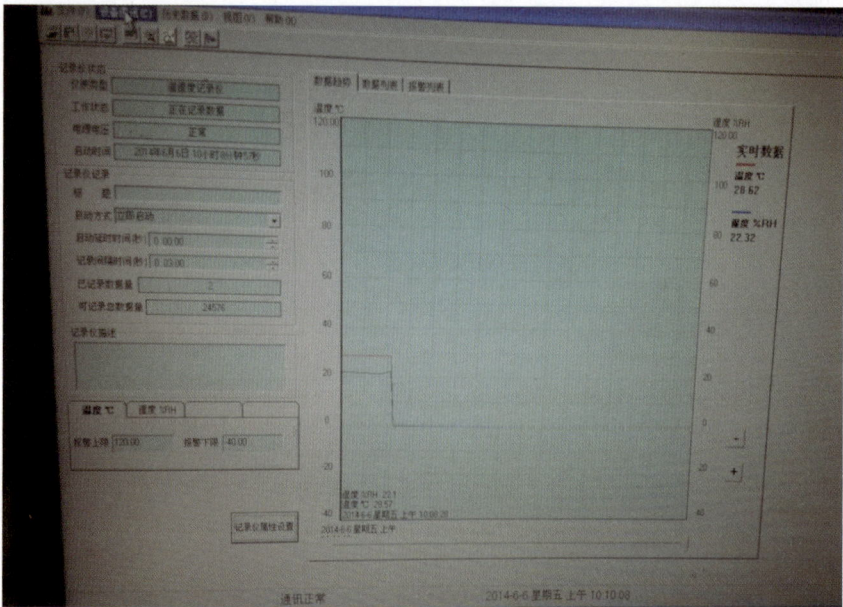

图 2-192　温湿度记录仪设置界面

示，设置的时间间隔是 3min。温湿度检测仪温度检测范围为–40～+100℃，精度+/–0.5℃，分辨率+/–0.1℃，记录容量为 24576 个点，记录时间间隔可在 1s～24h 间设置，温度采集的数据及波形可通过 RS232 接口传至 PC 机。

上午测试的机组是 36 号机组，本台机组在 5 月 31 日报过变桨柜体温度高故障，而且是报变桨过温最频繁的机组，维护停机之前机组的就地面板变桨柜的温度显示如图 2-193 所示，在不变桨的情况下，变桨柜体温度高于 AC2 温度。

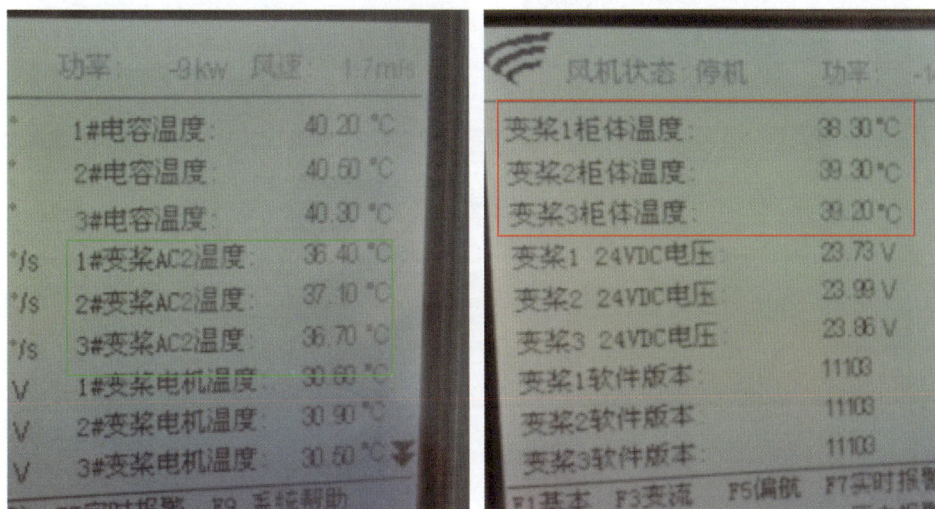

图 2-193　风机就地面板温度显示

测试轮毂内温度的两个温湿度记录仪一个安放在 1 号变桨柜的左下方线槽子侧，另一个安放在变桨柜和轮毂连接的支架（见图 2-194）。

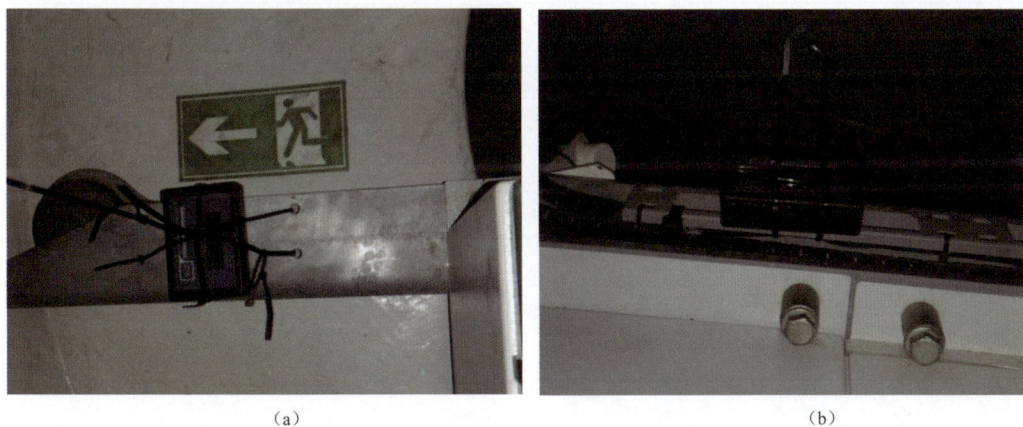

（a）　　　　　　　　　　　　　　　（b）

图 2-194　温湿度记录仪安装位置记录

（a）1 号记录仪；（b）2 号记录仪

检查了 3 个变桨柜内柜体测量 PT100 和 AC2 测量 PT100 的接线，没有发现接错线现象。柜体温度 PT100 走线是从就近下方线槽进入 26A8 倍福模块的 7、8 端口，拆开线槽盖就可以看到，而且走线颜色和另外三组 PT100 接线颜色不同，很容易分别。后续又检查了多台机组的 PT100 都没有发现接错现象。柜体测温 PT100 放置点如图 2-195 所示。

图 2-195　柜体测温 PT100 放置点

PT100 测量位置点如图 2-196 所示。根据需要的测量点分别接了以下温度点作为测试，单台机组 3 个变桨柜（第二版变桨柜），临时观察了 3 个不同的运行阶段记录数据见表 2-21。

表 2-21　　　　　　　　　　　3 个变桨柜不同测量点下数据记录数据

柜体号	原测量点	改后测量点	记录 1	记录 2	记录 3
1 号柜	变桨柜温度	柜内线槽内空气温度	37	38.79	45
	超级电容温度	柜体侧壁壳体温度	36	37.5	42.79
	AC2 温度	无改动（原位置）	—	—	—
2 号柜	柜体温度	柜内线槽内空气温度	—	—	47.5
	超级电容温度	T1 散热铝板温度	39.4	40.79	48.9
	AC2 温度	柜内线槽内空气温度	37.4	38.79	45
3 号柜	柜体温度	无改动（原测点）	38.70	40.09	47.70
	超级电容温度	轮毂内空气温度	36.59	38.5	44.29
	AC2 温度	无改动（原测点）	—	—	—

3. 故障查找方法

（1）检查第二版柜体的 PT100 测量位置不合理，温度受 T1 电源影响。

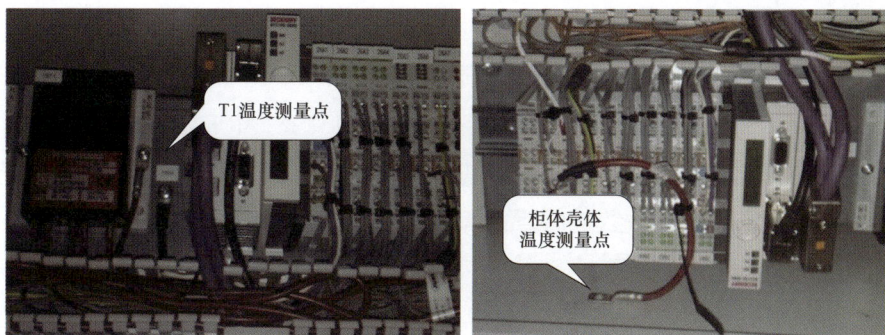

图 2-196 PT100 测量位置点

（2）检查变桨柜体的 PT100 是否有和其他测量通道接反的情况。

（3）检查变桨柜过温时，轮毂的环境空气温度是多少，是否超出了变桨柜运行的环境温度极限。

（3）检查是否存在发电机热量聚集情况，抬高轮毂内空气温度。

4. 故障原因及解决方案

由于第二版变桨系统测量柜体 PT100 安装在安装板上，安装板靠近 AC2 散热风扇，造成温度采集数值偏高，机组报出故障，现场人员将 PT100 转移至其他位置固定后，机组再未报出变桨柜体温度高故障。

▶ **隐患排查重点**

（1）设备维护。

1）针对频繁报变桨柜过温的第二版柜体可以将测温的 PT100 位置更改到走线槽内，可以减少机组报故障的频次。

2）变桨柜过温故障值软件里设置 55℃更改为 60℃。

3）变桨柜体滤网通风孔增加散热风扇，配合柜内风扇强制给柜体器件循环散热。

4）增加整机通风环控系统，及时将发电机轮毂内热量带走，降低变桨柜运行的环境温度。

5）检修时，重点清理变桨柜体滤网，定期更换新的滤网以增加通风量。

6）检修时，排查柜体散热风扇、AC2 散热风扇是否工作正常。

7）检修时，测试变桨电机散热风扇是否工作正常。

8）检修时，排查变桨系统中 PT100 接线是否规范。

9）检修时，排查变桨系统是否有抹布，若抹布盖在散热风扇上会影响机组散热，报出温度故障。

（2）运行调整。

1）每周对全场机组变桨系统所有温度进行比较，对异常机组进行分析，小风天气对异常机组进行排查。

2）针对区域性、季节性明显的变桨系统温度高的故障情况，定制相应技改方案（加装变桨柜体 PT 技改）。

3）夏季来临前，针对高温故障较高项目进行专项排查，主要排查变桨系统各散热风扇工作是否正常、清理变桨柜体滤网等专项活动。

2.1.18 变桨角度不一致故障事故案例及隐患排查

▶ 介绍栏

变桨系统采用三相 400V AC 独立供电，由电源模块输出 75V DC，一方面作驱动器动力，另一方面送超级电容充电。DC/DC 电源模块分别为 PLC、制动器和继电器供 24V DC 电源，见图 2-197。变桨系统接收主控指令，通过 PLC、驱动器和电机驱动桨叶转动，以满足发电机组额定功率输出，见图 2-198。

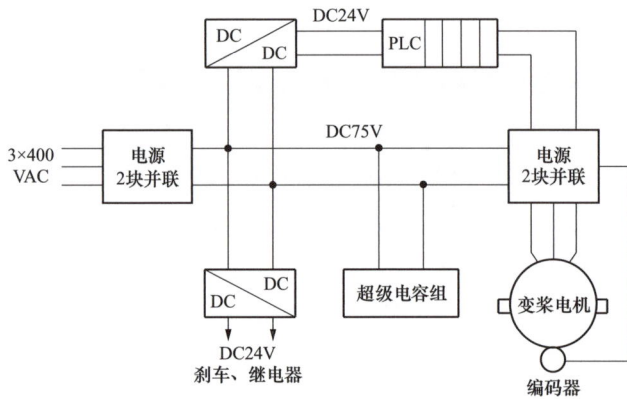

图 2-197 系统供电原理图

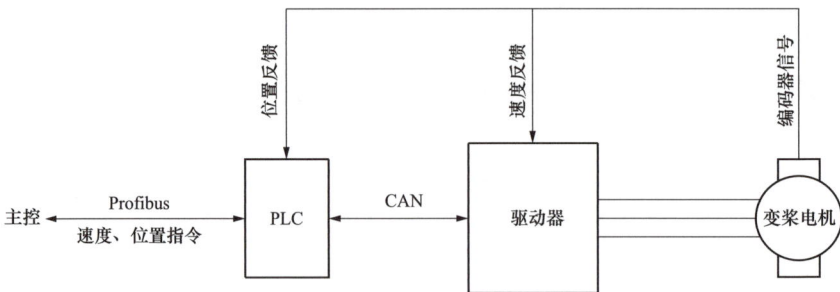

图 2-198 系统控制原理图

当风速大于 12m/s 且小于 25m/s 时，系统根据主控制器命令驱动桨叶变桨（一般在 0°～30°之间），使发电机转速相对恒定在额定转速附近，达到控制最大功率不超过 2MW。

▶ **事故表现**

某风电场使用 70 台 2.0MW 风力发电机组。项目自 2015 年开始并网以来，全场 70 台风机频繁报出"变桨角度不一致故障"，造成了风机多次停机。现场检查原因主要有：变桨电机损坏、变桨电机编码器损坏、KL5001 模块损坏、控制线路松动等。经统计 2020 年 1 月 1 日～2022 年 6 月 30 日间故障情况看，变桨角度不一致故障共报出 121 次（含可复位故障），该故障占变桨系统类故障 54%左右，按照 2020～2022 年平均故障处理时间 8.5h 来算，造成停机超过 1000h。自 2020 年 1 月 1 日以来，因变桨电机问题，致使报出该故障多达 90 次左右（含变桨电机异常而复位次数），最终变桨电机彻底损坏的达 18 台次，给现场运维带来了较大的困扰。

▶ **事故根本原因**

经统计分析因变桨电机问题，致使报出该故障多达 90 次左右（含变桨电机异常而复位次数），故联合厂家对变桨电机进行了拆解检查。选择了 6 台损坏的变桨电机进行拆解，经拆解发现均是 V 相接线断裂，其中 02/2015-429 号电机有油浸入短路导致有烧毁情况（这个属于个体案例），其他电机无灼烧情况，6 台电机均存在电机接线盒松动情况。通过向维护人员询问了解，结合前期更换电机情况，前期损坏电机均无明显烧灼痕迹和油污情况，对本次拆解 6 台电机进行测试，发现电机绕组间阻值一致，无短路现象。

因此判断故障产生机理为：电机 V 相引出线相对较短，且与端子排长期处于接触状态，接线盒松动后两者发生相对位移并产生摩擦，长期摩擦后，V 相线被磨损，磨损后导致线缆电阻增大、电流增大、温度升高，这种状态不断循环影响，最终导致 V 相接线断裂，导致变桨电机故障，属于故障主要原因。变桨电机接线断裂如图 2-199、图 2-200 所示。

图 2-199　变桨电机接线断裂图（a）

图 2-200　变桨电机接线断裂图（b）

线缆长期磨损致使线缆电阻增大、变桨电机温度较高。在渐变的过程中（变桨电机未最终损坏前），其会致使变桨电机不能精准执行变桨指令，并最终报出"变桨角度不一致故障"。因变桨电机没有彻底损坏，故该故障可以重新复位，风机可以继续启机运行，经多次复位处理运行一段时间后，最终也是会走到变桨电机损坏的结果。因此，反推这也是该故障产生了多次复位运行的原因。

综上，总结原因如下：电机故障直接原因为 V 相接线断裂；根本原因为电机接线盒松动，以及相线弯曲太大致使相线与端子排接触。

▶ **同类原因分析**

1. 变桨角度不一致故障现象

（1）机组故障停机，主控报出该故障。

（2）进入 FTP 查看故障记录，查询故障时 3 支叶片变桨角度变化，其中一支叶片变桨角度与其他两支叶片变桨角度不一致（任意两支叶片角度相差 2°及以上）。

2. 可能触发原因

（1）电机编码器损坏或编码器线松动或断裂，导致变桨电机转动实际角度与采集到的角度不一致，导致叶片间角度不一致差值超过 2°后，报出该故障。

（2）KL5001（变桨总线端子模块）故障，导致变桨电机转动实际角度与采集到的角度不一致，导致叶片间角度不一致差值超过 2°后，报出该故障。

（3）变桨电机损坏，电机不能有效正确地执行主控命令，导致叶片变桨角度与其他叶片不一致，超过 2°后，报出该故障。

（4）变桨减速器损坏，导致单只叶片变桨角度与其他叶片不一致，超过 2°后，报出该故障。

（5）变桨驱动器损坏，导致单只叶片变桨角度与其他叶片不一致，超过 2°后，报出该故障。

▶ **事故处理措施及结果**

经排查整改处理的 10 台风机目前暂未报出该故障。电场拟通过对已整改 10 台风机再进行至少 1 个月的故障验证分析，验证通过后将对剩余 60 台风机变桨电机进行排查整改，根据当前初步验证情况，全部整改完成后，同类型风机变桨电机异常或损坏故障将减少 50%左右。电场也将加强风电机组管理，提高机组的安全、稳定运行。

▶ **隐患排查重点**

（1）设备维护。

1）变桨电机接线盒检查。用力左右摇晃电机接线盒，检查是否有松动现象。将接线盒打开，将接线盒的紧固螺栓分别拆下，装上 $\phi5$ 的弹簧垫圈和平垫圈（以前未装有弹簧垫圈），然后对电机接线盒进行紧固。

2）电机动力电缆检查。①检查电机动力电缆有无破损情况，如有破损更换电缆。②检查电机动力电缆接头处有无灼烧情况，如存在灼烧情况更换电缆。③检查确认电机和驱动器两端接线松动情况，并紧固接线力矩至13Nm。

3）电机动力相线接线端子排查。①将电机接线座取下，将电机三相接线鼻子下端再加装一个螺母（加装后底层共有2个螺母），使其电机相线安装位置抬高，让相线弯曲减小，从而不易与端子排直接接触。再排查电机相线是否还有与端子排直接接触情况，并对电机相线再进行单独固定，避免与端子排其他锋利处进行直接接触，造成线缆长期磨损。②电机相线接线端子如有压接不牢固、松动现象者，将电机接线座和电机接线盒取下，用液压钳对端子重新进行压接。

4）变桨电机温度过高多数是由于线圈发热引起，可能是电机内部短路或外载负荷太大所致，而过流也会引起温度升高。先检查可能引起故障的外部原因：变桨齿轮箱卡涩、变桨齿轮夹有异物；因电气回路导致的原因，常见的是变桨电机的电气刹车没有打开，可检查电气刹车回路有无断线、接触器有无卡涩等。排除了外部故障，再检查电机内部是否绝缘老化或被破坏导致短路。

（2）运行调整。

日常运行定期分析变桨电机温度，若单个电机存在异常现象，应及时登机进行排查。

2.1.19　变桨故障字故障事故案例及隐患排查

▶ **事故表现**

2015年10月19日，24号机组报变桨故障字故障，查看故障F文件具体为error__code2__pitchbox3，故障字为256，通过查询该机组1.5MW机组VENSYS变桨系统F文件变桨故障代码表可知，error_code2_pitchbox3=256，即3号变桨柜存在故障，使用WINDOWS系统自带科学计算器，进行二进制转换：256（Dec）=100000000（Bin）即error_code2_8_pitchbox3=1。查询故障代码表，error_code2_pitchbox3二进制形式下，bit3的解释见图2-201。

error_code2_8_pitchbox1	0	1	变桨速度的绝对值大于12.5°/s

图2-201　变桨故障代码解释

再次查看F文件，故障时刻3号变桨的变桨速度信息见图2-202。

ptichV_speed_momentary_blade_3	-0.91 deg/s
pitchV_control_motor_speed_setpoint_3	-0.55 deg/s

图2-202　变桨时刻f文件

可知，故障时刻，3 号变桨的变桨速度为 –0.91°/s，其绝对值没有大于 12.5°/s。虽与故障代码解释不相符，但是需要进一步考证和分析。首先考虑机组的变桨速度是根据机组的叶片角度变化来计算的，叶片角度每 20ms 收集一次，那么变桨速度就是 5 个周期的叶片采集角度计算出来的。叶片角度是由旋转编码器来跟踪和采集的，于是查看机组的故障 B 文件，查看 3 号叶片旋编角度的数值，故障 B 文件 pitch__position__blade__3 的信息见图 2-203。

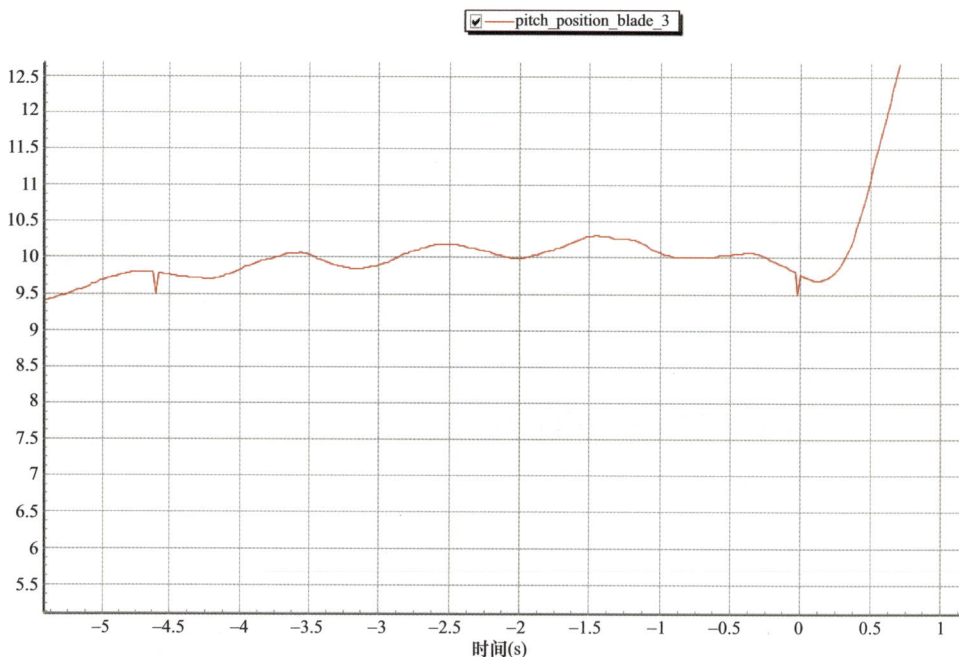

图 2-203　变桨位置变化曲线图

由图 2-203 可知，机组 3 号叶片的角度确实发生了数次的跳变，但是角度跳变较小，又触发机组的其他故障保护值，需对其角度突变区放大，进行变桨速度的计算。变桨位置变化曲线放大图如图 2-204 所示。

通过对其突变角度的放大，可以直观地计算出机组的 3 号叶片一个周期（20ms）的变桨速度 v=15.5°/s［（9.81–9.5）/0.02］，其变桨速度的绝对值大于 12.5°/s，与故障代码解释相符，至此通过一系列的机组故障数据分析和计算，最终找出机组故障的触发点，为登机处理故障节省了极大的时间，也间接地提高了故障处理的效率。

▶ **事故根本原因**

了解机组故障触发条件之后，开始对故障进行排查。因为是 3 号变桨旋编角度跳变引起的故障，所以先检查旋编，登机对其 3 号变桨的旋编和旋编电缆进行了排查，具体检查到有问题的地方如下：

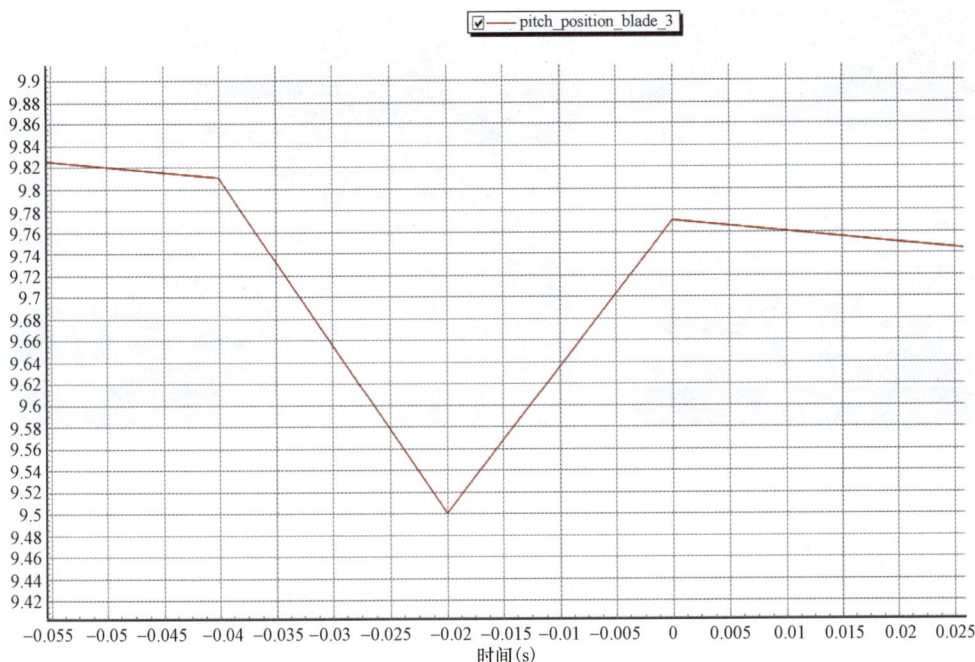

图 2-204 变桨位置变化曲线放大图

检查旋编屏蔽接地层（旋编侧）有破损情况，如图 2-205 所示。整体评估为旋编电缆屏蔽层接地不良，由于屏蔽层破损，没有良好的接地导致机组在运行中，频繁变桨的时候出现了旋编角度的微弱跳变，机组才报出故障字为 256 的变桨故障字故障。

▶ 事故处理措施及结果

现场针对其情况，更换了 3 号变桨的旋编电缆。由于现场风速较大，为保证机组的稳定运行，将旋编与 2 号柜的旋编进行了互换，至此机组稳定运行数日，可确定 3 号柜的旋编正常，故障点为旋编电缆屏蔽层破损导致。

如图 2-206 所示，10 月 26 日机组再次报出变桨故障字故障，故障代码为 256，现场人员再次登机检查旋编相关回路，检查到新更换的旋编电缆在变桨柜侧的旋编电缆哈丁头端出现了不应该的安装问题。哈丁头内部接线情况如图 2-206 所示，由于 10 芯的旋编电缆较长，在现场人员安装到哈丁头端子上后，与哈丁头外壳发生了电缆的挤压情况，导致 10 芯电缆有 4、5 根电缆受到不同程度的挤压情况，影响了机组在正常运行中的数据传输和反馈，导致机组再次报出此故障，需增强现场人员对元器件的熟悉程度和工作能力。

▶ 隐患排查重点

（1）设备维护。

1）报出故障后，首先观察 F 文件中故障代码显示的数是以十进制来显示的 INT 型

图 2-205　旋转编码器

图 2-206　哈丁头内部接线

数据，如果想要知道该代码所代表的含义，必须将代码转换成二进制数，然后根据二进制数中 1 出现的位置（从右向左数 123），从相应的故障代码表中查看相对应的故障。0 代表的是无故障。

2）如果是故障代码 2。①第一种可能是 AC2 坏了；②超级电容电冲不上或者 NG5 有问题出现电压低，无法正常为 AC2 供电，导致 AC2 报 OK 信号丢失；③AC2 风扇堵转，AC2 温度过高，使得无法正常工作，导致 AC2 OK 信号丢失；④A10 自制模块出现损坏，导致 OK 信号丢失；⑤AC2 出线到变桨电机的接线松动了，AC2 正常输出电压，但是变桨电机的转速却比较慢或者出现异常，导致旋编反馈给 AC2 的转速较慢，与实际不符，也不排除这种可能性。

3）若是故障代码 4。很多情况都可以导致桨叶冲限位，目前风机增加了 87°接近开关后冲限位的可能性比较小。

4）若是故障代码 8。报出 NG5 电源不正常，多数情况都是 NG5 坏了，或者检测 NG5 的模块有问题。

5）若是故障代码 16。变桨安全链中断的原因很多，变桨系统中程序总共写出了共 30 个错误点。除了前面的第一个急停信号，以及这个中断安全链信号，共 28 个故障。只要这 28 个故障中任何一个变为高电平，变桨安全链将中断，同时通知主控，进行紧急停机。

6）若是故障代码 32。①可能手动开关进胶粒；②手动模式接线被接反了；③采集手动模式的模块故障，出现故障的可能性很小。

7）若是故障代码 16384。

变桨电机故障温度设定值为−10°～+150°。出现该故障时，可以先检查电磁刹车在电机工作时是否能够正常动作（松闸），K3 是否亮，是否存在变桨电机堵转，使得电机发热的现象。具体内容为：①检查变桨电机中的 PT100，看是否损坏。②手动变桨观察变桨速度是否正常。③更换 KL3204（A8）模块，或者与其他柜子进行交换，观察故障是否消除。

（2）运行调整。

1）故障字故障称为其他变桨故障，相对较复杂，建议处理故障时优先在中控分析故障原因后再进行相关故障处理。

2）针对区域性、季节性明显的逆变器故障的情况，定制相应技改方案（如电磁刹车技改双 K2 继电器等）。

3）巡视与定期维护相结合，在定期维护项目中增加 10Q1、充电工作状态、反馈信号、电磁刹车、继电器、接线等检查。

2.2 ▶ 变流系统事故隐患排查

2.2.1 冷却系统异常事故案例及隐患排查

2.2.1.1 变流器散热风扇故障

▶ **事故表现**

某海上风电场离岸距离 36km，海底地形变化较小，水深约 18m。风电场形状呈平行四边形，平行于海岸线方向的距离约为 13km，垂直于海岸线方向的平均距离约为 6.8km，规划海域面积 50km^2，规划装机容量 300MW。该项目共计安装了 75 台机组，于 2020 年年底全实现全容量并网。根据统计数据显示，2021 年夏季该风场风力发电机组发生因变流器柜散热风扇失效导致的故障停机 10 余台次，共计造成发电量损失约 48 万 kW·h，对风电场设备安全、稳定运行和风电场经济效益造成一定影响。

▶ **事故根本原因**

水冷系统散热风扇轴承卡涩是因风扇启动电容容量衰减和风扇启动电流剧增，风扇电机整体温度高造成风扇轴承润滑油脂失效。

▶ **事故处理措施及结果**

1. 现场排查、处理过程

依据风力发电机组故障信息及现场排查、处理情况，对处理过程做如下介绍：

（1）SCADA 后台报出"变流器并网开关柜过温"，机组故障停机。

（2）远程连接、查看变流器信息，发现并网柜温度已达 72℃，网侧功率模块柜已达 68℃。图 2-207 为变频器故障时并网开关柜温度。

（3）登机检查发现并网开关柜和网侧功率模块柜内风扇（fan1-fan4）不运行，其余柜内风扇正常运行。

变流器地址	故障参数	参数值	单位	描述	参数值越界
0	主状态字	00011010000000...		[BIT0]:G准备好；[BIT1]:G自检Ok；[BI...	
0	网侧控制字	00000000000000...		[BIT0]:准备好；[BIT1]:充电；[BIT2]:调制...	
0	网侧状态字	00000100100000...		[BIT0]:准备好；[BIT1]:自检完成；[BIT2]:...	
0	机侧控制字	00000000000000...		[BIT0]:自检；[BIT1]:同步；[BIT2]:并网...	
0	机侧状态字	00000010000000...		[BIT0]:自检Ok；[BIT2]:...	
0	转矩百分比给定(MC计...	0.00	%	故障记录值ID=609 本变量=总转矩百...	
0	无功%给定限幅输出(M...	0.00	%	故障记录值ID=719 本变量=总无功给...	
0	最终转矩给定百分比	104.98	%	故障记录值ID=670	
0	网侧最终无功KVar给定	-44	kVar	故障记录值ID=735	
0	控制柜温度	72.09	°C	故障记录值ID=241	是
0	控制柜湿度	4.95	%	故障记录值ID=242	
0	网侧模块温度（运行时...	0.04	°C	故障记录值ID=238	
0	机侧模块温度（运行时...	0.04	°C	故障记录值ID=302	
0	环境温度	38.72	°C	故障记录值ID=239	
0	环境湿度	14.26	%	故障记录值ID=240	
0	水冷循环系统状态字	00100000000001...		[BIT0]:水冷外循环水泵运行状态；[BIT1]:...	
0	水冷循环系统故障字	00000000000000...		[BIT0]:冷却液温度过低[BIT1]:冷却液温...	
0	变流器入水口温度	28.76	°C	故障记录值ID=4206	

图 2-207　并网开关柜温度

（4）测量风扇绕组阻值，fan4 风扇阻值 9.83kΩ，其他风扇绕组阻值在 50Ω 左右（正常），确定 fan4 风扇损坏。

（5）通过进一步检查，发现 fan4 风扇轴承有卡涩现象，风扇启动电容值存在异常（图 2-208 为并网开关柜风扇和 fan4 风扇阻值）。

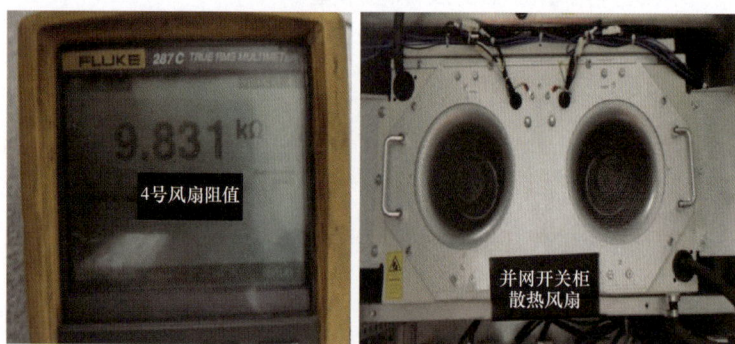

图 2-208　fan4 风扇阻值、并网开关柜风扇

2．具体分析

故障发生后，初步确定了散热风扇轴承卡涩是因风扇启动电容容量衰减和风扇启动电流剧增，造成风扇电机整体温度过高，轴承润滑油脂失效导致。为了进一步确认启动电容容量衰减的原因，对现场返回的失效电容进行了拆解分析，具体情况如下：

（1）不良电容解剖。

1）解剖前。产品外观和产品测试分别如图 2-209 和图 2-210 所示。

2）解剖后。芯子外圈金属化膜大面积氧化如图 2-211 所示，芯子中间金属化膜部分氧化如图 2-212 所示，芯子内圈基本正常如图 2-213 所示。

3）现象描述。

产品外观如图 2-210 所示。从图 2-210 的测试结果看，电容器的容值为 1.97～2.19μF，相对标称电容量（4μF）已经衰减 50%左右。从图 2-211～图 2-213 电容器解剖结果看，金属化膜金属化层大面积氧化是引起电容器容量衰减的主要原因。

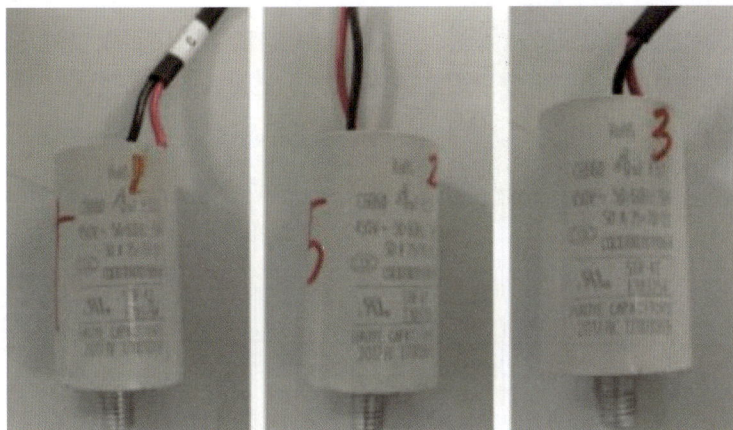

图 2-209   产品外观

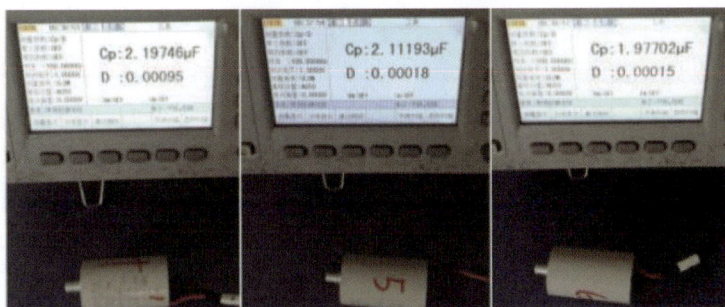

图 2-210   产品测试

图 2-211   芯子外圈金属化膜大面积氧化

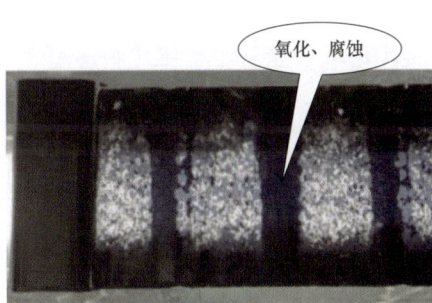

图 2-212   芯子中间金属化膜部分氧化

（2）理论分析。

电容器容量计算式为

$$C = \Sigma \times \Sigma_0 \times S/d \tag{2-3}$$

图 2-213　芯子内圈基本正常

式中：C 为电容量；Σ 为介质的相对介电常数；S 为极板面积；d 为极板间距离。

如果电容器金属化层发生氧化、腐蚀，极板有效面积 S 就会减小，所以容量就会发生衰减。根据电容器的原理及加工流程分析，可能导致电容器金属化膜氧化、腐蚀的因素有以下几点：

1）电容器密封不致密。上述电容器外壳为 PBT 塑料，芯子采用环氧树脂密封，电极采用塑胶软导线引出，三种材料耐温特性和热收缩率的差异，电容器芯子实际处于一种半密封状态（行业上称之为半密封结构电容器），导致电容器芯子与外界会产生物质的交换，尤其是外界的湿气通过微孔进入芯子内部，引起金属化层氧化。

2）电容器使用环境影响。①电容器存储/使用环境湿度偏高。如电容器存储/运行环境的湿度偏高，而实际选用的电容器类型为半密封结构，则外部的湿气会逐步缓慢通过环氧层、软导线渗入芯子内部，导致薄膜金属化层氧化。②电容器使用环境温度偏高。若电容器运行环境温度偏高，必然会导致电容器耐压承受能力降低。电容器运行过程中本身会有一定的热量，若是外部环境温度偏高，传热至芯子内部，热量集聚内部无法散发，最终导致金属化薄膜老化，容量衰减。③电容器连接端电压偏高或线路中存在谐波，谐波的存在必然导致电容器工作电流的成倍增加，对电容量衰减有着很大的影响，工作电流计算式为

$$I = 2\pi fCU \tag{2-4}$$

式中：f 为交流电频率；U 为电容两端交流电电压；C 为电容器电容量。

3）生产工艺不合理/执行偏差。电容器生产过程中，干燥时间不足、温度偏低导致电容器芯子内部潮气（包括原材料本身的潮气以及生产过程中吸附的潮气）处理不彻底，随着使用时间的延长，金属化膜逐渐氧化、击穿，有效面积逐渐减小，即产品容量不断衰减。

结合产品解剖的结果分析及失效电容器的实际应用环境，引起上述产品失效的主要原因为：实际选用的电容器为半密封结构塑壳电容器，受外部潮气的影响，电容器主体芯子用的金属膜氧化、腐蚀，最终导致电容器容量衰减失效。

3. 改进措施

鉴于塑壳半密封结构电容器不能满足实际应用的严酷环境及相应使用寿命要求，改进措施为做好以下预防性措施：

（1）选用全密封的铝壳结构电容器，提升电容器的密封性能。

（2）电容器储存、运输、使用过程中应做好防潮湿、防暴晒等防护措施，避免受到雨雪的直接淋袭。

经过对电容器的技术改造，机组水冷系统散热风扇故障大幅降低，增强了机组的稳定性。

▶ **隐患排查重点**

（1）设备维护。

1）检查风扇电容器是否为塑壳半密封结构，如果存在上述结构，采取上述案例改进措施。

2）检修时，检查水冷系统散热风扇，测试风扇运行振动情况，发现风扇运行时是否振动，减少因振动减少因振动引起零部件松动的故障发生率。

3）检修时，检查水冷系统散热风扇辅助接线盒内风机引出线端 U、V、W 与风场电源线按 U、V、W 顺序依次连接。检查接线牢固后，送电查看风机转向是否与标识一致，运行中注意电机绕组温度，是否有异常现象。

4）部分厂家机组散热系统未安装缺相保护装置，长时间缺相会造成风扇损坏。对风扇损坏较多的风电场，建议给水冷系统安装缺相保护器，可以避免因缺相引起的风机烧毁故障。

5）水冷系统散热风扇轴承使用高效轴承润滑油，可以降低轴承故障。根据轴承运行情况，结合风扇厂家给出的意见使用高效轴承润滑油。

6）检修时，测量水冷散热风扇各零部件的振动高幅值是否出现在电机运行频率区间，若运行转速范围内出现共振现象，改良支撑结构。

7）检修时，测量水冷散热风扇各部位容易出现故障的振动情况，排查原因，降低振动引起的故障。

（2）运行调整。

1）积累风电场运行经验，对水冷散热系统进行定期维护，水冷风扇失效前进行预防性更换，减少因风扇损坏造成水冷系统故障停机时间，增加发电量。

2）水冷散热风扇质量在实际使用中才能验证是否达到要求，从零配件，材料的选用、组装、测试、安装、调试、维护各个环节做好，才能共同保证产品的质量和使用寿命，因此加强检修质量管理也会降低风扇故障的发生概率。

2.2.1.2 水冷变流器超温故障

▶ **介绍栏**

变流器水冷系统介绍如下：

（1）水冷系统的结构。水冷系统主要是由冷却循环系统和测量控制系统两部分组成。冷却循环系统以高压循环泵为动力源，循环泵通过管路把冷却液送入变流控制柜中，再把冷却液通过管路抽出，把冷却液送入风机外的空气散热器进行冷热交换，散热后的冷却液再由循环泵送入变流柜中，这样完成一次冷却循环。在冷却系统机舱管路和机舱外管路之间设置了一个电动三通阀，冷却控制柜的测量控制系统根据当前冷却液的温度值自动调节电动三通阀的阀位，从而有比例地调节循环冷却液进入空气散热器进行热交换的流量，实现精确的温度调节功能。当变流系统的温度低于正常工作温度时，电动三通阀关闭，安装在管路上的电加热器根据控制要求对冷却液进行加热，循环系统通过冷却液的循环流动对变流器进行温度调节，防止了变流器温度高，同时也避免了变流器由于湿度大导致故障。

（2）水冷系统运行原理。由主循环泵对冷却液进行升压后输送至外部散热器，经冷却后回流到变流器内带走热量，如此进行密闭式往复循环。循环管路装设有电动三通阀，采集冷却液温度的变化，自动调节进入外部散热器的冷却液的比例，利用外部散热器对冷却液进行冷却。当温度低于设定温度时，电动三通阀处于关闭状态，冷却液通过内部循环进行散热。当温度达到设定温度时，电动三通阀开始开启，处于半开半闭的状态，冷却液既通过内部循环散热，又通过外部散热器进行散热。

▶ **事故表现**

变流系统作为风机的主要部分，配备了单独的冷却系统，一般采用水冷系统，而当水冷系统出了问题，容易引发变流器温度高故障，甚至导致变流器炸裂。某风电场风机配置的是 Switch 水冷变流器，目前该风电场风机 Switch 水冷变流器出现过温情况较为普遍，特别是在夏季高温大风天气下，网侧逆变器过温造成的故障停机现象尤为突出，当功率达到 1300kW 时网侧逆变器温度就会超过 70℃，报温度过高故障。目前，只能通过限制风机功率在 1300kW 以下运行方式来防止变流器过温。

▶ **事故根本原因**

Switch 变流器冷却系统由模块内部散热器、水冷泵加压循环装置、外部散热器冷却系统、冷却介质等构成，变流器过温的主要原因是功率模块散热器内扰流丝堵塞和功率模块散热器管壁结垢严重。水冷系统的冷却介质为冷却液，冷却液中的乙二醇是一种相对活跃的物质，容易聚合成高分子聚合物，进一步氧化成聚合物有机酸（俗称油泥），形成十分黏重的黄色胶状物质，沉积后容易结垢，降低了冷却液的冷却效果。最终确定冷却液过期变质、进水口滤网堵塞、外部散热器堵塞和扰流丝锈蚀堵塞这四个原因是导致变流器温度高的主要因素。

▶ **事故处理措施及结果**

进水口滤网堵塞可以通过清洗或者更换滤网来解决进水口堵塞问题，保证正常的水流量。外部散热器堵塞可以使用冲洗枪对其进行高压冲洗，保证外循环散热效果。扰流丝锈蚀堵塞可更换新的扰流丝，并使用加水泵对变流器内部管壁进行冲洗。变质的冷却液导致水冷系统关键散热部件发生锈蚀，甚至堵塞，因此延长冷却液的使用寿命周期是预防变流器超温故障的关键。本案例冷却液的保质期是 3 年，但在设备长期运行情况下，冷却液在使用 2 年后便会开始变质。为预防故障的发生，针对本案例需每 2 年对水冷系统冷却液进行彻底更换，保证风机变流系统冷却器管壁内不产生污垢结晶，保证水冷系统主要的散热部件的性能良好。处理前，当机组功率达到 1300kW 时，变流器温度已经达到 70℃而报出变流器温度高故障，依据该对策实施处理后，机组功率达到 1580kW（1.5MW 机型满发状态）时，变流器温度只达到 54℃，符合正常的运行温度。

▶ **隐患排查重点**

（1）设备维护。

1）针对已经报出变流器温度高故障而限制功率运行的风机，可采用变流器冷却管道清洗、进水口锥形滤网清理、外部散热器冲洗、扰流丝更换等方法来解决。

2）针对未报出变流器温度高故障的风机，可每两年（冷却液更换周期根据不同品牌、型号风机的实际情况制定）彻底更换一次冷却液，预防冷却液变质导致变流器温度高。

3）更换水冷系统扇叶时，螺栓定点调节做好、科学紧固，防止偏心造成剐蹭故障；使用防松螺栓、定力矩等措施，运行中防止出现扇叶断裂、脱落等故障。

4）检查扇叶是否有剐蹭、异常声响、转动不灵活等异常现象。

5）检查剪线余量，考虑热胀冷缩、现场振动，防止引起线过紧，造成接线松动、断裂的故障。

6）检查接线盒内端子链接是否牢固可靠，不能有虚接、松动问题，防止运行中出现过流、断相故障。

7）检查测量散热风扇电机绝缘电阻，排查线路与机座间是否存在绝缘击穿故障，排查相与地线接错的问题。

8）查看风机铭牌，接电源线。送电试转，查看风机转向与标识一致，在扇叶端观察是否为吸风、有无扇叶剐蹭现象。监听风机声音，有无异常声响。测量连接处是否有振动大的问题。

（2）运行调整。

1）监控散热风扇电机运行温度，定期对电机运行温度进行分析，小风天气对温度异常的模块进行重点检查。

2）水冷散热系统故障有电机烧毁、轴承故障、扇叶断裂等。造成故障的原因有缺相、轴承润滑油失效、振动大等。可以从细节着手，做好零配件的选型、安装、检查、测试，以及现场维护工作，减少故障发生，制定防范措施，降低故障的发生。

2.2.1.3 变流器水冷系统故障

▶ **介绍栏**

风力发电机组变流器水冷系统工作原理：由于发电机组变流器中的各功率电器元件在工作时会产生大量热量，需要及时对其进行热交换冷却，来保证设备的可靠性及稳定性。变流器水冷系统工作原理为恒定压力和流速的冷却介质不断流经变流器带走热量，冷却介质由高压循环泵的进口经机舱外空气散热器与冷空气进行热交换，空气散热器将冷却介质带出的热量交换出去，散热后冷却介质再循环进入变流器。在水冷系统柜内管路和柜外管路之间设置电动三通阀，主控系统根据当前冷却液温度值自动控制电动三通阀阀位，从而调节循环冷却液进入空气散热器进行换热的流量，实现精确调节温度的功能，还可通过电加热器对冷却液温度进行强制补偿。

主循环泵入口装设压缩空气稳压装置，稳压装置是由膨胀罐、气泵及电磁阀等组成，可以保持系统恒压并能吸收系统中冷却介质的体积变化，从而保证整个系统的稳定运行。膨胀罐的底部充有稳定压力的压缩空气，当系统压力损失时，压缩空气自动扩张，把冷却液压入循环管路系统，以保持管路的压力恒定和冷却液充满。当系统压力小于设定压力时，气泵自动进行补气增压来补偿压力的损失；当压力较高时，由电磁阀排放因温度变化而产生的多余气体，气体排放设置于外部散热片、中部流通管及气泵三个位置，确保产生多余气体正常外排。

▶ **事故表现**

某风电场共 51 台风机变流器安装水冷系统，风电机组投产运行 6 年，变流器水冷系统故障逐年增加，至运行期第六年，水冷系统故障处于失控状态，故障占比达到全场机组故障总数的 50%，仅 2021 年 1～6 月，风电机组变流器水冷系统故障次数为 85 台·次，主要为风电机组水冷压力过低停机、水冷系统散热性能下降使变流器 IGBT 损坏，导致停机时长总计 1201.5h，故障损失电量总计 301.31 万 kW·h，造成较大经济损失，给风电机组安全运行带来较大困扰。

▶ **事故根本原因**

（1）变流器水冷系统水冷软管老化；

（2）变流器水冷系统散热风扇老化损坏；

（3）变流器水冷系统循环管道脏污，冷却液滤网堵塞；

（4）变流器水冷系统冷散热片漏液；

（5）变流器水冷系统排气阀漏液；

（6）变流器水冷系统冷却液位偏低，管道内空气含量较多；

（7）稳压罐失压，稳压罐进液，压力稳控能力丢失。

▶ **同类事故原因分析**

目前在风电行业，风电机组变流器采用水冷系统散热比较普遍。随着风电机组运行年限增加，变流器水冷系统故障也会逐年增加，少数地区由于维护管理不到位，故障分析不透彻，导致水冷系统故障处于失控状态。其中，频发故障主要为系统压力报警或停机、IGBT 失效、水冷软管破裂失压、膨胀罐气囊破裂失压、外部散热系统失效及散热片漏液等。故障会造成风电机组较长停机及较大电量损失，风电机组水冷系统故障严重影响机组安全运行，是遏制风电机组正常出力的重要因素之一。

造成风电机组变流器水冷系统的故障原因分析如下：

1. 思想因素

部分老旧机组变流器及其水冷系统位于塔底，不需登塔检修，故障发生时处理时间短，技术难度相对较低，维护人员对水冷故障思想认识不足；对故障风机采取"运行即可"的检修态度，机组长时间处于带病运行状态；风机水冷系统故障发生依靠厂家处理故障思想根深蒂固，主动分析、处理意识相对较差；维护人员责任意识高度不够，责任主体不明确，主动性不强。

2. 施工因素

风电机组吊装完成后，进行基础加固工作。加固时，改移了风电机组水冷系统，因防护不到位，水冷系统内部有灰尘等杂质进入，造成水冷系统内循环滤芯堵塞，影响冷却液循环速度。

3. 设备自身原因

随着设备运行时间增加，设备逐渐开始老化，水冷软管裂纹增多。水冷液长时间循环，在管道接口、滤网处形成污垢，导致水冷系统排气阀失效，三通阀失效。

4. 人为因素

维护人员对水冷系统维护持敷衍态度，仅做故障恢复处理，现场备件欠缺，消缺不彻底，冷却液存在混加情况；检查人员未及时检查出冷却液漏液点；未及时发现水冷软管发生裂纹情况；未及时发现冷却风扇及冷却液箱损坏情况。导致漏液点一度扩大；细微裂纹扩大后爆管；冷却风扇损坏后水温增高，加速故障发生。

5. 运行环境因素

本案例所涉及的风机正常运行时，整个水冷系统温度保持在40～47℃之间，长期高温容易造成管道泄漏、管道裂纹等情况。水冷外循环系统处于室外，散热电机、电机风扇、冷却液箱、风化损坏较快。水冷系统温度增加后导致管内压力增大，加速水冷软管裂纹增长速度；散热电机、风扇损坏率逐渐增加，最终造成故障频发。

▶ 事故处理措施及结果

1. 风电机组变流器水冷系统故障整改措施

（1）变流器水冷系统水冷软管老化。针对风电机组水冷系统水冷管老化，制定出更换风电机组变流器水冷软管方案解决，彻底丢弃原始设计普通软管并将其更换为 TUBE 防爆型、防冻型水冷软管。TUBE 软管能承受 1.6MPa 压力，最佳运行温度范围为–20～60℃。TUBE 软管完全满足环境温度及压力多变情况下使用，不仅能够满足系统长时间高温、高压运行，同时能够承受相应温度变化，也能在压力突然跳变时承受跳变冲击力。

（2）变流器水冷系统散热风扇老化损坏。由于变流器水冷外循环散热风扇置于室外，经过风吹日晒，长时间运行，存在老化损坏情况，扇叶在运行过程中损坏脱落，轻则导致散热失效，重则破坏水冷散热水箱。针对此问题，将原设计的硬性塑料叶片改为加强型年轮塑料叶片，增加其韧性，不容易开裂脆断，调整叶片角度，增加进风量，更换所有散热风扇；排查发现电机不工作、间歇性工作、异响等情况，及时维修更换，重新布置电机电源，并确保散热电机接地良好，保证散热电机运行正常、平稳。

（3）变流器水冷系统循环管道脏污，冷却液滤网堵塞。变流器水冷系统在经过长年运行后，由于温度不断变化产生杂质，加之工程建设期间有少量灰尘进入系统内部管道，管道内水冷滤芯堵塞。修编水冷系统维护项目，将水冷滤芯清洗时间由 12 个月缩短至 6 个月一次；清洗步骤改为三个流程进行，即第一遍为软钢丝刷清洗，第二遍为清水冲洗，第三遍为冷却液清洗，最后达到全滤芯无脏污杂质，增加冷却液在管道内循环速度，确保冷却液循环畅通良好。更换冷却液，严格控制冷却液使用同一品牌，并保证冷却液配比一致。

（4）变流器水冷系统冷散热片漏液。长期运行加之冷却液混用，造成水冷散热片较为易损，针对冷却液散热片漏液情况，通过集中停机排查，对渗漏的水箱进行拆卸修补，确保水箱密封性完好，实现不漏液、不进气，从源头上遏制冷却液位偏低，水冷管道留存空气问题；水冷系统共设置三个排气阀，第一个安装位置为冷却液压力泵上方，第二个安装在管道中间，第三个安装在冷却水箱进口位置。风电机组正常运行情况下，三个排气阀处于常开状态。水冷压力随风机负荷增加而增大，冷却液循环过程会有少量空气需要由排气阀排出，在空气排出过程中，由于排气阀处于故障状态，常常把冷却液一并排出，导致冷却液流失较多。对存在故障的排气阀进行更换，使排气阀正常将气液分割开。

（5）变流器水冷系统冷却液位偏低，管道内空气含量较多。水冷系统管道内空气含量较多，水冷压力跳变较大，通过加强后台监视，每日 08:00、12:00、16:00、20:00、24:00 对风机水冷压力进行监查。根据监视结果采取分批次补液，补液过程充分排气，每次补液机位 10 台·次，记录补液时间，观察补液后压力变化，出现单台风机水冷压力跳变情况，现场及时检查，排查原因；风电机组水冷压力低于 2bar、高于 4bar 开始告警，低于 1.4bar、高于 4.4bar 停机，通过反复添加冷却液，再反复排气，全部风电机组水冷压力控制在 2.0～3.7bar，达到最佳运行状态。

（6）变流器水冷系统稳压罐失效、破损。膨胀罐的工作原理：当膨胀罐用于系统中时，系统压力比预充气体的压力大，所以会有一部分工作介质进入气囊内，直到达到新的平衡。当系统压力再度升高且系统压力再次大于预充气体的压力时，又会有一部分介质进入囊内，压缩囊和罐体间的气体被压缩后压力升高，当升高到与系统压力一致时，介质停止进入；反之，当系统压力下降，系统内介质压力低于囊和罐体间的气体压力时，气囊内的水会被气体挤出补充到系统内，使系统压力升高，直到系统工作介质压力与囊和罐体间的气体压力相等，维持动态的平衡。

由膨胀罐的工作原理看出，当膨胀罐多次承受稳压功能后，罐内气囊会破裂，导致稳压失效。将普通膨胀罐改为隔膜式膨胀罐，使用胶隔膜将水与气隔开，橡胶隔膜把水室和气室完全隔开,当外界有压力的水充入水罐的内胆时,密封在罐内的空气被压缩,根据波义耳气体定律,气体受到压缩后体积变小,压力升高储存能量,压缩气体膨胀可以将橡胶隔膜内的水压出罐体,隔膜式膨胀罐更适用于水冷系统稳压。

2. 风电机组变流器水冷系统整改措施验证过程

根据项目实际存在问题,对风场 51 台采用水冷系统的机组实施整改,改造周期为60 天,对原有的水冷系统维护方案及周期进行调整,全部机组排查漏液、冷却风扇不运转或运转不顺畅,排气阀气水分离不彻底,冷却液混装检查及膨胀罐破损排查,发现风电场 51 台风电机组普遍存在相应问题。

针对风电场 51 台风电机组存在的问题,将水冷软管全部更换为 TUBE 防爆型、防冻型水冷软管,使其更加耐压、耐高温;将全场膨胀罐更换为隔膜式膨胀罐,解决膨胀罐破损缺陷;更换液气分离不彻底排气阀;清洗全场冷却液滤芯及更换冷却液,更换漏液散热片;将硬质塑料散热叶片更换为年轮塑料材质叶片,调整叶片安转角度,增大进风量;调整水冷系统维护周期,由 12 个月维护周期改为 6 个月,增加后台监控手段,计划性开展添加冷却液及手动排气工作,直至冷却液适中,改造中进气全部排出;更改散热风扇启动温度,使其能将冷却液温度更加及时冷却,变流器 IGBT 启动温度为 37℃,现场将风电场 51 台风电机组风扇启动温度由 41℃调整为 40℃,加强散热电机启动温度由 45℃调整为 44℃,便于散热风扇及时降温,确保变流器不超温运行。

3. 风电机组变流器水冷系统整改后运行结果

经过为期 60 天变流器水冷系统措施整改,以及处置措施跟踪检查,结合现场风电机组实际运行效果看,变流器水冷系统整改取得效果显著,风电机组运行稳定。通过 6 个月观察运行及数据分析,风电场 51 台风电机组水冷系统故障半年内发生 1 次,由 1~6月的 85 次故障降低到 1 次,故障率下降 98.82%,具体数据如表 2-22 所示。

表 2-22 风电机组整改后运行结果表

统计时间	涵盖内容	水冷系统故障次数（台·次）	停机时长（h）	损失电量（万 kWh）
2021 年 1 月 31 日	风电场 51 台直驱机组	13	216.28	47.76
2021 年 2 月 28 日	风电场 51 台直驱机组	11	31.86	11.31
2021 年 3 月 31 日	风电场 51 台直驱机组	11	15.68	19.6
2021 年 4 月 30 日	风电场 51 台直驱机组	15	150.49	58.22
2021 年 5 月 31 日	风电场 51 台直驱机组	17	567.79	115.82
2021 年 6 月 30 日	风电场 51 台直驱机组	18	219.41	48.6
2021 年 7 月 31 日	风电场 51 台直驱机组	1 台次	1.3	0.11
2021 年 8 月 31 日	风电场 51 台直驱机组	无故障		
2021 年 9 月 30 日	风电场 51 台直驱机组	无故障		

统计时间	涵盖内容	水冷系统故障次数 （台·次）	停机时长 （h）	损失电量 （万 kWh）
2021 年 10 月 31 日	风电场 51 台直驱机组	无故障		
2021 年 11 月 30 日	风电场 51 台直驱机组	无故障		
2021 年 12 月 31 日	风电场 51 台直驱机组	无故障		

风电场变流器整改完成后，变流器水冷系统故障得到明显遏制，并保持稳定运行，为风电机组安全、稳定运行打下坚实基础，提升了风电机组可利用率，最大程度保证风电机组正常出力，增加了企业经济效益。由此看出，所提的风电机组变流器水冷系统故障整改措施可行性较高，实用性较强。

▶ **隐患排查重点**

（1）设备维护。

1）检修时，检查水冷系统空开接线处是否有发黑痕迹。测量线路，确定相间是否短路、接地。无论在风机启动还是运行过程中，缺相都会引起线路过电流，直至烧毁风机。

2）检修时，检查水冷系统散热风扇振动是否异常，振动过大会引起扇叶螺钉松动、扇叶剐蹭，甚至卡死，引起电流过大，直至烧毁散热风扇。

3）发生水冷系统故障时，如检查发现空气开关跳开，可按照以下可能引起空开跳闸的原因进行排查：①空开进、出线接线不牢固，造成接线处电流大。②空开与风机线路匹配不合理。③风机线端子压接不牢固，造成线路电流大。④线路中绝缘防护不到位，造成接地故障。⑤风机轴承润滑不良，转动不灵活，导致线路过流。⑥扇叶剐蹭，增加负载，导致线路过流。

4）检修时，检查水冷系统是否有泄漏现象，如有漏液现象应及时进行整改。

5）检修时，测试水冷系统控制阀、三通阀、散热风扇等工作是否正常。

6）检修时，检查高位水箱水位、加热器、压力传感器、外散热风扇是否正常。

（2）运行调整。

1）目前市场上多数风电机组水冷系统采用单泵设计，水泵故障时必须停机处理，从而增加了风电机组故障停机时间，损失了发电量。随着风电的发展，项目的可达性变差，当水泵发生故障时，由于天气原因，往往短时间内不能上机维修，造成机组长时间停机，发电量损失巨大，因此，可将水冷系统升级为双泵供压。

2）水冷散热系统故障有电机烧毁、轴承故障、扇叶断裂等。造成故障的原因有缺相、轴承润滑油失效、振动大等。可以从细节着手，做好零配件的选型、安装、检查、测试，以及现场维护工作，减少故障发生，制定防范措施，降低故障的发生。

2.2.2　断路器异常事故案例及隐患排查

2.2.2.1　主断路器不吸合故障

▶ 事故表现

2022 年 2 月 21 日某风电场由于线路问题导致全场机组突然断电,于 2022 年 2 月 22 日 12:00 开始上电,其中 D9、D7、C8、B1、B2、B6、B9、A1、A6、A7 号风机在线路上电后报出主断路器吸合失败故障。

▶ 事故根本原因

通过对主断路器吸合失败故障分析,原因有两点:

(1)主断路器故障,内部合闸线圈、机械架构等故障;

(2)由于机组长时间停机且气温较低,主断路器润滑油冷冻导致吸合缓慢。

▶ 事故处理措施及结果

1. 故障报出条件

有 precharge feedback 反馈,同时正、负母线电压均大于 420V DC,延时 12s,主控未收到网侧断路器吸合反馈,持续 40ms。由此可推断出报此故障的原因有:

(1)主断路器吸合反馈回路故障。

(2)主断路器吸合命令回路故障,主断路器故障,不吸合。

2. 主断路器吸合失败逻辑说明

由图 2-214 可知,主控发出 converter_on 信号后,直流母线放电电阻断开,预充电电阻闭合,变流器开始预充电过程。正、负母线电压高于 420V 后,网侧断路器闭合(网

变流器启动逻辑

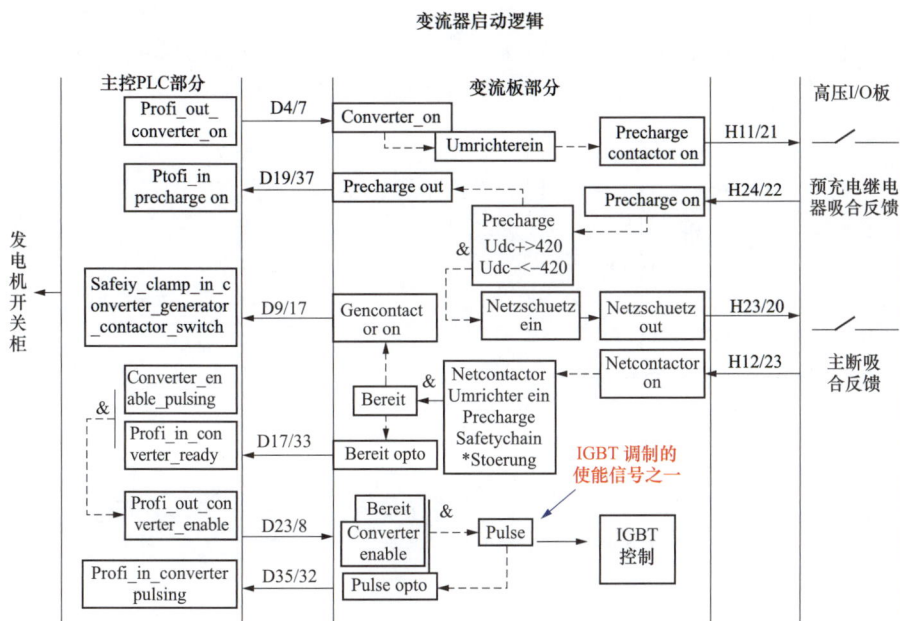

图 2-214　变流器启动逻辑图

侧断路器闭合后，预充电电阻被短接，直流母线会进一步上升），同时发电机侧断路器闭合，预充电过程完成，变流器返回 converter_ready 信号给主控。当发电机转速达到并网转速后，主控发出 converter_enable 信号，变流器开始调制运行。

主断路器反馈丢失的故障逻辑图如图 2-215 所示。

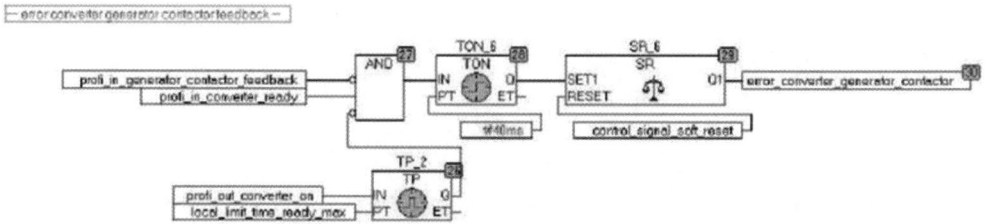

图 2-215　主断路器反馈丢失的故障逻辑图

3. 电气接线原理说明

由图 2-216～图 2-219 可知，主控发出 converter_on 信号，高压 I/O 板 9 号端子和 10 端子导通，11K9 线圈 A1 得电。11K9 吸合后，放电接触器断开，预充电接触器得电，同时将反馈信号反馈至高压 I/O 板。主控通过高压 I/O 板 36 和 40 号端子检测直流母排电压达到 420V 时，高压 I/O 板 11 和 12 号端子导通，控制网侧断路器吸合。当断路器吸合后将吸合信号反馈至高压 I/O 板。

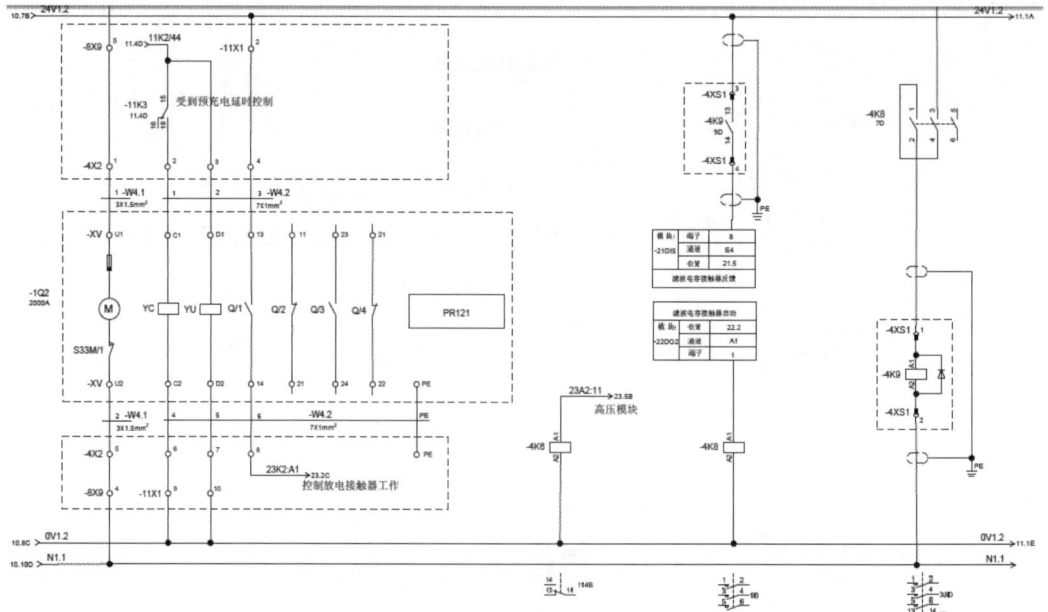

图 2-216　主断路器内部电气接线图

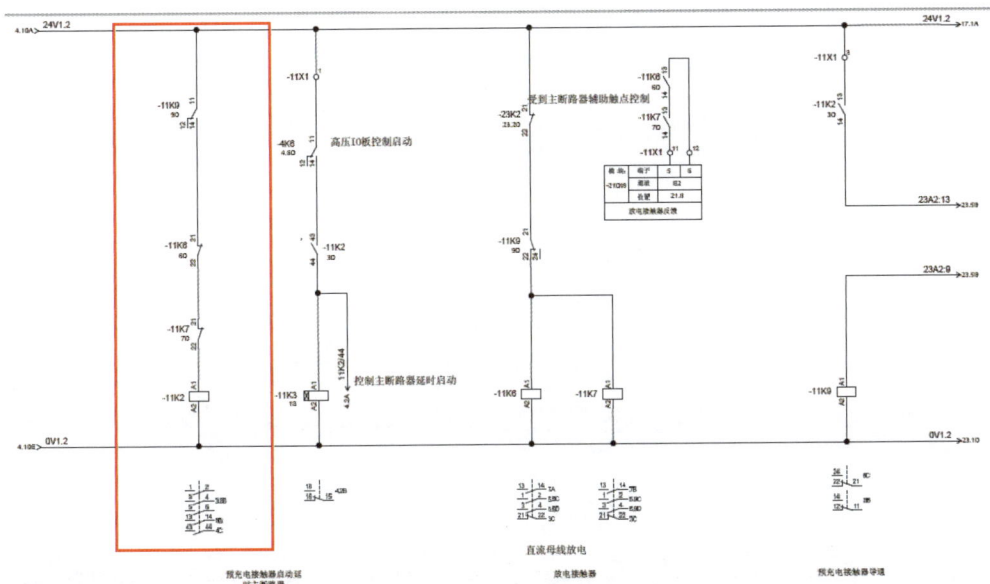

图 2-217　主断路器控制回路和预充电回路图

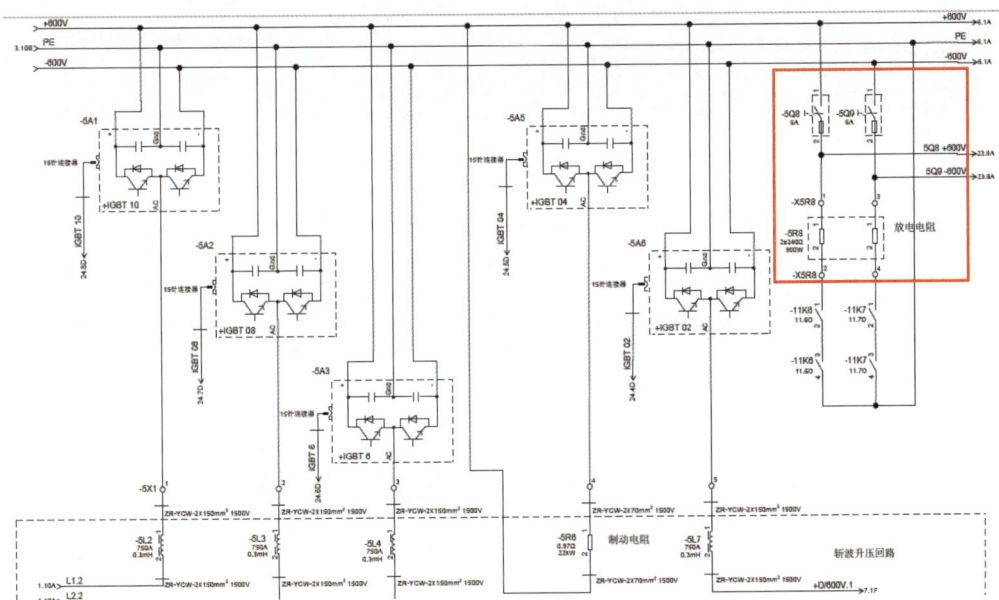

图 2-218　IGBT 接线

4. 故障处理过程

（1）故障文件分析。

2022 年 2 月 22 日，线路上电后机组报出故障。F 文件如图 2-220 所示，从 F 文件中观察到机组 error_converter_main_contactor 值为 on，主断路器吸合失败故障报出。而 converter U DC negative 值为 468.96V，converter step up U DC 值为−469.30V，直流母排正、负电压在预充电过程中电压绝对值基本一致。

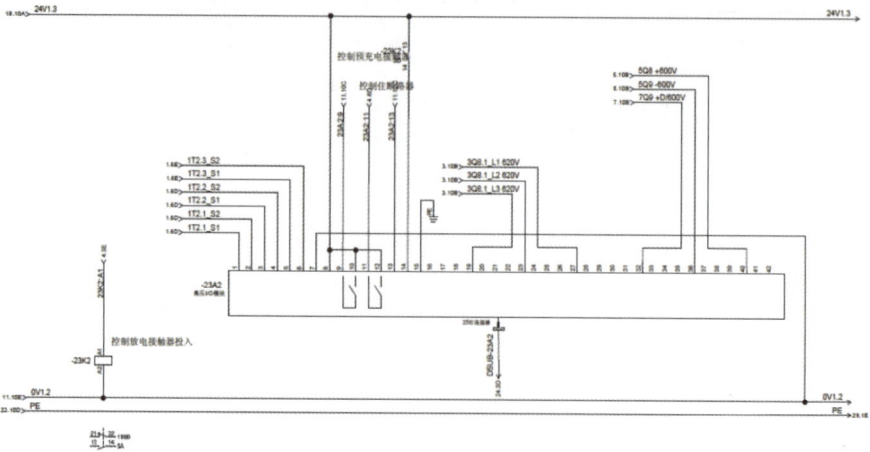

图 2-219　高压 I/O 回路

converter					
converter signal					
error_converter_not_ready	off	error_converter_precharge_not_finish	off	error_converter_main_contactor	on
error_converter_precharge_contactor	off	error_converter_generator_contactor	off	error_converter_enable_pulsing	off
error_conv_contactor_filter_capacitor	off	error_converter_monitoring_IGBT	off	error_converter_IGBT_ok	off
error_converter_step_up_IGBT	off	error_converter_chopper_IGBT	off	error_converter_grid_IGBT	off
error_conv_grid_monitoring_U_DC_positive	off	error_conv_grid_monitoring_U_DC_negative	off	error_converter_grid_monitoring_i_DC	off
error_conv_grid_monitoring_chopper_I	off	error_conv_grid_monitoring_step_up_U_DC_limits	off	error_IGBT_fuse_feedback	off
converter_U_DC_positive	468.96 V	converter_U_DC_negative	-469.30 V	converter_i_DC	1.10 A
converter_step_up_U_DC	-2.05 V	converter_chopper_I	1.63 A		
error_conv_signal_DC_current_overcurrent	off	error_conv_signal_IGBT_overcurrent_peak	off	error_conv_signal_phase_voltage_peak	off
error_conv_signal_chopper_overcurrent	off	error_converter_signal_DC_link_min	off	error_converter_signal_DC_link_max	off

图 2-220　主断路器吸合失败 F 文件图

查看 B 文件（见图 2-221）可知，机组在故障时直流母排正、负电压为 468V 左右。通过以上故障描述大体可判断故障点不在高压 I/O 板上。

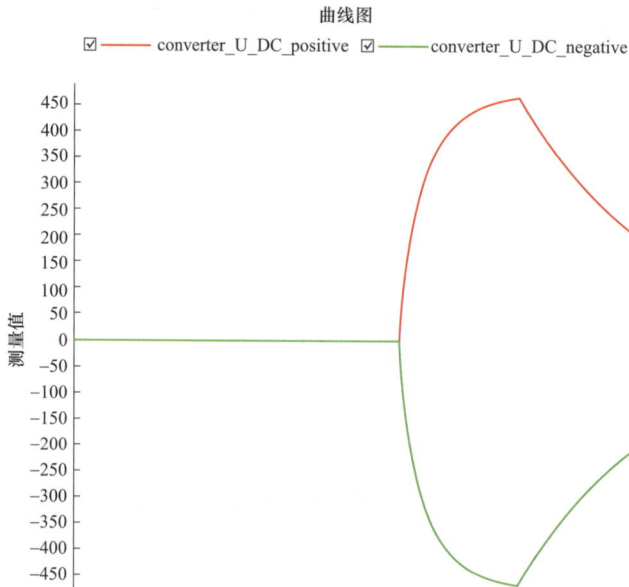

图 2-221　主断路器和预充电接触器吸合信号图

（2）现场检查记录。

1）检查直流母排电压检测回路，检查高压 I/O 板 36 和 40 号端子到直流母排间的接线无松动。检查 5Q8 和 5Q9 保险完好。检查变流器直流母线电压测量模块 KL1104 接线无松动，模块未损坏。

2）在就地做预充电实验时，多次试验中，其中发现有一次是 11K2 接触器不动作，导致预充电失败，断路器不能正常吸合。其余均是 11K2 接触器动作，当直流母排电，电压达到 420V 时 4K6 继电器得电，而延时继电器不动作。断路器不吸合。

3）经过排查发现，断路器不吸合的原因主要是塔筒内温度较低，造成断路器无法正常吸合，用热风枪对断路器加热后，重新起机机组恢复正常。

▶ **同类事故原因分析**

根据主断路器吸合失败发生的现象，可以把主断路器吸合失败的发生分为以下几种情况：

1. 变流子站到变流板信号传输故障

（1）变流板至变流子站的 37 芯线损坏；

（2）变流板损坏；

（3）子站模块出现故障。

2. 主断路器故障

（1）机械部件故障：合闸线圈、分励脱扣、欠电压脱扣器、电动操动机构、机械联动机构；

（2）润滑油脂污染。

3. 机械部件生锈

冬季温度低，导致断路器不吸合。

4. 变流器主空开未收到变流板给出吸合信号

（1）PLC 及传输线路出现故障；

（2）变流板损坏。

5. 变流板未收到主空开吸合反馈信号

（1）断路器损坏或线路出现虚接；

（2）高压 I/O 板损坏或线路出现虚接；

（3）控制断路器吸合的继电器出现故障。

6. 二极管整流单元工作不稳定

7. 其他变流故障引起

▶ **隐患排查重点**

（1）设备维护。

1）机组报断路器故障时，检查断路器上口电压，上口无电压，欠压脱扣线圈会失电，报出断路器故障。

2）机组报断路器故障时，检查欠压脱扣线圈接线是否正确，欠压脱口线圈接线错误造成欠压脱扣线圈无法吸合，机组在预充电的过程中会报出断路器故障。

3）机组报断路器故障时，检查欠压脱扣线圈阻值是否正常，线圈损坏，机组在预充电的过程中也会报出断路器故障。

4）机组报断路器故障时，检查断路器是否在储能状态，断路器指示未储能，需检查储能电机供电、自身线圈是否正常；未储能，机组在预充电的过程中也会报出断路器故障。

5）检修时，检查断路器本体机械结构是否有裂纹，分合闸线圈是否有过流现象。

6）机组故障可导致断路器跳闸。运行中的断路器发生跳闸后，除对断路器进行复位，对发电机相序、转速以及变流器进行检查外，还应对断路器整定值进行检查，测试其相间绝缘电阻、对地绝缘电阻。确保断路器运行状态良好。

7）风电机组在静态时无法合闸及分闸，在并网断路器完成其储能功能后，检查储能杠上端合闸半轴是否锁住。在合闸线圈得电时衔铁会形成一种冲击作用，并且使得撞击力在合闸半轴上进行传递，在储能弹簧传递过来的力与合闸摩擦因数相乘的数字没有撞击力大的情况下，会使得合闸出现半轴旋转的情况，直到其转到合闸半轴的缺口，会将储能弹簧的能力进行瞬间释放，从而使得动静触头机构出现合闸的现象。

（2）运行调整。

1）加强日常巡检，巡检时进行断路器分合实验，对吸合有问题的断路器及时更换维修。

2）巡视与定期维护相结合，在定期维护项目中增加控制系统、欠压脱扣线圈、合闸线圈、储能电机、机械结构等元器件的检查。

3）长时间停电，恢复风机送电后应对变频器进行加热除湿再进行启机。

2.2.2.2 侧断路器不吸合故障

▶ 介绍栏

1. 断路器外观及各部分介绍

图 2-222 为网侧断路器，左侧的是保护定制的拨码，右侧的是断路器使用的欠压脱扣线圈的型号。机械指示为"O"，表示断路器处于分闸状态；机械指示为"I"，表示断路器处于合闸状态。弹簧储能信号指示：黄色"CHARGED SPRING"，表示合闸弹簧已储能；白色"DISCHARGED SPRING"，表示合闸弹簧已释能。机侧断路器面板保护定值区域如图 2-223 所示。

2. 断路器内部主要零部件及功能介绍

图 2-224 为断路器内部主要零部件。

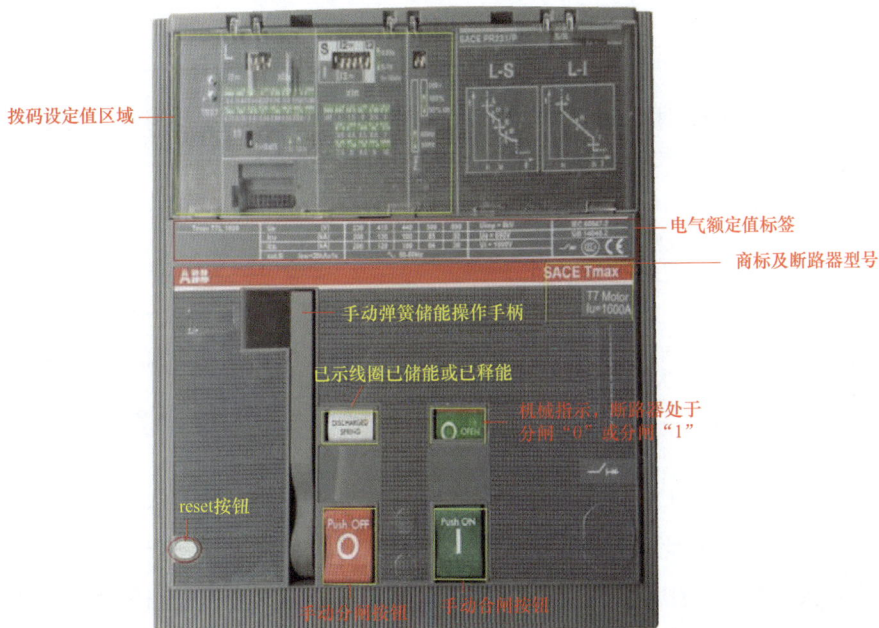

图 2-222 网侧断路器

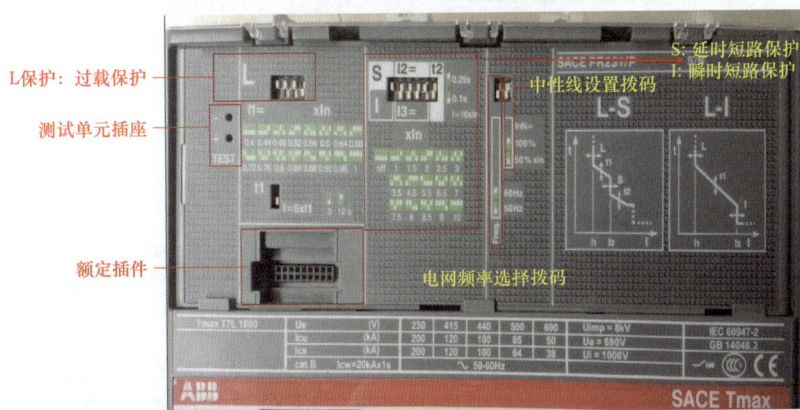

图 2-223 机侧断路器面板保护定值

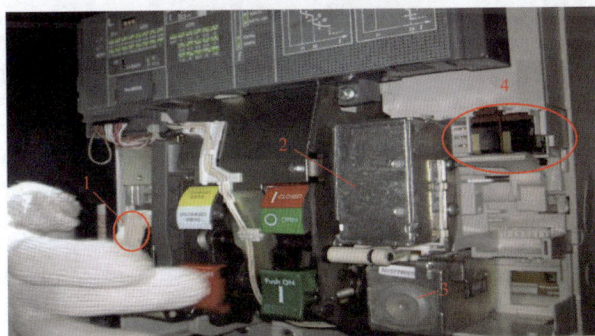

图 2-224 断路器内部主要零部件

1—储能电机；2—合闸线圈（YC）；3—欠压脱扣线圈（YU）；4—辅助触头

（1）储能电机。储能电机示意图见图 2-225。齿轮式电动机可自动对操动机构的合闸弹簧储能，当断路器合闸动作完毕，齿轮式电动机立即对合闸弹簧储能。合闸弹簧也可以在维护时或无控制电源时手动储能（利用操动机构的杠杆），当显示黄色"CHARGED SPRING"，表示合闸弹簧储能完毕。

（2）合闸装置（YC）。合闸线圈见图 2-226。合闸线圈主要用于通过遥控方式分断或闭合断路器，断路器闭合条件：欠电压脱扣器得电，当断路器处于合闸状态时，随时可以对断路器进行分闸。断路器需要闭合时，只有当储能弹簧处于储能状态时，才可以合闸，合闸线圈既可由交流控制，也可由直流控制，可瞬时动作（瞬时动作的持续时间最少 100ms），也可长时间给它供电，合闸线圈对应于的端子盒内插槽为 C1、C2。

（3）欠压脱扣线圈（YU）。欠压脱扣线圈如图 2-227 所示。欠电压脱扣器（亦可称为分闸线圈）在系统明显降压或停电时将断路器断开，可作为一个遥控装置用来分闸或监视系统一次侧及二次侧的回路电压，欠电压脱扣器控制电源可来自断路器一次侧或独立的电源；断路器闭合需在欠电压脱扣器得电的情况下才能闭合。脱扣器工作状态如下：

1）在脱扣器电压达到 U_n 的 35%～70%时，断路器就会分闸；

2）在脱扣器电压达到 U_n 的 85%～110%时，断路器就会合闸；

3）脱扣线圈对应于的端子盒内插槽为 D1、D2。

图 2-225　储能电机　　　　图 2-226　合闸线圈　　　　图 2-227　欠压脱扣线圈

4）辅助触头。辅助触头如图 2-228 和图 2-229 所示。

3. 断路器吸合条件

（1）合闸弹簧已储能。

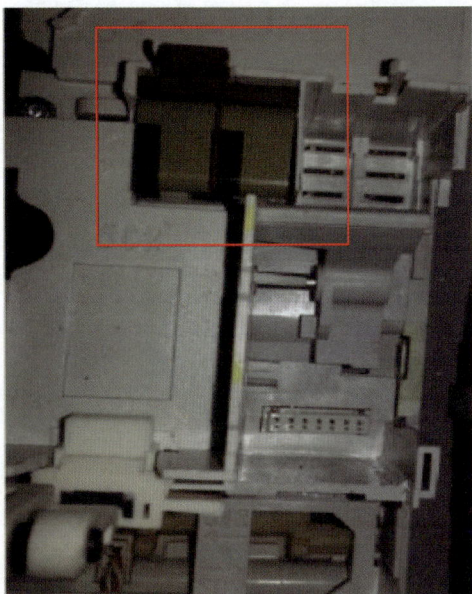

图 2-228　辅助触头（一）

（2）分闸线圈（欠电压脱扣器）在得电的前提下，合闸线圈得电，断路器才会吸合。

（3）合闸线圈动作必须在欠电压脱扣器（分闸线圈）得电后至少 30ms 后得电，断路器吸合才会成功，故此 2.5MW 自主变流器机组外接选配一个延时继电器 14K12，延时整定时间为 1s。

图 2-229　辅助触头（二）

（4）分闸线圈（欠电压脱扣器）得电，带动"欠压脱扣器动作连杆"上提后，至少延时 30ms，"合闸线圈"得电动作带动"手动合闸按钮"，断路器吸合。

4. 机械性能测试步骤

（1）齿轮式电动机自动对合闸弹簧储能或手动操作弹簧储能手柄进行合闸弹簧储能。

（2）手动将分闸线圈 YU 辅助触点置于动作触发位置，如图 2-230 所示。

（3）保持 YU 触发状态下，按动手动合闸按钮，此时断路器将处于吸合状态。

（4）按动手动分闸按钮或取消步骤（2）的操作，断路器将立即断开。

图 2-230　手动触发欠压脱扣器

（5）如果以上操作过程中，断路器可正常吸合、分断，则说明机械结构部分动作正常。

▶ 事故表现

某项目在机组调试期有多台机组报机侧断路器故障，后期稳定运行也有几台报断路器不吸合故障，影响了海上机组的稳定性；常见机侧断路器故障有 YU、YC 线圈失效，延时继电器 14K12 损坏，整定值设置错误，10×1.5 控制电缆马鞍处与平台磨破皮后对地短路，9K9、14K8、14K10 线圈损坏等，将典型故障 13Q3 微型断路器频繁跳闸、延时继电器损坏导致侧断路器不吸合的原因进行详细分析。

▶ **事故根本原因**

马鞍处控制电缆绝缘皮磨损，造成机组控制信号接地，机组机侧断路器跳开，报出故障。

▶ **事故处理措施及结果**

故障排查方法如下：

（1）机组报主柜网侧、机侧断路器故障，首先检查 10×1.5 控制电缆马鞍处平台上方是否有短路点。

（2）查看故障时刻 logfile 文件，观察机组是否报机侧网侧断路器故障，而且还带出机侧过频故障（见图 2-231、图 2-232），同时检查主柜内 13Q3、水冷柜 154F9.1 微型断路器跳开，由此可以基本判断是回路中有短路点，13Q3 跳闸导致上口 154F9.1 跳开，所以要仔细检查断路器所有回路是否有短路点，将 154F9.1 合上之后，做变流器机侧断路器吸合实验，主柜 13Q3 断路器依旧跳闸，说明 13Q3 断路器下口有短路的地方，使用万用表对地测量，发现 13Q3 断路器下口确实有短路点，根据图纸查找问题原因，如图 2-233 所示。

```
事件：break 闭合；time：14-8-1/19:51:9:176
事件：break 闭合；time：14-8-1/19:51:14:183
事件：EVENT_DRVR_PulseEn；time：14-8-1/19:51:15:66
事件：break 打开；time：14-8-5/13:29:10:541
事件：EVENT_DO3OUT_BrkCloseFail time：14-8-5/13:24:5:445
事件：EVENT_DO3OUT_SaftyCirDI time：14-8-5/13:24:11:508
事件：1U1_EMERG_OK；time：14-8-5/13:29:1:625
事件：break 闭合；time：14-8-5/20:23:49:478
事件：break 闭合；time：14-8-5/20:23:54:486
事件：EVENT_DRVR_PulseEn；time：14-8-5/20:23:55:372
事件：break 打开；time：14-8-6/15:2:10:380
事件：EVENT_DO3OUT_BrkCloseFail time：14-8-6/15:1:18:665
事件：EVENT_DO3OUT_CanRecv time：14-8-6/15:1:19:546
事件：EVENT_DO3OUT_SaftyCirDI time：14-8-6/15:1:20:421
```

图 2-231　1U1 logfile 文件

```
事件：break 打开；time：14-8-6/15:2:10:473
事件：EVENT_DO3OUT_BrkCloseFail time：14-8-6/15:1:13:430
事件：EVENT_DO3OUT_SharcEmerg time：14-8-6/15:1:19:217
事件：OVER_FREQ_LIMT；time：14-8-6/15:1:20:62
事件：EVENT_DO3OUT_SaftyCirDI time：14-8-6/15:1:20:585
事件：EVENT_DRVR_PulseEn；time：14-8-5/13:27:5:377
事件：EVENT_DRVR_PulseEn；time：14-8-5/13:27:6:210
事件：break 打开；time：14-8-5/13:29:11:440
事件：EVENT_DO3OUT_BrkCloseFail time：14-8-5/13:24:5:413
事件：EVENT_DO3OUT_SaftyCirDI time：14-8-5/13:24:11:186
事件：1U1_EMERG_OK；time：14-8-5/13:29:1:625
事件：break 闭合；time：14-8-5/20:23:49:616
```

图 2-232　1U3 logfile 文件

（3）首先检查测量 17K9、6K6、9K9、14K12 继电器，发现没有问题，倒换主从柜的 10×1.5 控制电缆，做机侧断路器吸合实验，发现主柜可以吸合了，而从柜又不能吸合，说明故障发生转移，由此可以判断故障原因可能在控制电缆或哈丁头上；然后检查变流柜到发电机开关柜的 10×1.5 电缆哈丁头 XAD，检查电缆公头 10 芯线对地是否短路，使用万用表测量监测发现 9 号线对地短路，哈丁头 9 号端口见图 2-234，顺着控制电缆从下往上查找，发现马鞍处控制电缆绝缘皮已被磨破，如图 2-235 所示，造成控制电缆磨破原

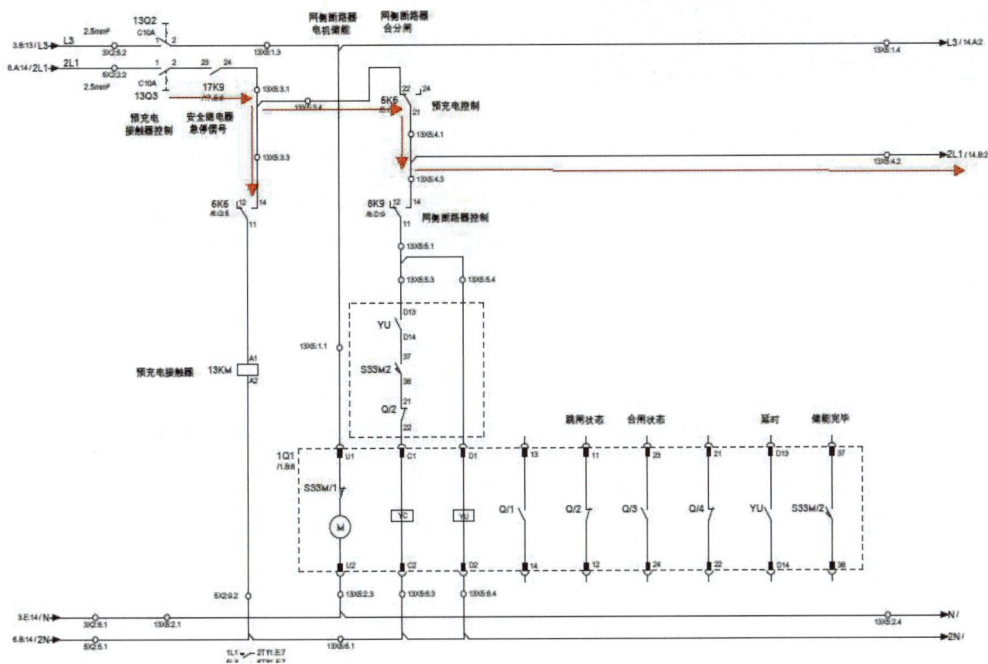

图 2-233　13Q3 下口线路图

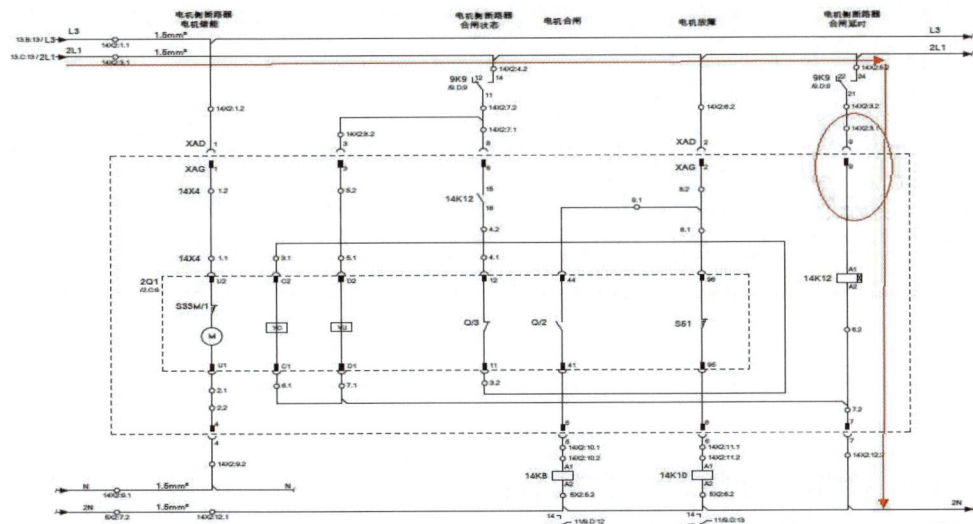

图 2-234　10×1.5 电缆哈丁头 9 号端口

图 2-235　马鞍处控制电缆绝缘皮磨破

因是马鞍处电缆出现下滑，距离平台不足 30cm，机组在运行时，该电缆与平台来回摩擦，导致绝缘皮被磨破，查找图纸发现，10 芯电缆实际只用到 9 芯，第 10 芯为备用电缆，然后把 9 号和 10 号备用线进行对换，重新做机侧断路器吸合实验，吸合正常。

▶ **隐患排查重点**

（1）设备维护。

1）排查电缆弧圈支撑质量问题，查看电缆弧圈支撑的材料和力学检测报告，支撑掉落或电缆下滑后对机组运行带来很大的安全隐患，若砸坏 10 芯线中的 2 根，必须更换整根电缆，因此若是支撑质量有问题，现场人员需将隐患及时消除。

2）排查主机设计的走线工艺，扭缆时角度过大会将控制电缆内部扭断，若发现此问题需在检修维护时，把 10×1.5 电缆布置在 185 电缆的外围，不要夹杂在里面，这样可以避免在扭揽的时候对其造成严重挤压，扭缆严重时将其拧断。

3）对于断路器在使用和故障排查时涉及的问题较多，先检查设定值是否正确、检查机械动作是否正常、通过给电检测储能电机、脱扣线圈、吸合线圈是否能正常工作等，再按图纸检查断路器的外围接线是否正确，同时还要通过变流故障文件进行分析检查是否是变流器或发电机等导致过流使其跳闸损坏。

4）检修时，排查断路器机械系统，重点机械结构是否发生堵塞或卡涩。

5）检修时，排查齿轮箱油电气系统，排查欠压脱扣线圈、合闸线圈是否工作正常，执行机构是否存在卡涩现象。

6）检修时，排查断路器内部是否有灰尘，若灰尘较大应及时做深度清理。

7）检修时，排查主控柜控制系统是否有接线松动的现象。

8）检修时，排查断路器储能电机是否工作正常，是否有过热过流等现象。

9）检修时，排查断路器面板指示是否正常，不正常应及时更换。

（2）运行调整。

1）记录断路器故障，对频发机组小风天气进行巡检，查明问题原因。

2）针对区域性、季节性明显的断路器不能吸合的情况，定制相应技改方案（如加装加热器）。

3）巡视与定期维护相结合，在定期维护项目中增加控制系统、欠压脱扣线圈、合闸线圈、储能电机、机械结构等元器件的检查。

2.2.3　接线异常事故案例及隐患排查

2.2.3.1　变频器接线异常故障

▶ **事故表现**

2021 年 6 月 22 日 14:00，某风电机组报"变流器系统故障"停机，风机维护人员 14:30

到现场检查，发现机组 ups 输出空开跳开，经检查发现变频器中 2 个滤波接触器及 2 个转子熔断器损坏。随后脱开滤波回路和更换 2 个转子熔断器后，合上 ups 输出开关，发现变频器无通信。

▶ 事故根本原因

K3 板子的 X15 1 脚依旧在变频器上电后呈 0V 且对地导通。通过电路图分析发现，在此回路中，当变频器上电后 100K4 和 101K5 中间继电器会动作。由于其已故障，在得电动作后其会对地，导致 K3 板子 X15 1 脚对地，机组报出故障。

▶ 事故处理措施及结果

1. 原因分析

（1）由于滤波接触器烧毁，电流冲击造成变频器多个元器件损坏，故障现象混乱，呈现出很大的迷惑性，此时就需要对每一个现象逐一分析。

（2）继电器 302K6 继电器损坏：其现象为相关线路对地，导致相关回路上的电器元件工作异常，此现象为寻找故障点时增加了难度。

（3）上电后，变频器部分中间继电器会动作，形成一个小的动态电路，需分析在上电前和上电后线路上发生的变化，变化异常时即故障的发生点。

（4）本次故障处理采用了控制变量法，将所有相关继电器都全部依次拆除，之后检查外部线路是否存在烧毁短路嫌疑。

2. 故障诊断

（1）检查变频器通信回路，其可能存在问题。

（2）变频器控制板及相关回路可能存在问题。

（3）外部硬件故障。

3. 故障处理过程

通过 windesk 查看变频器状态，其无通信。之后断开变频器电源，检查变频器控制板等，由于发现变频器滤波接触器烧毁，首先怀疑控制板及其配电板保险是否存在烧毁嫌疑，对其外观进行目测，并未发现异常。为变频器上电，检查其相关工作回路电压是否正常，检查发现 K3 板子 X15 端子的 1 脚本应为 24V 外部反馈电压，检查时却为 0V，怀疑其是否对地导通了，断开变频器电源，在 X15 1 脚对地打通断时，发现其对地导通，X15 1 脚相关回路如图 2-236～图 2-239 所示。

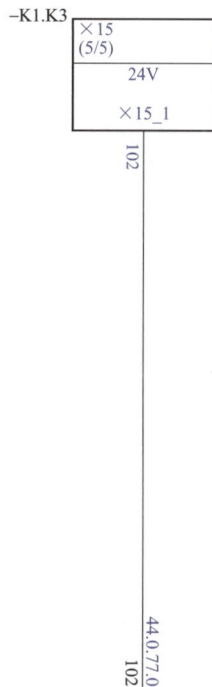

图 2-236 K3 板子 X15 1 脚接线图

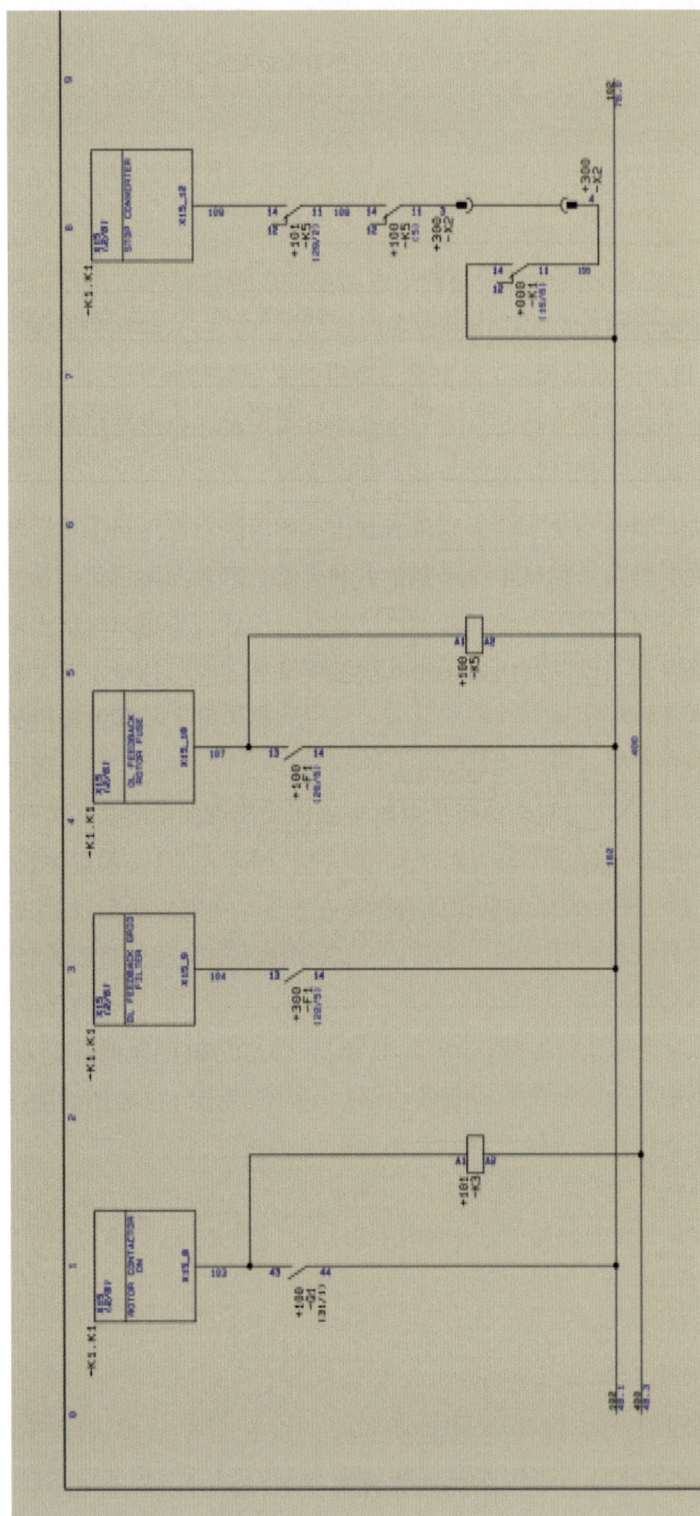

图 2-237 101K3 和 100K5 中间继电器回路图

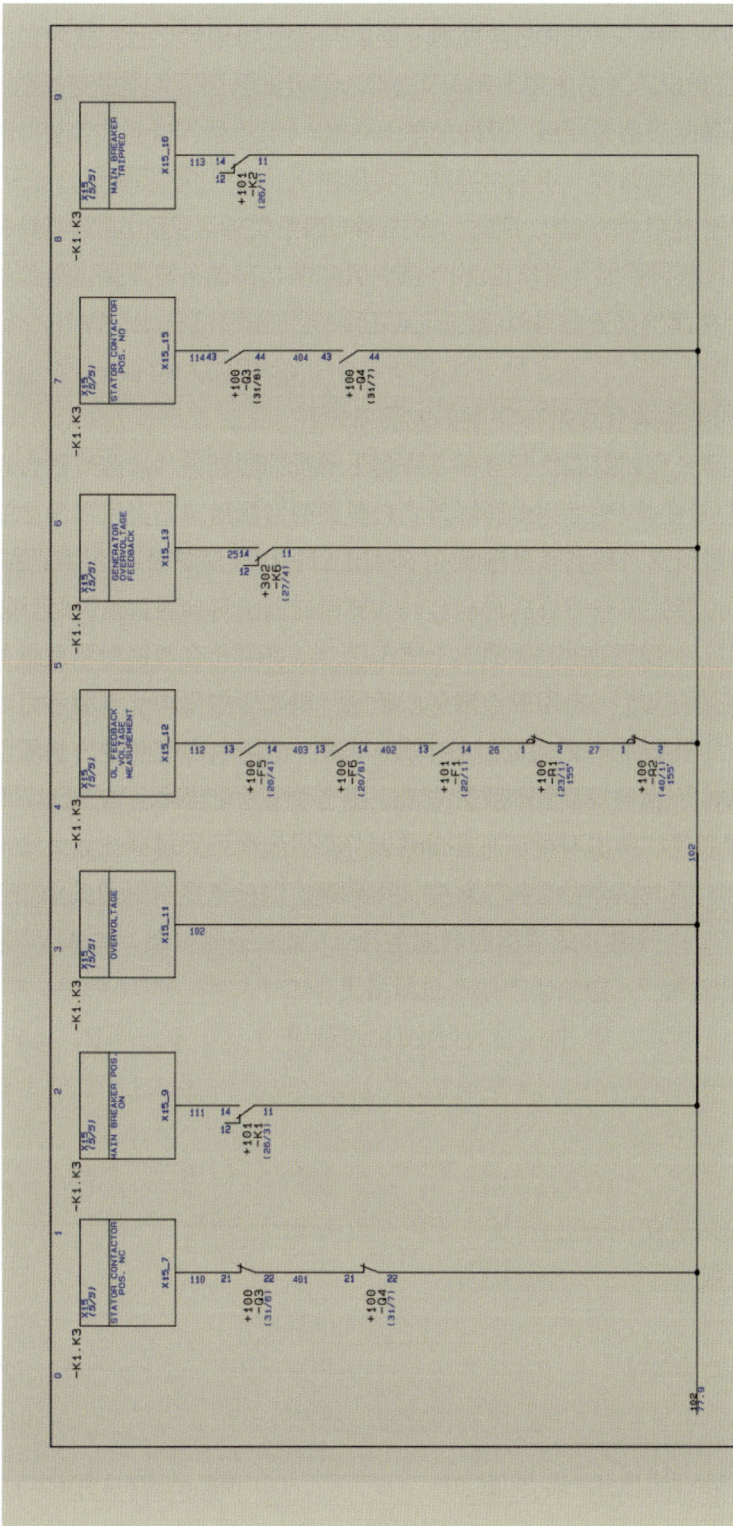

图 2-238　302K6 继电器辅助点触点回路图

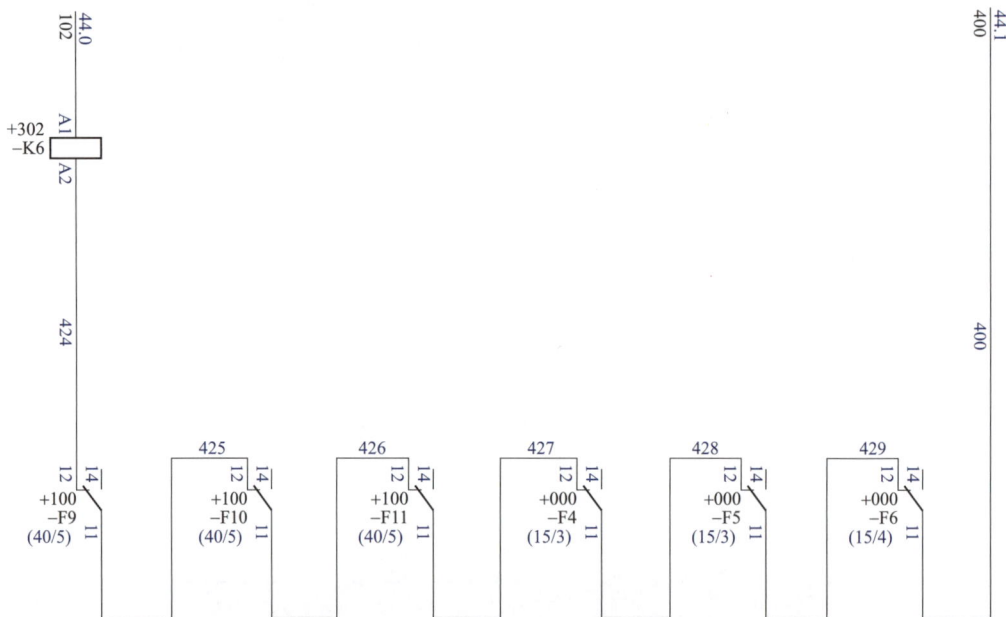

图 2-239　302K6 继电器主回路图

经逐一排查，发现 302K6 继电器 A1/A2 脚电阻为 0，拆除 302K6 继电器后 X15 1 脚不再对地导通；随后上电，变频器通信返回主控，但报温度低故障，却无其他故障；检查温度 PT 发现其正常，检查 K11 温度检测板其供电正常；但反馈回路对地，将其反馈回路与 K 板子脱开其依旧对地，判断其损坏，更换新的 K11 板后为变频器上电依旧报温度低故障，但其反馈回路在脱开的状态下不对地了。怀疑 K3 板子存在问题，更换 K3 板子尝试，为变频器上电后故障消除，但经过大约 30s 后依旧报温度低故障，检查发现 K11 温度检测板供电正常，反馈回路未对地。

在后续检查中发现 K3 板子的 X15 1 脚依旧在变频器上电后呈 0V 且对地导通。通过电路图分析发现在此回路中，当变频器上电后，100K4 和 101K5 中间继电器会动作，由于其已故障，在得电动作后其会对地，导致 K3 板子 X15 1 脚对地。更换此 2 个继电器后变频器恢复正常，不再报温度低故障，随后变频器报网侧故障，检查发现转子熔断器反馈开关故障，处于闭合状态下依旧断路，更换后故障消除。

▶ 隐患排查重点

1. 设备维护。

（1）当电网系统波动，滤波控制线存在虚接的情况下，会造成滤波回路工作的多个相关部件烧坏，引发各种干扰故障。检修时，应重点检查变流系统控制线是否有松动。

（2）检修时，检查变流器内部温控开关设置是否正确，特别注意环境温度、湿度是否保持在合理范围内，定期更换变频器柜滤网保证变频器柜散热通风正常通畅。

（3）检修时，检查变频器是否过热，有没有异味，出现异常必须及时消缺。只有通过日常维护提高变频器工作性能，才能减少变频器故障发生概率。

（4）检修时，对变流器进行清理工作，检查内容是否有鼓包、漏液现象。

（5）检修时，检查变流器内部导线绝缘是否有因过热损坏情况，如发现必须及时更换和处理。

2. 运行调整

大风季前对机组进行巡检，检查变流控制系统连接是否牢固，是否有接地发热现象，发现问题及时处理，减少机组大风季的发电损失。

2.3 ▶ 传动变速系统事故隐患排查

2.3.1 主轴轴承故障事故案例及隐患排查

▶ 事故表现

某项目 66 台 1.5MW 双馈风机于 2011 年建成并网发电，截止到 2018 年底风力发电机主轴轴承出现不同程度损坏，2019～2020 年风电场针对主轴轴承进行专项检查维护、补油，但作用并不理想，机组运行一段时间后，主轴轴承保持架断裂，并有蔓延扩大的趋势。

▶ 事故根本原因

1. 润滑油脂分析

本项目双馈风机主轴轴承采用的是球面滚子轴承，使用某品牌 460WT 油脂，该类油脂属于半固体类产品，常温下可依附于垂直表面而不流失，适用于风力发电机主轴轴承润滑。根据风力发电机主轴轴承密闭的运行条件，结合油脂检测评定标准，对损坏轴承的润滑脂进行水分测定和机械杂质测定。

（1）水分测定。依照 GB/T 512—1965 相关要求，对所用油脂进行油样水分化验，为保证结果正确性共取样 4 次，取样位置如图 2-240 所示。每次称取 0.1g 损坏轴承内部润滑脂样品，采用蒸馏法进行水分测定，结果见表 2-23。

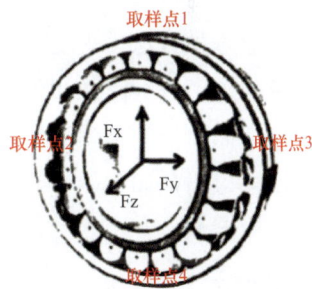

图 2-240 采样点分布图

表 2-23   润 滑 脂 水 分 含 量

采样位置	水分标准含量（mL）	测定位置水分含量（mL）	差值（mL）
1	<0.03	0.08	0.05
2	<0.03	0.06	0.03
3	<0.03	0.06	0.03
4	<0.03	0.05	0.02

通过表 2-23 可知，4 个采样点处的油脂水分均值含量超过了标准值一倍，即油脂内的水分超标。如果外界的水分或者腐蚀性介质侵入轴承的工作空间，会导致轴承工作面发生腐蚀，造成早期剥落腐蚀，进而引起保持架的磨损断裂。

（2）机械杂质分析。依照 GB/T 513—1977 对所用油脂进行油样机械杂质分析，与水分检测一致，同样对 4 个采样点的润滑脂进行检测分析，每次称取 0.1g 标准损坏轴承内部润滑脂样品，采用酸分解法进行机械杂质测定。

通过表 2-24 可知，4 个采样点处的油脂机械杂质含量均值超过标准值 1.8 倍，油脂内的机械杂质超标。由于轴承在运行过程中出现疲劳剥落，容易造成更大的冲击和振动，这也是轴承失效最主要的原因。

表 2-24 润滑脂机械质量分数

采样位置	杂质标准含量（%）	测定位置杂质含量（%）	差值（%）
1	＜0.025	0.06	0.035
2	＜0.025	0.07	0.045
3	＜0.025	0.06	0.035
4	＜0.025	0.09	0.065

2. 维护保养方式分析

风力发电机主轴轴承采用的是密封运行的方式，本项目日常的维护保养措施采用的是加注油脂的方式：利用机组半年检修的时机，每半年进行一次油脂补充，即利用黄油枪在机组停机状态下单次注油脂 2.1kg 左右。

该维护方法易于实现，但也存在弊端。停机状态下的加注油脂方式无法实现油脂对轴承内部所有的滚珠和保持架的润滑，只能实现单一位置的润滑，并且在实际的运行中发现注脂口油脂板结的情况。检修维护人员在加注油脂过程中无法靠肉眼判断油脂是否板结，以为油脂加注完成，实际情况却是油脂并未进入轴承内部实现润滑，导致轴承出现油脂发黑、缺油脂等现象，进而因摩擦、过热和振动较大造成轴承发生疲劳剥落、保持架断裂等情况。

综上所述，1.5MW 双馈风机主轴承损坏的原因为轴承维护、保养措施不到位，内部出现了腐蚀和铁屑，再加上油脂加注方式单一，随着运行年限的增加，早期的腐蚀会使得轴承出现疲劳剥落，铁屑的增加在重负荷下造成轴承的较大振动，进而引发轴承在寿命期内出现了不可修复的损伤。

▶ 事故处理措施及结果

1. 维护保养措施

通过上述的轴承故障分析可知，做好油脂润滑和疲劳剥落的清理是轴承日常维护保养的关键措施，同时借助振动检测仪器可提前发现隐患。

（1）轴承润滑保养。按照轴承保养手册，应当每半年加注 2.1kg 油脂。与之前的单一注脂方式不同，采取更加合理的方式确保油脂能够进入轴承内部。

靠近齿轮箱侧的轴承有轴承盖板。为了保障油脂能够均匀地进行轴承润滑，针对原保养手册润滑方式不充分问题，每次注脂时可以打开轴承盖板进行油脂加注，且不会破坏轴承结构。按照轴承结构，共有 18 个滚珠间隙，在轴承盖板打开后利用黄油枪将 2.1kg 的某品牌 460WT 油脂均匀地加注到 18 个间隙之中，确保每个滚珠与滑道表面都能形成保护油膜，油脂起到润滑作用。

油脂加注完毕后，在风电机组内部试启动，确保油脂能够完全均匀分布，最大限度保证润滑无死角。

（2）轴承的清洗。随着轴承运行年限增加，按照轴承维护保养手册的要求，轴承运行 9～10 年后轴承油脂要全部更换，油脂更换量在 9.5kg 左右。传统的油脂更换方式为将轴承盖板打开，利用手工掏油的方式清理油脂，完成后再将新的油脂填补进入轴承间隙。但是该种方式存在以下弊端：

1）无法保证失效的油脂完全清理干净。

2）随着运行年限增加，油脂内的铁屑无法完全清理干净。

3）滚珠与保持架上附着油脂，无法清晰观察表面情况，了解轴承在运行年限增加后的实际情况。针对上述弊端，采取不拆卸的轴承清洗方式。

轴承清洗方法在传统的工业领域中比较常见，但在风电行业中尚未形成体系。参照传统轴承清洗方法对风力发电机内的轴承采取不拆卸的方法进行清洗，清洗步骤如下：

1）油脂清理。由于清洗油脂使用的清洗剂存在一定的腐蚀性，在清洗前检修人员应当做好个人防护，并用挡布护住机舱其他部位，做好废旧清洗剂的引流准备工作。同时利用铲刀、抹布清理干净裸露的废旧油脂。废旧油脂清理前、后的滚珠状态如图 2-241 和图 2-242 所示。

图 2-241　废旧油脂清理前滚珠状态

图 2-242　废旧油脂清理后滚珠状态

2）油脂初步清洗。利用小型抽油机对油脂内部进行初步清洗，安装好冲洗套装后应当在吸油口安装 80 目的滤网。锁定机组，将冲洗管路深入轴承内部（前、后两排滚子），打开电源，依次冲洗轴承 18 个间隙，单个间隙冲洗时间不少于 20min，之后解除机组锁定，让机组旋转 90°，继续清洗工作。以目测冲洗干净为终止，如图 2-243 所示。

3）油脂二次清洗。更换新的清洗剂和方箱，并将滤网更换为 20 目，同时更换为高压清洗套装对轴承进行二次清洗，按照初步清洗的方式，直至全部清洗干净为止，如图 2-244 所示。

图 2-243　初步清洗后保持架状态

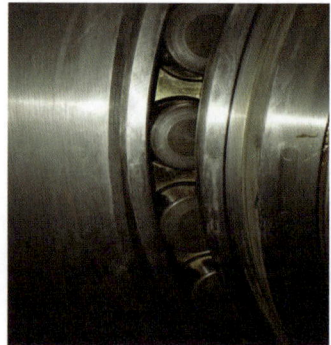

图 2-244　二次清洗后滚珠状态

4）内窥镜检查及回填。完成二次清洗后利用空压机在轴承内部吹入压缩空气，直至内部清洗剂清理干净，轴承内部变干燥为止。同时利用内窥镜观察轴承内部有无滚珠剥落及滑道表面损伤的情况，如图 2-245 所示。检查时应做好记录，以便掌握轴承运行情况。油脂回填时应当采用均匀注脂的方式，在 18 个间隙中均匀注脂 9.5kg，完成后立即将轴承盖板拧紧，避免油脂被污染。

（3）振动检测。机组内部缺少大部件在线振动检测功能，属于早期机组的设计缺陷。针对这一背景，可采用便携式振动测试仪对主轴轴承运行情况进行检测，某品牌测试仪轴承运行情况进行检测的反馈信息如图 2-246 所示。

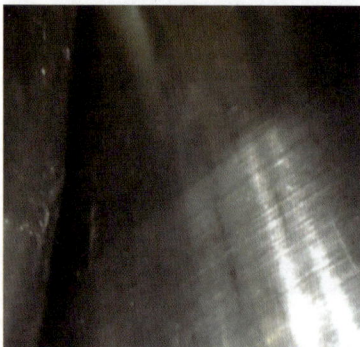

图 2-245　内窥镜检查滚道表面情况

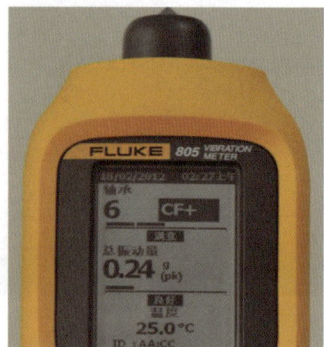

图 2-246　振动检测仪反馈信息

针对本书中提出的轴承维护方法，对该机组进行维护保养。基于当前风电机组运维方案，场站内机组每月需进行一次覆盖性巡视。检修人员可利用巡视机会，借助振动分析仪和轴承温度检测设备对主轴轴承维护保养前、后的运行情况进行检测，结果见表 2-25。

表 2-25　　　　　　　　　　　　维护保养前后主轴轴承运行情况对比

对比项目	低负荷运行		高负荷运行	
	轴承温度（℃）	振动值（pk）	轴承温度（℃）	振动值（pk）
维护保养前	39	0.24	45	0.27
维护保养后	36	0.20	41	0.23

由表 2-25 可知，采用本书提出的维护保养措施后，轴承运行情况明显好转，在不同的运行状况下，轴承运行温度平均降低 3.5℃，振动值降低 0.04pk，有效提高了轴承的运行寿命。

▶ **隐患排查重点**

（1）设备维护。

1）在机组吊装或运输存储过程中，由于主轴不能自由旋转且部分机组处于长时间静置状态易在轴承滚珠中产生静面压痕，应每隔 2～3 个月对传动链进行盘车，主轴承盘车 5 圈，盘车时观察有无异常。

2）主轴防雷碳刷检查，检查确认主轴承接地良好。主轴防雷接地碳刷滑道上无锈迹，若有锈迹则立即用除锈剂除锈。若没有有效接触则重新调整位置或更换过短的碳刷。在机组运行过程中难免会遇到雷暴天气，当主轴接地不充分时，雷击电流将从主轴承滚珠与保持架之间进行释放，从而造成轴承滚珠点蚀，在后期运行中继续扩大受损位置，造成主轴承损坏。

3）检查主油管路及分油管路无渗漏、破裂，确认各润滑点均能注入油脂，清除整个系统各部分污垢和润滑点外渗油污。

4）在巡检及定期维护过程中，无论手动润滑还是自润滑，每次加脂前使用内六角扳手，打开主轴承座端盖下方 M18X1.5 的内六角螺塞（排油口），使用内六角扳手同时打开 G1 窥视孔（若有），以及安装集油瓶的管接头，让废油脂能从更多位置挤出。缓慢转动主轴，转速保持在 2r/min 左右，使多余的油脂自动从所有出脂口排出，维持主轴运转至少 15～30min；在此期间，可能仍然会有油脂从排脂口挤出，不要堵住排脂口，当排脂口挤出的油脂量很少或者几乎不往外排出油脂时，可以停止主轴运转，并清理排脂口、前后端盖、密封处、传感器处、轴承座周围溢出或者甩出的油脂，检查密封处漏脂量（半年内两侧共泄漏 3～5kg 以内，密封无异常，对轴承运行无影响）。

5）如果温度传感器处有油脂溢出，在使用抹布将冒出的润滑脂清理干净后，需要将传感器拆下，使用抹布或者吸油纸将传感器螺纹和螺纹孔上的油脂也清理干净；在传感器的螺纹处涂抹螺纹密封胶；将传感器重新安装到位，按照 30Nm 的紧固力矩（温度传感器的螺纹规格是 M10×1）将传感器紧固到位，并在传感器线与接头缝隙处填充硅胶密封缝隙，最后将轴承端盖下方排脂口、窥视孔、集油瓶接口复装。

6）风机并网后，每 12 个月采集主轴承油脂并送检。

（2）运行调整。

日常监控要注意主轴承运行温度，观察发电状态相似机组主轴承温度是否有较大差距，对主轴承温度异常机组要定期排查，查找问题原因并形成台账记录。

2.3.2 齿轮箱齿轮损伤故障事故案例及隐患排查

▶ 事故表现

某风电场位于云南省，海拔约为 2400m，风电机组采用一级行星二级平行齿轮箱，变速比为 103.02，低速轴转速 17r/min，于 2013 年出厂，2014 年投产。

2021 年 7 月 20 日，某风电场 13 号风机通过在线监测系统检测发现齿轮箱啮合不良，在故障频谱图（见图 2-247）中出现明显故障损伤频率调制现象，并立即下发缺陷单通知现场检修人员安排停机检查。

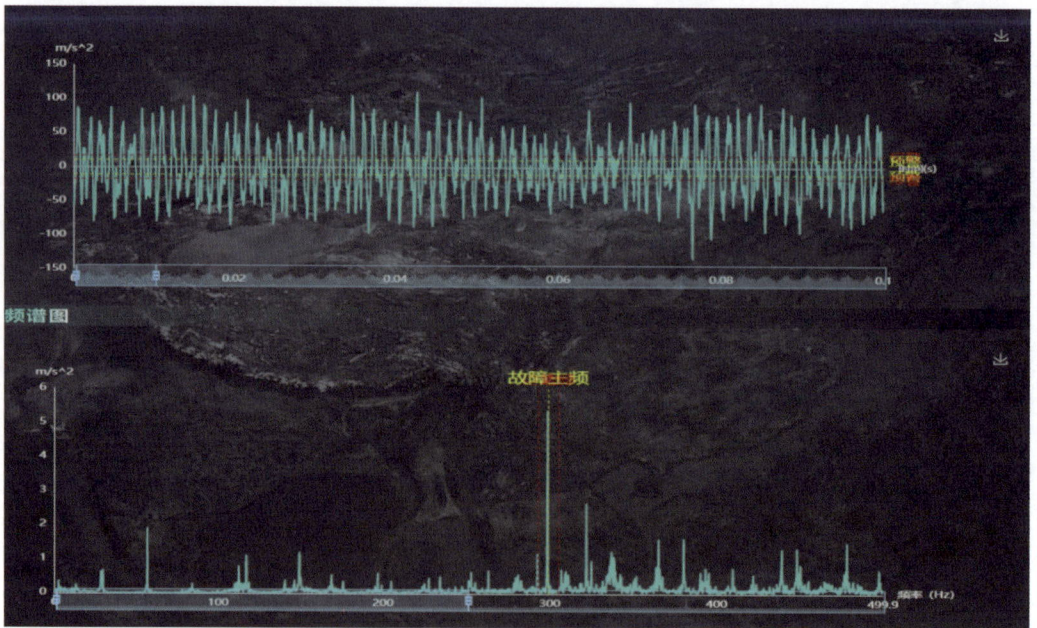

图 2-247　13 号机组振动频谱图

▶ 事故根本原因

对 13 号风机开展齿轮箱内窥镜检测，发现齿轮箱输出大齿轮、高速轴齿面剥落（见

图 2-248 和图 2-249）。由于本项目风机齿轮箱的中间级组件无法塔上维修，为避免大风季节齿轮箱缺陷范围扩大，将齿轮箱下架维修。

图 2-248 中间级输出大齿轮

图 2-249 高速轴

齿轮箱下架拆解维修情况如下：

（1）内齿圈：内齿圈工作齿面轻微磨损，局部齿面有微动腐蚀，个别齿面有异物压伤凹坑，表面油污重，见图 2-250。

图 2-250 内齿圈齿面情况

（2）行星轮：三个行星轮齿面磨损，局部齿面有锈蚀带和微动腐蚀，表面油污重，见图 2-251。

（3）太阳轮：工作齿面磨损，局部齿面有异物压伤痕迹，花键齿面轻微胶合表面油污重，见图 2-252。

（4）二级大齿轮组件（二级大齿轮和二级大花键轴）：二级大齿轮齿面磨损；二级大花键轴内花键齿面磨损严重，有明显台阶。零件表面油污重，见图 2-253。

（5）输出大齿轮：输出大齿轮工作齿面剥落，表面油污重，见图 2-254。

图 2-251　行星轮齿面情况

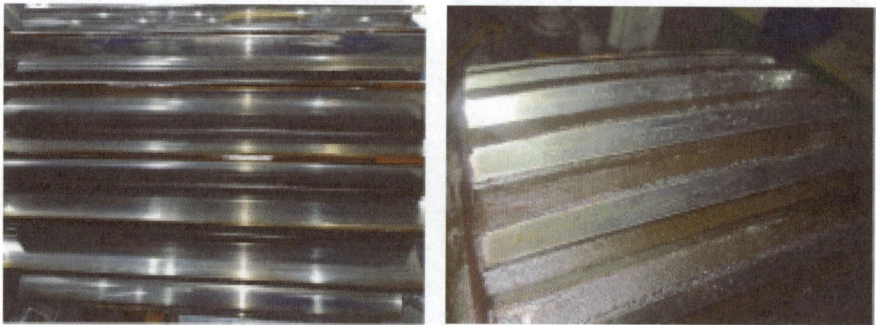

图 2-252　太阳轮齿面情况

图 2-253　二级大齿轮组件情况

图 2-254　输出大齿轮表面情况

（6）箱体、轴承磨损，箱体表面及轴承孔油污重，呈褐色，见图 2-255。

图 2-255　箱体表面及轴承孔情况

初步断定 13 号风机齿轮箱损伤，需要更换的原因如下：

经调研，该风电场常年风况较好，风电场年平均可利用小时数均在 4000h 以上。与可研报告的机组年满负荷运行小时数 2728h 对比，机组实际年均利用小时数比可研推荐设计方案满负荷运行小时数超出 51%～77%。风机长期在满发功率条件下运行，风机生命周期消耗快。

▶ **事故处理措施及结果**

通过对 13 号风机主动停运开展齿轮箱进行更换，完成叶轮及传动链下吊、齿轮箱更换、叶轮回吊、接线和对中等全部更换工作，调试完成后启机后，风机恢复并网运行。

▶ **隐患排查重点**

（1）设备维护。

1）提前计划，科学统筹采购储备 1 或者 2 台机组齿轮箱备件，避免发生无备件更换的情况，尽可能缩短等待备件的时间。

2）持续加强机组振动监测分析力度，对近期相关部位振动明显异常的机组，结合齿轮箱油样、内窥镜检测综合分析，做到提前发现，提前预防，避免齿轮箱缺陷范围扩大。

3）在大风季加大机组巡视检查力度，针对风电场机组高负荷的特性，重点对传动链进行检查，防微杜渐，针对早期检查存在问题的机组，提前消缺。

4）要利用风功率预测系统进行提前预判吊装条件，合理安排检修工期，将计划性齿轮箱更换工作安排在小风窗口期。

5）现场应着重检查油液润滑情况、通气帽连接管状态是否正常。

6）检查齿轮箱油位是否在油标的中间刻线处检查频次：初始运行 3～8 周进行第一次检查，之后 6 月/次。

（2）运行调整。

1）齿轮箱试运转后适时监控油温、电机泵出口压力、过滤器压差、入口油温、入口油压、高速轴内外侧轴承温度等是否在正常范围内。

2）每月至少拷取一次 CMS 运行数据，并分析查看传动链加速度频谱是否在安全范围，存在异常机组必须组织专业人员对齿轮箱本体进行内窥镜检查，记录问题部位详细信息。

2.3.3　齿轮箱油温超限故障事故案例及隐患排查

2.3.3.1　齿轮箱油温超限故障 1

▶ 介绍栏

1. 齿轮箱散热原理

齿轮箱油泵由一个双速电机驱动。需要散热润滑时，将齿轮油从齿轮箱内抽出，经过滤芯过滤，再根据温度确定是否经散热器散热，最终流入齿轮油分配器分配到各润滑部位对齿轮箱的轴承润滑并散热。

某风机齿轮箱散热原理图如图 2-256 所示，齿轮箱散热图标识说明如表 2-26 所示。为防止压力过高损坏系统元件，油泵上的安全阀设定压力为 12bar。当润滑油温度低或当过滤器滤芯压差大于 4bar 时，滤芯上的单向阀打开，润滑油只经过 50μm 的粗过滤；当温度逐渐升高、滤芯压差低于 4bar 时，润滑油经过 10μm 和 50μm 两级过滤。

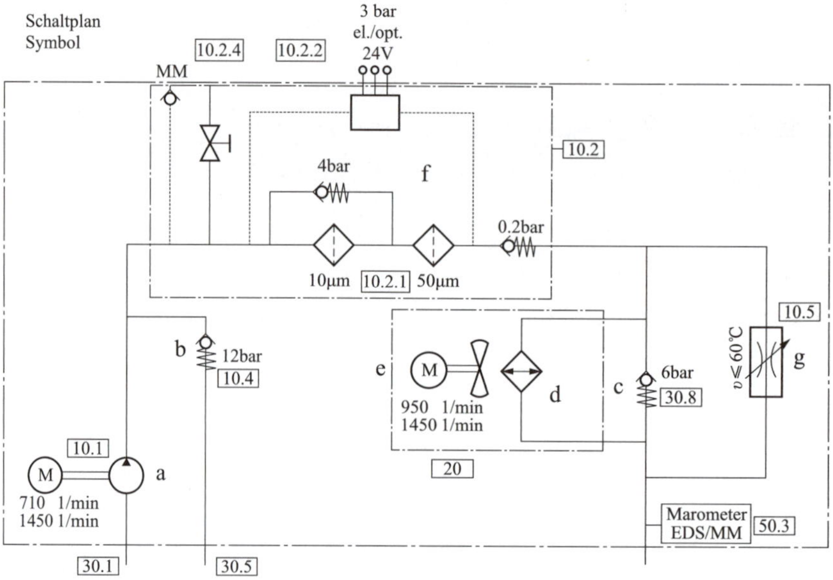

图 2-256　某风机齿轮箱散热图

45℃温控阀阀体调节两个通道，1 个通道润滑油由过滤器直通到油分配器；另 1 个通道则经热交换器后到油分配器。当润滑油温度低于 45℃时，阀芯膨胀材料处于收缩状

表 2-26   齿轮箱散热图标识说明

标识名称	标识说明	标识名称	标识说明
a	齿轮油泵	e	散热风扇电机
b	安全阀-主油路	f	滤芯
c	旁通阀	g	温控阀
d	热交换器		

态，阀芯阀体在温控阀弹簧作用下，温控阀处于完全开启状态；当润滑油温度高于 45℃时，阀芯膨胀材料体积增大，阀芯本体克服弹簧作用力向图 2-257 所示的右向滑动，温控阀逐渐关闭。随着温度的升高，温控阀最终处于完全关闭状态，此时高温润滑油都经过热交换器冷却后进入油分配器。当齿轮箱的油温达到 55℃时，散热风扇开始自动工作，润滑油在温控阀处流经"入冷却器"这根油管，经散热风扇冷却后再进到齿轮箱进行强制润滑。

图 2-257　某 45℃温控阀动作

当油池温度降到 50℃时，散热风扇自动停止工作，当冷却器的压差达到 6bar 时，旁通阀开启，润滑油不经冷却器而直接进到齿轮箱。

▶ **事故表现**

某 1.5MW 风力发电机组，高温季节批量出现齿轮箱油温高的现象。当润滑油温度达到 75℃时，控制系统自动进行限功率保护，最终导致风电机组在大风环境下限功率为 400kW。

▶ **事故根本原因**

齿轮箱油温高限功率故障的触发条件为：齿轮箱油温超过设定值（75℃）时机组降功率运行，可能原因为：

（1）热交换器翅片堵塞严重。在对该系列 1.5MW 风电机组齿轮箱油温高分析过程中，发现热交换器散热片多数都存在堵塞问题。对一台堵塞严重的机组进行冷却效果测试：热交换器散热片清洗前，用手持式风速仪测量，风速已降至 4m/s 以下，彻底清洗热交换器散热片上的灰尘后，风速升至 6m/s 以上。试验研究表明，受堵塞的热交换器，其换热功率远小于理论设计值。综合考虑风电齿轮箱冷却系统的总体结构及其工作环境，认为导致热交换器散热片堵塞主要存在两方面的原因：

1）散热片翅片采用交错型结构，该型翅片极易被空气中的灰尘、毛絮等杂物堵塞。

2）机舱结构封闭不严，灰尘、毛絮等杂物极易从外部环境进入机舱，引起散热片翅片的堵塞。

（2）温控阀的失效。温控阀是一种靠特殊材料热胀冷缩的物理特性，调整阀芯本体与温控阀阀体的相对位置，从而实现开启与关闭的机械结构。阀芯膨胀材料泄漏是该元件的主要失效形式。温控阀一旦失效，高温润滑油就不能全部经散热器散热，从而降低了散热效率，导致油温升高。

（3）滤芯堵塞严重。滤芯堵塞严重后，造成滤芯之前的系统压力太高，系统安全阀打开，将部分油直接流入油箱，导致经过热交换器的流量大大减少，降低散热效率。

（4）安全阀失效。系统安全阀作为防止系统压力过高，保护系统所用。倘若冬季，机组启动前油温较低，系统压力较高，安全阀动作后失效，或者异物卡涩导致的系统压力降低后未能完全关闭。这样在夏季高温时，就存在油经安全阀泄漏的情况，最终导致油流量降低，散热效率降低。

（5）热交换器旁通阀失效。散热器旁通阀也是作为散热器压力保护的安全阀，倘若其失效，也会存在齿轮油经散热器的流量减少、散热效率降低的情况。

（6）油分配器堵塞。油分配器作为齿轮箱内轴承强制润滑和散热的关键部位，现场也发现部分机组油温高，分配器处油压也比较高，其原因是油分配器内有异物将部分润滑油管堵塞，最终导致部分轴承未得到有效的润滑散热。而该款齿轮箱只监测高速轴承温度。而未监测的轴承因润滑、散热不良导致温度升高，最终带着油温升高。

（7）油温传感器本身异常。油温传感器本身出现问题，比如可能存在油温 PT 和轴温 PT 接反的现象，也可能存在 PT 损坏导致温度测量偏高。

▶ 事故处理措施及结果

对机组油温高进行治理前，先对机组数据进行分析，参照上述可能造成油温高的原因，逐一排除，最终锁定问题点并进行针对性处理。

在本案例中，通过对历史故障分析、现场运维人员检查后，确定是自然环境恶劣，风沙大、柳絮多，热交换器散热风道和油道有异物，导致热交换器散热性能严重下降，对热交换器散热通道和油道进行清理后此问题得以解决。

▶ 隐患排查重点

（1）设备维护。

1）机组首次并网调试前，需对齿轮箱主供电回路、控制回路、监测回路等进行校对，确保无错接、漏接等问题。

2）机组吊装过程中,质量监管人员应向施工人员特别强调不得在安装过程中踩踏齿轮箱及相关子部件, 安装热交换器散热片或通风软管时不得损坏散热通道。

3）针对夏季高温月份提早开展散热片表面冲洗工作,及早加注齿轮箱冷却液,确保齿轮箱油水冷却系统正常。

4）加强风机值班监盘工作,尤其是大风天气风机轴承温度、齿轮箱油液温度的观察,提早发现温控阀性能下降隐患,开展温控阀更换工作。

5）清理散热片表面的灰尘、柳絮等。并网前执行必须恢复通风管,驱动散热风扇高速运行 10min 从而尽可能去除散热片灰尘,然后恢复通风管裹扎状态。

6）确保齿轮箱散热通风管与散热风扇连接紧固,抱箍收紧且紧固螺栓无松动现象。

7）检查齿轮箱滤筒底部是否存在大量胶粒、铁屑等异物,如有应立即更换新滤芯并对杂质进行分析检测。

8）检查齿轮箱油泵电机运行控制继电器及接触器是否存在接触不充分及虚接等问题。

9）检查塔筒门散热滤棉是否通风正常,塔筒内每层通风盖板是否处于开启状态。

10）定期检查齿轮箱油泵电机与油泵联轴器,测量间隙是否超过预定值对于联轴器磨损过大机组,应及早进行联轴器更换。

11）对齿轮箱油位巡检时,需在风机停机 30min 后,对齿轮箱油位进行目视检查确保润滑油已回落至油箱底部,且油位处于安全位置。

（2）运行调整。

1）定期开展齿轮箱内窥镜检查工作,结合齿轮箱振动数据分析,保障齿轮箱本体安全、稳定运行。

2）针对油温温升异常机组开展专项排查工作,如更换齿轮箱温控阀将温控阀取消,技改为强制冷却润滑。

3）针对油温温升异常机组,将齿轮箱过滤器入口、出口油压与其他正常机组做数据比对。当压差过大时,应重点检查齿轮箱滤筒及滤芯是否存在铁屑及胶粒等异物。

4）机组满发时,提取全场风机齿轮箱出入口油压、温度等数据。查看温度高于45℃后,齿轮箱本体油路入口油压是否过低或接近预警阈值,若存在入口油压过低现象应在例行巡检过程中着重检查齿轮箱温控阀、滤筒杂质等相关现象。

2.3.3.2　齿轮箱油温超限故障 2

▶ **事故表现**

某风场 1.5MW 双馈风机在全功率运行过程中,机组报出齿轮箱油池温度高于上限值故障,该故障触发条件为当机组齿轮箱油池温度达到 75℃时,触发温度过高阈值,机组报出该故障并进行保护性停机。当齿轮箱油池温度达到 70℃时,触发齿轮箱油温高告警阈值,此时机组状态为告警状态并不会触发停机。图 2-258 为齿轮箱油池温度高故障参数设定值。

齿轮箱油池温度过高	75℃

图 2-258　齿轮箱油池温度高故障参数设定值

▶ **事故根本原因**

根据多次齿轮箱油池温度高于上限值故障处理及不同的故障原因，该故障的主要成因分为三大类型，即齿轮箱油池油量问题、齿轮箱油循环系统问题、齿轮箱散热系统问题。

（1）齿轮箱油池油量问题，齿轮箱油量少，是最为常见的故障原因之一。其次，齿轮箱油池油量加得过多，油黏度大，妨碍齿轮箱油散热，也会导致齿轮箱油池油温过高故障，即油量过多，超出散热系统的工作负荷，无法满足正常的冷却循环。综上所述，当处理齿轮箱油池温度高于上限值故障时，检查齿轮箱油位不仅要关注油位观察窗是否低于下限值，同时也要观察油位是否高于上限值。

（2）齿轮箱油循环系统问题，此类问题的故障点主要集中在温控阀上。在齿轮箱油循环系统中，润滑油经过过滤器过滤后到达温控阀，温控阀可以根据润滑油油温来控制润滑油流向。一般当油温低于 45℃时，润滑油无需经过冷却，直接进入齿轮箱油路分配块，而当油温高于 45℃时，温控阀开始工作，润滑油将先进入热交换器，经热交换器冷却后，润滑油回到齿轮箱油路分配块。

风电场温控阀故障，大多数并不是温控阀本身损坏，而是温控阀顶针因润滑油的杂质产生卡涩。当油温达到 45℃时顶针无法推动活塞上移，切换油路，导致热油无法进入热交换器散热，直至油温升至报警温度故障停机。

▶ **介绍栏**

齿轮箱温控阀工作温度参数见图 2-259，温控阀工作时的工作原理为：

1）依靠密封在活塞内的空气，受热膨胀推动活塞的反作用力，以及弹簧的弹力，共同作用于阀体，使之移动，达到切换油路的目的。

2）当油温过高，密封的空气受热膨胀时，推动活塞上移。由于活塞顶在温控阀盖上无法移动，迫使阀体在活塞的反作用力下，克服弹簧的阻力，推动阀体下移，从而断开直通油路，接通油冷却通道，高温润滑油进入热交换器进行冷却后，再进入齿轮箱。温控阀阀芯及阀体如图 2-260 所示。

3）当油温降低，密封的空气收缩，弹簧的弹力逐渐大于活塞的作用力时，弹簧推动阀体上移，从而断开冷却油路，接通直通油路，润滑油直接进入齿轮箱。

4）温控阀在油温达到 45℃开启，50℃时全开。在此切换过程中，油将同时在只用齿轮箱的管路和通往散热器的管路中过流，并随着切换过程，两路流量大小有变化，但总流量不变。

温控阀	1. xHYDAC温控阀	TAO		1	TB45 REGLERE INSATZ (DA=45) VA–MS

图 2-259 齿轮箱温控阀工作温度参数

图 2-260 齿轮箱温控阀阀芯及阀体

齿轮箱油循环系统问题还存在齿轮箱滤芯堵塞问题，造成滤芯堵塞的主要原因在于齿轮箱润滑油随着使用年限的增加，油中的杂质随之增加。在齿轮箱润滑油循环的过程中，经过滤芯过滤，久而久之滤芯的通过性能下降，造成同样的压力下通过滤芯的油量下降，出口油压下降，润滑油循环效率降低，同样润滑油的散热效果也随之下降，润滑油的冷却效率与齿轮箱运行过程中的发热效率不平衡，润滑油油温就会逐渐升高，直至达到报警温度，故障停机。

（3）齿轮箱散热系统问题主要集中于热交换器表面被柳絮、油泥、灰尘等杂物附着。由于风电机组的安装位置全部在野外环境，树木会产生杨絮等，灰尘也比较大。首先，杂物附着造成热交换器通风间隙变小，通风量达不到要求，散热效果下降，造成润滑油油温升高；其次，柳絮、油泥、灰尘等附着物的热交换效率远远低于金属的热交换效率，造成散热器自身散热效果不佳，润滑油冷却效果下降，润滑油油温升高。

▶ 事故处理措施及结果

齿轮箱油池温度高于上限值故障的处理思路：监控后台导出故障报表，根据解析的故障报表并结合 SCADA 监控界面的信息综合分析。

通过分析能够初步判断故障原因，观察齿轮箱入口油压和齿轮箱油池温度，若齿轮箱入口油压只有 1bar 左右，甚至更低，很有可能是滤芯堵塞，通过性下降了；若润滑油油温跳动较大，一种是齿轮箱漏油，油池油量少，导致温升很大，另一种是电气回路问题；若油温逐渐升高且油压正常，则可能是温控阀的问题、热交换器问题、齿轮箱油位高导致的。

处理此故障，首先观察齿轮箱观察窗，观察油位情况，若油位高于上限值需放油至标准油位线处；若油位低于下限值，需打开齿轮箱加油盖板进行加油，并查找有无漏油点，较为常见的漏油点为滤芯桶及循环系统油管。

确认油位没有问题后，手动启动油泵，使用红外线测温仪分别测量温控阀控制的两个出口油管温度。若油池温度高于 50℃，连接热交换器入口的油管温度低于返回齿轮箱的油管温度，则可以确定温控阀没有动作切换油路，需更换温控阀或清洗温控阀活塞杆。温控阀拆卸步骤：使用穴用卡簧钳将卡簧拆除，拆除卡簧前需在温控阀阀体下方放置接油容器，卡簧拆除后滤芯桶内的润滑油会顺着温控阀阀体流出；卡簧拆除后，阀体温控阀端盖会随着弹簧力被推出，温控阀也会随着润滑油一同出来。

按拆卸步骤倒序将新的温控阀安装回阀体即可，现场安装图如图 2-261 所示。安装时注意温控阀的安装方向，活塞杆需顶在阀体小端盖上。

图 2-261　温控阀现场安装图

排查温控阀的油路切换问题的同时可以同步观察散热器表面柳絮、灰尘是否影响通风散热和热交换效率。解决此类问题的有效方法是冲洗，将附着的柳絮、油泥、灰尘冲洗干净，使散热器的散热效果恢复如初。

散热器清洗时需要的工具为高压水枪并配 5m 左右的高压水管、洗车泵、一桶清水。取用塔筒壁处的电源，连接高压水枪油管，启动洗车泵，在散热器下方铺好接水用的塑料布，然后进行冲洗，如图 2-262 所示。冲洗干净后，擦干热交换器。

▶ 隐患排查重点

（1）设备维护。

1）温控阀作为易损件，库存量可以多一些，甚至可以将温控阀作为耗材使用，每 2～

3 年随着风机定检定期更换，更换周期可以根据各自风场温控阀使用年限自行决定。

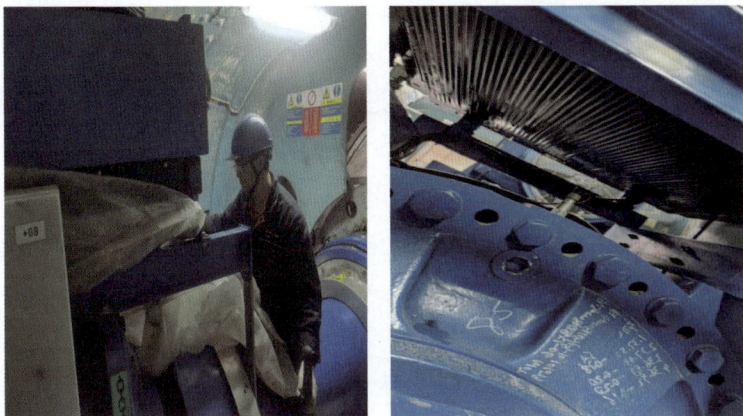

图 2-262　散热器现场清洗图

2）将热交换器冲洗工作纳入风机定检工艺中，每次定检都进行齿轮箱热交换器冲洗，可以大幅度降低齿轮箱油温高的故障台次和故障率。

3）针对夏季高温月份提早开展热交换器表面冲洗工作。根据齿轮箱润滑油运行年限，适当调整滤芯更换周期，或更换新的齿轮箱润滑油。

4）加强风机值班监盘工作，尤其是大风天气风机轴承温度、齿轮箱油液温度的监测，提早发现温控阀性能下降隐患，开展温控阀更换工作。

5）清理散热片表面的灰尘、柳絮等。并网前执行必须恢复通风管，驱动冷却风扇高速运行 10min 尽可能去除散热片灰尘，然后恢复通风管裹扎状态。

6）确保齿轮箱散热通风管与散热风扇连接紧固，抱箍收紧且紧固螺栓无松动现象。

7）检查齿轮箱滤筒底部是否存在大量胶粒、铁屑等异物，如有应立即更换新滤芯并将杂质保存邮寄至厂家进行分析检测。

8）检查齿轮箱油泵电机运行控制继电器及接触器是否存在接触不充分及虚接等问题。

9）检查塔筒门散热滤棉通风是否正常，塔筒内每层通风盖板是否处于开启状态。

10）定期检查齿轮箱油泵电机与油泵联轴器，测量间隙是否超过预定值，对于联轴器磨损过大机组应及早进行物料申请。

11）对齿轮箱油位巡检时，需在风机停机 30min 后，对齿轮箱油位进行目视检查，确保润滑油已回落至油箱底部，且油位处于正常位置。

（2）运行调整。

1）针对齿轮箱散热片柳絮堆积问题做专项技改,齿轮箱散热片附近安装大功率吸尘器，在柳絮过多季节机组启动运行后，将吸尘器开启时序与齿轮箱散热风扇开启时序同步，确保齿轮箱散热风扇开启时，吸尘器同步工作并避免柳絮等杂物进入到齿轮箱散热片中，造成风道不通畅，最后引发油池过温故障。

2）针对油温温升异常机组开展专项排查工作，如更换齿轮箱温控阀或将温控阀取消，技改为强制冷却润滑。

3）针对油温温升异常机组，将齿轮箱过滤器入口、出口油压与其他正常机组做数据比对。当压差过大时，应重点检查齿轮箱滤筒及滤芯是否存在铁屑及胶粒等异物。

4）机组满发时，提取全场风机齿轮箱出入口油压、温度等数据；查看温度高于45℃后，齿轮箱本体油路入口油压是否过低或接近预警阈值，若存在入口油压过低现象，应在例行巡检过程中着重检查齿轮箱温控阀、滤筒杂质等相关现象。

2.3.3.3　齿轮箱油温超限故障 3

▶ **事故表现**

某风电场 1.5MW 机组在机舱温度达到 40℃以上且满负荷运行时，会出现齿轮箱油温高限负荷运行情况，导致设备利用率降低，电量损失严重。

▶ **事故根本原因**

对风电机组齿轮箱油温高原因分析如下：

在机舱温度达到40℃以上且满负荷运行时，该机组齿轮箱和润滑冷却系统会出现批量的机组油温高（超过75℃）限负荷运行情况。经过专项研究分析后发现所使用齿轮箱机械效率低、发热量大，所使用热交换器换热容量偏小导致。

该机组润滑系统的热交换器总成是针对国外齿轮箱机械效率设计，国内齿轮箱机械效率低，并且参考的环境温度一般是35℃，极限不超过40℃。由于机组实际运行中机舱环境温度已经达到45℃，远远满足不了齿轮箱的换热要求，散热器总成的换热量小于齿轮箱的发热量，因此造成齿轮箱油温升高。

▶ **事故处理措施及结果**

1. 齿轮箱油温高解决方案

针对以上问题研究小组提出两个思路，一是降低机舱内温度；另一个是增大热交换器面积。根据热交换器换热公式 [见式（2-5）] 可知，热交换器总成的换热效率与进、出口空气温差有很大关系，机舱内温度升高导致换热效率会大幅降低。

$$P_{空气} = C \times Q_{空气} \times \rho \times (T_2 - T_1) \tag{2-5}$$

式中：ρ 为空气密度，1.05kg/m³；C 为空气比热，1.004kJ/（kg·℃）；$Q_{空气}$ 为空气流量 [$Q_{空气} = S_{vt} = \pi r2vt \times 3600$（m³/h），$S_{vt}$ 为横截面积，v 为风速；r 为半径；t 为空气流过时间]。

因此，降低机舱内温度，可提高散热器总成的换热能力，控制齿轮箱油温升高，做了两个尝试。

（1）降低机舱内环境温度。

1）在机舱开孔并安装轴流风扇，如图 2-263 所示。测试得到实际进入机舱的空气并不足以降低齿轮箱油温，主要原因是夏季环境温度相对较高。在风量一定的情况下，所产生温差换热效率不能满足大于齿轮箱发热效率。

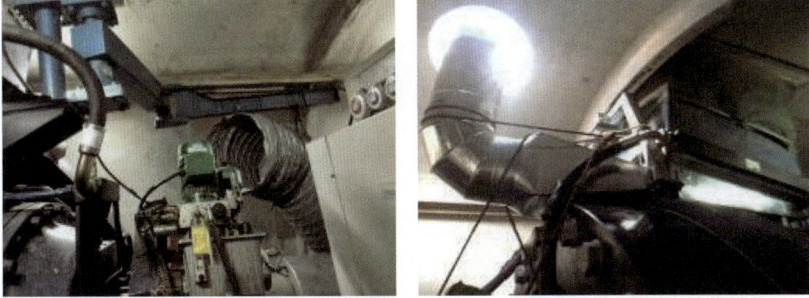

图 2-263 机舱开孔及轴流风扇安装现场实施图

2）直接将风量引入散热器下方并进行密封处理,实际进风量并不满足热交换器所需进风量,严重影响了换热效率,齿轮油温升较改造前更严重。

因此,在机舱开孔并加装轴流风扇,强制引入外界空气进入机舱,可在一定程度上改善机舱温度,但并不能达到降低齿轮油温的目的。

（2）增加热交换器空气流量。根据式（2-3）可知,在温差不变的情况下增加空气流量也可增加热交换器总成换热效率。但目前使用风扇电机极对数已经是 2 对,转速为 1440r/min,在现有基础上改变极对数增加转速,电机尺寸将会有较大变化,不适用于现有结构,因此未实施。

（3）提高风冷热交换器的换热能力。在温差、流量变化不大的情况下,通过对齿轮箱冷却系统的原理分析,要提高润滑冷却系统的换热能力,还可以增加热交换器总成的换热能力,需要增加热交换器总成的换热面积,可以在现有热交换器总成的基础上再加一组热交换器总成。

2. 增加热交换器方案的实施

通过对热交换器的换热量计算、试验验证,最终确定在机组原有热交换器总成外并联一组热交换器,保证机组在环境温度高时的散热效率,提高换热能力。热交换器并联示意图如图 2-264 所示。

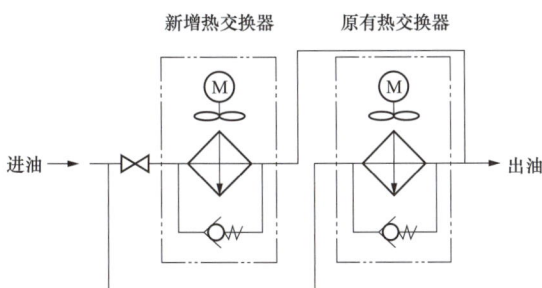

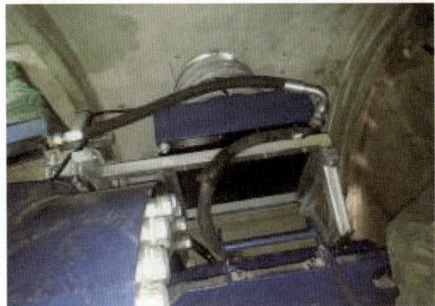

图 2-264 热交换器并联示意图

并联热交换器，能够增加机舱内空气的循环风量，在一定程度上也能够抑制机舱内环境温度的升高，提高换热效率。

3. 新增热交换器后的运行情况

新增热交换器安装好后与原热交换器并联运行，风扇电机同时动作，由 PLC 统一控制。从试验机组运行数据（见图 2-265）可看出，经历连续三天风速 10m/s 以上、环境温度在 35～45℃的情况下，齿轮箱油温未达到 75℃，可以说明并联一组热交换器效果是显著的。

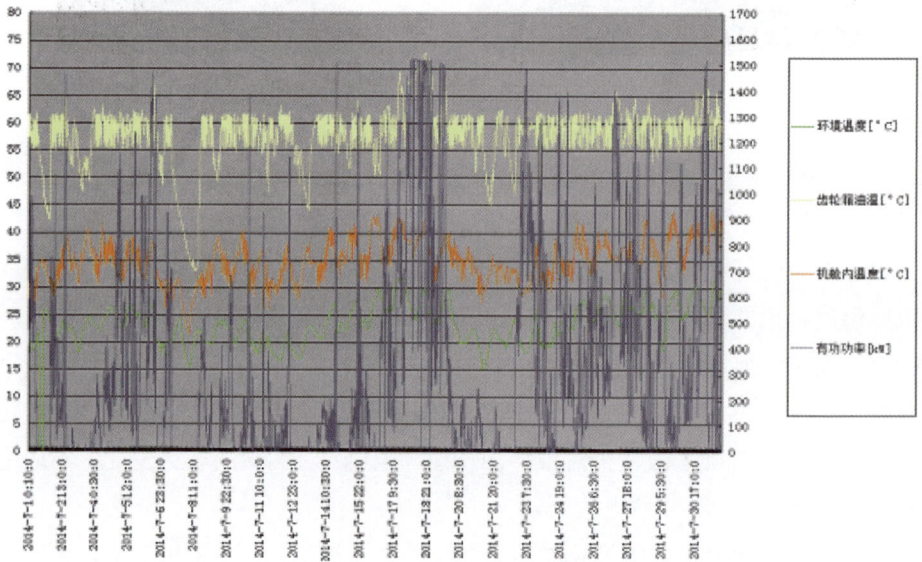

图 2-265　试验机组运行数据图

4. 批量技改后出现的问题

在 2017 年批量进行齿轮箱热交换器技改过程中，大部分机组齿轮箱油温得到控制。随着技改机组数量增加，出现个别风机齿轮箱油温超过 75℃的情况，现场针对此问题进行了再次深入的研究。

5. 技改过程中的再研究

通过对风电机组齿轮箱润滑冷却系统原理分析，在保证了热交换器总成散热能力的前提下，油温高问题主要出现在冷却系统回路。具体分析影响因素有以下几方面，并提出了对应防范措施。

（1）通风罩固定的完好性。通风罩漏风会造成热交换器出口热风再次进入进风口，热交换器两侧温差减小，甚至趋于一致，散热效率会大幅降低，因此确保热交换器通风罩固定的完好与密封至关重要。

措施：原固定方式为硬性卡箍容易脱落，将硬性卡箍的材料变成柔软的抱箍材料，可使通风罩受力均匀、严实密闭。现场实施图见图 2-266。

图 2-266　固定方式改进现场实施图

（2）温控阀运行状态。机组油冷系统使用温控阀为 45℃开启、60℃完全打开，改造前齿轮箱油温长期偏高，温控阀长期处于闭合状态，蜡囊容易过度变形而弹性降低，造成推力杆不能正常伸长，导致换向阀口不能完全打开，部分油液直接回油箱不经热交换器散热而造成油温升高。

措施：需要定期对温控阀进行更换，并检测更换下的温控阀状态是否正常，进行再次利用。失效更换前、后的温控阀对比情况见图 2-267。

图 2-267　温控阀对比图

（3）单向阀运行状态。机组油冷系统 10bar 单向阀用于旁路低温油压高，热交换器内 6bar 单向阀用于旁路热交换器翅片阻塞。在低温启动时，由于油液内杂质影响，会造成单向阀动作后不能完全回位，导致单向阀低于开启压力提前开启，油液大部分不经散热器循环直接回到油箱，不能降低油温。

措施：可在油泵启动过程中用测温枪测量单向阀后部管路温度，如与进油口油温一致说明单向阀已经失效，需要更换处理，也可将单向阀后端油管拧下启动油泵观察压力及单向阀出油口。单向阀运行状态检查如图 2-268 所示。

（4）热交换器通风量降低。风电场环境一般风沙或柳絮较多，长期运行热交换器风道容易堵塞，导致进风口风量减少，热交换器热交换能力下降，严重影响热交换器总成的散热效率。

措施：定期清理散热器尘土，每年春季对热交换器进行清洗，并用手持式风速仪测量热交换器各部位通风量达到 5m/s 以上，保证通风量，如图 2-269 所示。

（5）散热风扇电机转速低。风电机组油冷散热风扇电机使用双速电机，正常使用为高速，如果接为低速，散热风扇转速会下降一半，影响散热器通风量。

措施：可定期用钳流表检查散热风扇电机电流，如果为 7A 说明连接是高速，如果为 4A 说明连接为低速，并用手套测试风扇方向为向上吸力，尤其是在清洗热交换器或反向吹风后进行检查。

图 2-268　单向阀运行状态检查图

图 2-269　热交换器通风量现场检测图

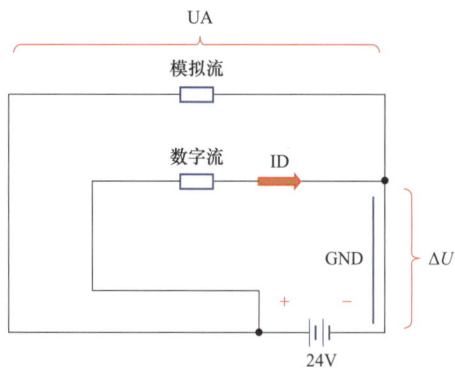

图 2-270　测温回路改进示意图

（6）测量回路准确。风电机组齿轮箱油温 PT100 测温回路的模拟地与系统数字地混接，造成回路中数字信号的变化对模拟地信号的影响，经测量会导致齿轮箱油温 PT100 温度值高于实际温度 5℃左右，使机组满发温度区间变窄，提前进入限负荷状态（75℃），造成电量损失。

措施：将系统模拟地与数字地做分离，减少数字地对模拟地的影响。测温回路改进示意图如图 2-270 所示。

▶ 隐患排查重点

（1）设备维护。

1）巡视与定期维护相结合，在定期维护项目中增加温控阀、单向阀、热交换器通风量、电机电流的检查，在巡视项目中增加散热器通风罩的检查，明确检查标准，并列为重点执行项目。

2）做好循环检修计划，不断根据设备运行状态的变化调整检修重点，直至所有机组运行水平趋于一致，达到目标后列为普通项目持续关注。

3）执行齿轮箱盘车作业，若出现机舱吊装完后出现长期存储，建议机舱吊装前启动10min油泵电机，并要确保齿轮箱进油阀与出油阀全部处于开启状态。

4）在大风季来临前加大机组巡视检查力度，针对风电场机组高负荷的特性，重点对传动链进行检查，防微杜渐，针对早期检查存在问题的机组，提前消缺。

5）机组巡检过程中使用手持式测风仪，在齿轮箱散热片表面均匀取9个点，并测量齿轮箱散热风扇高速运行时，每点实时风速是否大于6m/s，若风速过小需检查通风管是否有杂物、破损、阻塞，并及时进行清理。

6）齿轮箱对中检查，确认齿轮箱与发电机联轴器对中数据在工艺要求范围内。

7）检查齿轮箱油位是否在油标的中间刻线处，检查频次：初始运行3～8周进行第一次检查，之后6月/次。

（2）运行调整。

1）进行数据分析，设备的变化都会反应到日常运行数据中，定期观测数据变化，掌握齿轮箱油温异常机组温升规律。

2）针对油温温升异常机组开展专项排查工作，如更换齿轮箱温控阀将温控阀取消，技改为强制冷却润滑。

3）针对油温温升异常机组，将齿轮箱过滤器入口、出口油压与其他正常机组做数据比对，当压差过大时应重点检查齿轮箱滤筒、滤芯是否存在铁屑及胶粒等异物。

2.3.4 齿轮箱行星架故障事故案例及隐患排查

▶ **事故表现**

某风电场1500kW机组采用一级行星二级平行齿轮箱，变速比为98.6，低速轴转速18r/min，于2010年出厂。2022年3月20日，由监控系统中频报出"齿轮箱高速泵无压力"故障，同时，振动在线监测系统发出振动告警，提示不可长期运行。之后开展内窥镜检查发现，齿轮箱行星传动系保持架出现裂纹，随后停机下架维修。

▶ **事故根本原因**

针对此台齿轮箱损坏，主要从历史数据、现场维护记录、振动报告、油化验报告、返厂拆解等方面进行分析：

1. 现场维护记录

查阅该台风机故障信息，3月20日报出齿轮箱高速轴驱动端温度高，温度为92.8℃，超出正常范围。

2. 振动监测情况

查阅该台机组近三个月振动监测情况,该机组在 1 月 1 日~3 月 18 日齿轮箱前端振动趋势平缓,且幅值保持在较低的正常范围内;3 月 20 日,幅值突增 20 倍,发出告警。

3. 油化验报告

查阅该台机组近 3 年(2019~2021 年)油化验报告,从指标上看:2019 年检测结果为铁含量超标(78.35mg/kg,超过换油指标),2019 年 12 月对齿轮油进行更换。从 2020、2021 年油样检测结果对比来看,水分、铁含量、铜含量有所增加,但 2021 年检测值在合格范围内。通过对历史数据以及同风电场其他机组指标的比对分析,齿轮油无明显劣化趋势,分析属于齿轮箱正常磨损和长时间运行导致。2020、2021 年油样部分指标对比如表 2-27 所示。

表 2-27　　　　　　　　　2020、2021 年油样部分指标对比表

检查项目	2020 年	2021 年	差值	质量标准
运动黏度(mm^2/s)	321.21	323.16	1.95	288~352
水分(mg/kg)	119	323	204	≤500
铁含量(mg/kg)	9.86	13.07	3.21	≤70
铜含量(mg/kg)	2.42	2.64	0.22	≤10
颗粒污染度	23/23/20	23/22/18	—	≤-/19/16

4. 内窥镜检查报告

查阅 2022 年 3 月 22 日内窥镜检查报告。检查结果:齿轮箱一级行星传动系保持架出现不规则径向裂纹,宽度为 3~5mm,深度约 10mm 以上(见图 2-271),行星架轴承滚动体存在磨损,行星级一级太阳轮、二级内齿圈齿面出现剥落、压痕现象;平行级低速轴、高速轴齿面出现压痕、磨损现象。对比上一年检查情况,除行星架裂纹外,其余指标未发生明显劣化趋势。

5. 返厂拆解情况

齿轮箱拆解后发现的主要损伤情况如下:

(1)一级行星架立柱边缘倒角处开裂,3 个立柱均出现开裂(一级行星架共 3 个立柱);

(2)一级行星轮有断齿、剥落、凹坑严重情况;

(3)一级太阳轮齿面硬度低,检测值 56HRC,公法线超差 0.3mm;

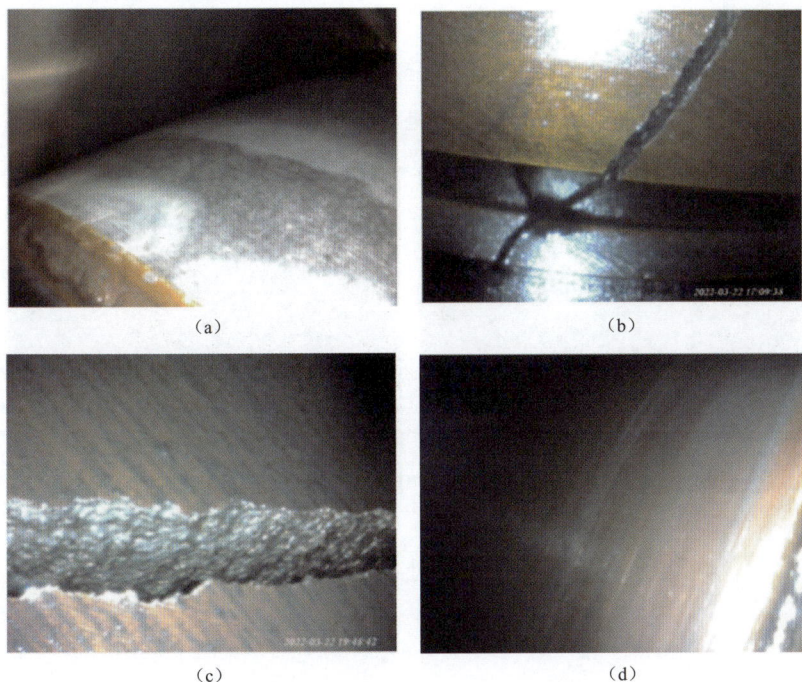

图 2-271 内窥镜检查报告中行星架裂纹照片

（a）行星架轴承滚动体中等磨损；（b）行星架开裂；（c）行星架开裂；（d）行星轮轴承滚动体划痕

（4）二级太阳轮齿面磨损、花键凹坑严重；花键轴轴承位跑圈、花键磨损。

结合 2019 年油样检测结果为铁含量超标，说明齿轮箱在复杂的交变载荷下，齿面和轴承均有不同程度的划伤，齿轮油中已存在颗粒状杂质，个别齿面出现凹坑。另外，齿轮的轴承与齿轮箱壳体为过盈配合，在长期复杂交变载荷下会出现间隙，进而发展为跑圈。

拆解后从断面形态分析，立柱 1 先发生断裂（见图 2-272），裂纹源位于立柱内面根部，然后扩展，扩展区存在明显的放射纹路，最后在立柱中部断裂，此区域存在明显台

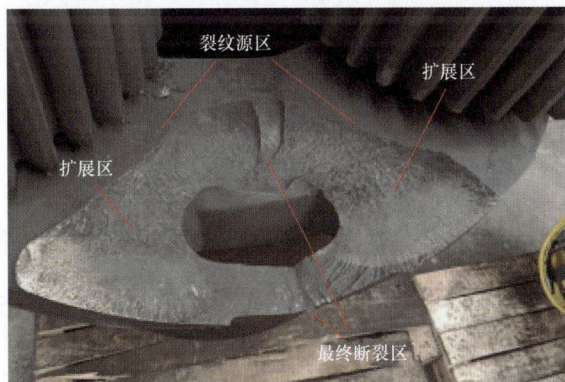

图 2-272 一级行星架立柱 1 断裂示意图

阶。立柱 1 左侧存在摩擦光亮区，即立柱 1 开裂后又运行了一段时间，导致该区域磨亮，由此判断，立柱 1 为最先失效位置。立柱 1 断裂后，立柱 2、3 偏载和载荷增加，导致立柱 2、3 短期内断裂，从图 2-273 显示，立柱 3 先断裂，立柱 2 后断裂。

图 2-273　一级行星架立柱 2、3 断裂示意图
（a）立柱 2 断裂面；（b）立柱 3 断裂面

6. 直接原因

结合油样检测、拆解报告分析 29 号齿轮箱一级行星传动系保持架损坏的原因为：

（1）齿轮箱在长期复杂的交变载荷下，齿面和轴承因磨损导致齿轮油铁杂质增加，轴承与齿轮箱壳体过盈配合出现间隙导致跑圈。

（2）行星架立柱边缘处倒角仅为 R10～R15mm，该处又是应力集中点，随着行星级齿轮磨损及行星轮轴承跑圈等因素造成的载荷分布不均逐渐加剧，或遭遇异常风况时，立柱 1 边缘处过载造成细小缺陷，然后逐步扩展，直至开裂失效。

（3）立柱 1 断裂后，立柱 2、3 偏载、载荷增加，导致立柱 2、3 短期内断裂。

7. 间接原因

该风电场常年风况较好，风电场年平均可利用小时数均在 3500h 以上。机组长时间运行，造成设备运行环境恶化较快，生命周期消耗快，机组实际年均利用小时数比可研推荐设计方案满负荷运行小时数超出 50%。风机长期高负荷运转，造成齿轮箱齿面金属疲劳损伤，齿轮箱内部传动部件过度磨损。

▶ 事故处理措施及结果

2022 年 3 月 20 日 16:11，风机频报齿轮箱高速泵无压力故障（见图 2-274）停机，且齿轮箱油温及轴承温度较高。与临近机组对比发现，该机组齿轮箱油温和轴承温度最高（见图 2-275）。

2022 年 3 月 20 日 18:25，振动检测厂家发出告警通知：近期该台齿轮箱多测点振动波动于 3 月 20 日突然上升，如图 2-276 所示。推测与齿轮箱一、二级行星轮系损伤相关，一、二级齿圈可能存在明显损伤，近期劣化明显。提示不可长期运行。

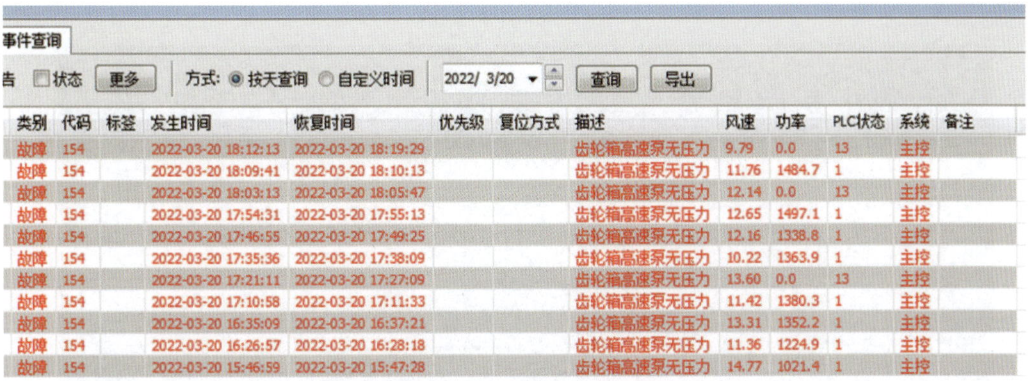

类别	代码	标签	发生时间	恢复时间	优先级	复位方式	描述	风速	功率	PLC状态	系统	备注
故障	154		2022-03-20 18:12:13	2022-03-20 18:19:29			齿轮箱高速泵无压力	9.79	0.0	13	主控	
故障	154		2022-03-20 18:09:41	2022-03-20 18:10:13			齿轮箱高速泵无压力	11.76	1484.7	1	主控	
故障	154		2022-03-20 18:03:10	2022-03-20 18:05:47			齿轮箱高速泵无压力	12.14	0.0	13	主控	
故障	154		2022-03-20 17:54:31	2022-03-20 17:55:13			齿轮箱高速泵无压力	12.65	1497.1	1	主控	
故障	154		2022-03-20 17:46:55	2022-03-20 17:49:25			齿轮箱高速泵无压力	12.16	1338.8	1	主控	
故障	154		2022-03-20 17:35:36	2022-03-20 17:38:09			齿轮箱高速泵无压力	10.22	1363.9	1	主控	
故障	154		2022-03-20 17:21:11	2022-03-20 17:27:09			齿轮箱高速泵无压力	13.60	0.0	13	主控	
故障	154		2022-03-20 17:10:58	2022-03-20 17:11:33			齿轮箱高速泵无压力	11.42	1380.3	1	主控	
故障	154		2022-03-20 16:35:09	2022-03-20 16:37:21			齿轮箱高速泵无压力	13.31	1352.2	1	主控	
故障	154		2022-03-20 16:26:57	2022-03-20 16:28:18			齿轮箱高速泵无压力	11.36	1224.9	1	主控	
故障	154		2022-03-20 15:46:59	2022-03-20 15:47:28			齿轮箱高速泵无压力	14.77	1021.4	1	主控	

图 2-274　风机监控后台故障信息

时间	28#机组平均风速(m/s)	28#机组有功功率(kW)	28#机组齿轮箱平均油温(℃)	28#机组齿轮箱轴承平均温度	29#机组平均风速(m/s)	29#机组有功功率(kW)	29#机组齿轮箱平均油温(℃)	29#机组齿轮箱轴承平均温度	30#机组平均风速(m/s)	30#机组有功功率(kW)	30#机组齿轮箱平均油温(℃)	30#机组齿轮箱轴承平均温度
2022/3/19 10:00	4.9	95.77	53.04	58.23	3.96	81.17	50.8	55.01	5.1	114.22	53.63	58.77
2022/3/19 11:00	5.53	144.05	53.29	59.63	4.52	120.67	53.41	60.15	5.64	164.66	53.31	59.75
2022/3/19 12:00	6.35	251.66	52.75	60.98	5.09	193.74	53.54	62.97	6.37	244.87	52.29	61.64
2022/3/19 13:00	11.02	435.71	53.02	63.68	9.86	363.65	56.04	71.25	11.56	357.29	51.74	65.3
2022/3/19 14:00	9.04	632.59	52.97	66.91	7.33	547.2	60.27	79.3	8.69	583.14	53.96	72.55
2022/3/19 15:00	9.93	830.42	55.09	69.45	8.77	839.82	65.32	85.24	10.64	956.23	57.65	78.24
2022/3/19 16:00	11.81	1167.74	58.45	73.3	9.98	1170.84	70.83	88.53	11.67	1194.12	61.08	81.1
2022/3/19 17:00	12.89	1388.52	61.82	76.06	10.78	1166.41(自动限功)	75.88	89.25	12.68	1400.24	64.08	83.33
2022/3/19 18:00	12.98	1398.4	63.78	77.43	10.6	413.09(自动限功)	75.54	83.94	12.27	1330.9	65.66	83.85
2022/3/19 19:00	10.62	958.2	62.4	75.53	8.56	548.22(自动限功)	74.64	85.94	9.68	815.077	63.78	80.3
2022/3/19 20:00	7.8	398.39	56.47	66.38	5.84	302.68	72.51	78.83	6.75	276.3	56.74	65.85
2022/3/19 21:00	6.01	189.86	52.25	59.52	4.26	105.92	65.96	66.99	4.65	86.09	52.78	56.48
2022/3/19 22:00	7.33	363.23	52.95	63.09	5.87	283.32	63.41	72.15	7.00	318.08	52.24	64.31
2022/3/19 23:00	6.33	224.12	52.74	60.97	5.53	218.15	62.4	70.07	5.67	181.63	52.55	60.24
2022/3/22 0:00	8.52	555.21	53.32	65.99	6.91	471.79	63.54	80.73	7.64	421.36	52.09	68.35

图 2-275　临近机组齿轮箱温度对比数据

2022 年 3 月 21 日 10:07，现场维护人员登塔检查发现：齿轮箱油滤芯底部及滤芯表面铁屑较多（见图 2-277），更换油滤芯后，风机启机试运行仍然报齿轮箱高速泵无压力故障，结合振动监测和铁屑情况，安排齿轮箱内窥镜检查。

2022 年 3 月 22 日 15:20，开展齿轮箱内窥镜检查发现：齿轮箱一级行星传动系保持架出现不规则径向裂纹，宽度 3～5mm，深度约 10mm 以上，行星架轴承滚动体存在磨损，行星级一级太阳轮、二级内齿圈齿面出现剥落、压痕现象（见图 2-278）。机组继续运行，可能出现齿轮箱内部行星架完全断裂，风机轮毂掉落事故，当日停运机组并锁定叶轮锁。

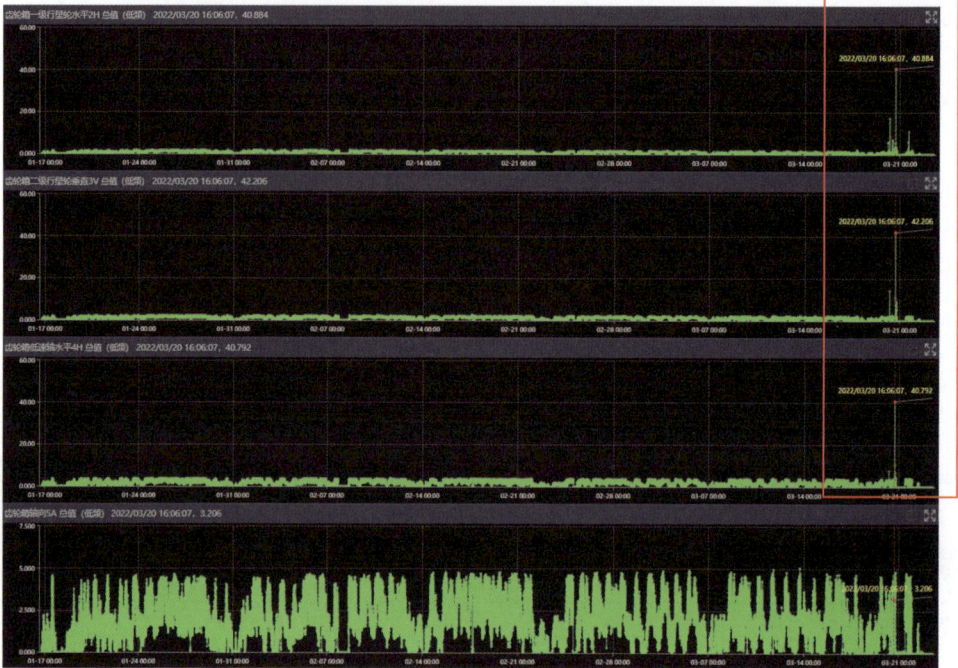

图 2-276　振动在线监测系统频谱图

图 2-277　3 月 21 日油滤芯检查情况

2022 年 03 月 22、23 日，定制该齿轮箱下架维修、齿轮箱备件到场和吊装更换方案，根据未来七天风功率预测数据，计划在 3 月 27～30 日期间的小风时段，开展齿轮箱更换工作。

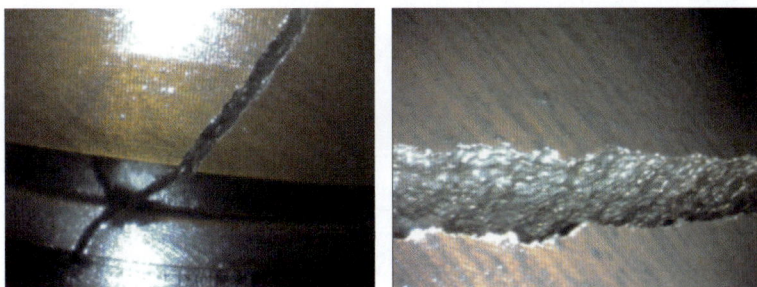

图 2-278　一级行星轮保持架开裂照片

2022 年 3 月 26 日，吊装工作人员和齿轮箱备件到场，完成吊装人员安全教育及考试工作，并完成吊装更换前的机位准备工作。

2022 年 3 月 27～30 日，完成叶轮、机舱盖、发电机吊装下架，完成动力电缆及通信电缆拆除，开展吊装更换及调试对中工作，3 月 31 日 16:00 恢复风机运行。

▶ **隐患排查重点**

（1）设备维护。

1）提高运行监视质量，利用集控中心故障诊断预警功能，关注齿轮箱油温、齿轮箱轴承温度等关键指标，定期开展同型号机组、相同运行工况下的对比分析，发现异常变化及时通知现场登塔检查处理。

2）对齿轮箱振动异常、滤芯铁削较多、油压低等情况，及时对齿轮箱进行内窥镜排查，防止缺陷扩大使齿轮箱失效。

3）定期对齿轮箱各监测点温度、振动数据进行动态分析，对于温度、振动异常的部位，应及时开展内窥镜检查进行排查、分析。

4）加强油品化验，建立油品化验动态管理台账，根据油品检测结果存在指标超标情况的及时进行复测，确认指标超标且已达到换油标准的及时进行换油处理。

5）加强齿轮箱的维护，对干燥呼吸器及时检查更换，对齿轮箱油冷却系统的滤芯及时检查更换，发现异常状况（如异响振动、铁削体积较大且量多、散热系统管路堵塞、部件温度过高等）及时上报，及时开展强制过滤、内窥镜和振动分析，尽快确定原因，减少齿轮箱的损坏。

6）机组未并网前，对齿轮箱开展盘车启动油泵维护工作，执行齿轮箱盘车作业风轮转动圈数不小于 2.5 圈，同步开展启动油泵作业，每次启泵半小时以上，对风轮安装后则无需空中盘车，但需定期启动油泵，每次启泵半小时以上。

7）首次启动油泵电机的时间以机舱内记录表时间为起始时间，后续启动油泵电机与上次启动周期不大于 3 个月，要求执行偏差（2±1）个月，超过预定时间未进行盘车及启泵工作的，应使用内窥镜对齿轮箱内部进行停车纹预防排查。

8）检查确认呼吸器80%未变色，如果呼吸器80%变色，则更换。

9）巡检过程中检查齿轮箱收缩盘力矩，若一颗螺栓在检验过程中松动则需要对收缩盘全体螺栓进行100%力矩紧固。

（2）运行调整。

1）针对油温温升异常机组，将齿轮箱过滤器入口、出口油压与其他正常机组做数据比对。当压差过大时，应重点检查齿轮箱滤筒及滤芯是否存在铁屑及胶粒等异物，并及时送检化验分析。

2）检查发电机联轴器是否存在打滑现象，对中数据是否在工艺要求范围内。

3）每周拷取一次CMS，每月需出具一次全场CMS诊断报告并形成台账记录。

2.3.5 齿轮箱支撑轴故障事故案例及隐患排查

▶ **事故表现**

风电场共安装35台2.0MW双馈式风力发电机组。2020年10月3日，风机后台监控系统报某风机"风机振动超限故障停机"，停机前机组风速8.0m/s，出力1.8MW。电场运行维护人员登机检查发现，该台故障风机齿轮箱左侧扭力臂支撑轴断裂，齿轮箱轻微向上翘起，联轴器脱落。

▶ **事故根本原因**

风电机组在运行过程中，叶轮及轮毂动载荷经过主轴传导至齿轮箱，使得齿轮箱产生较大振动和左右摆幅，因此一般齿轮箱设计上均会采用扭力臂+支撑轴+弹性支承的方式，将齿轮箱的轻微摆动传导至弹性支承上，用于减少齿轮箱的磨损及提高齿轮箱的可靠性。

机组满负荷运行情况下，若风速突然发生较大变化或电网突然掉电等，外加气压梯度力的影响，叶轮气动不平衡会引起偏载，造成支撑轴疲劳断裂。

该风电场某台机组由于长期存在叶片气动不平衡且支撑轴圆弧处存在机加台阶，气动不平衡会引起偏载，而支撑轴圆弧处存在机加台阶则造成应力集中，这两方面的因素是造成该台风机齿轮箱支撑轴出现疲劳断裂的主要原因。

▶ **事故处理措施及结果**

1. 塔上更换齿轮箱支撑轴可行性分析

如图2-279所示，风电机组传动链主要由叶轮、主轴、主轴轴承、齿轮箱、联轴器等部分组成，且主轴略微向上抬起以使叶轮远离塔筒。在机组正常运行情况下，以主轴轴承中心点为支点，齿轮箱力矩+主轴力矩小于叶轮力矩，因此需设计齿轮箱扭力臂结构以便提供更多的力矩用于平衡传动系统力矩。

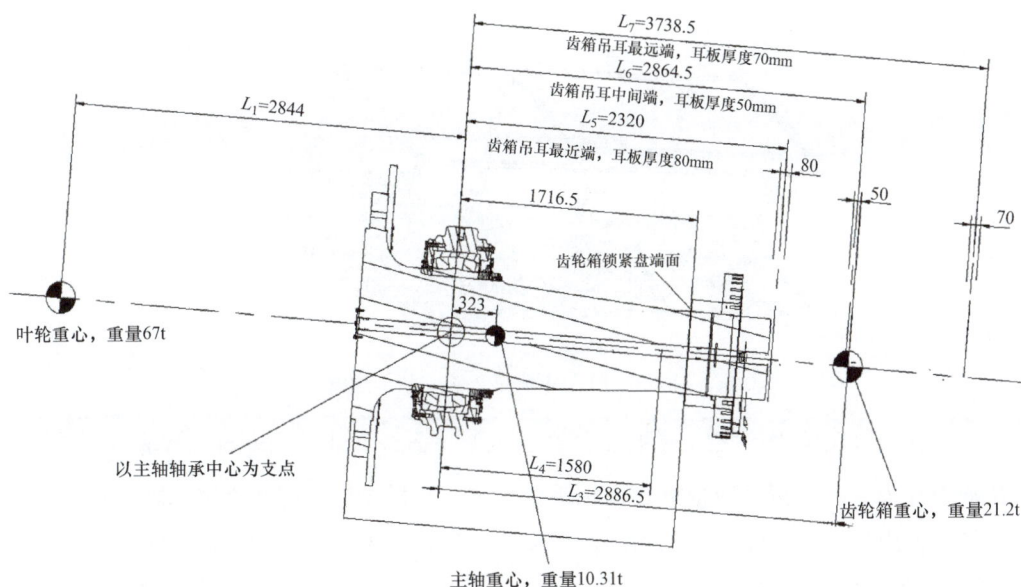

图 2-279　传动链力矩示意图

以主轴轴承中心为支点传动链系统各处力矩计算值如表 2-28 所示。

表 2-28　　　　　　　　　　　　传动链各处力矩值

项目	叶轮	主轴	齿轮箱	支撑轴
G（t）	$G_1=67$	$G_1=10.31$	$G_1=21.2$	$G_1=54.32$
L（mm）	$L_1=2844$	$L_2=323$	$L_3=2886$	$L_5=2320$
力矩 $M=G×L$（kN·m）	$M_1=1868.64$	$M_2=32.66$	$M_3=600.00$	$M_4=1235.86$

当齿轮箱支撑轴其中一根断裂后，机组因振动超限停机，传动链力矩在齿轮箱稍向上抬起后重新恢复平衡。此时只需要在主轴与齿轮箱连接处重新施加一个下压力矩 M_4 亦可恢复平衡。

下压力矩为

$$M_4 = (M_1 - M_2 - M_3) = 1235.86（\text{kN·m}）\tag{2-4}$$

现场测量 $L_4 = 1580\text{mm}$，因此需下拉力为

$$F = M_4/L_4 = 823.91（\text{kN}）\tag{2-5}$$

2. 工字钢横梁安装，用于吊装支撑轴

（1）将 100mm 的 H 型钢横梁工装放置在机舱框架横向钢上方，如图 2-280 所示。横梁工装下方分别对应齿轮箱高速轴和扭力臂支承轴位置，便于吊装。使用螺杆固定横

梁工装。

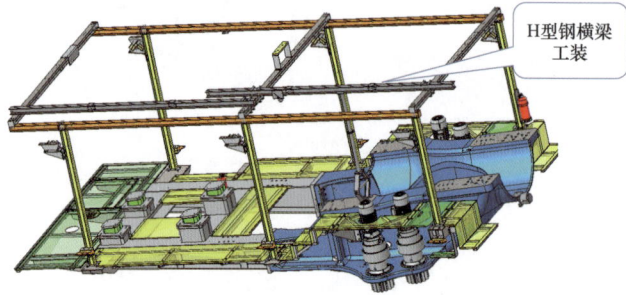

图 2-280　H 型钢横梁工装安装示意图

（2）在 H 型钢横梁工装上安装手链单轨小车，通过调节安装螺母进行安装。把 0.5t 手拉葫芦与 1t（具体型号应根据支撑轴重量而定）圆吊带依次挂在手链单轨小车上。

（3）使用千斤顶、竖直支承和固横梁工装，竖直支承应使用螺栓连接固定。

3．主轴固定

主轴固定示意图如图 2-281 所示。

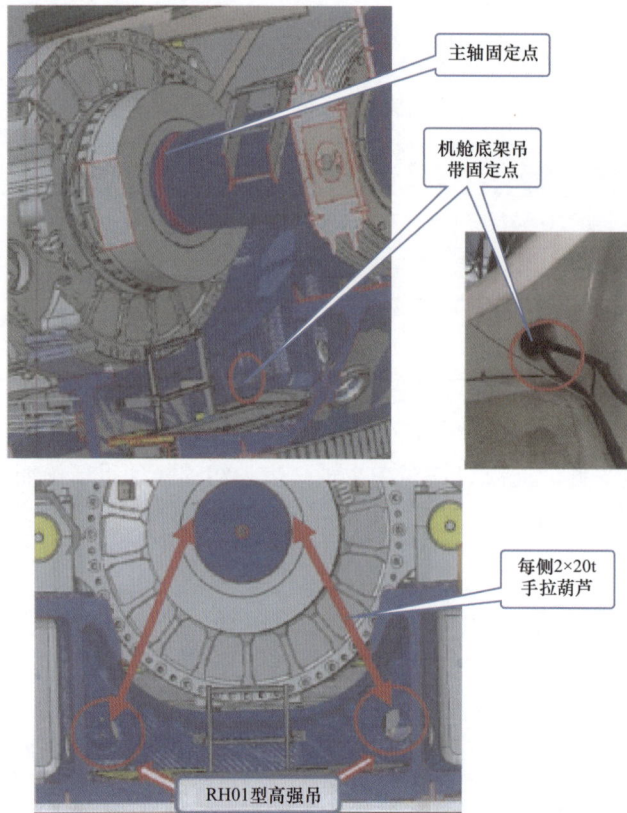

图 2-281　主轴固定示意图

（1）将一条 50t×2m 高强 RH01 型圆型吊带两端分别穿过前底架圆孔。

（2）用一条 50t×2.4m 圆型吊带绕主轴固定位置一周，吊带两端下放长度应等长。

（3）各用 50t（或 25t×2）手拉葫芦连接 50t×2.4m 圆型吊带两侧。

4．齿轮箱固定

使用卸扣、吊带、手拉葫芦将齿轮箱各吊耳处与机舱架连接，如图 2-282 所示。

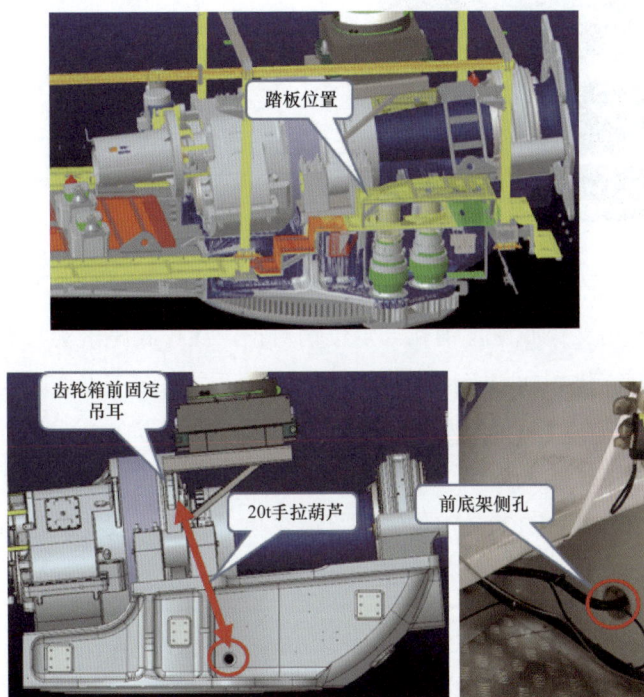

图 2-282　齿轮箱固定示意图

5．支撑轴更换

（1）同时拉动主轴处手拉葫芦、齿轮箱各处手拉葫芦，使主轴与齿轮箱向下移动，将支撑轴断裂处与支撑上盖卡死处的位置脱开，恢复间隙。

（2）拆除弹性支承上盖及底座，使用小吊车拉至不影响后续工装处。

（3）拆除断的支撑轴：将断轴两侧断面打磨平整，使用磁力钻在短轴处沿扭力臂曲孔钻孔，钻孔时注意断轴截面上的孔位置，不得对扭力臂内孔造成损伤。

（4）使用定制工装和 200t 千斤顶将断轴取出（见图 2-283），并将扭力臂内孔打磨光滑，清洁。

（5）持续加热扭力臂内孔至 90℃，同时将新支撑轴放入液氮中冷却 3h 以上，使之形成过盈配合，如图 2-284 所示。

（6）销轴尺寸公差冷冻到位后，快速将销轴安装到扭力臂销孔内并测量两端的尺寸为 285mm±0.25mm，配合公差为 H_7（+0.046～0）/r_6（+0.113～+0.084），具体型号根据各自扭力臂内孔及支撑轴而定。

图 2-283 断轴取出示意图

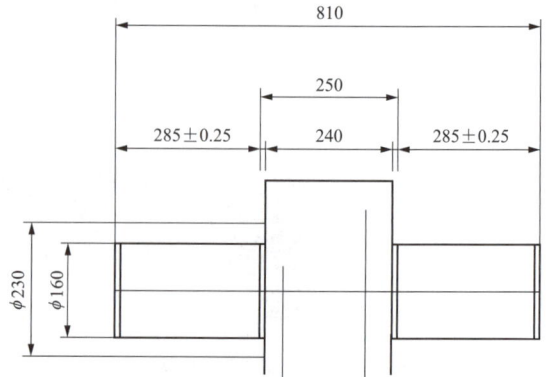

图 2-284 新轴安装过盈配合

（7）安装齿轮箱支撑底座，销孔与定位销对正，支撑底座落实与机架贴实；安装齿轮箱下减震垫，减震垫侧面与支撑底座外端面平齐，上端面与支撑底座的上表面平行；带白线的减震垫安装在齿轮箱的左下和右上方（面向轮毂方向），即承压侧。

（8）安装弹性支撑的双头螺柱，用 S_{12} 六角扳手将双头拧入；安装支撑底座与支撑上盖配合的 4 个 20×90 GB120.2 定位销，将齿轮箱上减震垫放在齿轮箱支撑轴上，安装支撑上盖，如图 2-285 所示。

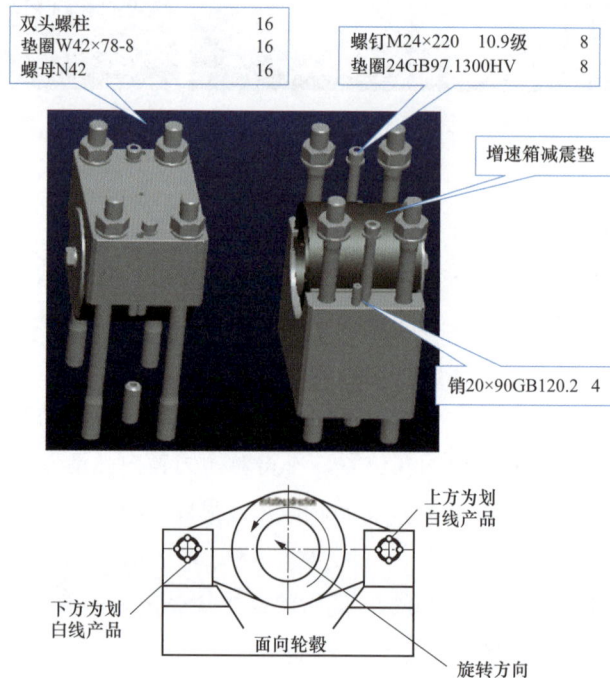

图 2-285 弹性支撑安装示意图

（9）拉动固定主轴和齿轮箱的各手拉葫芦，使齿轮箱扭力臂与减震垫无间隙，预紧弹性支撑上盖螺栓。

▶ **隐患排查重点**

（1）设备维护。

1）每6个月完成一次全场风机齿轮箱弹性支撑磨损情况排查，检查齿轮箱减震垫下部是否存在大量颗粒或碎屑，若存在碎屑或异常磨损则应优先排查三支叶片是否存在问题，或气象站风向标是否存在对零偏差。

2）检查叶片对零及零度标尺，三支叶片零位是否存在偏差，对存在偏差的机组必须进行校验对零，确保无偏差。

3）排查主轴承座是否存在滑移，使用油漆笔做位置标定，机组大风满发后检查标记是否存在滑移。针对滑移机组需增加几何定位装置即限位止槽，防止因主轴承滑移问题造成对齿轮箱本体及支撑轴销的冲击。

4）加装主轴承座螺栓衬套，用来弥补主轴承座增摩漆损坏造成的摩擦力矩不足，轴承座微动引发的齿轮箱扭力臂承受异常扭力冲击问题。

5）机组完成首次维护后，每12个月需完成一次发电机对中作业，且对中数据必须符合工艺要求。

6）定期检查齿轮箱扭力臂紧固螺栓力矩，发现一颗螺栓松动则必须将全部螺栓使用100%力矩值复验。

7）检查齿轮箱扭力上、下轴瓦错位距离，若轴瓦错位距离超过 10mm 则需重新对齿轮箱上、下轴瓦进行安装。

8）巡检过程中，检查齿轮箱收缩盘力矩，若一颗螺栓在检验过程中松动则需要对收缩盘全体螺栓进行 100%力矩紧固。

9）定期检查主机架连接螺栓，每12个月完成一次力矩紧固工作。

（2）运行调整。

1）定期拷取机组 PCH 检测数据，分析加速度频谱查看传动链是否存在 1P 与 2P、3P 等异常冲击，即不在正常频率内，若发现数据超过预定范围需要进一步进行详细排查。

2）定期检查机组风向标对零，查看机组是否存在对零、偏差大风不满发及偏航滑移等现象。

3）提高运行监视质量，利用集控中心故障诊断预警功能，关注齿轮箱油温、齿轮箱轴承温度等关键指标，定期开展同型号机组、相同运行工况下的对比分析，发现异常变化及时通知现场登塔检查处理。

2.3.6 齿轮箱高速轴振动故障事故案例及隐患排查

> **介绍栏**

1. 轴系结构分析

高速轴是齿轮箱的输出轴，额定转速为 1800r/min，需承受工作过程中产生的振动和巨大热量，工况恶劣，主要依靠机械结构和润滑结构保证其运行稳定性。

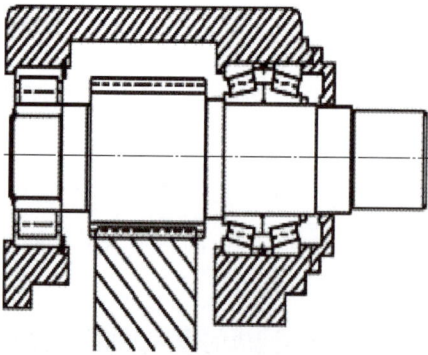

图 2-286　高速轴轴系剖面图

2. 机械结构分析

高速轴轴系机械结构精密，包括叶片侧圆柱滚子轴承、电机侧圆柱滚子轴承、定距环、喷油板、四点接触球轴承、止退垫圈、圆螺母、挡油板、甩油环、高速轴等部分，具体结构如图 2-286 所示。

其中，圆柱滚子轴承承受高速轴径向重量，四点接触球轴承承受纯轴向的负荷，并与定距环配合负责轴向定位，喷油板负责传导润滑油，甩油环、挡油板与齿轮箱端盖配合保证密封性。

3. 润滑结构分析

润滑系统主要对高速轴轴系轴承、啮合齿进行润滑，其结构如图 2-287 所示。

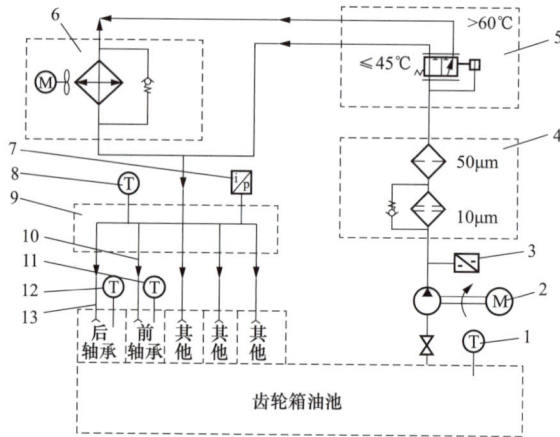

图 2-287　润滑系统结构图

1—油池温度传感器；2—润滑泵；3—润滑泵出口压力传感器；4—过滤器；5—温控阀；6—冷却器；7—进口压力传感器（集油分配器压力传感器）；8—进口温度传感器（集油分配器温度传感器）；9—集油分配器；10—高速轴前轴承油路；11—前轴承温度传感器；12—后轴承温度传感器；13—高速轴后轴承油路

如图 2-287 所示，润滑系统以电机为动力源，经过内部滤芯过滤，到达集油分配器，再经油管将润滑油传导高速轴轴系，一处与低速侧轴承基座相连，另一处与高速侧轴承基座相连。

▶ **事故表现**

某风电场兆瓦级双馈机组齿轮箱频繁出现断齿、窜动、轴承高温、轴承跑圈等问题，故障发生后需进行跑圈轴承更换、高速轴轴系更换，运维工作量较大，且费用较高，对老旧场站经营造成一定压力。

▶ **事故根本原因**

由于高速轴轴系故障的发生存在不唯一性，有时跑圈伴随着窜轴、高温伴随着跑圈，单一对某个故障发生进行分析略显片面，也很难入手。为明确故障根本原因，需结合实际运行数据，从轴系润滑、轴承装配、对中维护三方面对齿轮箱维护工作对应分析。

1. 轴系润滑

（1）润滑不足的影响。润滑油可减少轴承滚动造成的摩擦阻力，达到降温作用。同时润滑量是否充足用油压表示，其中齿轮箱的出口油压不得大于13bar，进口油压不得小于0.5bar。某场站1.5MW机组实际运行数据如表2-29所示。

表 2-29　　　　　　　　　高速轴轴系压力、温度表

序号	进口油压（bar）	出口油压（bar）	高速侧轴承温度（℃）	低速侧轴承温度（℃）
A1-10#	3.6	10.5	50.1	53.9
A1-04#	3.5	11.3	53.6	55.3
A1-06#	3.6	10.7	55.5	56.2
A1-07#	3.4	10.3	56	57.2
A1-09#	3.1	12.1	56.1	58.3
A1-01#	2.8	12.8	56.9	58.5
A1-03#	3.1	10.1	57.7	59.5
A1-02#	3.0	11.5	57.8	55.9
A1-08#	2.9	10.6	57.8	61.4
A1-07#	2.8	9.8	58	63.1

观察表2-29数据，较低油压对应较高轴承温度，说明润滑不足会导致高温。持续高温会导致轴承径向游隙增大，轴承外圈受到较大的相对摩擦力而发生跑圈，同时润滑油在高温的作用下会黏附轴承保持架上，降低轴承的使用寿命，如图2-288所示。

（2）润滑不足的原因。通过上述分析，结合润滑系统的构成，轴承润滑不足原因即是齿轮箱压力低的原因，相关原因共分4种情况，如表2-30所示。

图 2-288　轴承油污黏连

223

表 2-30 齿轮箱油压分析表

序号	直观现象			可能的原因
1	齿轮箱进口压力低	齿轮箱出口压力高	齿轮箱轴承温度高	滤芯堵塞
2	齿轮箱进口压力低	齿轮箱出口压力低	齿轮箱轴承温度高	油泵电机卡涩、油泵漏气、油路漏油
3	齿轮箱进口压力低	齿轮箱进口压力高	齿轮箱轴承温度正常	油压传感器堵塞
4	齿轮箱进口压力低	齿轮箱进口压力低	齿轮箱轴承温度正常	油压传感器堵塞

2. 轴承装配

（1）轴承装配不良影响。轴承与轴承孔保持过盈装配，精度达到百分之一毫米级别，装配不良会造成轴承跑圈。跑圈最大的危害是轴承孔磨损（见图 2-289）。齿轮箱轴承孔一般由铸铁构成，虽具有一定耐磨性，但对比与轴承外圈高碳含量，孔径变化尺寸远大于轴承外圈，轴承外圈磨损后进行轴承更换即可，但齿轮箱本体轴承孔磨损难以恢复。

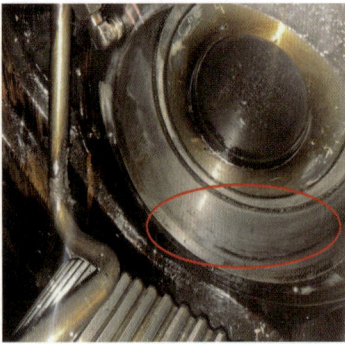

图 2-289 轴承孔磨损情况

（2）轴承装配不良的原因。轴承装配精度要求高，在实际工作中需要借助高精度仪器。而目前轴承装配处理方式为简单的同规格轴承更换，更换后跑圈、高温情况虽短暂消除，但未关注装配精度，未解决轴承孔磨损问题，运行一段时间，问题依然出现。

3. 对中维护

（1）对中不良的影响。高速轴需要与发电机的转子保持良好的对中，不良对中引起高速轴齿断齿、振动，如图 2-290 所示。

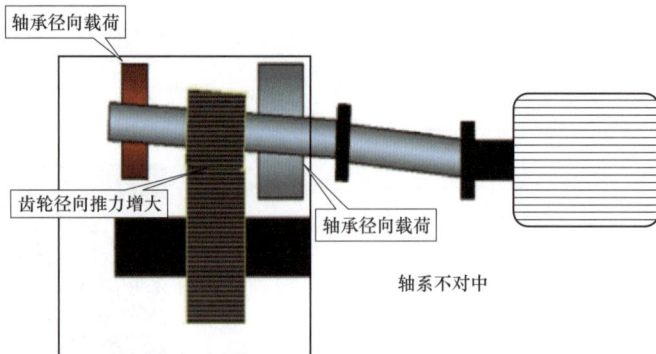

图 2-290 不良对中示意图

图 2-290 表示了垂直方向不对中，在机组突然的启停下，高速轴齿承受过载压力，在长时间的运行下造成断齿，且由于啮合不良造成较大振动。振动会破坏圆螺母的内外

螺纹，并因此引起轴向微量的相对移动及周向微量的相对转动，进而导致圆螺母出现松动，造成高速轴窜动。

（2）对中不良的原因。按照风电机组技术监督标准，对中过程依靠精准仪器，并对机组运行环境有较高要求，需要在 6m/s 以下开展；而行业内实际对中过程，现场人员有时存在"抢工期"现象，未能严格保证上述两项技术要求，形成不良对中的隐患。

综上所述，高速轴轴系损坏原因为润滑不足、装配精度不够，再加上对中工艺不良，并且随着运行年限的增加，轴系高温情况逐年加重，进而会使轴承出现跑圈，加重轴承运行负荷，引起较大振动，导致高速轴轴系出现断、窜动。

▶ **事故处理措施及结果**

1. 维护保养措施

通过上述分析，保证轴系润滑油压，确保轴承装配和对中精度是高速轴轴系日常维护保养的关键措施，通过开展齿轮箱"四步"清洗、轴承孔金属修复、安装轴系窜动预警装置消除故障，并可进一步提高运行高速轴轴系运行寿命。

（1）齿轮箱"四步"清洗。传统的油品更换方式为旧油排放和新油加注共"两步"，但仍会有旧油及其他污染物的残留，效果欠佳。"四步"清洗法将消除上述弊端，具体如下：

1）预清洗。换油前，提前 24h 在齿轮箱旧油内注入溶剂型清洗剂，容量参考比例2%～4%。注入后齿轮箱保持 24h 正常运行，将箱内的油污溶解于油中。此时注意观察滤芯状态，防止堵塞情况。

2）清洗油冲洗。预清洗结束，旧油排放后，仍有杂物残留。此时加入低黏度的清洗油（成本低于工作油）进行冲洗，同时观察排放清洗油的颜色，直至清洗油颜色变淡。

3）工作油冲洗。清洗油结束后，如果此时直接加入工作油，残留的清洗油会稀释工作油，影响润滑效果。所以需要用工作油冲洗一遍，尽可能带出清洗油，减少残留比例。

4）工作油加注。工作油冲洗结束，检查齿轮箱滤芯、润滑管路无问题后，经滤油装置加注新的工作油至标准油位。加注完成，静止 30min，待油泡消除后，启机运行。

经过上述"四步"清洗后，齿轮箱内部油污黏连情况基本消除，高速轴系运行环境有效改善，如图 2-291 所示。

图 2-291　轴承清洗后图

（2）轴承孔金属修复。传统轴承跑圈处理方式并未关注轴承孔磨损的问题，本项目利用金属冷熔脉冲焊技术，选择同材质焊材，弥补轴承孔内圈尺寸磨损，保证轴承的装备精度。与传统的轴承定位方式相比，从根本上解决轴承跑圈问题。

1）表面处理。清理轴承孔表面油污，利用千分尺、平口尺配合红丹粉，参照基准面测量磨损量，并做好标记。

2）金属焊接。为控制补焊量和研磨量，保证公差精度，分别选择厚度 0.05、0.1、0.15mm 三种规格的焊片，从缺损最多的位置开始补焊，将对应的焊材利用冷溶脉冲焊机均匀密实地焊补在基体上，此时应注意把握焊接速度不宜过快，同时要戴好防尘口罩，做好个人防护。

3）孔径打磨。完成磨损量的补焊后，留出 0.05～0.1mm 的加工余量，利用千分尺、研磨工装在线研磨恢复轴承孔的尺寸和表面光洁度，如图 2-292 所示。该焊接方法利用了金属冷溶脉冲焊技术，同时借助了红丹粉的助溶性，进一步降低了焊接过程产生的热量和应力集中，保证焊接工艺。

（3）窜动预警装置。高速轴窜动后，传统方式下齿轮箱依然保持运行，并不能及时发出预警，进而造成断齿、齿轮箱损坏等扩大性损失。针对这一问题，本书设计一种齿轮箱预警装置，避免设备隐患扩大，相关设计示意图见图 2-293。

图 2-292　轴承孔修复图

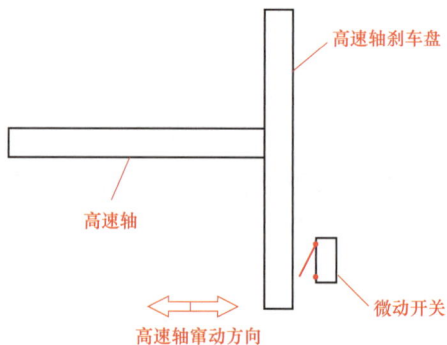

图 2-293　预警示意图

如图 2-293 所示，将动臂式微动开关（常闭触点）串接到风机安全链回路中。当风力机齿轮箱正常运行时，微动开关不动作，一旦齿轮箱高速轴轴向移动，高速轴测速盘触发微动开关，使得机组安全链保护回路触发，机组紧急停机，起到了保护齿轮箱的目的。

2. 维护保养前后对比

针对本书中提出的轴承维护方法，对某场站 1.5MW 机组进行润滑油路清理，保证润滑油压，同时进行高精度对中，开展齿轮箱清洗和轴承孔修复工作。借助振动分析仪和高速轴温度检测对轴承运行情况对比。对比结果如表 2-31 所示。

表 2-31　　　　　　　　　　维护保养前后轴系运行情况对比

对比项目	低负荷运行		高负荷运行	
	轴系温度（℃）	振动值（pk）	轴系温度（℃）	振动值（pk）
维护保养前	62	0.28	68	0.21
维护保养后	51	0.25	55	0.18

根据表 2-31 可知，经维护保养措施后的高速轴轴系运行环境明显改善，即不同的运行状况下，高速轴轴系运行温度平均低 10℃以上，振动值低 0.03pk，有效提高运行寿命。

▶ 隐患排查重点

（1）设备维护。

1）润滑油应定期进行油品检查，油品清洁度变差、抗泡性能下降等情况都会导致油膜无法正常建立，最终轴承与齿轮得不到良好的润滑而产生高温故障。

2）严格控制键槽的加工质量，特别是槽底的圆角半径 r，尽可能按标准取大值；没有圆角的键槽不能使用。

3）安装在高速轴上的联轴器、制动轮等，应经过静平衡或动平衡试验，避免过大的附加离心力。

4）发电机对中数据复测完毕且数据符合要求后，应先将发电机与机舱底连接螺栓紧固完毕后调松发电机水平调节螺栓，使其处于旋松未受力状态。

5）最重要的是控制齿轮箱安装的同轴度，安装齿轮箱时，应调整、检测发电机和齿轮箱的同轴度。采用快速、简单、经济的激光对中装置，检测两轴的对中可能有好的效果。

6）定期检查齿轮箱是否存在润滑、密封不良，是否有杂质进入轴承内部，引起不正常的摩擦磨损，并产生大量的热量，加速润滑油劣化，造成轴承无法达到正常使用寿命提前失效。

7）检查齿轮箱空心管密封圈老化或是否失去弹性、密封不严，导致齿轮箱内部的润滑油向外泄漏。

8）对齿轮箱油位巡检时，需在风机停机 30min 后，对齿轮箱油位进行目视检查，确保润滑油已回落至油箱底部，且油位处于正常位置。

9）齿轮油主要化验项目：外观分析、40℃黏度、总酸值 TAN 测试、含水量、磨损金属/ICP 分析。通过对以上指标检测对比，分析油品状况，对检测正常的油品定期进行过滤，对严重超标的油品进行换油。

10）提高轴承装配和对中工作精度，对应开展轴承孔金属修复和安装窜动预警装置，尽早发现高速轴轴系隐患，避免损失扩大。

11）运用振动分析仪对高速轴的运行情况进行辅助性的检测，按照振动分析仪的反馈信息对应开展齿轮箱高速轴轴系治理。

12）巡检时检查齿轮箱滤桶回油高压细管连接紧固，该油管在齿轮箱油泵运行过程中可将滤芯内产生的气泡及时排除，可以有效阻止主润滑回路油泡的产生。

（2）运行调整。

1）齿轮箱的运行维护是根据生产厂家的要求来进行日常和定期的维护，齿轮箱清洗维护机利用齿轮箱原有的给排油系统和经过滤后的旧油可实现对齿轮箱的清洗，特别是在齿轮箱运行过程中，对运行出现异常的齿轮箱，要及时记录有关的运行数据，并与运行正常的齿轮箱相比较。

2）轴承是齿轮箱中最为重要的零件，其失效常常会引起齿轮箱灾难性的破坏。轴承在运转过程中，套圈与滚动体表面之间经受交变负荷的反复作用，由于安装、润滑、维护等方面的原因，而产生点蚀、裂纹、表面剥落等缺陷，使轴承失效，从而使齿轮副和箱体产生损坏。据统计，在影响轴承失效的众多因素中，属于安装方面的原因占 16%，属于污染方面的原因也占 16%，而属于润滑和疲劳方面的原因各占 34%。使用中 70% 以上的轴承达不到预定寿命。因而，重视轴承的设计选型，充分保证润滑条件，按照规范进行安装调试，加强对轴承运转的监控是非常必要的。通常在齿轮箱上设置了轴承温控报警点，对轴承异常高温现象进行监控，同一箱体上不同轴承之间的温差一般也不超过 15℃，要监视润滑油的变化，发现异常立即停机处理。

2.3.7 齿轮箱轴承故障事故案例及隐患排查

2.3.7.1 齿轮箱内圈轴承故障

▶ **事故表现**

2021 年 11 月 25 日，内蒙古东部区域某风电场 7 号风机齿轮箱轴承半年内的振动数据存在异常，分析后发现三个测试点的有效值逐渐变大，且在发电机转速达到 1600r/min 时，存在明显的冲击。

▶ **事故根本原因**

（1）双馈异步发电机组的齿轮箱一般采用一级行星二级平行结构，主要结构有法兰、箱体和输出齿轮，变速机构有齿轮、行星轮和太阳轮。齿轮箱接收叶轮的扭矩，通过低速轴传递给中间轴，中间轴将大扭矩低转速传递给高速轴的低扭矩高转速从而带动发电机进行发电，最终完成风能—机械能—电能的转化。由于齿轮箱中间轴从低转速到高转速的传递，扭矩变化比较大，对中间轴轴承的冲击较大，因此，齿轮箱中间轴齿面磨损和中间轴轴承的断裂是齿轮箱的主要故障。

在一定程度上振动信号能够反映部件的运行状态，不同部件以及故障部件的通过频率不同，通过分析轴承的故障机理，能够分析出设备正在发生的问题。因此，通过安装在齿轮箱外各传动轴承座处的振动传感器，采集齿轮箱的振动数据；通过分析振动信号的时域图和频谱图，结合振动机理，诊断出故障部位，得出基于振动信号对故障的有效性。

（2）针对该风电场 7 号风机，统计分析了其齿轮箱轴承半年内的振动数据，结果发现三个测试点的有效值逐渐变大，且在发电机转速达到 1600r/min 时，存在明显的冲击。齿轮箱各轴承运行参数如表 2-32 所示。

表 2-32　　　　　　　　　　齿轮箱各轴系运行参数

轴系	转速（r/min）	转频（Hz）	齿轮啮合频率（Hz）
高速	1600	26.6	613.3
中速	372	6.2	117.7
低速	92	1.5	

使用垂直安装在齿轮箱入口径向、低速轴承轴向和高速轴承径向的加速度传感器采集齿轮箱轴承的振动信号，其安装示意如图 2-294 所示，CH1、CH2 为测量主轴振动传感器，CH3、CH4、CH5 为齿轮箱轴承测量传感器，CH6、CH7、CH8 为测量发电机振动传感器。

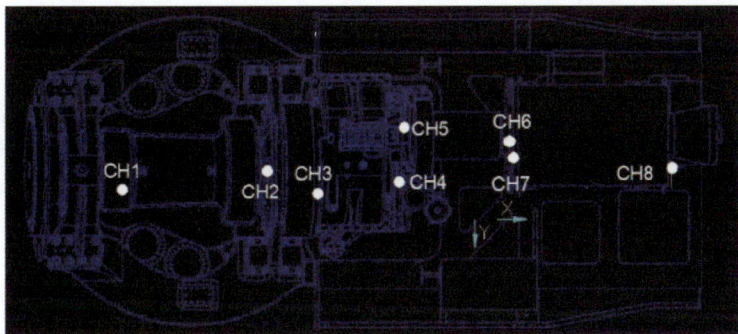

图 2-294　测点分布图

在风电机组正常运行状态，采集齿轮箱三个测试点的振动数据，通过傅里叶变换，分析数据的时域、频域信号，对齿轮箱做出评估。列举 7 号风机 3、7 月和 11 月的振动加速度值，如表 2-33 所示。

表 2-33　　　　　　　　　　振　动　加　速　度　值

测点及方向	加速度有效值		
	2021-3-21 01:10	2021-7-15 23:16	2021-11-25 21:05
齿轮箱输入端径向	4.92	9.5	10.5

续表

测点及方向	加速度有效值		
	2021-3-21 01:10	2021-7-15 23:16	2021-11-25 21:05
齿轮箱中速端轴向	7.8	11.3	17.2
齿轮箱高速端径向	6.35	8.6	16.1

从表 2-33 看出，齿轮箱中间轴的振动程度最大值为 17.2m/s²，查阅 GB/T 29531—2013，与齿轮箱生产厂家的设备参数对比后得出，此数值已经超出正常运行范围，为不合格状态。

1）数据分析。在 2021 年 3 月 21 的常规振动数据统计分析中发现，齿轮箱中速端振动数据的有效值超出预警值，查看振动时域图发现在发电机转速达到 1600r/min 时，冲击不太明显。登塔检查轴承温度和取油样化验，均未发现异常。在此后的运行中，加强了对振动数据的分析频率，3～7 月，振动数据有效值有小幅度的增加，但是到了 11 月，三个测试点的振动数据均超过报警值。

2）振动分析。由图 2-295 可以看出，齿轮箱中间轴在 3 月运行数据平稳，没有出现明显的冲击现象。在 7 月，中间轴出现了少量的冲击波，也就是常说的故障早期阶段。在 11 月，冲击现象已经非常明显。不同间段对应的频谱图如图 2-296 所示。

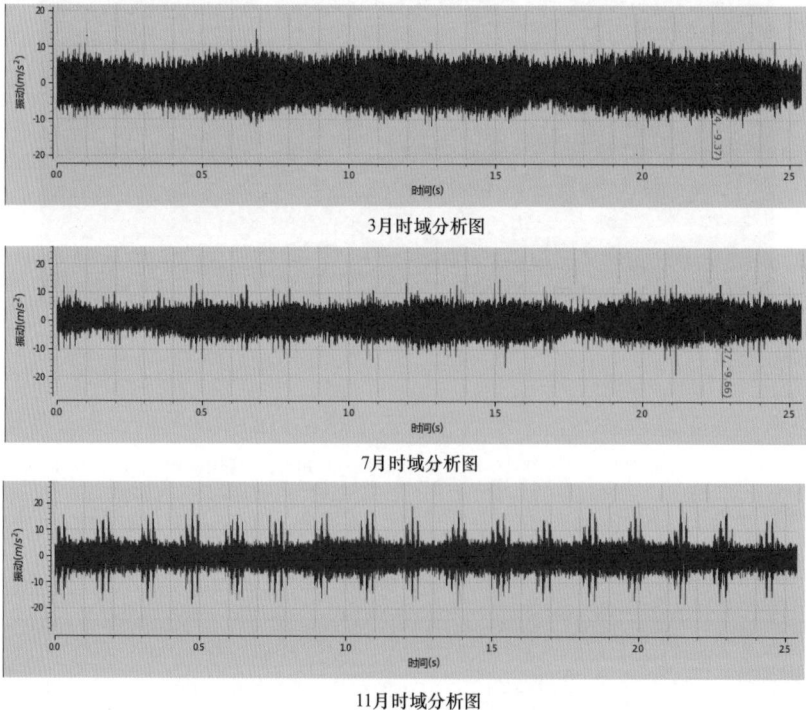

图 2-295　不同时间段的时域分析图

②从图 2-296 中可以看出，3 月，只有风机转频 26.6Hz 及其 2、3、4 倍频，出现倍频的原因可能是轴承松动，但此时齿轮箱还能正常运行。7 月，在倍频的基础上，出现了大量的边频，到 11 月，经计算出现了齿轮箱中间轴 64Hz 的轴承故障特征频率。

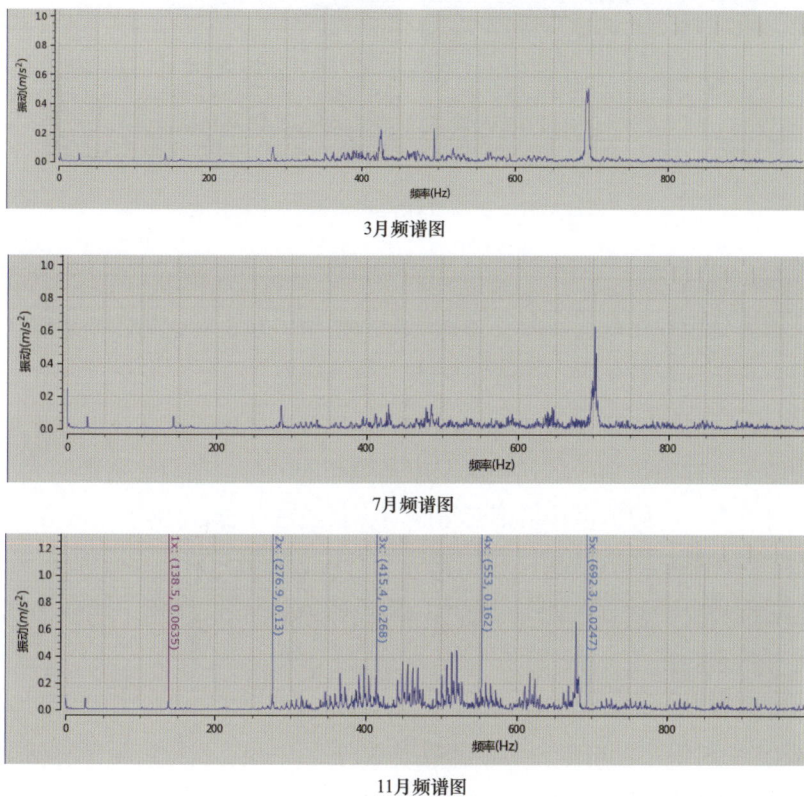

3月频谱图

7月频谱图

11月频谱图

图 2-296　不同时间段的频谱图

（3）综合上述的时域、频谱图，齿轮箱 7 月之前的振动信号主要以风机自传频率为主，7~11 月之间出现了 Δt=0.0156 的冲击信号，并且频率图中出现中间轴 Δf=62Hz 的通过频率。到 11 月，通过计算出现了中间轴轴承 Δf=64Hz 的故障频率，并且出现大量边带。因此认为齿轮箱中间轴轴承本体状态不良。

▶ **事故处理措施及结果**

2021 年 11 月，使用工业视频内窥镜对该机组齿轮箱进行了内窥镜检查，检查结果发现中间级叶轮侧轴承内圈开裂，如图 2-297 所示。检查结果与分析结果基本一致，验证了振动分析的有效性。

对内圈开裂轴承进行更换后，齿轮箱运行数据恢复平稳，未出现明显冲击现象。

▶ **隐患排查重点**

（1）设备维护。

1）机组并网满发 500h 后，需要进行首次维护保养，即在进行滤芯更换作业时检查滤芯本体、滤筒底部是否存在铁屑等异常杂质，若存在则应进行记录。

图 2-297　工业视频内窥镜检查结果图

2）机组首次维护后 6 个月，对齿轮箱润滑回路完成定期维护，滤芯更换完成后检查滤芯本体及滤筒是否存在铁屑，若存在铁屑则应使用内窥镜对齿轮箱高速轴、中间轴、低速轴进行全面排查查看是否存在齿面磨损点蚀等问题。

3）机组每运行满 12 个月则应进行一次油样送检。现场需要保存每台风机全生命周期油样检测结果。抽检要求应选择年度发电量较高的机组，抽检比例则应为 5%，若存在一个风场有着多个品牌的齿轮箱则应按照品牌数量进行 5%比例进行抽检。

4）机组在存储或运输过程中，停车满 3 个月前必须组织对传动链进行一次盘车，盘车要求低速端旋转 2.5 圈且在盘车过程中，将齿轮箱油路进、出阀门开启且齿轮箱油泵处于低速运行状态。

（2）运行调整。

1）定期拷取机组齿轮箱驱动端温度数据，查看功率相近机组齿轮箱驱动端及低速端温度跃升速率是否异常。

2）定期检查机组风向标对零，查看机组是否存在对零偏差、大风不满发及偏航滑移等现象。

3）机组满发状态下，观察机组齿轮箱油池温度是否经常性存在高温告警，或与其他机组对比齿轮箱油池或高速端温度上升是否存在明显的过快情况。

2.3.7.2　齿轮箱轴承孔磨损故障

▶ **事故表现**

某风电场 32 号风电机组报出齿轮箱振动异常故障，振动值 0.21g。经检查发现，齿轮箱断齿，中速轴轴承"走外圈"。

▶ **事故根本原因**

在对齿轮箱进行整体检查后，确定该故障是由于齿轮箱中速轴发动机侧轴承孔磨损造成，磨损最严重位置磨损厚度达 0.65mm，如图 2-298 所示。

▶ **事故处理措施及结果**

找到轴承孔基准面，利用修复手段恢复轴承孔原始尺寸及形位公差，即可保证齿轮箱中速级轴承恢复原同心度运行。常规解决方案包括轴承孔车削嵌套维修、激光熔覆表面处理、冷熔脉冲焊修复。轴承孔车削嵌套维修需将齿轮箱下架返厂维修，吊装和运输成本高、耗时长；激光熔覆对环境要求较高，不适用于在空间狭小、易燃物较多的机舱内开展；冷熔脉冲焊属常温焊补，基体不发热，对空间要求较小，经综合分析，选用冷熔脉冲焊技术修复轴承孔。

1. 冷熔脉冲焊方案实施

（1）解体揭盖，现场清理。停运风电机组并做好安全措施后，进行解体揭盖，拆卸部件妥善保存，拆除周边的线缆、探头等，确保现场有一定的空间满足人员实施焊接、打磨工作。

（2）磨损情况精测。清理轴承孔表面，检查齿轮箱轴承孔表面情况，测量各挡内径尺寸，检查磨损程度和范围，确定补焊区域，见图 2-299。齿轮箱轴承孔表面在高接触应力的作用下，局部产生疲劳磨损，表象为出现少量麻点或凹坑，已形成疲劳层，基体强度已显著下降，在表面清理时打磨去除。

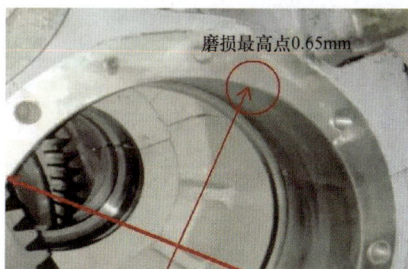

图 2-298　齿轮箱轴承孔

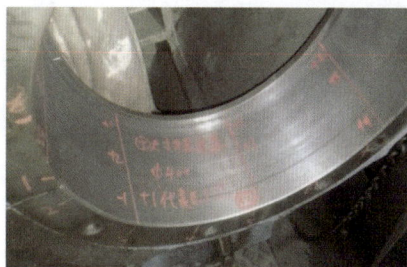

图 2-299　磨损量精测

（3）表面无损检测。表面处理后，使用 ACFM 便携式金属检测仪对轴承孔表面进行检测，避免遗漏隐性缺陷影响修复质量。

（4）实施冷熔脉冲焊。选用强度高、塑性好且耐腐蚀的镍基焊材对轴承孔表面进行修复，本次修复采用 42GrMo，42GrMo 成分及性能，如表 2-34 所示。

表 2-34　42GrMo 成分及性能表

42GrMo 化学成分	42GrMo 力学性能
碳：0.38%～0.45%	抗拉强度 σ_b（MPa）：≥1080（110）
硅：0.17%～0.37%	屈服强度 σ_s（MPa）：≥930（95）
锰：0.50%～0.80%	伸长率 δ_5（%）：≥12
铬：0.90%～1.20%	断面收缩率 ψ（%）：≥45
钼：0.15%～0.25%	冲击功 A_{kv}（J）：≥63

注意：补焊宜缓速均匀，关注基材温升情况，焊点整齐致密，避免造成气孔缺陷。

补焊后轴承孔表面如图 2-300 所示。

（5）恢复轴承孔的尺寸精度。对补焊区域进行打磨，完成粗加工，基本恢复齿轮箱轴承内孔尺寸。

利用加工好的同轴承外径尺寸芯棒，加研磨剂对轴承孔内圈表面研磨，用红丹检查接触情况，恢复轴承孔内圈表面接触精度。研磨后轴承孔表面见图 2-301。

图 2-300　焊补后轴承孔表面

图 2-301　研磨后轴承孔表面

（6）加外圈带防转槽轴承和加防转销。新装配中速级轴承选用同型号外圈带防转槽轴承，并在箱体轴承内孔相应位置打孔装配防转销。

（7）表面清洁及部件回装。对轴承座孔表面进行清洁，将拆卸部件进行回装，恢复线缆、探头。

2. 修复后设备状态监测

调取修复后 1 个月、半年、1 年设备运行数据分析，修复效果良好，风机在高负荷状态下，轴承振动数据（见图 2-302）、轴承温度数据（见图 2-303）均正常。

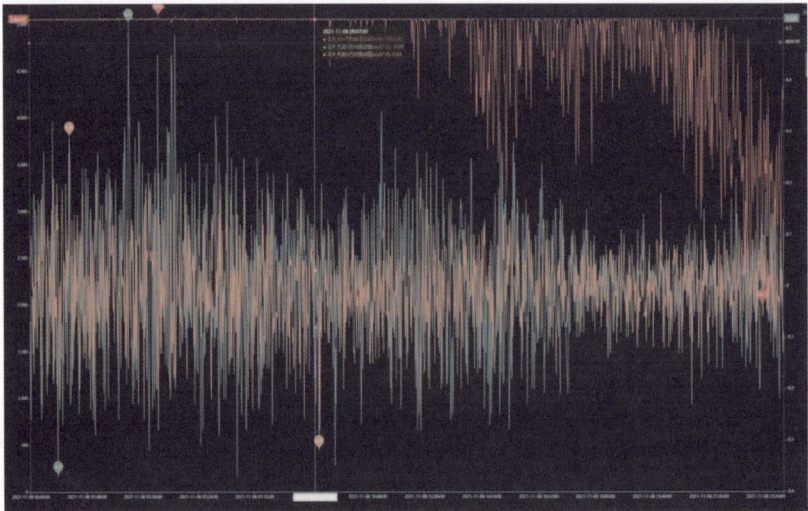

图 2-302　修复后功率-振动曲线

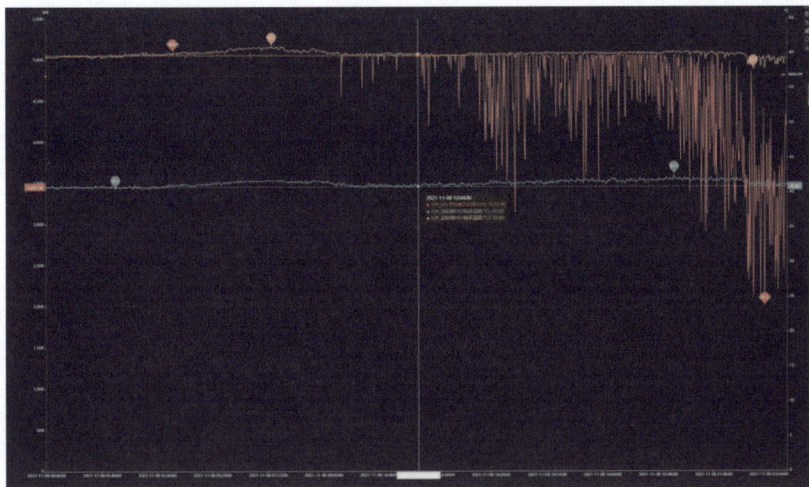

图 2-303　修复后功率-温度曲线

　　该风电场已对齿轮箱轴承孔磨损较严重的 4 台齿轮箱进行了机舱内揭盖更换中速级和轴承孔修复处理，轴承孔修复全部采用冷熔焊修复手段。修后跟踪齿轮箱设备运行状况平稳，振动、温度等各项参数均较修前有明显改善，全部在正常值范围内，定期开盖检查也未发现修复轴承孔再有轴承走外圈现象。

▶　**隐患排查重点**

　　（1）设备维护。

　　1）轴承走外圈的问题，大部分原因是因为齿轮箱长期存在高温或油位不足等缺陷下运行引起，因此温升故障出现时需额外关注。

　　2）轴承与轴、轴承与端盖之间的配合程度是非常重要的，它们之间的配合公差有着非常严格的标准和规定，一旦大于或者小于这个标准规定，所得到的轴承就会出现轴承跑外圈等故障，因此要对轴承装配精度进行严格控制。

　　3）在采购过程中，应选择材质具有高强度、高耐磨性的轴承。轴承的种类不同，与其相适应的轴承的材料钢制也不同，轴承、轴的强度要大，要有较高的耐磨性，要尽量减小轴承合金的摩擦系数，这样才能更好地防止轴承跑外圈，提高轴承的使用效率及使用时间。

　　4）轴承发生跑外圈现象会增大轴和轴承之间的摩擦力，使得零件的磨损严重，精度下降。其次，由于摩擦力的产生会使机械能转变成摩擦损耗的热能，降低整个系统的传动效率。

　　5）对齿轮箱轴承的日常维护检查时，首先要注意齿轮箱工作时是否存在噪声、异常发热等现象，一旦确认异常应立即采取措施，避免故障扩大，导致不可修复性损坏。其次，要检查齿轮箱的箱体及其润滑管路是否有泄露，润滑管路是否松动甚至断裂。再次，检查润滑站油位及油色是否正常，油位下降时应立即查找漏油点。而油色异常时，应进行油的质量检查。油液采样要注意选取运行工况较差的齿轮箱。然后通过检验油品的结果来分析齿轮箱的工作状态，判断润滑油的性能能否正常满足设备运行需要，必要时对箱体（油箱）底部杂质清除干净，如果箱底装有磁性元件，也需进行清洗。

（2）运行调整。

1）改进设计、提高加工制造精度以及改善装配质量。

2）提高运行管理和维护水平，对齿轮传动装置开展状态检测，及时记录异常设备运行数据，并与正常设备进行比较。

3）根据厂家要求对齿轮箱进行日常维护、保养，利用齿轮箱自身给排油系统与过滤后的旧油可实现对齿轮箱的清洗维护。

2.3.7.3　齿轮箱轴承损坏故障

▶ **事故表现**

青海某 49.5MW 风电场 12 号机组在运行过程中报齿轮箱低速轴温度超限故障。首次检查齿轮箱温度传感器接线松动，重新紧固后故障消除，测量 PT100 电阻 107Ω，风机启机试运行后齿轮箱低速轴温度无明显变化。机组启机后，再次报齿轮箱低速轴温度超限，将齿轮箱观察孔打开，观察齿轮箱齿面正常、轴承表面正常。在叶片侧轴承表面画上标示线，空转 300r 左右听见齿轮箱轴承有异响，且轴承存在跑外圈情况。

▶ **事故根本原因**

1. 齿轮箱轴承故障原因分析

（1）齿轮箱高速轴叶片侧轴承本身故障问题，轴承异响引起失效损坏，如图 2-304 所示。

（2）齿轮箱低温启动过程中，齿轮油润滑效果不佳，使得轴承供油量相对不足，运行会导致齿轮箱叶片侧轴承失效问题，如图 2-305 所示。

（3）齿轮箱轴承常见损坏形式。

1）齿轮箱润滑不良造成齿面、轴承过早磨损。

2）环境温度过低，润滑油凝固，造成润滑油无法到达需润滑部位而造成磨损。

3）润滑油散热不好，经常过热，造成润滑油提前失效而使齿轮合表面失去保护油膜。

4）滤芯堵塞、油位传感器污染，润滑油"中毒"而失效。

5）配合公差：轴承与轴（孔）的配合公差有严格的标准，不同规格、精度、受力状况，使用环境等对配合公差要求不同。滚动体与轴承内、外套的摩擦为滚动摩擦，摩擦阻力非常小，承受较大的径向及轴向负荷后产生较大的摩擦阻力。当此阻力大于轴承内外圈与轴或孔之间的静摩擦阻力后将产生滑动，发生了"跑圈现象"。因此我们要合理地选择配合公差。

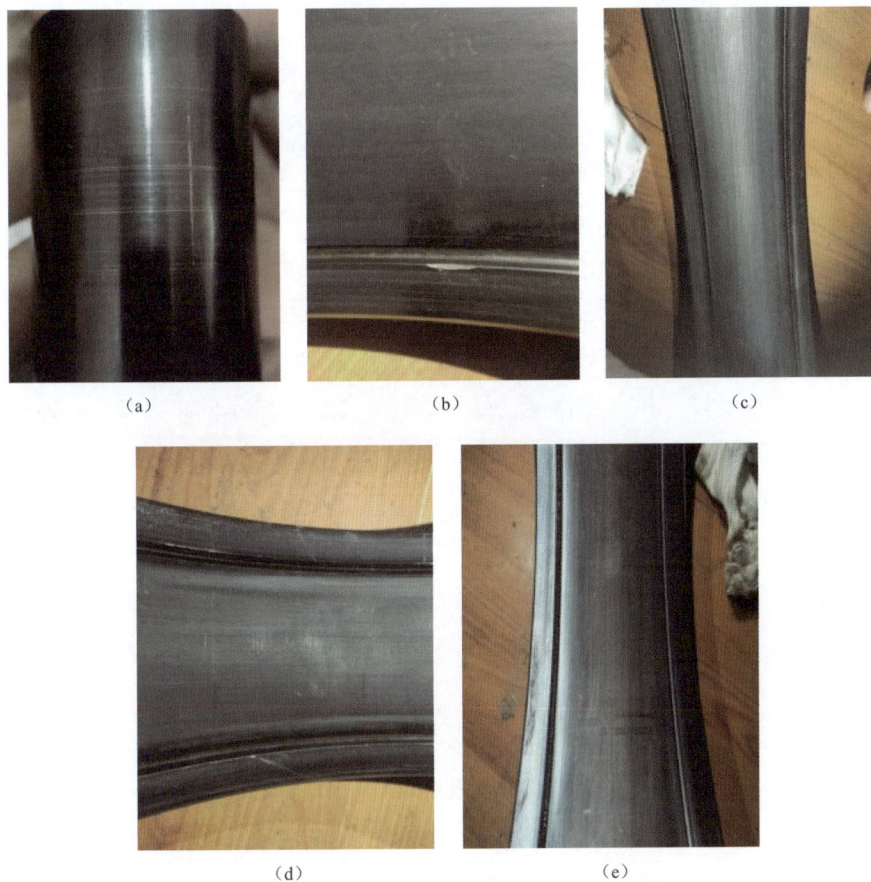

（a）　　　　　　　　　　（b）　　　　　　　　　　（c）

（d）　　　　　　　　　　（e）

图 2-304　自身故障引发轴承失效

（a）滚子磨损情况；（b）轴承外圈损伤情况；（c）轴承内圈磨损情况；

（d）轴承内圈磨损情况；（e）轴承内圈磨损情况

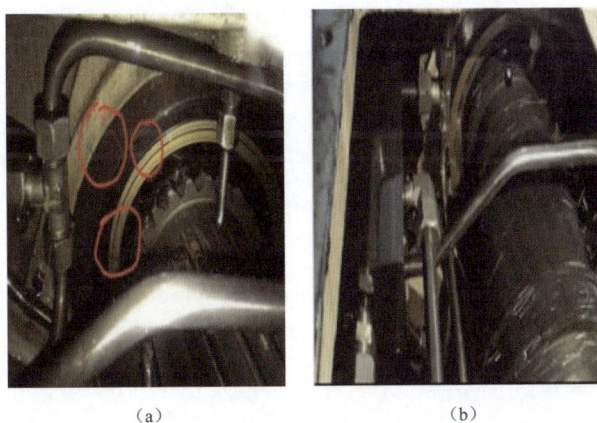

（a）　　　　　　　　　　（b）

图 2-305　润滑不良引发轴承失效

（a）轴承跑外圈现象；（b）叶片侧轴承喷油效果

6）加工和安装精度：指轴、轴承、轴承座孔的加工工差、表面粗糙度、安装装配的精度等技术参数。这些国家也都有行业标准。一旦达不到标准会影响到配合公差从而造成轴承跑圈。轴、轴承的配合位要求表面非常光滑，粗糙度 Ra≤1.6μm，如果大于此，在轴承的拆装过程中会把毛刺拉掉，造成轴变细、孔变大、配合间隙变大，合理公差配合情况被破坏。再如，安装的同轴度不够，会使轴承振动大、造成轴弯曲、载荷变大、造成轴承失效、增加更换轴承的次数、影响了轴承与轴或孔的尺寸公差，进而破坏了其与轴（孔）的配合公差，所有这一切都有可能造成轴承跑圈和轴承失效。

7）轴承的材质：不同种类的轴承要用相适应的轴承钢制造，抗疲劳强度高、弹性极限大、耐磨性要好、机加工性能良好，这样才能保证轴承的正常使用，减少跑圈的可能性。

▶ **事故处理措施及结果**

对风电机组损坏轴承采取如下处理措施：

（1）选择符合标准的齿轮箱轴承。齿轮箱轴承应选择符合 GB/T 33623—2017《滚动轴承风力发电机组齿轮箱轴承》的相关要求，同时应考虑该风力发电机组机型。

（2）保证齿轮箱润滑油的正常运行温度。冷启动时启用齿轮油加热装置，保证齿轮油有良好的润滑效果；加强对齿轮箱冷却风扇的巡视，保证齿轮箱冷却风扇对齿轮箱有良好的冷却效果，不会造成因齿轮箱温度过高而引起轴承故障。

（3）定期对齿轮油进行化验。保证齿轮箱润滑油的合格性，使齿轮及轴承有良好的润滑效果，若润滑油不合格，则进行滤油及换油。

（4）加装在线振动监测装置。每日对监测数值进行巡视，及时停机检查；每月对监测数值进行综合分析、历史数值对比分析，发现振动值有上升趋势及时对风机停机进行维护检查，必要时进行技术监督，以此预防齿轮箱轴承故障。

采取上述措施后，齿轮箱轴承的故障频次显著降低。

▶ **隐患排查重点**

（1）设备维护。

1）加强对齿轮箱冷却风扇的巡视，保证齿轮箱的冷却系统的完好性和有效性。

2）油泵电机机油压力低的主要原因是由于随着时间的推移，油泵电机轴承遭受磨损。磨损会引起这些部件最终失去原来的尺寸，增加间隙，允许了更大体积的油流量，从而使得电机机油压力降低。因此要加强对油泵电机油压的检测，发现低油压现象及时解决。

3）检查齿轮箱底部加热系统，是否能正常投入且 PT100 反馈正常，线缆无松动，接地屏蔽效果良好。

4）齿轮箱的润滑系统应考虑排气，同时选用的润滑油应具有良好的抗泡性和空气释放性，这样才能把卷入油里的气泡迅速释放出来，然后排掉。

（2）运行调整。

1）每日对监测数值进行巡视，及时停机检查；每月对监测数值进行综合分析、历史数值对比分析，发现振动值有上升趋势及时对风机停机进行维护检查，必要时进行技术监督，以此预防齿轮箱轴承故障。

2）针对油温温升异常机组，将齿轮箱过滤器入口、出口油压与其他正常机组做数据比对。当压差过大时，应重点检查齿轮箱滤筒和滤芯是否存在铁屑及胶粒等异物，并及时送检化验分析。

3）润滑油品的质量和正确的维护手段对于风力发电机的寿命有着重要影响，应选用优质的润滑油品，同时采用油液检测的手段对润滑油品的质量进行有效的监测，从而延长风力发电机的使用寿命、提高发电机的运行效率和生产力、减少维修支出和停机损失。

2.3.8　齿轮箱花键故障事故案例及隐患排查

▶ **事故表现**

在双馈异步风电机组传动链中，齿轮箱故障率一直相对较高，中、大兆瓦级风力发电机中的齿轮箱普遍使用行星传动加平行传动结构形式，平行传动是指太阳轮轴通过花键与花键轴连接，花键轴与太阳轮轴平行设置，以实现扭矩传输。某 1.5MW 机组在运行过程中，机组报出转速超限故障，经现场人员排查为齿轮箱问题导致。

▶ **事故根本原因**

本事故经排查造成齿轮箱故障的根本原因为花键轴损坏，而且花键由于自身安装位置的隐蔽性决定了在其损坏前期不易及时发现，一旦花键损坏，运转中的风电机组就不能及时制动，且掉落箱体底部的花键碎屑很容易引起打齿，因此其危害性较大。

故障排查的过程如下：

基于通过内窥镜和振动检测都无法有效观察二级太阳轮直齿磨损情况，无法做到提前预防。经过对图纸原理研究，并计算试验，研制一套在轮毂锁定的条件下人工转动高速轴，测量高速轴刹车盘正转和反转角度，从而判断二级太阳轮直齿轮磨损情况的方法。经现场试验和技术人员计算，一般角度小于 30°左右为正常。此检测方法主要确定直齿轮磨损情况，提前发现问题。

（1）花键磨损测量过程。

1）周长换算法：①锁紧风力发电机组轮毂锁；②拆下联轴器罩；③确认轮毂锁紧后，松开刹车使用打压杆将高速轴盘车至左极限（见图 2-306），即将高速轴刹车盘往上盘，直至无法盘动之后手动刹车；④用记号笔在高速轴刹车盘与液压刹车接口处画上标记（见图 2-307）；⑤松开刹车使用打压杆将高速轴盘至右极限（即将高速轴刹车盘往下盘，直至无法盘动）之后手动刹车；⑥用记号笔在高速轴刹车盘与液压刹车接口处画上标记；⑦使用皮尺（卷尺）测量左右极限之间的距离（见图 2-308），回装联轴器罩；⑧通过制动盘周长，换算左右极限转动角度。

图 2-306　盘动联轴器

注意事项：①此工作禁止在风速 8m/s 以上时进行；②必须确认轮毂锁可靠锁紧；③工作时需两人配合进行，一人盘车、一人守在手动刹车（紧急开关旁）保证随时能刹车；④测量距离建议使用手机拍照。

图 2-307　盘车极限标记

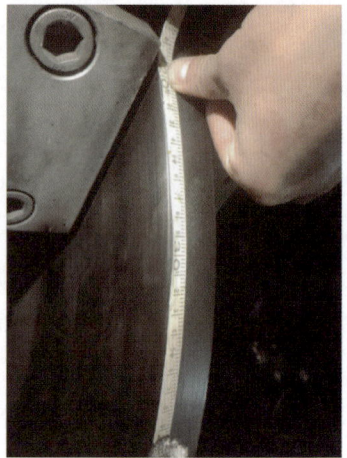

图 2-308　盘车距离测量

2）角度测量法：①停机、锁紧刹车盘。②锁定销将风机轮毂锁死；保证叶轮锁无明显间隙。③拆除联轴器，固定位置摆放。④保证刹车盘与发电机完全脱开。⑤保留刹车盘，用于盘动高速轴。⑥盘动高速轴。⑦在刹车盘及转盘上划线，用于记录盘动角度。⑧正向盘动高速轴直至不能转动，划线，见图 2-309；反向盘动高速轴系至不能转动，再次划线，见图 2-310；用角规测量两次划线之间的角度，见图 2-311～图 2-313。⑨若盘动困难，可用撬棍辅助转动刹车盘。⑩安装刹车盘。⑪安装联轴器及相关附件。⑫发电机对中，拧紧螺栓力矩。⑬风机空转运行查看有无异常。⑭风机恢复运行。

图 2-309　正向盘车极限位置

图 2-310　反向盘车极限位置

图 2-311　两个极限位置延长线到刹车盘中心位置

图 2-312　角度尺测量夹角度数

3）两种测量方法的区别：①角度测量法需要拆除联轴器，手动或者用撬棍盘动制动盘。②周长换算法不拆除联轴器，用打压杆盘动联轴器转动，风速稍大，11、12m/s 也比较好盘车。③角度测量法通过高速轴圆心与左、右标记极限位置进行划线，用角规直接测量两次划线之间的角度。④周长换算法通过测量左、右标记极限位置之间的距离与制动盘周长的比例，换算得出左、右极限角度。⑤角度测量法盘车不带联轴器、发电机，测完后要回装联轴器和开展对中工作。周长换算法盘车带联轴器、发电机。

（2）花键测量情况。某风场通过周长换算法测量角度，分别将叶片 1、2、3 朝下锁定轮毂锁，测量左右极限分别为 22.5、48.7、27cm，制动盘周长为 270cm，换算角度为 30°、65°、36°，此台机组需要打开花键轴端盖进行检查。

（3）齿轮箱花键开盖检查方法。断开电源。

1）断开动力柜 400V 电源主空开和控制柜电池主空开（因为各路电源要进到轮毂，拆盖需要拆除进轮毂的线路）。

2）拆除进轮毂的线路。

3）拆除机舱控制柜进轮毂相关电缆，如图 2-314 所示。将电缆抽到齿轮箱空心管内，控制柜至轮毂滑环的接线共有 6 根，分别为 560V 直流电源电缆，230V 供电电缆、轮毂 24V 供电电源线、安全链相关回路电缆、CAN 通信线主备线、滑环编码器电缆。

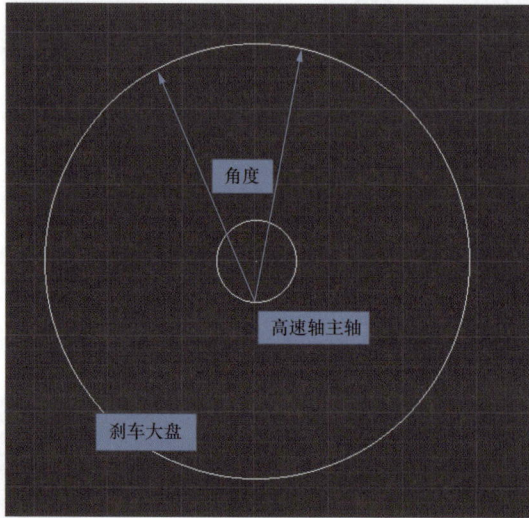

图 2-313　测量两个箭头之间夹角

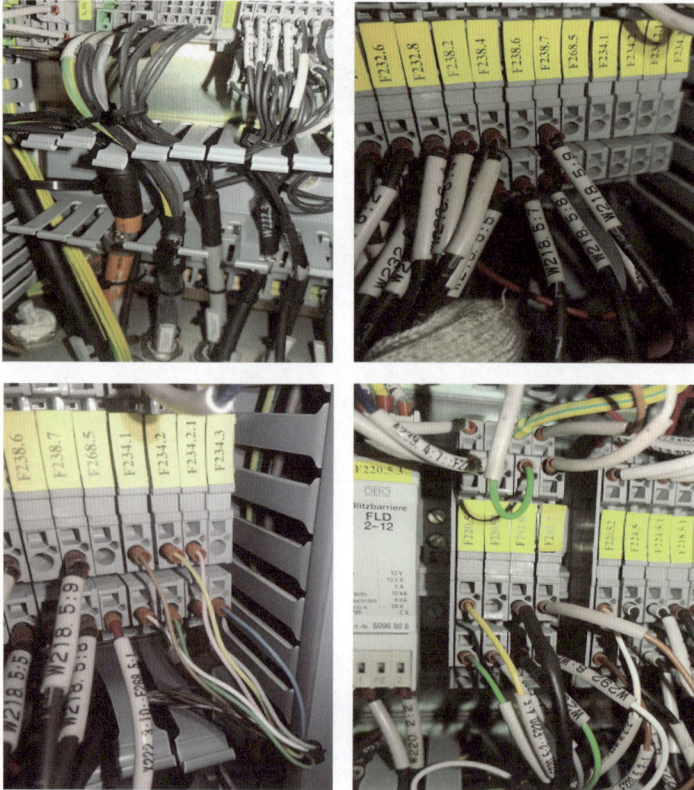

图 2-314　拆除轮毂进线

（4）放齿轮油。查看齿轮箱油位进行放油，若油位低于端盖则不需放油，若油位高于端盖则通过放油阀放油。可通过观察油位计，确保油位在端盖以下，防止拆除端盖后漏油。

（5）拆除联轴器罩和液压站。根据实际操作空间，视情况拆除联轴器罩和液压站。用 13、14 号开口扳手、棘轮扳手拆除联轴器罩，用 8 号内六角拆除 2 颗液压站安装在制动器上的连接螺栓，用 19 号开口扳手拆下液压站与制动器的连接油管，然后可将液压站移动齿轮箱上端用绳索固定。拆除滑环、抽线、拆除端盖直角弯头

1）将轮毂内滑环拆下。

2）用管钳拆除与高速轴端盖直角弯头连接的波纹穿线管接头，见图 2-315。将原来拆除的 6 根进轮毂线用 3.5m 长牢固细绳绑牢。

3）在轮毂内抽线，如图 2-316 所示。将电缆抽至齿轮箱空心管内。

图 2-315 拆除端盖直角弯头

图 2-316 抽电缆

4）由管钳拆除直角弯头，拆下直角弯头后，将直角弯头顺线拆出。

（6）拆除端盖、挡圈、半月盘。

1）由于空间受限，首先加工切割一个 17 号的内六角，内六角短头一端切割留下 2.5cm，用该内六角拆下端盖上 8 颗螺栓。

2）准备 2 颗长 15cm 的 M16 螺栓，使用 24 号套筒或者开口扳手，通过 2 个预丝孔将端盖顶出，如图 2-317 所示。拆除端盖的时候，用绳索将 2 颗螺栓固定在制动器或者吊杆上，防止端盖突然脱出损坏电缆。

3）拆除挡盖上防止螺栓松动的铁丝，用力矩扳手拆下 8 颗挡盖螺栓（使用 24 号套筒），如图 2-318 所示。取下挡盖和半月盘就可以看到花键。

（7）花键检查。清除花键外端的油泥和杂质，检查花键磨损情况，如图 2-319 所示。

243

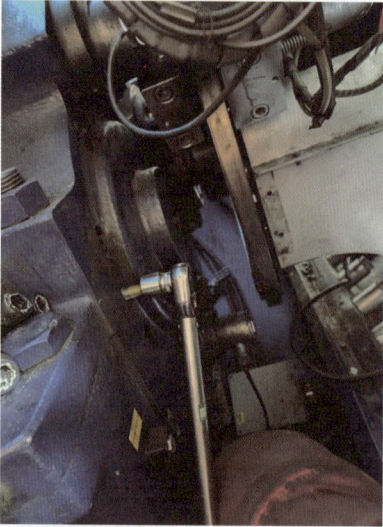

图 2-317　拆除端盖

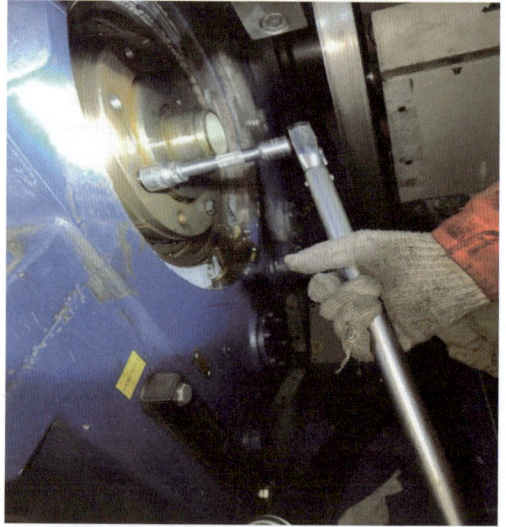

图 2-318　拆除挡盖

图 2-319　检查花键磨损情况

开盖检查，发现花键磨损严重，花键齿几乎磨平，掉落出许多轮齿铁屑。

> **事故处理措施及结果**

明确本事故的根本原因为花键轴磨损，对花键轴进行更换，更换步骤如下：

（1）齿轮箱花键轴的拆卸。

1）拆卸齿轮箱与高速轴连接附件。

2）拆卸空心管（见图 2-320）、滑环及轮毂线缆、齿轮箱高速轴组。

3）分离后箱体并拔出插销，如图 2-321 所示。

4）固定行星架速比轮，保证吊点在平衡点；拆卸速比齿轮太阳轮（见图 2-322），防止空心管磕碰。

图 2-320　拆除空心管

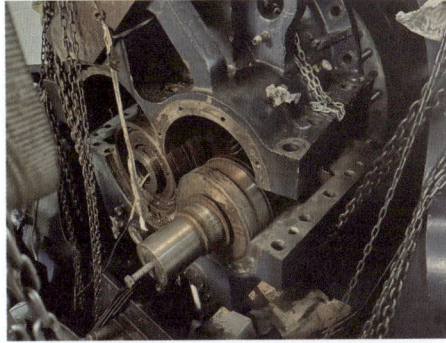

图 2-321　分离后箱体并拔出插销

图 2-322　拆卸速比齿太阳轮

图 2-323　位移太阳轮，拆除太阳轮挡板与挡油环

5）位移太阳轮，拆除太阳轮挡板与挡油环，见图 2-323。

6）砂纸、百洁布、清洗剂、抹布、锉刀打磨清理附件上异物，如图 2-324 所示。

图 2-324　打磨清理附件上异物

（2）安装工艺。

1）安装太阳轮及挡板，如图 2-325 所示。

图 2-325　安装太阳轮及挡板

2）安装速比轮，紧固太阳轮挡板螺栓，如图 2-326 所示。

图 2-326　安装速比轮，紧固太阳轮挡板螺栓

3）固定速比轮，安装下箱体，如图 2-327 所示。

4）安装导油环前轴承、挡板及合箱，如图 2-328 所示。

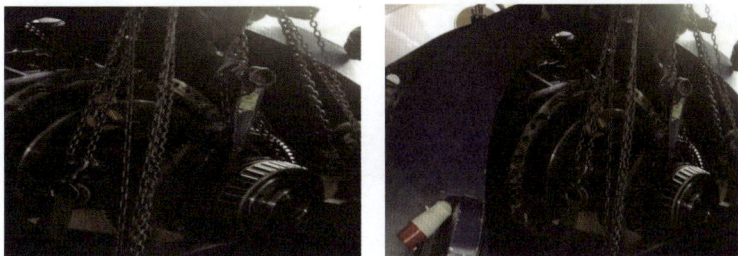

图 2-327 固定速比轮，安装下箱体

图 2-328 安装导油环前轴承与挡板及合箱

图 2-329 安装高速轴端盖

5）端盖配磨轴承预紧测量、安装高速轴端盖，如图 2-329 所示。

6）安装速比轮端盖 O 形圈，确认速比轮后轴承调整环尺寸符合要求后安装并端面涂胶；对齐回油孔，在速比轮端盖与壳体对角安装 2 件 M20 导向杆，转动空心管对齐空心管销孔后，平行压紧端盖安装齿轮箱油管等附件。

7）机组通过花键轴塔上更换，发现拔出的花键轴确实磨损严重（见图 2-330），不及时更换将造成更大的损失。

图 2-330 某风场一期机组更换下来的花键轴磨损情况

对花键轴更换完成后，故障消除。

▶ **隐患排查重点**

（1）设备维护。

1）主机未并网前应每 2～3 个月内完成一次盘车启泵工作，要求低速端盘车完成 2.5 圈旋转启动油泵运行 30min。

2）不允许高速端转速超过 30r/min 时，启动液压刹车制动，防止大扭矩冲击。

3）检查液压刹车制动回路及其控制回路是否存在误动作或刹车盘是否存在异常磨损，防止因高速刹车误动作导致产生较大反扭力冲击影响花键寿命。

4）加强齿轮箱的维护，对干燥呼吸器及时检查更换，对齿轮箱油冷却系统的滤芯及时检查更换，发现异常状况（如异响振动、铁削体积较大且量多、散热系统管路堵塞、部件温度过高等）及时上报，及时开展强制过滤、内窥镜和振动分析，尽快确定原因减少齿轮箱的损坏。

5）定期检查齿轮箱扭力臂紧固螺栓力矩，发现一颗螺栓松动则必须将全部螺栓使用 100%力矩值复验。

（2）运行调整。

1）机组满发状态时，查看齿轮箱非驱动端温度数据，查看功率相近机组齿轮箱非驱动端及低速端温度跃升速率是否异常，即是否存在高温警告或油池过温警告等异常告警。

2）每 6 个月应拷取机组低速端转速数据信息，将低速端转速乘以齿轮箱变比并与发电机驱动端转速做对比，排查是否存在转速相差较大或不匹配等异常问题。

3）针对油温温升异常机组，将齿轮箱过滤器入口、出口油压与其他正常机组做数据比对。当压差过大时，应重点检查齿轮箱滤筒、滤芯是否存在铁屑及胶粒等异物，并及时送检化验分析。

4）查看变频器录波数据，检查主控输入扭矩、反馈扭矩或实测扭矩是否存在较大差值。

5）长时间高负荷运行等因素影响下，花键轴容易出现磨损问题。而内窥镜看不到花键齿的位置，开盖检查过程工作量较大，所以提前判断出机组花键是否磨损再进行开盖检查能节省大量不必要的开盖检查工作。现场可以通过锁定轮毂锁，左右盘车，测量高速轴角度来判断花键是否存在磨损，进一步缩短了开盖排查范围。通过开盖检查，观察花键齿磨损情况和测量花键齿间隙来确定是否需要更换花键轴。现场可以提前准备备件，在机组花键失效前进行塔上主动更换、做好花键轴预防性检修工作，避免齿轮箱缺陷进一步扩大化，导致吊装更换齿轮箱和机组长期停运的发生。

2.3.9 齿轮箱润滑油液监测管理事故案例及隐患排查

▶ 介绍栏

1. 风电机组润滑系统及齿轮箱

目前主流风电机组润滑部件主要分为两类：一类是依靠润滑油进行润滑的部件，包括主齿轮箱、偏航电机小齿轮箱、液压系统部件；另一类是依靠润滑脂进行润滑的部件，包括主轴轴承、发电机前后轴承、偏航齿圈、变桨轴承等。其中，主齿轮箱是整机传动链的核心部件，其作用是将叶轮、主轴的低速转动通过各级轮系进行增速，转化成发电机端的高速转动，最终实现机械能向电能的转化。其运行状态直接关系到风电机组的设备可靠性和发电量。风电机组常用润滑剂及其使用部位如表 2-35 所示。

表 2-35 风电机组常用润滑剂及其使用部位

润滑剂类型	使用部位
齿轮油	主齿轮箱，偏航电机齿轮箱
液压油	液压站，液压变桨、刹车系统
润滑脂	主轴轴承、变桨轴承、发电机轴承、偏航轴承

2. 油液监测在风电现场润滑管理中的作用

国内风电场日益重视对风电设备的状态监测，并引入了诸如振动监测、油液监测等技术手段，目前绝大多数风电机组齿轮箱采用的油液监测手段为离线实验室监测，即由专人从设备的固定取样点上定期提取代表性的油样，及时送至实验室进行检测、分析，之后由实验室将结果报告给风电现场用以指导设备运维。

在风电场润滑管理的流程中，油液监测技术主要应用于以下几个环节：

（1）新油入库检测：对新购油品进行检验，杜绝以次充好、牌号错误等现象。

（2）机组出质保验收：评估油品性能和机组状态，为出质保验收提供数据支撑。

（3）齿轮箱换油后检测：评估换油过程是否规范，有无油品错用、污染等违规操作。

（4）设备的定期油液监测：通过合理的周期取样对油品性能及设备状态进行跟踪。

（5）后期润滑油劣化趋势监测：通过对磨损元素、添加剂等指标的趋势变化进行按质换油。

▶ 事故表现

2014 年 4 月，某项目现场运行机组齿轮油送检后，检测发现其油脂中铁元素和 PQ 均有异常升高，同时伴有添加剂磷元素降低的现象。分析铁谱显示，油中磨粒在 10μm 左右，推断其齿面已有轻微点蚀。

▶ **事故根本原因**

对全场出质保机组主齿轮箱油进行油液监测，其中一台机组齿轮油指标变化趋势如图 2-331 所示。

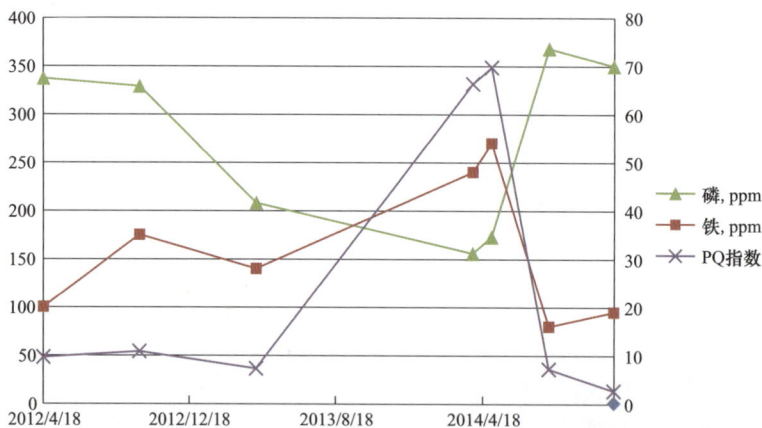

图 2-331　某质保期内风电机组主齿轮箱润滑油指标趋势变化

由图 2-331 可见：2014 年 4 月，该机组齿轮油中铁元素和 PQ 均有异常升高，同时伴有添加剂磷元素降低的现象。分析铁谱显示，油中磨粒在 $10\mu m$ 左右，推断其齿面已有轻微点蚀，内窥镜检查结果如图 2-332 所示。

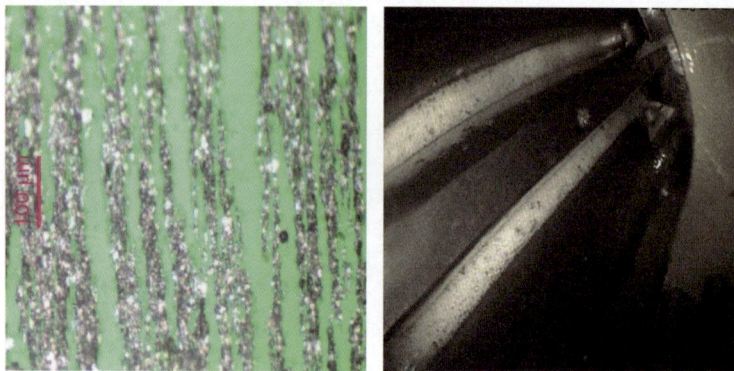

图 2-332　该机组齿轮油分析铁谱图片及齿面内窥镜检查图

▶ **事故处理措施及结果**

在对该机及时更换了齿轮油和滤芯之后的油液监测中，机组齿轮油各项指标均恢复正常。

▶ **隐患排查重点**

（1）设备维护。

1）由专人从设备的固定取样点上定期提取代表性的油样，及时送至实验室进行检测、分析，之后由实验室将结果报告给风电现场用以指导设备运维。

2）现场油脂出、入库需专人管理，确认出库油脂符合作业需求。

3）加强齿轮箱的维护，对干燥呼吸器及时检查更换，对齿轮箱油冷却系统的滤芯及时检查更换，发现异常状况（如异响振动、铁削体积较大且量多、散热系统管路堵塞、部件温度过高等）及时开展强制过滤、内窥镜和振动分析，尽快确定原因，减少齿轮箱的损坏。

4）在齿轮箱出口油管处加装颗粒检测器，检测齿轮箱杂质含量并做预警技改。

5）新油入库检测：对新购油品进行检验，杜绝以次充好、牌号错误等现象。

6）机组出质保验收：评估油品性能和机组状态，为出质保验收提供数据支撑。

7）齿轮箱换油后检测：评估换油过程是否规范，有无油品错用、污染等违规操作。

8）设备的定期油液监测：通过合理的周期取样对其用油性能及设备状态进行跟踪。

9）后期润滑油劣化趋势监测：通过对磨损元素、添加剂等指标的趋势变化的监测，实行按质换油。

（2）运行调整。

1）机组满发时，查看齿轮箱过滤器入口与出口油压比值是否接近预警值。若存在压差较大且未触发故障现象，则应立即对其滤芯及滤筒进行排查，查看是否存在铁屑及其他杂质。

2）针对油温温升异常机组，将齿轮箱过滤器入口、出口油压与其他正常机组做数据比对。当压差过大时，应重点检查齿轮箱滤筒和滤芯是否存在铁屑及胶粒等异物，并及时送检化验分析。

3）机组满发运行过程中，监测齿轮箱精滤器出、入口压力变化查看压差是否临近故障触发值；满发后，应检查滤芯或滤筒底部是否存在铁屑或将油样进行检验。

2.3.10　齿轮箱齿轮油入口压力低故障事故案例及隐患排查

▶ 事故表现

某风场随着风电机组运行年限的增长，齿轮箱问题逐年增多，经过统计发现，预警频繁的齿轮箱输入级、中间级和输出级都出现了批量性的齿轮早期疲劳失效现象，与金属零件寿命期内磨损过程规律曲线严重不符。金属零件磨损过程曲线图见图2-333。

经过统计发现，早期风电机组正常运行时，齿轮箱入口压力值大部分压力介于 0.5～0.8bar 之间。同时，根据近三年数据统计发现，在运的 560 台风机齿轮箱塔上大修率达 62%，运维期齿轮箱下塔率达 35%，严重影响设备运行可靠性，设备运维成本逐年升高。部分齿轮箱失效故障图如图 2-334 所示。

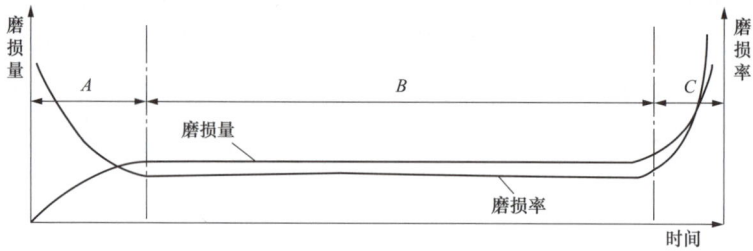

图 2-333　金属零件磨损过程曲线

A—磨合磨损阶段；*B*—稳定磨损阶段；*C*—剧烈磨损阶段

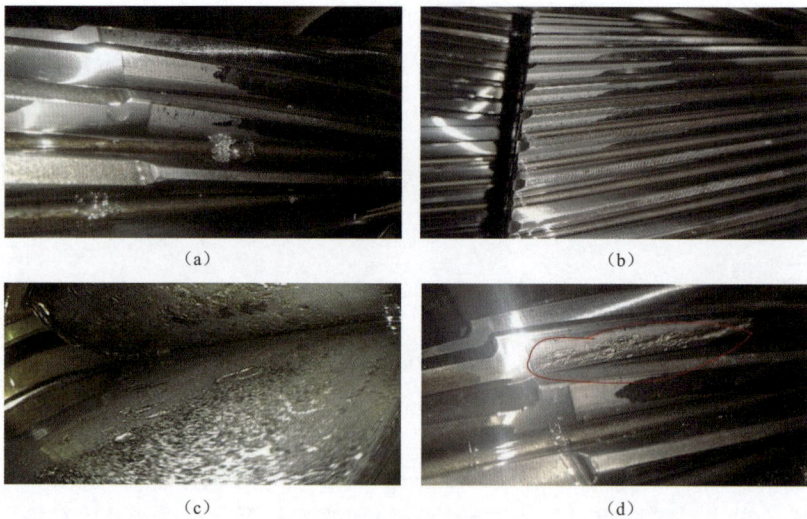

图 2-334　齿轮箱失效故障图

（a）高速轴齿面磨损；（b）中间齿轮偏载磨损；（c）轴承滚子及

滚道点蚀、剥落；（d）齿面剥落磨损

▶ 事故根本原因

润滑油入口压力高低直接反应齿轮箱润滑系统供油量多少，进而影响齿轮和轴承的润滑效果，最终影响齿轮箱使用寿命的长短。根据目前行业内，同机型使用的齿轮箱运行参数对比，齿轮箱运行入口压力不得低于 0.8bar，而 1.5MW 机型中，齿轮箱入口压力运行下限设置为 0.5bar。

根据流量与压力的计算公式为

$$Q = \mu A (2P/\rho)^{0.5} \tag{2-6}$$

结果显示单台齿轮箱，入口压力从 1bar 下降到 0.5bar 时，润滑油流量减少 29.4%；入口压力 0.8bar 下降到 0.5bar 时，润滑油流量减少 20.9%。润滑流量的减少，势必造成齿面、轴承润滑出现润滑不良的情况。

根据运行数据及状态发现，齿轮箱在冬季润滑油的黏度较大时，电气泵启动后风机入口压力过高，依靠机械泵维持入口压力，但因黏度较大，机械泵供给的压力高于启动压力 0.8bar，因此造成电气泵处于停运状态；而机械泵供给的油量不能够满足润滑需求量，最终导致齿轮箱轴承温度偏高，从而进一步证明润滑油的流量大小影响润滑效果。

通过调取运行数据可以看出，目前在运行 560 台齿轮箱，约 60%存在入口压力偏低运行的情况。要提高齿轮箱运行可靠性，延长使用寿命，解决入口压力低的问题是有效遏制齿轮箱故障的有效措施之一。

造成齿轮箱齿轮泵性能下降的主要原因有：

（1）齿轮油泵内部齿轮磨损，结构间隙的变化造成内漏，其容积效率下降，齿轮油泵输出功率大大降低，损耗全部转化为热能，因此会引起齿轮箱油泵过热现象。

（2）齿轮油泵壳体磨损，主要为轴套孔的磨损，齿轮轴与轴套的正常间隙为 0.09～0.175mm，最大不得超过 0.2mm。齿轮工作受压力油的作用，齿轮箱尖部靠近齿轮泵壳体，磨损齿轮油泵的低压腔部分，齿轮两端面和端盖之间的端面间隙过大，间隙过大造成泄漏量加剧，占总泄漏量的 75%～80%；另外油液存在杂质，会造成壳体内工作面呈圆周似的磨损。

（3）油封磨损、胶封老化，随着齿轮油泵运行年限的增长，热胀冷缩的作用，齿轮泵密封出现老化变质，空气会从油封与主轴轴颈之间的缝隙或从进油口接盘与齿轮油泵壳体结合处被吸入齿轮油泵，经回油管进入油箱，在油箱中产生大量气泡，一方面降低了油泵性能，另一方面产生油液乳化和气泡现象，造成齿轮、轴承润滑不良。

（4）齿体出现裂纹、齿轮泵径向间隙与轴向间隙过大、油温过大造成油液黏度过小、过滤器堵塞、溢流阀故障等均会引起齿轮泵压力不足现象。

▶ 事故处理措施及结果

为了进一步提升润滑可靠性，保证齿轮箱运行稳定性，主要从以下三个方面进行技术改进，以保证齿轮箱入口压力，保证充足的齿轮箱润滑油流量。

（1）运行参数方面的改进。查看后台运行参数，润滑泵运行依靠参数设置进行控制，默认油泵启动压力为 0.8bar，油泵停止压力为 5bar，油泵压力低而导至停机的压力为 0.5bar。但根据现场调查发现，大部分机组油泵入口压力保持在 0.5～0.8bar 之间运行，而根据齿轮箱产品技术说明，保证齿轮箱正常运行的润滑压力在 0.8～8bar 为合格。因此，根据 1.5MW 机组运行情况，将运行参数进行优化，具体如下：

1）齿轮箱电机泵启动运行参数由 0.8bar 修改为 3bar，主要解决的问题冬季环境温度较低，齿轮箱润滑油黏度较大，油泵启动后入口压力过大，油泵停止，此时齿轮箱转速达到一定值时，机械泵投入运行能够提供大于 0.8bar 入口压力，而此时电机泵不投入运行，润滑流量由机械泵提供，无法满足正常润滑。因此，将油泵启动压力修改为 3bar，以便保证电机泵能够及时投入，保证润滑流量。

2）齿轮箱入口压力报警停机值由 0.5bar 修改为 0.6bar，为了提高发电效率，保证机组能够正常运行，入口压力低报警停机值不宜设置过高，增加预警逻辑，实现预防性检修。

3）齿轮箱油泵停止压力由 5bar 优化为 8bar。齿轮箱油泵停止压力需增大最大值，需考虑冬季环境温度较低情况和润滑油黏度值，避免齿轮箱油泵电机频发启停，出现跳闸现象，因此将油泵停止压力设置为最大值。

（2）运行逻辑优化。本案例机组的齿轮箱入口压力接入后台 SCADA 监控系统，而保护逻辑中只有入口压力低故障停机，当齿轮箱入口压力出现偏低后，运行检修人员无法及时发现，可能造成齿轮箱长时间运行在润滑不良的情况下。因此，在主控保护逻辑中增加齿轮箱入口压力低告警运行逻辑，当风机正常运行时，齿轮箱入口压力介于 0.6～0.8bar 之间，且持续时间达到 30min 以上时，机组告警运行不停机，检修人员可选择在小风天气进行预防性检修处理，从而不会影响机组发电效率。

（3）齿轮箱泵性能方面。

1）齿轮箱电机齿轮泵因使用年限过长，泵体密封原件失效，导致泵体密封不严，存在泄压、气蚀现象，甚至存在通过泵体后呈现泡沫状；无法正常供油，针对以上情况应进行检查并更换密封元件。

2）结合机组预警情况，对齿轮箱油泵齿轮磨损、性能下降的泵体进行更换。

▶ **隐患排查重点**

（1）设备维护。

1）主机未并网前，应每 2～3 个月内完成一次盘车启泵工作，要求低速端盘车完成 2.5 圈旋转启动，油泵运行 30min。

2）优化齿轮箱润滑逻辑，将原有参数调整至 0.8bar，机组运行时根据油池温度调整齿轮箱油泵电机运行模式即高低速模式，不允许单泵运行即机械泵单独运行。机组待机未运行时，齿轮箱润滑油泵电机必须根据油池温度自动开启高低速强制喷淋模式。

3）内窥镜具有携带方便、清晰度高的特点，利用探头探测齿轮箱内部的轴承及齿轮。设备出现振动、噪声增大、温度升高等情况时，可停机打开观察孔。使用内窥镜检查齿轮啮合情况和齿轮箱底部是否有异物存在，这样的检查方式能够非常直观地表现齿轮箱内部的情况。

4）在齿轮箱出口油管处加装颗粒检测器，检测齿轮箱杂质含量，并做预警技改。

5）排查温控阀阀体是否正常工作，做针对性技改将被动温控阀控制改造为电磁式控制，温度到达 45℃强制开启电磁阀使油温维持在正常范围内。

6）检查齿轮箱润滑油管路及分配阀是否存在漏油或渗油现象，若有则须更换对应密封件或重新做端面密封。

7）在过滤器与齿轮箱油管连接无误的情况下，当油温超过55℃过滤器到油分配器的管子仍有流油的情况下（判断方法：可以摸该油管，如温度与分配器的温度一致或者有油流动的振动感则说明该油管有油流过），说明过滤器的温控阀存在问题，可以更换温控阀。

8）溢流阀作为泄压元件，应在齿轮箱油温低、压力高的时候才会发生作用。目前发现有油温高溢流阀仍然流油的情况，这样经过冷却的油量会减少，部分的油未经冷却直接回齿轮箱，导致整体冷却不足，油温偏高。遇到油温高、压力低而溢流阀又开启的情况，应及早更换溢流阀。

9）轴承的运转必须保证一定的径向游隙。当游隙过小时，摩擦发热增大，温升提高，恶性循环会造成轴承抱死的情况。这种情况比较少见，可以用塞尺检测轴承上端的径向游隙。

10）油温过低也容易造成高速轴轴承温度过高，润滑油在低温的情况下黏度很大，通过进油孔的油会变得很少，而且黏度高的油液流动性很差，导热的能力也会差很多，导致轴承温度越来越高，造成恶性循环。

11）老式的机械泵泵体内无法存油，因此运转后空气气压无法冲开末端的单向阀，致使油路无法启动。在机械泵入口端增加存油弯管从而解决该问题。

12）巡检时，检查齿轮箱滤桶回油高压细管连接紧固，该油管在齿轮箱油泵运行过程中可将滤芯内产生的气泡及时排除，可以有效阻止主润滑回路油泡的产生。

13）检查压力传感器接线及信号屏蔽线线缆紧固度，以及是否存在松动接地不良或接触点锈蚀等异常现象。

（2）运行调整。

1）机组满发时，查看齿轮箱过滤器入口与出口油压比值是否接近预警值。若存在压差较大且未触发故障现象，则应立即对其滤芯及滤筒进行排查，查看是否存在铁屑及其他杂质。

2）对滚动轴承进行监测，是一项长期和周期性较强的工作，被测设备需要在稳定的载荷工况下运行，而且每次测试的工况、测点位置、仪器都应相同，以保证测试的真实性和可比性。

3）轴承以外其他振动构成轴承振动信号检测的干扰源，是实施冲击脉冲诊断轴承故障的最大障碍，会使检测结果失真，需要识别和排除干扰因素。

4）在振动传感器安装完成以后，用振动监测系统监测风电机组各部位振动数据，更好地分析振动产生的原因，提前预防，保障齿轮箱等大部件安全、稳定运行。

2.4 ▶ 发电机系统事故隐患排查

2.4.1 转子事故案例及隐患排查

2.4.1.1 转子中性环断裂故障

▶ **事故表现**

某风电场机组使用的发电机为 1.5MW 双馈异步发电机。在其投产运行 3 年后，风机频繁报变频器错误，经检查发电机转子绕组电阻不平衡，初步判断为发电机转子绕组损坏。之后经拆开发电机检查，发现发电机转子中性环拐点处断裂，导致发电机故障。

▶ **事故根本原因**

现场人员检查变频器未发现异常，排除变频器故障，然后依次排查导电轨、导电轨到发电机连接电缆、发电机绝缘。检查结果正常。检查集电环，发现表面光洁，无点蚀灼伤的痕迹，相碳刷与集电环接触面光洁。脱开发电机集电环对发电机绕组引出线进行绝缘测量无异常，用万用表测得引出线三相阻值，L 相与 M 相阻值约为 1.2Ω，K 相与 L 相阻值约为 101Ω，K 相与 M 相阻值约为 102Ω。测量 K、L、M 三相通断发现 L、M 相导通，K、L 相不通，K、M 相不通（正常情况下三相应导通）。从以上数据分析，不用直流电阻测试仪就可以确定发电机转子绕组 K 相开路。

维护人员为查找绕组故障具体原因，把发电机集电环拆除，并将发电机后轴承拆开，最终检查发现发电机转子绕组中性环拐点处断裂。经检查分析，在发电机转子中性环或 L 形引线制作过程中，90° R 弯形处可能出现隐形裂纹，在长期通电运行状况下产生局部过热，并逐步扩大，加之转子旋转时特别是变速时产生交变应力，热和机械长期交变作用产生疲劳，最终使得该处绝缘击穿或熔断，转子绕组三相直流电阻不平衡，并导致熔化部位的绝缘老化失效造成某一相开路故障，是导致该类故障的直接原因。转子中性环故障如图 2-335 所示。

星形接点中性环90° R弯形故障点

图 2-335 转子中性环故障

▶ **事故处理措施及结果**

1. 解决方案制定

根据分析研究，后续制作技改转子中性环和 L 形引线，将 90° R 弯形技改为 100°左右弧形引线，避免弯形处出现隐形裂纹，厂家制作到货后，严格检查验收，并确认中性环制作工艺和施工作业工艺监管，该风电场 33 台风机发电机转子中性环和 L 形引线全部进行更换技改，中性环 R 弯形技改情况如图 2-336 所示。

图 2-336　转子中性环 R 弯形技改情况

2. 中性环技改施工步骤

（1）采用工装对发电机非传动端拆解。

1）拆除编码器防护盒、编码器。

2）拆除转子接线箱进线及底板。

3）拆除滑环室盖板，取出相碳刷及接地碳刷。

4）拆除编码器支架（编码器小轴）。

5）依次拆除径向风扇、转子引线电缆。

6）拆除滑环室。

7）拆除集电环。

8）依次拆除轴承测温传感器、轴承油管等附件。

9）依次拆除轴承外端盖、甩油环、轴承室等零部件。

10）清理（洗）各零部件：将拆下的各零部件按类摆放整齐，清理各零部件上的油污、灰尘。

11）清理（洗）、检查（测量）各零部件：检测解体后的主要零部件的尺寸及外观，包括轴承室、滑环室、接线盒内接线铜排、接线柱、编码器小轴配合锥面及紧固螺孔等，如发现不合格的配件则进行记录并更换。

（2）轴承拆卸。

1）利用拆轴承工装拆下旧轴承。

2）清洗轴承内、外盖，并在轴承内盖油槽加注洁净润滑油脂。

3）准备新轴承，替换拆下的轴承。

3. 铝风扇拆除

（1）利用氧气乙炔对铝风扇进行加热。

（2）利用工装将铝风扇取出。

4. 拆除中性环、L 形引线及电缆

（1）拆除并清理中性环、L 形引出线表面固定用无纬带和辅助绝缘，若主轴绝缘受损时一并拆除清理。

（2）从原中性环和 L 形引出线扭形处的靠主轴端（35±2）mm 处，用断线钳切断引线，将中性环和 L 形引线与电机绕组断开，拆除中性环、L 形引线、引出电缆等。

（3）对转子绕组本体进行外观及电气性能检测并记录。

（4）若主轴绝缘已拆除，须重新处理主轴绝缘。在主轴装配中性环挡半叠包 13 层无纬带，边包边半叠垫复合箔九张，外半叠包一层无碱玻璃纤维带，绕包方向与转子旋转方向相反。

5. 更换中性环及 L 形引线

（1）将中性环套上主轴，修配中性环引线与转子绕组端部引线，保证焊接时搭接长度不小于 25mm，校平清理两引线搭接平面。搭接平面间垫银焊片用工具夹紧，然后焊接两引线，焊缝应饱满，无虚焊和过焊，焊料使用银铜焊条 φ2/HLAgCu30-25。焊后中性环与主轴之间的间隙处，使用涤纶毡和复合箔垫牢实。

（2）将已制作好的 L 形引出线的电缆穿入转子主轴线槽内，修配 L 形引出线与转子端部引线，保证焊接时搭接长度不小于 25mm，校平清理两引线搭接平面，搭接面间垫银焊片用工具夹紧，然后焊接两引线，焊缝应饱满，无虚焊和过焊，焊料使用银铜焊条 φ2/HLAgCu30-25，将 L 形引线与主轴、中性环间的间隙用涤纶毡和复合箔垫牢实。

（3）焊接过程注意焊点周围做好防护，避免使焊点周围的绝缘受损。清理焊渣、焊瘤、尖角，焊接处应光滑。

（4）在中性环、L 形引线焊接处，用云母带半叠包 3 层，再半叠包高阻带 1 层，外半叠包 1 层无碱带打结紧固。在主轴电缆引线槽入口处主轴与电缆间垫涤纶毡并刷涂 841 室温固化胶。在中性环、L 形引线及风扇前引出电缆处再半叠包无纬带 12 层，绕包方向与转子旋转方向相反，刷涂 841 室温固化胶，并调整引出电缆的位置于主轴引线槽中间。

（5）包无纬带处安装无纬带烘焙工装采用加热套固化，固化温度为 155℃±5℃，保温时间为 3.5~4h。无纬带固化后检查固化情况。

（6）压装电缆接头。引出电缆穿出主轴轴瓦后，试装电缆接头，剪去多余电缆，穿装电缆接头，接头配合面朝外。使用液压钳压入电缆接头，并套入热缩管。

（7）电气检查。使用直流电阻测试仪测量发电机转子绕组引出线相间直流电阻值，是否在发电机运行规定值范围，使用绝缘电阻表测量发电机转子绕组引出线对地绝缘值，是否在发电机运行规定值范围。如不合格查找原因，重新进行制作。

6. 完成上述工作后，参照解体步骤逆向安装，恢复发电机

（1）检查各紧固螺栓是否紧固。

（2）测量对地绝缘电阻和三相直流电阻是否合格。

（3）检查滑环表面、接地环表面是否有磕碰伤，主碳刷接触是否良好，前、后接地碳刷接触是否良好，碳刷压指是否卡滞，主碳刷与接地碳刷是否需要更换。

（4）修复后的发电机静置 24h，待转子绝缘防护层环氧树脂完全固化。

（5）静置 24h 后，对发电机限负荷 500kW 试运行，试运行时间 24h。

（6）试运行结束后，发电机无任何故障，可恢复全功率运行。

7. 技改效果

根据原因分析，制定解决方案，最终进行技改。2019 年 8 月~2020 年 11 月，通过这次发电机中性环技改，对 33 台风机双馈发电机转子绕组中性环及 L 形引线更换，解决了现场因发电机转子中性环制造工艺缺陷导致的频发故障，自 2019 年改造至 2022 年 6 月未发生整改前发电机中性环绝缘故障等击穿停运事件，风机稳定运行情况有明显提高。

▶ 隐患排查重点

（1）设备维护。

1）例行巡检中，检查确认发电机联轴器驱动端与非驱动端连接螺栓无裂缝、锈蚀、损伤、错位，螺栓无松动，联轴器本体无打滑现象。

2）巡检中，若发现联轴器存在打滑现象，则必须对联轴器驱动端与非驱动端所有螺栓进行紧固且需要对发电机进行对中以及重新做一字贯穿放松标识。

3）风机在全年维护和半年维护过程中，使用绝缘电阻表 500V 挡位测量发电机转子、定子绕组绝缘，热态绝缘电阻值应不低于 0.69MΩ；全年维护过程中，使用的数字电桥测量发电机绕组电阻，三相电阻值与三相电阻平均值之差应不大于平均值的 2%。

4）定期检查发电机的冷却风扇，测量电机线圈各相直流电阻和绝缘情况，防止风扇损坏，造成发电机超温运行。

5）定期对发电机振动进行监测分析工作，防止绕组不平衡产生交变应力不平衡，导致振动过大。

6）检查确认发电机表面无漏出油脂，包括轴承盖滑环室内等。若有立即清洁。

7）检查确认发电机地脚螺栓无松动，紧固螺栓一字防松标识为滑移且螺栓表面使用防锈涂料进行防腐。

8）检查滑环、刷架有无烧蚀，如有，用砂纸打磨滑环表面到用手感觉不到凸起的程度，然后用百分表测量滑环表面跳动值，要求小于一整圈 10 丝，更换碳刷并清理滑环室后可恢复运行。

9）发电机巡检时，检查机座两侧的观察窗，确认是否有异物或焦糊气味（绝缘烧损或热分解）。

10）巡检时，在风轮自由转动的情况下，观察定子或转子引出线端部是否有黑色、焦黄异常点，或者烟熏痕迹。

11）每 6 个月完成一次发电机滑环室碳刷长度测量，相邻碳刷磨损长度差值不得超过 20mm，超过则必须进行更换。

12）每 6 个月完成一次发电机定、转子侧绝缘测量，要求测量时间大于 3min 且绝缘阻值大于 10MΩ。

13）每 6 个月完成一次发电机油脂加注，油脂加注前通过名牌确认发电机油脂类型，自动润滑需 6 个月补充油脂。每次前轴承加注 100～150g，后轴承加注 100～150g，油脂加注时发电机转速必须维持在 100～200r/min 以内。

（2）运行调整。

1）每周拷取全场 CMS 运行数据，每月必须出具一次全场 CMS 运行报告。

2）机组满发时，查看记录发电量较高机组，查看 PCH 传动链振动数据是否存在发电机实时转速倍频冲击现象。

3）每周查看主控运行告警，查看主控信息栏是否存在发电机自动润滑阻塞告警，若有则须尽快解决处理。

2.4.1.2　电网同步故障

▶ 事故表现

某风电场采用 1.5MW 双馈异步风电机组，通过 ABB 变频器调制同步并网发电。2018年 12 月 8 日，C29 风机报电网同步故障，且故障可以复位，风机启动后再次报出此故障，导致机组无法并网发电。

▶ 事故根本原因

1.5MW 双馈异步风电机组电网同步过程，是由变频器 DTC 控制着转子侧变流器所产生的磁通矢量，磁通控制环将定子磁通与电网磁通幅值相匹配。转矩控制将相角位置与电网磁通相匹配，电网磁通与定子磁通的向量积包含了两个矢量间的角度差信息，这个量被用于转矩控制环的转矩反馈值。当转矩控制环和磁通控制环达到平衡时，即定子磁通矢量角和幅值与电网磁通矢量同步，定子电压就与电网电压同步了。

为分析本次故障原因，调取风电机组 FTP 历史故障记录，查询 2018 年 12 月 8 日故障时刻，主控系统 PLC 故障记录中，报变频器 INU 侧故障，见图 2-337。

error_converter	on
error_converter_inu	on
error_converter_error_inu_flag	on

图 2-337   主控系统 PLC 故障记录

由于主控系统的故障比较笼统，无法判断具体的故障部件，为了进一步观察故障现象及分析原因，通过专用调试线，就地连接 ABB 变频器。

当传动处于本地控制时，传动命令是由 DriveWindow PC 工具发出的或从控制盘发出的。DriveWindow 或控制盘总是优先于外部控制信号源。当传动处于外部控制时，命令是通过现场总线接口发出的。

转子侧变流器的 NDCU 控制单元包含了三个通信通道：

（1）通道 CH0，用于现场总线模块。

（2）通道 CH3 用于 PC 工具。

（3）通道 CH4 用于 NETA Ethernet 适配器。

因此，链接成功后，调取 ABB 变频器 NDCU 中的历史故障记录，见图 2-338。

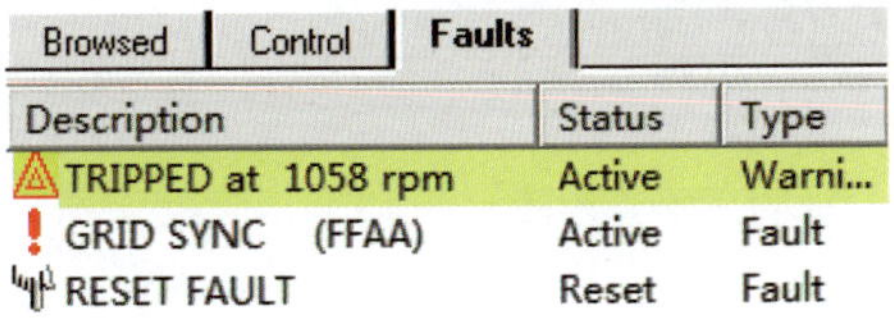

变频器故障记录显示故障信息为 GRID SYNC，电网同步故障，此故障为变频器侧与电网侧频率不一致时报出。然后通过 DriveWindow 软件的示波器"Monitor"功能，进一步通过发电机定子侧波形分析故障原因。

图 2-338   变频器历史故障记录

DriveWindow 软件自带的 Monitoring signals graphically 功能是一个比较简单实用的功能，具有以下几个特点：

（1）Several drives can be monitored at the same time，即可以同时监视多个传动。

（2）Up to 6 signals can be drawn，即最多可显示 6 路信号。

（3）Minimum cycle time 1 ms/signal，即最短扫描周期 1ms。

（4）Printing with multiple colours，即可彩色打印。

（5）Export to a file，即可导出文件形式。

按照图 2-339 所示步骤，对 DriveWindow 软件的示波器"Monitor"功能进行设置。选择以下监控参数：

146.31：CB BRIDGE VOLETAGE［V］

160.01：STATOR IU［%］

160.14：STATOR U FLUX［%］

160.15：GRID U FLUX［%］

160.25：STATOR Y FLUX［%］

160.26：GRID Y FLUX［%］

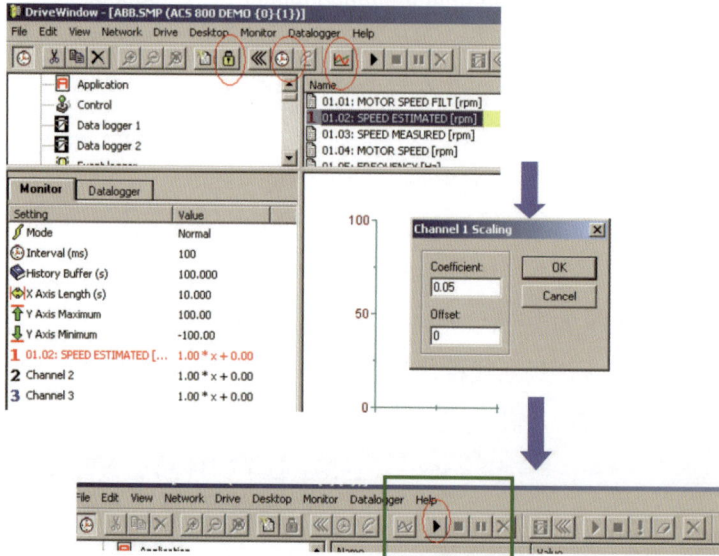

图 2-339　DriveWindow 软件 Monitor 设置操作步骤

　　将风电机组转速限制设置为 1200r/min，启动风机，对变频器转子侧励磁，进行变频器与电网同步测试实验，启动 DriveWindow 软件的示波器"Monitor"功能，定子电压与电网电压波形，见图 2-340。

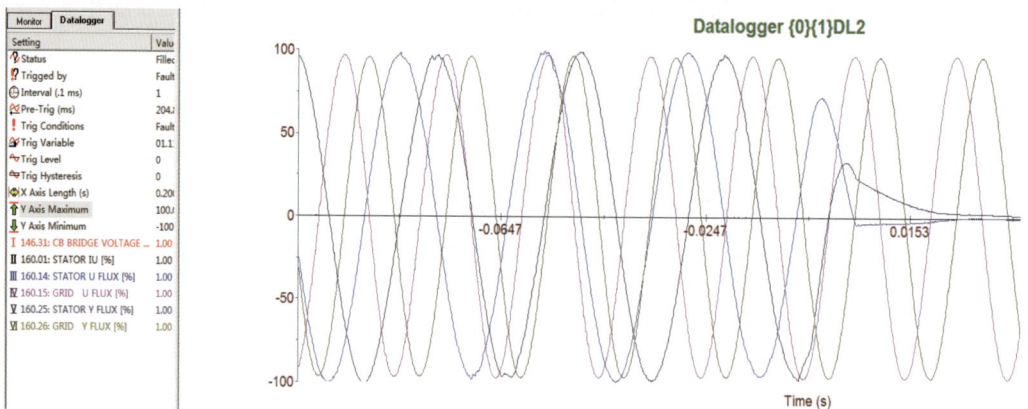

图 2-340　定子电压与电网电压测试波形

　　从图 2-340 所示波形可见，故障时刻定子电压频率大约为 40Hz，与电网电压频率 50Hz 不同步。电网磁通是一个测量值。磁通的角度被计算出来，并经过滤波。其结果是电网磁通的角速度可以被接收到。如果电网频率是负数，则电网相序是不正确的。以上测试说明，电网相序无问题。根据以上波形及故障处理经验进一步分析，定子电压与电网电压不同步的可能原因有：

（1）所有的测试及数据、波形反馈，均由相关传感器及检测回路反馈，因此可能是检测回路故障导致，包括以下几点：

1）变频器 NUIM 电压测量单元损坏。

2）变频器电网电压检测回路虚接。

3）变频器定子电压检测回路虚接。

（2）发电机转子励磁是通过变频器功率单元来调制的，因此可能是变频器功率单元故障。

（3）发电机转子励磁，在变频器功率单元来调制过程中须经过变频器滤波单元滤波，因此可能是变频器滤波单元故障。

（4）发电机的实际速度是从编码器的速度反馈接收到的，因此有可能是编码器损坏。

（5）发电机首先是通过转子励磁，再由定子感应磁通产生与电网同步的电压，因此可能是发电机转子、定子故障。

为找到故障原因，现场进行以下处理：

（1）更换 NUIM 模块，排除 NUIM 电压测量单元损坏原因。

（2）继续检查变频器电网电压、定子电压检测回路，未发现问题，排除定子、电网电压检测回路虚接原因。

（3）变频器功率单元单独做充电、零速试验，均未发现问题，故排除变频器功率单元故障原因。

（4）与其他机位互换变频器滤波单元，故障现象未改变，排除变频器滤波单元故障。

（5）DriveWindow 软件的示波器"Monitor"功能检测变频器编码器波形，选取如下参数：

160.14：STATOR U FLUX［%］

160.15：GRID U FLUX［%］

160.25：STATOR Y FLUX［%］

160.26：GRID Y FLUX ［%］

160.12：ROTOR EL ANGLE［%］

165.27：POS ANGLE_DEG［deg］

将风电机组转速限制设置为 1200r/min，启动风机，进行风电机组空转测试实验，启动 DriveWindow 软件的示波器"Monitor"功能，定子电压与编码器测试波形如图 2-341

所示。

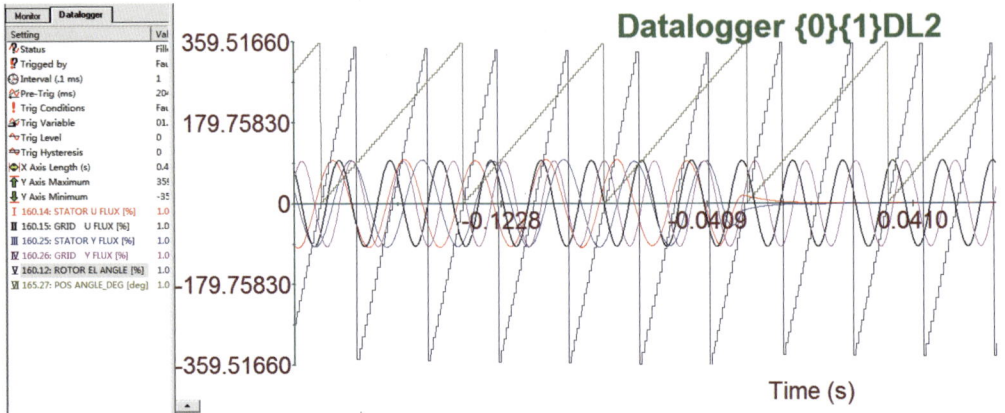

图 2-341　定子电压与编码器测试波形

从图 2-341 所示的波形可以看出，编码器波形正常，因此排除编码器损坏原因。

（6）检查发电机集电环、碳刷、定转子接线等，均未发现异常，检查发电机转子引出线，发现 V 相引出线断裂虚接，如图 2-342 所示。

因此，可以判断发电机转子引出线断裂是 C29 风机报电网同步故障，导致机组无法并网发电的根本原因。转子引出线接头断裂情况如图 2-343 所示。

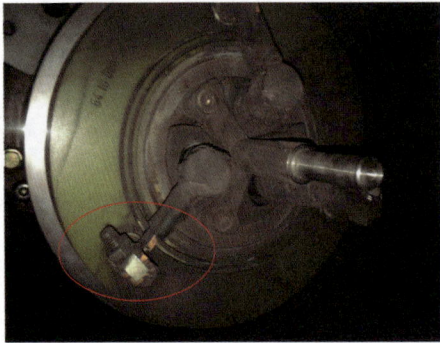

图 2-342　发电机转子引出线接头虚接

图 2-343　发电机转子引出线接头断裂情况

▶ 事故处理措施及结果

经过对故障原因的研究分析，此次该风电场电网同步故障过程还原为：发电机转子引出线断裂虚接，风机静止时变频器测试实验一切正常，风机转动并网时转速增加，转子引出线虚接转子缺相，导致定子频率与电网频率不同步。

根据现场情况，用电动磨头打磨导电排断裂截面，修磨平整，采用钨极氩弧钎焊，填充焊丝用银焊条。两侧焊缝补焊填满。焊后用细锉刀将焊接部位毛刺焊瘤等修清，重新紧固接线，直流电阻、绝缘电阻测试合格，正常并网发电。

运行超过 3 年的风电场，要加强发电机的定期检查维护，定期检查发电机碳刷、集电环、转子引出线、电缆等各部位情况，对发现的异常情况要及时检查处理。从发电机故障分类来看，定、转子线圈部位发生故障最高，转轴及轴承次之。另外，技术人员应熟练运用变频器软件，无法直接找到故障根本原因时，可以通过实验及现象，用排除法，逐渐缩小故障范围，最终确定故障点。

▶ **隐患排查重点**

（1）设备维护。

1）例行巡检时，目视检查变频器定转子接线铜牌标记线无错位、螺栓无松动、无高温氧化痕迹并拍照记录保存。

2）检查确认变频器主断路器、定子接触器、机侧电抗器、网侧电抗器处上下连接螺栓标记线无错位，无明显高温氧化痕迹。

3）检查网侧滤波电容外观无鼓包、漏液，线缆无高温灼烧痕迹，机侧 du/dt 线缆连接紧固，电阻、电抗器、电容及接地线紧固无错位、无高温氧化痕迹。

4）检查变频器柜门密闭性，确认变频器柜门密封条无缺失，过滤面无缺失且通气良好。

5）检查确认变频器定转子进线 PG 锁母紧固且顶部无油液、无积水，防火泥无缺失等。

6）检查滑环、刷架有无烧蚀，如有，用砂纸打磨滑环表面到用手感觉不到凸起的程度，然后用百分表测量滑环表面跳动值，要求小于一整圈 10 丝，更换碳刷并清理滑环室后可恢复运行。

7）发电机巡检时检查机座两侧的观察窗，确认是否有异物或焦糊气味（绝缘烧损或热分解）。

8）例行巡检时，在风轮自由转动的情况下，观察定子或转子引出线端部是否有黑色、焦黄异常点，或者烟熏痕迹。

9）每 6 个月完成一次发电机滑环室碳刷长度测量，相邻碳刷磨损长度差值不得超过 20mm，超过则必须进行更换。

10）每 6 个月完成一次发电机定转子侧绝缘测量，要求测量时间大于 3min 且绝缘阻值大于 10MΩ。

11）例行巡检时检查清理发电机编码器、滑环室积碳，碳粉必须使用专业吸尘器进行收集，严禁将碳粉遗漏在机组内。

（2）运行调整。

1）机组满发时定期抽取部分发电量较高机组观察并记录机网侧滤波回路温升数据，每月需做数据比对查看有无明显的温升变化。

2）机组满发时查看记录发电量较高机组，机网侧功率模块温升数据、电流电压运行数据即重点查看三相电流是否存在接地、不平衡等明显异常。

整机电缆对接处建议粘贴90℃变色温度贴，定期查看温度贴有无变色。

2.4.1.3　发电机转子绝缘故障

▶ **事故表现**

某风场从2013年装机运行至今，共计出现11台更换发电机情况。经过对故障发电机检查发现，故障位置均位于转子绕组处，通过与厂家会商认为某品牌发电机在过程质量管控方面存在漏洞，导致部分发电机转子绕组中性点连接块、转子引出电缆在加工、制造过程中存在不足，最终导致在现场运行过程中出现烧损、接地故障。

▶ **事故根本原因**

通过对该风场11台故障发电机检查与分析可以看出，发电机故障均位于转子绕组且故障点主要集中于转子绕组中性点连接块、非驱动端端部与转子绕组引出电缆位置，而经过检查、分析相关故障，发电机除故障点外转子绕组其他部位均正常。为综合了解发电机转子绕组相关位置结构情况，对中性点连接块、非驱动端端部进行理论计算与检查。

（1）中性点连接块分析。对中性点连接块进行有限元分析与渗透分析，以检查其结构是否存在问题。对中性环与连接块施加2200r/min旋转约束，通过计算显示结构最大应力109.81MPa远低于材料许可值245～315MPa，如图2-344所示。

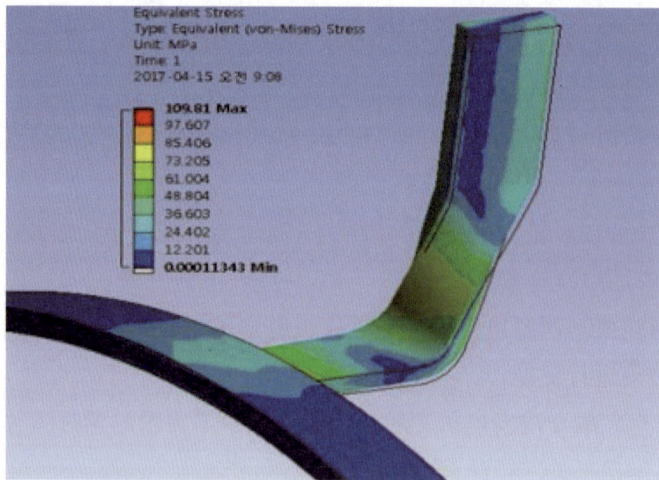

图 2-344　中性点连接块应力云图

由于该连接块在加工过程中存在扭转弯曲，而目前损坏点又位于该扭转弯曲处，为此对该结构进行渗透分析。经过检查发现，该连接块材质均匀，并对其平直面、扭转面与横截面的放大检查，结果没有发现任何缺陷，如图2-345所示。

图 2-345 中性点连接块渗透分析

通过敲击测试检查中性点连接部位固有频谱情况，以检查是否存在结构共振。经过检测中性点 1 阶频率为 126Hz 与 129H（见图 2-346），其与发电机运行转动频率不存在重合情况，即不存在共振可能。

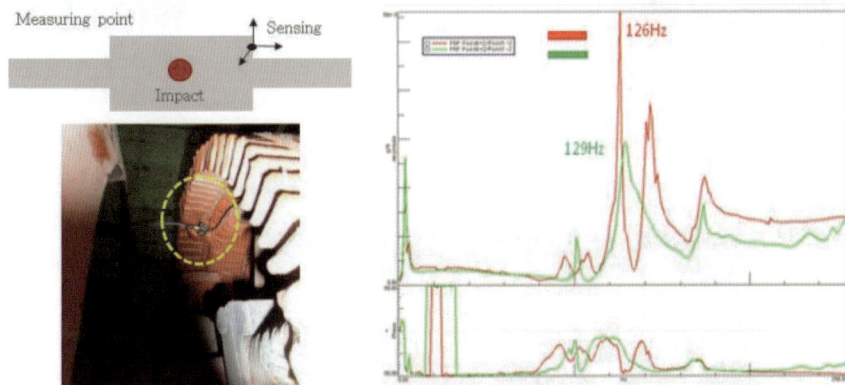

图 2-346 中性点连接块模态分析

（2）非驱动端绕组端部分析。对转子绕组非驱动端端部进行有限元分析，以检查其结构在高速旋转过程中是否存在问题。对转子绕组施加 1800r/min 旋转约束，通过计算显示结构最大变形量为 0.02mm（见图 2-347），符合设计要求。

转子绕组中性环与支撑环通过热套安装于转轴上，通过检查驱动端与非驱动端未发现有松动迹象（见图 2-348）。

检查转子绕组驱动端与非驱动端无玮带绑扎情况，未发现任何变形与损坏情况（见图 2-349）。

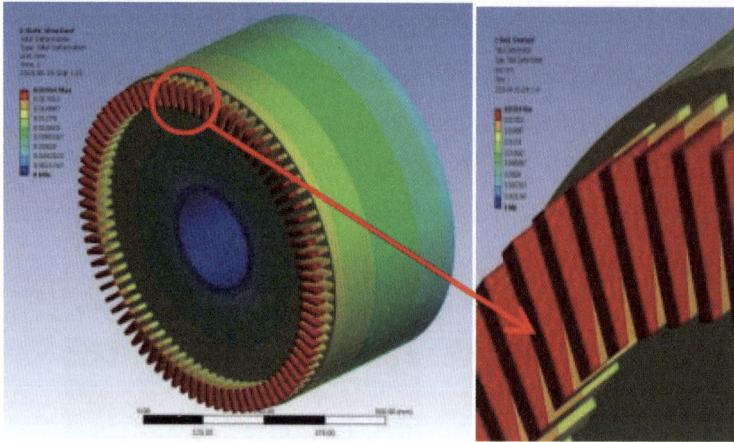

图 2-347　转子绕组端部形变云图

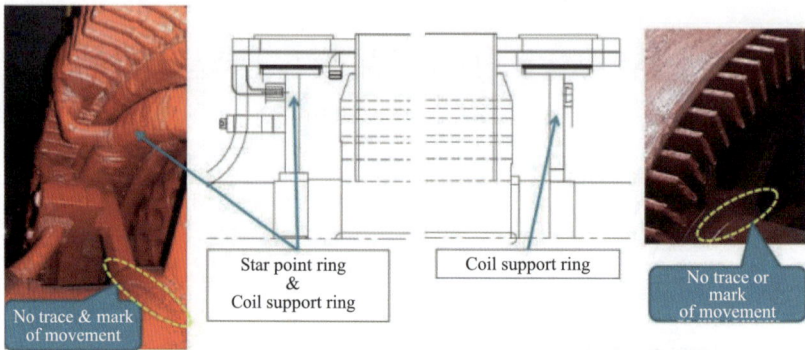

图 2-348　发电机驱动端与非驱动端支撑环情况

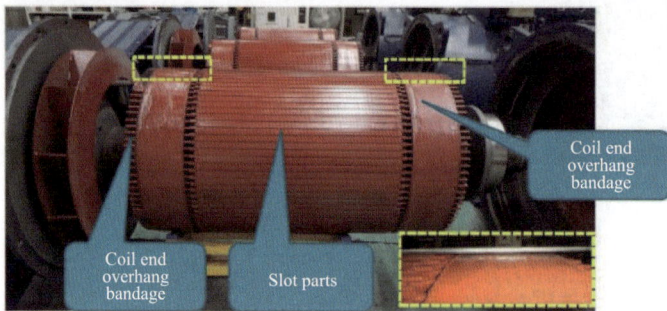

图 2-349　转子绕组端部无纬带情况

（3）转子引出电缆分析。由于部分发电机故障位于转子引出电缆焊接位置或与滑环连接处，为此剥开检查转子引出电缆表面绝缘层，内部连接铜排未出现问题（见图 2-350），但不同发电机间绝缘层厚度存在差异，转子引出电缆与滑环连接弯折处存在磨损情况。

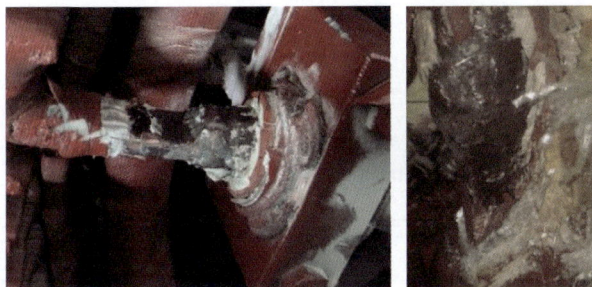

图 2-350 转子引出电缆内部情况

通过对中性点连接块、绕组端部与引出电缆的计算与检查，总结故障原因如下：该品牌发电机中性点连接块、绕组端部与引出电缆设计符合使用要求，不存在设计问题。但其所采用的绕组端部与中性点连接块结构对于制造人员技能水平要求高，并且在对同批次发电机检查中发现不同发电机间绝缘处理存在差异情况。综合多方面的情况分析认为，发电机故障原因为制造过程工艺管控存在不足，在部分发电机中性点连接块制造与转子引出电缆绝缘处理过程中存在不足，导致发电机在风机运行中出现疲劳裂纹、烧损或绝缘击穿问题。

▶ 事故处理措施及结果

1. 发电机改造方案

通过查看发电机过程质量文件与出厂试验报告，目前该风场运行机组发电机并未发现问题，但鉴于目前该风场已经有 11 台发电机故障，为提高发电机适应性，避免类似故障的再次发生，计划对现场剩余的 24 台发电机转子绕组进行一次改造加强工作。主要改造项目为：转子绕组引出电缆绝缘加强、转子绕组中性点连接块加强、转子绕组绝缘加强与转子绕组非驱动端端部加强。

（1）转子绕组引出电缆绝缘加强。对于转子引出电缆与滑环连接部分，采用硅橡胶自粘带半叠包一次，然后套热缩管并进行热缩，最后套橡胶管（见图 2-351），以提高抗磨损能力。

（2）转子绕组中性点连接块加强。拆除发电机滑环系统、滑环风扇、滑环室、非驱动端轴承端盖、非驱动端轴承、大端盖、转子内风路风扇等部件，切除原扭转弯曲的中性点连接块，改为目前国内风电行业内通用的"L"形连接块（见图 2-352），以解决原连接块扭转弯曲过程中可能造成的损伤。

通过对新中性点连接块有限元分析，该新中性点连接块在 2160r/min 转速下，轴向伸出部分的最大变形为 0.068mm，最大等效应力为 58MPa（见图 2-353），远低于材料许可值 245～315MPa，较原连接块最大应力值也大幅降低，可以满足使用要求。

（3）转子绕组绝缘加强。对转子绕组尤其是引出电缆与绕组端部连接处进行检查，如存在绝缘层撕裂情况，则使用无纬带进行绝缘加强（见图 2-354）。对于转子绕组引出电缆固定块与绕组端部，使用无纬带进行绝缘加强，以实现连接处平滑过渡，避免过渡较大导致的应力集中问题。

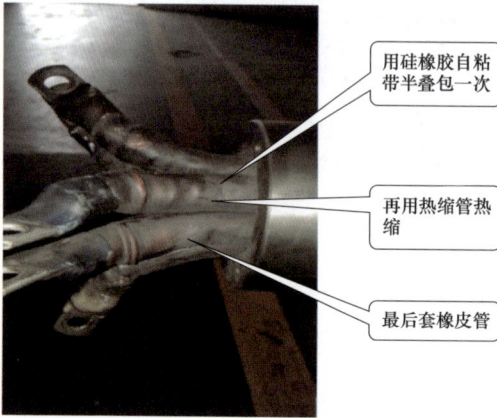

用硅橡胶自粘带半叠包一次

再用热缩管热缩

最后套橡皮管

图 2-351　转子引出电缆绝缘加强情况

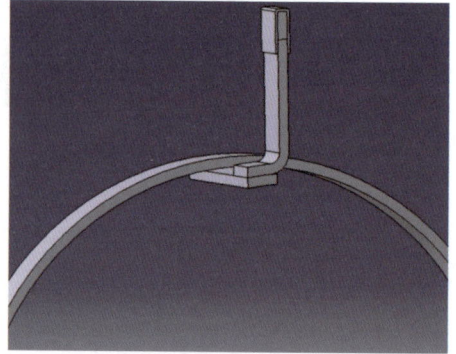

图 2-352　新连接块情况

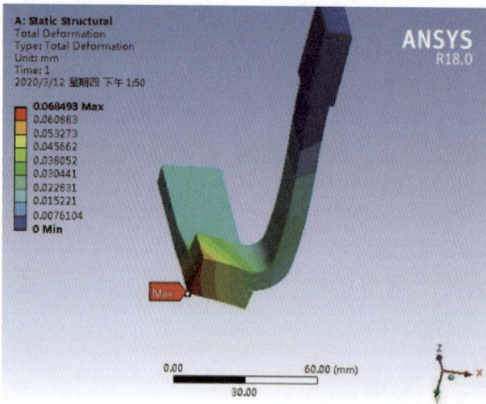

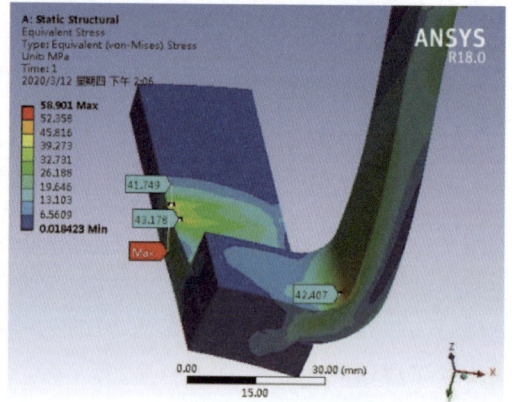

图 2-353　新连接块应变与应力情况

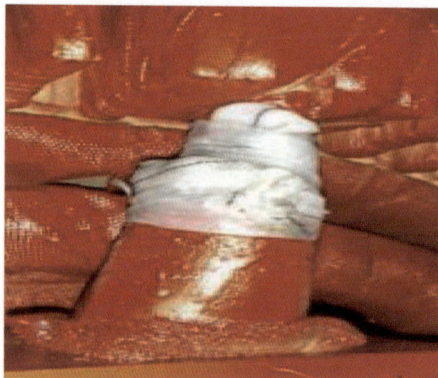

图 2-354　引出电缆绝缘加强情况

（4）转子非驱动端端部加强。将无纬带搓成条状，在转子端部铜排间隙 S 形缠绕 2 圈，并用热风枪烘干固定，以进一步提高端部强度。

2. 发电机改造步骤

发电机改造工作流程如图 2-355 所示。单台改造工作需耗时 5～7 天。详细维修方案如下：

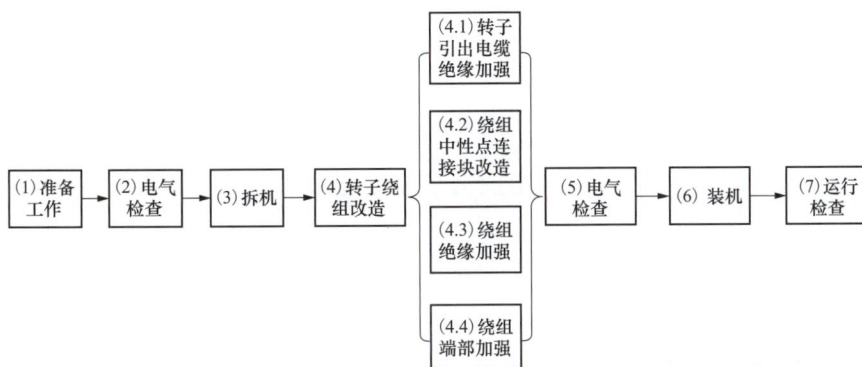

图 2-355　发电机改造工作流程图

（1）准备工作。维修工作票齐全，风速大于 15m/s 时禁止登机舱作业，确认发电机的各部件（主接线盒、辅助接线盒）电源已经断开，齿轮箱高速轴和机组主轴均已锁定。各项安全措施到位；打开齿轮箱与发电机上部机舱罩天窗，确保作业区域通风良好。

（2）电气检查。转子绕组绝缘电阻检测：使用绝缘测试仪，测量发电机转子绕组 1000V DC 对地绝缘电阻值，要求绝缘电阻值大于 5MΩ。

转子三相直流电阻检测：使用微欧计，测量发电机转子三相绕组相间电阻值，要求三相电阻之间的平均值的差值应不超过平均值的 2%。

（3）拆机。清除发电机非驱动端附近油污，并使用吸尘器清理发电机外壳、后机架上碳粉，按照《某系列风力发电机组发电机滑环风场更换工艺》要求完成发电机电缆、编码器、滑环、刷架、碳刷磨损反馈线缆等部件拆除。

使用氧乙炔火焰加热滑环室风扇内圈并采用专用工装将其拔出，如图 2-356 所示。

图 2-356　滑环风扇加热拆除情况

拆除滑环室：拆除 V 形环（氧乙炔加热）、轴承外盖、卡环、甩油盘（氧乙炔加热），如图 2-357 所示，并清理各部件内润滑脂。

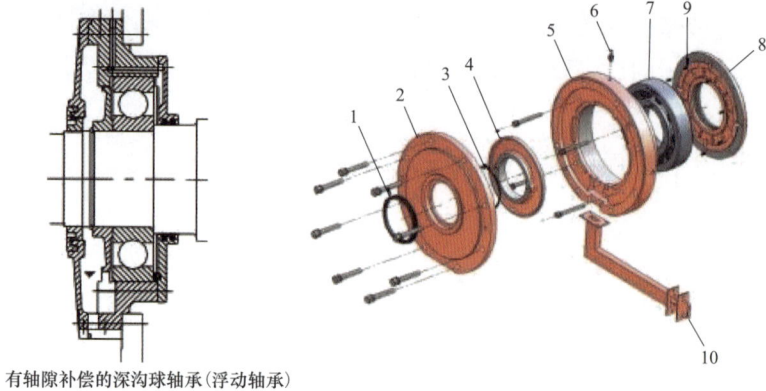

图 2-357 轴承室结

1—V 型环；2—轴承盖外环；3—卡环；4—润滑环；5—轴承套；6—润滑喷嘴；

7—深沟球轴承；8—毡垫密封环内轴承盖；9—压缩弹簧；10—废油室

图 2-358 轴承内圈加热情况

使用千斤顶支撑转轴，缓慢将轴承套、大端盖拆出。

清除轴承内部润滑脂，使用氧乙炔加热轴承内圈并采用专用工装将轴承拔出，如图 2-358 所示。

在转子内风扇安装位置做好标识（见图 2-359），然后使用氧乙炔加热转子内风扇并采用专用工装将其拔出，如图 2-360 所示。

图 2-359 转子内风扇标识

图 2-360 转子内风扇拆除情况

（4）转子绕组改造。

1）转子引出电缆绝缘加强。为避免转子引出电缆在运行过程中由于磨损出现绝缘不足问题，在引线电缆与滑环连接侧对电缆使用硅橡胶自粘带半叠包一次并套热缩管及热缩，最后套上橡胶管。

2）绕组中性点连接块改造。使用塑料布对转子绕组进行防护，防止在改造过程中异物掉入电机内部；使用锉刀等去除三个原中性点连接块转弯处绝缘层，如图 2-361 所示，并预留距根部至少 20mm 绝缘层。

使用切割机等切除三个中性点连接块转弯处，并确保搭接面长度大于 20mm，如图 2-362 所示，并使用锉刀研磨搭接面使其光滑。清除异物并取下防护塑料布。

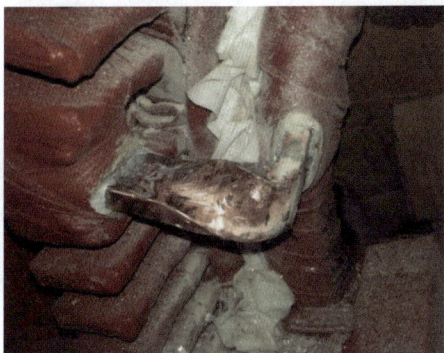

图 2-361　中性点连接块除去绝缘层情况

图 2-362　中性点连接块切除情况

使用湿润陶瓷纤维带将所需焊接点周围的绝缘材料进行包裹，防止绝缘层高温受损。

在车间预制 L 形连接块，并使用氩弧焊接将 L 形接头与绕组端部进行焊接：一端用大力钳固定在绕组端部，另一端与中性环连接，调节氩弧焊接参数，进行焊接固定（见图 2-363），使用 HL204 银焊料焊接。焊接要求饱满、无裂纹、无尖角、母材不熔化。

半叠包云母带 4 层，半叠包玻璃丝带 1 层，涂快干漆并用热风枪进行烘干处理。

3）绕组绝缘加强。检查发电机转子绕组引出电缆、绕组端部、支撑环等部位绝缘是否存在开裂情况，如有则使用无纬带进行绝缘加强并用热风枪烘干固

图 2-363　新连接块示意图

定；对于转子绕组引出电缆固定块与绕组端部，使用无纬带进行绝缘加强，以实现连接处平滑过渡，避免过渡较大导致的应力集中问题。

4）绕组端部加强。将无纬带搓成条状，在转子端部铜排间隙 S 形缠绕 2 圈并拉紧，用热风枪烘干固定。

5）电气检查。转子绕组改造后，在装机前需测量转子对地绝缘电阻与三相直流电阻，要求发电机转子绕组 1000V DC 对地绝缘电阻值大于 5MΩ，三相电阻之间的平均值的差值应不超过平均值的 2%。

6）装机。在电机尾部附近铺上防火棉，加热转轴风扇内圈并按照原标记位置装入转轴；安装轴承内端盖；使用轴承加热器（感应加热或直接加热），加热轴承内圈并装入轴

承挡，如图 2-364 所示。

向轴承内圈与内盖涂抹新润滑脂并抹平，如图 2-365 所示。

图 2-364　轴承加热与安装情况

图 2-365　润滑脂加注情况

使用千斤顶支撑转轴并安装甩油盘、卡环、轴承外盖等部件，如图 2-366 所示。

安装滑环室外罩，在滑环室内部周围铺好防火棉，加热滑环室风扇并装入转轴，如图 2-367 所示。

图 2-366　轴承盖安装情况

图 2-367　滑环室与风扇安装情况

加热新滑环，完成发电机滑环、编码器、电缆等零部件的安装；清理机舱内的废弃物，并将所用工装工具、设备等全部吊运出机舱，保证机舱内部干净、整洁。

7）运行检查。为确保改造后发电机正常运行，在正式运行前需进行以下检测：①检测发电机转子对地绝缘电阻与三相直流电阻，要求发电机转子绕组 1000V DC 对地绝缘电阻值大于 5MΩ，三相电阻之间的平均值的差值应不超过平均值的 2%。②将机组各断开开关及按键重新复位，使机组开始低速空转（转速保持在 200～500r/min 之间），并检查发电机滑环处、轴承处是否有异响，若有异响，立即停机检查。③空载运行发电机至 1800r/min，并使用振动测试设备，采集 1800r/min 时的发电机驱动端与非驱动端水平、垂直、轴向振动情况，确保各向振动值不大于 6.0mm/s。若振动值超过 6.0mm/s，需根据现场情况对发电机进行重新平衡。④降低发电机转速至并网转速，对机组进行试并网，以确保改造后发电机并网运行正常。逐步提高并网功率至 500kW，检查机组三相电压、三相电流情况，如无异常即可恢复 2000kW 正常运行。⑤机组持续运行 24h 后，通过监控系统检查发电机驱动端轴承温度、非驱动端轴承温度、绕组三相运行温度情况，以确保发电机轴承、绕组等部件的正常运行。⑥为确保改造后发电机正常运行，每台发电机改造后第一个月作为观察期，需对发电机轴承、绕组、三相电压、电流进行密切的关注，如各项参数均运行正常则认为发电机改造无任何问题。

3. 发电机改造效果评估

该方案主要针对发电机相对薄弱的中性点连接块、引出电缆局部绝缘层与绕组局部绝缘层等部位进行改造，不改变绕组主体结构与主绝缘。为评估改造后发电机情况，根据 GL 2010、GB/T755—2008《旋转电机定额和性能》与 GB/T 23479.1—2009《风力发电机组　双馈异步发电机　第 1 部分：技术条件》要求，对改造前、后发电机连接块进行应力对比，并对采用相同方案改造后的发电机进行性能评估，详情如下：

（1）中性点连接块应力计算。发电机中性点连接块采用 8×25 铜排改造后，结构最大应力相比原结构下降 46.4%（见表 2-36），中性点新结构采用 L 形连接块，避免了铜排的扭转过程，大幅降低了生产制造难度与因人为因素所致的结构缺陷。新中性点连接块结构在其他发电机中已经运行超过 10 年，未出现过任何问题。

表 2-36　　　　　　　　　　　中性点连接块改造前后应力对比情况

中性点连接块应力云图	改造前	改造后
最大应力	109.81MPa	58.901MPa
最大应力降低值	46.4%	

（2）工频耐压测试。工频耐压测试又称为绝缘耐电压试验，用于检测绕组对地绝缘强度并发现绝缘缺陷点。测试依据 GB/T 755—2008《旋转电机定额和性能》，经过检测改造后发电机转子绕组承受 4112V 工频对地耐压测试（见图 2-368、图 2-369）1min，泄漏电流为 201.6mA，转子绕组绝缘符合使用要求；定子绕组承受 1904V 工频对地耐压测试（见图 2-370）1min，泄漏电流为 96.24mA，定子绕组绝缘符合使用要求。

图 2-368　耐压测试情况

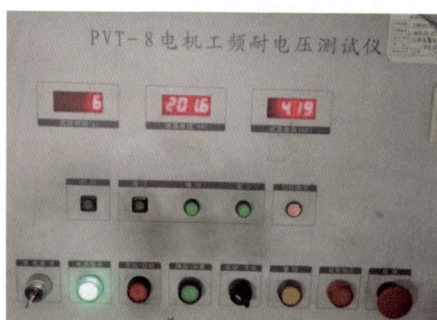

图 2-369　转子绕组耐压测试 1

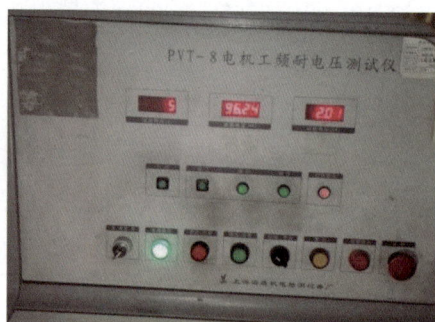

图 2-370　定子绕组耐压测试 2

（3）发电机绕组温升试验。温升试验用于检测发电机绕组在额定工况下运行至温升稳定时绕组、轴承等部件温度情况，用于考核被试电机所用绝缘材料、生产工艺能否满足正常工作及设计寿命的要求。试验依据 GB/T 755—2008《旋转电机定额和性能》与 GB/T 23479.1—2009《风力发电机组　双馈异步发电机　第 1 部分：技术条件》。发电机定、转子绕组采用 F 级绝缘，耐热温度达到 155℃，经过对改造后发电机 4h 温升测试，定子最高温升为 72.6K，转子绕组温升为 74.3K（见表 2-37），远低于 F 级绝缘耐热温度，发电机试验温升值符合 GB/T 23479.1—2009《风力发电机组　双馈异步发电机　第 1 部分：技术条件》中降一级考核（即 B 级）要求（见表 2-38），并且发电机至少有 5.7K 温升余量。通过温升测试证明改造后发电机的绕组散热、发热情况符合使用要求，发电机绕组整体性能良好。

表 2-37　　　　　　　　　　　　　　　　温升试验测试数据

电压	功率	转速	定子 U 相绕组温升	定子 V 相绕组温升	定子 W 相绕组温升	进水口温度
690V	2100kW	1800r/min	61.4K（96.7℃）	69.3K（104.6℃）	72.6K（107.9℃）	35.3℃
			转子绕组温升	驱动端轴承温度	驱动端轴承温度	
			74.3K（109.6℃）	68.7℃	72.5℃	

表 2-38 发电机设计绝缘等级与温升测试情况对比

绝缘等级	最高耐受温度（℃）	定子绕组温升限值检温计法（K）	转子绕组温升限值电阻法（K）
F 级	155	115	105
试验温升值	109.6	72.6	74.3
B 级	130	90	80

（4）发电机过载测试。过载测试用于检测在有限过载条件下发电机机械结构、绕组等承载能力，测试依据 GL 2010 与 GB/T 23479.1—2009《风力发电机组 双馈异步发电机 第 1 部分：技术条件》。对改造后发电机进行 1.15 倍的额定功率（即 2415kW）运行1h 的过载测试，发电机没有任何损伤，可以满足风电机组 1.1 倍额功率运行 10min 的极限运行要求。

（5）发电机超速测试。超速测试用于检测发电机在短时升高转速情况下，机械强度有无问题，防止出现有害变形，测试依据 GL 2010 与 GB/T 23479.1—2009《风力发电机组 双馈异步发电机 第 1 部分：技术条件》。对改造后发电机进行 1.2 倍额定转速运行2min 的超速测试，发电机未出现任何损伤以及其他影响运行的问题。通过超速测试证明改造后发电机的机械结构符合使用要求。

（6）发电机效率测试。发电机效率测试通过间接测试方法获取发电机铜耗、铁耗、风磨损耗、杂散损耗，并计算发电机额定工况下效率，该测试可以有效地评估改造后发电机电气与结构性能能否满足使用要求。测试依据 GB/T 755—2008《旋转电机定额和性能》与 GB/T 23479.1—2009《风力发电机组 双馈异步发电机 第 1 部分：技术条件》。经过测试改造后发电机额定工况下效率达到 97%，超过 GB/T 23479.1—2009《风力发电机组 双馈异步发电机 第 1 部分：技术条件》中效率大于 96%的要求。通过效率测试证明改造后发电机的电气与机械性能符合使用要求。

通过上述评估，可以看出改造后发电机电气、机械性能均符合 GL 2010 与相关国家标准要求，发电机对现场工况适应能力得到提升，改造后发电机性能与寿命可以得到充分的保障。

▶ 事故处理措施及结果

风电机组双馈发电机轴承故障在机组运行第三年最为明显。如果在前三年未对发电机轴承运行状态做到良好的维护，后续将会导致轴承故障频繁发生，这时如果未对故障轴承进行及时更换，最终会引起发电机故障，需要发电机下塔维修。因此，有效、及时地对双馈发电机轴承进行维护并及时更换，可以减少非常大的维修成本和不必要的停机电量损失。

▶ 隐患排查重点

（1）设备维护。

1）每 6 个月完成一次发电机油脂加注，油脂加注前通过铭牌确认发电机油脂类型，自动润滑需 6 个月补充油脂。每次前轴承加注 100～150g，后轴承加注 100～150g，油脂加注时发电机转速必须维持在 100～200r/min 以内。

2）检查确认发电机表面无漏出油脂，包括轴承盖滑环室内等。若有立即清洁。

3）在油脂加注过程中，润滑脂的填充量以填充轴承和轴承壳体空间的 1/3～1/2 为宜，若加脂过多，滚动体散热受阻，高温还会使油脂变质恶化或软化。作为高速运转的发电机轴承应仅填充至 1/3 或更少。用于低速运转的主轴轴承，为防止外部异物进入轴承内，可以填满壳体空间。

4）严格控制轴承内部的油脂量，防止油脂在发电机轴承内大量沉积。对发电机轴承多采取手动注油方式，取消自动注油，手动注油可以准确地控制注油量和油脂位置。在日常维护过程中还需要检查轴承密封圈是否有油脂，及时对废油排出口进行检查，发现堵塞及时疏通，并定期清理轴承内部的废油，避免废油脂在轴承内固化损失轴承。

5）检查碳刷支架表面灼伤，碳刷支架连接线路绝缘皮有烧伤痕迹。拆解发电机轴承，转轴上的轴承安装面损伤严重，呈点状腐蚀状态，腐蚀点坑深浅不一，点蚀坑深度为 2～2.5mm；轴承内圈与轴承接触面光滑，无明显损伤。

6）检查机侧模块电流互感器接线正常，机侧排线接线正常，配置版本正确、开关电源供电正常。

7）检查发电机编码器接线情况，发电机屏蔽线连接无松动，发电机编码器固定良好。

8）拆解发电机轴承，轴承滚道受力面出现较大面积压光，轴承内、外圈滚道出现了一定程度磨损，轴承运行游隙增加。

9）例行巡检时，在风轮自由转动的情况下，观察定子或转子引出线端部是否有黑色、焦黄异常点，或者烟熏痕迹。

（2）运行调整。

1）每周拷取全场 CMS 运行数据，每月必须出具一次全场 CMS 运行报告。

2）制定合理的日常维护方案，为了及时发现轴承的初期失效，做好预防和纠正措施。轴承的运行状态最直观地反映在温度上，大风天气，长时间在额定功率下运行时，观察机组前、后轴承运行温度，相差超过 10℃，建议登机检查。并对发电机进行对中，及时调整发电机与齿轮箱的机械中心。

3）在选用轴承润滑油脂时要充分考虑风电场的气候条件，在北方寒冷地区，应选用防冻润滑油脂。在沿海地区，对发电机轴承密封性要求较高，盐雾天气较多，密封效果不好，轴承很容易腐蚀生锈，进而失效。轴承的选用上，要根据机组的运行条件及轴承的工作条件，尽量选用一些质量好、使用寿命长的，避免轴承因质量问题导致的失效停机。

2.4.1.4 发电机轴不对中故障

▶ **事故表现**

某风电场装机规模 201MW，采用 67 台双馈异步风力发电机组，该场风机增速齿轮箱由三级传动结构组成，包括两级行星齿轮传动和一级平行轴齿轮传动，输入转速为12.6r/min，输出转速为1200r/min。其中一台风机，在9月运行时报驱动链方向塔筒振动加速度（RMS）超限故障，故障解释为驱动方向振动加速度滤波值超过最大值。

▶ **事故根本原因**

1. 故障原因分析

风机出现振动，极易损坏风机设备，即使短期内不出现问题，长期运行，也将对风机造成不可恢复的影响。风机出现振动可能的原因很多，包括电气方面、机械方面诸多可能引起的因素，包括叶轮不平衡，叶轮零刻度偏差引起的振动，变桨轴承损坏引起的振动，主齿轮箱内部轴承、齿轮损坏引起的振动，齿轮箱发电机不对中等，不同的振动现象，处理办法不尽相同，差异性很大，需要首先进行故障根本原因分析，再进行处理。

（1）叶片故障造成塔筒振动加速度（RMS）超限故障。叶片是风电机组实现风能转换成机械能的主要部件，由于长期处于暴露条件下工作，很容易出现故障，造成主轴不平衡，以及振动和噪声状态产生影响，导致主轴、齿轮箱、发电机等部件的振动和损坏。

（2）齿轮箱故障造成塔筒振动加速度（RMS）超限故障。齿轮在运行过程中，齿面承受交变压应力、交变摩擦力以及冲击载荷的作用，将会产生各种类型的损伤，导致运行故障甚至失效。

1）点蚀。齿面在接触点既有相对滚动，又有相对滑动。滚动过程随着接触点沿齿面不断变化，在表面产生交变接触压应力，而相对滑动摩擦力在节点两侧方向相反，产生交变脉动剪应力。两种交变应力的共同作用使齿面产生疲劳裂纹，当裂纹扩展到一定程度，将造成局部齿面金属剥落，形成小坑，称为"点蚀"故障。

2）过载引起的损伤。对于风电机组，由于瞬时阵风、变桨操作、制动、机组启停以及电网故障等作用，经常会发生传动系统载荷突然增加，超过设计载荷的现象。如果设计载荷过大，或齿轮在工作承受严重的瞬时冲击、偏载，使接触部位局部应力超过材料的设计许用应力，导致齿轮产生突然损伤，轻则造成局部裂纹、塑性变形或胶合现象，重则造成齿轮断裂。

（3）轴承故障造成塔筒振动加速度（RMS）超限故障。轴承损伤也会引发机组报塔筒振动加速度（RMS）超限故障。

1）疲劳损伤。滚动轴承在正常工作条件下，由于受交变载荷作用，运行一定期限后，不可避免会产生疲劳损伤，导致轴承失效。轴承疲劳损伤的主要形式是在轴承内、外圈或滚动体上发生"点蚀"，点蚀发生机理与齿轮点蚀故障机理相同。

2）其他形式损伤。超载造成轴承局部塑性变形、压痕；润滑不足造成轴承烧伤、胶合；润滑油不清洁造成轴承磨损等。

2. 故障诊断方法

风力机组振动故障诊断是利用风电机组旋转部件运行时的各种特征参数来识别机组

的运行状态，确定故障发生的部位和严重程度，并分析故障发生的原因，及时准确地排除故障。风力机的检测和诊断要根据相关的数据和信息，进行故障的定性分析确定故障。风机常见的振动监测点位及加速度传感器的安装如图 2-371 和表 2-39 所示。

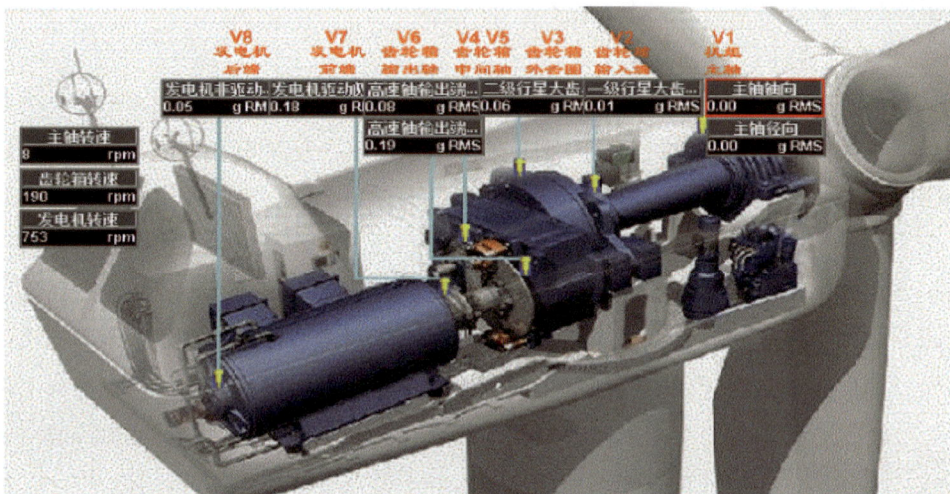

图 2-371　风电机组传动链振动监测点位布置图

表 2-39　　　　　　　　　　　风电机组传动链振动监测点分布表

序号	监测对象	监测方向
1	机组主轴	水平径向
2	机组主轴	垂直径向
3	齿轮箱输入端	垂直径向
4	齿轮箱外齿圈	垂直径向
5	齿轮箱中间轴	直径向
6	齿轮箱输出轴	垂直径向
7	发电机前端	垂直径向
8	发电机后端	垂直径向

3. 故障根本原因查找

该故障风机报驱动链方向塔筒振动加速度（RMS）超限故障，故障解释为驱动方向振动加速度滤波值超过最大值。

现场对电气方面有可能导致机组报此故障发生的原因进行逐一排查。

（1）检查驱动侧振动传感器电源正常；

（2）检查驱动侧振动传感器外接线路及浪涌正常；

（3）分析原因有可能为干扰引起，检查传感器外接线缆屏蔽正常；

（4）更换驱动侧振动传感器，故障仍未消除。

排除了电气方面可能导致机组振动故障发生的因素，于是检查机械方面可能导致振动故障发生的原因，检查叶片轴承螺栓未发生松动，至此故障一时难以排除。为了对故障源进行定位，通过对在线振动监测系统进行数据跟踪，捕捉到轴承内圈损伤振动信号的频率。

由于机械引起振动故障的发生必然存在一个趋势，通过故障机组趋势图波形分析，可以清晰地辨识出故障可能存在的点位。于是对各个振动监测点的振动趋势图进行调取，数据源选择 5～8 月大风季节期间，此时段负载较大，数据具有代表意义。最终由趋势图显示齿轮箱输出轴和发电机驱动端在 8 月有明显振动产生，振动波形分别如图 2-372、图 2-373 所示，反观其他监测对象并无异常显示，初步分析导致机组报驱动链方向塔筒振动加速度（RMS）超限故障的原因为齿轮箱内部齿轮损坏和发电机驱动端轴承损坏或发电机不对中引起。

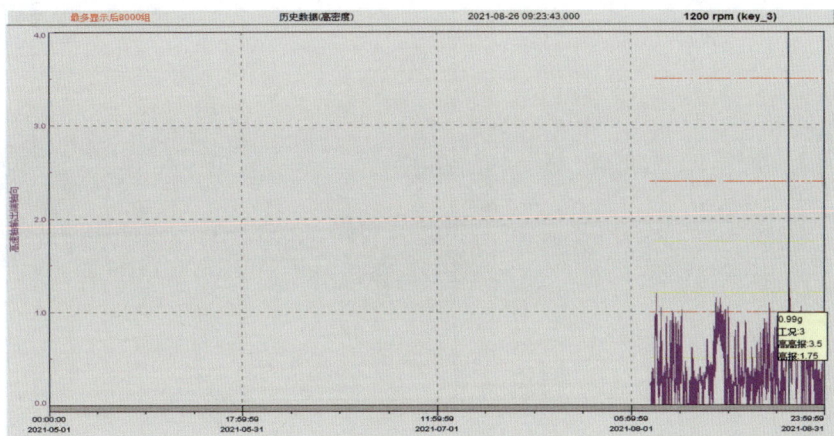

图 2-372 高速轴输出端轴向趋势图

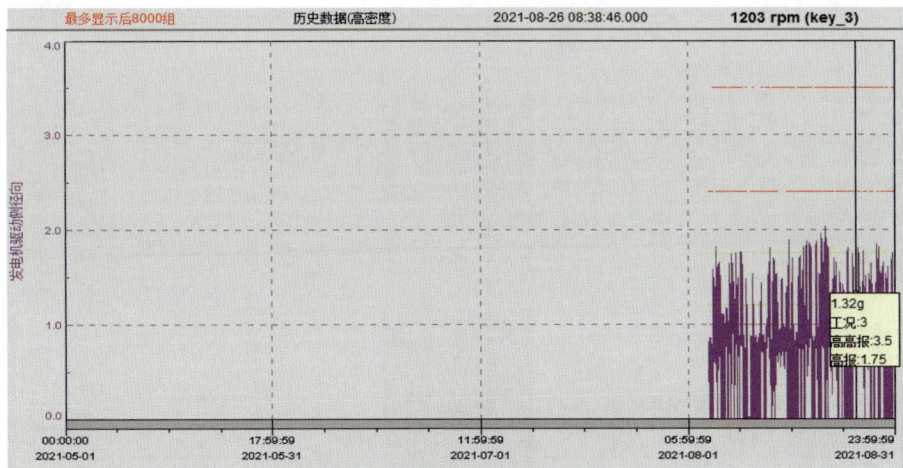

图 2-373 发电机驱动侧径向趋势图

由高速轴输出端轴向趋势图和发电机驱动侧径向趋势图可以看出，机组运行在工况3，额定转速 1200r/min 下，振动报警值显示为高报和高高报。

现场数据上传到诊断中心服务器，首先经过时域处理，可以由时域波形图（见图 2-374）看出，在机组额定负荷运行过程中，机组齿轮箱高速轴振动监测点出现了异常冲击振动信号，信号具有强烈的周期性，对振动信号作傅里叶转换分析，绘制高速轴输出端轴向频谱图（见图 2-375）。从频谱中可看出，频谱中最突出的峰值成分是频率 659Hz 及其前七次谐波，此外，频谱中谐波两侧存在明显的边带成分，边带成分的间隔等于调制波的频率，通常是故障齿轮轴的转频，即高速轴旋转频率。这些边带成分的存在，一定程度上表明，齿轮箱在中速和高速级部位可能存在齿轮故障。对现场齿轮箱进行内窥镜检查发现高速轴齿面点蚀严重。

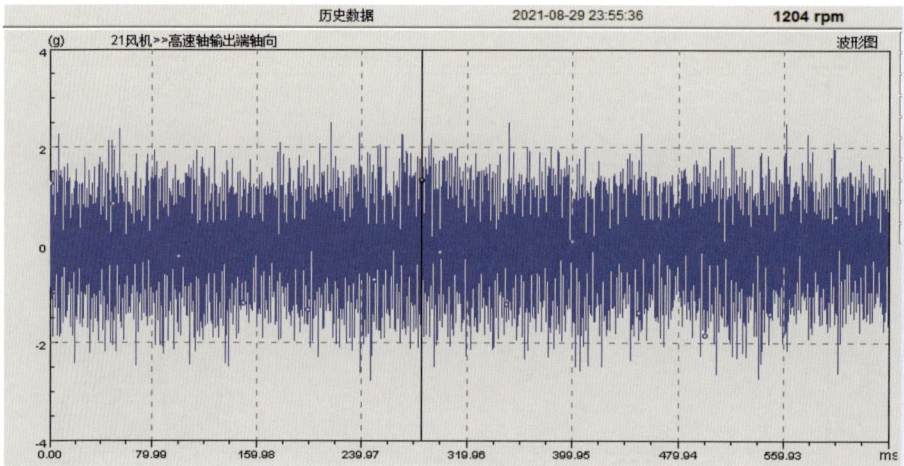

图 2-374　高速轴输出端轴向时域波形图

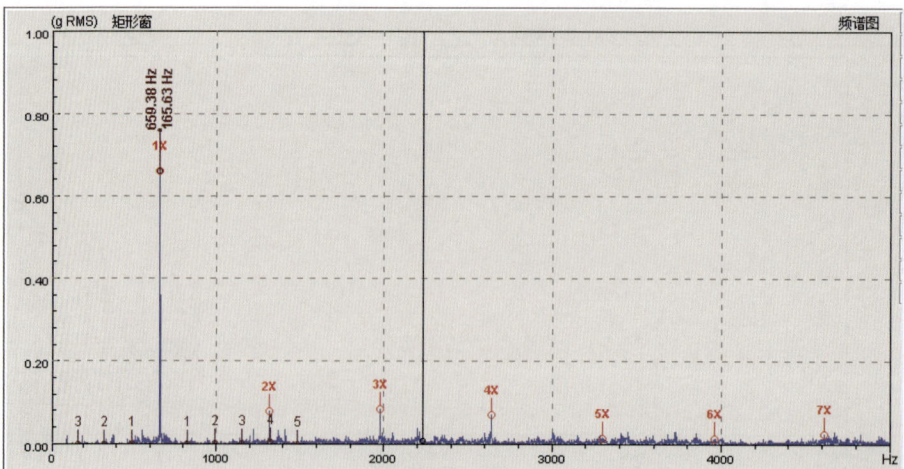

图 2-375　高速轴输出端轴向振动频谱图

进一步判断发电机驱动侧振动产生的原因及对机组驱动链方向塔筒振动加速度（RMS）超限故障产生的影响，对发电机驱动侧径向波形频谱图（见图 2-376）进行进一步分析，分析方法相同，这里不再做详细阐明。根据分析结果最终证实发电机轴不对中引起发电机驱动端振动造成驱动链方向塔筒振动加速度（RMS）超限故障。

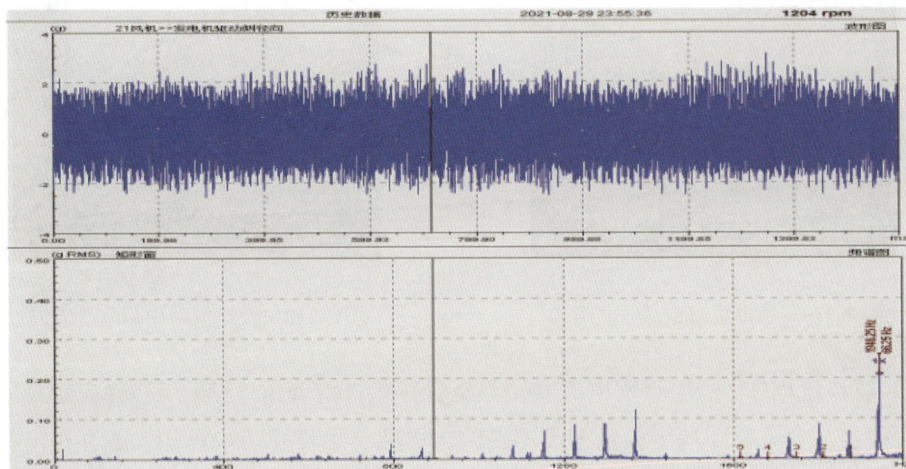

图 2-376　发电机驱动侧径向波形频谱图

▶ 事故处理措施及结果

经上述分析，故障原因为发电机轴不对中引起发电机驱动端振动，基于故障原因采取如下改进措施：

图 2-377 和图 2-378 分别为发电机对中前垂直方向偏差和水平方向偏差。

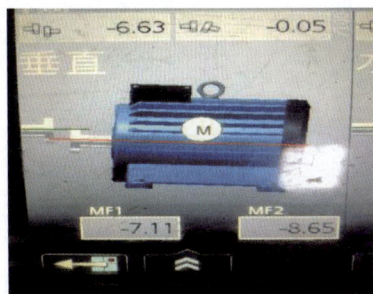

图 2-377　发电机对中前垂直方向

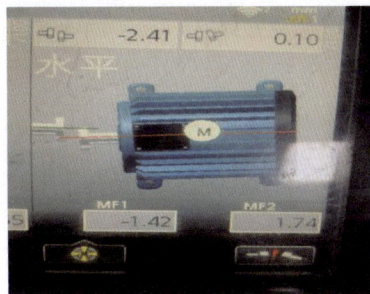

图 2-378　发电机对中前水平方向

对发电机对中，分别减小垂直方向和水平方向偏差，如图 2-379 和图 2-380 所示。

通过更换齿轮箱高速轴及对发电机对中，解决了风机报驱动链方向塔筒振动加速度（RMS）超限故障。

▶ 隐患排查重点

（1）设备维护。

1）齿轮箱高速轴存在异常振动，现场运维人员要检查齿轮箱运行情况，检查机

283

组运行过程中是否存在异常。现场运维人员还需对发电机驱动端轴承磨损情况进行检查，发电机运行过程中是否存在异响，改善轴承润滑情况，密切注意轴承温度变化情况。

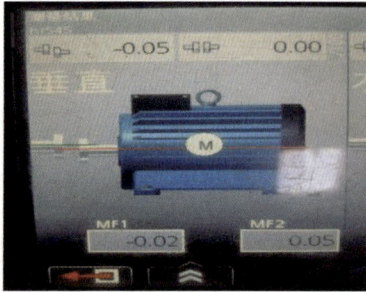

图 2-379　发电机对中后垂直方向

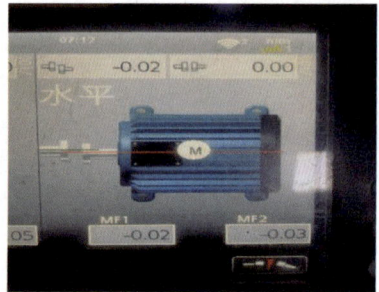

图 2-380　发电机对中后水平方向

2）巡检过程中，需检查发电机联轴器是否存在打滑现象，若无滑移标志需使用油漆笔在联轴器发电机驱动端至齿轮箱高速轴输出端做一字贯穿防松标识。若存在滑移，则必须对联轴器连接螺栓进行紧固，同时需重新检查发电机对中。

3）巡检过程中，需要检查发电机地脚弹性支撑紧固螺栓是否松动或滑移。若出现松动，则需重新对发电机进行对中，对中完成后使用力矩扳手对地脚螺栓进行紧固。

4）若齿轮箱存在振动异常、滤芯铁屑较多、油压低等情况，则需要对齿轮箱高、低速轴进行内窥镜排查，防止缺陷扩大致使齿轮箱整体失效。

5）定期对齿轮箱各监测点温度、振动数据进行动态分析，对于温度、振动异常的部位，应及时开展内窥镜检查并组织排查、分析。

6）机组小风天气时，可以将高速端转速维持在 400～500r/min，查看传动链是否存在异响或有规律的异常振动。

7）加强齿轮箱本体巡检，发现异常状况（如异响振动、铁屑体积较大且量多、散热系统管路堵塞、部件温度过高等）及时上报，开展内窥镜和振动分析，尽快确定原因减少齿轮箱的损坏。

8）发电机对中数据复测完毕且数据符合要求后,应先将发电机地脚螺栓紧固完毕后调松发电机水平调节螺栓，使其处于旋松未受力状态。

9）检查齿轮箱高速端，轴承密封圈完好、无破损缺失且轴承端无漏油、渗油等异常现象。

10）对齿轮箱油位巡检时，需在风机停机 30min 后，对齿轮箱油位进行目视检查，确保润滑油已回落至油箱底部，且油位处于正常位置。

11）检查齿轮箱扭力上、下轴瓦错位距离，若轴瓦错位距离超过 10mm，则需重新对齿轮箱上、下轴瓦进行安装。

12）巡检过程中，检查齿轮箱收缩盘力矩，若一颗螺栓在检验过程中松动，则需要对收缩盘全体螺栓进行 100%力矩紧固。

13）定期检查齿轮箱扭力臂紧固螺栓力矩，发现一颗螺栓松动则必须将全部螺栓使用 100%力矩值复验。

14）定期检查主机架连接螺栓，每 12 个月完成一次力矩紧固工作。

（2）运行调整。

1）定期拷取机组 PCH 检测数据，分析加速度频谱查看传动链是否存在 1P 与 2P、3P 等异常冲击即不在正常频率内，若发现数据超过预定范围需要对桨叶对零进行仔细检查，检查叶片零刻度标尺是否存在错位安装、误差较大等异常现象。

2）定期检查机组风向标对零，查看机组是否存在对零偏差大及偏航滑移等现象。

2.4.2　冷却系统异常事故案例及隐患排查

2.4.2.1　发电机风扇损坏故障 1

▶ **事故表现**

某风电场选用 750kW 双馈风力发电机，该风电场 20 号机组故障前正常并网运行，于 2021 年 10 月 22 日监测到 20 号机组齿轮箱、发电机各测点振动数据有明显的上升趋势，随后立即安排检修人员登塔检修。

▶ **事故根本原因**

20 号机组齿轮箱低速轴、高速轴、发电机前后轴承振动在 2021 年 10 月 22 日出现明显上升情况，并且超过"警告"级别，于 2022 年 1 月 22 日超过"报警"级别预警线，如表 2-40 所示。

表 2-40　　　　　　　　机组齿轮箱、发电机振动趋势对照表

测点名称	振动趋势图
齿轮箱低速轴径向	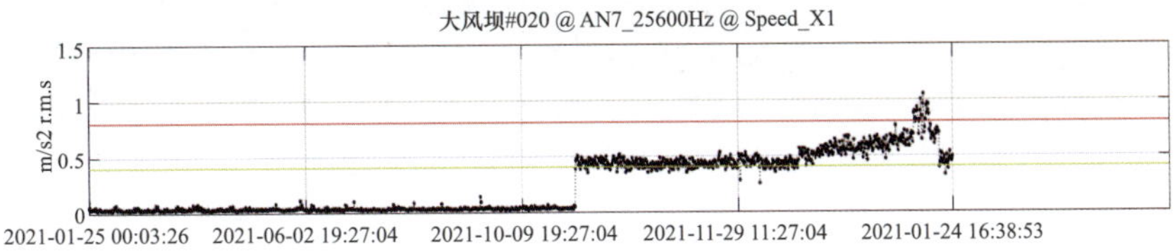
齿轮箱高速轴径向	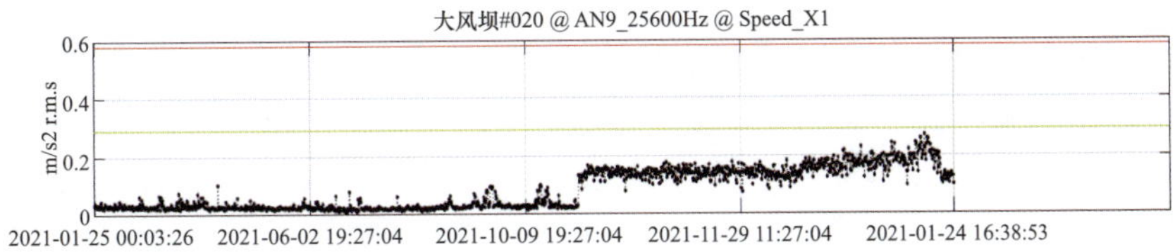

续表

测点名称	振动趋势图
齿轮箱 低速轴轴向	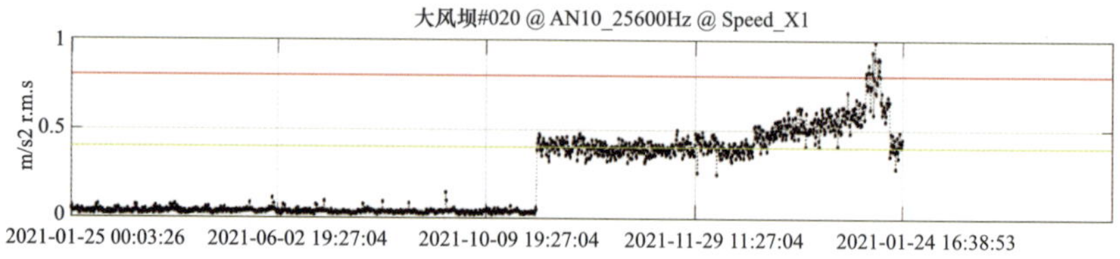大风坝#020 @ AN10_25600Hz @ Speed_X1 m/s2 r.m.s 2021-01-25 00:03:26 2021-06-02 19:27:04 2021-10-09 19:27:04 2021-11-29 11:27:04 2021-01-24 16:38:53
发电机前 轴承径向	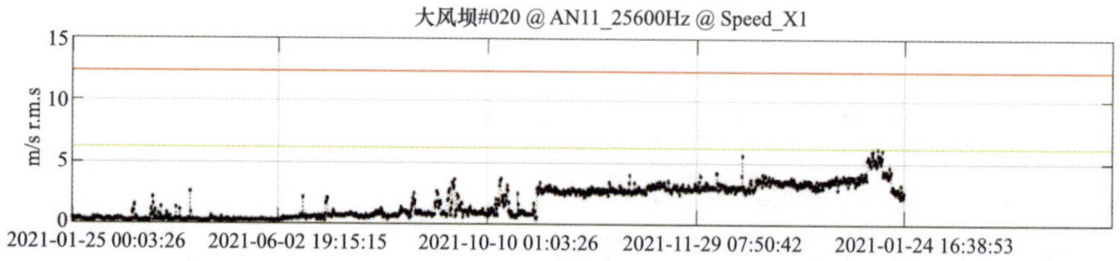大风坝#020 @ AN11_25600Hz @ Speed_X1 m/s r.m.s 2021-01-25 00:03:26 2021-06-02 19:15:15 2021-10-10 01:03:26 2021-11-29 07:50:42 2021-01-24 16:38:53
发电机后 轴承径向	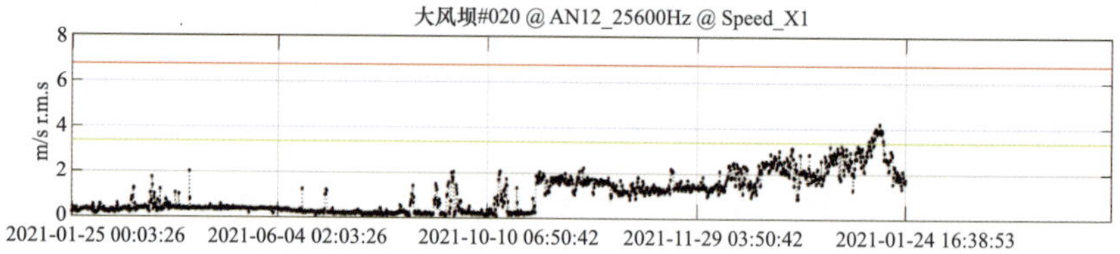大风坝#020 @ AN12_25600Hz @ Speed_X1 m/s r.m.s 2021-01-25 00:03:26 2021-06-04 02:03:26 2021-10-10 06:50:42 2021-11-29 03:50:42 2021-01-24 16:38:53

查看齿轮箱、发电机 2022 年 1 月 17 日的频谱图（见表 2-41），发现存在高速转频的 1X 倍频的调制，并且伴有边带，结合机组齿轮箱、发电机波形图与频谱图，综合分析认为：

表 2-41　　　　齿轮箱、发电机测点频谱对照表

测点名称	振动频谱图
齿轮箱高速 轴轴向测点 频谱图	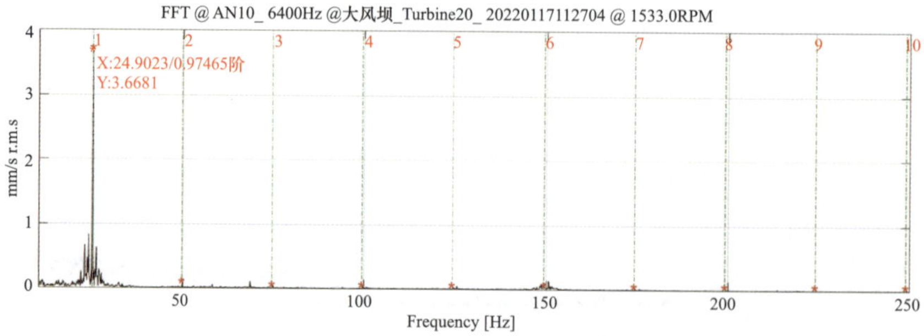FFT @ AN10_ 6400Hz @大风坝_Turbine20_ 20220117112704 @ 1533.0RPM X:24.9023/0.97465阶 Y:3.6681 mm/s r.m.s Frequency [Hz]

续表

测点名称	振动频谱图
发电机前轴承径向测点频谱图	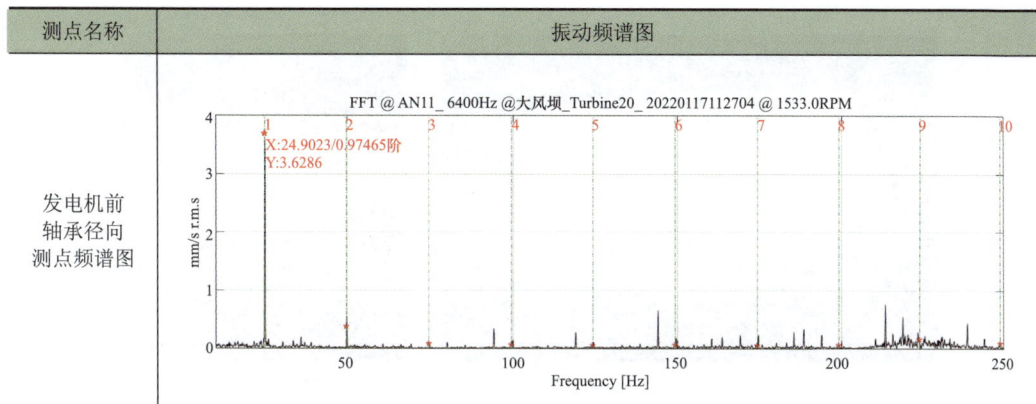 FFT @ AN11_ 6400Hz @ 大风坝_Turbine20_ 20220117112704 @ 1533.0RPM X:24.9023/0.97465阶 Y:3.6286

（1）导致机组齿轮箱、发电机振动趋势同时上升的主要频率为高速轴转频，且为一倍频，可能来自机组高速轴系的不平衡力增加或者刚度降低的原因导致。考虑到机组设备，可能的故障部件为：

1）不平衡力增加方面，齿轮箱输出轴系、高速联轴器、电机转轴系等旋转部件缺失导致的动平衡失效问题。

2）刚度降低方面，齿轮箱输出轴系、高速联轴器、电机转轴系可能磨损等导致的配合部位松动、各螺栓紧固力矩降低。

（2）现场检修人员立即安排登塔对机组齿轮箱、发电机进行检查：

1）登塔检查联轴器运行情况：联轴器螺栓未出现松动，无小部件缺失。

2）检查传动链轴系、螺栓禁锢力矩无松动现象。

3）检查机组弹性支撑未出现老化、碎裂、鼓包、软化等现象，无明显下沉情况。

4）检查发电机无下沉，因风机为定桨机组，大风期刹车时、停机时机舱会有明显抖动情况。

5）因发电机冷却风扇与发电机为同轴，检查发电机风扇发现扇叶损坏，有缺叶情况，如图 2-381 所示。初步判断为高速轴不平衡原因，风扇罩被损坏风扇打坏，机舱吊机与风扇罩处于接触状态（见图 2-382），机舱抖动、损坏的风扇叶片敲击吊机也会反复产生振动。

（3）调查分析情况如下：

1）初步排查导致机组振动"不平衡"预警原因为发电机同轴冷却风扇叶片损坏，叶片缺失导致的旋转动平衡失效。

2）定桨机组机舱抖动、损坏叶片击打风扇罩导致机舱吊机撞击发电机机体引起的振动异常。

3）由于机组设计较早，发电机与风扇采用同轴设计，并在风扇外罩旁技改加装了吊机，机舱空间较小，导致吊机只能靠在风扇外罩上。之后由于风扇转动等运行情况，吊机对风扇罩产生挤压变形，并与旋转的风扇扇叶接触，将扇叶打坏。

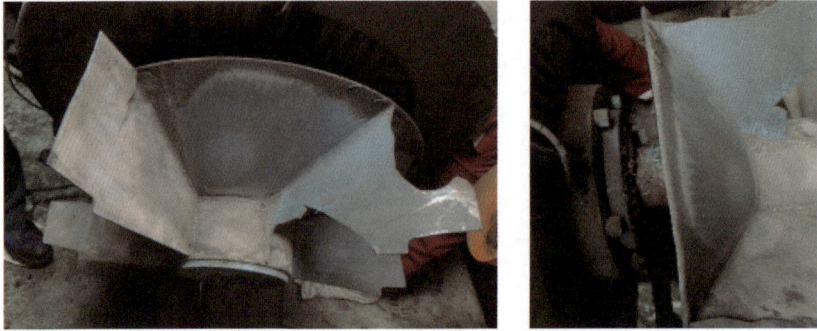

图 2-381　发电机风扇扇叶损坏情况

图 2-382　机舱吊机与发电机风扇罩损坏情况

▶ **事故处理措施及结果**

对发电机风扇进行更换，并检查发电机后轴承，发现轴承外圈存在一定损伤，一并更换后，恢复机组运行，检查机组振动数据恢复正常水平。

▶ **隐患排查重点**

（1）设备维护。

1）每 6 个月完成一次发电机散热风扇电机绝缘测量，要求测量时间大于 3min 且绝缘阻值大于 10MΩ。

2）每 6 个月完成一次发电机散热风扇电机相间阻值测量，要求相间阻值平衡度小于 5%。

3）关注发电机振动监测数据，对于异常振动的风电机组机器部件需要密切监测并做好记录，巡检时对其重点测试检查。

（2）运行调整。

1）定期拷贝发电机运行温度数据，结合温度数据分析，保障发电机本体安全、稳定运行。

2）机组满发状态下，需密切关注机组监控系统中发电机温度参数和在线振动监测系统振动数据，并做好记录。

3）对于风速小且为秋冬季节的低温高原地区，即使未发现发电机温度升高，也需要定期组织风电场检修人员对机组进行全面排查，保证机组进入夏季大风时段的可靠运行。

2.4.2.2　发电机风扇损坏故障 2

▶ **事故表现**

目前，在主流风力发电机机组中，发电机散热风扇、偏航电机、变桨伺服电机、控制柜散热风扇、变流器散热风扇通常采用异步电机风扇进行散热。在散热风扇的运行过程中，还存在散热通道堵塞、电机启动电容容值下降、风扇轴承损坏的问题。这些问题的存在影响其使用效果，而且在故障出现时，如果没有及时地给予解决，很容易引起设备损坏。

▶ **事故根本原因**

1. 异步电机风扇电气故障

电气故障包含定子和转子的短路故障、断路故障、线路故障、启动控制故障、绝缘损坏、控制回路故障、单相异步电机风扇还存在电机启动电容容值下降等。绕组是电机的重要部件，绕组由于老化、受潮、外力的冲击、长期过载、过电压、欠电压、缺相都会引起绕组损坏。绕组故障通常有绕组的接地、短路、断路等，产生故障的原因不同，因此必须进行观察和分析，查找故障原因，然后进行维修。

绕组短路故障有绕组匝间短路、元件间短路、绕组相间短路。产生短路故障原因：电机由于外部原因电源缺相、长期过载运行、绕组受潮使绝缘老化失去绝缘作用造成绕组损坏。

绕组断路故障有绕组端部和并联支路处断路、匝间断路、转子断笼。产生故障原因：绕组各元件、绕组与接线等接线头焊接质量不良。在维修和维护时，出现碰断或由于生产制造质量差。

单相异步电机风扇启动电容容值下降。产生故障的原因：电容元件随使用周期的增加，其容值会随使用时间延长而显著下降，容值低于80%时，将不能保证电机风扇的平稳运行。

2. 异步电机风扇机械故障

机械故障包含异步电机散热风扇的机械设备的故障、轴承保持架的松动变形、联轴器损坏、端盖和铁芯的损坏、转轴和机座松动磨损等机械结构产生的故障。当异步电机风扇发生故障时，第一步应该断开电源，观察故障现象，然后根据故障现象进行分析，查找故障原因和故障点，最后采用正确方法排除故障。

异步电机风扇电机主要机械故障为轴承失效。轴承损坏的原因有：超负荷运行；装配配合过紧造成轴承间隙减小；轴承室密封不严混入污染物；电机转动部件不平衡衍生的振动等。

图 2-383　异步电机绕组烧损

3. 绕组烧毁故障

风扇电机绕组过热烧毁故障：一是制造缺陷，多数是匝间短路，也有较少的相间短路、极相组短路或对地击穿；二是由于使用不当：缺相运行，过载，三相绕组星三角连接错误或一相接反，以及受潮污染的风扇电机不进行烘干就投入运行。拆机检查，绕组烧坏处为暗黑色，有焦味，如图 2-383 所示。只烧坏一个线圈中的几匝导线，属匝间短路。烧坏几个线圈，多半是同一极相组进、出线短路。如果烧坏一相，则三角形连接绕组一相断线；烧坏两相，则星形连接绕组一相断路。三相绕组全部烧坏，可能因为电机长期过载、低电压重载运转，或接线有误、转子卡住堵转、启动不顺。

4. 对地击穿

低压电机散嵌绕组对铁芯的电位差，由槽绝缘隔离；两相绕组之间的电位差，由槽内层间垫条和端部隔相绝缘来隔离。散嵌绕组一般手工下线，利于采用较高的槽满率、较短的线圈端部，成本比半自动下线低。槽绝缘在绕组嵌线整形中受到机械损伤，是半成品耐压合格率下降的原因。

5. 绝缘电阻低

在潮湿中的风扇电机，水分子渗入绝缘的毛细孔和裂缝，或在亲水性绝缘材料表面凝结成水膜，可能使绝缘介质中的导电离子增多，绝缘电阻降低，介质电导损耗剧增。整体严重受潮的风扇电机，如果未经干燥就投入运行，绕组就容易击穿。以往 A、E 级绝缘的低压电机，一些绝缘材料是由多孔亲水性植物纤维组成（如青壳纸、纱包线），内含有机养料，容易吸潮长霉。B、F 级绝缘均用非极性高分子合成材料，电机绝缘电阻不合格较少。与大气直接接触的导电零件，若电气间隙或爬电距离达不到规定，在潮湿中表面绝缘电阻较低。

6. 单相异步电机散热风扇启动电容容值下降

变桨系统中变桨电机所使用冷却风扇属于单相异步电机，需要使用启动电容来进行风扇电机的启动，启动电容在电路中起到了"移相"的作用。只有"移相"了，单相异步电机的定子线圈中，才能形成圆形旋转磁场，电机才能旋转。

单相异步电机风扇启动电容及其运行原理如图 2-384 所示。单相异步电机风扇由运行绕组、启动绕组、启动电容组成，通入 220V 交流电，如果没有启动电容，运行绕组和启动绕组所通入的电流是同相位没有相位差的，产生的旋转磁场将会呈现出椭圆形磁场而非正圆，如果启动绕组串接一个合适的电容，使得与运行绕组的电流在相位上近似相差 90°，即所谓的"移相"原理。这样两个在时间上相差 90°的电流通入两个在空间上相差 90°的绕组，将会在空间上产生（两相）旋转磁场。电容容值下降导致经过两个绕组的电流相位角度差发生变化，进而导致圆形磁场变为椭圆形磁场。会导致电机噪声增大，转速较原来有所减小，启动性能和运行性能变差。最终导致电机冷却风扇输出风量减少，达不到散热效果后电机温度升高，同时不良的运行环境会减少电机的运行寿命。

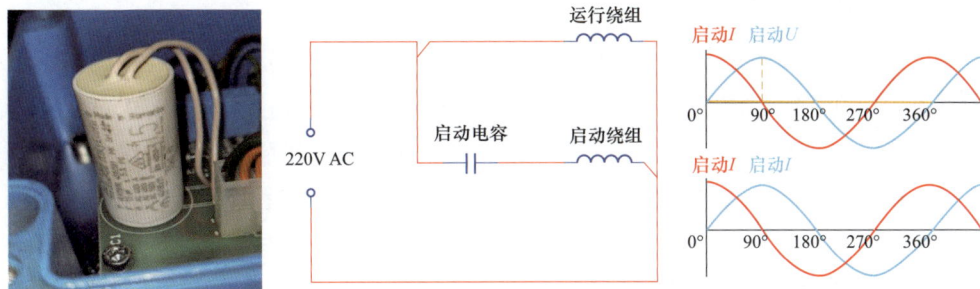

图 2-384　单相异步电机风扇启动电容及其运行原理

7. 异步电机风扇轴承失效

异步电机风扇轴承损坏原因分布情况如图 2-385 所示，主要失效原因如下：

（1）与负载联接不当。风扇电机与负载间的联轴器对中直线度不够，导致轴承与电机轴偏磨致使疲劳受损失效。这种情况的现象较明显，一般风扇电机和负载的振动较大，观察后即可判断出原因，经过现场调整后很容易恢复。

（2）装配不当。轴承及其配合附件装配不当（如轴承与轴颈的配合公差选择不当、轴承与电机端盖或轴承盖安装不平），导致轴承的工作游隙为负值，轴承的疲劳寿命随着负游隙的增大，疲劳寿命显著下降。这种情况电机振动大、声音异响明显，通过检查安装间隙和轴承的工作游隙即可判断原因。要求一定要做好轴承的定位安装，附件配合间隙选择合理公差，且选择轴承的游隙时，一般以工作游隙为零或略为正为宜。

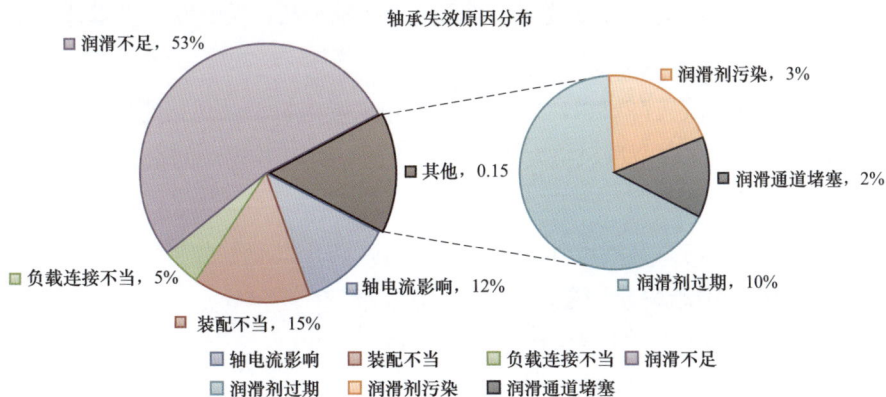

图 2-385　异步电机轴承损坏原因分布图

（3）润滑不当。润滑油脂增加过少或过多、油质不好导致轴承长时间发热，高温运行下轴承磨损加速甚至元件断裂卡阻，导致轴承疲劳失效。再就是目前风扇电机大部分轴承附件是采用的内、外油盖式结构。此种结构的缺点是密封效果较差，风扇电机内、外部的灰尘容易被吸入到轴承内部，加速轴承的磨损而损坏。以上 3 种电机轴承失效原因中第 3 种情况所占比例最大，在统计的 479 次 90kW 以上大功率电机维修中第三种原因占到维修总数的 72%，因此解决因润滑问题引起的轴承失效是解决电机故障的关键环节。

▶ **事故处理措施及结果**

通过维护人员的拆解分析，现场通过清理散热通道灰尘；定期测量检查风扇电机绕组的直流电阻和绝缘电阻；更换单相异步电机风扇启动电容容值下降超过 20% 启动电容；定期对风扇电机轴承润滑；更换振动异常的风扇电机轴承等措施，风电机组散热能力显著提高，机组因散热不足导致停运次数同比下降超过 90%，具有较好的操作性，取得良好的经济效益。

▶ **隐患排查重点**

（1）设备维护。

1）每 6 个月完成一次发电机散热风扇通道清理，通过铭牌确认发电机油脂类型并完成电机轴承润滑油脂加注工作。

2）检查发电机冷却风扇无松动、冷却器内部无杂物、接线盒密封无缺失。

3）发电机巡检时，检查机座两侧的观察窗，确认是否有异物或焦糊气味（绝缘烧损或热分解）。

4）例行巡检时，在风扇转动的情况下，观察引出线端部是否有黑色、焦黄异常点，或者烟熏痕迹。

5）每 6 个月完成一次发电机散热风扇电机相间阻值测量，要求相间阻值平衡度小于 5%。

（2）运行调整。

1）定期拷贝发电机运行温度数据，结合温度数据分析，保障发电机本体安全、稳定运行。

2）全场满发小时数较高机组，应定期巡检测试发电机散热风扇电机运行状态。

3）机组满发时，提取全场风机发电机温升数据，对温升较快的机组需做好记录，巡检时重点测试检查。

4）高温天气到来前，开展冷却系统专项检查，防止批量性故障发生。

2.4.3　发电机轴承异常事故案例及隐患排查

2.4.3.1　发电机轴承电蚀损坏故障 1

▶ **事故表现**

风电场装机容量 100MW，采用 2.0MW 风电机组，塔筒高度 120m，是华北区域首批平原地区低风速风电场。自 2019 年投运以来，该风电场多台机组发生发电机轴承温度故障，造成发电量损失，影响风电场正常运行。某日，后台监控系统报出某机组发电机轴承温度故障，风机停机。经现场排查，发电机轴承温度正常，机舱滤网进风通畅，发电机散热风扇正常。

▶ **事故根本原因**

1. 发电机轴承温度控制策略介绍

风机转轴止圈上安装有两个温度传感器，经电缆将温度信号输入主控系统，发电机轴承温度故障会造成风机停机，须到机舱检查处理后风机方可重新启动。该风机运行环境要求如下：

（1）空气相对湿度：≤95%无凝露；

（2）安装海拔：常温陆上型≤4000m；

（3）工作环境温度：−30～45℃；

（4）存储环境温度：−40～70℃。

2. 原因分析

经工作人员排查，发电机轴承温度无异常，将更换的温度传感器返厂检测后，损坏原因为大电流冲击。因温度传感器的信号传输电缆与一次电缆同排铺设，会造成干扰，分析为传感器信号传输电缆耐压等级较低，传感器不适用。

▶ **事故处理措施及结果**

（1）将传输电缆耐压测试从 500V 提高到 4000V AC 50Hz 1min＜2mA，增加抗击穿能力。线缆进入转子刹车盘的过线孔涂抹机械密封胶，线缆绑扎位置使用绑扎管保护，叶轮导流罩部分使用阻燃尼龙软管防护，保障电缆安装牢固，不易损坏，传输电缆示意图如图 2-386 所示。

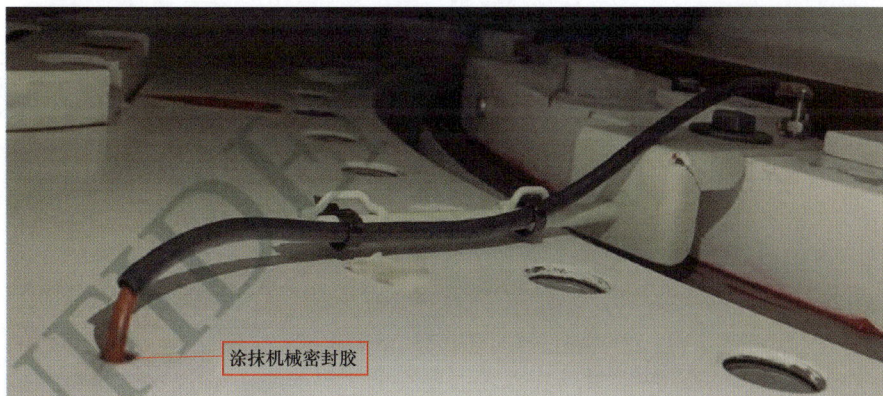

图 2-386 传感器传输电缆示意图

（2）更换 2 个后轴承传感器及安装 1 个测温支架，传感器及其安装示意图如图

2-387、图 2-388 所示。

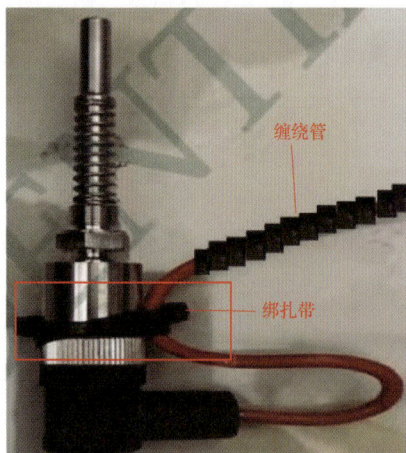

图 2-387　传感器实物图

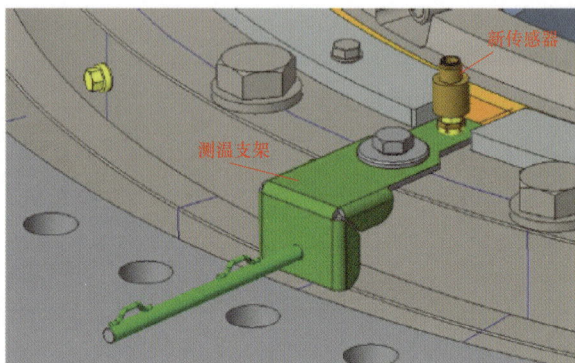

图 2-388　传感器安装示意图

（3）统一线电阻阻值，使测温更精确。

（4）使用特氟龙电缆增加抗拉拽、抗踩踏、抗高低温、抗老化性能。

（5）使用测温支架组件规范电缆走线工艺，防止测温电缆磨损。

风机改造完成后，未发生发电机轴承温度传感器大电流击穿故障，效果明显。

▶ 隐患排查重点

（1）设备维护。

1）例行巡检中，检查确认发电机温度传感器连接紧固，一字防松线无松动滑移。

2）检查传感器连接线保护层无破损，且排布远离金属锐角边，防止损坏连接线。

3）检查网侧滤波电容外观无鼓包、漏液，线缆无高温灼烧痕迹，机侧 du/dt 线缆连接紧固，电阻、电抗器、电容及接地线紧固，无错位、无高温氧化痕迹。

4）检查确认发电机表面无漏出油脂。若有立即清洁防止油脂侵入至传感器内部。

5）检查发电机 Pt-100 线、屏蔽层接地、气隙传感器线应与 PG 接头夹紧可靠，防松标识线无滑移。

6）通过主控面板查看发电机定子绕组温度是否正常，无异常数据例如–200、850 及其他异常数据。

7）发电机巡检时，检查机座两侧的观察窗，确认是否有异物或焦糊气味（绝缘烧损或热分解）。

8）例行巡检时，在风轮自由转动的情况下，观察定子或转子引出线端部是否有黑色、焦黄异常点，或者烟熏痕迹。

9）每 6 个月完成一次发电机滑环室碳刷长度测量，相邻碳刷磨损长度差值不得超过 20mm，超过则必须进行更换。

10）每 6 个月完成一次发电机绝缘测量，要求测量时间大于 3min 且绝缘阻值大于 50MΩ。

11）例行巡检时，检查清理发电机编码器、滑环室积碳，碳粉必须使用专业吸尘器进行收集，严禁将碳粉遗漏在机组内。

12）通过 PLC 控制桨叶开桨，检查并确认发电机无异响。若存在异响，则留取录音频存档。

13）每 6 个月完成一次发电机油脂加注，油脂加注前通过铭牌确认发电机油脂类型，自动润滑需 6 个月补充油脂。每次前轴承加注 100～150g，后轴承加注 100～150g，油脂加注时发电机转速必须维持在 100～200r/min 以内。

（2）运行调整。

1）每周拷取全场 CMS 运行数据，每月必须出具一次全场 CMS 运行报告。

2）机组满发时，查看记录发电量较高机组，查看 PCH 传动链振动数据是否存在发电机实时转速倍频冲击现象。

3）每周查看主控运行告警，查看主控信息栏是否存在发电机自动润滑阻塞告警，若有则须尽快解决处理。

2.4.3.2 发电机轴承电蚀损坏故障 2

▶ **事故表现**

某风场 1.5MW 风电机组的驱动端和非驱动端均装有接地碳刷，其中 35 号机组于 2010 年 4 月 3 日开始并网运行，2017 年 12 月 8 日现场巡检时，发现该台电机运行时有异响并在 700r/min 以上时伴有明显的振动。检查发电机润滑系统正常，碳刷及集电环表面光滑无异常，后经下架拆解：发现电机轴承位电蚀严重，需要更换发电机。

▶ **事故根本原因**

1. 发电机轴电压产生过程

发电机轴电压是指电机正常运行时，在发电机主轴两端或者主轴与轴承之间所产生的电压。按照轴电压的表现，发电机的轴电压可以划分为三部分：静电形成的轴电压直流成分、电磁不对称引起的轴电压的低频部分、共模电压引起的轴电压高频部分。其中，由共模电压引起的轴电压高频部分对整个风力发电系统有很大的影响。

双馈式风力发电机组变频器采用的是 PWM 开关供电方式，输出电压为等幅不等宽的一系列高频电压脉冲。在采用 PWM 变频器驱动的发电机系统中，其共模电压的高频成分通过电机的寄生电容耦合至电机的旋转轴上，在轴承未采用绝缘措施的发电机上，轴承的内圈套在轴上，内圈与轴等电位。轴承外圈与发电机端盖相连，端盖被固定在机座上，而机座与系统零电位点相连或直接接地。此时，在轴承的内外圈之间就形成了电位差。

2. 发电机轴电流形成机理分析

由于变换器采用 IGBT 等高频开关器件，其输出的电压含大量高次谐波。在对发机转子绕组施加共模电压激励后，其电机内部绕组中心点处将产生共模电压，该共模电压会在轴承内、外圈之间产生轴电压，当轴承内、外圈的电势差超过润滑油膜所能承受的击穿电压时，将产生放电，即共模电流。该共模电流通过分布电容耦合到转子铁芯，再经气隙分布电容和轴承电抗、接地碳刷电抗耦合到定子铁芯（地）。

润滑脂在轴承旋转过程中会产生油膜，即形成的寄生的电容 Cb（见图 2-389），Cb 电容值大小主要受油膜厚度的影响，而油膜的厚度由油脂的特性、电机的转速及油脂的温度等因素决定。风电机组在高空摆动情况下将造成轴承油膜不稳定，一旦 Cb 上的电压高于油膜能承受的电压时，油膜被击穿，Cb 内存储的电荷通过极小的击穿点导通放电，在轴承滚道表面微小的金属面上产生极高的电流密度，瞬间产生极高的热量使放电点的金属熔化，被熔化的轴承金属颗粒在轴承滚道表面因径向载荷碾压力的作用而飞溅，于是在轴承滚珠和滚道上面发生电蚀，形成凹坑。随着风电机组运行时间的日积月累，由于高频轴电压击穿油膜放电而持续形成的轴承表面凹坑不断增多，破坏轴承内圈、滚动体、外圈的光洁度，逐渐积累形成了滚动体表面肉眼可见的搓衣板纹，最终导致轴承由于游隙过大、振动过大、温升过高等因素失效。

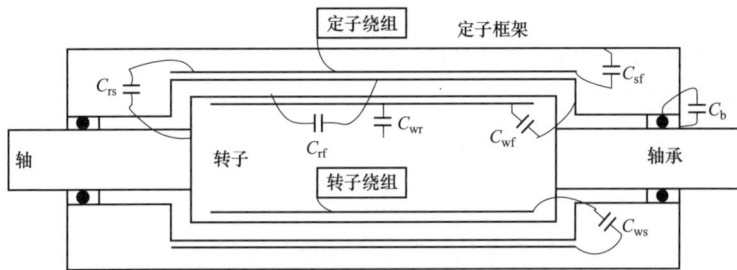

图 2-389　双馈发电机寄生电容分布

3. 发电机轴承故障分析

拆解现场检查：发现电机轴承位电蚀严重，轴承位的表面产生很多电蚀凹坑，如图 2-390 所示。电机主轴轴承位外圆直径为 157.43mm，如图 2-391 所示，比正常的电机外圆直径 160.00mm 少 2.57mm，轴承端盖绝缘为 0.3MΩ。

现象分析：机组在实际的运行过程中，发电机的主轴和后轴承端盖（绝缘端盖）存在感应电势，因发电机前轴承端未装接地碳刷，而电机又采用绝缘端盖，故机组在运行中，转子轴前端和轴承端盖相对发电机后轴承端接地处会产生感应电势差，形成电流。而轴承端盖与前轴感应电势不同，当电位差达到一定程度时，在轴承内圈与主轴表面（主轴与轴承内圈为热套安装）会形成间隙放电，逐渐电蚀。随着长时间的持续累积放电，使轴承位表面损伤严重，形成很多电势凹坑，同时氧化后金属粉末沾到端盖油脂上，使油脂变黑。随着电蚀的进一步加剧，主轴轴承位直径减小，前、后轴承运行时同心度偏差过大，致使机组出现振动、异响。

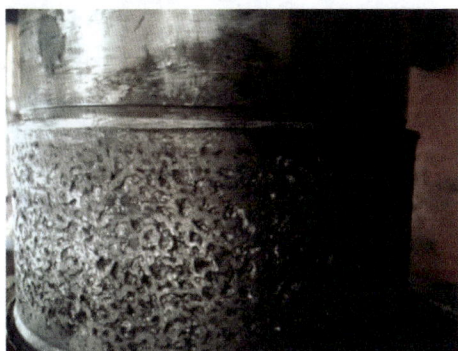

图 2-390　轴承位电蚀表面

图 2-391　电机主轴轴承位外圆直径 157.43mm

其中，轴承端盖对地绝缘变小的原因：轴承腔室碳粉积累和大量氧化金属粉末油脂附着在端盖表面造成。

对于上述现象，经同类运行风场大量调查发现，发电机轴承故障大约占整个发电机类故障的 50%以上，而因轴电压和轴电流引起的轴承电蚀失效则占主要比例。对于发电机轴承来说，设备运行时受到径向与轴向载荷，在强力的冲击载荷作用下，很容易发生故障。当轴承出现不同程度的损伤，工作时会产生摩擦阻力增大、温度升高、振动噪声加剧等现象，使支撑轴的旋转出现异常，影响机组的安全、稳定运行。

▶ **事故处理措施及结果**

从轴电压产生的原因和轴承电蚀失效分析，可以在发电机轴承失效前采取多方面有效预防措施以抑制轴电压、轴电流。

（1）抑制变频器输出端的共模电压。变频器共模电压为变频器正常工作的固有特性，从理论上考虑，可在变频器至发电机的出口电压波形上叠加一个与共模电压幅值相同、相位相反的电压波形，来抵消共模电压的影响。另外，在变频器至发电机的出口加装滤波装置（即 du/dt 滤波器），选择合适的截止频率，降低共模电压中高频分量对发电机轴电压的加成影响。但在工程应用中考虑到控制难度、成本因素，上述方案并不适合对已投运的风电机组进行改造。立足于现已投入运行的风电机组进行整改的可行性和有效性，目前部分风场在变频器输出端安装共模抑制磁环，对共模电流产生高频阻抗，从而在源头上抑制传动系统高频轴电压的产生，其作用效果显著。

（2）增加旁路接地装置。对于双馈风力发电机，主轴较长，转子与变频器相连接的一端因变频器共模电压的原因，其电势高于另一端，采取良好的发电机轴接地装置，可消除静电荷的影响和短接轴电流通路，使发电机轴承得到保护，即在发电机主轴两端加装双拼接地碳刷，这也就是现今各个运行电场和风机厂家普遍采用的方法。该方法安装成本较低，风场运行维护方便，在某种程度上也大大地消除了轴电压及共模电压的影响。

（3）增加轴承端盖绝缘。为了不让轴电流经过轴承，常采取的措施有：①在轴承座与机座或者端盖之间采用绝缘材料，同时将所有轴承座的安装螺杆、螺钉等采取绝缘措施，即采取端盖绝缘的方式截断轴承电流的通路；②直接采用绝缘轴承或者陶瓷轴承。在之前，1.5MW 风力发电机的前、后端盖大部分是非绝缘端盖。为了消除轴电流对轴承的腐蚀作用，使用的轴承为绝缘轴承。但在实际应用中，绝缘轴承的绝缘层非常容易受损，油脂老化后形成酸性物质包围在轴承的四周，使得轴承的绝缘性能下降。从发电机轴到轴承外圈的绝缘层较薄，虽然可起到一定的绝缘作用，但不能很好地全面阻断轴电流。当发电机端盖是绝缘端盖时，不仅增大绝缘距离，而且几乎不受油脂侵蚀，油脂老化后形成的酸性物质腐蚀不到发电机端盖绝缘部位，在一定程度上很好地起到了绝缘作用。

（4）缩短油脂的更换周期，使用低阻抗油脂。依据现行的风力发电机的维护标准，一般每半年进行 1 次轴承润滑维护，只是注入少量、定量的润滑脂，轴承内旧的润滑脂只能靠轴承的自行运转来挤出，收集在集油槽中。这样，废旧油脂会有很大部分残留在轴承内，时间长会形成酸性物质，对轴承造成一定的腐蚀。同时，酸性物质会更容易积累电荷形成电势，甚至在绕组输入端接近端口部分使电势高度集中，或大或小的电势以轴电流的形式作用在轴承上。基于此，工程上采用低阻抗油脂来保护发电机轴承。

▶ **隐患排查重点**

（1）设备维护。

1）安装高频滤波器，变频器上的高频滤波器可以产生电流。可以很好地削弱高频电流，在源头上阻止轴电流的产生。

2）要对轴电压和轴电流的产生进行预防，首先要重视轴瓦绝缘体的安装和测量，即在安装过程中采用 1000V 绝缘电阻测试仪进行测量。每块瓦与地之间的绝缘电阻值不小于 1MΩ，如果小于 1MΩ 就说明情况不好，必须进行改善，直到达到要求为止。在轴瓦绝缘测量过程中，要注意发电机的各路进、出油管连接处螺栓是否有配套的绝缘体，绝缘情况是否良好，绝缘电阻是否能够满足要求。

3）检查网侧滤波电容外观无鼓包、漏液，线缆无高温灼烧痕迹，机侧 du/dt 线缆连接紧固，电阻、电抗器、电容及接地线紧固、无错位、无高温氧化痕迹。

4）发电机正常运行过程中会造成轴电流产生的情况很多，对发电机进行实时监测是预防产生轴电的主要办法之一。因此，在实际工作中要重视对轴电流的实时监测。在轴电流逐渐变大的情况下，一定要提高警惕，及时采取措施，如停机检查维修等，以防情况不断恶化而带来严重的后果。另外，要对电机进行定期的检查、维修，特别是绝缘体的电阻值，一旦发现电阻值异常要立刻更换绝缘体。

5）首先原设计接地电环较大，接地碳刷在运转过程中，发电机每转一周的周长较大，增加了线速度随之对接地碳刷的磨损也会增加。如接地碳刷磨损严重不能及时更换或磨损信号被屏蔽所产生的轴电流就不能被有效导出。

6）对于碳刷的选择也非常重要。导电性好的金属含量高的接地碳刷导电性能也较好。同时，碳刷的尺寸决定着接触面积的大小，接触面越大的碳刷导电性能也会相对更好。

7）风机运行时如出现集电环存在制造工艺上的问题，以及发电机延伸轴不同心，以致集电环的运转轨迹出现椭圆情况，可能出现碳刷跳动情况从而影响了碳刷和集电环的可靠接触，导致轴电流不能被有效引导接地。

8）每 6 个月完成一次发电机定转子侧绝缘测量，要求测量时间大于 3min 且绝缘阻值大于 10MΩ。

9）例行巡检时，检查清理发电机编码器、滑环室积碳。碳粉必须使用专业吸尘器进行收集，严禁将碳粉遗漏在机组内。

10）通过 PLC 控制桨叶开桨，将发电机端转动速度维持在 100～200r/min，检查并确认发电机无异响，若存在异响，则留取录音频存档。

（2）运行调整。

1）发电机轴瓦的损坏程度受轴电流的大小和作用时间的长短影响，要预防发电机轴产生轴电流对电机运行的影响，一定要做好对发电机轴电流进行实时监测的工作，这样才能及时发现异常，及时解决异常，以延长电机组件的使用寿命，维持电机正常运转。

2）工艺绝缘轴承。绝缘轴承可以通过将绝缘性能集成到轴承中，在根本上消除轴电流，从而防止电流腐蚀现象的发生。基本的涂层可以承受至少 1000V 的直流电压，更厚的涂层可以承受 2000、3000V 甚至 5000V 的高压放电。

2.4.3.3 发电机轴承电蚀损坏故障 3

▶ **事故表现**

某风电场双馈发电机轴承损坏频繁,将损坏的轴承更换后检查发现轴瓦表面存在"搓板纹",见图 2-392。判断轴承由于轴电流电蚀导致损坏，如果这种损伤普遍存在，那么风场设备运行就存在很大的潜在隐患，处理不当将造成一定的经济损失。

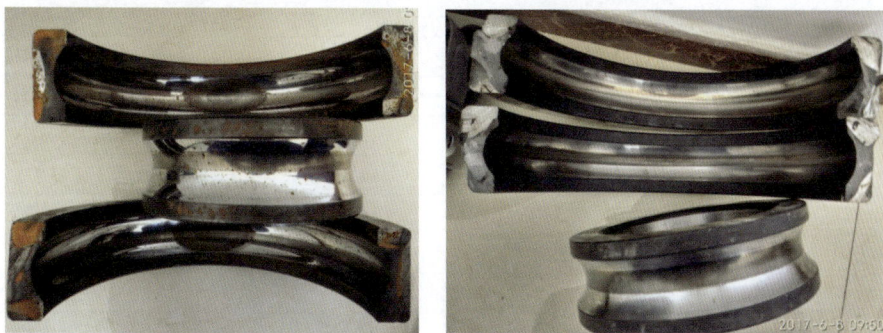

图 2-392　轴承损坏情况

▶ **事故根本原因**

（1）根据轴承损坏"搓板纹"的初步判断，损坏的轴承存在轴电流电蚀的情况，具体描述如下：

1）轴电流的形成。发电机使用 PWM 变频技术、IGBT 快速切换元件、定子与转子空气间隙不均匀等都有可能造成发电机磁路不对称。发电机主轴在这种不对称的磁场中运转，会在轴两端产生轴电压。如果发电机主轴两端轴承绝缘不佳，这个电压就会通过电机两端轴承支架形成电流回路，这个电流称为轴电流。

2）轴承电蚀损伤。电流通过轴承时，由于油膜较薄，对轴电流比较敏感，轴电流流过滚动体与内、外圈的细微接触点时，产生高温，接触面会出现击穿的痕迹，使金属表面局部熔融形成不规则凹坑或沟蚀，电蚀凹坑呈斑点状，有金属熔融现象，轴承运行中形成的电蚀成"搓衣板"状。

（2）对轴承损坏原因进一步开展现场排查：

1）现场轴承对地绝缘测量。某风场机组的发电机与轴承接触的零部件有轴承内盖、端盖（绝缘）、轴承外盖（安装了轴承温度传感器、振动传感器、注油管）、转轴和油挡。该机组的发电机采取的是端盖绝缘措施，要分析轴承电蚀损坏的原因，关键是确定经过轴承的轴电流导通路径，其中存在接地可能的是端盖和轴承外盖，其次就是检查接地碳刷对轴电流的导通能力，通过回路导通电阻检测即可。

因为风场暂不存在损坏的发电机轴承，短时间内不具备拆卸端盖的工作条件，所以通过测量轴对地的绝缘来验证端盖和轴承外盖的绝缘情况，具体情况如下：

该风机维护手册规定，用 1000V 绝缘电阻表测量轴对地的绝缘电阻，测试 1min，绝缘电阻值不低于 10MΩ。但是从表 2-42 可以看出，检测的 20 台风机中，16 台绝缘电阻不符合要求，占比 80%；1MΩ 以下的风机 4 台，5MΩ 以下的风机 15 台，说明上述大部分轴对地的绝缘性能已经存在缺陷，有极大可能存在轴电流经过轴承产生电蚀损伤的情况。

表 2-42　　　　　　　　　　　　　　风机绝缘电阻检测表

序号	风机号	轴对地绝缘（MΩ）	序号	风机号	轴对地绝缘（MΩ）
1	A1	115	11	B1	3.4
2	A2	0	12	B2	3.7
3	A3	0.7	13	B3	3.7
4	A4	0.8	14	B4	4.2
5	A5	1.5	15	B5	4.3
6	A6	1.9	16	B6	6.3
7	A7	2.5	17	B7	31
8	A8	2.6	18	B8	104
9	A9	2.7	19	B9	107
10	A10	2.9	20	B10	0

出现轴对地绝缘不良的原因有两种，一种是端盖绝缘损坏，不能形成有效的绝缘保护结构；另一种可能由于轴承外盖外接线路与地导通形成回路。另外，接地碳刷回路如果存在缺陷，会降低接地的导流能力。

2）轴电流数据分析。为了确定轴承经过的轴电流路径，在并网状态下，将轴对地绝缘良好的 A1 号风机，以及轴对地不绝缘的 A2 号风机进行了以下几种情况的检测，检测结果见表 2-43。

表 2-43　　　　　　　　　　　　　　轴电流数据测量表

测试项目	风机	碳刷不接地	前碳刷接地	后碳刷接地	前后碳刷接地
驱动端电压（V）	A1	244	3.6	5.7	2.2
	A2	10.64	4.48	5.6	3.34
非驱动端电压（V）	A1	236	4.8	2.1	1.4
	A2	9.1	3.56	1.94	1.37
驱动端电流（A）	A1	2.8	1.3	1.54	1.4
	A2	0.8	0.64	0.72	0.44
非驱动端电流（A）	A1	2.15	1.7	0.5	0.4
	A2	0.74	0.54	0.39	0.35

①驱动端电压测量。对于驱动端电压的测量分为四种情况，即轴无接地、前端接地、后端接地和两端接地。从驱动端电压的测量结果来看，A1 号风机的轴无接地时电压 244V，说明发电机在并网运行时确实存在轴电压，A2 号风机未体现出来的原因是轴对地绝缘已经失效，存在轴接地的"隐形回路"，所以轴电压的测量结果不能反映真实的轴电压。从 A1 号风机前端接地、后端接地和两端接地的轴电压趋势来看，有两端接地碳刷对于轴电压的抑制效果很明显，在 A2 号风机的测量结果也可以得出上述结论，所以采取两端接地的预防措施是有效可行的。②非驱动端电压测量。非驱动端电压测量示意图见图 2-393。对于非驱动端电压的测量也分为四种情况，即轴无接地、前端接地、后端接地和两端接地。从测量结果来看，A1 号风机同样存在轴电压 236V，A2 号风机的测量结果也不能反映真实的轴电压，说明 A2 号风机的"隐形接地回路"对轴电压起到了抑制作用。③驱动端接地电流测量。为了验证接地碳刷的导流能力，对驱动端接地电流进行测量，同样分为上述四种工况。从测量结果看，A1 号风机的轴电流反应比较直观，轴无接地时的接地电流是 2.8A，两端接地时万用表（与接地回路并联）接地电流是 1.4A。按照设计要求电流应该全部经过接地碳刷，万用表中不应该流过电流，实际上是由于万用表设置在安培电流档时内阻非常小，相当于在轴与地之间又设置了一条接地回路，所以会有接地电流流过。A2 号风机的轴无接地时，接地电流明显低于 A1 号风机，可能由于轴对地绝缘损坏导致。电流通过"轴-轴承-端盖-机座-接地"这一回路分流，或者经过"轴-轴承-端盖-传感器外壳-屏蔽线-接地"这一回路分流，不管哪种分流回路电流均经过

轴承，这就存在轴承电蚀的很大可能。另外，从前、后接地碳刷接地，以及两端接地的接地电流来看，"隐形接地回路"的内阻很小，起到了很大的分流能力作用，经过轴承的电流约占总接地电流的 70% 以上。④非驱动端接地电流测量。非驱动端接地电流测量见图 2-394。在四种不同工况下，非驱动端的接地电流测量结果与驱动端接地电流的测量结果如出一辙，A1 号与 A2 号风机测量结果对比明显，A2 号风机的"隐形接地回路"同样存在很大的分流能力。⑤传感器测量。为了确定是否由于传感器外壳与屏蔽线导致轴承端盖接地而形成接地回路，对温度传感器和振动传感器的外壳接地情况进行了检测（见图 2-395），确定了温度传感器屏蔽线未接地，不存在接地分流的情况；振动传感器的屏蔽线存在接地情况，A2 号风机解除振动传感器屏蔽接地线后重新测量了轴对地绝缘，测试结果与未解除前相同，判断振动传感器不存在接地分流的情况。

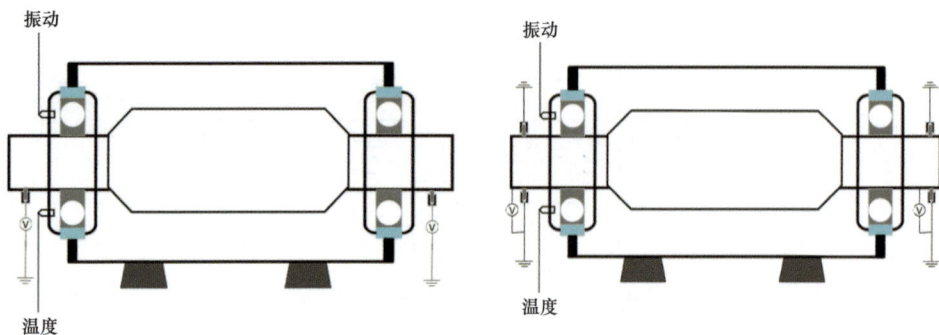

图 2-393　非驱动端电压测量示意图

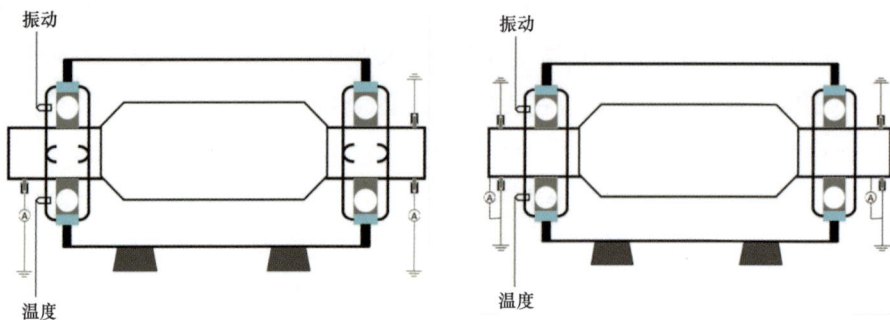

图 2-394　非驱动端接地电流测量

根据上述测量结果和回路分析，可以确定 A2 号风机轴对地绝缘损坏的情况是由于轴承端盖绝缘结构损坏导致。由于现场不具备拆解的条件，未能对损坏原因进行进一步的确认。

▶ 事故处理措施及结果

针对 A1 号风机类型的风机加强监视，发现异常趋势后及时采取相应的措施；针对 A2 号轴承端盖结构绝缘损坏的情况，持续监视其振动和温度参数，择机更换绝缘轴承阻断"隐形接地回路",弥补绝缘端盖结构的损坏,提升轴对地绝缘性能。

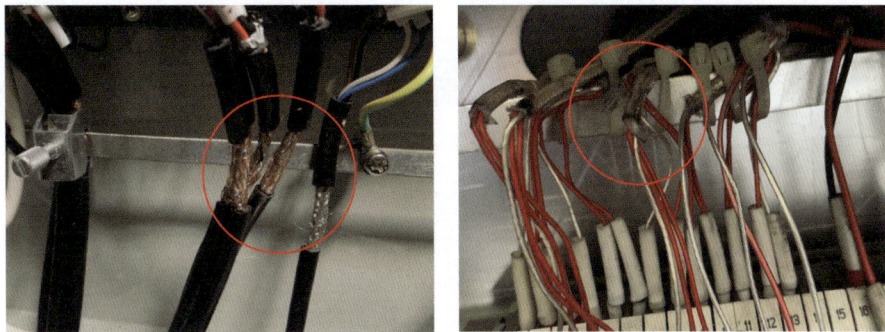

图 2-395　振动传感器外壳接地检测

▶ **隐患排查重点**

(1)设备维护。

1)例行巡检中,检查确认发电机联轴器驱动端与非驱动端接地碳刷磨损未超过20mm,且接地良好,无点蚀现象。

2)生产安装发电机定转子方面,在要求的范围内提高定子铁芯合缝的平整度,减小定子硅钢片的缝隙。

3)检查网侧滤波电容外观无鼓包、漏液,线缆无高温灼烧痕迹,机侧 du/dt 线缆连接紧固,电阻、电抗器、电容及接地线紧固、无错位、无高温氧化痕迹。

4)注意轴承端盖传感器、集油盒等外界元件的接地影响,防止轴对地形成"轴-轴承-外端盖-接地"隐形接地回路,加速轴承的电蚀损坏。

5)加强轴对地绝缘的检测,发现轴对地绝缘不良的情况应进行原因分析,采取轴承绝缘或端盖绝缘的措施抑制轴电流损伤。

6)定期检查和清扫接地碳刷和刷架,防止碳粉沉积或杂质影响轴电流的导通回路。

7)加强接地碳刷回路的检测,发现接地碳刷长度过短、碳刷与刷架卡涩、碳刷接地不牢、接地回路电阻过大等情况应及时处理,防止接地碳刷回路导流作用降低。

8)发电机巡检时,检查机座两侧的观察窗,确认是否有异物或焦糊气味(绝缘烧损或热分解)。

9)例行巡检时,在风轮自由转动的情况下,观察定子或转子引出线端部是否有黑色、焦黄异常点,或者烟熏痕迹。

10)每 6 个月完成一次发电机滑环室碳刷长度测量,相邻碳刷磨损长度差值不得超过 20mm,超过则必须进行更换。

11)每 6 个月完成一次发电机定转子侧绝缘测量,要求测量时间大于 3min 且绝缘阻值大于 10MΩ。

12）例行巡检时，检查清理发电机编码器、滑环室积碳，碳粉必须使用专业吸尘器进行收集，严禁将碳粉遗漏在机组内。

13）通过 PLC 控制桨叶开桨，将发电机端转动速度维持在 100～200r/min，检查并确认发电机无异响，若存在异响，则留取录音频存档。

14）每 6 个月完成一次发电机油脂加注，油脂加注前通过铭牌确认发电机油脂类型，自动润滑需 6 个月补充油脂。每次前轴承加注 100～150g，后轴承加注 100～150g。油脂加注时，发电机转速必须维持在 100～200r/min 以内。

15）要注意磁场中心与轴中心不一致的问题，要注意转子与定子之间空气间隙是否均匀，要防止大轴的摆度和转子匝间短路的情况。

16）在发电机各个轴承座下面安装绝缘垫，这样可以通过绝缘垫来隔断各个轴之间产生的电流回路，以阻止轴电流产生。

17）在发电机负荷侧的轴上安装接地碳刷来解决由摩擦产生静电而产生的轴电压。这种情况对接地碳刷有一定的要求，即接地碳刷必须可靠，这样才能释放电压阻止大轴电荷的不断累积，能有效防止大轴因充电而升高电位，也能避免电压过高冲破绝缘层瞬间产生的高电流。

（2）运行调整。

1）借用高内阻交流电压表，分别在发电机组空载和负载的情况下，测量非接地端对地电压，就可以测出发电机空载时的电压值和满载时的电压值，即为轴电压。

2）在运行过程，每隔一段时间对轴电压测量一次。正常情况下轴电压应该低于满负荷时的电压，如果轴电压大于满负荷时的电压值，则缩短时间进行反复测试，如果电压值不断升高，就说明存在电压过高击破绝缘体对电机产生损害的情况，需要及时停止运行，对电机进行检查和维修。

3）采用测量轴电压来判断是否存在电压过高会击破绝缘体的情况，需要在电机正常运转时不断地进行测试，会耗时、不方便，同时也会比较危险。而采用在线监测发电机轴电流的情况，相比之下，会比测量电压更安全和便捷。测量轴电流的方法是，可以采用高性能的单价片作为控制部件来组成控制器，然后在下导轴承与大轴接地碳刷之间安装空心环形电流互感器，作为电流传感器。发电机轴电流变化可以通过控制器进行处理，从而反映电流是否超过安全值。

2.4.4　定子事故案例及隐患排查

▶ 事故表现

某风力发电厂于 2016 年并网投产，共安装百余台单机容量为 2MW 的电励磁直驱风力发电机组。生产运行中，发现部分机组存在发电机定子接地故障。

▶ **事故根本原因**

选择部分故障机组，对其发电机进行拆解维修，并对造成故障的原因进行了分析，分析过程如下：

1. 绕组绝缘检测

共选取 4 台故障机组的发电机（序号为 1～4 号）进行拆解，拆解后对发电机转子、定子绕组的绝缘电阻值进行检测，检测结果见表 2-44。

表 2-44　　　　　　　　　　发电机转子、定子绝缘电阻值

机组序号	转子绕组电阻值（MΩ）	定子 Y1 绕组电阻值（MΩ）	定子 Y2 绕组电阻值（MΩ）
机组 1	236	0	0
机组 2	250	0	1110
机组 3	317	0	352
机组 4	93.3	0	2970

2. 内部污染情况

对 4 台发电机的内部污染情况进行了调查，其中 1 号机组发电机定子没有油污痕迹；2 号机组定子线圈有油污染痕迹；3 号机组发电机端盖表面有红色的润滑脂，转子绕组表面有液压油浸润的痕迹；4 号机组定子和转子表面有大面积液压油浸润的痕迹。

4 台机组发电机的定子和转子表面积灰严重，推测是由于该地区风沙大，风机密封不好，塔筒下部通风孔滤网无法有效阻拦环境中的风沙、扬尘。

3. 发电机磨损情况

4 台风机定子和转子均存在定子和转子摩擦现象。1 号机组发电机定子在 05:00、06:00、07:00 方向存在摩擦痕迹，摩擦范围约为 90°；2、3 号机组发电机定子–Y 方向有摩擦痕迹，摩擦范围约为 30°；4 号机组发电机定子与转子间摩擦最为严重，在 360°范围内均存在摩擦痕迹。相互摩擦导致发电机转子和定子磨损部位铁芯表面绝缘油漆脱落，片间绝缘损坏，部分铁芯和绕组变形。

4. 发电机气隙测量

拆除 4 台发电机密封盖板后，对每台发电机气隙进行复测，按+Y 方向逆时针进行测量，气隙在 5mm±0.2mm 的范围内视为符合配装要求。测量结果见表 2-45。

表 2-45　　　　　　　　　　发电机气隙测量结果

机组序号	气隙测量结果（mm）							
	点位	气隙	点位	气隙	点位	气隙	点位	气隙
机组 1	1	5.41	2	5.66	3	5.32	4	4.71
	5	4.95	6	4.75	7	4.76	8	4.99

机组序号	气隙测量结果（mm）							
	点位	气隙	点位	气隙	点位	气隙	点位	气隙
机组1	9	4.63	10	4.78	11	4.31	12	4.77
	13	5.06	14	4.97	15	4.91	16	5.07
机组2	1	5.85	2	5.75	3	5.40	4	4.92
	5	4.25	6	4.05	7	4.41	8	4.41
	9	4.24	10	4.24	11	3.96	12	3.79
	13	3.62	14	3.50	15	4.77	16	5.55
机组3	1	4.20	2	4.65	3	4.80	4	4.60
	5	4.92	6	4.23	7	4.15	8	4.17
	9	4.10	10	4.40	11	5.04	12	4.81
	13	4.15	14	4.02	15	4.35	16	4.16
机组4	1	5.30	2	5.07	3	5.31	4	5.98
	5	5.65	6	5.09	7	4.73	8	4.98
	9	4.93	10	4.94	11	4.90	12	5.28
	13	5.17	14	5.03	15	5.08	16	5.30

注 3mm 扫膛杆全部通过。

结果显示，1、3、4号风机发电机的气隙全部符合装配要求；2号风机发电机的气隙，Y方向磁极大部分符合装配要求，X方向6个磁极不符合装配要求。

5. 故障原因分析

气隙偏差是发电机的常见故障，气隙偏差会造成磁场不平衡，从而引发定子和转子的剧烈振动，定子和转子相互摩擦导致发电机绕组绝缘磨损。此外，转子局部过热发生形变、异物进入等也会引起发电机定子、转子间摩擦的加剧。考虑到该风电场安装的电励磁直驱电机的特点为重量大、转速低、转动惯量大，气隙不均匀引起转子振动的可能性较低。发电机气隙的测量结果也对这一推测进行了验证，4台发电机中，只有2号机组部分磁极超出装配要求范围，但摩擦最为严重为4号机组，因此气隙不合格不是导致发电机磨损的主要原因。

从定子摩擦痕迹看，摩擦部位均在下部-Y方向。发电机转子轴承采用V形结构，设备铭牌显示发电机总重74.3t，粗略估算转子重量在30t左右，考虑到静态平衡，轮毂和风叶重量也在30t左右，V型轴承不能提供垂直方向的有效支撑（不排除装配工艺的问题）。轴承支撑刚度不足，会加剧发电机结构的振动，转子激振力在发电机两端被放大，使得发电机结构部件振动增大。

由此可以看到，造成定子接地故障的主要原因是发电机转子在动态情况下，旋转轴系重量大，V形轴承不能提供垂直方向的有效支撑，也不能抑制水平方向的移动，晃动量过大，导致定子与转子摩擦、绝缘脱落，进而造成定子接地。

▶ **事故处理措施及结果**

针对上述故障原因，采取以下维修措施：

（1）造成故障的主要原因为转子轴承支撑刚性不足，因此将 V 形轴承全部更换为 U 形轴承和椎轴。

（2）定子铁芯片间绝缘检查和处理的周期较长、人工消耗量大；铁芯硅钢片存在剩磁，吸附的铁屑比较难以清理；风力发电机处于高空位置，拆装、维修不便捷；维修不彻底易造成故障反复出现。因此，对于轻微磨损的定子绕组采用修复处理，磨损较为严重的直接更换全新定子绕组。

（3）发电机转子维修周期短，维修后再次发生故障概率低，因此对发电机转子采用修复处理。

经维修处理后，某风电厂发电机定子接地故障发生率大幅度降低，极大降低了设备维修成本，增强了设备可靠性。

▶ **隐患排查重点**

（1）设备维护。

1）日常巡检过程中，若发现发电机底部或机舱底部存在漏脂现象，应立即排查渗油部分并对已经产生的废油进行清理。

2）日常巡检过程中，对发电机驱动端及非驱动端内部油脂进行检查，包括轴承盖滑环室内等。若存在油脂变质发黑应及时进行处理，并将油脂保存进行油样送检。

3）检查滑环、刷架有无烧蚀，如有，用砂纸打磨滑环表面到用手感觉不到凸起的程度，然后用百分表测量滑环表面跳动值，要求小于一整圈 10 丝，更换碳刷并清理滑环室后可恢复运行。

4）发电机巡检时，检查机座两侧的观察窗，确认是否有异物或焦糊气味（绝缘烧损或热分解）；同时检查发电机机组过滤窗口是否存在柳絮堆积或灰尘过多的问题，若存在应立即清理。

5）每 6 个月完成一次发电机定转子侧绝缘测量，要求测量时间大于 3min 且测量绝缘阻值大于 10MΩ；同时应排查发电机驱动端与非驱动端轴承是否存在不平整、点蚀、裂痕等异常现象。

6）每 6 个月完成一次发电机内部灰尘清理，建议使用大功率吸尘器对发电机内部进行除尘清理。

7）加强轴对地绝缘的检测，发现轴对地绝缘不良的情况应进行原因分析，采取轴承绝缘或端盖绝缘的措施进而抑制轴电流损伤。

8）针对风沙较大地区，已并网运行的机组应每隔 6 个月完成一次塔筒滤棉或机舱密封检查及更换作业。

（2）运行调整。

1）每周拷取全场 CMS 运行数据，每月必须出具一次全场 CMS 运行报告，重点查看发电机驱动端和非驱动端加速度频谱，是否存在离散冲击或数据超出固定频幅的情况。

2）每周抓取全场机组发电机温度数据，对所有发电机温升速率进行比对，针对发电机轴承或定子绕组温度较高的机组应做标记，并进行详细排查。

3）每周抓取全场机组塔底温度进行监测，对比其他机组塔底温度，对温度较高的机组应重点排查其通风散热通道。

2.5 ▶ 风轮系统事故隐患排查

2.5.1 叶片螺栓故障事故案例及隐患排查

2.5.1.1 叶片螺栓断裂故障 1

▶ **事故表现**

某风场已投运 12 年，值班员在巡检过程中，听到 3 号风电机组轮毂内传出异响，随即停机对轮毂进行检查。检查发现轮毂与叶片的连接螺栓断裂一根并掉出，螺栓螺纹部分断裂遗留在叶片螺孔内。检查该机组其他叶片螺栓均未发现松动迹象。将遗留叶片孔洞内的断丝取出并更换新螺栓后，并以断栓为中心，更换其左右各 4 颗螺栓。

▶ **事故根本原因**

该风力发电场已投运 12 年，该风电场机组使用的叶片螺栓规格为 M30，强度等级为 10.9 级。对风电机组叶片高强度螺栓断裂开展原因分析如下：

1. 理化检测

（1）断面分析。螺栓在齿根处出现断裂，颜色呈灰黄色，断面锈蚀较严重，边缘有磨损现象，中间有轻微纹路。断面存在严重氧化腐蚀现象，断裂源附近为变形组织，如图 2-396 所示。

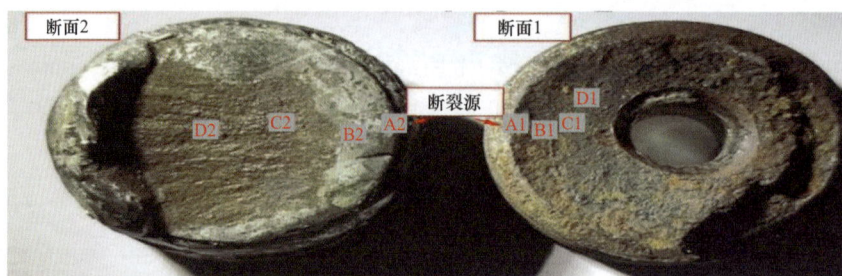

图 2-396　螺栓断面图

（2）电镜（SEM）分析。采用扫描电镜对螺栓断口裂纹微观形貌进行检测分析，断面表面主要呈氧化覆盖形貌，如图 2-397 所示。

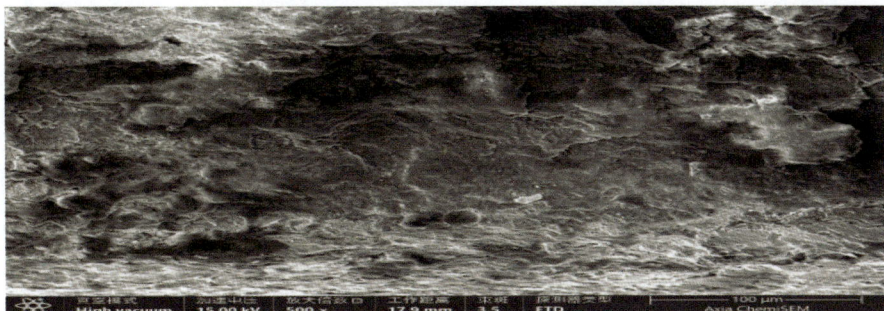

图 2-397 螺栓裂纹微观形貌图

（3）化学成分分析。经能谱分析可知，断面有 O、S、Cl 等腐蚀元素，螺栓存在较多氮化钛夹杂，增加材料的脆性。

2. 安装与维护影响

经检查确认，该风电场叶片螺栓均按照设计和工艺要求进行安装，并按照每半年一次的频率进行维护，紧固力矩、安装工艺、维护方案均符合技术要求，可以排除安装及维护原因导致叶片螺栓断裂。

综上，判定此高强度螺栓为腐蚀疲劳断裂。其主要原因为工作环境较为恶劣，其次为材料存在太多氧化钛夹杂从而增加材料脆性且降低了材料的腐蚀疲劳性能。

▶ 同类原因分析

风电机组在运行过程中，风能带动叶片旋转将其转化为动能，通过叶片根部将动能传给风力发电机传动系统，带动发电机发电。叶片根部是重要的连接部位，在能量转化中起着关键作用。叶片工作时，根部承受着复杂的剪切、挤压、弯扭载荷组合作用，极易出现叶片连接螺栓疲劳断裂。据前期对同类型问题的调查分析，造成叶片螺栓断裂的可能原因有以下几种：

（1）螺栓预紧力不满足要求。螺栓在安装、维护过程中，紧固力矩过大或者过小将影响螺栓的使用寿命。预紧力过大，可能造成螺栓拉伸应力超过螺栓材料屈服强度极限，而产生塑性变形，甚至断裂。预紧力过小，将增加螺栓疲劳载荷循环幅值（连接件在工作载荷作用下产生分离，降低连接体的刚度），降低螺栓与连接件之间的摩擦力，使得螺栓连接副达不到设计要求的锁紧功能。在工作载荷作用下，螺栓连接件之间产生相对运动，使螺栓承受额外弯矩、拉伸和剪切等复杂的交变载荷，加剧螺栓的失效。

（2）螺栓松动。螺栓松动将会增加螺栓的疲劳载荷，降低螺栓使用寿命。另外，变桨、阵风、风切变等因素将使叶片螺栓受到冲击、振动等交变载荷，因此叶片在风电机组运行一段时间后，不可避免出现连接螺栓松动，也会增加螺栓的疲劳载荷，降低使用寿命。

（3）螺栓质量不合格。叶片螺栓质量问题通常表现在内部缺陷及外部损伤。正常叶片螺栓硬度应达到 10.9 级，芯部要求材质为 90%以上回火索氏体+回火托氏体，且表面无明显脱碳现象。如果螺栓本身出厂质量达不到要求，在后期运行中极易导致断裂。另外，螺栓外部存在损伤，也是导致断裂的主要原因，例如螺栓锈蚀。螺栓锈蚀主要源于施工阶段，螺栓、螺牙表面防腐层与局部机体受损，降低了螺栓整体抗腐蚀能力，长时间运行就会在机体受损处出现锈蚀，并进一步形成裂纹源，造成螺栓的疲劳断裂。

▶ 事故处理措施及结果

出现叶片螺栓断裂后，应及时更换断裂螺栓，以避免其他螺栓继续断裂，处理方法主要有 2 种，一是就地在风机上将损坏螺栓取出，以断栓为中心左右各 4 颗螺栓完成更换；二是使用吊车将整个叶片吊下，重新进行叶片安装，并更换所有根部螺栓。目前现场多采用第 1 种方法处理叶片螺栓断裂问题，但采用第 1 种方法后，需进行持续观察，如仍多次出现断裂现象，则需采用第 2 种方法。针对本次螺栓断裂，采取了第 1 种方法进行处理，对损坏的螺栓及其相邻的螺栓进行了更换。

截至目前，螺栓更换后风电机组运行正常，再未出现螺栓断裂情况。

▶ 隐患排查重点

（1）设备维护。

1）每 6 个月完成一次全风电场叶片螺栓力矩目视检查工作，要求一字防松标识无滑移。

2）每 12 个月完成一次叶片螺栓抽检预紧工作，且完成紧固后需要重新对螺栓做防腐及补画螺栓力矩标示线工作。

3）风场前期安装时，严格按照工艺进行风轮组装即安装时需要按照十字紧固法对所有螺栓进行紧固且全部螺栓紧固力矩值不小于 70%，方能组装下一只叶片。

4）叶片螺栓拧入叶片部分在螺纹上涂抹螺纹锁固剂 LT243，拧入叶片螺纹孔，螺栓露出叶片法兰面距离与其他叶片螺栓露出长度一致。

5）检查叶片法兰是否有加工定位销孔，变桨轴承上检查定位销是否已安装。

6）日常巡检中使用"十"字测量方法，测量每只叶片 4 颗高强度连接螺栓，并确认长度符合规范。

7）风场首次维护时，需要对每只叶片所有高强度螺栓进行 100%力矩紧固，转动角度超过 30°时，且转动数量超过 30%时需要对全部螺栓进行更换。

（2）运行调整。

1）部署叶片螺栓检测系统，每月必须拷贝一次检测数据并对振动数据进行分析，若存在加速度频率较高等异常时需提前对问题叶片螺栓进行力矩抽检。

2）机组满发运行或湍流较大时间，对风轮系统进行振动录播观察其是否存在 1P 等异常冲击。

2.5.1.2　叶片螺栓断裂故障 2

▶ **事故表现**

某风电场安装有 23 台双馈型风力发电机组，单机容量 2200kW。在进行风力发电机组定期巡检时，巡检人员发现一只叶片连接螺栓出现断裂，断裂位置在螺母处，在基础周围寻得掉落的螺母。随后进行全场排查，发现其他机组存在类似故障，在得到有效处理之前累计出现叶片螺栓断裂共 9 台·次。

▶ **事故根本原因**

原因分析与诊断如下：

（1）叶片连接螺栓断裂理论分析。针对风电机组叶片连接螺栓断裂问题，委托第三方检测机构对螺栓化学成分、力学性能等进行了相关检测，检测结果如图 2-398～图 2-400 所示，通过数据体现受检螺栓符合技术指标。

化学成分 Chemical composition			
检验项目 Test Item	检验标准 Test standard	技术指标 Requirement	检验数据 Test value
C（%）	GB/T 4336—2016	0.38-0.45	0.40
Si（%）	GB/T 4336—2016	0.17-0.37	0.28
Mn（%）	GB/T 4336—2016	0.50-0.80	0.74
P（%）	GB/T 4336—2016	≤0.020	<0.010
S（%）	GB/T 4336—2016	≤0.020	<0.008
Cr（%）	GB/T 4336—2016	0.90-1.20	1.08
Mo（%）	GB/T 4336—2016	0.15-0.25	0.19
结论 Conclusion	以上所检项目符合 GB/T 3077—2015 中 42CrMoA 标准。 The Test Result is accordant with 42CrMoA in GB/T 3077—2015.		

图 2-398　断裂螺栓化学成分检测结果

检验依据 Test Standard			/							
检验项目 Test Item		技术指标 Requirement	检验结果 Results of Test							
			1	2	3	4	5	6	7	8
螺栓机械拉伸试验 Bolt Machined Tensile Test	屈服强度 Yield Strength $R_{P0.2}$（MPa）	—	100	—	—	—	—	—	—	—
	抗拉强度 Tensile Strength R_m（MPa）	—	1094	—	—	—	—	—	—	—
	断后伸长率 Percentage Elongation A（%）	—	16.5	—	—	—	—	—	—	—
	断面收缩率 Percentage Reduction of Area Z（%）	—	56	—	—	—	—	—	—	—
−40℃螺栓冲击 Bolt Impact 10×10×55（mm）　KV_2（J）		—	71.0	72.0	73.0					
螺栓表面硬度 Bolt Surface Hardness（HV）		—	354.1							
螺栓芯部硬度 Bolt Core Hardness（HV）		—	350.3							
螺栓硬度差 Bolt Hardness Difference（HV）		—	3.8							

图 2-399　断裂螺栓机械拉伸实验结果

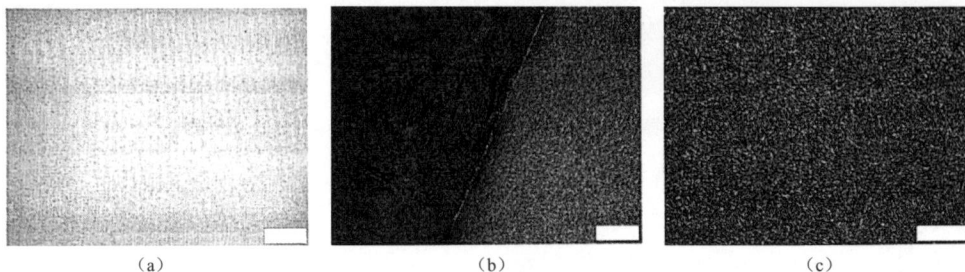

图 2-400 镜检结果

（a）抛光态 100×；（b）脱碳层 100×；（c）芯部显微组织 500×

（2）叶片连接螺栓断裂现场分析。巡检发现的三台风机叶片连接螺栓断裂在叶片的第 35～39 号螺栓位置（螺栓编号规则见图 2-401），该位置正处于叶片前缘。风电机组在正常运行时，叶片受力全部集中在叶根螺栓，叶片展开时，在其 0°和 180°位置叶片螺栓受力最大，因此螺栓断裂部位多发生在 180°位置。

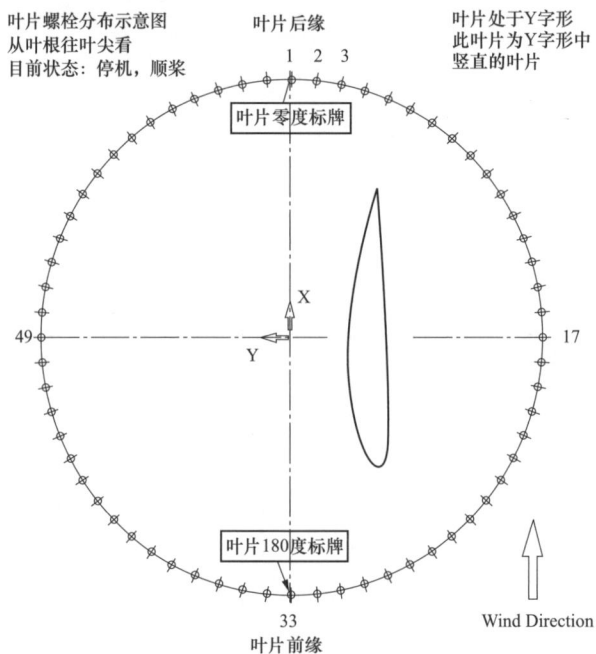

图 2-401 螺栓编号规则

从螺栓断面的失效形式上看，与图 2-402 中螺栓在低应力下的失效形式比较接近，可以初步判断为失效螺栓的预紧力不足。

螺栓预紧力不足基本上是因为螺栓力矩未达到位。螺栓预紧力越小，当叶根外载到一定程度以后，相同的外载变化，引起的螺栓上的应力变化就越大，也就是相同的叶根疲劳载荷，螺栓所受的疲劳载荷会就越大，因此螺栓的疲劳寿命会大大降低，从而导致断裂。

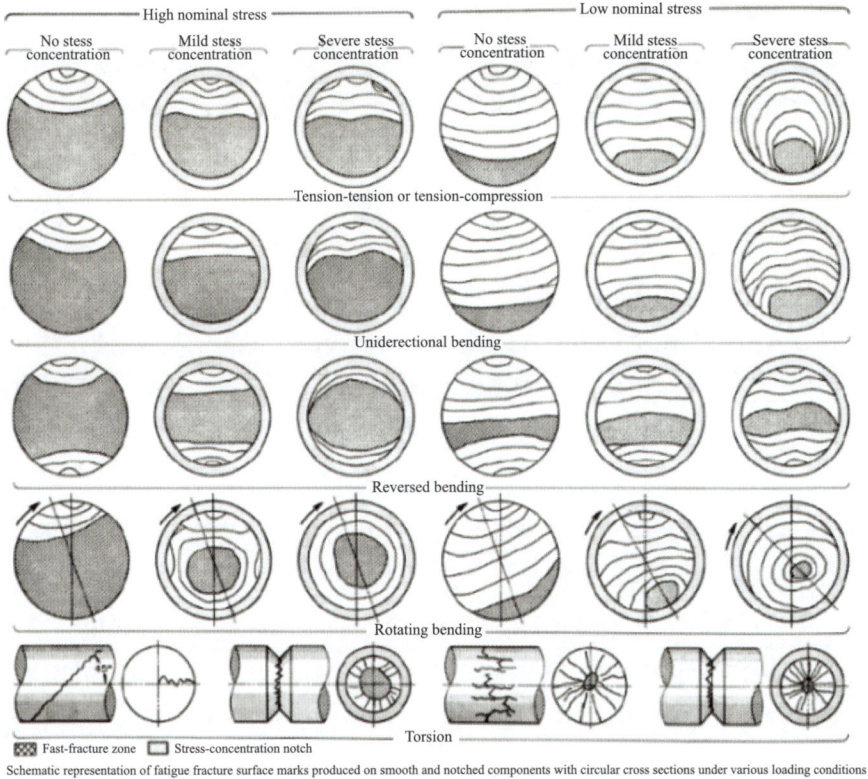

图 2-402 螺栓失效形式

螺栓断裂的位置为螺栓与六角螺母或者叶片内部圆螺母配合的第一个螺牙处，即螺栓受载最大区域。螺栓断裂情况如图 2-403 所示，从螺栓的断面分析，螺栓的断面较为平整，疲劳贝纹线较为明显，以及裂纹源、裂纹扩展区、瞬断区都较为明显，不同区域因为开裂的时间的先后也呈现出不同的锈蚀程度，属于典型的疲劳断裂失效形式。

图 2-403 叶片连接螺栓断裂

▶ 同类原因分析

风电机组在运行过程中，开顺桨、阵风、风切变等因素都可能导致叶片根部螺栓受

313

到冲击、振动，形成交变载荷，长时间运行后，极易出现叶片螺栓疲劳断裂，根据前期对同类型问题的调查分析，造成叶片螺栓断裂的可能原因有以下几种。

（1）螺栓存在质量缺陷。叶片螺栓质量问题通常表现在内部缺陷及外部损伤。M36×518 叶片螺栓化学成分应符合 GB/T 3077—2015 的相关要求，力学性能应符合 GB/T 3098.1—2010、GB/T 228.1—2010、GB/T 229—2007 的相关要求。如硬度应达到 10.9 级，螺栓楔负载应不小于 850kN，拉伸强度不小于 1040MPa，屈服强度不小于 940MPa 等。螺栓本身出厂质量达不到要求，在后期运行中极易导致断裂。

（2）螺栓预紧力力矩不满足要求。叶片连接螺栓在安装时应严格按照《现场机械安装工艺》以及《风力发电机组装配和安装规范》执行，在现场安装及后期维护中应严格按规定力矩值进行，避免出现过力矩或欠力矩。过力矩会导致螺栓应力强度下降，甚至在力矩维护中发生直接断裂；欠力矩长期运行会导致螺栓松动，叶片振动加剧，造成叶片断裂和叶片变桨轴承与轮毂法兰接触面间隙变大等问题。

（3）设计强度不满足要求。风电机组在设计叶轮系统载荷计算结果与实际工况存在差异，机组运行时叶轮旋转产生的扭转力超过螺栓设计强度极限，在运行中也易出现断裂。因此，主机厂家在对风电机组进行载荷计算、仿真时应根据所在风电场微观选址数据做复核，不同的风电机组开发平台对设计有较大影响。如果风电机组载荷分布不均匀，对叶片螺栓的强度有很大影响。正常运行时的叶片受力全部集中在叶根连接螺栓，面对山地风场出现的湍流、强阵风等极易造成螺栓断裂。

（4）安装过程控制不满足要求。安装过程控制主要是叶片连接螺栓螺纹处润滑剂（二硫化钼）涂抹不到位。按要求螺栓润滑剂应全涂抹，如果润滑剂涂抹存在不规范会导致螺栓扭矩系数偏差，进一步造成预紧力的不一致与不均匀，最终导致螺栓断裂。

▶ **事故处理措施及结果**

1. 发现螺栓断裂故障后的排查

巡检发现叶片连接螺栓断裂后应第一时间对风电机组进行全面检查。变桨轴承与叶片连接 A/B/C 三个轴所有螺栓用敲击方法对螺母进行敲击，听声音辨别有异常声响则有断裂倾向，由此判断该机组内是否还有其他螺栓存在裂纹未断开情况。单台机组排查完毕后，应对全场其他机组进行一次排查，对排查到出现类似问题的机组首先停运处理，防止隐患扩大。

2. 叶片连接螺栓断裂处理措施

（1）发现螺栓断裂后预紧该台风机三支叶片的所有螺栓。

（2）发现螺栓断裂后为保证风机安全应将风机停运。

（3）应更换断裂螺栓本身和左右 4 颗，共 9 颗螺栓。

（4）若风电场 20% 以上风机出现叶片连接螺栓断裂情况，应联系主机厂家进行全场更换。

（1）设备维护。

1）现场应检查高强度螺栓的质量合格证明文件、中文标记及检验报告等，应符合Q/GW 203008 的规定，全部满足要求后，方可使用。

2）施工单位应采取质量保证措施，确保高强度螺栓的安装质量。高强度螺栓应设专人管理，在运输过程中应按批号、规格分类保管，应防雨、防潮；在安装过程中应轻装、轻卸，防止损伤螺纹。

3）高强度螺栓应自由穿入法兰螺栓孔，且其穿入方向一致，严禁强行穿入螺栓，局部受结构影响时可以除外。

4）高强度螺栓连接摩擦面应保持干燥、整洁，不应有飞边、毛刺、焊接飞溅物、焊疤、氧化铁皮、污垢等，除设计要求外摩擦面不应涂漆。对于螺纹孔，要检查内螺纹是否有损坏，同时清理螺纹孔内的杂物。

5）高强度螺栓连接副组装时，螺母带圆台面的一侧应朝向垫圈有倒角的一侧，螺栓头下垫圈有倒角的一侧应朝向螺栓头。高强度螺栓应及时拧紧，以防受到剪力。

6）安装所使用的扭矩扳手（包括液压扭力扳手的压力计）在使用前，应进行标定，其扭矩误差不应大于使用扭矩值的±3%。

7）高强度螺栓一般不允许重复使用，当有足够、准确的实测试验数据（外观、扭矩系数、残余疲劳寿命、机械性能等）并经研发技术部门确认后方可重复使用。

8）螺栓副施拧过程中不能发生跟转，如果发生跟转，应更换高强度螺栓副，按操作程序重新拧紧。

9）螺栓每次预紧完毕后，必须使用防锈涂料对螺栓本体进行防锈保护，防止因锈蚀问题造成螺栓力矩差异较大，影响螺栓力矩精度。

（2）运行调整。

1）风电场与主机厂家共同确认更换叶片连接螺栓紧固工艺，由原有力矩法紧固方式改为拉伸法进行紧固，对连接螺栓进行 100%力矩拉伸，后期风电机组应加强叶片连接螺栓处维检。

2）部署叶片螺栓紧固检测系统，当系统检测到叶片螺栓发生相对滑移时则将信号传递至主控，主控系统收集信号并对运行监控人员发出预警提示。

3）发电机组在并网运行过程中，人员可站在塔底查看机组是否存在异常响动或机组存在异常 1P 或 2P 的冲击。

2.5.1.3 叶片螺栓断裂故障 3

▶ 事故表现

某风电场风电机组监控报出"变桨系统驱动器故障"，现场维护人员登机后在轮毂内发现有断裂的叶片连接螺栓卡在变桨齿轮处，随即对该台机组全部叶片连接螺栓进行详细检查，共发现断裂螺栓 4 颗，变形螺栓 21 颗。其中轴 1 断裂螺栓 4 颗，第 2 颗为一年前断裂未取出螺栓，且与原断裂螺栓相邻变形螺栓 3 颗，轴 2 变形螺栓 8 颗，轴 3 变形螺栓 10 颗。在对变形及断裂螺栓进行更换处理时发现变形断裂螺栓存在螺纹变形、内六角凹端变形、螺杆受力卡死等问题，导致更换工作困难重重。

▶ **事故根本原因**

结合维护台账与消缺记录，对该机组变形断裂螺栓逐颗进行目视检查分析，得出主要原因如下：

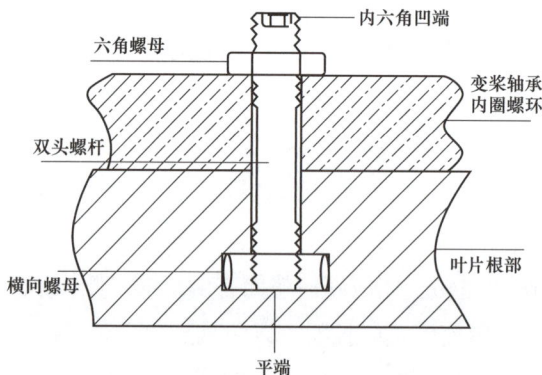

图 2-404 叶片连接螺栓安装方式示意图

（1）安装不规范。叶片连接螺栓安装方式如图 2-404 所示。

维护人员在对该风电机组叶片螺栓排查时发现，1 颗螺栓上端部位置明显高于其余螺栓（见图 2-405），螺杆露丝长度过长。进一步检查发现，螺栓内六角凹端已变形，疑似为受到挤压或摩擦导致，螺栓变形情况如图 2-406～图 2-409 所示。另外，在现场检查时发现，其余未变形螺栓扭矩值偏差较大，造成螺栓承载力不一致，因而发生断裂。

图 2-405 右侧螺栓上端部
位置明显偏高

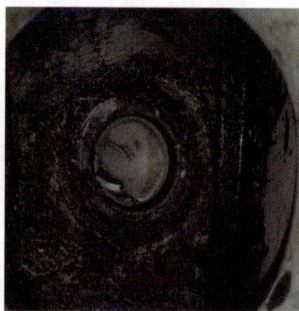 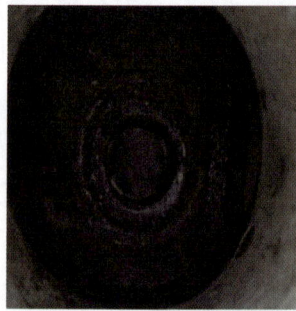

（a）　　　　　　　　　　（b）

图 2-406 螺杆中上部位断裂

（a）断裂螺杆有露出；（b）断裂螺杆无露出

（2）消缺不及时。轴 1 发生断裂的 4 颗螺栓中，有 2 颗为一年前断裂，因更换难度较大，维护人员未及时进行更换，造成相邻螺栓承载力过大发生断裂，断裂螺栓的螺杆和六角螺母随叶轮在轮毂中运动，导致部分螺栓内六角凹端变形、部分螺栓六角螺母变形、部分螺栓露丝变形，最终断裂螺栓的螺杆和六角螺母卡在变桨齿轮处，导致风电机组主控报出"变桨系统驱动器故障"，引发停机。上述情况给后续的螺栓更换增加了难度。

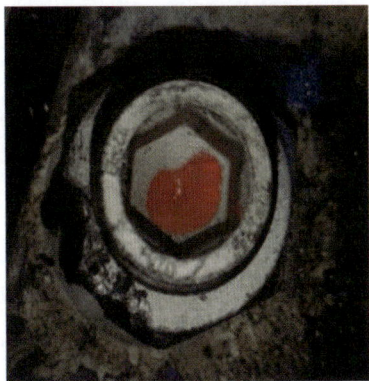

图 2-407　六角螺母变形

图 2-408　螺杆内六角凹端变形

（3）维护不到位。现场检查全年定检时螺栓力矩抽检标识划线，发现叶片连接螺栓抽检不均匀，抽检螺栓多数靠近轮毂导流罩区域，靠近机舱区域的螺栓基本未抽检。虽然抽检数量满足风电机组厂商《2MW 机组标准化维护手册》中全年定检时轮毂内叶片连接螺栓抽检不少于 10%的要求，但抽检区域过于集中，不利于发现松动螺栓，造成整体承载力不均匀，发生螺栓断裂。

（4）维护人员误操作。维护人员在进行风电机组日常维护工作中，如添加变桨润滑油脂、更换变桨电池、更换变桨电机时，因工作疏忽，将扳手等

图 2-409　螺杆螺纹变形

工具遗落在轮毂内。在风电机组运行时，遗落的工具撞击叶片连接螺栓的螺杆或六角螺母，导致螺杆螺纹受损或螺母变形，甚至工具可能卡在螺栓与其他零部件之间，给螺栓造成更为严重的损伤。

▶ 事故处理措施及结果

1. 变形螺栓和断裂螺栓卸除处理

针对现场变形螺栓和断裂螺栓，应根据不同损伤类型，采用不同方法和措施进行更换前的卸除处理。

（1）螺杆中上部位断裂。

1）断裂螺杆有露出。此类螺栓的特点为上端部六角螺母及螺杆一起断裂，但剩余螺杆有部分露出变桨轴承内环螺圈表面，使用工具无法直接将断裂螺栓取出。对于此类螺栓，可以现场采用电焊续接螺杆的方式，在断裂螺杆部位通过焊接的方式延长螺杆，延长材料可使用待更换的新螺杆或六角螺母，使用工具转动延长部分，从而带动整个断裂螺杆转动，将断裂螺杆从横向螺母中卸出（见图 2-410）。电焊作业时，应在轮毂内配备

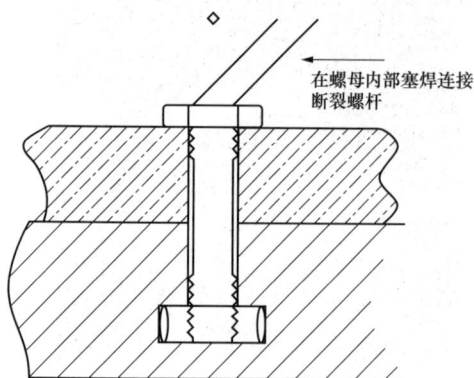

图 2-410　断裂螺杆有露出时的处理措施

石棉布、灭火器或适量水，防止电焊残渣引燃轮毂内润滑油脂或叶片。

2）断裂螺杆无露出。若上端部断裂螺栓的螺杆未露出变桨轴承内环螺圈表面，采用电焊方式无法进行续接。现场处理方式主要有两种：一种是使用磁力钻，在轮毂内表面固定磁力钻底座，再使用高强度攻丝钻头在断裂螺杆中央位置钻孔攻丝，钻孔的深度适宜即可，然后使用断丝取出器将断裂螺杆从横向螺母中卸出（见图 2-411）；另一种是在向叶片生产厂家确定叶片根部横向螺母的具体位置后，在叶片内部进行打磨直至横向螺母露出，使用电钻或水钻在对应位置对准横向螺母与双头螺杆结合处进行钻孔，建议钻孔边缘不要超出横向螺母外边缘，利用钻头将二者连接处打断（见图 2-412），取出横向螺母后使用工具将螺杆顶出。在叶片根部作业时，作业人员需系好安全带，防止因人孔门裂开，导致人员坠入叶片内部。

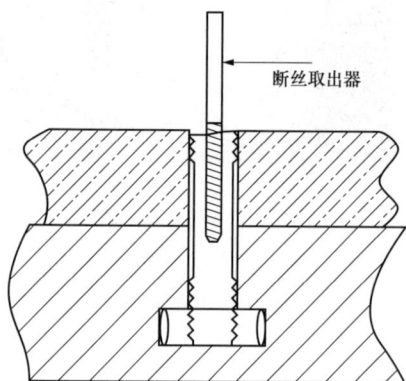

图 2-411　断裂螺杆无露出时的处理措施

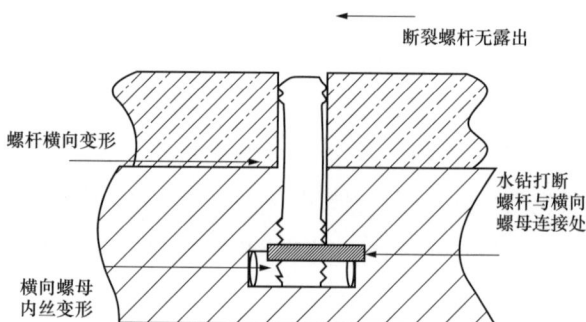

图 2-412　水钻打断螺杆与横向螺母连接处

（2）螺杆内六角凹端变形。此种变形螺栓的特点是螺杆整体完好，但由于内六角凹端变形，内六角扳手无法正常卡入使用。现场处理方法为使用大扭力气动扳手（下称"风炮"）松开六角螺母，但不卸下，待六角螺母松动旋转至螺杆上端部时，使用电焊将六角螺母与螺杆焊接牢固，继续使用"风炮"卸下螺杆。因普通套筒长度有限，容易被螺杆顶住悬空，现场将加长套筒与"风炮"配合使用。

（3）六角螺母变形。六角螺母变形造成"风炮"套筒无法直接套在六角螺母上，需要先对六角螺母按照套筒尺寸及六角螺母变形情况使用锉刀手工打磨或使用直磨机进行打磨处理，再使用"风炮"配合加长套筒松开六角螺母，剩余处理步骤可采用上文方法，也可使用内六角扳手将螺杆卸出。

（4）螺杆螺纹变形。螺杆螺纹变形会导致在松开卸出六角螺母的过程中螺母打滑，此时若内六角凹端完好，可直接使用内六角扳手旋出螺杆；若内六角凹端变形，可先使用电焊将六角螺母与螺杆焊接固定，再使用"风炮"配合加长套筒的方法，将螺杆从横向螺母上卸出。

（5）螺杆横向变形。螺杆横向变形的情况较为少见，通常发生在叶片与变桨轴承错位时。在取出此种类型螺栓时，螺杆因横向变形无法转动，若螺杆轻微变形，可将螺杆与六角螺母焊接在一起，使用"风炮"强力将螺杆旋转松动取出，但此种方法可能导致横向螺母内丝受损，不利于新螺杆的安装。为避免此种风险，可采用另外一种方法，即使用水钻或电钻在叶片根部将横向螺母与螺杆连接处打断（见图 2-412），再将螺杆与六角螺母焊接在一起，使用"风炮"强力将螺杆旋转松动取出，此种方法虽然较为繁琐，但可保证新更换螺栓的可靠性。

（6）横向螺母内丝变形。此种变形螺栓的特点为，在使用"风炮"取出螺杆的过程中出现螺杆打滑或卡死现象，需现场维护人员进行细致判断，特别是当螺杆卡死时不得暴力取出，以免对叶片根部造成损伤，而应使用水钻或电钻在叶片根部将横向螺母与螺杆连接处打断（见图 2-412），再取出螺杆。

2. 新螺栓安装及维护措施

变形断裂螺栓更换应逐颗进行，在取出螺栓后，应先对螺栓孔内油污、水分及二硫化钼残渣进行清理，并在新螺杆上涂抹适量二硫化钼润滑脂，使用内六角扳手将螺杆与横向螺母拧紧，使螺杆上端部高出变桨轴承内环螺圈表面的尺寸并与其他螺栓一致，再安装六角螺母并拧紧，最后使用液压拉伸工具拉伸至风电机组厂商《2MW 机组标准化维护手册》中规定的力矩。在对单颗断裂螺栓进行更换时，建议同时更换左右相邻各 3 颗螺栓。

对于使用水钻或电钻打断的螺栓，应先取出原横向螺母，在叶根原位置安装新的横向螺母，再按照上述步骤安装螺杆和六角螺母，最后对叶片根部进行处理。此时应注意两点：一是在取出原横向螺母时，应在轮毂内、外部配合作业，采用敲击原横向螺母两端的方法进行，避免损伤叶根横向螺母预留孔，保证后期螺栓安装露丝等长；二是处理叶片根部时，需兼顾叶根内、外部，通常的处理方法为先使用角磨机对横向螺母安装孔周围叶片进行打磨（见图 2-413），再使用树脂、固化剂粘贴三层玻纤布，待树脂和玻纤布晾干固化之后打磨涂刮腻子，最后涂刷乳胶漆完成修复。

图 2-413　叶片根部处理措施

▶ **隐患排查重点**

（1）设备维护。

1）叶片组装时，若紧固方式为力矩法，

应首先确认二硫化钼涂抹是否符合要求，是否按照工艺要求使用全润滑对螺栓螺牙全部涂抹二硫化钼。

2）二硫化钼使用前应确认本体密封正常，无水汽渗入到润滑剂内，防止润滑脂因水汽影响造成螺栓力矩超标。

3）在轮毂内作业消缺时，应保管好携带工具，确保控制柜、电池柜柜门安装到位，避免遗落的工具或掉落的柜门等撞击叶片连接螺栓造成螺栓变形断裂。

4）日常巡检中，使用"十"字测量方法，测量每只叶片4颗高强度连接螺栓，并确认长度符合规范。

5）风场首次维护时，需要对每只叶片所有高强度螺栓进行100%力矩紧固，转动角度超过30°时，且转动数量超过30%时需要对全部螺栓进行更换。

6）维护时，注意区分不同的叶片型号、叶片—变桨轴承螺栓规格及润滑方式，并与项目安装阶段实施的100%螺栓力矩进行比对，如有差异则必须确认后方可执行维护作业。

7）日常巡检过程中，应注意检查螺栓本体的滑移程度及螺栓本体是否存在锈蚀，发现力矩滑移必须对其进行重新紧固，锈蚀面积超过30%则需要更换螺栓。

（2）运行调整。

1）严格把控全年定检时叶片螺栓力矩抽检质量，保证抽检区域均匀，以及抽检时液压拉伸工具预设力矩值符合相应机组标准化维护手册要求，并根据实际情况适当加大抽检比例。

2）可利用先进的螺栓监测技术对叶片连接螺栓进行监测，如超声波螺栓预紧力监测技术、视觉深度学习螺栓轴力监测、振动视觉增强影像技术监测等，通过技术手段对叶片连接螺栓进行监测分析，及时发现螺栓缺陷和隐形问题，避免因缺陷发现不及时或消缺不及时造成螺栓变形断裂。

2.5.2 叶片之差非常大故障事故案例及隐患排查

2.5.2.1 叶片之差非常大故障

▶ **事故表现**

1月15日，某风电场风机报出两个叶片之差非常大故障。风场维护人员对风机进行故障排查，经过排查判断为比例阀损坏，更换了比例阀后故障消除。

▶ **事故根本原因**

两个叶片之差非常大故障触发条件为：风机在"暂停"或"运行"状态下，超过200ms的时间内，两个叶片位置偏差大于4°。机组报出两个叶片之差非常大故障主要包括以下几方面原因：

（1）风机轮毂柜SA模块通信丢失或损坏。

（2）比例阀控制线缆损坏或断裂。

（3）比例阀电气或机械故障损坏。

（4）Balluf 传感器或其控制线缆损坏。

（5）Y242C、Y243C 电磁阀或其控制线缆损坏。

（6）变桨油缸机械故障。

（7）变桨传动连杆机械故障。

▶ 事故处理措施及结果

（1）首先在底部控制屏上做变桨距测试，现场数据显示见图 2-414，发现 A、B 叶片变桨正常，C 叶片桨距角无变化。重新进行变桨距测试并实际观察 C 叶片位置，发现 C 叶片未动作。根据实际情况，可以初步判定是 C 叶片系统问题导致的风机故障。

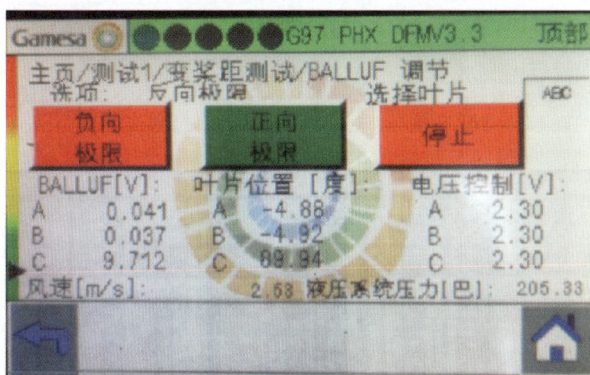

图 2-414　底部控制屏现场数据显示图

（2）进入到轮毂内检查发现 C 叶片阀岛护板脱落且变形，比例阀 Y250C 的电控部分脱落，其故障损坏情况如图 2-415 所示。由事实表象可以判定为阀岛护板脱落撞击比例阀导致比例阀故障，从而引起了风机故障。

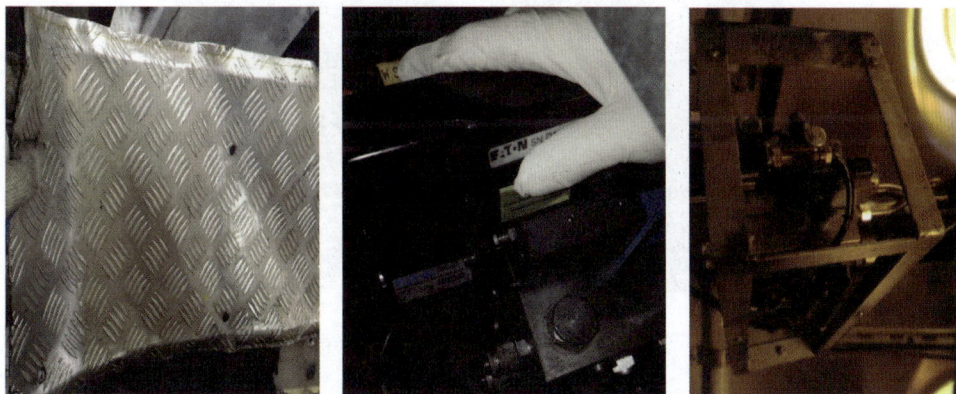

图 2-415　比例阀故障损坏情况

（3）经检查比例阀 Y250C 内部线路无破损，将其重新固定安装后，做变桨测试 C

叶片仍然没有变桨。为确认故障点，从信号源头着手。根据 SA2 模块接线图纸（见图 2-416）找到 SA2 模块接线在端子排上的位置，在做变桨测试时使用万用表测量 SA2 模块输出电压，电压在正常范围内，且随叶片变桨位置变化而变化，并观察 SA2 模块信号灯指示正常，确认模块没有损坏，SA2 模块现场检查情况如图 2-417 所示。

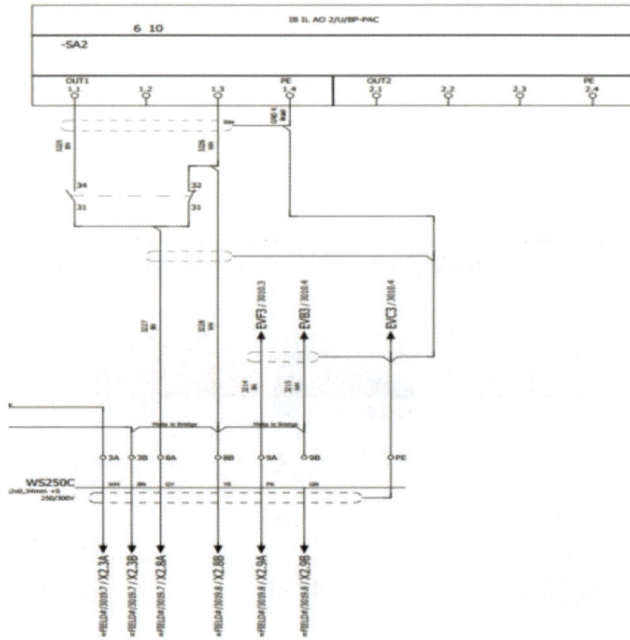

图 2-416　SA2 模块接线图纸

图 2-417　SA2 模块现场检查情况

（4）SA2 模块电压是通过 WS250C 线缆传至比例阀的。根据 WS250C 线缆接线图纸（见图 2-418）找到 WS250C 线缆端子的位置，逐根测量 WS250C 线缆阻值，都为 0.6Ω 左右。做变桨距测试时，每根线的电压都正常，判定 WS250C 线缆正常。

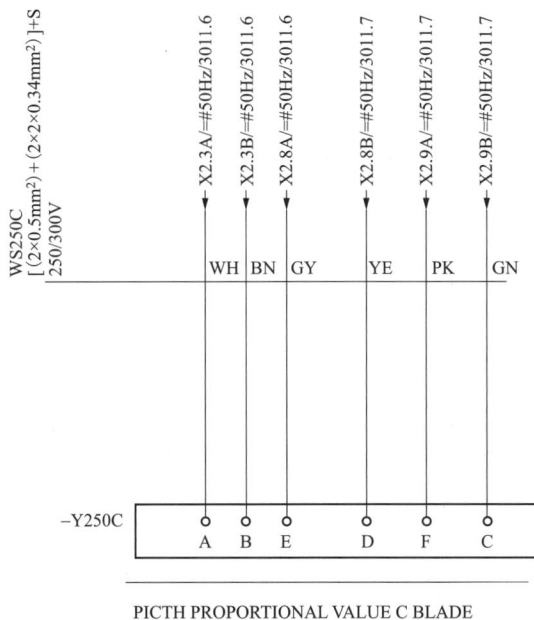

图 2-418　WS250C 线缆接线图纸

（5）通过信号检查得知，信号已经通过线缆传输给了比例阀。那么随后的任务就是检查比例阀是否动作。选择使用排除法来判断。由液压图（见图 2-420）可知：电磁阀 Y242C 和电磁阀 Y243C 控制高、低压油的通断，进而使油缸动作、叶片变桨。如果电磁阀 Y242C 和电磁阀 Y243C 损坏，不管比例阀动不动作 C 叶片都不会变桨。于是，又检查了电磁阀控制线缆，无异常。做变桨测试，电磁阀有动作声音且电磁阀电磁机构带有磁性，间接排除了电磁阀损坏的可能性。

（6）排除了电磁阀损坏的可能性，仍存在以下假设：变桨油缸机械故障卡死或变桨连杆机构机械

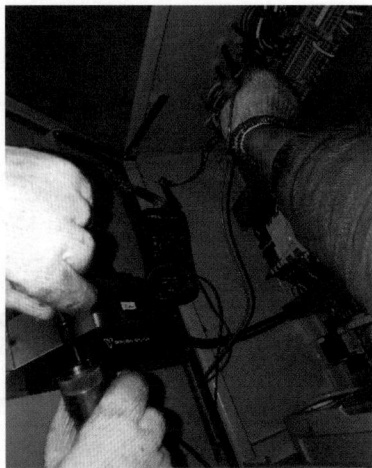

图 2-419　WS250C 线缆现场检查情况

卡死，也可能导致 C 叶片不变桨。目测变桨油缸和变桨连杆机构无异常后，通过液压图可知：若是由变桨油缸机械故障卡死或变桨连杆机构机械卡死导致 C 叶片不变桨，最直接的方法是查看 86.2 测点有没有油压，于是现场使用液压表测量油压，液压表显示无压力，从而排除了变桨油缸机械故障卡死或变桨连杆机构机械卡死导致 C 叶片不变桨的可能性。机械卡死故障现场排查图如图 2-421 所示。

（7）排除了其他可能性，那么故障点就显而易见了——比例阀。于是更换为新比例阀，重新做变桨距测试，C 叶片变桨正常，故障消除。在重新安装阀岛护板后，为防止比例阀电磁机构脱落，在紧固所有固定螺钉后，又做了防脱落的措施。故障整改及现场

测试图如图 2-422 所示。

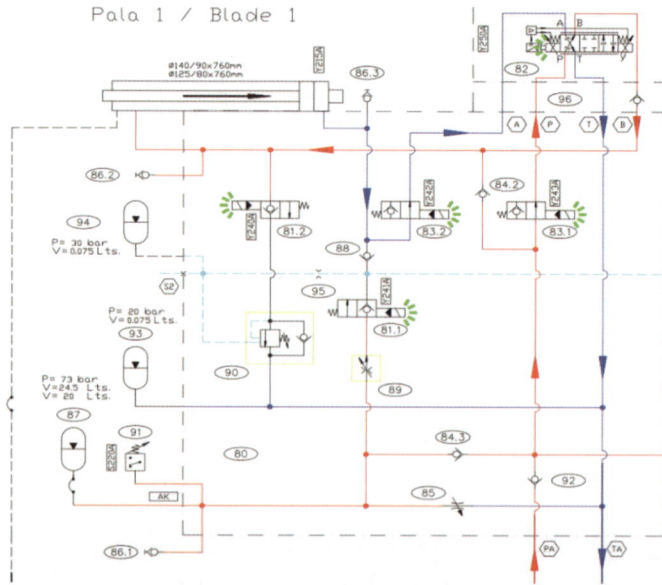

图 2-420　叶片变桨液压图

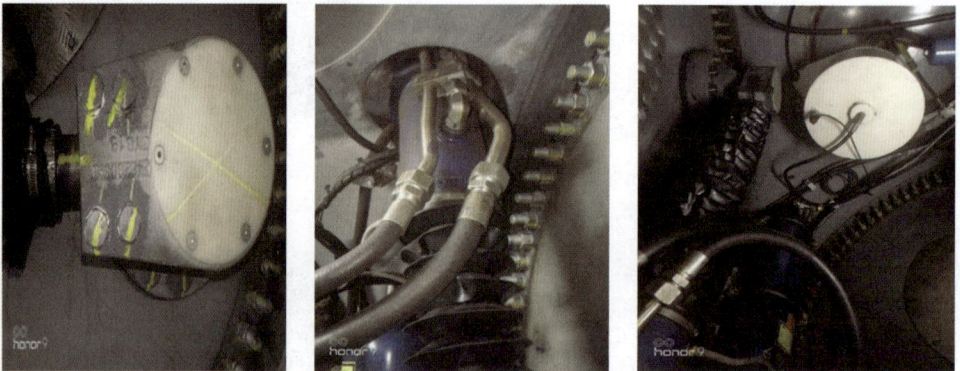

图 2-421　机械卡死故障现场排查图

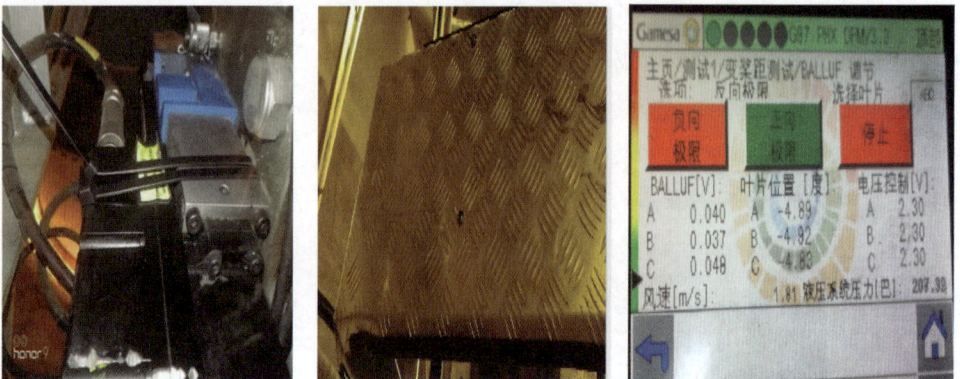

图 2-422　故障整改及现场测试图

▶ **隐患排查重点**

（1）设备维护。

1）轮毂内部件容易松动，每次进入轮毂工作应全面检查各部件的接线、螺栓等有无异常。

2）每 3 个月对变桨内部连接件、支撑件、驱动部件进行一次目视检查，要求连接螺栓紧固一字防松标识无滑移，发生滑移则需重新进行紧固并做防松标识。

3）轮毂内部作业完毕，人员离开前必须对轮毂内部进行目视点检，防止遗留工具物料在轮毂内。

4）每 12 个月完成一次轮毂内部连接件、支撑件、驱动部件连接螺栓紧固工作，且紧固完毕后必须重新标记一字防松线并对螺栓做防腐保护。

5）每 6 个月完成一次轮毂内部信号线缆紧固工作，防止因线缆松动问题产生相关故障。

6）定期检查柜内传感器比例阀控制回路屏蔽接地是否良好，防止因屏蔽未消除报出干扰故障。

7）检查比例阀是否与附近的油管发生干涉，若存在干涉需尽快对管路进行整改。

8）每 12 个月完成一次液压油油品检测及更换过滤器工作，防止液压中杂质过多造成比例阀阻塞影响桨叶变桨。

9）每 6 个月完成一次全场风机漏油排查，对每台风机进行漏油位置及现象统计合理安排工作进行相关整改。

10）每 12 个月完成一次轮毂内卫生清理工作，针对灰尘较多地区需 6 个月完成一次机组卫生清理。

11）每 12 个月完成一次轮毂内控制模块线缆紧固检查工作，确保连接紧固无松动现象。

12）每 12 个月完成一次机舱液压油箱透气帽更换工作，且注意同步更换对应密封圈且密封圈不允许重复使用。

（2）运行调整。

1）机组运行过程中，应重点关注液压油过滤器压差变化是否存在临近压差报警或压差过大的情况，防止因为油液杂质较多造成比例阀阀芯阻塞或影响液压油流量。

2）机组运行过程中，是否存在着比例阀的反馈与比例阀的命令不匹配等间歇性故障，或在故障文件中查看是否存在变桨位置与速度的差异性数据。

2.5.3　叶片角度偏差故障事故案例及隐患排查

2.5.3.1　叶片角度偏差大故障

▶ **事故表现**

2017 年 1～5 月风机发电量数据统计（见图 2-423、表 2-46）分析发现，在平均风速基本一致的情况下，12 台机组内 10 号风机发电量最低为 157.7752 万 kWh，较相邻机组 11 号风机发电量 167.6934 万 kWh 低 9.9182 万 kWh，低幅达 5.91%。

表 2-46 　　　　　　　2017 年 1～5 月各风机发电量数据、风速数据

风机编号	时间	发电量（万 kWh）	平均风速（m/s）
1 号		184.9423	6.48
2 号		178.5112	6.21
3 号		180.181	6.26
4 号		167.2678	6.19
5 号		213.3479	6.22
6 号		179.6159	6.15
7 号	2017.01.01—2017.05.31	173.5188	6.21
8 号		178.4136	6.34
9 号		180.1934	6.23
10 号		157.7752	6.33
11 号		167.6934	6.51
12 号		179.8765	6.16
总计：		2141.337	6.27

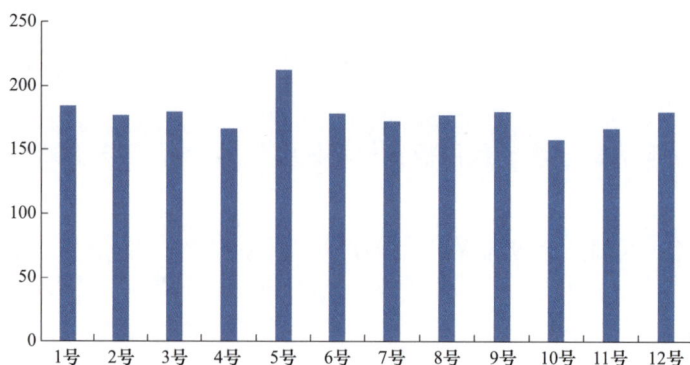

图 2-423　2017 年 1～5 月各风机发电量对比图

▶ **事故根本原因**

1. 实际功率对比分析

通过对 2017 年 1～5 月 10、11 号风机各风速段的实际功率（见图 2-424、表 2-47）进行对比分析发现，10 号风机各风速段的平均功率为 1211.4kW，较相邻机组 11 号风机的平均功率 1384.2kW，低 172.8kW，低幅达 12.5%，10 号风机实际功率曲线明显低于 11 号风机，尤其在 4～14m/s 风速区间更为明显。

表 2-47　　2017 年 1～5 月 10、11 号风机各风速段实际功率数据

风速（m/s）	理论功率（kW）	10 号风机实际功率（kW）	11 号风机实际功率（kW）
3	9.1	−21.8	−8.8
3.5	38.4	−19.6	13
4	82	24.6	78.2
4.5	134.3	50.2	136.8
5	193.5	97.8	216.4
5.5	264.3	123.6	277.2
6	351.4	193.2	364.2
6.5	453.4	250.2	427.6
7	573.7	326.4	529.8
7.5	712	383.6	649.2
8	876.7	448.4	783.2
8.5	1054.6	546.8	893.2
9	1244.9	698.2	1020.2
9.5	1442.6	836.2	1226.4
10	1600	997	1375.2
10.5	1750	1153.4	1540
11	1900	1338.2	1677.2
11.5	2000	1511.8	1918.6
12	2000	1692.6	2077
12.5	2000	1820.2	2084.4
13	2000	1870	2097.6
13.5	2000	1911.4	2103.2
14	2000	1916.4	2063.6
14.5	2000	2008.6	2105
15	2000	2057.8	2078.4
15.5	2000	2054.6	2091
16	2000	2051	2094
16.5	2000	1847.6	2077.6
17	2000	2079.6	2063.6
17.5	2000	2040.4	2053.6
18	2000	2011	2062.6
18.5	2000	1954.8	2090
19	2000	2072.8	2094
19.5	2000	2045	2070.8
20	2000	2028	2024.5

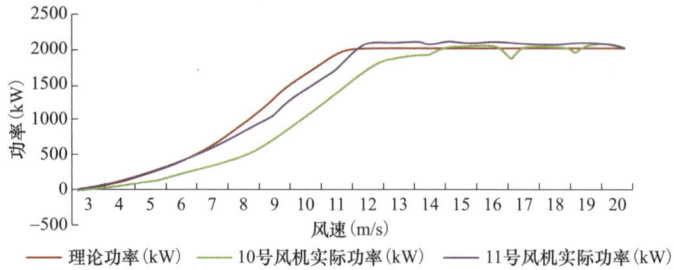

图 2-424 2017 年 1～5 月 10、11 号风机实际功率曲线对比图

2. 振动数据对比分析

通过对 2017 年 1～5 月 10、11 号风机机舱振动值（见图 2-425、表 2-48）对比分析发现，10 号风机机舱振动值无论是 X 值还是 Y 值均大于 11 号风机，尤其在 12～19m/s 风速区间更为明显。10 号风机机舱振动 X、Y 平均值为 0.0078g、0.0096g，较 11 号风机机舱振动 X、Y 平均值 0.0054g、0.0054g 分别高 0.0024g、0.0042g，高幅分别达 44%、78%。

表 2-48　　　　2017 年 1～5 月 10 号、11 号风机各风速段振动数据

风速（m/s）	10 号风机机舱振动 X（g）	10 号风机机舱振动 Y（g）	11 号风机机舱振动 X（g）	11 号风机机舱振动 Y（g）
3	0.0007	0.0017	0.0005	0.0018
4	0.0019	0.0035	0.0018	0.0029
5	0.0030	0.0043	0.0022	0.0032
6	0.0067	0.0055	0.0026	0.0034
7	0.0072	0.0053	0.0028	0.0038
8	0.0043	0.0055	0.0031	0.0041
9	0.0045	0.0062	0.0036	0.0045
10	0.0050	0.0065	0.0041	0.0045
11	0.0068	0.0070	0.0051	0.0049
12	0.0100	0.0095	0.0067	0.0059
13	0.0107	0.0142	0.0075	0.0067
14	0.0116	0.0176	0.0080	0.0075
15	0.0120	0.0191	0.0087	0.0080
16	0.0119	0.0185	0.0085	0.0082
17	0.0121	0.0171	0.0083	0.0076
18	0.0124	0.0154	0.0085	0.0077
19	0.0120	0.0112	0.0073	0.0064
20	0.0073	0.0052	0.0070	0.0058

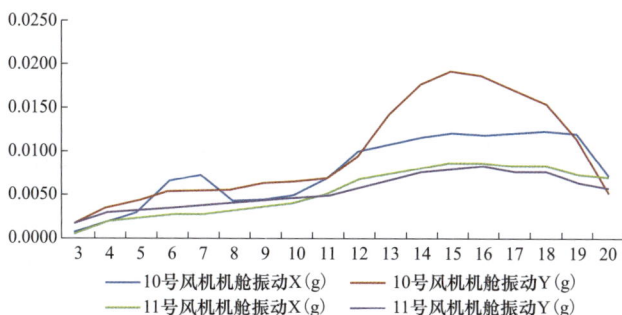

图 2-425　2017 年 1~5 月 10、11 号风机机舱振动曲线对比图

由以上对比分析发现，10 号风机在运行过程中存在机舱振动较大、实际功率偏低，初步判断原因应为运行过程中叶片角度不平衡或机舱未能完全对风（机头与主风向角度偏差较大）造成发电量偏低。

▶ **事故处理措施及结果**

1. 维护检查

发现问题后，维护人员对 10 号风机开展了检查维护工作，重点检查了叶片能否正常变桨到机械零位，叶片角度与监控显示是否一致，叶片能否正常回顺，高速轴刹车是否完好，偏航刹车有无异常，风向标机械零位是否与零向标一致并固定完好，经检查均无异常。

2. 叶片平衡度检测

为查找原因，对 10 号风机运行过程中叶片角度平衡度进行了检测，经检测 3 支叶片角度偏差值为 1 号叶片 1.024°、2 号叶片–2.237°、3 号叶片 1.213°，偏差总值 3.45°（偏差值较大的 2 支叶片偏差绝对值之和为偏差总值，大于 0.6°，即 DNV-GL 认证的标准值）。

检测方法及原理：在位于叶片旋转面正前方约 50m 处，使用高频高速脉冲激光设备对准叶片运行截面，通过叶片运转扫掠固定照射的激光脉冲，实现对叶片表面外形的扫描记录，记录一定时间的扫描数据。将每隔 2 个周期的距离突变数据叠加在同一图谱中，得到每支叶片在一段运行周期内的表面形状散点图。通过对去除噪声的塔筒数据进行分段线性拟合得到塔筒振动图谱。利用最小二乘法拟合叶片表面形状，对比 3 支叶片可计算出角度偏差，同时利用时间参数可以计算出风机转速数据，通过叶片设计特性推断当前转速下对应的截面零度角。

3. 叶片校准

问题发现后，维护人员多次对 10 号风机 3 支叶片零位进行调整校准并复测，效果最好的一次测量结果为 1 号叶片 0.362°、2 号叶片–1.724°、3 号叶片 1.361°，偏差总值 3.085°（仍不达标）。

最后发现，1 号叶片由于无法触发限位挡块、2 号叶片限位挡块阻挡等原因不能再调

（若再调需移动限位挡块位置）。

基于安全考虑，在不移动限位挡块的前提下，制定的解决方案为：对 2 号叶片限位挡块进行打磨处理，将其长度减少 3.89cm（见图 2-426），再重新固定安装。按照以上方案处理后，对 10 号风机进行了安全功能测试，经测试各项功能均正常。随后，维护人员再次对 10 号风机 3 支叶片零位进行调整校准并复测，角度偏差数值为 1 号叶片 –0.14°、2 号叶片 –0.4°、3 号叶片 0.12°，偏差总值为 0.52°（小于 0.6°，即 DNV-GL 认证的标准值）。

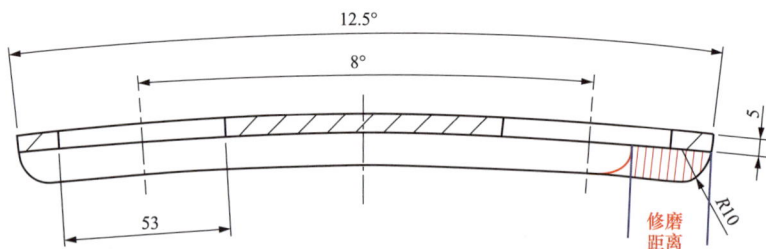

图 2-426　叶片限位挡块修磨图

2.237°—需修磨 38.845mm，可以稍微大点，修磨至 38.9mm；1.024°—需修磨 17.782mm，

可以稍微大点，修磨至 17.8mm；1.213°—需修磨 21.064mm，可以稍微大点，修磨至 21.1mm

经过上述处理，10 号风机发电量偏低的问题得到了明显的改善：

（1）发电量对比：2017 年 9～12 月各风机发电量如图 2-427、表 2-49 所示，10 号风机叶片校准后，2017 年 9～12 月 12 台机组内 10 号风机发电量排名第 3，发电量为 124.2349 万 kWh，较相邻机组 11 号风机发电量 123.8205 万 kWh 高 0.4144 万 kWh，高幅达 0.33%，较 2017 年 1～5 月有明显提高。

表 2-49　　　　　　　　　2017 年 9～12 月各风机发电量数据、风速数据

风机序号	时间	发电量（万 kWh）	平均风速（m/s）
1 号	2017.09.01—2017.12.31	126 3503	5.7
2 号	2017.09.01—2017.12.31	117.6026	5.36
3 号	2017.09.01—2017.12.31	119.2445	5.38
4 号	2017.09.01—2017.12.31	112.8852	5.34
5 号	2017.09.01—2017.12.31	138.886	5.12
6 号	2017.09.01—2017.12.31	118.553	5.26
7 号	2017.09.01—2017.12.31	111.3317	5.27
8 号	2017.09.01—2017.12.31	111.7699	5.55
9 号	2017.09.01—2017.12.31	112.1493	5.29
10 号	2017.09.01—2017.12.31	124.2349	5.49

风机序号	时间	发电量（万 kWh）	平均风速（m/s）
11 号	2017.09.01—2017.12.31	123.8205	5.61
12#	2017.09.01—2017.12.31	120.493	5.43
总计：	2017.09.01—2017.12.31	1437.321	5.4

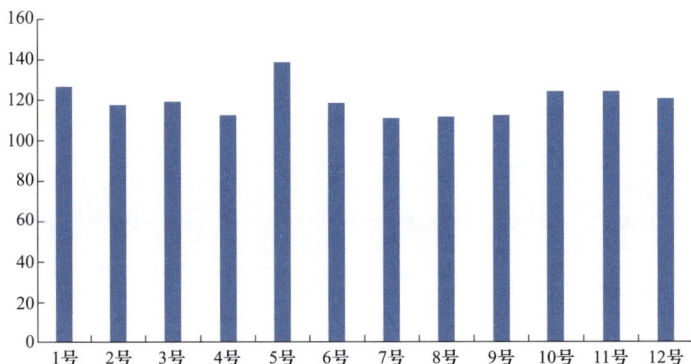

图 2-427　2017 年 9～12 月各风机发电量对比图

（2）实际功率对比：2017 年 9～12 月 10、11 号风机实际功率及调校前、后实际功率对比情况如表 2-50、图 2-428 及图 2-429 所示。10 号风机各风速段的平均功率为 1396kW，较相邻机组 11 号风机的平均功率 1412kW，低 16kW，低幅达 1.13%，较 2017 年 1～5 月有明显提高；较 1～5 月 0 号风机平均功率 1211.4kW 提高了 184.6kW，高幅达 15.2%。

表 2-50　　2017 年 9～12 月 10、11 号风机及 1～5 月 10 号风机各风速段实际功率数据

风速（m/s）	理论功率（kW）	调校后（9～12 月）10 号风机实际功率（kW）	9～12 月 11 号风机实际功率（kW）	调校前（1～5 月）10 号风机实际功率（kW）
3	9.1	18.4	27.4	-21.8
3.5	38.4	59.5	48.7	-19.6
4	82	98.2	86.2	24.6
4.5	134.3	150.9	136.6	50.2
5	193.5	211.0	195.9	97.8
5.5	264.3	275.9	268.8	123.6
6	351.4	347.3	356.8	193.2
6.5	453.4	440.1	455.4	250.2
7	573.7	547.1	572.0	326.4
7.5	712	642.6	690.4	383.6
8	876.7	826.1	819.0	448.4
8.5	1054.6	965.9	1022.0	546.8

风速 （m/s）	理论功率 （kW）	调校后（9～12月）10号 风机实际功率（kW）	9～12月11号风机 实际功率（kW）	调校前（1～5月）10号 风机实际功率（kW）
9	1244.9	1145.0	1240.1	698.2
9.5	1442.6	1265.6	1405.8	836.2
10	1600	1408.0	1473.8	997
10.5	1750	1522.4	1586.9	1153.4
11	1900	1677.9	1752.4	1338.2
11.5	2000	1815.9	1896.7	1511.8
12	2000	1938.3	2020.7	1692.6
12.5	2000	2016.3	2057.2	1820.2
13	2000	2089.3	2088.7	1870
13.5	2000	2095.4	2091.6	1911.4
14	2000	2093.4	2094.1	1916.4
14.5	2000	2101.6	2097.4	2008.6
15	2000	2104.8	2101.8	2057.8
15.5	2000	2104.7	2108.6	2054.6
16	2000	2102.3	2108.2	2051
16.5	2000	2099.2	2100.8	1847.6
17	2000	2101.0	2098.8	2079.6
17.5	2000	2102.5	2108.6	2040.4
18	2000	2095.2	2108.6	2011
18.5	2000	2092.0	2110.9	1954.8
19	2000	2100.3	2119.7	2072.8
19.5	2000	2100.2	2121.4	2045
20	2000	2105.5	2127.9	2028

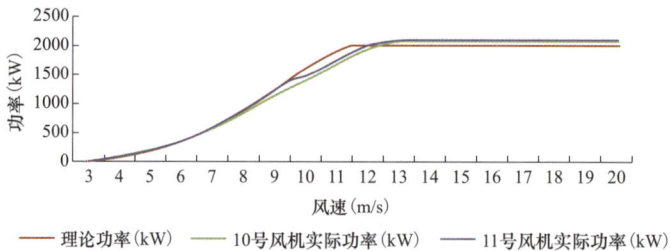

图 2-428　2017 年 9～12 月 10、11 号风机实际功率曲线对比图

（3）振动对比：2017 年 9～12 月 10、11 号风机机舱振动数据及调校前、后机舱振动对比情况如表 2-51、图 2-430 及图 2-431 所示，10 号风机机舱振动值曲线无论是 X 值还是 Y 值均与 11 号风机机舱振动值曲线基本一致。10 号风机机舱振动 X、Y 平均值为 0.0051g、0.0061g，较 11 号风机机舱振动 X、Y 平均值 0.0048g、0.0053g，分别高 0.0003g、

0.0008g，高幅分别达 6%、15%，较 2017 年 1～5 月有明显降低；较 1～5 月 10 号风机机舱振动 X、Y 平均值 0.0078g、0.0096g，分别降低了 35%、36%。

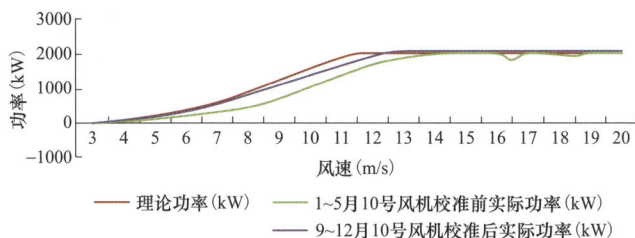

图 2-429　10 号风机调校前后实际功率曲线对比图

表 2-51　　**2017 年 9～12 月 10 号、11 号风机及 1～5 月 10 号风机各风速段振动数据**

风速 (m/s)	调校后（9～12月）10 号风机机舱振动 X(g)	调校后（9～12月）10 号风机机舱振动 Y(g)	9～12 月 11 号风机机舱振动 X（g）	9～12 月 11 号风机机舱振动 Y（g）	调校前（1～5月）10 号风机机舱振动 X	调校前（1～5月）10 号风机机舱振动 Y
3	0.0003	0.0011	0.0003	0.0012	0.0007	0.0017
4	0.0014	0.0024	0.0013	0.0025	0.0019	0.0035
5	0.0018	0.0030	0.0020	0.0030	0.0030	0.0043
6	0.0021	0.0029	0.0022	0.0030	0.0067	0.0055
7	0.0025	0.0034	0.0027	0.0033	0.0072	0.0053
8	0.0023	0.0036	0.0024	0.0032	0.0043	0.0055
9	0.0028	0.0042	0.0030	0.0038	0.0045	0.0062
10	0.0032	0.0040	0.0035	0.0038	0.0050	0.0065
11	0.0048	0.0050	0.0045	0.0046	0.0068	0.0070
12	0.0057	0.0068	0.0056	0.0057	0.0100	0.0095
13	0.0071	0.0084	0.0066	0.0075	0.0107	0.0142
14	0.0079	0.0095	0.0072	0.0089	0.0116	0.0176
15	0.0080	0.0096	0.0074	0.0094	0.0120	0.0191
16	0.0073	0.0105	0.0079	0.0090	0.0119	0.0185
17	0.0089	0.0108	0.0078	0.0093	0.0121	0.0171
18	0.0092	0.0085	0.0086	0.0085	0.0124	0.0154
19	0.0081	0.0062	0.0071	0.0044	0.0120	0.0112
20	0.0087	0.0093	0.0065	0.0041	0.0073	0.0052

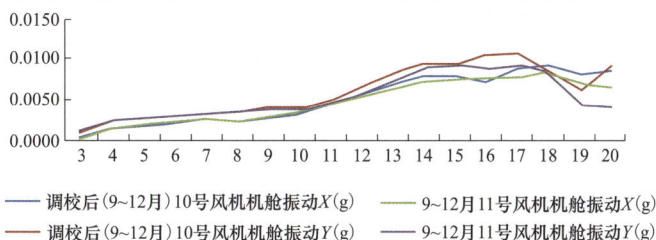

图 2-430　2017 年 9～12 月 10、11 号风机振动曲线对比图

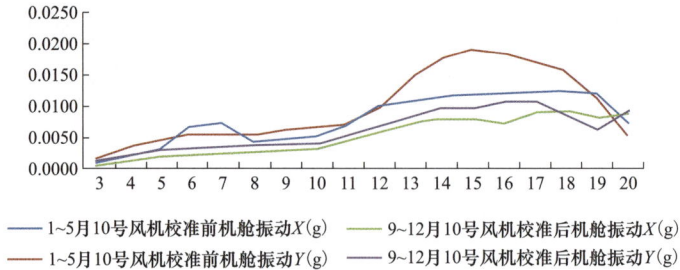

图 2-431　10 号风机调校前后振动曲线对比图

▶ **隐患排查重点**

（1）设备维护。

1）调查叶片出厂报告、检修报告，明确叶片质量无偏差。

2）调查叶片调试时安装角校准，保证叶片实际运行 0°统一；对处于风机 240 试运行前或 240 试运行期间的风机，需委托第三方对风机做叶片平衡度检测，对平衡度不达标风机需整改。

3）检修过程中，排查叶片是否存在覆冰。

4）检修过程中，排查叶片是否存在因雷击、鸟撞或风沙等原因造成叶尖开裂等损伤。

5）检修过程中，排查叶片运行声音是否存在偏差。

6）检修过程中，排查低速轴是否存在对中问题。

7）检修过程中，排查变桨执行机构。

8）检修过程中，排查叶片角度偏差。

9）定期检修维护：风机每年都有 2 次重要的检修维护工作（全年检修、半年检修），充分利用这 2 次检修的机会，消除风机隐患及缺陷，避免因维护不到位造成电量损失。

10）重视风机技术监督：定期委托有相关资质的单位对运行过程中的叶片进行平衡度检测，发现问题及时校准。当然，本书提到的叶片不平衡问题，也可以通过观察的方式进行判断。当风机叶片旋转时，维护人员站在叶片正下方，叶尖掠过最低点时，3 支叶片的声音是存在差异的。

（2）运行调整。定期监视同类型机组的运行数据，并进行对比分析，重点监测机舱振动、有功功率。对机舱振动大、有功功率低的风机复测叶片零位，对角度偏差不符合标准的叶片进行相应的调整。

2.5.4　叶轮转速比较故障事故案例及隐患排查

2.5.4.1　叶轮转速与发电机转速偏差超过限值故障

▶ **事故表现**

某风电场全场配置 16 台风电机组，自投产运行 1 年以来，全场报"叶轮转速与发电机转速偏差超过限值"故障 2 次。

▶ 事故根本原因

针对 15 号机组叶轮转速与发电机转速偏差超过限值的故障进行数据分析，数据分析结果如图 2-432 所示，得出叶轮转速存在跳变。首先检查接近开关是否异常，接近开关至模块 30U4：4 通道是否正常，检查滑环编码器线至机舱信号柜接线通断是否正常、有无虚接和干扰、屏蔽是否无异常，然后复位启机并网观察 213K2 转速继电器测量叶轮转速和 213K2 计数模块测量叶轮转速仍存在跳变现象，然后停机继续检查，发现滑环编码器后边，联轴节连接处发生断裂。

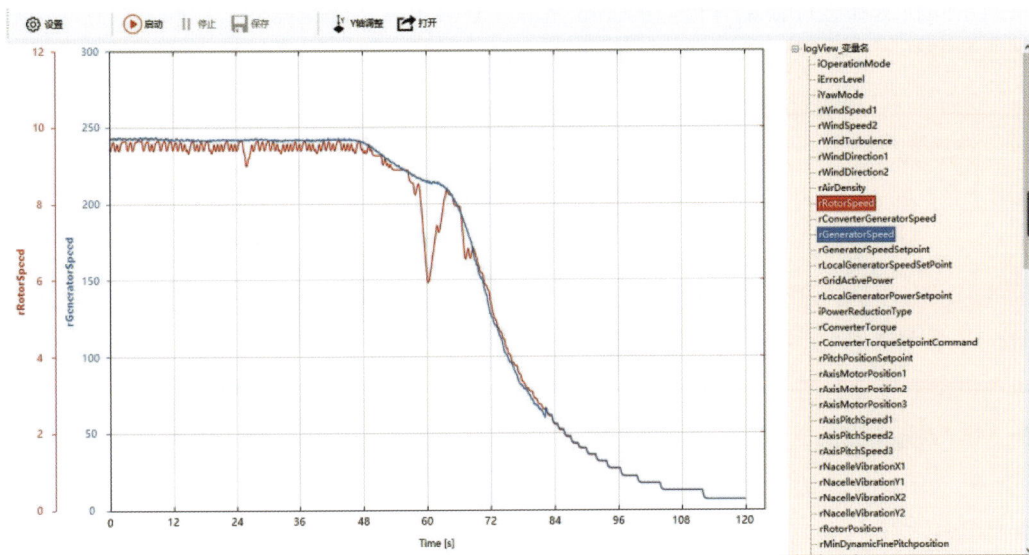

图 2-432　15 号叶轮转速与发电机转速偏差超过限值故障时域图

▶ 事故处理措施及结果

对 15 号机组进行联轴节更换处理，再次启机并网观察无异常，故障处理完成。

▶ 隐患排查重点

（1）设备维护。

1）巡检时，需检查超速继电器 115A1 状态是否正常，设置参数是否正常。

2）巡检时，需检查接近开关至模块 30U4：4 通道是否正常，至 115A1 及 200A3 线路有无虚接，滑环编码器线至机舱信号柜接线是否通断正常、无虚接、无干扰、屏蔽无异常。

3）巡检时，需检查滑环侧接近开关是否调节正确。

4）巡检时，需检查编码器信号线缆至端子排是否连接紧固，确认进行拉拔测试无松动现象且无氧化锈蚀痕迹。

5）巡检时，需检查编码器本体与滑环是否连接紧固，确认无松动、开裂等现象且周围无碳粉堆积。若存在碳粉堆积等问题，需要立即清理防止因碳粉渗入造成编码器芯片损坏。

6）巡检时，需检查编码器与模块连接线缆是否紧固，有无松动虚接等异常现象。运行超过 5 年机组需常备该型号编码器及测量模块。

（2）运行调整。

1）机组满发及大风天气时应抓取机组转速运行数据，查看是否存在转速差异较大且未触发故障等现象。

2）发生叶轮转速与发电机转速偏差超过限值故障时，现场需要逐步进行排查，并将数据发回技术部进行数据分析，需仔细查看并分析故障文件。此外，应联系其他相关联数据，并结合往期故障及时进行现场排查更换处理。

2.5.4.2　叶轮转速比较故障 1

▶ **事故表现**

2021 年 6 月 15 日，机组报叶轮转速比较故障，随即安排检修人员登塔处理。检修人员在检查叶轮转速采集系统与发电机转速采集系统后均无发现异常，随即重新启机，但故障没有消除。通过观察发现，每当风机在并网的一瞬间，机组报出叶轮转速比较故障。通过故障文件数据分析，发现并网时刻发电机转速低于风机标准值。最终检查发现，由于机组联轴器打滑，导致叶轮转速与发电机转速不匹配，触发此故障。

▶ **事故根本原因**

叶轮转速比较故障触发条件是：当风机不在停机状态，叶轮转速大于 4.5r/min 时，并且叶轮转速与发电机转速差值大于 1.3r/min 时，触发此故障。故障触发逻辑图如图 2-433 所示。

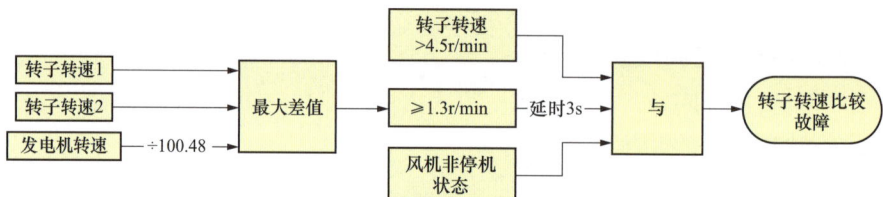

图 2-433　转子转速比较故障触发逻辑图

该机组发电机转速由变频器 NTAC 模块采集，发送至主控。转子转速由滑环尾部编码器采集后，送至过速模块，由过速模块再发送到 KL3404 四通道模拟量输入模块，形成转子转速 1 与转子转速 2。对从变频器程序获得的发电机转速进行折算至叶轮转速，主控系统通过对采集到的 3 个转速进行极差值计算，当差值大于 1.3r/min 并延时 3s，触发此故障。现场运行数据如图 2-434 所示。

通过对故障原因的分析，以及通过查看故障文件，发现该机组在故障触发时，叶轮转速 1 与叶轮转速 2 转速相同，叶轮转速与叶轮位置转速也相同，说明滑环尾部编码器工作正常，所测量并发出的转速均为实际转速。

利用变频器调试卡，查看故障时编码器波形，发现编码器波形正常、无干扰，该故障不是由编码器干扰造成的波形混乱导致的，属于机械硬件故障。

Time	rotor_speed_1	rotor_speed_2	converter_motor_speed	motor_speed*	差值	
2021/6/22 23:17:58	12.93741	12.9545	1312.9	13.06628185	-0.128871847	
2021/6/22 23:17:59	12.93741	12.9545	1312.9	13.06628185	-0.128871847	
2021/6/22 23:18:00	13.10831	13.09122	1328.2	13.21855096	-0.110240955	
2021/6/22 23:18:01	13.27921	13.22794	1343.1	13.36683917	-0.087629172	
2021/6/22 23:18:02	13.55266	13.51848	1350.2	13.4375	0.11516	
2021/6/22 23:18:03	14.185	14.15082	1163.1	14.12902	2.609562102	差值大于1.3时
2021/6/22 23:18:04	14.64644	14.62935	1127.6	14.60755	3.424306242	
2021/6/22 23:18:05	15.62059	15.62059	1047.7	15.59879	5.193639363	
2021/6/22 23:18:06	16.08203	16.08203	1055.6	16.06023	5.576456752	
2021/6/22 23:18:07	16.30421	16.28712	1050.8	16.26532	5.846407452	延时3s报故障
2021/6/22 23:18:08	16.03076	16.01367	1055.4	15.99187	5.527177197	
2021/6/22 23:18:09	15.24461	15.22751	1054.3	15.20571	4.75197465	
2021/6/22 23:18:10	14.04828	14.03119	1061.8	14.00939	3.48100293	
2021/6/22 23:18:11	12.61269	12.57851	1084	12.55671	1.824473439	
2021/6/22 23:18:12	11.02329	10.98911	1017.2	10.12340764	0.899882357	
2021/6/22 23:18:13	9.707328	9.656056	906.7	9.023686306	0.683641694	
2021/6/22 23:18:14	7.588122	7.571032	710.8	7.074044586	0.514077414	

图 2-434　现场运行数据图

▶ **事故处理措施及结果**

（1）查看该机组检修记录，近期频报变频器 AB 脉冲、Z 脉冲故障。之前处理记录显示，换过发电机编码器，重新紧固发电编码器屏蔽线，风速较小无法测试，后期风机并网仍报。

（2）对编码器线逐一测量阻值，阻值都很低，未发现问题。

（3）尝试更换发电机编码器，故障仍然报出。

（4）更换叶轮转速编码器，故障仍然报出。

（5）测试急停试验，发现发电机联轴器存在明显打滑情况。

（6）更换发电机联轴器，风机运行故障未曾再报。

▶ **隐患排查重点**

（1）设备维护。

1）对弹性联轴器画标记线，定期检查联轴器本体无打滑、连接螺栓紧固无松动滑移等异常现象。

2）对发电机编码器本体进行例行检查，确认本体接地屏蔽效果良好，确认线缆无过度弯曲，转弯半径大于 6DR，防止应力未释放问题造成信号线缆内部损坏。紧固发电编码器屏蔽线时注意工艺要求。

3）全面排查发电机编码器及通信线，检查信号线缆至端子排连接是否紧固、编码器本体与滑环是否能连接紧固，有无松动开裂等现象，及时发现缺陷。

（2）运行调整。

1）机组满发及大风天气时应抓取机组转速运行数据，查看是否存在转速差异较大且未触发故障等现象。

2）每周拷取一次 CMS 数据，并进行数据分析查看是否存在传动链异常振动等现象。

3）在分析叶轮转速比较故障时，首先排除是否为发电机编码器和转速传感器等电气设备异常，其次排除是否为机械系统联轴器问题。

4）在分析叶轮转速比较故障时，应避免仅依据经验判断，需对风电机组采集的数据开展有效分析。故障处理时，第一次就应明确故障点，减小故障登塔次数。

2.5.4.3　叶轮转速比较故障 2

▶ **事故表现**

根据 SCADA 记录，某双馈风电机组叶轮转速比较故障在某风电场发生的故障频率较高，是本场故障频次前五的故障。此故障在该风电场愈发频繁，威胁到机组的安全运行。

▶ **事故根本原因**

1. 故障逻辑

叶轮转速比较故障：当风机不在停机状态，叶轮转速大于 4.5r/min 时，叶轮转速 1、叶轮转速 2 与发电机转速（除去齿轮变比）任意两个信号差值大于 1.3r/min，持续 3s，触发此故障。

2. 原因分析

为彻底解决此故障，在线录制并分析了风电场的 66 台机组的 3 个转速波形图，发现问题主要分为以下四类：

（1）叶轮转速 1、叶轮转速 2 信号为方波或波动异常（见图 2-435 和图 2-436）。导致机组转速发生变化时，叶轮转速不能与发电机转速良好匹配，达到故障限值，故障触发。分别检查变桨滑环编码器及联轴器均未发现异常。此现象是由于超速模块内部部件老化或超速模块损坏导致。

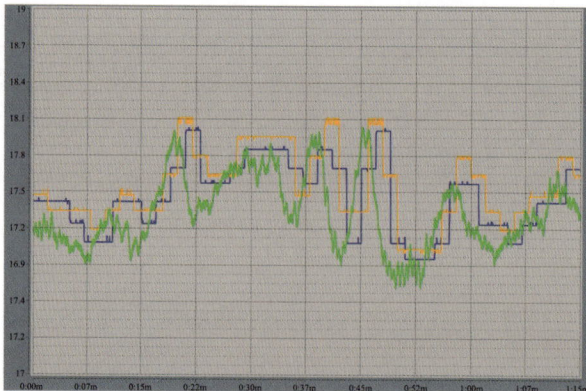

图 2-435　叶轮转速信号呈方波状

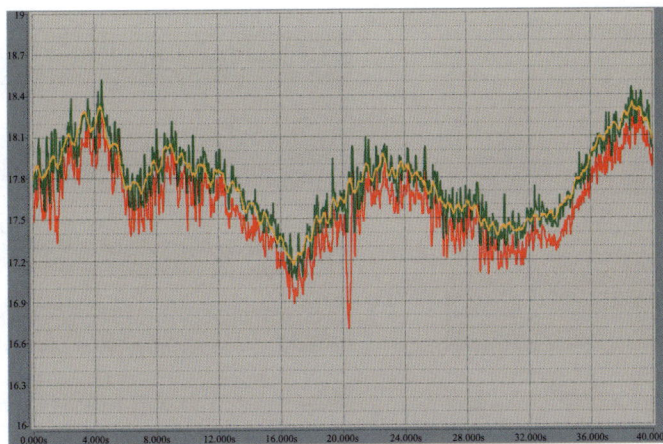

图 2-436 叶轮转速信号异常波动

（2）叶轮转速 1 及叶轮转速 2 周期性波动（见图 2-437）。在某一时刻，叶轮转速 1 或 2 与发电机转速差值过大，触发故障。此类故障的原因为变桨滑环轴窜动（见图 2-438）、变桨滑环轴承跑圈（见图 2-439）、滑环固定支架断裂（见图 2-440）导致滑环轴在旋转时上、下波动，从而使编码器采集的信号发生周期性的波动，叶轮转速信号与发电机转速信号存在差值，触发故障，特别在大风天气时更为明显。

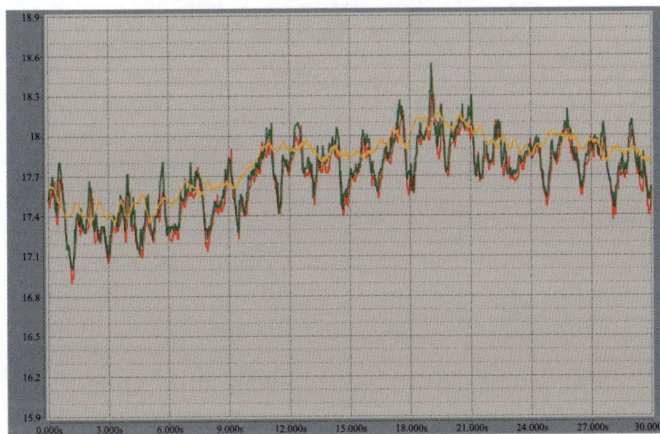

图 2-437 叶轮转速信号周期性波动

（3）发电机编码器信号异常突变（见图 2-441）。导致发电机转速信号与叶轮转速信号偏差过大导致触发故障。此故障是由于发电机编码器屏蔽不良或编码器内部部件损坏或干扰导致。

（4）其他问题。除上述问题之外，机组不对风、背对风，启动机组将会导致发电机转速为负而叶轮转速为正，触发故障。另外，也有发电机编码器损坏，发电机转速为 0，导致故障触发。

图 2-438　变桨滑环轴前端橡胶磨损严重

图 2-439　变桨前端轴承内圈贴合面变形轴承跑圈

图 2-440　变桨滑环固定端支架断裂

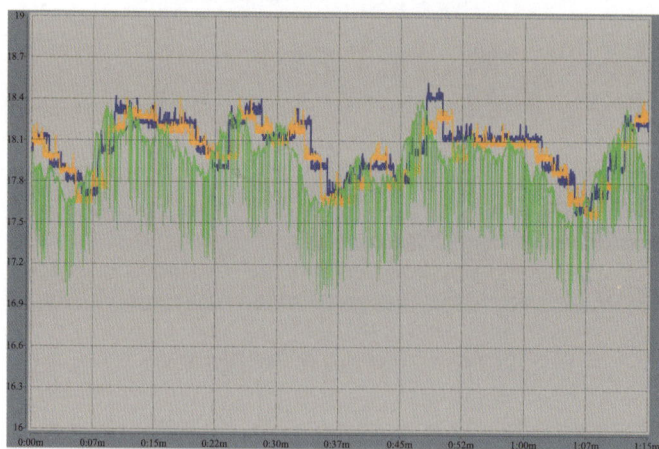

图 2-441　发电机编码器信号异常

▶ 事故处理措施及结果

针对以上不同的故障原因，分别列出以下解决办法：

（1）针对叶轮转速 1、叶轮转速 2 信号为方波或波动异常问题，通过更换超速模块内部损坏老化器件或新的超速模块解决。超速模块如图 2-442 所示。

（2）针对叶轮转速 1 及叶轮转速 2 周期性波动问题，使用尺寸合适的铁板将转轴前端的橡胶圈与机壳固定保证转轴不窜动，并清洗滑环、对变桨滑环轴承进行加固、固定滑环支架，从而解决此类问题。变桨滑环轴承固定示意图见图 2-443。

图 2-442 机组中的超速模块

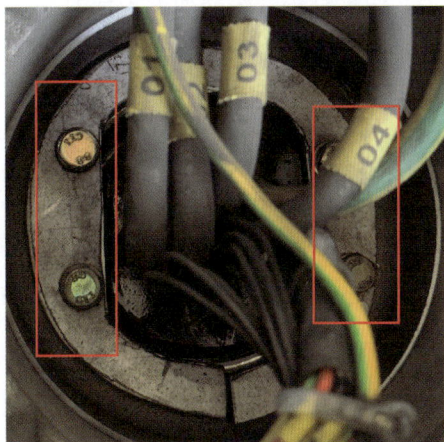

图 2-443 变桨滑环轴承固定

（3）针对发电机编码器信号异常突变，重新对发电机编码器屏蔽线进行接地，封堵不使用的进线孔，防止编码器信号干扰或编码器损坏，解决此类问题。发电机编码器进线孔封堵及重接屏蔽线示意图如图 2-444 所示。

2021 年共发现的问题机组 23 台，严重 12 台、异常 9 台、告警 2 台，并完成故障处理。

根据效果验证，上述机组自处理之日起此故障已完全解决，对双馈风力发电机组的叶轮转速比较故障的分析与解决提供借鉴。

▶ 隐患排查重点

（1）设备维护。

1）检查超速模块有误损坏或超速模块内部是否存在部件老化问题。

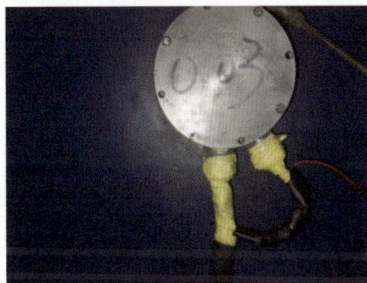

图 2-444 发电机编码器进线孔封堵及重接屏蔽线

2）检查是否存在变桨滑环轴窜动、变桨滑环轴承跑圈问题。

3）每 12 个月完成全场变桨滑环支架连接紧固度检查，确认支架螺栓连接紧固无松动。

4）并网运行时间超过 5 年则需要在 6 个月内完成一次支架紧固度巡检。

5）检查发电机编码器是否存在屏蔽不良问题，及时处理线路松动、线缆破皮磨损、内部部件损坏等现象，确保屏蔽层接地良好。

（2）运行调整。

1）机组满发及大风天气时，应抓取机组转速运行数据，查看是否存在机组给定扭矩与实测扭矩差异较大的等异常现象。

2）定期分析叶轮转速波形情况，当发现波形存在异常波动时，需及时分析并排查故障原因。

2.5.4.4 叶轮转速比较故障 3

▶ **事故表现**

某风场批量报出转速比较故障、变桨电机过温故障。转速比较故障触发条件为：风机采集叶轮位置转速、叶轮转速 1、叶轮转速 2、发电机转速除以齿轮箱变比（100.48）四个参数数值任意差值大于 1.3，报出此故障。变桨电机过温的触发条件为系统采集变桨电机温度大于 145℃，报出此故障。

▶ **事故根本原因**

1. 故障数据分析

图 2-445 中记录了首发故障为转速比较故障，并记录了故障时刻的转速值。可以看出，叶轮转速 1 为 18.355r/min、叶轮转速 2 为 19.705r/min、叶轮位置转速为 18.916r/min，其数值相近。而发电机转速除以变比值为 12.53r/min（1259/100.48），与叶轮转速相差较大。而首发故障中未报出变频器、发电机编码器故障，可以初步确定发电机编码器采集的数据是真实的。

rotor speed

error_rotor_speed	on				
error_rotor_speed_critical_speed	on	error_rotor_speed_emergency_stop_speed	off	error_rotor_speed_comparing	off
rotor_speed_signal_difference	7.257 rpm	rotor_speed	19.705 rpm		
rotor_speed_1	18.355 rpm	rotor_speed_2	19.705 rpm	converter_motor_speed	1259.000 rpm
rotor_position_rotor_speed	18.916 rpm				

图 2-445　首发故障记录

图 2-446 展现了风机故障前的发电机转速、变频器并网指令、给定转矩和实际转矩之间的关系。从图 2-446 中可以看出，在风机并网后，随着转矩增加，发电机转速开始下降。转速降至 970r/min 后，风机脱网，实际转矩变为 0。在无转矩的情况下，发电机转速开始上升，上升至 1080r/min 重新并网。如此周而复始，直至报出转速比较故障风机停机。由此可以判断联轴器的扭矩限制环已经失效，滑环出现打滑情况。

2. 现场检查情况

联轴器运用于双馈风力发电机机组连接齿轮箱输出轴和发电机转子轴。图 2-447 为风电联轴器结构图，高速刹车盘端安装于齿轮箱输出轴，发电机锁紧盘安装于发电机转子轴。联轴器可补偿两平行性偏差和角度误差，减少传动的振动。

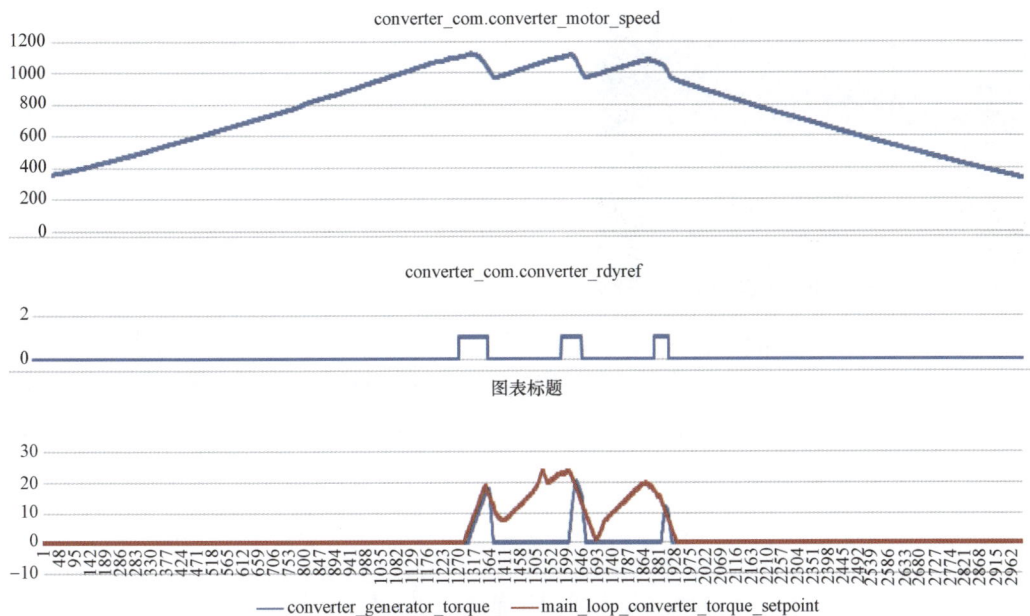

图 2-446　风机故障前工况图

现场对联轴器情况进行测试：在发电机转速为 100r/min 左右时，启动高速刹车，齿轮箱侧立即停止转动，发电机侧仍然可持续转动 2s。最终可以确定为联轴器失效。检查滑环编码器、发电机编码器安装和接线均无异常。

在对联轴器扭矩限制器螺栓力矩进行检查时，发现所有的螺栓均松动严重（见图 2-448），说明扭矩限制器内的摩擦材料已消耗殆尽。

图 2-447　联轴器结构图

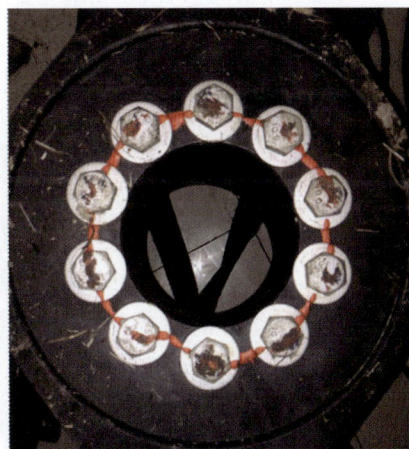

图 2-448　扭矩限制器

图 2-449 为联轴器铭牌。联轴器扭矩限制环的最大承载扭矩为 14700Nm。而通过计算，得到 1.5MW 机组的额定转矩为 8190Nm。联轴器的最大承载转矩远大于风机的额定转矩。通过查询风机的故障记录，在近一年内风机未发生过超速、过负荷故障。因此需要进一步地研究联轴器的失效原因，避免更换新的联轴器再次损坏。

图 2-449　联轴器铭牌

3. 联轴器失效原因分析

图 2-450 为风机联轴器出现打滑情况时的转矩数据，数据来源于风电机组故障记录 FTP 文件。数据采样时间间隔为 20ms。从图 2-450 中可以看出，风机在运行时，给定转矩和实际转矩一直处于不跟随状态。

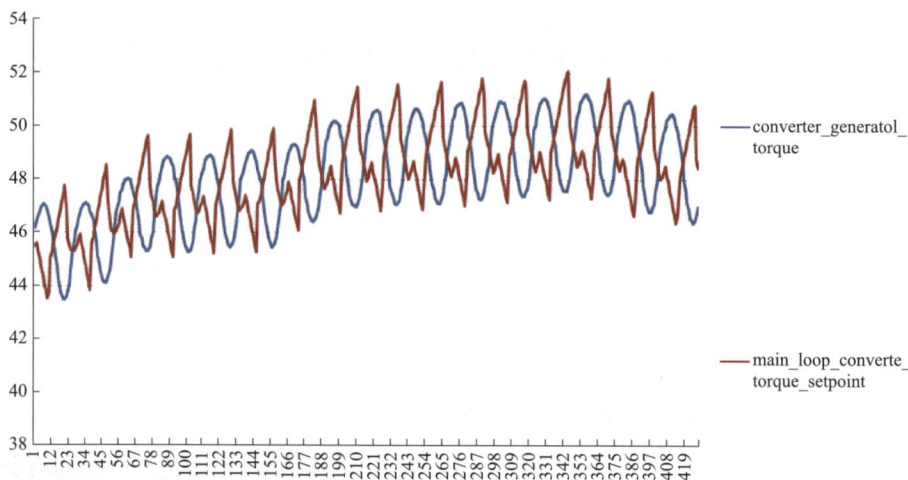

图 2-450　给定转矩与实际转矩关系图

图 2-451 为风机运行时的发电机转速和叶轮转速的关系，两者之间已经不同步。联轴器已经出现打滑失效的情况。

图 2-452 为风机运行时变桨桨叶给定值和实际桨叶值之间的关系，变桨处于频繁变桨状态，且实际桨叶值与给定桨叶值不跟随。

图 2-453 为实时的运行数据。图 2-453 标红的一行中，发电机转矩为 47.07、给定转矩为 44.43、叶轮转速为 16.28r/min、发电机转速为 1592.3r/min，此时的风速为 6.8m/s，功率为 655kW。齿轮箱油温和齿轮箱轴温均正常。从此行可以看出，发电机转矩大于给定转矩。发电机转速除以 100.84（齿轮箱变比）后低于叶轮转速，桨叶在开桨过程。图 2-453 中标黄的一行中，发电机转矩为 43.69、给定转矩为 47.14、叶轮转速为 16.32r/min、发电机转速为 1696.4r/min。从此行可以看出发电机转矩小于给定转矩，发电机转速除以

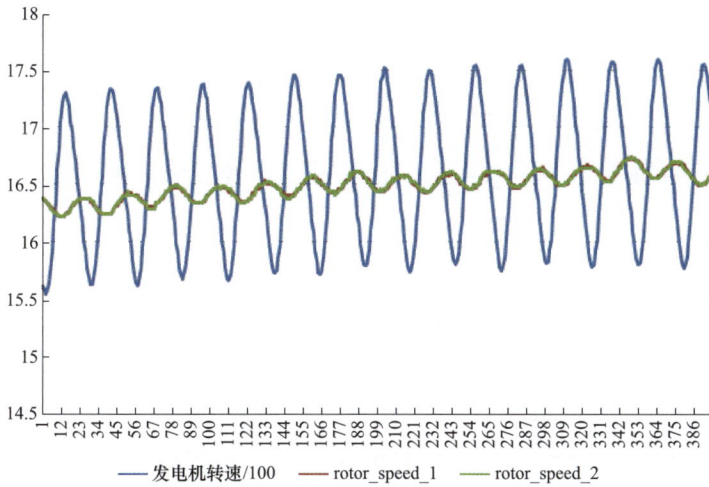

图 2-451 叶轮转速与发电机转速关系图

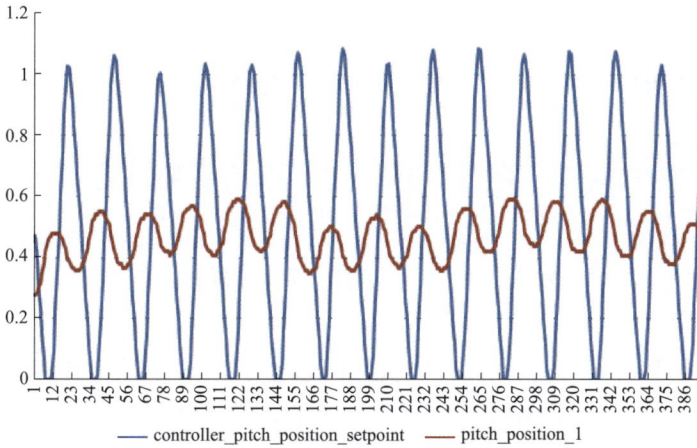

图 2-452 桨叶给定角度与实际角度关系图

converter	converter	converter_gen erator_torque	main_loop_convert er_torque_setpoin t	rotor_sp eed_1	rotor_sp eed_2	controller_pi tch_position_ setpoint	converter_c om.converte r_motor_spe ed	average_ wind_spe ed_3s	pitch_po sition_1	pitch_po sition_2	pitch_po sition_3
667.3	-11.3	46.2	45.511	16.373	16.373	0.473	1559.9	6.738	0.28	0.28	0.38
665.3	-12.1	46.47	45.632	16.355	16.355	0.393	1553.8	6.762	0.29	0.3	0.39
663.9	-11.9	46.62	45.329	16.338	16.338	0.313	1555.9	6.786	0.3	0.31	0.4
662	-11.1	46.82	45.026	16.321	16.321	0.233	1563.5	6.809	0.32	0.33	0.41
661.1	-10.3	46.93	44.733	16.304	16.287	0.153	1573.9	6.831	0.35	0.36	0.43
660.4	-9.1	47.07	44.439	16.287	16.27	0.073	1592.3	6.853	0.38	0.39	0.46
659.6	-6.9	47.09	44.145	16.287	16.253	0	1616.7	6.874	0.42	0.43	0.49
658.7	-5	46.99	43.851	16.253	16.253	0	1633.7	6.894	0.45	0.45	0.51
658.4	-2.9	46.84	43.557	16.236	16.236	0	1663.2	6.913	0.46	0.47	0.52
657.3	-0.5	46.6	43.776	16.219	16.219	0	1680.5	6.932	0.47	0.48	0.53
658.5	2.1	46.37	45.077	16.219	16.219	0.019	1705.5	6.95	0.48	0.48	0.54
660.3	5.8	46.05	45.316	16.219	16.219	0.096	1721.6	6.968	0.48	0.49	0.55
660.7	8.5	45.76	45.616	16.219	16.219	0.225	1727.2	6.999	0.48	0.49	0.55
659.1	11.5	45.16	45.921	16.236	16.236	0.355	1730.1	7.031	0.48	0.49	0.56
657.5	12.9	44.75	46.227	16.253	16.236	0.485	1726.6	7.062	0.48	0.48	0.56
656.7	13.7	44.27	46.532	16.253	16.253	0.615	1718.5	7.094	0.47	0.48	0.56
655.6	13.8	43.86	46.838	16.287	16.27	0.745	1705.1	7.123	0.46	0.47	0.56
655.8	13.3	43.69	47.144	16.321	16.321	0.875	1696.4	7.151	0.45	0.45	0.56
655.9	11	43.52	47.45	16.321	16.338	0.977	1681.5	7.178	0.43	0.44	0.55
656.8	9.4	43.52	47.756	16.338	16.338	1.025	1671.5	7.204	0.4	0.41	0.53
657.8	6.7	43.59	46.967	16.355	16.355	1.023	1656.4	7.229	0.39	0.4	0.52
659.6	3.8	43.81	45.786	16.355	16.373	0.981	1640.7	7.254	0.38	0.38	0.51

图 2-453 实时运行数据

100.84 后高于叶轮转速，桨叶在回桨过程。由此可以看出发电机转矩与给定转矩不跟随，波动周期为 0.26s，频率约为 4Hz。转矩的频繁波动和发电机在运行过程的惯性导致了联轴器受到频繁的冲击，致使联轴器摩擦材料逐渐失效且出现打滑。转矩不跟随也使得桨叶频繁开桨顺桨，变桨电机持续工作导致变桨电机温度过高。未达到满发功率的情况下，频繁变桨使风能无法得到充分的利用，无法达到理想的功率曲线。

▶ **事故处理措施及结果**

通过与变频器厂家技术人员到现场共同进行检查，通过对变频器进行采集数据后发现风机实际转矩和主控给定转矩确实存在不跟随情况。检查变频器参数时，发现变频器滤波延时参数异常，将其修改后转矩恢复正常。通过一个月的验证，该风场风机未再发现有联轴器打滑和变桨电机过温的情况。

▶ **隐患排查重点**

（1）设备维护。

1）检查发电机转速编码器屏蔽层接地良好，线路无松动、线缆无破皮磨损等异常现象。

2）检查发电机联轴器一字打滑标识有无错位移动,确保联轴器本体连接螺栓紧固且无松动现象。

3）检查变频器参数，确保变频器滤波延时参数无异常。

（2）运行调整。

1）机组满发及大风天气时，应抓取机组转速运行数据，查看是否存在转速差异较大且未触发故障等现象。

2）风电机组联轴器在实际运行过程中不易失效。若发现联轴器失效，需要采集数据进行分析联轴器失效的原因，以避免出现联轴器的批量失效，减少质量损失，增加发电效益。

3）现场运行人员可在风机运行时，观察机组是否存在未达到满发风速下风机桨叶频繁动作、风机功率曲线异常现场情况，以提前预防联轴器失效。

2.5.5 轮毂电气元件虚焊故障事故案例及隐患排查

▶ **事故表现**

某风场 03 号风电机组报"变桨通信故障、桨叶 2 看门狗故障"，机组故障停机。运行人员在停机后，立即登上风机对故障进行诊断，但在对回路所涉及的元器件进行测量诊断、紧固涉及回路的二次端子、检查清洗通信滑环后，并没有发现元器件损坏、二次端子松动现象或者通信滑环异常，风电机组的报警信号也能手动复归，机组能正常启机。但是机组无法长时间运行，在高负荷或者低负荷运行 1 天左右就会报出同样的告警信号并停机。

▶ **事故根本原因**

参照厂家《风机典型故障案例处理手册》中提出的变桨通信故障的处理方法，指出"判断触发故障的根本原因，而不是触发的状态码。有些时候真正的原因并非主控触发的状态码"，结合故障现象及已经实施过的处理手段，判断故障可能为：该风电机组轮毂中的桨叶 2 控制柜内二极管模块 D3.1 发生虚焊现象。

▶ **事故处理措施及结果**

1. 处理难点

对于该故障的处理存在以下难点：

（1）故障点的元器件位于轮毂内部，轮毂为转动部件，当风电机组正常运行时，运行人员无法滞留在轮毂中，也就无法通过直接在轮毂中进行观察的方法，来判断虚焊的部件。

（2）变桨通信回路涉及控制、供电以及检测等回路，可以说几乎囊括了桨叶 2 控制柜内几乎所有的元器件。因此，若是采用挨个替换元器件以达到检查出虚焊元器件的方法，则太过于费时费力。

2. 检查处理方法

虚焊是常见的一种线路故障，是在生产过程中因生产工艺不当引起的，时通、时不通的不稳定状态；或是电器经过长期使用，一些发热较严重的零件，其焊脚处的焊点极容易出现老化剥离现象所引起的故障。根据对 03 号机组的处理及处理后的运行情况可以肯定，该故障是由于元器件在运行过程中，发热导致其虚焊部位出现老化剥离，进而导致机组故障停机。基于其发热导致故障的原理，对此次故障的处理方法如下：

（1）准备工器具：凤凰起子、万用表、绝缘胶布、热风枪。

（2）待检测元器件电源模块 3 个、二极管模块 2 个、电压电流监视器 1 个、看门狗继电器 1 个、驱动器（通信输出端、检测输出端）1 个、控制器（电源检测、信号输出）1 个。

元器件电路图如图 2-454～图 2-458 所示。

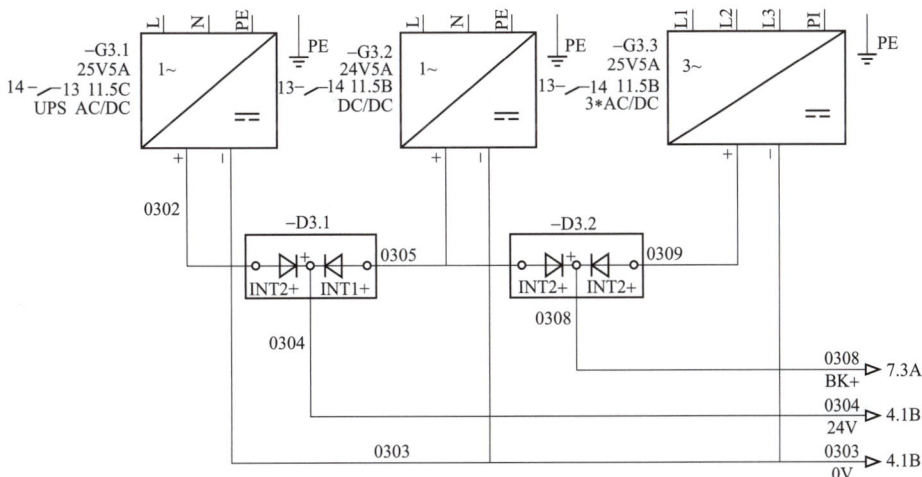

图 2-454　电源模块及二极管模块

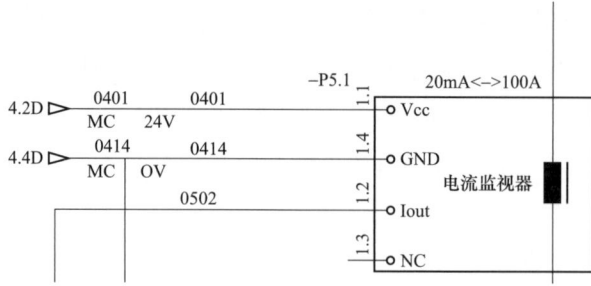

图 2-455　电压监视器

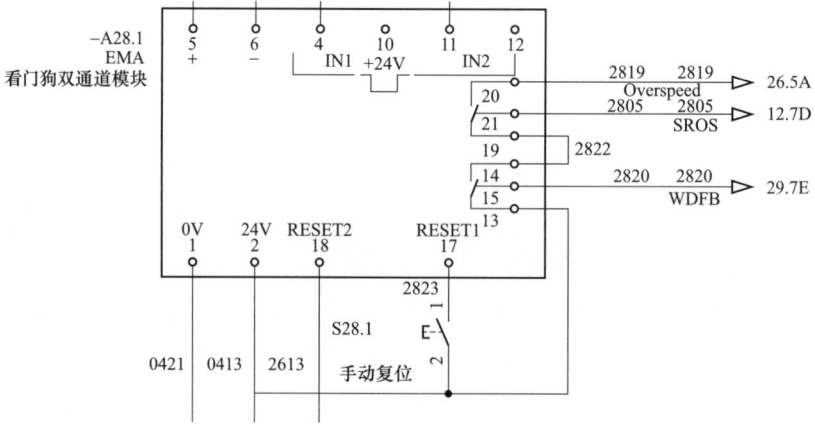

图 2-456　看门狗继电器

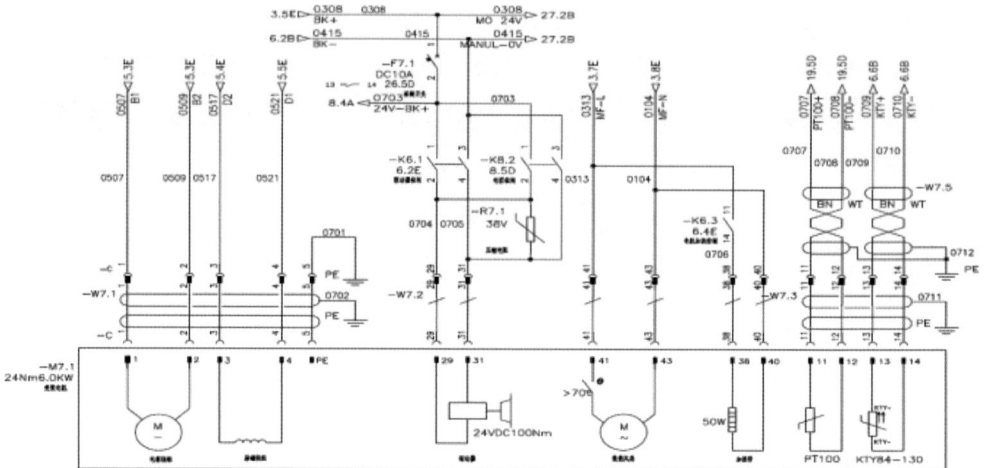

图 2-457　驱动器

（3）检测方法。①将二次元器件断电，让其回到正常室温，并检查此时故障为能被清除的状态；②将热风枪温度调至 50°（轮毂内的控制柜正常运行温度为 45℃左右），对单一待测元器件进行加热；③恢复所有元器件的供电，并注意观察元器件工作情况；

④使用万用表测量元器件输出端的电压情况，并在主控柜上检查报出的故障以及其复归情况。

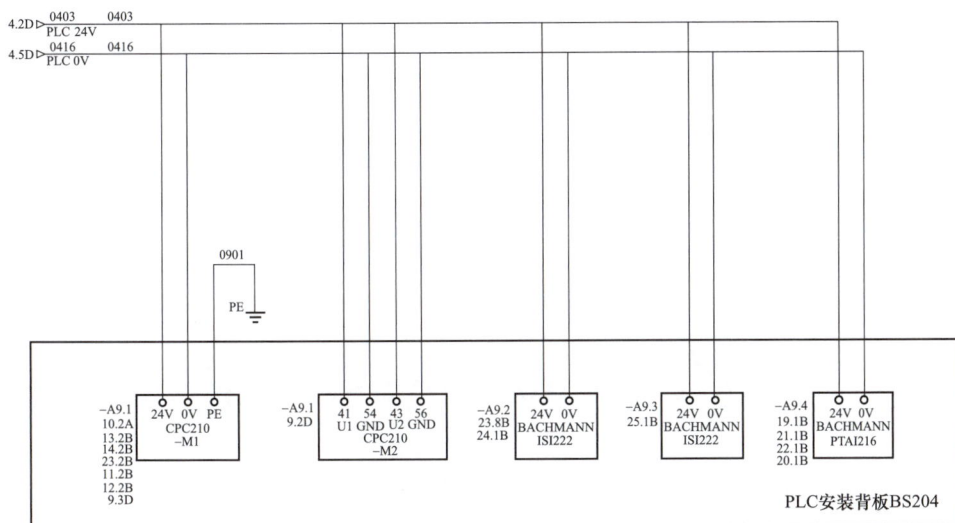

图 2-458 控制器

（4）注意事项。在进行检查的过程中，使用的工器具必须为检验合格的工器具。在每进行加热检查一个元器件前，必须先断电，保证用电安全以及保证非故障设备不被破坏。必须有 2 人以上才能进行检查，严禁单独一人操作。

（5）处理结果。①在对二极管 D3.1 进行检测时，发现其输出端电压在 0～11V 之间波动，其正常电压为 25V 左右。据此可以判定为二极管 D3.1 为故障点。将 D3.1 更换后，风机恢复正常运行，告警信号并未出现重复的情况。②对故障二极管进行拆解后，发现其内部电路板上的焊脚存在一处虚焊，由于较长时间运行或者较大负荷运行就会导致该模块输出电压不稳定，从而导致故障发生。

▶ **隐患排查重点**

（1）设备维护。

1）日常巡视检查中，应重点检查变桨通信回路，对轮毂内则需要重点检查通信线路是否捆扎牢固，无干涉。

2）机组并网运行时间超过 5 年后，应对现场通信模块进行集体更换或保养维修，因该器件运行时间较长后内部元件老化易失效。

3）检查轮毂内是否存在漏油等现象，发现漏油应立即进行清理，防止油污侵入至变桨轴柜内部对电气设备造成损坏。

4）关注轮毂内散热情况，查看轮毂内散热是否正常且散热通道无堵塞。

5）建议定期排查通信模块、通信插头连接紧固度，确认通信插头连接紧固且通信线缆屏蔽层接地可靠。

6）检查轮毂内超级电容是否存在漏液等现象，若存在，应立即组织人员对其进行更换，防止漏液侵入到通信及控制模块中。

7）检查变桨轴柜接地紧固接地线缆无松动，通信模块、模拟量采集模块接地可靠。

（2）运行调整。

1）夏季高温季节查看轮毂内电控柜温度是否存在高温告警或冬季时存在低温报警。若存在以上问题则应立即开展相关技改，如在变桨轴柜上加装强制散热风扇，对柜内温度进行降温。

2）针对北方现场则加装加热装置，防止柜内温度过低对电气元件造成损伤。

2.6 ▶ 机舱及塔架系统事故隐患排查

2.6.1 机舱加速度超限故障事故案例及隐患排查

▶ 事故表现

2009 年某风场装机 33 台 1.5MW 机组并网发电。风电场位于坝上，周围有林地。机组采用永磁同步发电机，风轮直接驱动，采用全功率被动整流并网。

通过数据库故障日志查询，该风场 7 号机组于 2016 年 5 月开始频繁报出"机舱加速度超限故障"，（该故障解释为，在待机、启动、并网、维护模式，以及偏航系统没有偏航的情况下，机舱加速度有效值滤波后的值不小于 0.135g）。截至 2018 年 2 月，该机组报"机舱加速度超限故障"频次达到 642 次。查看故障数据见图 2-459（采集间隔 20ms，故障前 90s，故障后 30s），在故障 0 时刻，机舱加速度有效值滤波后为 0.146g，达到故障触发值。观察故障特点，故障时均处于额定风速（12m/s）区，故障时刻感受晃动明显。

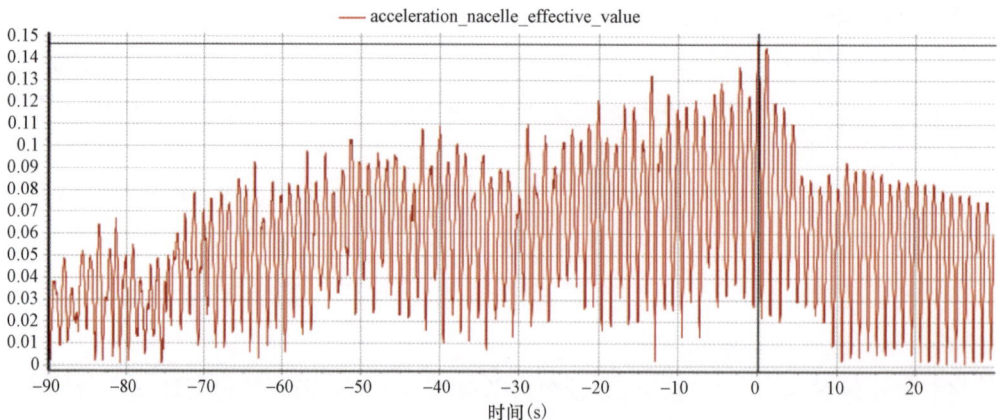

图 2-459　故障 B 文件机舱加速度有效值

▶ **事故根本原因**

事故根本原因为加速度模块的 X（前后）与 Y（左右）信号反接，导致发电机转速—叶片桨距角控制环路中引入的其实是塔架左右振动的加速度，实际控制就变成了非闭环控制，控制桨距角变化的量没有得到真实反馈，并持续变化，直到桨距角变化频率与塔筒一阶固有频率发生共振导致机组停机。

▶ **同类原因分析**

（1）机舱加速度超限并不多见，即便发电机及齿轮箱轴承、主轴轴承发生异常，一般不会引发机舱加速度超过限值。机舱实际振动故障特点：

1）发生在相对高风速段或启停过程。

2）能够感受到机组运行声音异常及高能振动。

3）从加速度数据（毫秒级）看幅值存在渐变过程，不存在跳变。

（2）导致机舱振动的原因有：

1）塔筒基础或结构刚性未达到设计要求，导致固有频率下降，与叶轮转频过于接近引发共振。

2）机械传动链的某一异常振动频率与系统固有频率重合。

3）控制系统设计缺陷，导致机组在启停过程中没有很好地避开大部件固有频率。

4）控制系统异常。

5）叶轮转矩波动导致共振。

▶ **事故处理措施及结果**

1. 故障分析

通过观察振动数据及实地勘查，明确该机组为机舱振动，排除检测回路问题导致误报的可能。并对该台机组相关程序及参数和其他 32 台机组进行核对，完全一致，排除因控制策略问题导致机组振动的情况。

对机组机械部分进行检查，包括桨距平衡度、基础水平度、塔筒螺栓连接、轮毂内部螺栓情况、主轴承情况、叶轮锁定销、叶轮锁定闸、塔筒连接螺栓、偏航刹车盘、偏航轴承、偏航余压，叶轮空转、机舱偏航，均未发现异常情况（其中桨距平衡度检查包括：机械 0°与电气 0°校核；机械 0°与合模线校核；录制机组空转及运行中叶片扫风声音，捕捉音频异常），至此故障排查陷入僵局。通过傅里叶变换，观察机舱加速度振动频谱（见图 2-460），振幅最大频率为 0.45Hz，该频率为塔筒（前后、左右）一阶模态固有频率（来自机组厂家主要部件固有频率仿真结果），可确定某一个振源与塔筒发生了共振。

此时需要确定的就是振源来自何处，通过故障文件查看（见图 2-461），该图采集了母线电流（Boost 电流）、母线电流给定值（Boost 电流给定值）、二极管整流后电压（不可控直流电压），y 轴机舱加速度值。

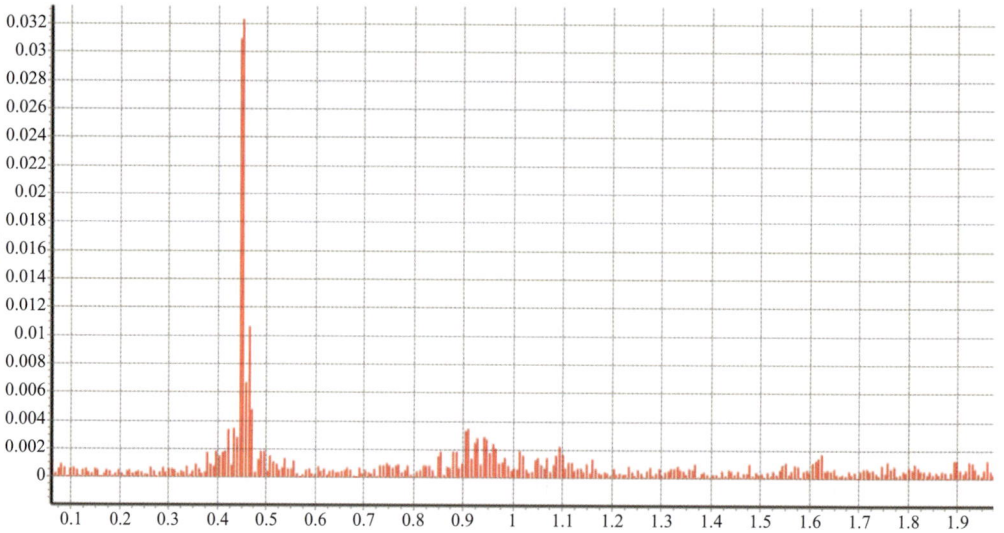

图 2-460　故障前后 90s 机舱加速度振动频谱

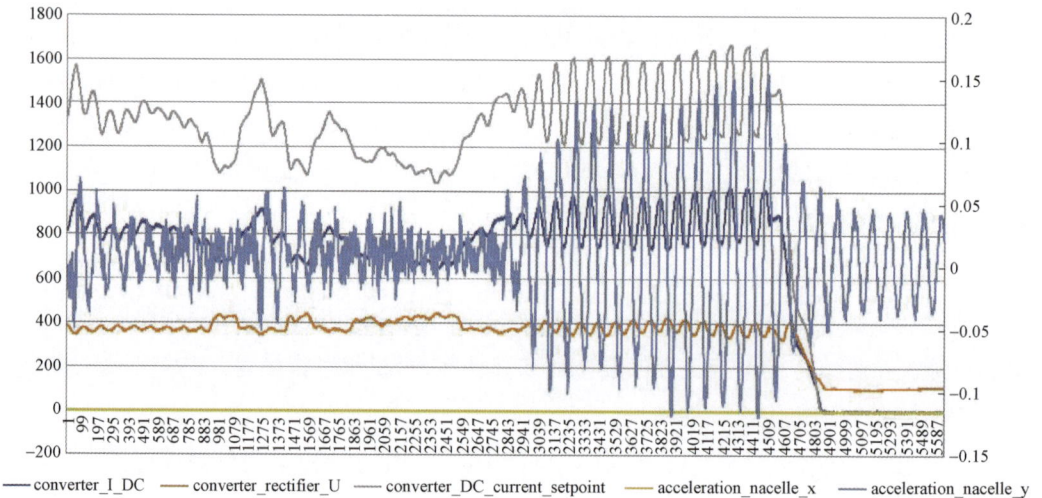

图 2-461　各参数与机舱加速度数据对比

可见在故障触发前有一段明显的振荡过程，同时加速度幅值不断扩大，最后达到限值触发故障，经过计算该振荡频率为 0.45Hz 左右，与捕捉到的最大振幅频率相同。可基本确定导致塔筒共振原因是叶轮转矩波动引发。

▶ 介绍栏

这里简述一下该机组被动整流过程，见图 2-462、图 2-463。

发电机输出经不可控整流后，经过 Boost 升压电路注入直流母线电容。此处的控制目标是将电感电流控制为给定直流量（为了从发电机最大可能地拉取功率）。该给定量由主控根据 GH 策略计算得到的发电机功率设定（参考量为发电机转速）除以变流器整流

电压，即得到 Boost 电流设定，并通过通信电缆将设定指令传递给变流器，升压电路电流模型为

$$L\frac{\mathrm{d}i}{\mathrm{d}t} = V_{\mathrm{rec}} - S \cdot V_{\mathrm{dc}} \qquad (2\text{-}7)$$

式中：i 为电感电流；V_{dc} 为直流母线电容电压；V_{rec} 为不可控整流后电压；S 为 Boost 电路开关函数；L 为升压电路电感值。

之后的逆变过程核心为稳定母线电压，保证电能质量，不参与主动控制。

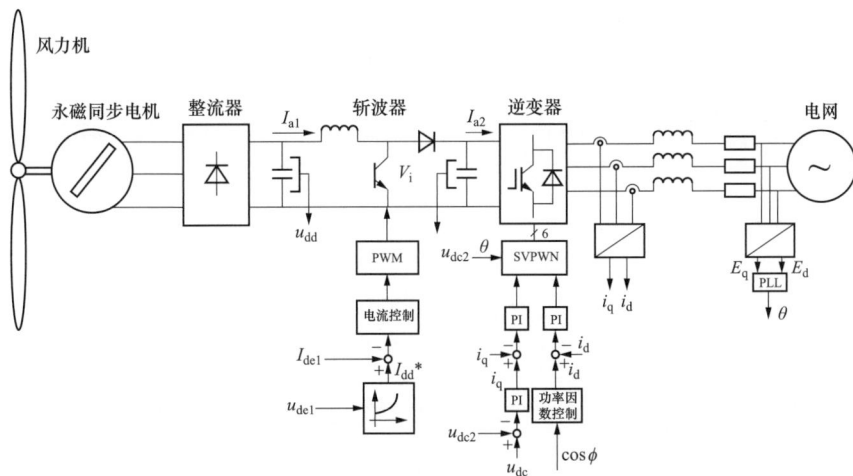

图 2-462　1.5MW 被动整流电控图

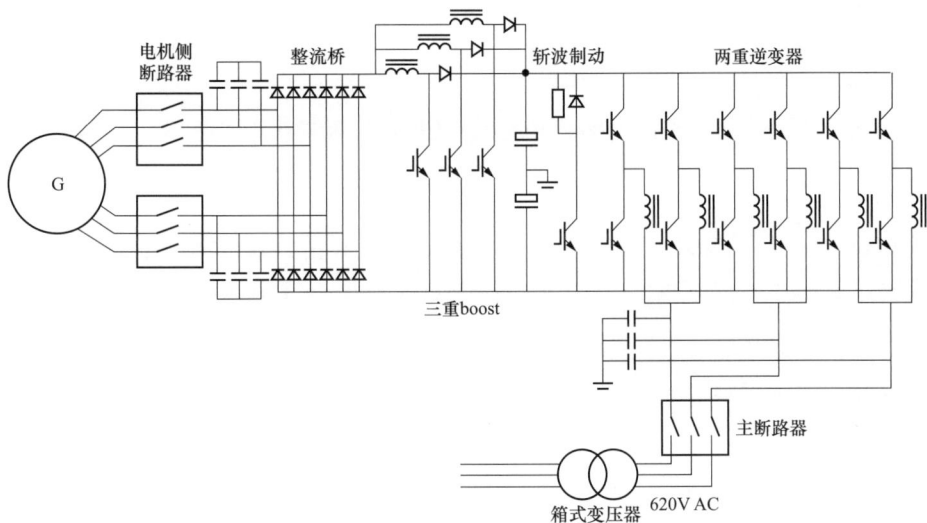

图 2-463　1.5MW 被动整流电器图

当 Boost 电流发生波动后，母线电压、输出有功功率、发电机电转矩都将发生波动，当这个波动与机组某一部件固有频率重合时就将引发共振。由图 2-461 可以看到，Boost

电流给定值与二极管整流后电压在同时波动。根据被动整流介绍，Boost 电流给定值的主要参考量是发电机转速。同时，感应电动势公式为

$$E = 4.44fN\phi \tag{2-8}$$

式中：E 为发电机的输出电压；f 为发电机的频率；N 为发电机的转速；ϕ 为主磁通的磁通量。

由式（2-8）可知，发电机转速是影响二极管整流后电压波动的唯一因素。然而影响发电机转速的变量，一是湍流，二是桨距调节（被动整流不进行转矩控制）。

通过调取故障文件，查看桨距变化情况，发现机组在进入额定风速段后，桨距角开始调节，桨叶角度每 10s 进行了 4.5 周期调节，如图 2-464 所示。桨距角的变化的频率恰好为前文提到的共振频率。

图 2-464　桨距角设定值与实际值对比

2. 故障处理

通过以上分析，可确定下列原因：一是导致塔筒共振原因是叶轮转矩波动；二是叶轮转矩波动是由桨距角变化造成的。然而该机组桨距变化不同于其他机组（其他机组没有因桨距角变化引发振动）的原因仍不明晰，通过 TwinCAT Scope View 软件检测其他机组桨距变化发现，在额定风速至切出风速之间，每 10s 变化周期在 7 个以上，完全可以避开共振频段。

然而，该机组并不是每一次到达额定风速以上都会报该故障，只有在特定时候将桨距角调节速率变慢，目的是滞后于风速变化，减少疲劳载荷，这是启动加阻的过程。

在变桨的控制策略中，PID 的输入量引入机舱加速度信号（前后）的目的是当风速介于额定风速与切出风速之间时，通过对塔架顶部 fore-aft 方向一阶固有频率加速度信号检测，在发电机转速—叶片桨距角控制环路中增加一项与塔架顶部 fore-aft 方向一阶固有

频率速度成正比的控制量，来达到增加塔架 fore-aft 方向运动阻尼，实现减小塔架 fore-aft 方向疲劳载荷的效果，如图 2-465 所示。

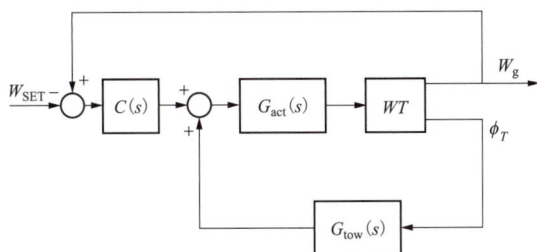

图 2-465　fore-aft 方向塔架加阻工作原理

$C(s)$—发电机转速环路控制器；$G_{act}(s)$—代表变桨执行机构动态特性；WT—风电机组动态特性；

$G_{tow}(s)$—代表塔架反馈环路；W_{SET}—发电机转速给定值；W_g—发电机实际转速；

$\dot{\phi}_T$—塔架顶部 fore-aft 速度

机组进入额定风速以后，通过桨距角调节控制转速，然而桨距角变化必定带来叶轮升力和阻力（大部分为前后推力）变化。如果可以将这个量引入发电机转速—叶片桨距角控制环路中，为振动提供阻尼适应风速变化，将大大降低塔架疲劳载荷。由图 2-465 中的 PID 控制可以看出，加阻后变桨机构动态特性是受到加速度（前后）影响的。当湍流越大时，为了抑制振动直接表现为响应速度越滞后。

通过对比该机组附近的其他机组，桨距角变化速率并没有变化，说明实际情况中并没有遇到较强湍流。因此，将机组启动加阻的排查重点放到机组 fore-aft 方向塔架加阻闭环控制中。最后通过排查发现加速度模块 X（前后）与 Y（左右）信号反接。这就导致了发电机转速—叶片桨距角控制环路中引入的其实有塔架左右振动的加速度，实际控制就变成了非闭环控制，控制桨距角变化的量没有得到真实反馈，并持续变化，直到桨距角变化频率与塔筒一阶固有频率发生共振导致机组停机。

▶ **隐患排查重点**

1. 设备维护

（1）判断机舱振动是否为真实振动，可查看故障时机组运行状态。例如：风电机组处于停机或维护模式下报出故障，其很有可能和测量回路有关；观察振动加速度时域图，查看是否有振动放大过程，而非突然变化。如果判断为机舱振动，观察振动频域和振幅较大频段是否集中，对应该频段找到与此相近的大部件各阶模态固有频率，同时通过频段推测震源所在位置。例如：故障时叶轮转速为 10～15r/min，对应转频为 0.167～0.25Hz，共振频率如果在该频段内，很有可能因气动不平衡引发振动。

（2）注意观察：特殊异响发生是否有规律，每只叶片的扫风声音，周边环境是否具有一定特点，故障发生时是在哪种特定情况下等。例如，如果机组处于并网过程或功率控制过程，那么很有可能与控制策略有关。

（3）检修时，检查滚动轴承异常引起的振动情况，滚动轴承一般振动原因有以下几方面：

1）轴承安装不良。当轴承装配有问题，如轴承安装不当，使用蛮力安装，造成轴承变形；安装倾斜，安装有偏差或未安装到位，造成轴承游隙过小。内、外圈不处于同一旋转中心，造成不同心。

2）轴承表面损坏。如购买的轴承质量不好，间隙不合理；长期超负荷运行，超寿命使用造成的疲劳破坏；润滑不到位，润滑方式不正确或润滑油选择不对；异物进入造成污染等。会造成轴承表面损坏、滚珠磨损变形、滚道表面金属剥落、座圈滚道严重磨损、保持架碎裂，降低轴的运转精度，使轴承座发生振动。此类振动的处理：发现此类振动，立即停机并更换轴承，通过选用合格的轴承、合格的润滑油，采用正确的润滑方式降低此类振动发生的频次。

2. 运行调整

（1）对风机的振动情况进行测量并记录数据，监视机舱振幅曲线的变化，在必要的情况下，停机检查主动传动系统的状态，一旦发生振幅超标，则进行停机检修。

（2）结合风速、风向、监测同一风场同类型风机的振动幅值，避免发生同类事故。

2.6.2 机舱底架开裂故障事故案例及隐患排查

▶ 介绍栏

机舱底架是风电机组的重要组成部分，某型号风机采用焊接结构机舱前、后底架（内外两个立板、三个横梁，两个工字梁及两个减震支架）。底架是机舱承载的关键部件。在整个机组中占着不可或缺的地位，其功能为使各部件得到合理的装配而且能满足载荷要求，保证机组在发电时安全、平稳的运行。底架结构示意图如图 2-466 所示。

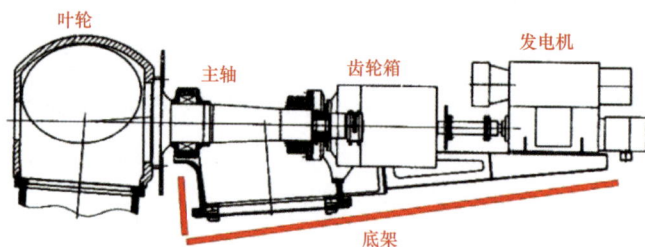

图 2-466　底架结构示意图

▶ 事故表现

某风电场 A、B 两期共 66 台风电机组，2016 年投产并网运行，至今已运行 5

年。随着机组运行时间的增加，设备逐渐老化，由于设备工艺缺陷及运行环境恶劣等因素，个别机组机舱底架焊接处出现不同程度开裂现象。机舱底架作为发电机组的重要组成部分，底架的整体性能和可靠性直接影响整机的性能和可靠性。机舱底架开裂轻则机组报出振动超限故障，重则会出现倒塔事故，对风电场造成一定的经济损失。

▶ **事故根本原因**

机组底架开裂，究其原因，是设备工艺原本存在缺陷，加上机组运行时间长，日常检修维护工作处理不到位，导致机组底架开裂问题频发，属于批量性问题。

▶ **事故处理措施及结果**

1. 原因分析与诊断

偏航刹车与机舱底架连接部位：本机组偏航刹车机构为盘式液压刹车，裂纹部位为偏航刹车液压设备与机舱底架的连接结构件，起制动连接作用，在偏航刹车时可减小由机舱偏航引起的叶轮振动，保护机组安全及延长机组寿命。此部位裂纹缺陷使偏航刹车作用减弱或失效，严重危及机组安全，缩短机组寿命。前期对此部位的焊接修复采用二氧化碳气体保护焊工艺，此种工艺焊接线能量较高，易产生焊接缺陷，导致焊缝质量不佳。同时，焊接过程一味追求焊缝厚度，使焊缝部位形成隆起，造成焊缝与母材在熔合线处形成应力集中，在偏航刹车过程中易产生裂纹。偏航刹车与机舱底架连接部位裂纹如图 2-467 所示。

图 2-467　偏航刹车与主机架连接部位裂纹

主轴支撑座附近机舱底架裂纹：主轴支撑座附近是整个机舱底架受应力最大的部位之一，此部位在各主机生产厂家的各种机组中均会出现裂纹，属于易发裂纹。此部位主要作用为固定主轴前端，承载叶轮转动时传导至主轴的重力与振动，是非常重要的风机结构件之一。由于此部位承受应力水平较高，若出现裂纹，裂纹扩展速度会比较快，同时裂纹深度也比较深，裂纹若不及时消除，会加重叶轮及主轴在运行时的振动，危及整个机组的安全运行。造成此类裂纹的原因有机舱底架强度原因、结构原因、机组运行振动因素等。主轴支撑座附近机舱底架裂纹如图 2-468 所示。

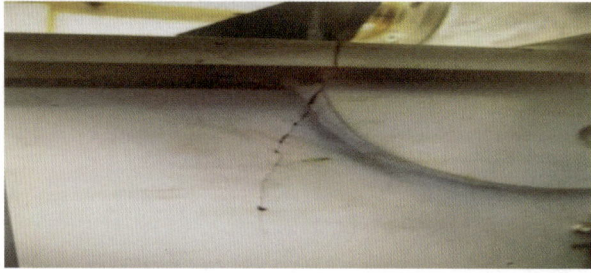

图 2-468　主轴支撑座附近主机架裂纹

齿轮箱附近机舱底架裂纹：此部分位于齿轮箱侧下方，为由机舱底架水平面延伸向内焊接的一块斜板，是机舱底架单侧独有结构。经现场勘察，开裂部位焊缝下凹，焊接时未盖面，裂纹位于焊缝熔合线上，应属于焊缝缺陷引起的裂纹。此裂纹应属偶发性裂纹，现场焊接修复即可。齿轮箱附近机舱底架裂纹如图 2-469 所示。

图 2-469　齿轮箱附近机舱底架裂纹

2．裂纹修复处理建议

偏航刹车与机舱底架连接部位裂纹主要原因是主机厂设计缺陷所致，偏航刹车部位所受应力极大，应采用铸造的方式与机舱底架一体成型，不应采用斜板焊接结构。因此，对于采用斜板焊接结构的机组，建议分以下两步进行修复：其一，对于已经开裂的部位，用高强度焊材进行补强焊接，采用技术方法增强焊缝的强度，同时对四个方向都要进行焊接，这样可以解决短期机组不能运行的问题；其二，从长期来看，要从根本上解决问题，还需要对原结构进行优化改造，使此类问题不再出现。

主轴支撑座附近机舱底架裂纹，此部分的受力特点与其他机组类似，建议加强场内所有机组此部位的日常巡检，一旦发现裂纹应及时进行修复，做到"早检测，早发现，早修复"，以确保机组安全运行，可采用无损探伤的方法进行提前检查。

齿轮箱附近机舱底架裂纹，初步判断为焊接缺陷引起的偶发性裂纹，应对其他同类机组此部位进行抽检，以确定是否为偶发性裂纹。若其他机组未发现相同裂纹，则只需对此机组裂纹进行焊接修复即可。

▶ **隐患排查重点**

1. 设备维护

（1）加强对机组底架的巡检工作。日常维护检修时，检查机组主机架运行状况，出现细小裂纹时应及时进行整改。

（2）随着风电机组运行时间的延长，主机架会因周期及突发应力而产生裂纹。当前主要修复方法有两种：

1）一种为机械固定法，将止裂钉打入裂纹两端及裂纹内部，阻止裂纹扩展的同时补足其强度。此方法优点是简单易行，缺点是无法消除裂纹缺陷，裂纹有扩展的风险，从而危及风电机组的安全运行。

2）第二种为焊接方法，采用普通的对焊工艺进行。此方法优点是高效易行，但是在实践过程中常因为焊接过程中出现裂纹而修复失败。风电机组主机架出现裂纹后可采取新工艺进行焊接。

（3）检测机组是否异常振动。机组长期异常振动，因主机架承受应力较高，受力复杂，在主机架内部引起较大的动态应力，同时，在周期应力下机组长期工作也可能造成主机架的疲劳损伤，并在一些应力集中部位引发力学性能下降、开裂等缺陷，影响机组安全运行。因此，检测机组振动也是降低主机架开裂的有效方式之一。

（4）机组检修时，对全风电场主机架固定螺栓力矩进行检查，发现松动及时处理。

（5）加强机组入场质量管理，针对机组厂家大部件前期做好市场调研。对关键部件厂家，在合同前期做规范要求，减少后期因大部件引起的质量损失。

（6）在机组运行十年以上，可对大部件做全面的无损探伤，提前发现大部件的细小裂纹，提前进行整改，防止事故扩大。

2. 运行调整

（1）合理制定巡检计划，加强小风天气巡检力度，重点检查大部件运行情况，做到早发现、早处理。

（2）加大对振动异常故障处理时效，防止由于振动给大部件造成严重损害，最终造成大部件失效。

2.7 ▶ 偏航系统事故隐患排查

2.7.1 偏航系统异响事故案例及隐患排查

▶ **事故表现**

某风电场，风资源优越，年平均利用小数达 4000h 以上。该风电场 20 台 1.5MW 风机于 2017 年底出质保，自主运维四年，风机可利用率下降，频繁因发生偏航系统故障停机，且因偏航故障导致部分故障机组在塔底能听到异常声响，经常被周围村民因噪声过大投诉。2020 年此问题突出，扣除夏季低风速月份，几乎每月都有新增异响机组。

▶ 事故根本原因

偏航系统（见图 2-470）的作用是指当风向变化时，能够快速平稳地对准风向，以便风机捕获最大的风能。

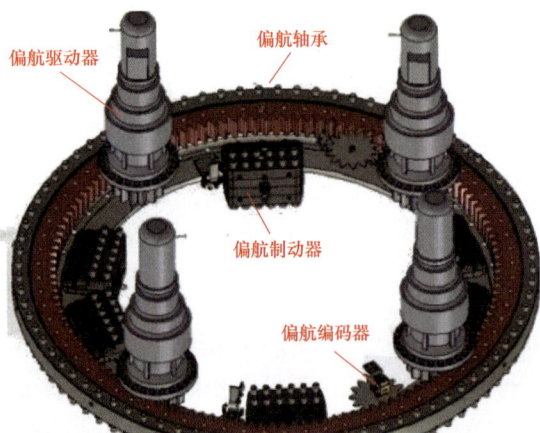

图 2-470　偏航系统

造成偏航系统故障的因素首先是偏航制动部分，通过分析偏航制动器工作过程及拆解分析偏航制动器（见图 2-471），发现偏航制动器主要故障原因如下：

（1）偏航刹车盘存在异常磨损，制动器抱闸时仅部分与刹车盘接触，刹车有效接触面积不足。

（2）偏航电机使用年限长，电机抱闸刹车片磨损严重，刹车片间隙过大且部分已损毁，无法实现电机抱闸。

（3）因活塞加工尺寸误差过大、密封件与活塞本体材料的选择不正确导致制动器油管存在漏油现象，油泥污染刹车盘，使摩擦系数降低，影响制动器制动性能。

（4）偏航制动器和偏航电机抱闸控制逻辑不匹配。存在偏航瞬间，制动器仍有高压力制动的情况。

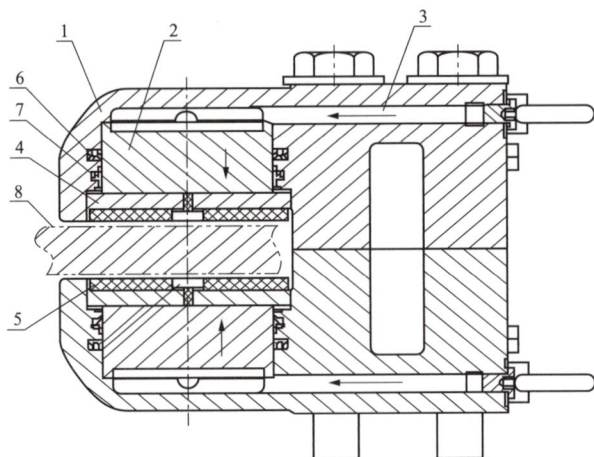

图 2-471　偏航制动器

1—壳体；2—活塞；3—进油口；4—刹车片固定板；5—刹车片；6—密封件；7—防尘圈；8—刹车盘

其次是偏航驱动环节存在故障：

（1）偏航电机无软启动，电机启动时电流大，对设备冲击较大。

（2）偏航电机故障和偏航减速机油位不足，造成偏航减速机异常磨损。

（3）减速机小齿轮与偏航大齿圈啮合间隙过大。

（4）风机传动链振动部分，风机三支叶片角度存在偏差，风速较大或多变时叶轮动态不平衡，从而增大主机架的振动。齿轮箱减震垫磨损严重，丧失减震功能。当齿轮箱载荷较大时，齿轮箱扭力臂振幅增大并通过主机架传导至偏航系统，导致偏航时振动超限。

▶ **事故处理措施及结果**

1. 故障解决方案及处理过程

（1）改良偏航制动器方面。

1）减小活塞加工尺寸误差。活塞加工公差等级取 f8，表面粗糙度不差于 Ra0.8μm，圆度、圆柱度误差不大于尺寸公差的 1/2，外径对密封沟槽的同轴度不大于 0.02mm，端面对轴线垂直度误差不大于 0.04mm。

2）选用优质密封件材料。原偏航制动器选用的密封件是丁腈橡胶（NBR）这种材质，而制动器在这种高压环境下工作，选用重载密封件聚氨酯（PU）材质更为合适。聚氨酯材质的密封件机械性能非常好，具备高抗挤出能力、耐磨、耐高压性能、耐老化性、耐臭氧性、耐油性等效果。在条件相同的情况下使用寿命是丁腈橡胶材质密封件的50 倍。

3）选用高品质活塞本体材料。由于地处沿海，盐雾腐蚀能力极强，而市面上所售偏航制动器的活塞，制造均是采用 45 号中碳钢加上表面电镀工艺。该材质活塞在偏航制动器长时间工作后，活塞表面电镀层产生脱落造成渗漏现象不可避免。想要解决活塞渗漏的问题，就必须从材料选择到制造工艺上做出改变。

传统的奥氏体不锈钢在晶间腐蚀、应力腐蚀、点腐蚀和缝隙腐蚀等腐蚀方面的抗力不足，尤其是应力腐蚀引起的断裂，其危害性极大。双相不锈钢（duplex stainless steel，DSS）是近二十年来开发的新钢材料。通过正确控制各合金元素比例和热处理工艺使其固溶组织中铁素体相和奥氏体相各约占 50%，从而将奥氏体不锈钢所具有的优良韧性和焊接性与铁素体不锈钢所具有的较高强度和耐氯化物应力腐蚀性能结合在一起，使双相不锈钢兼有铁素体不锈钢和奥氏体不锈钢的优点。目前，应用最普遍的是 2205（00Cr22Ni5Mo3N），其屈服强度可达普通奥氏体不锈钢的两倍，疲劳强度及抗腐蚀性能优于奥氏体钢。其热膨胀系数接近于普通碳钢，给结构设计带来很多方便。此外，2205还具有较好的低温冲击性能。钢中加入适量的氮不仅改善了钢的耐点腐蚀和耐应力腐蚀性能，而且提高了焊接热影响区的耐腐蚀和力学性能。2205 双相耐磨不锈钢，具有高屈服强度，以及明显优于普通奥氏体不锈钢的耐磨损腐蚀和疲劳腐蚀，可以与高合金奥氏体不锈钢媲美的特性，可以完全用于替换偏航制动器活塞的材料。由于 2205 的高强度，可在高速机床上直接进行切削加工一次成型，免去了市面上销售的偏航制动器中活塞使用碳钢加工后，表面再电镀的工艺，消除了电镀层脱落的隐患，保证了活塞的耐用性。

4）重新设计风机偏航卡钳。通过与厂家合作重新设计风机偏航卡钳。将风机 6 个偏航卡钳的摩擦片更换为摩擦系数更大的新材料，摩擦系数由 0.4 升至 0.55，用以提升制动器的摩擦力。增加刹车片与制动盘的接触面积，单个摩擦面由 95cm^2 增至 105cm^2，单台风机 6 组偏航制动卡钳，共增加 120cm^2，有效制动刹车面积增加 10%。

（2）尝试对风机控制系统部分可控参数进行修正及优化。电机抱闸释放 0.5s 后且偏航制动器压力降至 10bar 时，启动偏航驱动器。当偏航停止后立即投入抱闸。

（3）将风机的三支叶片重新标定零位刻度，避免叶片出现角度误差，提升叶轮的静动态平衡。更换过度磨损的齿轮箱减震垫，恢复其弹性支撑的作用。

（4）对偏航系统等各部件定期喷涂防锈漆，以应对沿海风场高盐雾环境，延长设备使用寿命。

（5）风场组织进行偏航系统专项检查，调整偏航小齿轮与偏航大齿圈的啮合间隙，保证其在 0.3～0.6mm 之间，并将此检查项目纳入每年风电机组定检项目中。

2. 取得成效

目前，经过一年多的改进及持续跟踪观察，风机偏航系统故障情况明显有所好转，仅 2021 年度，风机偏航系统故障率较 2020 年降低 68 台·次。总计减少技术人员登机消缺 68 次，提质增效的同时节约人力资源。将电量、备件、人力折算成经济价值约 106 万元，并且优化了风机的运行环境，减少风机噪声，改善了与周围村民关系。

▶ 隐患排查重点

1. 设备维护

（1）检修维护时，清理刹车盘表面油污。偏航大齿圈润滑油脂由于高温会被液化，油脂吸附在涉车盘表面，偏航时造成刹车片受力不均，发出刺耳声音、机组振动异常。

（2）检修维护时，检查齿圈表面的粗糙度、油污染情况。机组擦拭完油脂后仍然异常、振动较大，可对偏航刹车盘进行打磨，使刹车盘在机组偏航时受力均匀减少振动。

（3）部分刹车片厂家材料粗糙度差，在机组偏航时易产生各个闸体间受力不均，造成机组振动异常。针对该问题可对全场机组刹车片进行更换。

（4）检修维护时，检查齿圈平面非常光滑。滑动区域若被齿轮箱润滑油或雨水污染，滑垫在偏航齿圈表面做滑动摩擦时将产生粘着—振动问题，振动向环境辐射就会产生偏航噪声。

（5）检修维护时，检查机组是否存在漏油的情况。对于存在漏油问题的机组，在齿圈罩子安装碳刷位置处增加外翻边。

（6）检修维护时，检查偏航螺栓力矩。力矩不符合要求时，及时调节偏航螺栓力矩。

（7）当机组运行十年以上时，对全场机组刹车片进行全场更换，可降低偏航过程中带来的异常振动。

2. 运行调整

（1）合理制定巡检计划，在夏季来临前，可对全场机组刹车片进行清理，以免由于偏航振动造成大风天气停机，影响发电量。

（2）加大对振动异常故障处理时效，防止由于振动给大部件造成严重损害，最终造成大部件失效。

（3）采用新技术、新方案对大部件进行监测，随时监测大部件运行状态，可尽早发现问题，避免造成倒塌的重大事故。

2.7.2　偏航减速机故障事故案例及隐患排查

▶ 介绍栏

1. 风力发电机组偏航系统组成

偏航系统是风电机组的重要组成部分，如图 2-472 所示。

偏航系统主要包括偏航驱动、偏航轴承、偏航制动盘、偏航制动器等。偏航系统上部通过轴承内圈与机舱主机架用螺栓相连，偏航制动器通过螺栓与主机架相连；偏航系统下部与塔顶法兰通过螺栓相连，偏航制动盘处在塔顶法兰和偏航轴承外圈之间，偏航驱动通过螺栓连接固定在主机架上且输出小齿与偏航轴承外圈齿部相啮合。偏航集中润滑系统主要起到润滑偏航轴承滚道及其齿部的作用。根据上述结构连接，偏航系统实现了将风载从机舱传递到塔筒的功能，偏航系统根据整机的控制策略，能实现对风电机组的对风、制动和解缆。

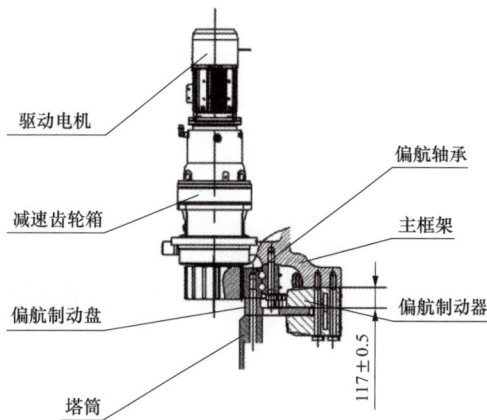

图 2-472　偏航系统示意图

2. 风力发电机组偏航系统的功能

（1）对风功能：由偏航驱动带动整个机舱和偏航轴承内圈转动，此时，偏航制动器处于较小压力状态，保证风机不受外载变化而造成冲击。

（2）制动功能：制动时，偏航制动器压力处于较高状态，偏航驱动自身制动器闭合制动，双向保证风机机舱在制动时的稳定。

（3）解缆功能：当电缆扭转一定角度之后，能触发偏航系统向扭缆相反方向偏航，从而实现电缆解缆。

▶ **事故表现**

日常运行中，恶劣天气是威胁风电机组安全、平稳运行的主要因素，并且很容易对机组产生诸多次生的不良影响，从而减少风机工作寿命。

某风电场一台风机在大风天气且偏航系统停止时，因风机湍流强度大、风速风向变化过快导致风机机舱位置发生跳变。风速风向的突变使风机机舱受力增大，偏航系统受力增大，从而引起偏航电机减速机行星架损坏。

▶ **事故根本原因**

（1）直接原因：由于风向在持续变化时，风机为了捕捉风向，在半释放的状态下（偏航刹车压力在30.574bar）进行偏航，偏航电机有功率输出，但瞬态振动加速度过大（超过5m/s^2，安全链振动过大触发），未能及时偏航刹车，偏航减速机五级行星架材质硬度低，导致偏航减速机五级行星架损坏。

（2）间接原因：由于风速风向变化过快，风机偏航频繁动作，导致偏航系统各部件疲劳加剧，使用寿命大幅缩减。

▶ **事故处理措施及结果**

针对偏航系统减速机第五级行星架开裂故障，开展故障数据分析如下：

1. 风速风向关系图

（1）正常机组风速风向关系图。

（2）6、7号风机-风向与风速关系图如图2-473、图2-474所示。

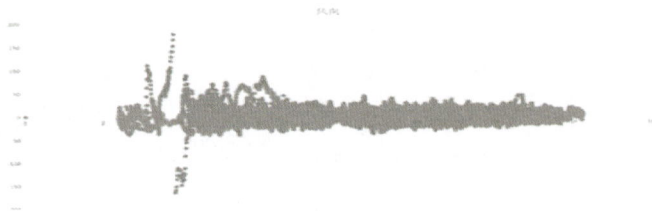

图2-473　6号风机-风向与风速关系图

图2-474　7号风机-风向与风速关系图

（3）异常机组风速风向关系图。2、4号风机风向与风速关系图如图2-475、图2-476所示。

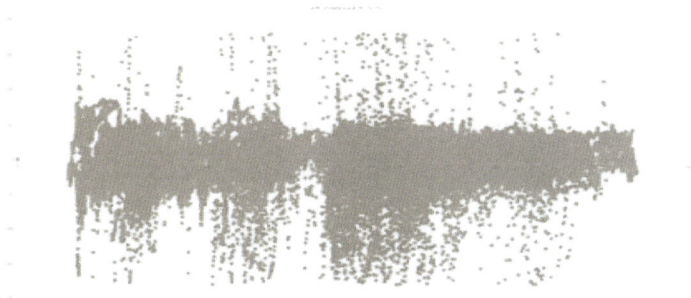

图 2-475　2 号风机-风向与风速关系图

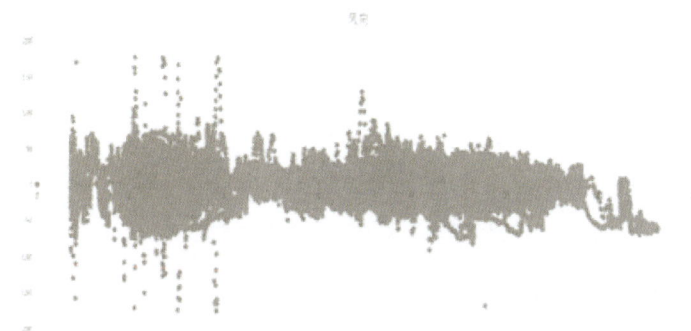

图 2-476　4 号风机-风向与风速关系图

2. 故障数据

（1）风机监控后台报警画面，如图 2-477 所示。

图 2-477　风机监控后台报警图

（2）故障时风速/风向曲线，如图 2-478 所示。

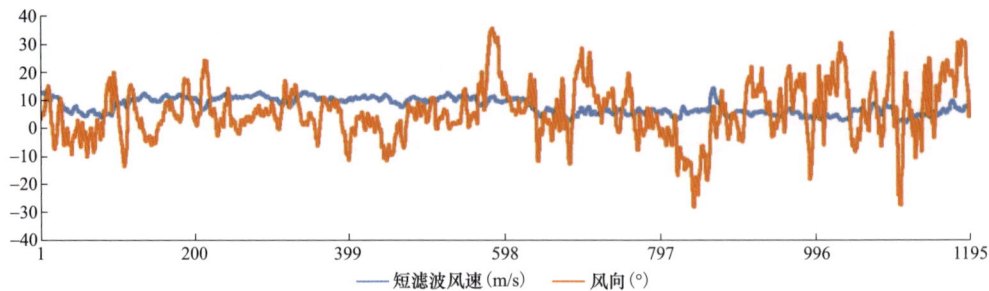

图 2-478　故障时风速/风向曲线

（3）故障时偏航速度曲线，如图 2-479 所示。

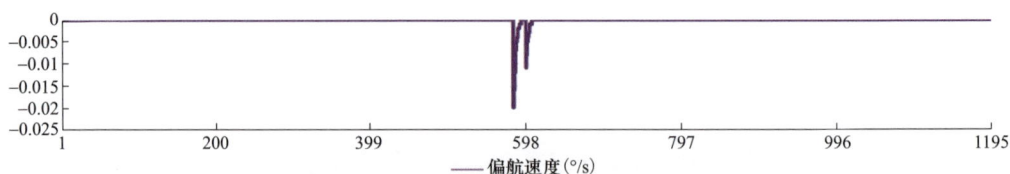

图 2-479　故障时偏航速度曲线

（4）故障时偏航电机功率曲线，如图 2-480 所示。

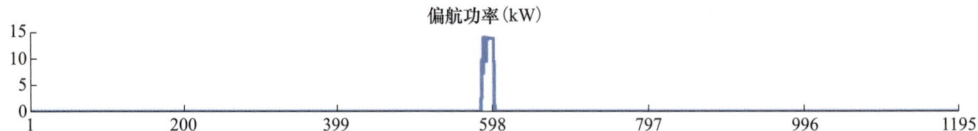

图 2-480　故障时偏航电机功率曲线

（5）故障时偏航电机转矩曲线，如图 2-481 所示。

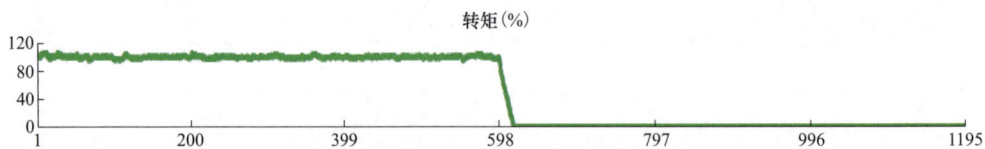

图 2-481　故障时偏航电机转矩曲线

（6）故障时偏航刹车压力曲线，如图 2-482 所示。

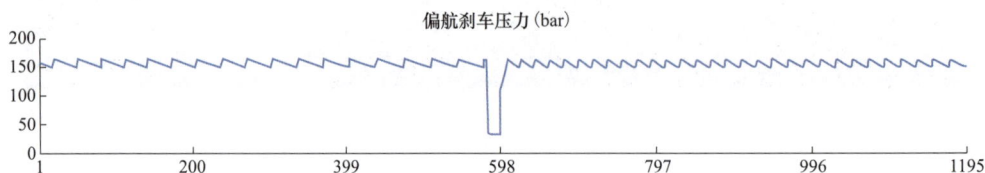

图 2-482　故障时偏航刹车压力曲线

（7）故障时振动加速度曲线，如图 2-483 所示。

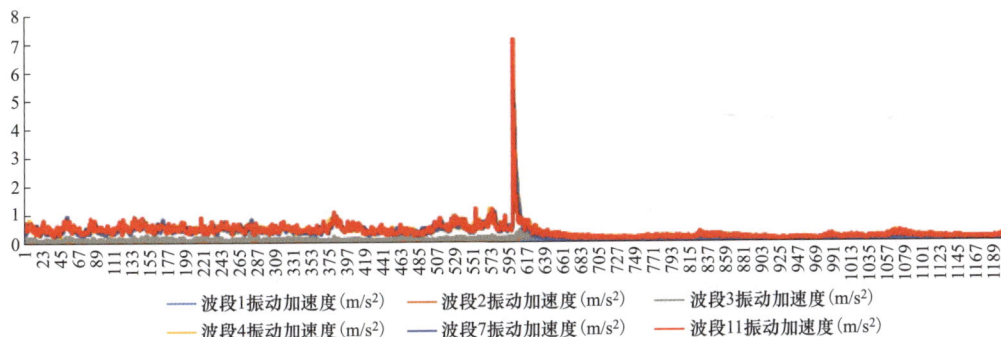

图 2-483　故障时振动加速度曲线

（8）故障照片。第五级行星架损坏图如图 2-484 所示。

通过上述数据分析，可还原事故经过为：风速风向突变，风机在偏航过程中，偏航系统受力过大，偏航制动器未能抱死，机舱被风吹动，导致瞬态振动加速度过大（超过 $5m/s^2$），引起偏航系统第五级行星架损坏。

对此，现场更换可承受更大扭矩的偏航减速机及偏航电机，并优化风向跳变频繁风资源的偏航动作逻辑，此后机组运行情况良好。

图 2-484　第五级行星架损坏图

▶ 隐患排查重点

1．设备维护

（1）日常维护过程中，对偏航滑移风电场可增加偏航制动压力，消除偏航电机摩擦片异常磨损现象。

（2）定期巡视中，重点登机检查偏航类告警频繁的风机，检查偏航系统（偏航电机、减速机、摩擦片、偏航编码器），如有异常及时处理。

（3）当对发生偏航系统的故障（偏航速度过低、偏航速度过高、偏航驱动故障等）进行处理时，应对偏航系统进行全面检查，包括偏航电机、减速机、摩擦片、偏航编码器等部位。

（4）在处理偏航振动异响问题时，利用油压表对偏航余压进行测试，观察到机组在偏航过程中余压表的指针来回摆动，分析认为制动器液压系统中有气体存在。

（5）检修时，检查减速器齿圈与偏航轴承齿圈是否存在齿侧间隙。减速器和偏航轴承采用齿轮传动。由于机械误差和机组振动，大、小齿啮合存在间隙，偏航制动器泄压后制动力不足。

（6）针对机组控制缺陷，如偏航开始阶段电机转矩未达到额定转矩，外部载荷超过电机总驱动力矩，导致减速器被拖动，发生被动偏航，可根据风电场实际情况进行控制逻辑优化。

2. 运行调整

（1）优化风向跳变频繁风资源的偏航动作逻辑，降低风向偏差对偏航及机组运行稳定性的影响。

（2）更换可承受更大扭矩的偏航减速机及偏航电机等，减少偏航类故障发生。

（3）运行值班人员重点关注风机运行参数，包括偏航速度、偏航压力、偏航功率，发现异常及时汇报。

2.7.3 偏航回路故障事故案例及隐患排查

2.7.3.1 偏航反馈丢失故障 1

▶ **事故表现**

（1）A 风电场 119 号机组，通过查看故障记录，该台机组在 4 月 24～29 日时间段内多次报出故障，F 文件故障信号见图 2-485。

yaw						
error_yaw_position	off	error_yaw_position_sensor	off	error_yaw_speed	off
error_yaw_left_feedback	on	error_yaw_right_feedback	off	warning_yaw_lubrication	off
error_yaw_lubrication_feedback	off	error_yaw_working_time	off	error_yaw_position_lost	off
yaw_position	-417.95 deg	profi_in_yaw_position	13664.00 Inc	yaw_speed	0.23 deg/s
profi_out_yaw_move_right	off	profi_out_yaw_move_left	on		
profi_in_yaw_left_feedback	off	profi_in_yaw_right_feedback	off		
yaw_detwisting_necessary	off	yaw_lubrication_possible	off	yaw_lubrication_wanted	off
profi_out_lubrication_yaw_system_on	off	yaw_deviation_wind_nacelle_position	-17.51 deg		
yaw_motor_working_hours	698.29 h	yaw_untwist_date	150418	yaw_untwist_time	2054
yaw_lubrication_elapsed_hours	52	yaw_lubrication_date	150422	yaw_lubrication_time	841

图 2-485　A 风电场 119 号机组偏航信号图

因为故障文件中没有偏航反馈信号（数字量），所以参考机组偏航角度信号来判定故障时偏航的实际动作，见图 2-486。

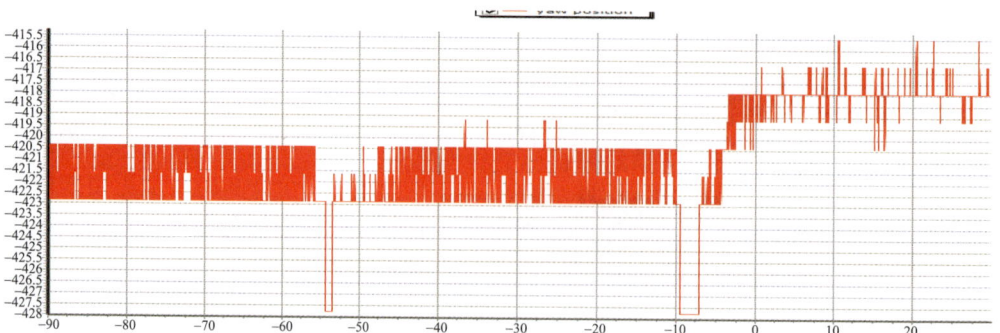

图 2-486　A 风电场 119 机组偏航角度图

可以看到，机组在故障时，实际在执行左偏动作，偏航角度在增加，但反馈信号发生异常，查看机组其他时间段故障文件，现象均一样，且只发生左偏航一个方向故障，所以检查时需要确认偏航动作和反馈回路上所有节点。由于只发生左偏航方向故障，侧重检查左偏航涉及的继电器及其触点。

（2）B 风电场 47 号和 57 号机组，查看 47 号机组 F 故障文件偏航动作及反馈信号（见图 2-487），偏航角度（见图 2-488），对风角度信号（见图 2-489）。

yaw					
error_yaw_position	off	error_yaw_position_sensor	off	error_yaw_speed	off
error_yaw_left_feedback	on	error_yaw_right_feedback	off	warning_yaw_lubrication	off
error_yaw_lubrication_feedback	off	error_yaw_working_time	off	error_yaw_position_lost	off
yaw_position	-159.81 deg	profi_in_yaw_position	15344.00 inc	yaw_speed	0.00 deg/s
profi_out_yaw_move_right	off	profi_out_yaw_move_left	on		
profi_in_yaw_left_feedback	off	profi_in_yaw_right_feedback	off		
yaw_detwisting_necessary	off	yaw_lubrication_possible	off	yaw_lubrication_wanted	off
profi_out_lubrication_yaw_system_on	off	yaw_deviation_wind_nacelle_position	-22.79 deg		
yaw_motor_working_hours	117.80 h	yaw_untwist_date	150408	yaw_untwist_time	1111
yaw_lubrication_elapsed_hours	65	yaw_lubrication_date	150426	yaw_lubrication_time	2102

图 2-487　B 风电场 47 号机组偏航信号图

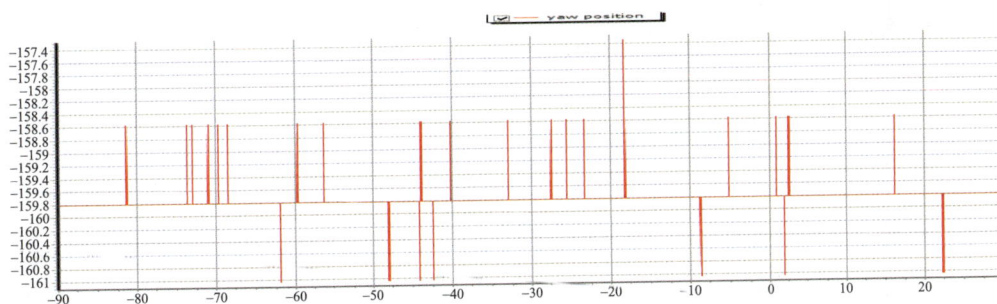

图 2-488　B 风电场 47 号机组偏航角度图

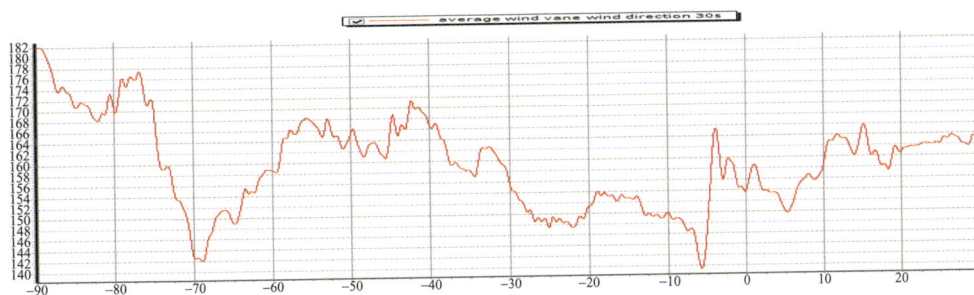

图 2-489　B 风电场 47 号机组对风角度图

左偏航动作执行为高电平，反馈信号却为低电平。查看机组实际偏航角度，不能明显看出变化，但从对风角度的变化，可以看出实际需要机组进行偏航动作，所以基本排除故障误报的可能，需要检查偏航动作和反馈回路上所有节点。

（3）C 风电场，共有 7 台机组发生此故障，查看 37 号机组 F 故障文件偏航动作及反馈信号（见图 2-490），B 文件偏航角度（见图 2-491）。

图 2-490　风电场 37 号机组偏航信号图

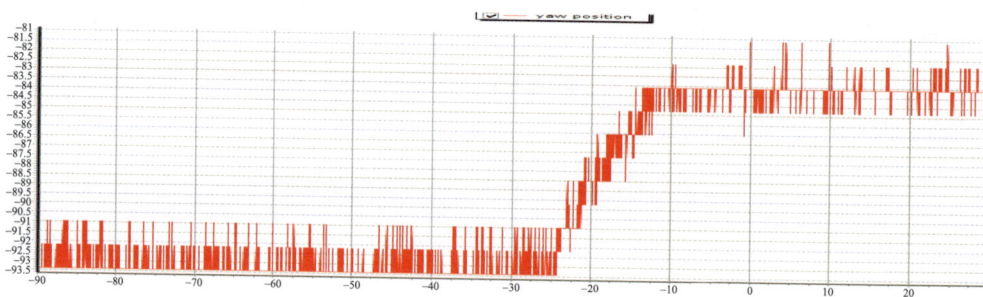

图 2-491　C 风电场 37 号机组偏航角度图

可以看到，机组在故障时，实际在执行左偏动作，偏航角度在增加，但反馈信号发生异常，查看其他机组故障文件，现象均一样，不再一一赘述。检查时，需要确认偏航动作和反馈回路上所有节点，因为有些机组有时发生左偏航反馈丢失，有时发生右偏航反馈丢失故障，所以在检查和处理时，在接触器或继电器及触点上要有所侧重和差异化排查。

▶ 事故根本原因

偏航接触器反馈触点故障，造成偏航反馈信号丢失，报出故障。

▶ 事故处理措施及结果

1.5MW 机组故障解释说明见图 2-492。

故障号	故障名称							故障使能	不激活字	设置不激活字
26	error_yaw_left_feedback				左偏航反馈丢失			TRUE	4	0
	故障最小值	故障最大值	故障时间	允许自复位	复位最小值	复位最大值	复位时间	停机等级	启机等级	复位等级	偏航等级
	1	1	t#4s	TRUE	0	0	t#2.5m	3	0	1	7
	读取等级	修改等级	左偏航命令发出后左偏航反馈丢失持续4s							
	预留	预留								

图 2-492　左偏航反馈丢失故障图

机组在发出左偏航命令后未收到偏航反馈信号，持续 4s，报出此故障。

该故障涉及的信号为数字量反馈信号，所以在检查线路、器件、模块时较为简单，主要重点检查偏航继电器反馈触点，但同时如果检查处理不彻底的话，容易发生多次频繁报出的情况。

1. 故障报出

偏航反馈丢失故障较为简单，在程序段中判定条件见图 2-493。

左偏航反馈丢失

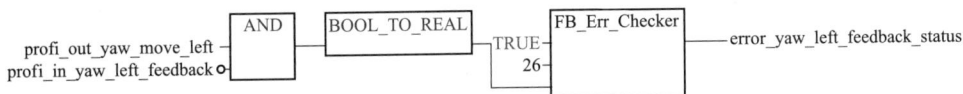

图 2-493　左偏航反馈丢失故障图

2. 故障处理

左偏航反馈丢失故障，一般故障原因点在电气回路，又分为主回路和反馈回路，见图 2-494 和图 2-495。

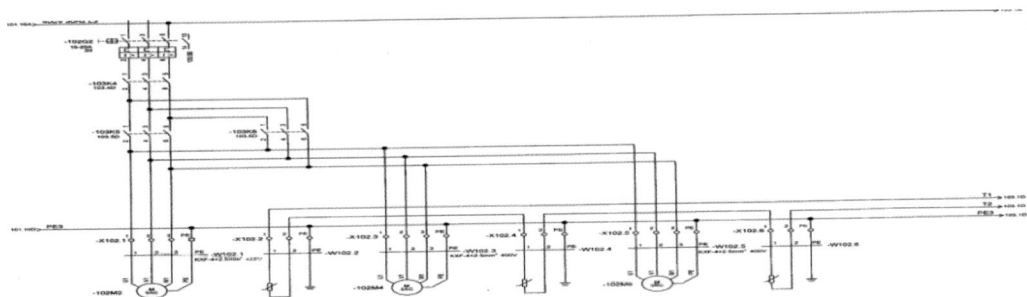

图 2-494　偏航主回路图

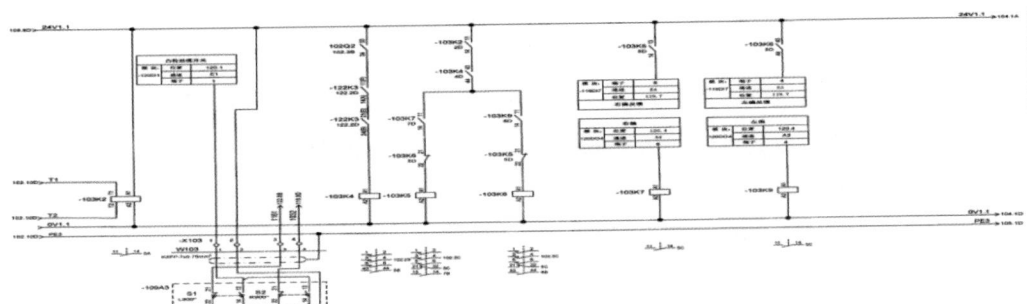

图 2-495　偏航反馈回路图

在主回路中，需要检查 102Q2 微断的保护值设定是否正确、偏航电机热保护 103K2 是否正常、偏航电机是否存在真实过载运行造成跳闸等。

对于反馈回路，需要检查 103K4、103K6、103K9 等接触器或继电器是否正常，包括线圈和附属触点，之前全国多项目存在偏航反馈触点动作异常的情况，所以此处检查应着重进行，或更换备用触点，或甩开不用的触点，或短接并联 2 对触点（以保证在 1 对触电出现问题后，旁路依旧能将 24V 电压反馈回）。

解决主回路、反馈回路故障后，三座风电场偏航反馈丢失故障得以消除，保证风电机组有效利用。

▶ **隐患排查重点**

（1）设备维护。

1）检修时，检查偏航电机接线盒内线路，确保无松动，外接线无磨损、破皮等问题。

2）检修时，服务模式下控制面板手动偏航，检查偏航电机刹车是否全部打开，刹车反馈是否有问题，检查偏航方向、角度变化、偏航功率是否有问题。

3）检修时，检查确认凸轮开关固定良好，内部编码器固定及接线无松动；检查确保凸轮开关四个信号开关功能正常。

4）检修时，检查风速风向仪固定及插头接线，确保按要求固定良好（着重检查风速仪朝向是否准确）。

5）检修时，对偏航电机的检查与维护主要包括：①分别手动左偏航和右偏航，观察偏航电机是否正常工作；②检查偏航电机是否有噪声，如有，查找噪声来源；③将偏航电机的上端盖打开，检查偏航电机的刹车是否处于常闭状态，如刹车盘周围有铁屑，将铁屑清理干净，并检查刹车盘是否磨损严重，如磨损严重，检查刹车是否工作正常（常闭状态，在偏航时刹车打开）；④检查偏航电机/减速机安装螺栓。

6）对于偏航反馈丢失故障，可以将左偏航和右偏航故障列为同一类进行检查和处理。从目前故障的原因看，大部分为偏航反馈回路中的器件线圈或触点出现问题，触点自身质量问题和出现氧化。需在检查和确认后，一是及时更换器件（偏航反馈继电器的触点或整体更换存在质量问题的继电器），二是进行冗余双回路改造处理（也就是在目前使用的反馈触点回路基础上，同时使用空闲的一对触点进行并联，保证偏航动作时反馈信号正常回传）以避免故障频繁再次发生。由于主回路偏航真实出现过载等情况出现的概率较小，但可能会造成过热等现象，在检查和处理时也需要关注。

（2）运行调整。

1）运行十年以上机组，可对全场机组电磁刹车进行更换。

2）采用新技术、新方案对大部件进行监测，随时监测大部件运行状态，可尽早发现问题，避免造成倒塔等重大事故。

2.7.3.2 偏航反馈丢失故障 2

▶ **事故表现**

某风电场 2021 年 9 月 26 日 21 号机组报左偏航反馈丢失故障，当时风速为 4.36m/s，故障可以自复位。现场人员通过就地监控软件观察故障现象，发现机组报故障后，机组仍然在右偏航，且偏航过程中偏航刹车信号为"黄色"低电平。说明偏航过程中，偏航刹车未松闸，机组从–680°一直偏航至–880°，偏航动作停止，扭揽开关未触发。在执行偏航的过程中，解缆信号变为高电平两次，根据解缆程序（见图 2-496）可知偏航位置小于–580°，触发解缆程序，系统输出左偏解缆命令，由于机组存在右偏动作，与左偏航形成互锁，左偏航无法动作，持续 4s，主控无法接收到左偏航反馈，导致机组报左偏航反馈丢失。

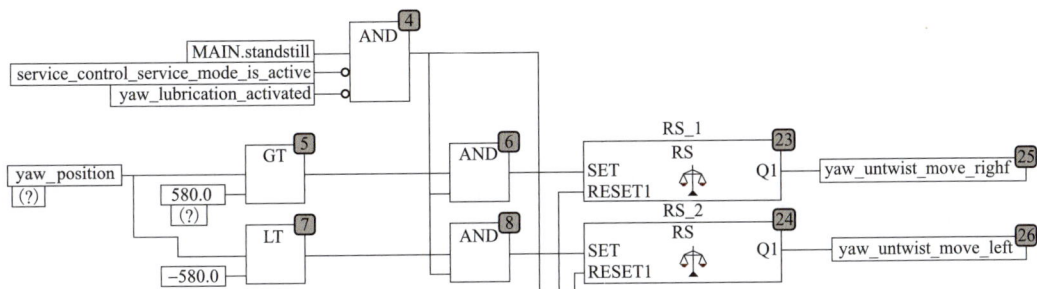

图 2-496　解缆控制程序

此次故障，机组偏航刹车在没有松闸的情况下，持续偏航，电机过载，导致 102Q2 跳闸。据了解，很多 1.5MW 出现过偏航不松闸持续偏航的现象。随着机组的长期运行，103K7、103K9 辅助触点卡滞出现的情况逐渐增加，偏航不受控、偏航闸体不松闸持续偏航，给机组的稳定运行带来了巨大的隐患。

▶ **事故根本原因**

根据主控程序（见图 2-497）、机舱图纸（见图 2-498）分析，机组持续执行偏航必须满足以下几个原因：

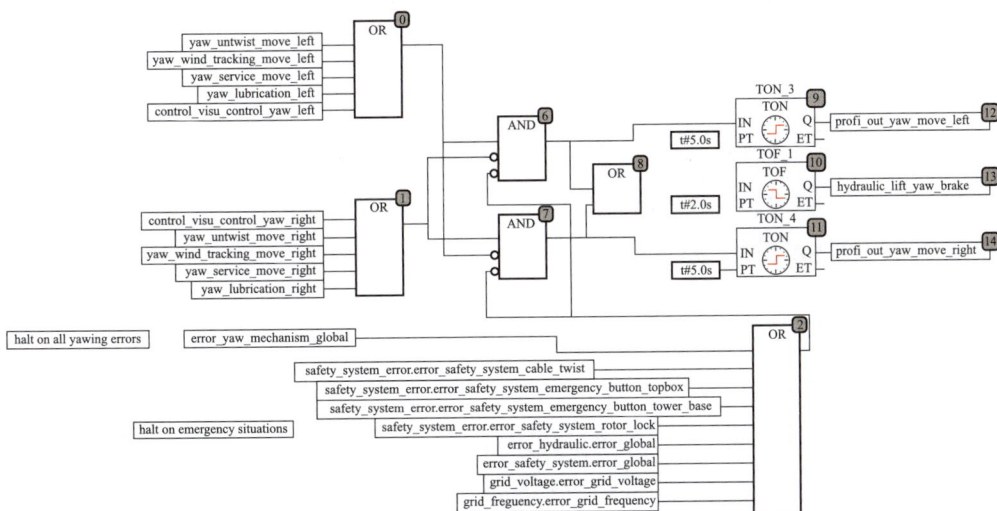

图 2-497　偏航动作程序图

（1）机组没有安全链故障；

（2）机组网侧电压、频率正常；

（3）102Q2 电机微动开关没有跳闸；

（4）偏航电机没有过温；

（5）主控发出偏航命令。

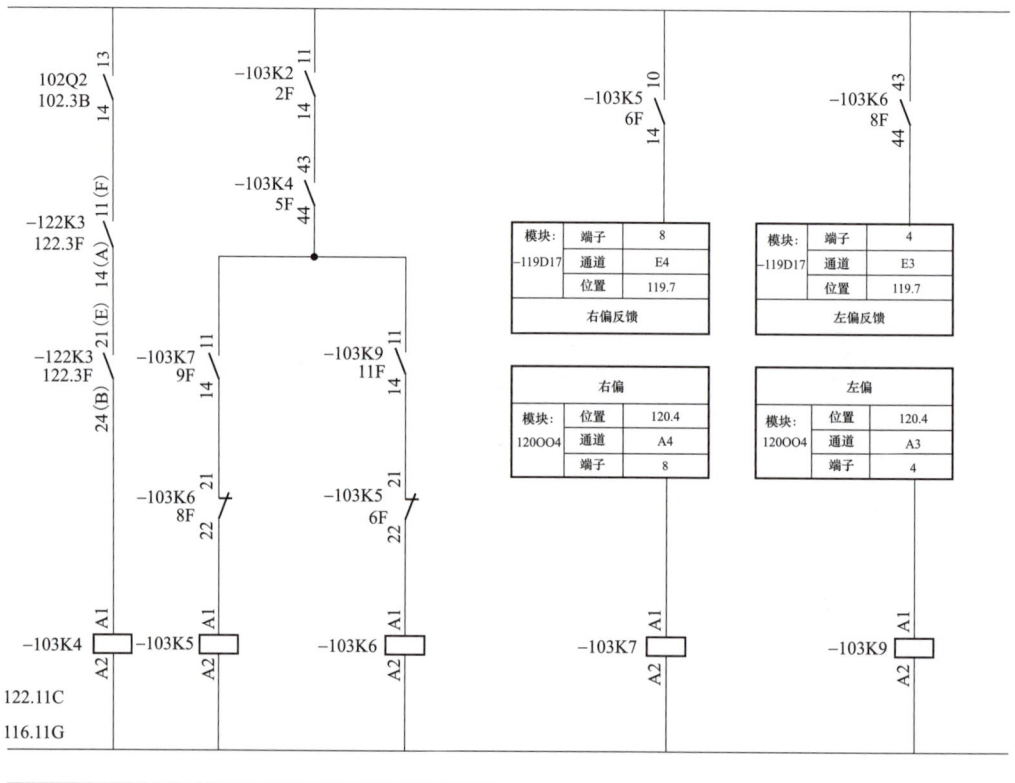

图 2-498　偏航回路图

而现场登机检查发现 185m² 电缆扭曲严重，通过机舱柜检查发现 102Q2 电机微动开关跳闸。102Q2 的跳闸是使持续偏航的风机停止偏航的直接原因。

▶ **事故处理措施及结果**

1. 故障处理过程

按照先易后难的原则，进行逐项排查。

（1）查看 F 故障文件（见图 2-499、图 2-500），发现机组报故障时，并未报出安全链中的故障，且机组网侧电压、频率正常。

（2）查看 F、B 故障文件，故障时刻偏航位置在−604.8°。通过 B 文件作图（见图 2-501），发现报故障后，偏航仍然在动作，而机组最终偏航停止的位置在−880°，故障时刻 102Q2 开关并未跳闸。

grid					
error_grid_voltage_max	off	error_grid_voltage_min	off	error_grid_voltage_unsymmetry	off
grid_U1	348.60 V	grid_U2	346.20 V	grid_U3	348.20 V
error_grid_current_max	off	error_grid_current_unsymmetry	off	error_grid_voltage_super_max	off
grid_I1	130.00 A	grid_I2	129.00 A	grid_I3	129.00 A
error_grid_frequency_max	off	error_grid_frequency_min	off	grid_frequency	49.91 Hz

图 2-499　故障时刻电网参数

safety system					
error_safety_sys_em_button_tower_base	off	error_safety_sys_em_button_topbox	off	error_safety_system_overspeed_modul	off
error_safety_sys_vibration_switch_nazelle	off	error_safety_system_cable_twist	off	error_safety_sys_safety_system_ok_from_pitch	off
error_safety_system_rotor_lock	off	error_safety_system_plc_em_stop_demand	off	error_safety_system_safety_system_ok	off
error_safety_WT_rotor_em_accident	off				

图 2-500　安全链触发情况

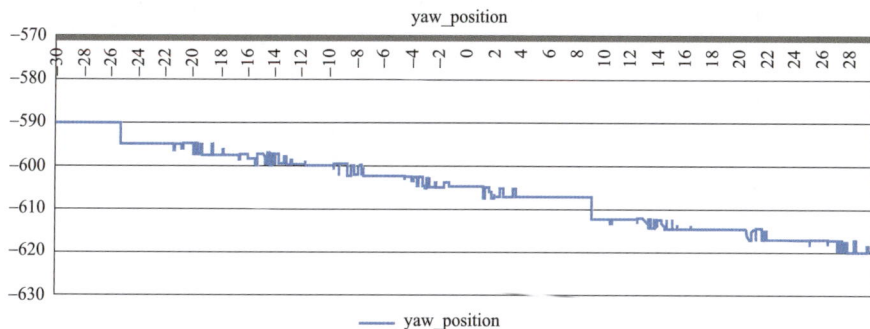

图 2-501　偏航位置动作记录图

（3）项目人员登机检查，185m² 电缆扭曲严重，打开机舱柜检查发现 102Q2 电机微动开关跳闸，项目人员判断 102Q2 的跳闸是使持续偏航的风机停止偏航的直接原因。项目人员检查偏航系统回路接线正常，无线路虚接、短路情况，使用万用表测量偏航电机绝缘，均正常，使用手摸偏航电机，发现三个偏航电机温度较高。重新对 102Q2 上电，偏航继续向右动作，且偏航伴随着异响。证明 103K2 热敏电阻继电器没有保护动作，电机温度未达到设定要求。

（4）102Q2 上电后，检查主控是否给右偏航命令，观察模块 120DO4 的 4 通道指示灯未点亮，使用万用表测量 8 号端子没有 24V DC 电压输出，103K7 继电器指示灯没有点亮，证明主控没有发出右偏航命令，120D03 的 1 通道指示灯未点亮，1 号端子没有 24V DC 电压输出，证明主控未给出偏航刹车松闸动作命令。

（5）根据图纸（见图 2-498）分析：机组想要执行右偏航命令必须保证 103K7 的辅助触点 11、14 吸合，103K7 继电器没有得电，而辅助触点 11、14 吸合，唯一的可能性就是 11、14 辅助触点粘连，导致 103K7 继电器失电，而 11、14 仍然吸合，断掉 102Q2 开关使用万用表验证，11、14 辅助触点果然导通。项目人员更换 103K7 后，手动偏航，偏航运行正常，故障消除。

2. 改善方案

根据硬件改动后的电路图纸（见图 2-502）改动，更换控制偏航刹车动作的继电器 106K6。在 1500 机组上使用的 106K6 继电器为一组常开继电器（见图 2-503），更换为二组常开继电器（见图 2-504），使继电器同时控制偏航刹车和偏航动作两个功能。风机执行偏航前，偏航刹车必须处在松闸的情况下，如果偏航刹车没有松闸，偏航无法动作，偏航命令发出后持续 4s 无偏航反馈，使机组报故障，对机组偏航系统起到保护作用。

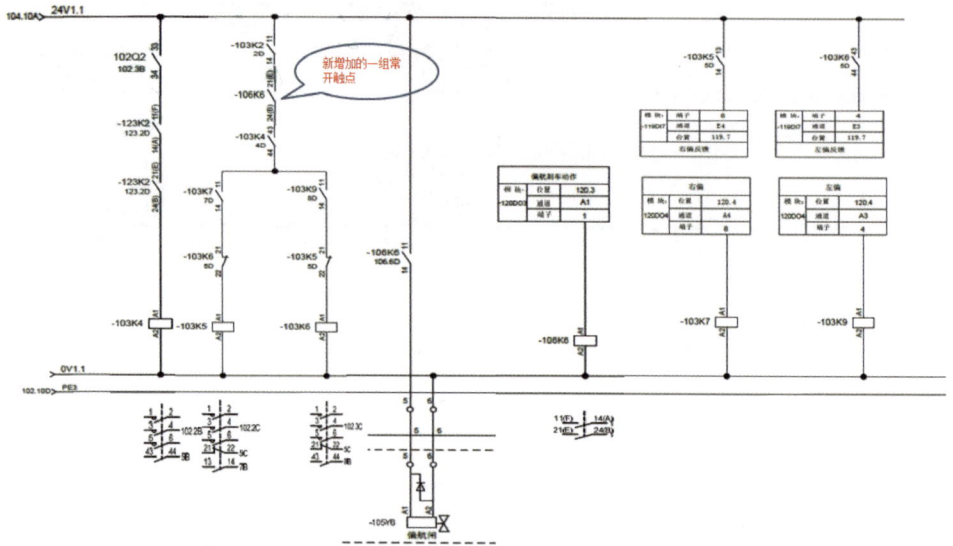

图 2-502　硬件改动后电路图

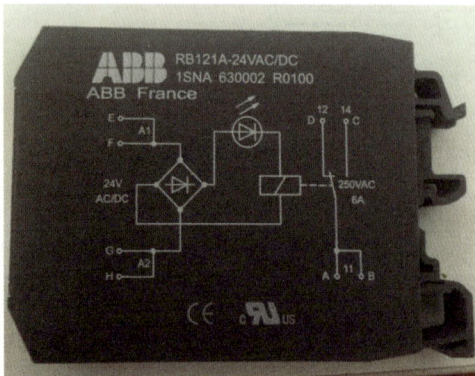

图 2-503　一组常开继电器

图 2-504　二组常开继电器

由主控程序（见图 2-497）可知，主控发出命令后，在满足偏航条件的情况下，延时 2s 偏航刹车松闸，延时 5s 执行偏航动作，从偏航刹车松闸到偏航动作中间有 3s 的延时，3s 的时间可以作为偏航闸体泄压的时间，软件上可以执行。

实施步骤如下：

（1）更换继电器，截取 20cm 长的导线，将其两端压好线鼻子，一端接在更换后继电器的 21 端口，另一端接在 103K2 继电器的 14 端口，见图 2-505。

图 2-505　偏航回路改动后示意图

（2）将原有的 103K2 继电器端口 14 上的线拆除，同时将线标 103K2：14 取下，更换成 106K6：24 线标，重新压线鼻子，接在 106K6 继电器的 24 端口，见图 2-506。

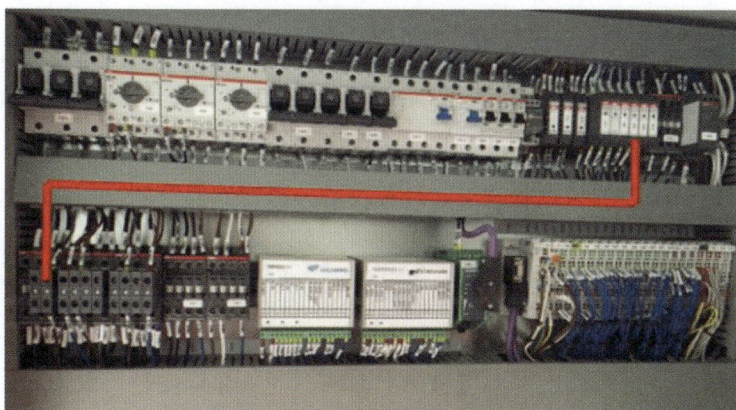

图 2-506　偏航回路改动后示意图

通过表 2-52 可以看出，继电器更换前后的成本变化不大，而改善后可以避免以下情况出现：

1）偏航电机过载，导致偏航电机烧坏；

2）偏航电机扭矩过大，损坏偏航大齿、小齿；

表 2-52　　　　　　　　　　　　继电器更换前后成本对比表

序号	规格型号	数量	单价（元）	备注
1	RB121A DC24V 1NO+1NC	1 个	94.44	目前正在使用的
2	RB122AV DC24V 2NO+2NC	1 个	85.47	改善后的

3）损坏偏航减速器内部星型齿轮；

4）偏航刹车不松闸，强行偏航，导致刹车盘磨损严重。

此项改善，小到偏航电机，大到刹车片的更换，可以为公司避免 1 万～50 万元的经济损失。

▶ 隐患排查重点

1. 设备维护

（1）部分风电场存在偏航摩擦片磨损严重的情况，建议优化机组控制逻辑，实现由液压偏航制动器提供主刹车能量。

（2）对机组偏航控制回路硬件进行技改升级。在风机扭缆触发故障时，使风电机组能够停止偏航，防止动力电缆扭断。

（3）检修维护时，对偏航润滑系统进行检查：

1）检查润滑电源线绑扎是否牢固。

2）检查电缆绝缘层是否有磨损、烧灼痕迹。

3）启动润滑泵，电机旋转方向正确，偏航外齿正常出油脂，油管及分配器无渗漏现象。

4）检修维护时，对偏航润滑系统进行检查。

5）检查电机电源线及电磁刹车电源线绑扎是否牢固，绝缘层无破损，老化痕迹。

6）检查电机接线盒内接线端子连接是否牢固，无放电、烧灼痕迹。

7）偏航电机得电时，能听到电磁刹车松闸的动作声音，偏航过程，电机无杂音。

8）检修时，检查偏航余压是否在 20～24bar 之间，若余压不准确可能会造成偏航振动，或者造成偏航轴承损坏。

2. 运行调整

（1）定期检查机舱角度，角度超过 700°时，机组还未解缆时，应停机检查机舱位置传感器工作是否正常。

（2）定期对安全链系统进行测试，查看扭缆触发是否正常。

2.7.4　偏航液压制动系统故障事故案例及隐患排查

▶ 介绍栏

偏航制动器和偏航制动盘系统，一方面与偏航减速机制动系统配合，双向保证风机机舱在制动时的稳定；另一方面吸收因风向轻微变化造成的偏转振荡，避免偏航齿轮在交变应力下引起轮齿过早损伤。偏航制动器通过卡钳给制动盘一个制动力矩，以达到阻止或减缓制动盘转动的目的。偏航制动器制动力由液压系统提供，驱动活塞和摩擦片，压紧制动盘。偏航制动器主要由缸体、摩擦片、活塞、密封组件等构成，具体如图 2-507 所示。

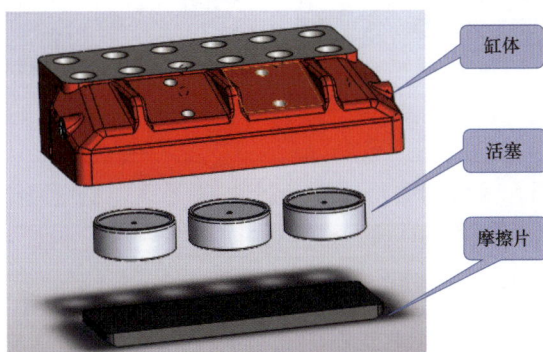

图 2-507　偏航制动器主要构成

▶ **事故表现**

2016 年 3 月 23 日，某风电场检修人员登机巡视时发现：偏航平台布满大量黑色粉末（见图 2-508），检查偏航刹车钳发现，偏航刹车钳刹车片磨损指示杆露出较短（见图 2-509），同时偏航刹车制动盘被磨损，上、下表面皆粗糙沟壑状（见图 2-510）。通知某风机厂家驻风场技术人员登塔检查偏航刹车钳回油管内充满液压油，油呈半透明色，没有被污染。检查液压站时发现，测量液压站压力 170.3（偏航系统压力）点已无压力、170.1（主系统压力）点压力为 152bar。背压无作用（压力为 0，见图 2-511）。风机厂家人员进行故障分析与定位，初步判定为刹车片摩擦材料磨损严重所致。

图 2-508　偏航平台表面情况

图 2-509　刹车片磨损指示杆情况

图 2-510　粗糙沟壑状表面

图 2-511　背压示数图

2016 年 3 月 31 日，偏航制动器某厂家到达 23 号风电机组机位，检查偏航钳体磨损和背压为零，判断为刹车片摩擦材料磨损严重所致。检修人员进一步检查发现，偏航刹车制动盘磨损后厚薄不均匀，最厚处 40mm，最薄处 35mm（见图 2-512、图 2-513）。将钳体拆开后检查发现，中间钳体下钳体部分刹车片摩擦材料磨损殆尽，其他刹车片见图 2-514。随即更换 23 号机组共 10 片刹车片，更换为材质较好的 HSZC F14-15120233 型刹车片（见图 2-515）。刹车片摩擦材料消耗殆尽后，导致偏航钳体活塞全部顶出（见图 2-516），油管里的液压油全部流回液压站，从而测量液压站压力 170.3（偏航系统压力）点已无压力。更换完后将背压调为 10bar，偏航声音正常，待运行观察。

图 2-512　制动盘最薄长度

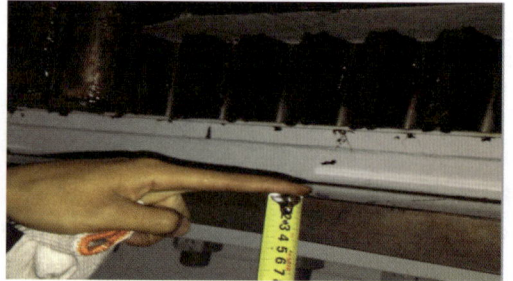

图 2-513　制动盘最厚长度

图 2-514　其他刹车片

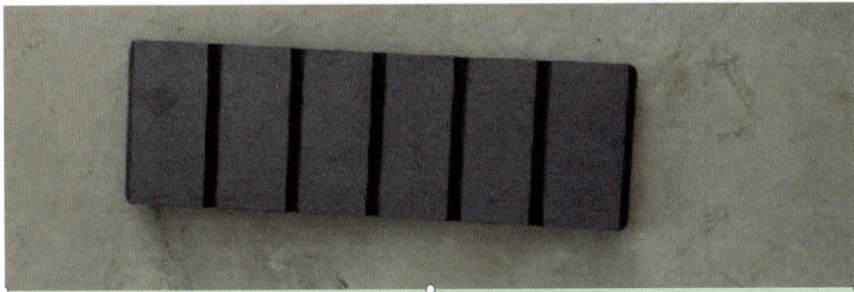

图 2-515　HSZC F14-15120233 刹车片

图 2-516　偏航钳体活塞顶出图

事故根本原因

23 号风电机组于 2015 年 5 月安装，风场检修人员每月开展风电机组巡视工作，直至检修人员 2016 年 3 月 23 日定期巡检时发现刹车片摩擦材料磨损殆尽。根据故障详细经过，最终原因分析为：

（1）之前所使用刹车片摩擦材料产品强度无法满足偏航时摩擦制动力矩的需求。

（2）液压站所设置的偏航制动压力偏大，摩擦力增大，又加之液压管路里有部分空气，导致偏航电机启动时，偏航制动器存在延时开启情况，因此增加了刹车片的磨损。

通过上述原因分析，刹车片摩擦材料消耗殆尽后，刹车片钢质背板和刹车制动盘接触，继续摩擦，使得刹车制动盘被磨损，再加上卡钳边角处未留观察口进行目测观察，液压站压力信号未接入风电机组主控制程序并引入保护系统，液压站的压力值信号未进行电信号接入监控系统实时监控等三大弊端，增加了风电场现场运行维护人员的隐患排查难度。

事故处理措施及结果

制动器部件更换流程如下：

1. 制动器现场调换

（1）停止风电机组工作。

（2）要求现场人员将风电机组偏离迎风位。

（3）停止液压站工作。

（4）释放液压站液压为零。

（5）将故障制动器油管接口逐渐松开，放到只有滴油状态。

（6）松开制动器上的连接油管和接口。

（7）用液压力矩扳手逐个松开制动器固定螺钉，卸下其中的 11 支螺钉，留取一支螺钉作为旋转轴，分别旋出上、下缸体（见图 2-517）。

（8）取出摩擦片，更换新摩擦片。

当摩擦片磨损直到剩余厚度小于 2mm 时，必须更换。

1）确保制动器没有油压。

2）拆下 12 个安装螺栓（M36-12.9）中的 11 个，利用剩下的一个螺栓作为支点，把制动器旋转一个角度，使摩擦片露出制动盘（见图 2-517）。

3）用新摩擦片换下磨损的摩擦片，再用手把摩擦片往里压到底，使摩擦片活塞处于最上位。

4）重新把制动器安装后，液压油路加压，使制动器制动，其摩擦片压紧在制动盘上。

5）新摩擦片安装完毕。

6）为了获得摩擦片和制动盘之间的恒定的摩擦系数，有必要进行摩擦片与制动盘表面的磨合。当摩擦片与制动盘接触面积达到 70%以上时方为磨合结束。

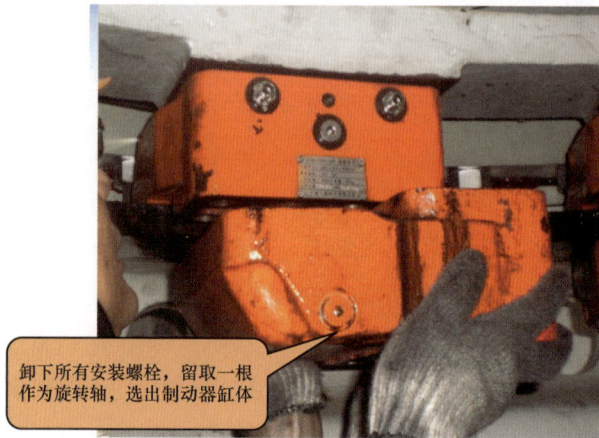

卸下所有安装螺栓，留取一根作为旋转轴，选出制动器缸体

图 2-517　制动盘现场调换图

2. 更换、安装制动器

（1）清洁制动盘。在制动器安装前，必须使用专用的清洁去污剂清洁制动盘，任何残留的油污和防腐油脂都会显著降低摩擦系数。

（2）清洁安装面。两个半钳制动器之间的安装面，以及制动器和底座之间的安装面，都必须清洁。清洁要求与制动盘的清洁要求相同。

（3）摩擦片储存。有机材料摩擦片在运输时已用塑料袋单独密封包装。保护好摩擦片以免碰到油，否则会大大降低摩擦系数。一旦油污污染了摩擦片的摩擦面，就必须报废。因此除非安装需要，否则不要轻易把摩擦片从塑料袋中取出。粉末冶金摩擦片对于油脂不敏感，如果被油污污染，可使用清洁溶剂清洗后再使用。

（4）安装制动器。根据制动器现场调换作业来安装制动器及摩擦片。用手把活塞压入至最低位，再嵌入摩擦片。在装配前需校核安装尺寸，确保安装后，摩擦片和制动盘的两个表面之间都有合适的间隙。两个半钳制动器包括摩擦片的重量大约为 160kg。

3. 密封圈、防尘圈、O 形圈的更换

操作时确保制动器油路中没有油压，拆除摩擦片后，手工取出④活塞，小心处置④活塞，④活塞表面不得磕碰。各部件结构关系如图 2-518 所示。

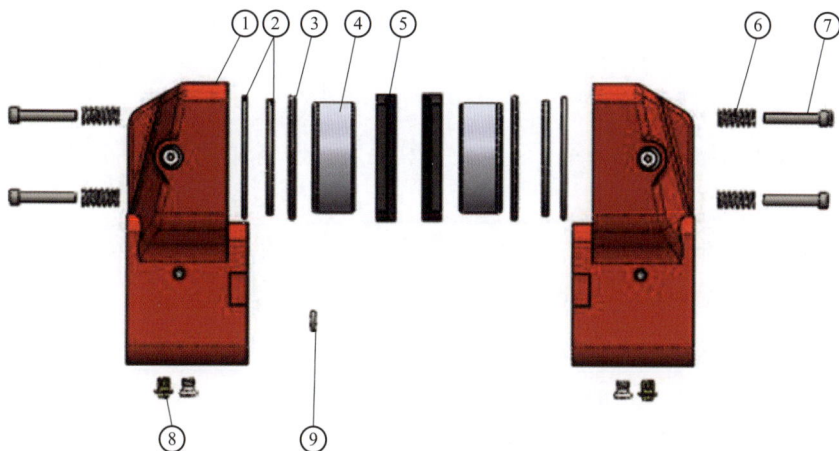

图 2-518　结构关系示意图

（1）取下③防尘圈和②同轴密封圈；用螺丝刀把②同轴密封圈和③防尘圈从密封沟槽内挑出，注意不能破坏密封沟槽边缘。

（2）在安装新的防尘圈与同轴密封圈之前需去除活塞缸内所有污物及灰尘，残留的污物和灰尘都会影响密封效果及会污染液压油。

（3）检查并清理新的防尘圈和同轴密封圈，按正确的顺序进行装配。

（4）安装新的③防尘圈和②同轴密封圈时，防尘唇口向外，为了便于安装，可以把防尘圈和同轴密封圈压成腰字形，如图 2-519 所示。

注：装配时必须徒手安装，注意沟槽边缘刮伤手指。

（5）用清洁的液压油润滑新装入的防尘圈和同轴密封圈。

（6）把④活塞放入液压缸内，使用橡皮锤轻轻敲入④活塞，需把④活塞完全敲入缸体。

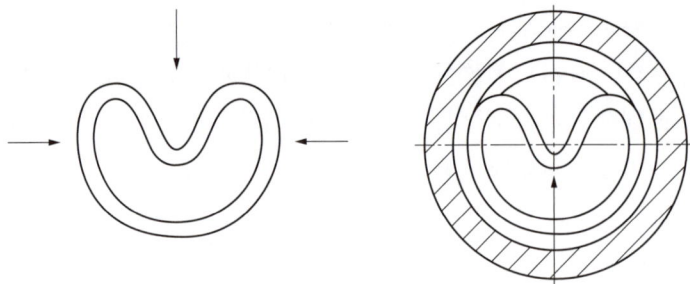

图 2-519　密封圈安装时形状

（7）此密封更换完成。

（8）安装摩擦片后，安装⑥弹簧和⑦螺钉。

经上述处理后，系统运行正常，该风电场风电机组偏航制动器故障率大大降低。

▶ 同类原因分析

偏航制动器故障原因分析如下：

1. 摩擦片磨损太大

（1）偏航刹车盘表面凹凸不平、存在尖利毛刺，偏航时由于表面不平整，与摩擦片摩擦力增大，导致磨损加剧。

（2）制动器内部活塞头存在卡涩，活塞头无法正常收缩。偏航时，油压存在局部变化情况，导致压力增大。

（3）摩擦片产品质量不合格，无法满足偏航时摩擦制动力矩的需求。

（4）摩擦片安装工艺不能满足要求。

（5）液压站所设置的偏航制动压力过大，导致摩擦力增大。

2. 制动器漏油

（1）制动器装配时操作不规范，接头处的漏油多。由于油管装配过程中操作不规范造成，如油管切头、接头制作不合适，随着机组运行过程中的振动，出现接头松动后漏油现象。

（2）制动器相对液压站处于低位，积存较多杂质，从拆解的油缸内部看普遍都比较脏。目前，本风电场所用液压系统只在液压站内安装一个过滤芯，只能过滤较粗杂质，无法过滤细小颗粒杂质，现场实际也无法外接离线滤油装置，无法对液压油进行定期滤油。

（3）偏航制动器内部密封圈或活塞损坏，造成偏航制动器漏油，因此报出液压系统压力低，导致机组停机。

（4）液压油未定期更换或换油工艺不符合要求。主要是新购油品质量把关不严，未定期更换液压油，换油时工艺不符合要求；未严格落实先彻底排空旧油，再用新油清洗系统，最后才注入新油的方法。

3. 偏航时噪声过大

（1）偏航卡钳侧面钳口脏污，卡钳侧面钳口有粉尘、颗粒、油污等杂物。摩擦片与刹车盘间有杂质。

（2）偏航卡钳壳体与刹车盘间有接触干涉；摩擦制动片耗尽，发生底板与刹车盘接触摩擦；机架或集油盘螺栓存在松动等情况产生摩擦噪声。

（3）偏航动作时，第一个卡钳和最后一个卡钳的压力存在卡钳间的压力差值过大，超过正常情况下的 10bar。

（4）偏航时，压力过大，制动盘表面粗糙，制动摩擦片耗尽。

（5）偏航减速箱、驱动电机运行不正常，电子刹车不能正常打开，偏航速度不符合定值要求。

4. 偏航制动力不足

（1）液压管路里有空气、制动器里有空气或液压油黏度高。

（2）液压系统的节流阀调节的流量可能太小或阀门处于错误位置；有颗粒渣子堵塞节流阀导致流量减小。

（3）安装有多个制动器，有个别制动器没有连接到液压油管或活塞密封漏油。

（4）制动盘或摩擦片上有油污、油脂、油漆，导致负载太重。

（5）液压站偏航电磁铁动作不正常，即不能在偏航时打开泄压，各压力监测点存在不正常情况。

▶ 隐患排查重点

（1）设备维护。

1）偏航制动盘上、下表面应清洁且光滑。检查时，若发现盘面有油脂、粉末等异物，应及时用抹布清理，然后用专用清洗剂进行清洗并擦拭干净，避免影响偏航制动器的正常工作。外观检查维护周期为 6 个月。日常维护时，如果有油污滴在盘面上，需要擦干净，并用专用清洗剂进行清洗。

2）检查偏航制动盘表面是否有裂纹、划痕、磨损或变形，如果有，做好标记并拍照。情况严重时，应立即停机维修。裂纹磨损检查周期为 6 个月。

3）检查制动器表面的防腐涂层是否有脱落，如有脱落，应及时补上；检查制动器表面清洁度，如有污物，用无纤维抹布和清洗剂清理干净。

4）检查制动器各液压管路、管接头，包括制动器缸体是否存在漏油，若有就用 19mm 开口扳手紧固各管接头螺母，制动器缸体有漏油的直接更换新的制动器。外观检查与维护周期为 6 个月。

（2）运行调整。

每 6 个月检查摩擦片磨损量，可拆卸检查。当磨损量达到 7mm（摩擦层剩余 2mm）时，应立即更换摩擦片。制动器摩擦片更换方法如下：①先断开液压油泵电机开关，用螺丝刀顶住各电磁阀尾部完全卸掉液压系统压力，用 19mm 开口扳手拆除偏航制动器上的管路接头。注意：在制动器下方偏航平台垫上抹布，以防止制动器内油液滴到平台上或塔筒壁。②用液压扳手加 55mm 套筒头，依次拆下制动器上 12 个 M36×330 的螺栓。注意：每个螺栓旋转三圈，顺次拆卸，中间不得跳跃拆卸，直到所有螺栓完全松开后再将其一次性拆掉（或剩余最外边的一颗）。③将制动器的上、下半钳卸下（或旋开），取出旧摩擦片，更换上新摩擦片后即可。④拧紧螺栓前，检查确认下壳体回油孔处已安放好密封垫圈。⑤用开口扳手或套筒加液压扳手安装并紧固制动器安装螺栓（拧紧力矩 2380Nm）。⑥连接液压管路，用抹布清理油污，重新启动液压站油泵电机。若无漏油，则更换结束；若油管有漏油，则紧固漏油处管接头。

2.7.5　偏航轴承故障事故案例及隐患排查

▶ **事故表现**

2019 年 7 月 3 日，某风电场运维人员对风机进行例行点检，发现三组偏航制动器与偏航刹车盘摩擦干涉，塔架侧部分密封圈脱落。将偏航制动器上方垫片全部去除，调整间隙再次进行偏航，发现其余七组制动器在某些位置也发生干涉。测量机舱底座至偏航刹车盘距离，最大差值达到 4mm，这就意味着机舱底座与偏航刹车盘不平行。仔细观察 10 组偏航制动器，发现都有不同程度磨损痕迹。

▶ **事故根本原因**

经现场检查，偏航轴承塔筒侧密封圈有长约 1.5m 从密封槽脱落，平铺在偏航刹车盘刹车面上（见图 2-520），偏航轴承机舱底座侧密封圈完好。观察密封圈表面无断裂、龟裂现象，偏航轴承内油脂硬化、干涸（见图 2-521）。

图 2-520　密封圈脱落

图 2-521　油脂干涸

在偏航轴承对称六点处（见图 2-522），使用游标卡尺测量刹车盘下端面到轴承内圈非基面距离 L（见图 2-523），测量数据如表 2-53 所示。

通过对测量结果进行分析、计算，内、外圈高度差最大值为 3.94，确定偏航轴承内、外圈已经发生位移，偏航轴承已经损坏。偏航轴承内、外圈位移，密封圈受到额外挤压导致脱落，脱落后油脂受到外界污染。另外，轴承内、外圈位移后，滚动体与滚道摩擦加剧，轴承温度升高，导致轴承内油脂逐渐变干。

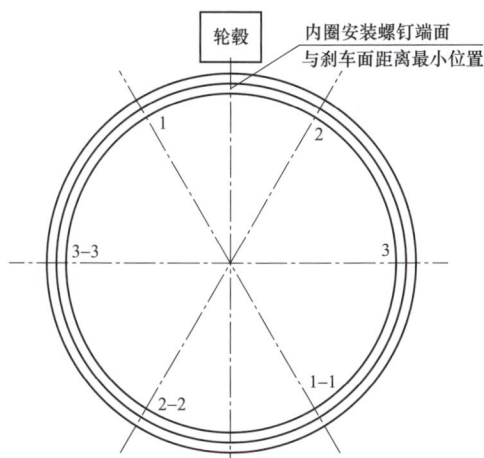

图 2-522　测量点示意图

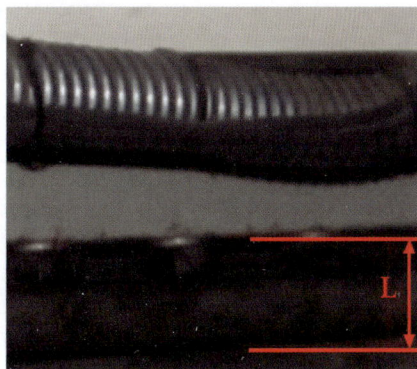

图 2-523　测量值 L 示意图

表 2-53　　　　　　　　　　　　　　距离 L 测量值

位置	1	2	3
测量值（mm）	56.4	56.3	59.34
位置	1-1	2-2	3-3
测量值（mm）	60.33	60.24	60.43
差值	3.93	3.94	1.09

▶ **事故处理措施及结果**

将偏航轴承下塔拆解后，发现内、外圈滚道均有不同程度的损伤（见图 2-524），且保持架损伤严重，油脂干涸（见图 2-525），但是钢球外观良好，无明显损伤。

图 2-524　密封圈脱落

图 2-525　油脂干涸

轴承滚道生产时，为提高表面硬度，需对内、外圈滚道进行淬火热处理。因此，为进一步确定轴承滚道生产时是否符合技术标准，拆解后对滚道硬度及淬硬层深度进行检测，结果如表 2-54 所示。

表 2-54   滚道硬度及淬硬层测量值

项目	上半边滚道	下半边滚道
标准值	≥4mm/（55～62）HRC	≥4mm/（55～62）HRC
外圈滚道	4.5～5.6/65HRC	4.3～5.5/66HRC
内圈滚道	5.1～6.0/66HRC	5.4～6.0/66HRC

通过对损坏轴承拆解检测分析，偏航轴承内外圈、钢球、隔离器化学成分、机械性能符合要求，但是保持架基本碎裂，滚动体钢球分布不均匀。这应该是轴承内、外圈发生位移的主要原因。

鉴于此轴承已无法修复，现场采取了更换新轴承的方式恢复机组运行。

▶ **隐患排查重点**

1. 设备维护

（1）偏航轴承的滚道及内齿圈齿面须保持足够的润滑：

1）当用自动润滑装置时，再次注油量应为 520g≈0.55L，这个量为一年之内从每个润滑注油孔供应到滚道内。

2）在手工润滑的情况下，第一次的注油应在 6 个月时进行，以后的间隔为 12 个月。再次注油量应为 520g≈0.55L，且根据润滑注油孔的数目进行分配。注油时要缓慢转动偏航轴承。

3）使用干净的刷子沾上规定的润滑脂进行内齿圈齿面润滑，在涂刷时注意去除多余的油脂和杂质。

4）检查滚道排出的废油脂是否有金属屑等杂质，并以此来研判滚道及滚珠的磨损状况；检查内齿圈齿面清出的废油脂是否有金属屑等杂质，并借此来判定齿面点蚀等失效原因。

（2）密封圈的检查。偏航轴承内、外圈之间的密封圈至少每 12 个月检查一次。密封圈必须保持清洁和完整。当清洁部件时，应避免清洁剂接触到密封圈或进入轨道系统。

（3）滚道磨损检查。在运行 5 年后，轨道系统会出现磨损现象。要求每 12 个月检查一次，可以根据下面"轴向变动量测量单"对磨损进行测量并提供文件证明：为了便于检查，在安装之后要找出 4 个合适的测量点并在偏航轴承和连接支座上标注出来，在这 4 个点上进行测量并记录数据。此数据作为基准测量数据。在与基准测量条件相同的情况下重复进行测量。如果测量值和基准值有偏差，代表有磨损发生。偏航轴承可承受的最大磨损值为 2.4mm。如果超出最大值，需对偏航轴承进行更换。

2. 运行调整

（1）偏航轴承需要良好的润滑才可达到预期寿命，因此需要定期对其补充油脂。具备自动润滑功能的风机，应定期检查自动加脂设备的工作情况，例如分配器、油管有无堵塞，轴承加油嘴处有无新油，从而间接判断轴承内部润滑情况。

（2）保持轴承清洁，以便于良好的散热，防止润滑脂基础油流失、干涸。

（3）定期检查轴承密封圈是否存在老化龟裂、断裂和脱落，能否起到良好的密封作用，以免污染物进入轴承滚道，导致异常磨损。

2.7.6　偏航跳空开故障事故案例及隐患排查

▶ 介绍栏

1. 偏航系统的组成及功能

偏航系统又称对风装置，根据驱动模式可分为被动偏航系统和主动偏航系统。其中，被动偏航系统是依靠风力带动系统偏航实现对风目的，而大型机组一般采用主动偏航系统。

主动偏航系统主要由偏航驱动装置、偏航传动装置、偏航制动器、偏航计数器、风速风向仪、偏航轴承及扭缆保护装置构成，如图 2-526 所示。其主要功能包括：通过跟踪风速、风向变化，捕获最大风能；当风力发电机扭缆超过保护限值时，机组将自动进行解缆。

2. 风机偏航控制逻辑

目前，发电机组偏航控制策略多采用风向与机舱轴线角度的偏差来控制机组偏航。当风速满足偏航条件，为提高偏航系统稳定性及精确度，多选用风向的平均

图 2-526　偏航装置

偏差作为偏航动作的条件。当风向的平均偏差超过设定阈值后，机组执行偏航命令，开始偏航对风。此风机以风速 7.5m/s 为界，分为低风速偏航与高风速偏航，现主要讨论高风速偏航。当风速仪测得风速大于等于 7.5m/s 时，60s 偏航对风偏差大于 8°，延时 210s 开始偏航，或 60s 偏航对风偏差大于 18°，延时 20s 开始偏航。偏航原理如图 2-527 所示。

偏航启动逻辑：当风速、风向满足偏航条件时，主控发出偏航指令，安全链回路正常，此时偏航电机电子刹车打开、偏航半泄阀打开，15s 后偏航接触器（334K1 或 334K2）线圈得电，接触器常开触点闭合、主控发出软启输出使能信号（软启自检正常），1.5s 后主控发出软启启动信号，偏航软启设定时间内进入斜坡启动阶段，之后软启进入旁路状态（偏航电机全压运行）。

偏航停止逻辑：偏航对风过程中，主控检测风向、判断对风角度，当风向满足要求时，发出偏航停止指令，此时偏航接触器（334K1 或 334K2）线圈得电，接触器常开触

点断开、软启使能信号失电、软启启动信号失电，2s后偏航电机电子刹车失电（抱死）、偏航半泄阀关闭。

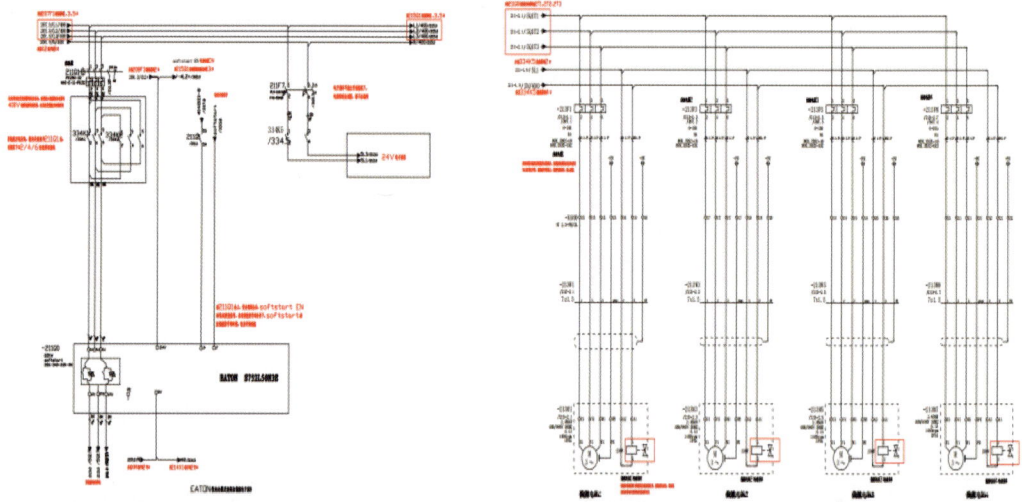

图 2-527　偏航原理

▶ **事故表现**

以风电场某风机故障为例，分析故障文件（见图 2-528）可知，211Q1 跳闸的过程为：主控下发左偏航指令，偏航电机电子刹车（半泄压）打开，此时，机组发生了"被动右偏航"现象（偏航位置增大、偏航速度为正值），且偏航速度过大（超过 2°/s），之后左偏航接触器动作，偏航电机得电运行，机组由"被动右偏航"进入"主动左偏航"状态，偏航位置减小、偏航速度由正值转变为负值，在左偏航过程中，211Q1 跳闸，机组故障停机。另有多台机组在偏航电子刹车（半泄压）打开瞬间，便出现 211Q1 跳闸现象。

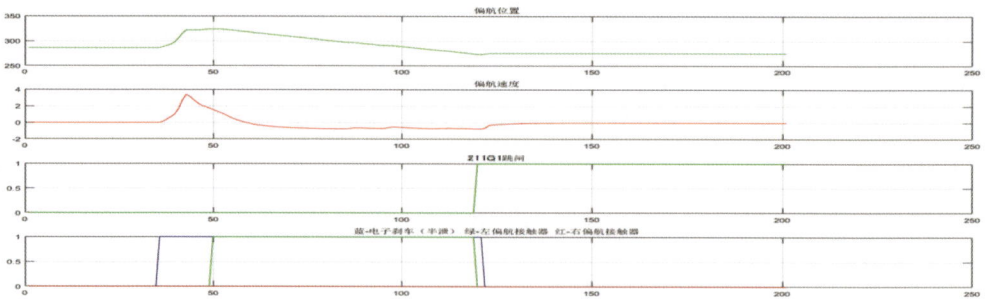

图 2-528　故障关键数据图

▶ **事故根本原因**

机组偏航过程故障要因分析如下：

机组在偏航过程中，主要受风载荷、偏航轴承摩擦力及偏航制动器制动力的影响，因风载荷不可控，此处不进行分析讨论。偏航轴承摩擦力也可通过良好的轴承润滑降低其影响。偏航制动器制动力则受余压的大小、卡钳摩擦片及卡钳内部积灰的影响较大。除此之外，鉴于多台机组在偏航电子刹车（半泄压）打开瞬间，便出现 211Q1 跳闸的现象，则与偏航电机的启动电流及 211Q1 开关的整定值存在较大关系，而偏航电机启动电流与偏航软启及载荷（风载荷、偏航轴承摩擦力及偏航制动器制动力）存在较大联系，因此，下面重点将从余压定值的设定、偏航软启启动时间、开关整定值及卡钳部位的维护进行分析。

（1）偏航软启动时间及 211Q1 开关整定值分析。若软启动时间设定值越小，启动电流越大；启动时间设定值越大，电压升压慢、转速上不去，长时间处于高电流情况下，也会导致热继动作或跳空开。经排查，软启动时间设定值大小不一，平均设定值为 5.3s 左右。因此，根据电机、软启等相关参数，对合理设定值重新进行测算。

1）偏航电机额定电流（I_n）。

$$I_n = P_n / (\sqrt{3} \times U_n \times \cos\phi)$$
$$= 3000 / (1.732 \times 400 \times 0.76) \tag{2-9}$$
$$= 5.7A$$

式中：P_n 为额定功率；U_n 为额定电压；$\cos\phi$ 为功率因数。

2）偏航开关整定值计算：开关整定值一般为电机额定电流的 1.2～1.4 倍，即整定值为 27.36～31.92A。经排查，部分机组开关整定值为 26A，厂家设计值为 28A。

3）偏航软启动时间计算：根据偏航电机额定电流 5.7A，因为三相电机瞬时启动电流是电机额定电流的 5～7 倍，所以四台电机的启动电流最大可达 159.6A（5.7×7×4）。依据 DS6-340-30K-MX 型偏航软起，应将斜坡起动时间设置为 7.5s。起动电流-斜坡起动时间关系如图 2-529 所示。

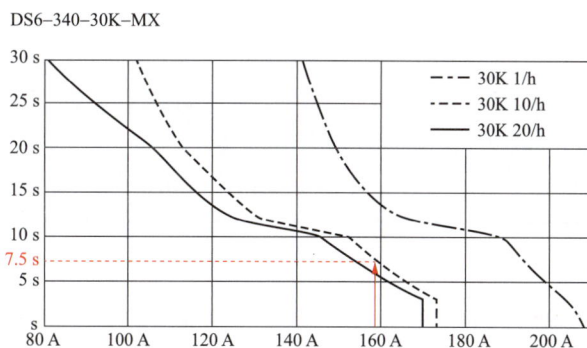

图 2-529 起动电流-斜坡起动时间关系图

（2）偏航软余压分析。若偏航余压过高，会导致阻尼增大，偏航电机负载过大，导致跳空开；若余压过低，无法提供有效制动力，大风偏航时，存在"被动偏航"现象，引起过载跳空开。经逐台排查，偏航余压平均在 31bar 左右，余压整体较高（厂家设计值为 15～30bar 之间）。

（3）偏航制动器分析。采用齿轮驱动偏航系统时，为避免因振荡的风向变化而引起偏航齿轮产生交变载荷，采用偏航制动器来吸收微小自由偏转振荡，防止偏航齿轮的交变应力引起轮齿过早损坏，使得机组平稳偏航；其次是当偏航停止后，可靠锁紧刹车盘，防止机舱转动。

1）偏航制动器夹紧力为

$$F = nPS \tag{2-10}$$

2）偏航制动器制动力为

$$f = \mu F \tag{2-11}$$

式中：n 为刹车钳个数；P 为液压系统正常压力；S 为缸体底面积；μ 为摩擦系数。

由以上可知，当偏航制动器夹紧力一定时，制动器制动力与摩擦系数成正比，一般摩擦材料的摩擦系数为 0.35～0.4。但在实际运行过程中，摩擦片的磨屑、粉尘、锈迹在高温的作用下，形成硬质层，摩擦系数降低，导致偏航制动器制动力下降，而且，伴有偏航异响及偏航振动加大。在大风偏航过程中，也容易出现"被动偏航"现象的发生。

▶ **事故处理措施及结果**

根据上述分析及排查结果，得到：

（1）调整 211Q1 开关整定值为 28A。

（2）偏航软启动时间调整为 7.5s。

（3）偏航余压调整为 22bar，为消除气温对余压的影响，分夏、冬季各调整一次。

（4）清理偏航制动器摩擦片周围积灰及油脂，减小磨屑、粉尘、锈迹对摩擦系数的影响，对摩擦片有异常的，及时进行更换。

根据以上措施进行处理后，偏航测试正常。偏航测试图如图 2-530 所示。

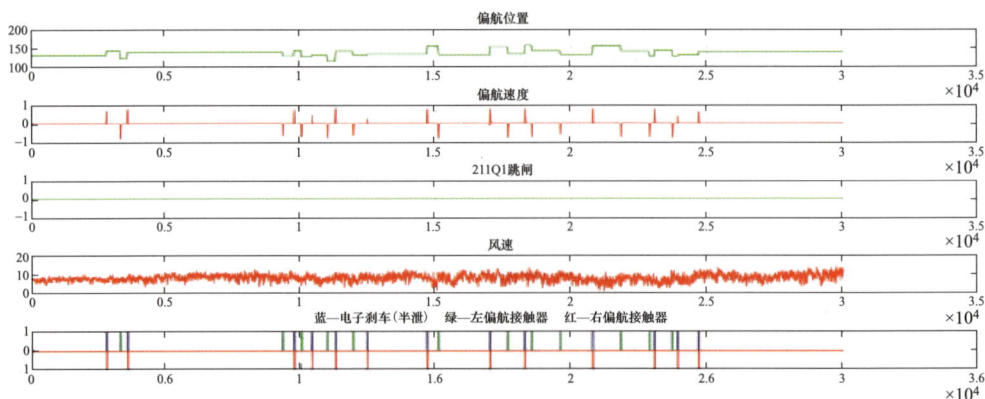

图 2-530　偏航测试图

（1）设备维护。

1）摩擦片检查与更换：摩擦片用钢板和摩擦材料制造，每个摩擦片的平均厚度为18mm，任何摩擦片的厚度低于12mm时，表明已经磨损掉6mm，应立即更换摩擦片。摩擦片的尺寸根据制动器类型不同可能会不同，要根据制动器的型号（antec制动器、sime制动器）更换摩擦片。如果是配有磨损指示衬垫的摩擦片，根据指示器的状态更换摩擦片。根据制动器类型的不同有不同的制动器更换程序：①必须将制动器的半卡钳从装配体上卸下，然后直接拆下摩擦片。②有端头止挡的制动器的更换程序如下：松开摩擦片回缩螺钉，并注意不要丢失回缩弹簧（只针对有摩擦片回缩系统）→卸下一个半卡钳的端头止挡→拆下旧的摩擦片，并更换新的→如果同时卸下半卡钳的两个端头止挡，可以从半卡钳的中间抽出摩擦片→装上新摩擦片后，上紧摩擦片安装螺钉直到螺钉末端接触到回缩螺钉的衬套→两个半卡钳的端头止挡再安装到位，并按要求上紧螺钉。

2）偏航制动器拆卸及更换（新制动器应在工作室清洁外部和内油道）：①泄掉偏航系统的液压力；②拆除偏航制动器上的管路接头，注意收集制动器油口的油脂，不要泄漏到机舱里；③用力矩扳手依次拆下8个M27×265的螺栓。

注意：每个螺栓旋转三圈，顺次拆卸，中间不得跳跃拆卸，直到所有螺栓完全松开后再将其一次性拆掉。

（2）运行调整。采用新技术、新方案对大部件进行监测，随时监测大部件运行状态，可尽早发现问题，避免造成倒塌的重大事故。

2.7.7　偏航滑移故障事故案例及隐患排查

某型号风电机组采用13个A型被动式偏航制动器和5个B型电磁制动三相异步电动机。如图2-531所示，制动器主要由上半基体、下半基体、预紧机构、碟形弹簧组件、下摩擦片和径向摩擦片组成，使用高强度螺栓与机舱主结构连接，通过预紧机构的螺母来调节碟形簧片组件，使下摩擦片产生对偏航齿圈的压紧力。机舱主结构与偏航齿圈之间安装有上摩擦片，主要用来支撑机舱和风轮的质量，并提供部分摩擦制动力矩。偏航齿圈和制动器之间安装有径向摩擦片，主要起到径向弹性支撑作用。上摩擦片、径向摩擦片、下摩擦片分别连通偏航制动器内的油道，通过机组自动润滑装置定时、定量对摩擦片进行润滑，改善摩擦片的运行工况，减少偏航制动器的使用强度和维护周期，提高偏航制动器的使用寿命。通过数字模拟量传感器对摩擦片运行状态进行实时监测，通过后台查询数据即可获得一段时间内摩擦片的磨损运行情况，降低运维人员的工作强度，同时又可以预测摩擦片的使用寿命。13个偏航制动器和5个偏航电机电磁制动器共同组成风电机组偏航系统的制动系统。

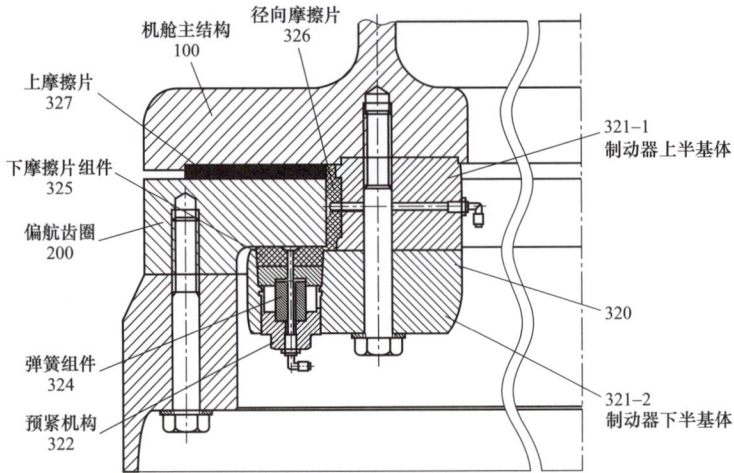

图 2-531 偏航制动器结构图

机组正常运行 7 个月后的一次大风天气，5 台机组连续报出"风机偏航速率异常"故障，机组发生偏航滑移。维护人员登塔对偏航制动系统进行检查发现：

（1）偏航电机电磁制动器抱闸力矩消失，在抱闸未得电状态下，用手可以转动电机尾轴。

（2）偏航电机摩擦片异响磨损，摩擦层破裂，如图 2-532 所示。

▶ **事故根本原因**

通过运维人员观察，发现机组报出"风机偏航速率异常"故障前，会频繁报出"机舱与风向偏离过大"告警。

通过查看后台数据，机组在不偏航的状态下机舱角度变化 62.48°，如图 2-533 所示。

图 2-532 偏航电机摩擦片磨损情况

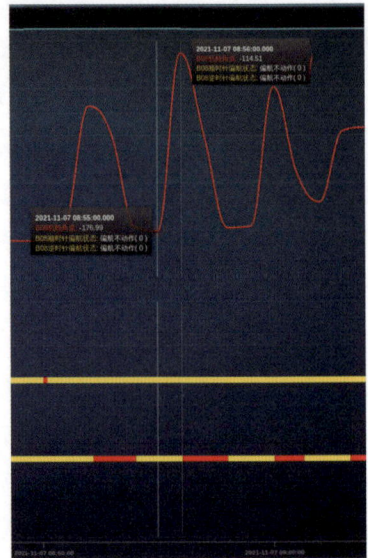

图 2-533 机舱角度变化曲线

总结故障原因如下：由于机舱位置的保持力矩是由偏航制动器的夹持力矩和偏航电机电磁制动器制动力矩共同组成，当偏航电机电磁制动器刹车片随着使用过程中的累积磨损被消耗之后，电磁制动器将失去制动力矩。而在大风、山地等特定风场，风机前端水平方向的风速有严重的水平剪切，该水平剪切会使得每次偏航结束之后，在偏航电机制动过程中，电机电磁制动器刹车片的磨损偏大，加快刹车片的磨损。由于来风方向的水平剪切偏载超过卡钳夹持制动力矩，将会推动机舱与塔顶齿圈发生相对运动，从而发生滑移。

▶ **事故处理措施及结果**

经检查分析，偏航电机电磁制动器刹车片磨损严重是产生偏航滑移的根本原因，应采取以下故障处理措施：

（1）使用毛刷、抹布彻底清理刹车片磨损残留在偏航电机电磁制动器中的铁屑粉末。

（2）更换相同型号的刹车片，调整刹车片与偏航电机电磁制动器的间隙在 0.3～0.5mm 之间。若间隙小于 0.3mm，电磁制动器衔铁能动作的行程太小，摩擦片上的压力不能完全释放，开闸不完全；若间隙大于 0.5mm，那么空气部分的磁阻太大，产生的电磁力不足以克服弹簧阻力，无法把衔铁拉起，同样导致无法可靠的开闸。

采取上述措施，更换 5 个偏航电机的电磁制动器刹车片后，现场进行多次手动偏航测试，电磁制动器均能正常工作，机组偏航制动系统恢复正常运行。

▶ **隐患排查重点**

（1）设备维护。

1）检修时，检查液压油位是否在正常位置；液压制动系统油位偏低，应检查液压系统是否漏油，如有漏油，及时处理并添加油使其恢复正常水平。

2）在机组偏航电机电磁制动器中增加信号反馈点，当刹车片磨损到一定厚度或者电磁抱闸与刹车片间隙超过规定范围时发出故障报警信号，风机进入停机模式，从而避免由于刹车片过度磨损，造成偏航制动力矩减少，导致偏航滑移情况出现。

3）根据机组偏航制动器与偏航电机之间的配合建模，增加偏航制动器的数量或者调整偏航制动器的制动力矩，增加偏航制动器与偏航齿圈的摩擦力。

4）将机组偏航电机电磁制动器加入定期维护项目中，每半年进行一次检查维护，定期调整电磁抱闸与刹车片的间隙。

5）在山区大风天气时，运行人员加强风电机组的监盘，发现机组频繁报出"机舱与风向偏离过大"告警时，远程手动停机，对机组偏航制动系统进行检查维护。

（2）运行调整。

1）定期分析机舱位置与偏航动作数据，出现主控发出偏航指令和偏航动作的现象，应及时停机对电磁刹车进行检查。

2）检查偏航制动卡钳情况，适当紧固偏航制动卡钳，增加卡钳的制动效果，防止因卡钳制动效果变差导致电磁刹车过度磨损。

2.8 ▶ 通信系统事故隐患排查

2.8.1 总线故障异常事故案例及隐患排查

▶ **事故表现**

2013 年 12 月 28 日 15:20，某项目 9 号风机突然紧急停机，机组报 20 号子站电源故障，41～43 号子站故障，塔底急停、机舱急停等故障，通过面板发现机舱与主控通信中断，检查机舱柜发现光电转换模块故障灯常亮。

▶ **事故根本原因**

滑环内部安全链 24V 供电和 DP 部分电刷距离较近，残留金属杂质太多导致两种信号短路，造成 24V 传入 DP 信号上，DP 通信为 5V 电压，24V 远远超过其运行范围，机组通信协议错误，主控无法识别机组故障信息，最终报出故障。

▶ **事故处理措施及结果**

机组的故障文件及故障信息，如图 2-534 和图 2-535 所示。

profibus					
error_profi_node_10_diag	off	error_profi_node_11_diag	off	error_profi_node_20_diag	
error_profi_node_41_diag	on	error_profi_node_42_diag	on	error_profi_node_43_diag	
error_profi_node_10_diag_info	2	error_profi_node_11_diag_info	11	error_profi_node_20_diag_info	
error_profi_node_41_diag_info	2	error_profi_node_42_diag_info	2	error_profi_node_43_diag_info	
error_profibus_node_10_supply	on	error_profibus_node_11_supply	on	error_profibus_node_20_supply	
error_profi_node_10_fuse_defect	off	error_profi_node_11_fuse_defect	off	error_profi_node_20_fuse_defect	
error_profibus_node_80_supply	off	error_profi_node_80_diag	on	error_profi_node_80_diag_info	
saftey system					
error_safety_sys_em_button_tower_base	on	error_safety_sys_em_button_topbox	on	error_safety_system_overspeed_modul	
error_safety_sys_vibration_switch_nacelle	off	error_safety_system_cable_twist	off	error_safety_sys_safety_system_ok_from_pitch	
error_safety_system_rotor_lock	on	error_safety_system_plc_em_stop_demand	off	error_safety_system_safety_system_ok	
error_satety_WT_rotor_em_accident	off				

图 2-534　9 号机组故障文件

机组基本信息					
机组所在地	qiaowan3	变流器类型	国产Freqcon	主控程序版本	1500_FR_V130531
机组号	9	变桨类型	Vensys	初始化文件版本	Sinoma40.25_V20130531
发电时间	14090.8 h	冷却类型	风冷	变桨程序版本	0.0
总发电量	5456973 KWh	网侧测量类型	无	变流程序版本	无
机组故障信息					
故障时间	2013-12-28 15:20:25	风机状态	启动	停机等级	故障紧急停机
环境温度	-3.0 ℃	第一故障名称	10号子站电源故障	第二故障名称	11号子站电源故障
风速	-10.3 m/s	10秒平均风速	1.2 m/s	30秒平均风速	1.3 m/s
风向角	-90.0 deg	25秒平均风向角	178.9 deg	变流器反馈转速	0.0 deg
发电机转速	0.0 rpm	叶轮转速1	0.0 rpm	叶轮转速2	0.0 rpm
叶片1位置	0.0 deg	叶片2位置	0.0 deg	叶片3位置	0.0 deg
X方向机舱加速度	-0.500 g	Y方向机舱加速度	-0.500 g	机舱加速度有效值	0.074 g

图 2-535　9 号机组故障信息

通过查看故障文件，以及结合故障现象分析，故障可能原因如下：

（1）机舱柜中 DP 头松动。

（2）光纤插头松动。

（3）DP 线屏蔽层虚接。

（4）BK3150 模块损坏。

（5）光电转换模块、光纤损坏。

（6）20 号子站 24V 电源故障。

（7）机舱接地和其他原因。

按照上述分析原因，对机舱柜进行检查。检查过程中没有发现 DP 头松动现象，DP 线屏蔽层接地正常；光纤插头与光电转换模块连接牢固，并且光纤能正常透光；机舱接地线连接牢固。将怀疑重点放在（4）～（7）上，以下分别对（4）～（7）检查。

第一步：（4）检查 BK3150，发现上面所有的 LED 灯都不亮，更换新的 BK 模块后 LED 灯显示正常，于是判断之前的 BK3150 已烧坏。机组复位后故障不能消除，并且所报的故障和之前一样。

第二步：（5）再检查，发现光电转换模块也已烧坏。

第三步：（6）根据面板报的故障信息，结合机舱图纸分析，怀疑是 UPS 发生故障，产生了谐波电流，导致 BK3150 模块和光电转换模块烧坏。图 2-536 UPS 为 BK3150 模块提供电源。

使用数字万用表对 UPS 电源电压进行检测，测量值为 23.82V，检测结果显示 UPS 正常。考虑到谐波电流有时不容易被检测到，有可能会"放过"故障点，于是给 BK3150 重新接一个正常的 UPS。更换了新的光电模块，复位后机组显示正常。过了大概 30s，机组又报出同样的故障，然后检查发现 BK3150 正常，而光电模块的 ERR 灯一直亮，排除 UPS 故障的可能性。

第四步：回到（5）原因点，在检查到光纤时，发现连接主控柜光电模块 TD 端口的光纤透光性与其他机组相比较弱。光纤通过光电模块发出的光进行传输数据，如果光的强度被削弱到一定程度，势必会影响到通信。

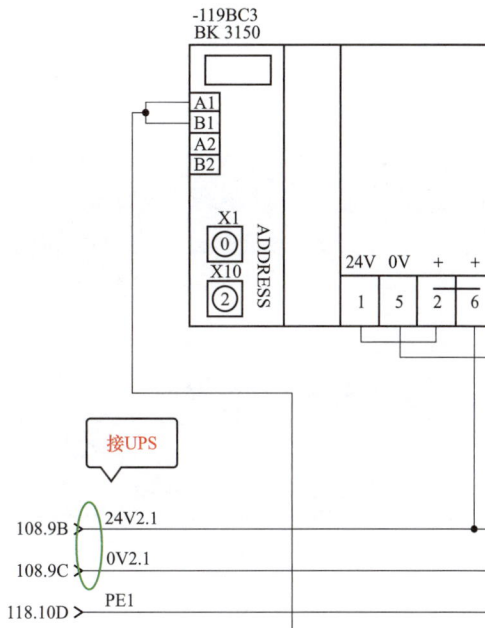

图 2-536 UPS 为 BK3150 模块提供电源

造成光纤透光弱的原因有两个：第一是光纤头没有做好，导致光的强度减弱；第二是光纤受到破坏，导致光不能很好地传输。为了解决此次故障，首先重做了光纤头，发现效果不明显，然后决定验证是否光纤正常。最直接的办法是把光纤拆下来，接到另一台机组上看是否正常通信。拆之前对光纤头进行保护处理，然后小心拆下，接到相邻的 8 号机组上进行验证，同时也将光电模块拆下验证。结果 8 号机组通信正常，排除光纤的干扰。顺便将 9 号风机上拆下的光电模块安装到该机舱，机组显示通信故障，确定此光电模块为坏件。然后将光纤重新接到 9 号风机上。

第五步：（7）联系片区请求技术支持，重点检查 DP 电缆和接头。当片区技术人员到达现场后重新寻找线索，在用万用表检测机舱 BK3150 模块上的 DP 头时，发现 DP 线中的橘色线和屏蔽层是导通的。通过检查发现这根 DP 线是来自变桨系统，中间经过了滑环，怀疑故障出在滑环或者变桨柜中的 DP 线上。于是先将变桨柜的 DP 线隔离，检查滑环。甩开变桨柜中的 DP 线，用万用表检测从滑环到机舱的 DP 线是导通的，于是判断问题出在滑环里。接着对滑环检查，打开滑环时，发现滑环上有较多黑色油污，这是滑环轴承里的润滑油外漏造成的，并且 DP 线的电刷与 24V 电刷有短路迹象。对滑环拆下后进行检查，发现滑环转动困难，轴承损坏导致卡滞。轴承在损坏状态下转动时会产生颤动，导致滑环在转动时 DP 电刷与 24V 导电，使 DP 线带 24V 电压，从而将光电模块和 BK3150 烧毁。另外，检查发现在滑环处 DP 橘色线与屏蔽线导通。图 2-537 为拆下的故障滑环。由于滑环的 DP 线连接 20 号子站和变桨子站，怀疑变桨子站模块很可能也已经烧坏。于是对 3 个变桨柜进行检查，发现只有 41 号子站 DP 头烧坏，如图 2-538 所示。

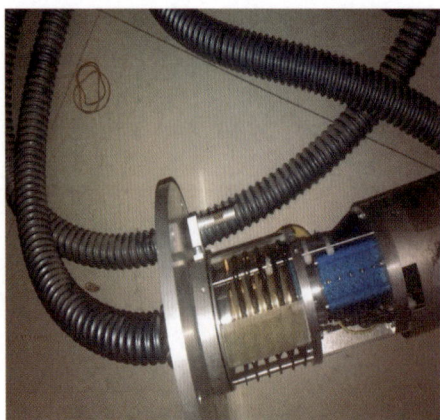

图 2-537　故障滑环实物图

图 2-538　变桨子站 DP 头烧毁图

综上所述，由于滑环内部安全链 24V 供电和 DP 部分电刷距离较近，且长时间运行残留金属杂质太多导致两种信号短路，造成 24V 传入 DP 信号上，而 DP 通信的用电只有 5V 电压，24V 远远超过其运行范围，故而导致机组面板显示的故障。接下来，机组更换滑环后终于恢复正常。

▶ **隐患排查重点**

1. 设备维护

（1）维护注意事项。

1）在开始滑环拆卸工作之前，要切断外部所有电源连接（机舱到变桨系统的 400V AC 电源、变桨系统电源主开关），包括滑环到机舱柜及变桨柜的所有哈丁接头，保证整个滑环系统处于断电状态。

2）金丝触点喷剂属易燃品，应存放于远离火焰、火花和热源的地方。

3）金丝触点喷剂只能使用文件中提到的喷剂型号，不能使用其他喷剂、润滑剂等。

4）安装维护过程中，滑环要轻拿轻放，在安装过程中不小心摔落就可能损坏滑环。

5）要注意滑环外壳某些边缘是很锋利的，安装过程中要佩戴防护手套避免伤手。

6）在滑环安装或维修工作后，要固定好滑环及其外围所有组件，如滑环锁定销、锁定销固定板、滑环电缆固定、滑环电缆哈丁接头等。

（2）维护操作说明。

1）将固定在锁定销①处的滑环锁定销固定板移开，如图 2-539 所示。

2）将滑环壳体上、下两个螺钉②松开，并把滑环壳③沿轴的方向拆下。

3）查看滑环的金丝刷块④和滑环模块是否有划伤的痕迹和磨损的小片，如果发现上述状况，维护人员不得私自处理，应将此滑环退回厂家维修。

4）查看刷丝和环表面上有无剥落的碎片或粗糙颗粒，比如颗粒大于 1mm，如果发现上述状况，维护人员不得私自处理，应将此滑环退回厂家维修。

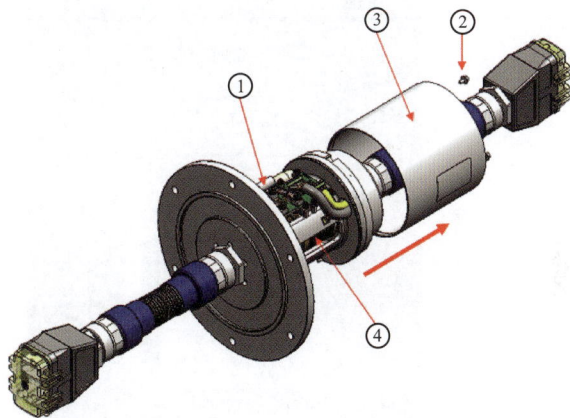

图 2-539　滑环拆卸、安装示意图

5）查看有无金颗粒从表面脱落，如果发现上述状况，维护人员不得私自处理，应将此滑环退回厂家维修。

6）把不需要润滑的地方予以覆盖，以免喷洒时受染。

7）每次喷洒前用力摇动金丝触点喷剂罐，让喷剂在罐内达到均匀；然后将喷头对准滑环表面，距离最少 10cm 左右；延轴向由左向右对滑环表面快速喷洒，喷洒时间约 2s 即可；转动滑环 180°，再对滑环表面喷洒一次，步骤同上；如滑环不能转动，可以根据维修窗的宽度再喷洒一次；如果滑环的密封圈破损，必须更换。

8）装回外壳③拧紧螺钉 M3②，建议使用扭矩扳手，扭矩为 0.6～0.8Nm；将滑环锁定销固定板装回到滑环锁定销①上。

（3）运行调整。

1）定期对滑环进行维护，建议将滑环拆解至干净的环境下进行深度保养。

2）制定滑环维护计划，严格按照技术文件要求每 6 个月一次滑环维护，同时提高滑环维护质量。

2.8.1.2 机组总线故障

▶ **事故表现**

某机组报出总线故障，风电机组立即进入急停模式，叶片紧急收桨，发电机与电网脱开，叶轮转速降低后，高速刹车动作，机组处在刹停状态。机组触摸屏报出 2118 代码，PLC 显示器报出具体总线异常的模块位置并伴有红色背光亮起。

▶ **事故根本原因**

报出总线故障时，PLC 屏幕上会显示相应的故障代码，如图 2-540 所示。根据不同的故障代码，可以知道故障发生的具体位置。

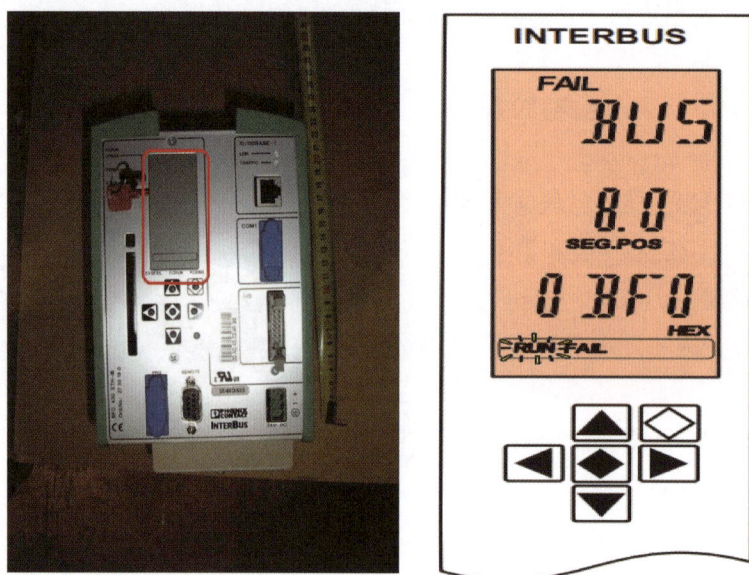

图 2-540　PLC 总线故障查看

同时，也可以通过触摸屏查看总线故障的具体位置。在触摸屏"工具菜单"选项中选择"诊断"，再选择"INTERBUS Y FO"，就可以看到当前模块状态，如图 2-541 所示。

总线故障的主要原因有以下几点：

（1）顶部至底部通信光纤连接不良好。机舱控制柜内的顶部 PLC 模块光纤、塔底控制柜内的 CCU 光纤（见图 2-542）、塔底控制柜内的 PLC 光纤，三处光纤如果有松动或信号中断，都会报出总线故障。

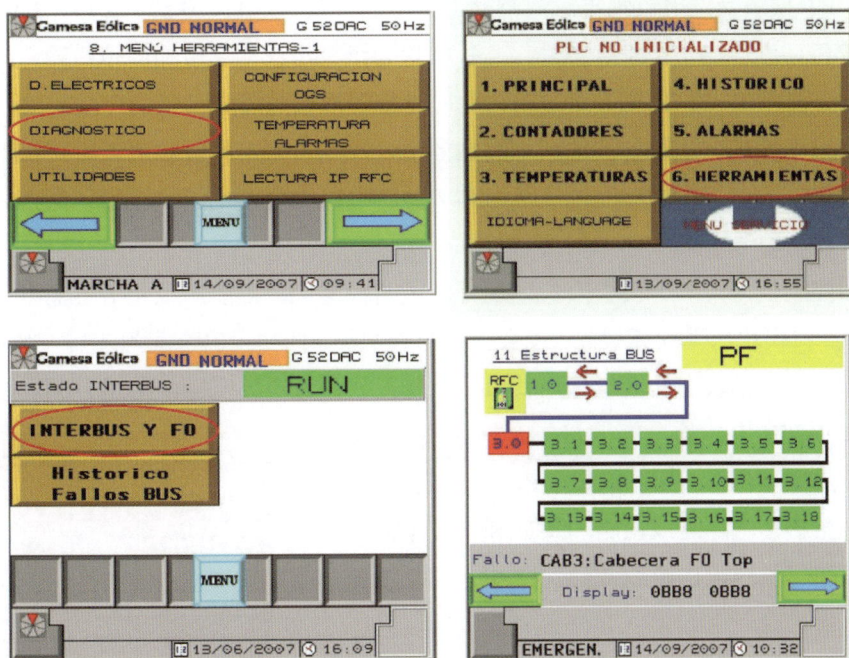

图 2-541 总线故障查看流程

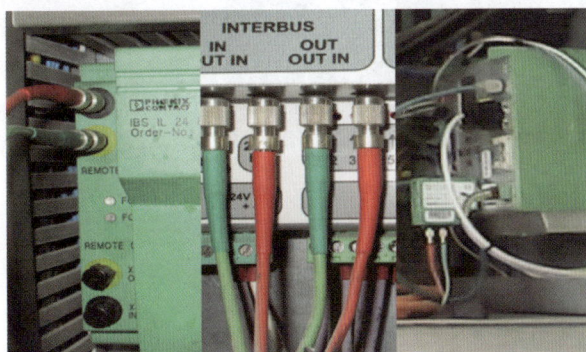

图 2-542 CCU 光纤接口

（2）模块失电。当顶部控制柜内的模块全部失电或部分失电后，由于 PLC 无法检测到信号，会报出总线故障。机舱顶部模块如图 2-543 所示。

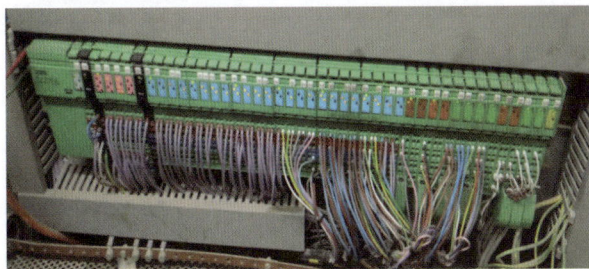

图 2-543 机舱顶部模块

（3）PT 模块受发电机轴电流影响。当报出的位置为 3.11、3.12、3.13、3.14 时，对应的是 PT1、PT2、PT3、PT4 模块，PT 模块为该机组检测温度的模拟量输入模块，模块抗电磁干扰能力差，可能导致机组运行时报总线出错故障。

机组发电机轴电流通过接地碳刷对地导通，发电机集电环接地侧碳刷磨损严重或者集电环接地侧滑道出现点蚀等情况时，高频的轴电流则会出现阶梯波形式变化，从而影响模拟量模块信号采集。

顶部控制柜内某一个模块因长期运行，电路板老化，可能出现无信号输出或者信号无法采集，即模块出现损坏现象，也会报出总线故障。例如报出位置为 3.15，则为 RS485 模块出错，检查模块上的信号灯，若信号灯全灭，即为模块损坏，如图 2-544 所示。

（4）顶部所有模块之间连接不良好。顶部模块通信拓扑图见图 2-545，当顶部所有模块之间连接不良，就会出现数据传输延迟或出错，CCU 和 PLC 则会判断为总线出错，机组报出总线故障。

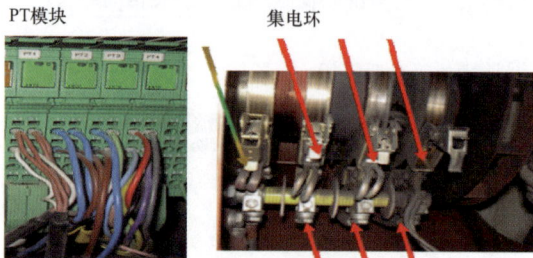

图 2-544　顶部控制柜内模块损坏

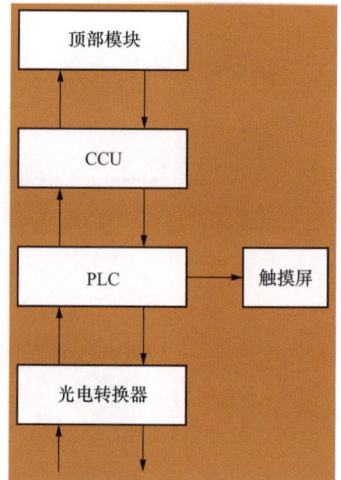

图 2-545　通信拓扑图

▶ 事故处理措施及结果

处理总线故障按照以下步骤进行：

（1）检查光电耦合器和光纤的连接是否紧凑。

（2）检查 PLC 显示屏上的信息，了解报出的模块代码，确认是哪一个模块出现故障。

（3）检查模块指示灯是否正常，接线是否紧固，用万用表测量线路是否导通。

（4）检查接地碳刷磨损程度，更换接地碳刷；检查集电环磨损程度，更换集电环。

（5）检查 PT 模块屏蔽层是否接好，或者可以给模块加装接地屏蔽线。

（6）检查通信模块光纤接线是否松动有异常。

对以上步骤进行逐一排除和整改，可有效消除总线故障的发生。

▶ 隐患排查重点

（1）设备维护。

1）光电转换器每运行五年，建议全程进行批量更换，机组并网发电后建议每 12 个月完成一次模块紧固工作，防止因模块间松动造成通信故障影响机组运行。

2）光纤铺设及安装过程中，需要额外注意其转弯半径必须大于其 8 倍的外径，防止因光纤过度弯折造成内部纤芯承受应力损坏。

3）每六个月建议使用光衰测试仪，完成机组光纤光衰测试光衰正常值在 25DBm 左右。一般来说，光衰最大值–40DBm，但想要达到稳定的效果光衰一定要少于–25DBm。

4）光纤铺设时，应避免与尖锐的设备相接触，或使用波纹管防磨橡胶进行额外保护，容易产生摩擦的位置应使用扎带进行固定。

5）针对干扰类通信故障，首先应确保整机接地效果良好，建议每年完成一次整机电阻测试，要求整机接地电阻值小于 100MΩ。

6）巡检过程中，检查轮毂内接线是否固定牢靠，是否有断线、虚接、线缆磨损等，发现上述现象应及时进行整改。

7）巡检维护过程，检查柜体之间的控制电缆、CAN 通信电缆是否有磨损、折断现象，以防由于通信原因造成机组故障停机。

8）巡检维护过程中，检查驱动器至变桨电机动力线缆绑扎是否牢固，若松动应重新紧固，检查发电机接地碳刷接地是否良好、本体接地线安装牢固且接触面无锈蚀等。

（2）运行调整。

1）通信故障为风电机组较为复杂的故障，通常处理起来耗费时间较长，机组良好的接地也就变得尤为重要。现场工程师可以通过通信故障数据进行分析判断具体问题点，做批量性地优化巡检或技改，减少故障停机时间，增加风电机组的发电量。

2）日常监控要注意 CPU load 数据及各个子站丢包数据统计情况，针对某些子站存在丢包现象，则应在小风天气进行预警排查，以防大风天气机组报出故障影响发电量。

2.8.2 PLC 温度高事故案例及隐患排查

▶ 事故表现

某机组在高温天气报出机组通信故障，经过现场工程师排查发现，故障触发原因为高温天气下主控 PLC 过热死机，从而导致通信故障发生造成风机故障停机。

▶ 事故根本原因

1. 主控系统的散热情况分析

该项目风电机组的主控系统采用某主控系统。主控系统塔底主站主要由 CX5020（PLC）、EL6900（安全逻辑模块）、EL1904（安全链输入模块）、EK1521（光纤接口模块）、EL6751（CAN 通信模块）、BK1250（E-BUS 转 K-BUS 总线耦合模块）、KL9210（供电模块），以及各输入/输出模块组成。塔底主控柜内各元件布置图如图 2-546 所示。

塔底柜主要的发热元件为光电转换交换机、400V AC 转 24V DC 电源模块、UPS 以及主控 PLCCX5020。通过图 2-546 可以很明显地看出，塔底柜内的发热元件均集中在控制柜的上部。然而，塔底柜的散热风道示意图如图 2-547 所示（柜体左视图）。

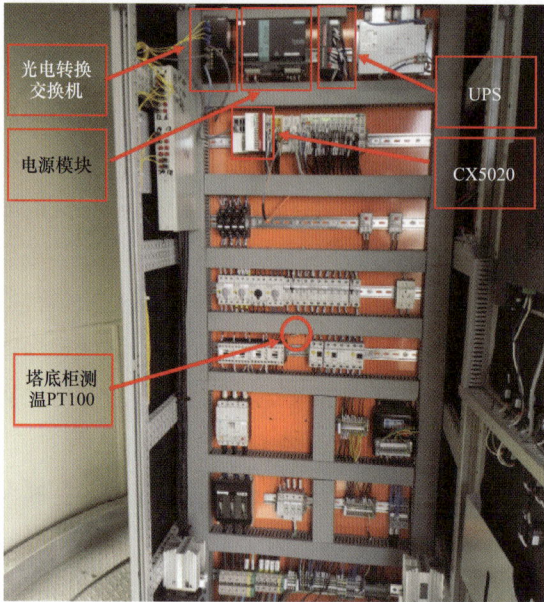

图 2-546　塔底主控柜元件布置图

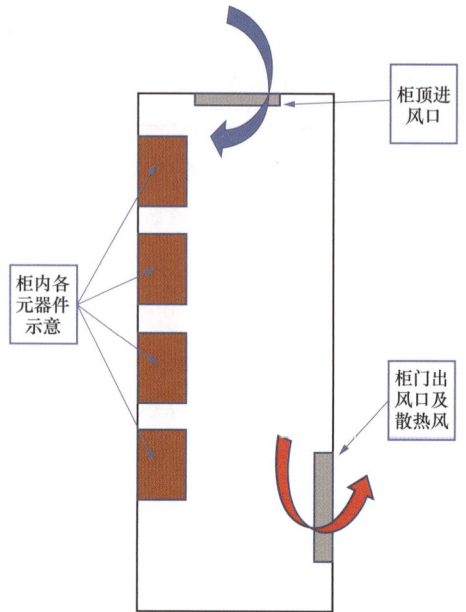

图 2-547　塔底柜散热风道示意图

以上为本项目风机塔底柜散热风道示意图，其设计初衷为：控制柜外部的冷空气通过顶部进风口进入控制柜，然后通过底部出风口及散热风扇将热空气排出柜体外。但是，此设计有诸多设计缺陷：①热空气都是自下而上自然运动，而且柜内发热元件都集中在柜体顶部。自上而下的散热风道显然不符合设备实际散热需求。②设备运转时，变频器释放的热量也在向上运动，从柜外吸入空气进行散热的方法也并没有实际效果，甚至适得其反。

但根据实际运行情况来看，塔底柜散热风扇几乎不启动工作，经过现场测温发现，控制柜内温度基本保持在 40℃ 以下（见图 2-548）。

此温度为主控 PLC 旁柜体温度，此时设备正常运行，实测温度为 39.6℃。而此温度代表了塔底控制柜柜体内部的最高温度，其余部位温度均低于此温度。根据上边展示的塔底柜布置图可以清楚看到，塔底柜测温 PT100 位于柜体中下部，此区域几乎没有任何发热元件，加之塔底柜内元件较少，故相对空间较大，而发热元件均集中在柜体顶部，此 PT100 测得的温度基本保持在 38℃ 左右（见图 2-549，机组正常满发时实测温度为 36.6℃）。

根据联该机组程序逻辑图（见图 2-550）可知，当塔底柜温度高于 40℃ 时，塔底柜散热风扇才会启动。这种运行条件也就间接地为塔底柜创造了一个相对独立的工作空间，柜内整体温度基本保持在一个相对较低的温度范围内，仅仅是柜体顶部设备温度较高。通过实测，在机组满发以及全天气温最高的时刻，机组主控 PLC 的温度基本都保持在 50℃ 以上，如图 2-551 所示。但如果持续高温，主控 PLC 极易因超温而导致死机，进而导致机组故障停运。

图 2-548 控制柜现场测温图

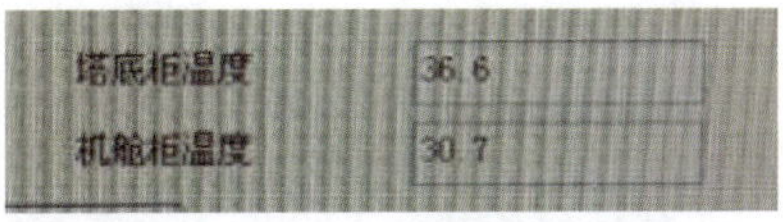

图 2-549 塔底柜与机舱柜温度对比图

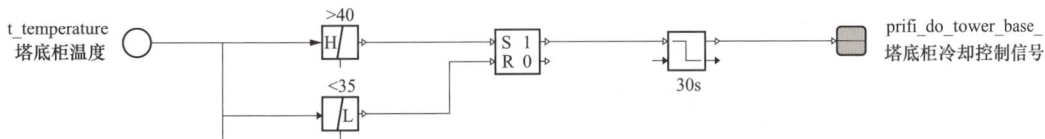

图 2-550 本项目机组程序逻辑图

2. 主控 PLC 参数分析

本项目机组塔底主控 PLC 为 CX5020，CX5020 采用的是 1.6GHzIntel®AtomZ530 处理器。该风电场使用的 CPU 模块 CX1020 采用 1GHzIntel®Celeron®M 处理器。除了时钟频率不同外，这两种处理器还有一点不同的是，Z530 采用了超线程技术，即它有两个虚拟的 CPU 内核，因此处理速度更快。同时这也意味着其功耗更大，而 CX5020 并不具备像 CX1020 那样的大

图 2-551 机组主控 PLC 现场测温图

面积铝合金散热片，故其散热效果较差（图 2-552 为两种 PLC 外观，明显可以看出 CX5020 除散热通风口外，未加装被动散热片，CX5020 左，CX1020 右）。

根据厂家提供的技术参数（见图 2-553）来看，CX5020 的工作温度范围是−25～60℃。而由 PLC 本体温度趋势变化图（见图 2-554）可知，现场 PLC 在每日温度最高的时间段（11:00～17:00），几乎持续保持在 50℃以上的水平。当高温大负荷情况下，外界温度有所提高，PLC 温度极易触及其工作温度上限，最终导致 PLC 死机，设备停运（7 月中旬持续高温大负荷天气过程，而 7 月末～8 月初连续阴雨天气，这与设备 PLC 走势相符合，但温度总体都保持在 50℃以上，因为 PLC 正常工作时，其数据吞吐量基本不变，所以

其功耗基本不变。但本体散热不佳，导致温度过高）。

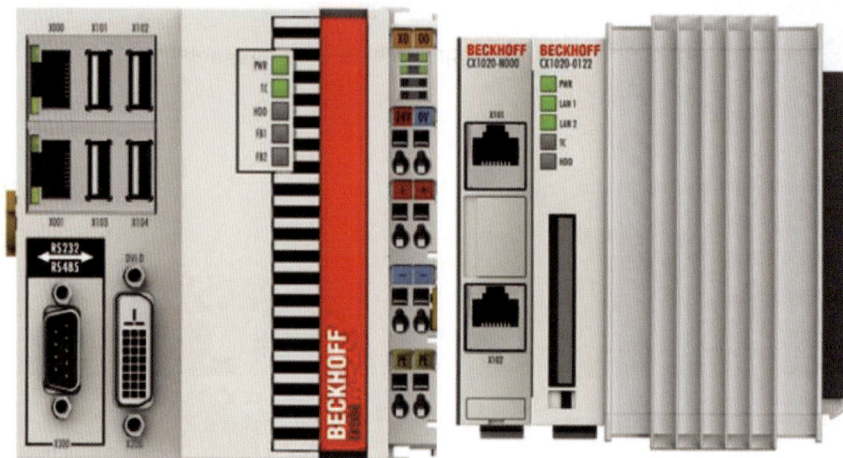

图 2-552　两种型号 PLC 对比图

技术参数	CX5020
处理器	Intel® Atom™ Z530，1.6 GHz 时钟频率
处理器核数量	1
闪存	128 MB CF 卡（可选择性地扩展）
主内存	512 MB RAM（可在出厂前安装 1 GB）
保持型内存	集成了 1 秒钟 UPS（可保存1 MB 的数据）
接口	2 x RJ45，10/100/1000 Mbit/s，DVI-D，4 x USB 2.0，1 x 可选接口
诊断 LED	1 x 电源，1 x TC 状态，1 x 闪存存取，2 x 总线状态
时钟	由电池供电的内置时钟，用于显示时间和日期（电池可更换）
操作系统	Microsoft Windows Embedded CE 6 或 Microsoft Windows Embedded Standard 2009
控制软件	TwinCAT 3 TwinCAT 2 PLC runtime，NC PTP runtime
I/O 接口	E-bus 或 K-bus（自动识别）
电源	24 V DC (-15 %/+20 %)
I/O 端子模块电流负载	2 A
最大功耗	12.5 W（包含系统接口）
外形尺寸（W x H x D）	100 mm x 106 mm x 92 mm
重量	约 575 g
工作/储藏温度	-25...+60 °C/-40...+85 °C

图 2-553　CX5020 技术参数图

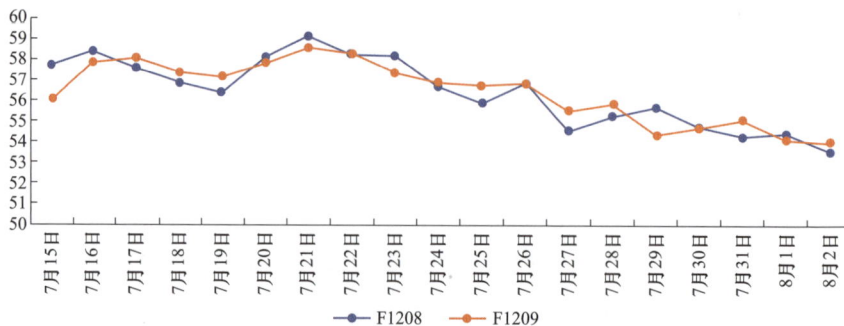

图 2-554　PLC 本体温度趋势变化图

综合上述分析可知，主控 PLC 自身发热量过大及其工作的环境较为密闭是设备发生故障的主要原因。

▶ **事故处理措施及结果**

1. 主控 PLC 散热技改方案

现场开展专项分析，计划在不改变 PLC 本体结构的情况下，在 PLC 下方加装散热风扇，使风扇由下向上送风，将柜体下方的冷空气送入 PLC 内部进行冷却，同时将 PLC 内部的热风送出，并进一步促进柜体内部热空气的对流，降低 PLC 附近环境温度，进而给 PLC 提供较为合适的工作温度。

图 2-555 为 PLC 散热风扇加装后的散热风道示意图，具体使用的设备有断电延时断开时间继电器、温控开关、散热风扇及其附件、M3×120mm 固定螺栓、0.75mm² 导线，如图 2-556 所示。

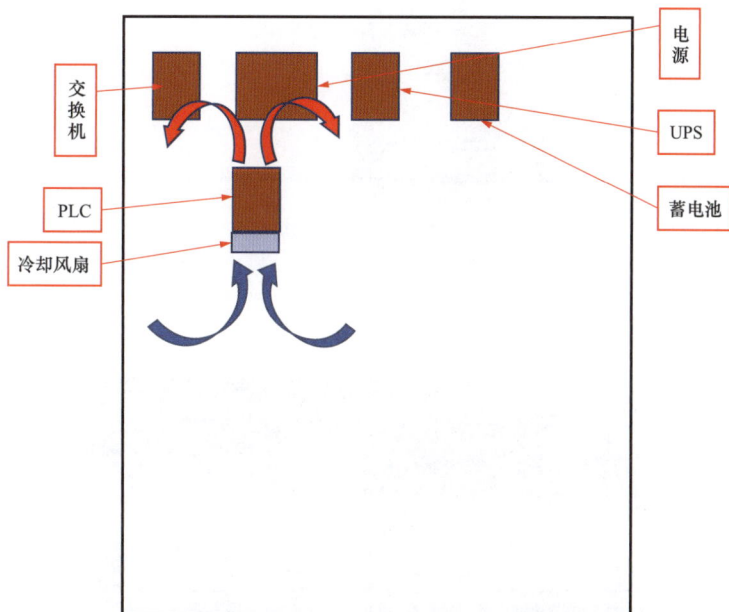

图 2-555　PLC 散热风道技改示意图

安装位置如图 2-557 所示，根据现场实地测量，在主控 PLC 左侧刚好空余出一部分空间，在此空间内可以将时间继电器与温控开关稳妥安装。

将温控开关置于 PLC 旁边的目的是，尽可能检测到 PLC 的实际温度。设计散热温度为：当 PLC 温度达到 40℃时，风扇启动，对 PLC 进行散热。根据实地测试发现，PLC 温度比温控开关温度高 3℃左右，而温控开关温度调节旋钮显示的动作温度又比温控开关实际温度高 3℃左右，因此刚好补偿温度差值，直接将温控开关冷却调节旋钮旋至 40℃，控制风扇对 PLC 进行散热。加装延时继电器的目的是，避免风扇的频繁启停，延长风扇使用寿命。此继电器为断电延时断开时间继电器，在实际工作中，当温控开关检测到 PLC 温度低于 40℃后，风扇不立即停转，而是继续运转散热，当延时 5min 后，延时继电器断开风扇电源，风扇停转。这样设计的好处是：①保证 PLC 运转在较低温度下；②当温控开关测得温度在 40℃附近上、下波动时，风扇不会频繁启停，保证了风扇的使用寿命。

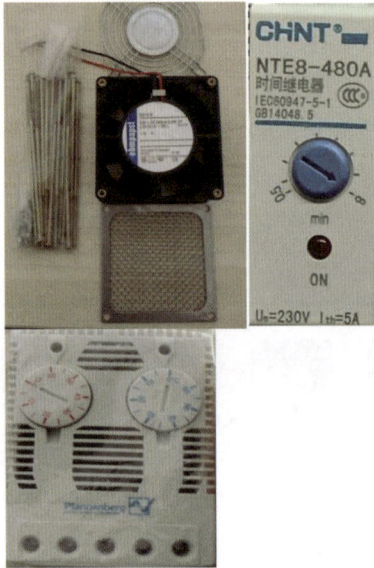

图 2-556　技改使用设备图

图 2-557　安装位置示意图

2. 电路设计方案

电路设计采用温控开关和延时继电器同时控制散热风扇的方式，由柜内 400V AC 转 24V DC 电源模块给风扇、延时继电器进行供电。为保证设备安全，避免加装元件因意外短路、接地而造成不必要的设备损失。24V 供电线路直接接在 10F3 空开下口，此空开主要控制塔底屏的供电。风扇供电回路接在此空开下口，保证出现异常后，10F3能够跳开，机组仅塔底屏和后加装的散热风扇回路断电，其他设备均能正常工作。其电气原理图见图2-558。

综上所示，9T0通过10F3空开为延时继电器L口提供24V电，当温控开关检测到温度大于40℃时导通，给延时继电器的电源检测口A口供电，A口得到电压信号后，时间继电器直接从B口输出24V为风扇提供电能，风扇进行散热。当PLC温度低于40℃，温控开关内部触点断开。延时继电器A口失电，延时继电器开始计时，待5min后，延时继电器断开B口供电，风扇停转。因技改回路中所有供电均为24V，且风扇仅为6W，建议选用1mm²铜芯导线。与设备原有的24V回路所使用的导线线径保持一致。

3. 技改结果分析

（1）主控PLC温度分析。通过长时间运行观察，发现在夏季高温季节，主控PLC的温度会达到50℃以上（见图2-559）。

但是，因为主控PLC的温度没有检测点，

图2-558 电气原理图

所以无法直接采集数据来分析PLC温度。为了更好地分析主控PLC加装散热风扇的结果，于2018年7月15日将F1208、F1209风电机组主控柜环境温度的测温PT安装在PLC处，用这两个PT的测量结果代表主控PLC的温度，从而达到数据采集的目的，

以便于数据分析。同时，以F1207风电机组的环境温度作为对比。通过采集8月3日（F1209风电机组主控PLC散热风扇安装结束后）至8月9日11:00～17:00之间的温度（全天控制柜温度最高的时段），得到如图2-560所示结果。

通过图2-560所示，Y坐标代表的是温度值，可以看出塔底柜温度在32～40℃的范围内规律变化，F1209的PLC温度也有一定的规律变化，但基本维持在40℃左右，而F1208的PLC温度则一直处于较高的状态。从走势图可以看出，未

图2-559 夏季主控PLC温度实测图

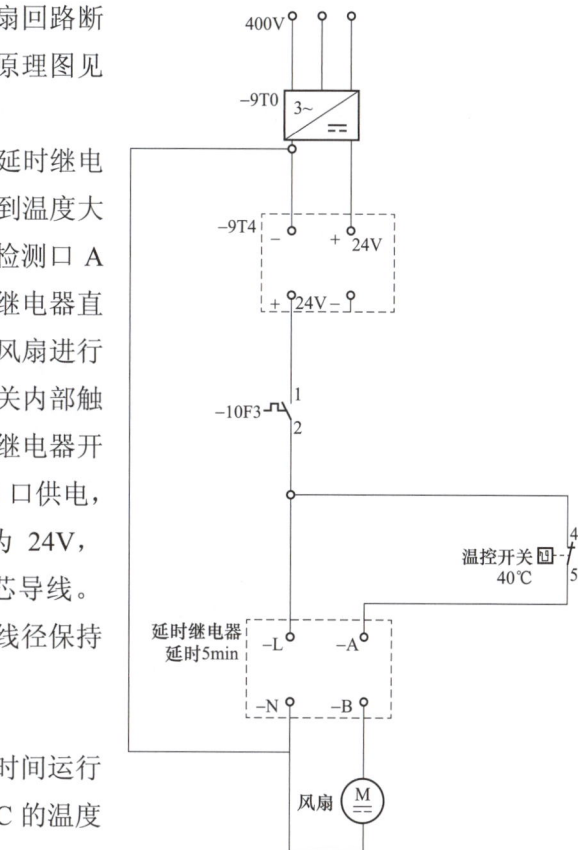

技改 PLC 散热前，在全天最热的时段，PLC 温度一直保持在 50℃ 以上。并且该数据取样时，已经错过了 7 月气温最高时间段，在高温时节，主控 PLC 的温度将会达到 60℃ 以上，最终导致设备死机。通过上述分析发现该技改方法对主控 PLC 的散热起到很大作用。温度降低幅度至少在 10℃ 以上，具体如图 2-561 所示。

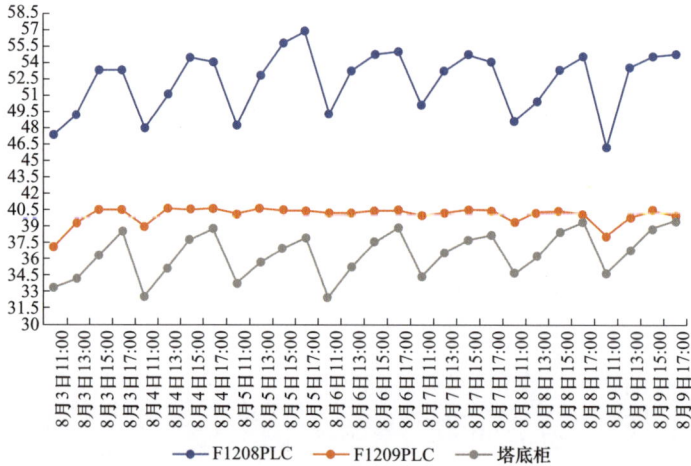

图 2-560　主控柜温度趋势图

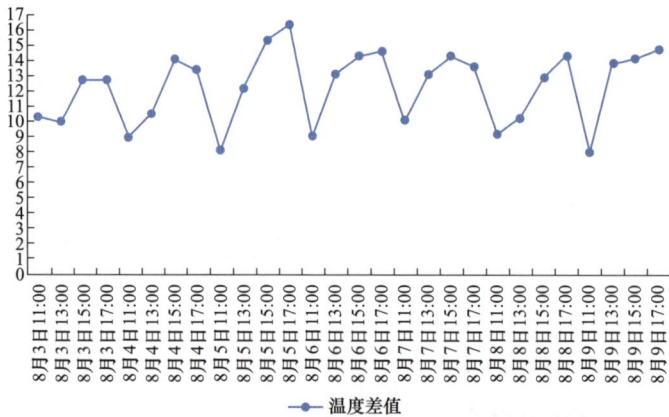

图 2-561　F1208 与 F1209PLC 温度差值趋势图

（2）技术改进中的一些测试。经过以上测试所得到的实验结果，所安装的散热风扇在白天温度最高的时段，可以有效地将 PLC 温度压制在 40℃ 附近（见图 2-562）。为了尝试散热风扇最大散热能力，将温控开关温度调整至 35℃，经过 4h 的试验，发现 PLC 温度依然保持在 40℃ 附近，现场测温时间为 15:32，PLC 温度为 40.9℃，此时风速 7.1m/s，发电机功率为 690kW 左右。

从实验结果可以看出：

1）PLC 温度确实会受到外界环境温度影响，因为变频器发热量巨大，导致塔底空间温度较高。

2）尽管温度较高,新技改的散热风扇对 PLC 温度的压制效果依然十分理想。

3）限于加装的散热风扇功率仅有 6W,最多只能将 PLC 温度压制在 40℃附近,将温控开关温度调至 35℃完全没有必要。一方面调低温度限值只是增加了散热风扇的工作时长,对散热没有更好的促进效果,而且会在一定程度上影响风扇使用寿命;另一方面,40℃对于 PLC 的正常工作已经十分理想,只需保持此温度即可。

图 2-562　PLC 温度实测图

▶ **隐患排查重点**

（1）设备维护。

1）机组内电气控制柜,设计应充分考虑整体的散热性能并进行严格运行测试,模拟较为严酷的外部环境场所,并对其进行测试,确保其设计无批量性缺陷。

2）在控制柜的日常巡检中,应检查散热风扇能否正常启动,对其风量应使用手持测风仪进行测量并对全场机组测量数据做记录,再做数据比对,针对温升异常或温度较高机组应该做详细的问题排查,确保其控制通风正常。

3）机组调试并网后,建议每 6 个月对控制柜进出口滤棉做一次清理,每 12 个月完成一次滤棉更换。

4）针对温升异常机组,应该重点检查其主要发热源或 PT100 温度采集系统是否存在异常发热或温度采集存在异常测量部位。

5）在春季或者柳絮灰尘过多季节,应加大机组巡检频次,对杂质进行清除或在控制柜侧面柜增加散热风扇。

6）日常巡检或维护过程中,应重点检查控制柜柜门密封是否正常,查看柜门密封胶条是否存在老化、损坏、缺失等异常现象,发现应立即进行处理。由于控制柜整体密封效果较差,则柜内循环风则不能正常流通,会造成外部热空气在密封缺失处进入到控制柜内,从而影响控制柜整体散热。

7）定期维护或巡检过程中,应注意过滤棉厚度选择,在风沙较小的风场应选择较薄的过滤棉且过滤棉型号与控制柜相匹配,禁止物料混用。

（2）运行调整。

1）通信故障为风电机组较为复杂的故障,排查处理起来耗费时间较长,结合机组运行数据,确定排查问题点,减少故障停机时间,增加风电机组的发电量。

2）机组满发时,选取发电状态相似机组,应拷取机组柜内温度数据或一定时间段柜内温升速率,对于温度异常机组应在小风天气做人工排查检查其通风散热情况。

2.8.3 电磁干扰事故案例及隐患排查

▶ **事故表现**

2015 年 11 月 28 日 15:20，某项目 19 号风机突然紧急停机，机组报 41 号子站电源故障，塔底急停、机舱急停等故障。通过面板发现机舱与主控通信中断，检查机舱柜发现光电转换模块故障灯常亮。

▶ **事故根本原因**

DP 头屏蔽不良，通信产生干扰，造成变桨系统通信中断，机组报出故障。

▶ **介绍栏**

1. 该机组 DP 通信的现状

DP 通信是以机组各个电器分离子站为节点，通过通信模块、通信接头和 DP 线为传输媒介，将机组各个部分的数字量和模拟量输入信号传送到主控 CPU，再由 CPU 发送相关量输出信号到各个机组部件执行控制的双向传输回路，如图 2-563 所示。DP 通信故障产生于 DP 线路干扰、DP 头做工工艺问题，以及通信模块、滑环、子站电源引起的信号传输失真，进而引发大量的严重故障。引发故障的因素含有器件的质量因素、整套机组布线工艺因素和人为的接线因素等。

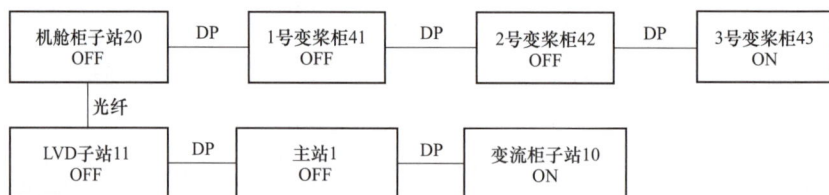

```
┌──────────┐     ┌──────────┐     ┌──────────┐     ┌──────────┐
│机舱柜子站20│ DP │1号变桨柜41│ DP │2号变桨柜42│ DP │3号变桨柜43│
│   OFF    ├────┤   OFF    ├────┤   OFF    ├────┤   ON     │
└────┬─────┘     └──────────┘     └──────────┘     └──────────┘
     │光纤
┌────┴─────┐     ┌──────────┐     ┌──────────┐
│LVD子站11 │ DP │   主站1   │ DP │变流柜子站10│
│   OFF    ├────┤   OFF    ├────┤   ON     │
└──────────┘     └──────────┘     └──────────┘
```

图 2-563 DP 通信回路图

机组发电机内部通信系统由于是用 DP 线传输信号，其故障率较高，尤其变桨部分，在高频磁场的干扰下，故障时常发生，加大了维护量，严重影响机组的可利用率。

2. 电磁干扰和数据通信的物理介质

（1）电磁干扰。电磁干扰是电磁骚扰引起的设备、传输通道或系统性能的下降。电磁干扰必须具备三个要素：电磁干扰源、传输通道、敏感设备。实际上电场干扰，是通过电容的工作原理进行的，电场对电子设备中其他电路的干扰，不但与电场强度有关，还与被干扰电路参考点的位置有关，以及带电物体的电容量有关。所有的导体，只要是有电流流过，在导体的周围就会产生磁场，磁场同时又会对周围的导体产生一定的感应，并产生感应电动势，因此导体中的电流同样也会对其他物体产生磁感应干扰。抑制电磁辐射干扰的有效方法是对电磁场进行屏蔽，用导体把两个带电体之间的电力线截断，或用高导磁率的磁性材料把产生干扰磁场的物体进行屏蔽。但用于电场屏蔽的导体需要良好接地才能有效，如果屏蔽电场的导体不能良好接地，屏蔽电场的导体不但起不到屏蔽作用，反而对电场辐射干扰起到接力赛的效果，因为电场也会通过感应使屏蔽导体带电。用一个抗干扰特别强的传输介质来传输数据，可降低电磁干扰影响。

（2）数据通信的物理介质。数据通信的物理介质分有线和无线，而有线有同轴电缆、双绞线和光纤，无线有卫星、无线电波、红外通信、激光通信和微波。无线方式的数据传输在风力发电领域应用较少，实现成本较高。因此仅考虑 DP 线及光纤的使用。

1）DP 线。机组的控制系统主要采用的是 DP 线，它是一种高速、低成本通信，用于设备级控制系统与分散式 I/O 之间的通信。在使用过程中主要存在 DP 头阻值异常、屏蔽层效果不好、接地线接触不良、雷电感应等问题。

2）光纤。风电机组通信设备一般工作环境都比较恶劣，同时会受到各种电磁信号的干扰，如何保证设备长期、稳定、可靠地工作，通信至关重要，因此提出了用光网络系统来解决自动化设备的异步数据通信问题，实现光纤通信。光纤通信之所以受到人们的极大重视，因为它相对较稳定，且存在以下优点：①数据通信容量大；②中间距离长；③适应能力强；④体积小、重量轻、便于施工维护光缆的敷设方式方便灵活；⑤原材料来源丰富，潜在价格低。

▶ 事故处理措施及结果

某项目 19 号风机突然紧急停机，经过项目人员登机检查发现 1 号变桨柜 DP 头屏蔽不严，由于变桨系统由内有 400V 交流电源对变桨系统产生干扰，造成变桨系统通信中断，重新制作 DP 头后机组恢复正常。

同时，针对该机组 DP 通信和传输介质的特性，提出以下两个整改方案。

1. 增加屏蔽线

抑制电磁干扰的有效方法是对电磁场进行屏蔽，用导体把两个带电体之间的电力线截断，或用高导磁率的磁性材料把产生干扰磁场的物体进行屏蔽。现在使用的 DP 线是双屏蔽绞线，其抗干扰能力是比较强的，但在发电机组这样的特殊环境下，抗干扰能力也显得有些不足，所以整体再加一层屏蔽线，然后做良好的接地，可以在一定程度上解决干扰问题。这种方法操作简单，成本较低，但只能降低干扰，不能从根本上解决问题。

2. 将部分 DP 线换成光纤

只要是电信号传输，在有电磁场的地方总会无法避免地受到不同程度的干扰，因此考虑传输介质使用光纤技术代替现在所用的部分 DP 线，用光信号来传输，就可以避免电磁干扰，提高机组的可靠性，从根本上解决 DP 通信干扰。将原来的 DP 线更换为光纤，而 DP 站可以用光电转换器来代替，原理简图如图 2-564 所示。

图 2-564　DP 线更换方案原理简图

各个通信由光纤来完成，这样就会避免电磁干扰，其可靠性较高。

根据该风场风机内部的通信特性，选用 2 芯室外单模光纤 MGTS，光电转换器 5 个，也就是 5 个 DP 站要用到的，具体参数如下：

（1）基本规格：单模光纤，波长为 1300/850，纤芯数为 2。

（2）光特性：损耗（波长/损耗值）（dB/km）为 850/3.5，1300/1.0。

（3）工作温度：−30～60℃。

（4）工作湿度：0%～90%。

（5）总长度：20m。

使用光纤还有一些附加成本，如光纤熔接技术的人员培训、添置光纤熔接器等。随着光纤技术的不断成熟和发展，其价格成本会越来越低，优势也会越来越明显。

通过以上方案对风场所有风机进行通信设计的优化，可极大限度保障设备通信正常，使损失降低到最低程度。

▶ 隐患排查重点

（1）DP 线和 DP 头检查：把终端的 DP 头打到 ON 后，DP 的终端电阻是 220Ω。例如，把进滑环的 DP 线插头取下，用万用表测量滑环进口处 DP 线红线和绿线之间的电阻。如果阻值是 220Ω，代表轮毂内部 DP 线接线正常。如果阻值不是 220Ω，代表轮毂内部 DP 线接线不正常。同样的方法也适用于检查其他通信子站。

（2）DP 断点检查。通常情况下，滑环两端的延长线由于安装不牢固，机组长时间晃动，出现 DP 线断的概率较大。把滑环延长线从滑环上取下来，用万用表测量 DP 线阻值，DP 线正常情况下，DP 两端的红色线之间的阻值约为 0.1Ω。用手逐段晃动 DP 线，如果哪个地方存在断点，晃动时万用表测得的 DP 线的阻值就不正确。

（3）DP 插头用的是 3、8 引脚。3 引脚对应于红色 DP 线，8 引脚对应 DP 绿色线。

（4）缠铜箔、剥头、烤热缩管。

1）加工前要先确认此线材剥离护套的时间在 24h 以上。线材放置后，线皮会有所收缩，故将所有芯线进行修整后剥头。

2）剥头时，导电芯线不应被刮伤、卷曲或产生刻痕、切口、断股，即不应使导电芯线截面积减小；绝缘层切除应整齐，不应被擦伤、压伤或产生开裂，即不允许使绝缘层的局部厚度减小。

3）不可烫伤线材、热缩应到位。热风机温度为 240℃±40℃（供参考），烘烤热缩管时，热缩管需放在热风筒正上方高度 30mm，时间 5s（供参考）。

（5）运行调整。

大风季提前对风电机组进行巡检，重点检查主控、机舱、变桨系统 DP 头接地情况，发现接地不牢固的应及时整改，减少大风季带来的发电损失。

2.9 ▶ 制动系统事故隐患排查

2.9.1 安全链振动异常事故案例及隐患排查

▶ **事故表现**

机组设置了多级别的停机方式，包括正常停机、变桨停机、电网停机、快速停机、安全停机和紧急停机等，安全链故障执行紧急停机方式。安全链风机分为人员级、偏航级和风机级三个级别，输入变量包括机舱紧急停机按钮、塔底紧急停机按钮、看门狗信号、左偏航极限、右偏航极限、叶轮超速、机舱振动、功率超限、PLC 紧急停机、变流器紧急停机等。

1. 故障基本情况

当主控在 0.5s 内检测到机舱前、后振动绝对值超过 0.12g 时，机组报"机舱振动限值"故障，属于故障停机等级。当机舱振动值达到振动传感器内设定的保护定值，机组报"振动安全链"故障，触发风机级安全链停机。

2. 故障现象

不同故障原因导致振动安全链故障发生的现象有所不同，主要有以下三类：

（1）风速大且风向变化快，尤其出现在湍流严重的机位。

（2）风速较大，且风机处于偏航状态。

（3）风速小，机组正常运行，无偏航。

▶ **事故根本原因**

故障原因主要分为电气方面、机械方面和其他原因。

（1）电气方面：包括元件损坏、接线松动、程序参数设置不当或者信号干扰等。其具体原因有 PLC 模块 300K7 损坏、PLC 模块背板损坏、振动传感器 24V 供电丢失、振动传感器损坏、防雷模块 362U3 损坏、检测回路接线松动、发电机编码器干扰、其他信号干扰等。

（2）机械方面：机组实际发生了振动情况，主要是叶片、齿轮箱、发电机等大部件损坏；齿轮箱、发电机等大部件固定螺栓松动或弹性支撑损坏；齿轮箱与发电机不对中；

偏航刹车余压过大；偏航刹车盘残留过多磨损材质或油污；偏航刹车片磨损等。

（3）其他原因：包括突发阵风、电网突然断电、三倍频共振、振动传感器固定不牢固等。

▶ 事故处理措施及结果

1. 故障处理过程

（1）首先查看风机 SCADA 监控系统报文代码。

（2）分析故障数据。查看故障发生时的风况，判断是否存在阵风突变的情况，通过故障时的文件判断机组是否在执行偏航等操作，同时可利用视频监控查看故障时机组是否存在振动过大现象，再根据故障数据进一步分析具体的原因。

（3）就地检查机组故障原因。对机械部分、电气回路和程序参数作进一步的详细检查处理。

2. 典型故障案例分析

（1）偏航时刻振动过大。

1）故障现象：从故障前、后的数据看出，机组正处在偏航的状态，此时，机舱 X、Y 轴的振动值开始突增，直至达到设定的参数值后，机组故障停机，如图 2-565、图 2-566 所示。

2）解决措施：检查偏航余压是否过高；检查刹车钳是否无法及时松闸；检查偏航制动器刹车片磨损情况；及时清理刹车盘异物，保持刹车盘光洁平整。

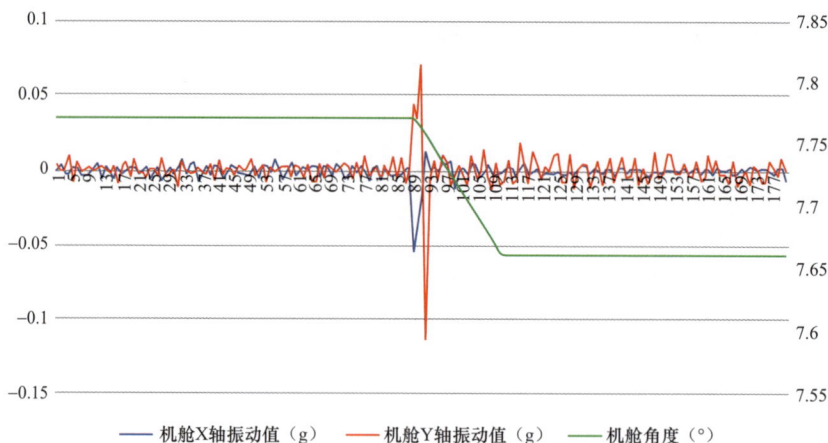

图 2-565　偏航时 Y 轴振动值超限 1

（2）振动传感器损坏或接线松动。

1）故障现象：从故障前、后的数据看出，风机正常运行时，机舱振动幅值均发生数据跳变，且变化曲线一致，如图 2-567、图 2-568 所示。

2）解决措施：检查振动传感器是否固定牢固；检查振动传感器线是否有破损；检查振动传感器性能是否正常。

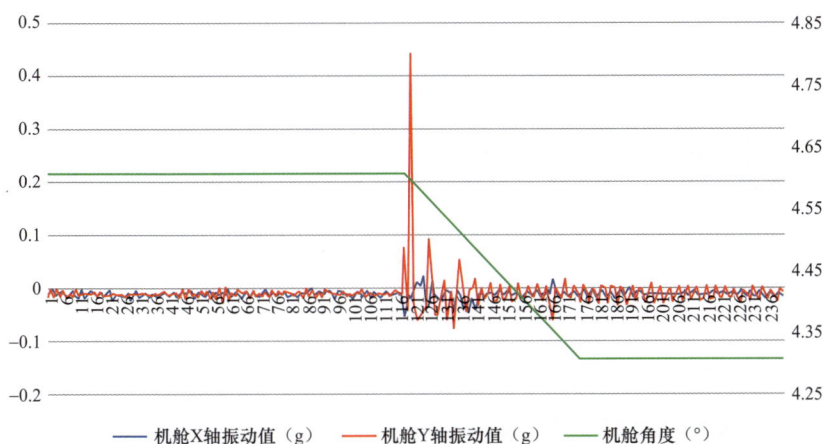

图 2-566 偏航时 Y 轴振动值超限 2

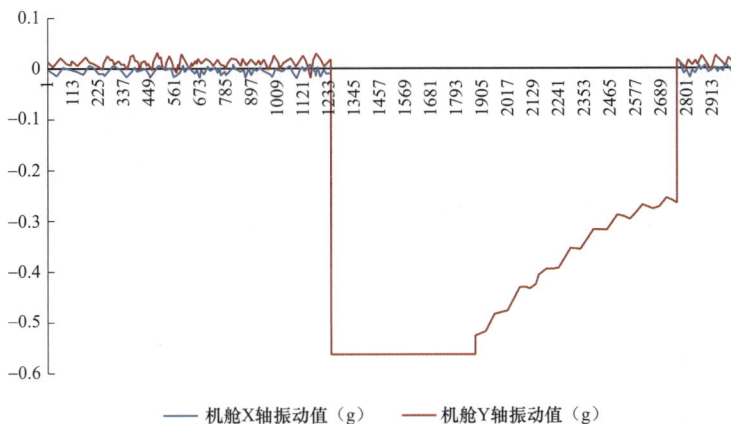

图 2-567 运行时刻 X、Y 轴振动值同时发生跳变 1

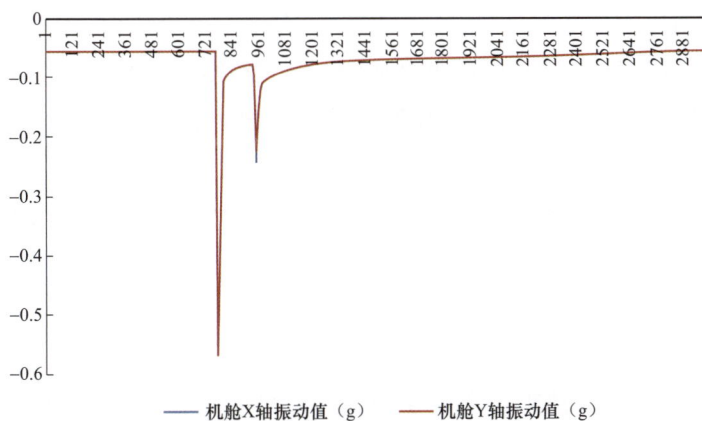

图 2-568 运行时刻 X、Y 轴振动值同时发生跳变 2

（3）非控制问题引起。

1）检查机舱设备，如联轴器、齿轮箱发电机弹性支撑等大部件损坏导致振动严重，需要进行更换处理；齿轮箱与发电机不对中，则应重新进行对中。

2）发电机编码器干扰，可利用变流器录波软件监测编码器波形，确认为编码器干扰所致，可检查编码器至变频器的线是否有破损，编码器线屏蔽层接线工艺是否符合要求。

▶ 隐患排查重点

（1）设备维护。

1）日常巡视检查中，应重点检查振动传感器本体与机舱底座连接是否牢固，是否存在松动滑移等现象；检查信号线是否有破损；更换振动传感器时应按厂家规定进行参数配置。

2）对振动传感器本体紧固螺栓画一字防松标识，若一字标识出现错位即滑移，需立刻对螺栓螺纹涂抹乐泰 243，按照规定力矩重新进行紧固。

3）检查振动传感器供电连接线缆与信号反馈线缆插头紧固状态，即每 6 个月对其本体信号供电连接插头进行目视检查，有无松动虚接等现象，紧固后需对插头锁母画一字防松标识以便后续巡检观察。

4）定期对机舱卫生进行清理，每 6 个月完成一次发电机滑环室碳粉清理，防止碳粉堆积。

5）建议定期排查信号线排线有无干涉磨损等异常现象，确认通信插头连接紧固且通信线缆屏蔽层接地可靠。

6）对于存在磨损或信号线缆已经发生磨损，则应立即对其更换并在磨损位置做防磨处理。

7）检查信号反馈回路的防雷端子连接紧固度，且防雷模块未损坏、未击穿。

8）检查偏航摩擦盘是否存在锈蚀、不平整、缺少润滑等现象。每次巡检时，应启动左右偏航运行 3min 确认无异响，定期清理偏航刹车盘上的碳粉、油污等。检查偏航制动器刹车片磨损情况，若磨损过大或不均匀，应及时进行更换；检查偏航余压是否符合规定，及时进行调整。

9）定期检查发电机、齿轮箱等大部件的固定螺栓力矩标线是否发生偏移，按规定力矩值进行紧固；检查弹性支撑是否完好；检查联轴器是否出现打滑现象；定期开展发电机对中工作。

（2）运行调整。

1）机组满发或接近满发时，拷贝 PCH 振动数据，对振动数据接近触发值机组做特别标记，待小风天气时对整机进行排查。

2）每周拷取整机 CMS 运行数据确认，机组大部件运行正常，无异常振动。

2.9.2 安全链误动作异常事故案例及隐患排查

▶ **事故表现**

2017 年 5 月 11 日 11:17，现场 06 号风机报出发电机风扇电机保护开关故障、安全链故障和转速比较故障。上塔检查发现联轴器损坏，滑环哈丁头脱落，高速刹车钳刹车片磨损严重，高速刹车盘出现沟壑，发电机风扇电机损坏。5 月 16 日，新的联轴器更换完毕，机组恢复运行。6 月 5 日 11:43，机组报出安全链故障，现场上塔检查后发现联轴器再次损坏，需要更换。初步判断为高速刹车误动作导致。

▶ **事故根本原因**

1. 运行数据分析

（1）第一次联轴器损坏前的高速刹车误动作数据。对风机高速刹车误动作进行分析，调取风机运行数据，发现从 4 月 8 日 16:27 出现第一次高速刹车误动作，至 5 月 11 日联轴器损坏误动作次数为 41 次，合计 440s，如表 2-55 所示。

表 2-55 第一次联轴器损坏前的高速刹车误动作数据

日期	时间	持续时长（s）	动作时风速（m/s）
4-8	16:27:41	10	11
4-9	20:11:10	2	10
4-20	05:40:41	1	9.1
	05:43:46	3	5.6
	05:44:15	5	7.7
	05:44:24	3	6.5
	05:49:21	7	11.7
4-21	02:18:24	4	6.7
4-28	05:38:50	2	11.3
4-29	02:21:36	2	13.8
4-30	05:31:07	17	11.8
5-2	16:30:41	刹车后停机	6.7
5-8	07:33:56	6	8.1
	07:34:26	6	8.1
	07:38:16	1	10.3
	07:38:19	2	9
	07:38:47	5	5.5
	07:40:16	5（刹车后停机）	2.4
	07:57:39	1	7.9
	08:03:27	1	9.3

续表

日期	时间	持续时长（s）	动作时风速（m/s）
5-9	23:40:09	19	16.3
	23:41:09	25	17
	23:42:14	1	20
	23:42:16	2	17.3
	23:43:21	3	13.4
	23:43:34	1	20
	23:44:33	6	16.8
	23:45:16	5	17
	23:45:31	5	19
	23:49:07	4	14.3
	23:49:38	52	15.6
	23:50:31	91	17
	23:55:45	92	18.5
5-10	00:11:46	23	17.6
	01:41:52	3	16
	01:41:56	2	18.7
	02:16:47	4	14
	05:26:45	6	22.2
	07:40:34	1	17.6
	07:40:55	5	20.2
	07:44:45	7	18.3

其中，5月2日16:30:41发生的误动作致使风机停机，持续60s后报出转子刹车压力开关故障，因在待机时报出，SCADA只记录故障，未记录具体故障名称。由此可知，主控程序在检测到转子刹车在误动作持续60s方可报出故障，如图2-569所示。

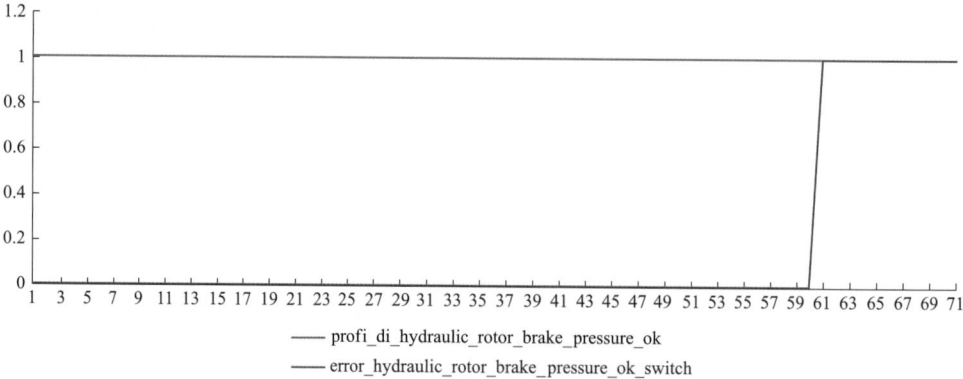

图 2-569　转子刹车压力开关故障图

第一个联轴器损坏前的高速刹车误动作主要集中在 5 月 9 日和 10 日，共计 21 次，357s。

（2）第二次联轴器损坏前高速刹车误动作数据统计。调取数据（见表 2-56）可知，从更换新的联轴器后 5 月 28 日出现第一次高速刹车误动作，至 6 月 5 日发现联轴器损坏，共计发生 25 次高速刹车误动作，累计时间为 150s。

表 2-56   第二次联轴器损坏前的高速刹车误动作数据

日期	时间	持续时长（s）	动作时风速（m/s）
5-28	23:32:16	5	13.1
	23:30:17	1	14.1
5-29	0:04:51	6	14.1
6-3	20:41:59	2	13.7
	22:59:23	2	10.7
6-4	19:02:56	12	10.7
	19:08:05	3	11.1
	19:08:09	1	8.8
	19:11:07	1	10.7
	19:40:26	4	13.3
	19:41:08	3	13.1
	19:47:56	4	12.8
	19:55:13	1	11.7
	19:57:13	4	11.3
	20:58:27	12	14.1
	20:58:56	16	14
	20:59:32	3	11.9
	20:59:40	5	12.8
	20:59:56	5	11.1
	21:01:07	2	16.4
	21:01:21	35	15
	21:02:16	14	13
	21:02:32	6	10.9
	21:02:40	2	13.6
	21:03:08	1	8.1

（3）高速刹车误动作时的功率损耗计算。通过 6 月 4 日 19:02:56 的发生高速误动作数据，可以计算出高速刹车误动作时所损耗的机械功率，此次误动作持续时间 12s，风速为 10.7m/s，风速较为稳定，桨叶值一直在 0°位置，高速刹车开始时的功率为 1324kW，

发电机转速 1721r/min，高速刹车动作后的功率稳定为 536kW 左右，发电机转速 1630r/min 左右。可以计算出损耗功率 P=788kW（1324-536）左右，如图 2-570、图 2-571 所示。

wind_speed	pitch_position_1	converter_motor_speed	converter_power	profi_di_hydraulic_rotor_brake_pressure_ok*100
11.12915	0.01	1704.8	1314	0
11.46443	0.01	1715.5	1284	0
11.85559	0.09	1721.9	1324	0
10.74917	0.04	1687.4	1291	100
10.74917	0.04	1687.4	1291	100
10.65976	0.03	1652.8	1096	100
11.58737	0.03	1604.6	837	100
10.93916	0.03	1567.9	608	100
10.33566	0.03	1574.8	506	100
10.81623	0.03	1586.1	512	100
12.19087	0.03	1604.8	536	100
10.84975	0.03	1609.9	536	100
9.720979	0.03	1635.7	565	100
9.709803	0.03	1639.2	559	100
10.05626	0.03	1664	590	100
9.028067	1.77	1714.4	739	0
7.73165	3.97	1766.1	999	0
8.022225	5.42	1779.6	1235	0

图 2-570　高速刹车误动作时刻 SCADA 数据

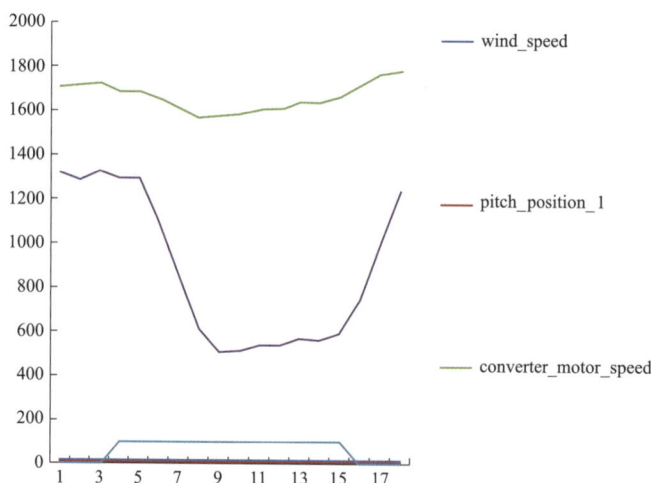

图 2-571　高速刹车误动作时刻 SCADA 数据绘图

（4）5 月 9 日 23:00 运行数据分析。从图 2-572 中可以看出，在出现高速刹车时风速在 17～20m/s 之间，桨叶未开至 0°，变频器功率一直在满发状态。因为机组还需要克服高速刹车带来的阻力，此时的齿轮箱输出功率为变频器功率加高速刹车损耗功率，约为 2280kW，齿轮箱的额定输出功率为 1600kW，此时超出齿轮箱额定功率的 42.5%。图 2-572

中共出现 3 次高速刹车误动作，最后一次持续了 60s 后报出转子刹车压力开关故障风机停机。

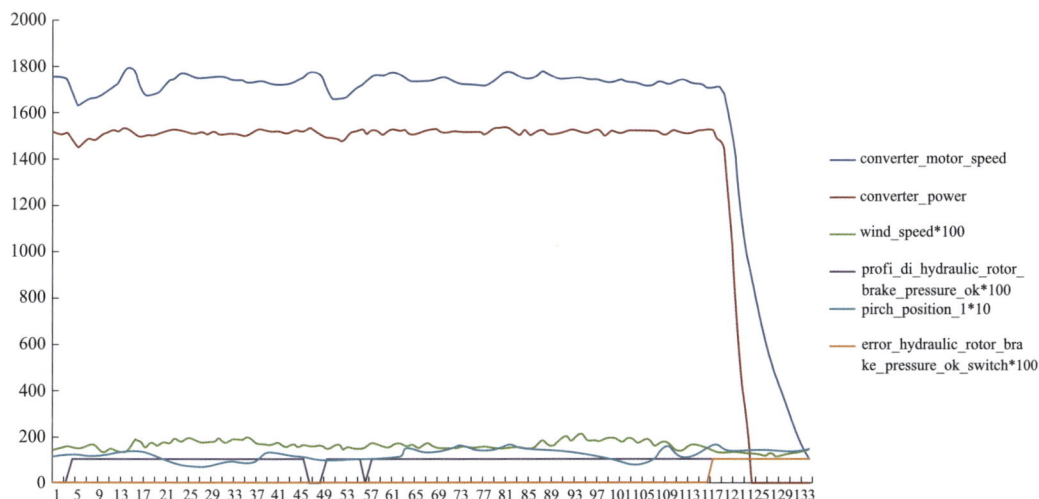

图 2-572　高速刹车误动作前后 SCADA 数据绘图

（5）机组安全链故障分析。06 号风机自 3 月以来共计报出安全链故障 20 次，其中 19 次同时报出机舱急停故障、外部急停故障、超速故障、振动安全链故障，最早一次为 3 月 26 日，最近一次为 6 月 5 日，如图 2-573 所示。

图 2-573　安全链报出故障统计图

通过图纸（见图 2-574）可以看出，四个安全链故障均集中在机舱柜 20 号站 404DI2 的 KL1904 上。报出此故障的原因为 20 号站总线电压低或者 KL1904 本身故障。

（6）高速刹车误动作可能原因分析。从图 2-575 中可以看出，控制 Y1 和 Y2 的电磁阀由 334K6 和 334K7 控制，正常运行时，两个接触器均得电闭合，此时的 403DO8 的 KL2134 的 4、5 口均有 24V 输出。从液压站图纸（见图 2-576）可以看出，仅在 Y1 和 Y2 同时失电的情况下，高速刹车才能有压力（后续测试中也可验证），高速刹车动作。由此可判断为 PLC20 号站出现严重压降或者 KL2134 本身质量问题导致高速刹车误动作。综合风机报出的安全链故障，可以推断出 PLC20 站点出现了严重的压降。

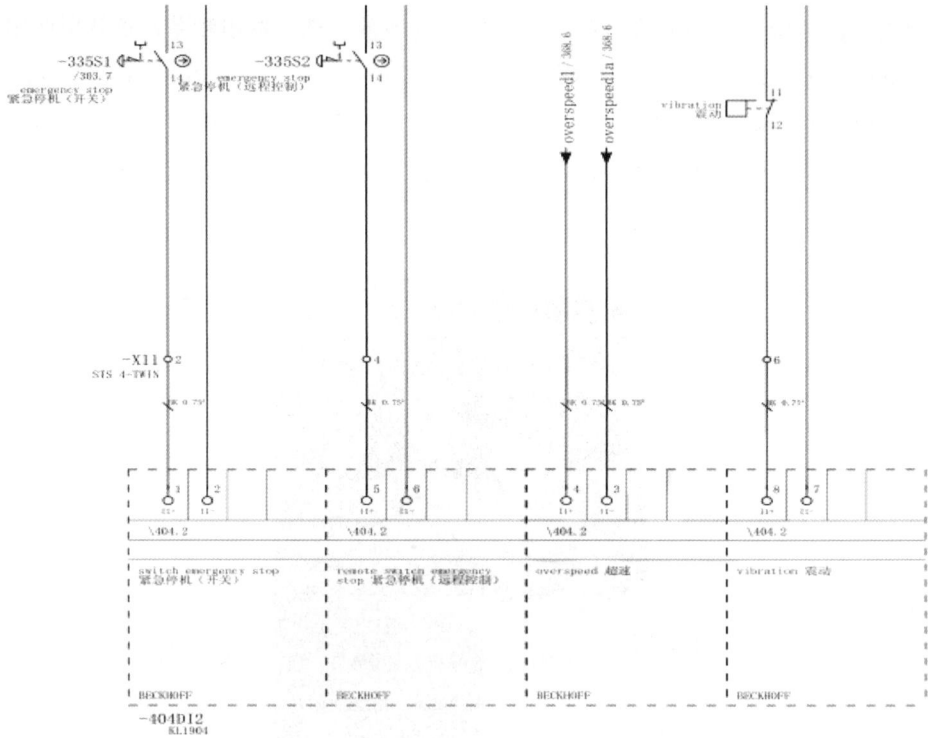

图 2-574　20 号站 404DI2 的 KL1904 电气接线图

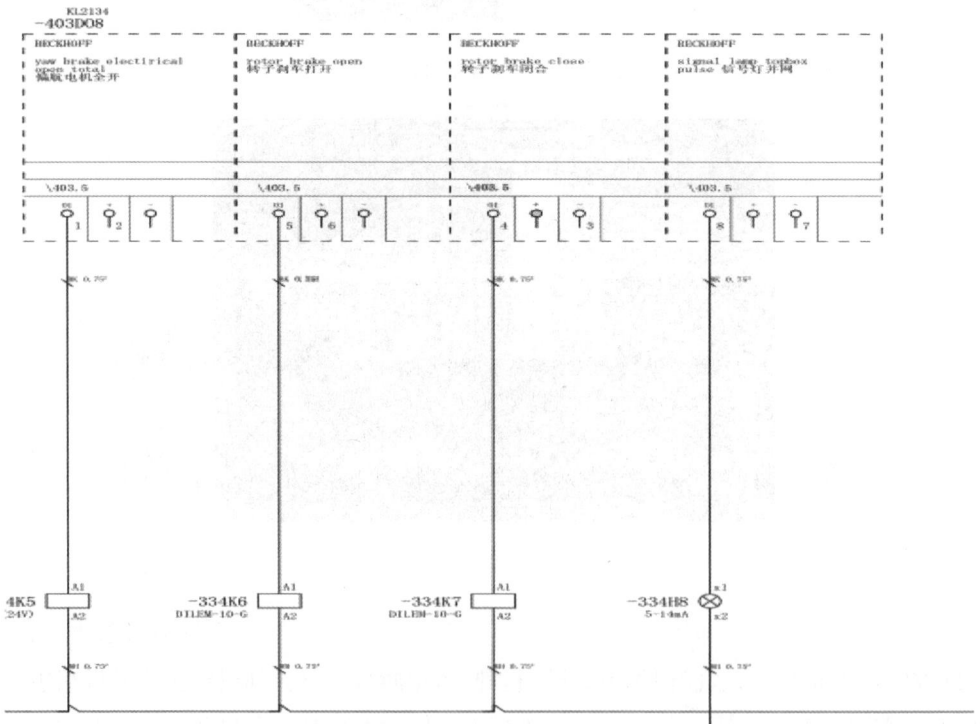

图 2-575　403DO8 的 KL2134 的 4、5 口电气接线图

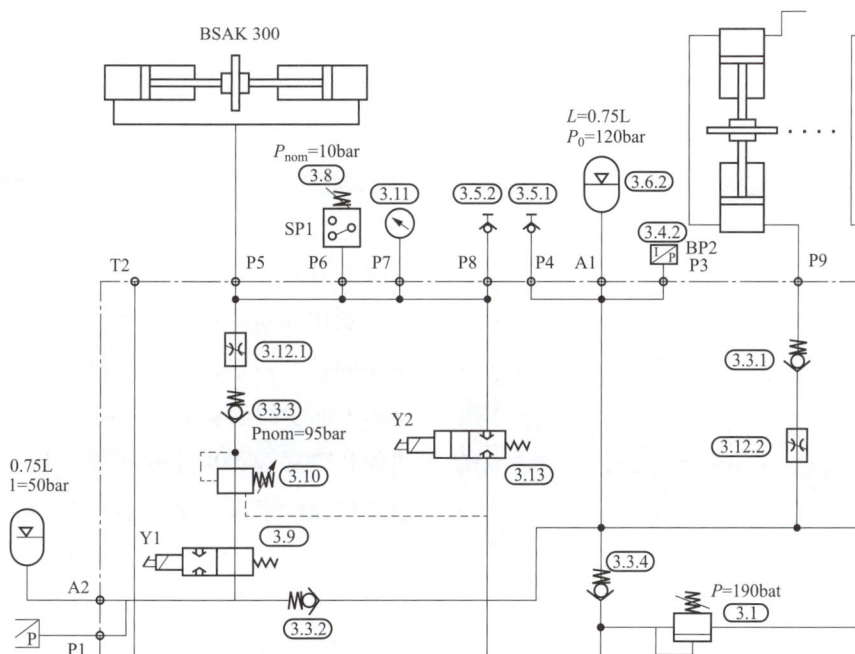

图 2-576　高速轴刹车系统液压图

2. 机组检查与测试

（1）PLC20 号站站点电压测量。

如图 2-577 所示，测量 PLC20 号站 403DO10（该卡件控制风向标风速仪加热接触器）的 2、3 口的电压为 17.39V，已经出现了严重的电压跌落。将 PLC20 号站所有 PLC 卡件重新拔插安装后电压恢复到 22.91V（见图 2-578）。目前，现场已执行 KL9210 补充技改工作，可以避免再次出现 20 号站站点电压跌落问题。

图 2-577　站点电压测量图

图 2-578　电压恢复示数

（2）液压站测试。通过拔 X3 的 5 口，使液压站 Y1 单独失电，测量液压站转子刹车压力为 0。通过拔 X3 的 7 口，使液压站 Y2 单独失电，测量液压站转子刹车压力为 0，可以判断为当 Y1 和 Y2 单独误动作时不会造成高速刹车误动作。

（3）高速刹车检查。现场检查发现高速刹车盘因过度磨损产生沟壑（见图 2-579），高速刹车盘保护罩有明显烧灼现象（见图 2-580）。

图 2-579　高速刹车盘表面沟壑

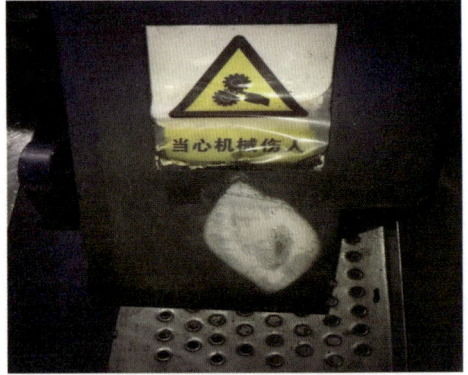

图 2-580　高速刹车盘保护罩灼烧迹象

从上述分析中可知，机舱柜 PLC20 号站点电压跌落导致了高速刹车误动作。第一次联轴器损坏前，高速刹车共计误动作 41 次共 440s。第二次联轴器损坏前，高速刹车误动作 25 次共 150s。高速刹车多为大风天气时报出，通过数据可以计算出高速刹车动作时的损耗功率达到 788kW。主控程序逻辑中转子刹车压力开关故障需要延时 60s 才能报出故障。当主控检测到高速刹车误动作而不能立即故障停机，也导致了高速刹车误动作时间过长。而热量 $Q=P×t$，高速刹车误动作的功率损耗转化为热能，致使高速刹车盘高温，导致联轴器与刹车盘连接膜片高温失效（见图 2-581）。刹车钳也因高速刹车误动作而损坏。

▶ **事故处理措施及结果**

通过图 2-582 可以看出，该风机在出厂前已完成了 PLC20 号站 KL9210 的整改。20 号站包含 2 片 KL9210，其中左侧的 KL9210 给包含 KL1104、KL2134、KL1904 等 26 片 PLC 卡件供电，右侧的 KL9210 仅给 KL2904 和 KL2134 两片卡件供电。在负载上严重失去平衡。建议公司根据 20 号站卡件的负荷，更改右侧 KL9210 的位置。使两片 KL9210 的负荷平均，减少 20 号站出现压降的可能。

因 KL9210 的 4、5 口出线并未经过其内部的保险（见图 2-583），按照 KL9210 技改的补充方案从 KL9210 直接引线到前面的 KL2134 的 2、3 口设计并不科学，只能作为临时方案。

从运行数据中可知，主控逻辑中监测到高速刹车误动作需要延时 60s 才能报出故障。因高速刹车损耗功率高，在大风时齿轮箱严重超负荷，极易造成齿轮箱的损坏。因热量是功率和时间的函数，长时间的误动作产生大量的热能，轻则导致高速刹车钳和联轴器损坏，重则造成齿轮箱损坏、机舱着火事故。建议从机组安全角度出发，重新评估转子刹车压力开关故障的判断逻辑，取消或缩短判断延时。

图 2-581　联轴器与刹车盘连接膜片高温失效图

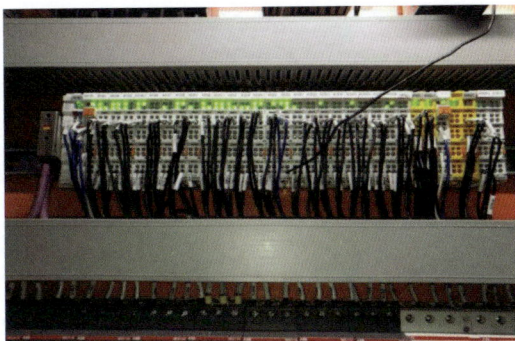

图 2-582　PLC20 号站整改示意图

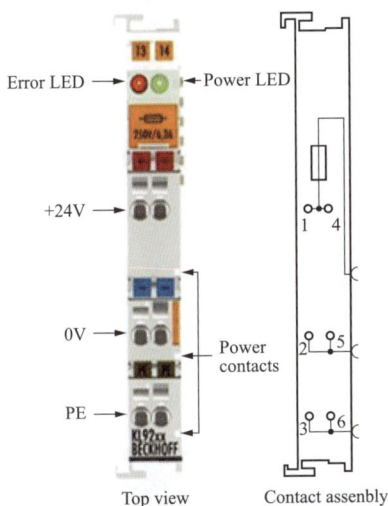

图 2-583　KL9210 结构图和电路示意图

▶ **隐患排查重点**

（1）设备维护。

1）机组触发安全链相关故障停机时，不可以直接复位启机。应详细排查故障原因并找出问题根本原因。

2）每 6 个月完成一次机组控制模块线缆紧固工作，且检查信号线缆是否存在破损等异常现象。

3）高速刹车为二级制动设备，机组若出现超速飞车现象时，依靠二级制动是无法将机组转速降低的，必须依靠一级气动刹车及桨叶顺桨方可停止，因此可将失电制动控制改造为继电器的电制动模式。此方法可避免因模块电压跌落造成二级刹车误动作。

4）每 60 天完成一次机组开桨制动测试，检测二级机械刹车是否正常投运，有无异常现象。

5）为检测供电模块稳定性能，建议每 6 个月对所有数字量输出模块进行同步输出测试，观察当所有 DO 输出模块工作时系统能否稳定运行，无误动作产生。

6）机组运行超过五年后，建议对供电电源模块进行集体更换，防止电气元件老化产生误动作。

7）检查高速轴刹车盘是否存在过度磨损点蚀，定期清理刹车盘上的碳粉、油污等；检查制动器刹车片磨损情况，若磨损过大或不均匀，应及时进行更换；检查偏航余压是否符合规定，及时进行调整。

8）定期检查发电机、齿轮箱等大部件的固定螺栓力矩标线是否发生偏移，按规定力矩值进行紧固；检查弹性支撑是否完好；检查联轴器是否出现打滑现象；定期开展发电机对中工作。

（2）运行调整。

1）定期拷取机组高速段转速信息，对转速波动异常机组应进行详细排查。

2）在高速刹车盘位置安装 PT100 温度传感器，当产生异常温度跃升时，对机组制动系统进行详细排查。

2.9.3　安全链回路异常事故案例及隐患排查

2.9.3.1　安全链断路故障

▶ **事故表现**

2021 年 10 月 29 日，风机报出过速继电器断开导致安全链断开（见图 2-584），故障频繁报出，更换过速度传感器、过速继电器及调节传感器间隙均未解决。

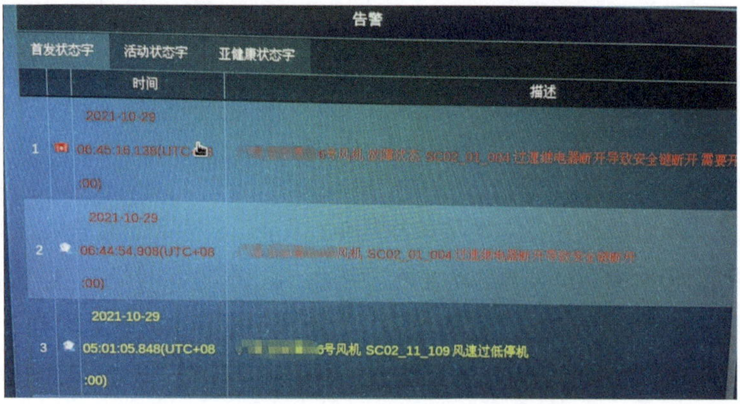

图 2-584　风机故障告警图

▶ **事故根本原因**

本次故障是因为油泵高速模式下引起涨环护罩振动，导致过速继电器速度跳变断开安全链。

▶ **事故处理措施及结果**

分析 log 数据，故障前处于停机状态，传动链转速极低，故障时刻过速继电器测的转速发生跳变，导致继电器断开安全链，很显然是非真实过速，分析 SOE 发现每次报故障前油泵电机会高速启动（见图 2-585）。

图 2-585　SOE 故障事件描述图

进一步分析发现，在油泵电机高速启动过程中，传感器脉冲信号触发频率明显上升（见图 2-586），过速继电器转速突变，推测是因为油泵工作过程中的振动引起固定速度传感器的护罩抖动。

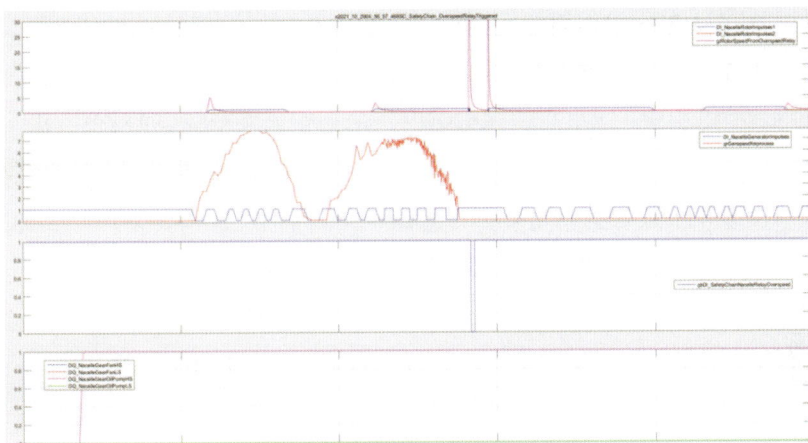

图 2-586　传感器脉冲信号示意图

（1）现场登机检查，手动起油泵高速，涨环处护罩振感明显。

（2）检查油泵电机联轴器减震垫正常，无破损粉末过多现象，现场感受油泵电机无振动过大迹象（见图 2-587）。

（3）涨环护罩一共通过 4 根钢管固定，现场反馈用手抓住固定杆，振动即明显降低。

（4）检查固定杆各处紧固件，重新紧固螺栓，使用大轧带将 4 根固定杆分别用力拉住，起油泵高速后震感消除，起机持续观察。

本次故障是因为油泵高速模式下引起涨环护罩振动，导致过速继电器速度跳变断开安全链。之前现场已经识别出是速度跳变引起的，但未找到根因，盲目地更换了备件。后续处理类似问题可通过 SOE 来发现规律，如某个故障很容易在风机某一动作下报出，具有很强的关联性，很可能是由此导致的，再通过 log 进行重点分析。

图 2-587　油泵电机

▶ **隐患排查重点**

（1）设备维护。

1）机组触发安全链相关故障停机时，不可以直接复位启机。应详细排查故障原因，找出问题根本原因。

2）机组巡检过程中，应重点检查机舱内安全链相关支路线缆连接紧固度，确认无松动、异常磨损等现象。

3）机组调试并网前，必须完成过速继电器触发测试，即设定较小的过速阈值，使用上位机操作界面对桨叶进行开桨，查看风轮转速到达设定值时能否成功触发过速继电器，使机械安全链能正常断开触发。

4）检查变频器急停按钮、主控柜急停开关按钮是否被按下，检查 2 个急停开关是否按下。如果按下，旋送按钮后按复位按钮即可。

5）检查有无急停回路断开或主控柜急停开关接线端子松开情况，接触不良或线路断线均可能造成急停开关输出断开信号从而使安全链断开。检查通断，对故障点恢复即可。

6）为检测供电模块稳定性能建议，每 6 个月对所有数字量输出模块进行同步输出测试，观察当所有 DO 输出模块工作时系统能否稳定运行，无误动作产生。

7）首次并网完成后，建议每 6 个月完成一次安全链回路线缆紧固工作，减少因安全链线路松动问题造成安全链相关故障。

8）检查高速轴刹车盘是否存在过度磨损点蚀，定期清理刹车盘上的碳粉、油污等；检查制动器刹车片磨损情况，若磨损过大或不均匀，应及时进行更换；检查偏航余压是否符合规定，及时进行调整。

（2）运行调整。

1）每月拷取发电量较高机组查看低速端运行转速，对转速波动异常机组应进行详细排查。

2）对于传感器附近存在油泵电机、散热风扇等震源时，应提前排查传感器本体连接螺栓及相关辅件紧固度，防止因松动问题造成数据异常波动从而引发故障发生。

2.9.3.2 安全链回路失电故障

▶ **事故表现**

某风电场的 1500kW 风冷型风电机组位于西北戈壁地形，夏季干热，冬季干冷。在机组运行 5 年左右开始批量报出如下故障（此故障无明显故障点，手动复位可暂时消除故障状态，每次故障时刻的现象都不一样）：

（1）故障号：098。

（2）故障名称（英文）：Error_safety system_safety chain OK。

（3）故障名称（中文）：安全链动作。

（4）故障触发逻辑：当变桨外部安全链不正常时，立即触发。

（5）故障时，SCADA 显示叶片角度分别为 88.19°、0°、88.28°。

▶ **事故根本原因**

使用机组 SCADA 系统，导出机组故障时刻数据文件，具体分析如下：

安全链故障分为变桨内部和变桨外部安全链，这两种故障时常较难区分。由于故障数据里有没有直接可以观察内、外部安全链信号的数据，SCADA 显示 2 号叶片角度为 0°，运维人员就地检查，2 号叶片确实处于未收桨状态。

（1）查看机组叶片角度数据。通过图 2-588 可得，1、3 号柜角度变化同步，故障时刻后正常回桨，2 号叶片角度一直在 0°不变，判断故障范围在 2 号柜。

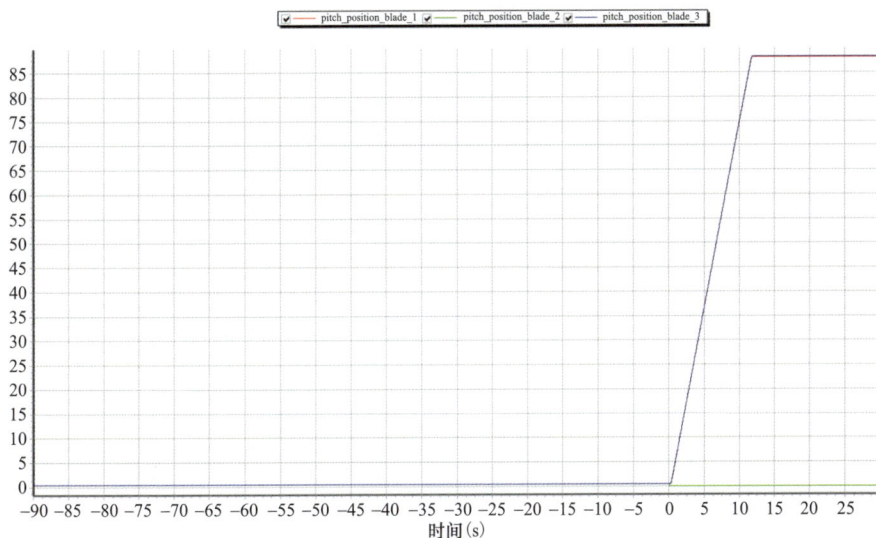

图 2-588　机组叶片角度数据

（2）查看机组电容电压数据。由图 2-589 得出，2 号叶片在故障后高、低电压均未发生明显跌落变化，得出变桨逆变器 AC2 未输出，故变桨电机未输出变桨动作。

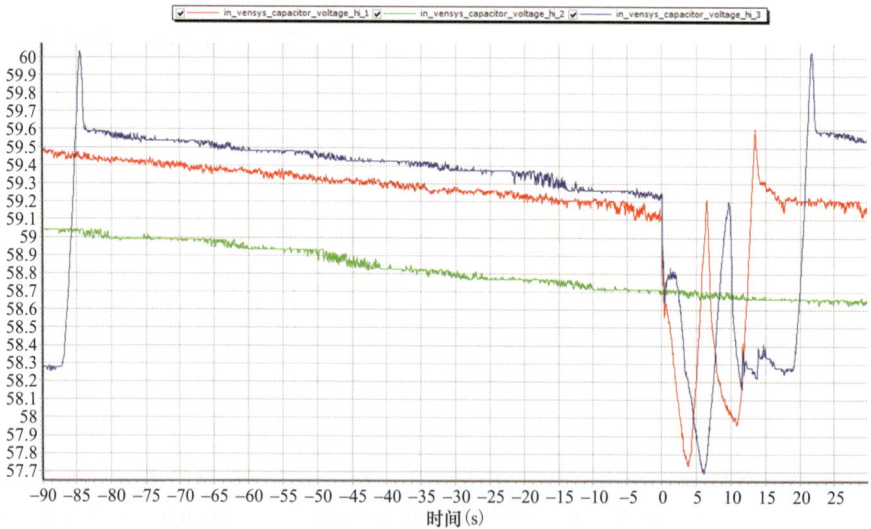

图 2-589　机组电容电压数据

（3）查看机组 AC2 故障信号数据。由图 2-590 得出，三支叶片 AC2 均无故障信号。

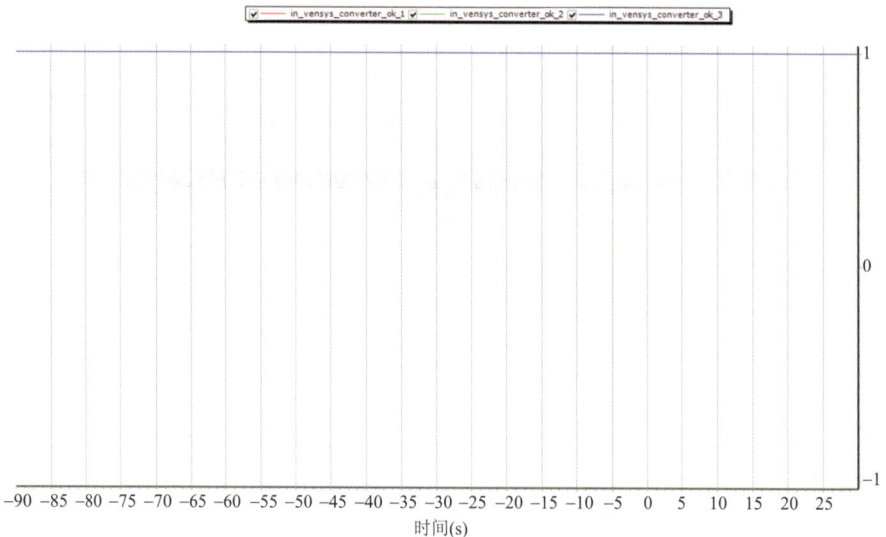

图 2-590　机组 AC2 故障信号数据

（4）查看机组 2 号叶片 5°接近开关信号（选取 1 号叶片角度作动作参考）。由图 2-591 得出，2 号叶片确实没有动作，5°接近开关在 0 时刻（故障时刻）附近跳变为低电平持续不变，初步判断接近开关电源丢失。

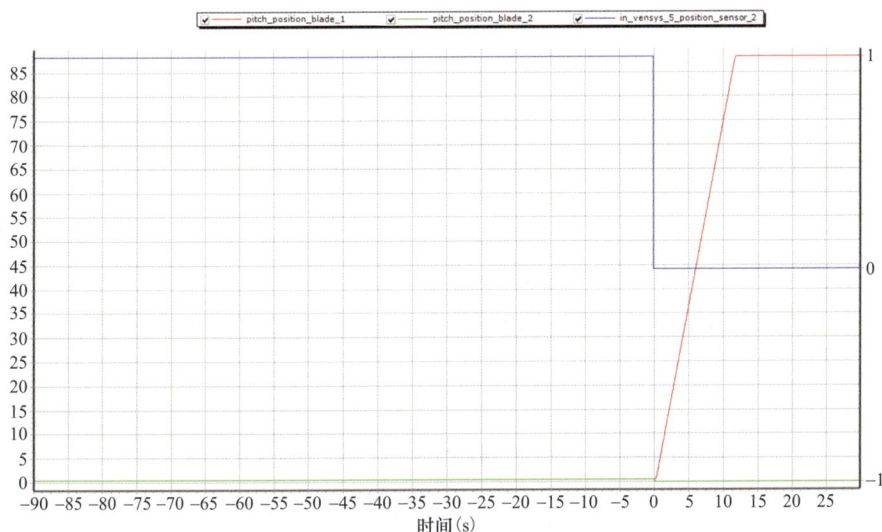

图 2-591 机组 2 号叶片 5°接近开关信号

（5）查看机组 2 号叶片 92°限位开关信号（选取 1 号叶片角度作动作参考）。由图 2-592 得出，92°限位开关在 0 时刻附近跳变为低电平持续不变，初步判断 92°限位开关电源丢失。

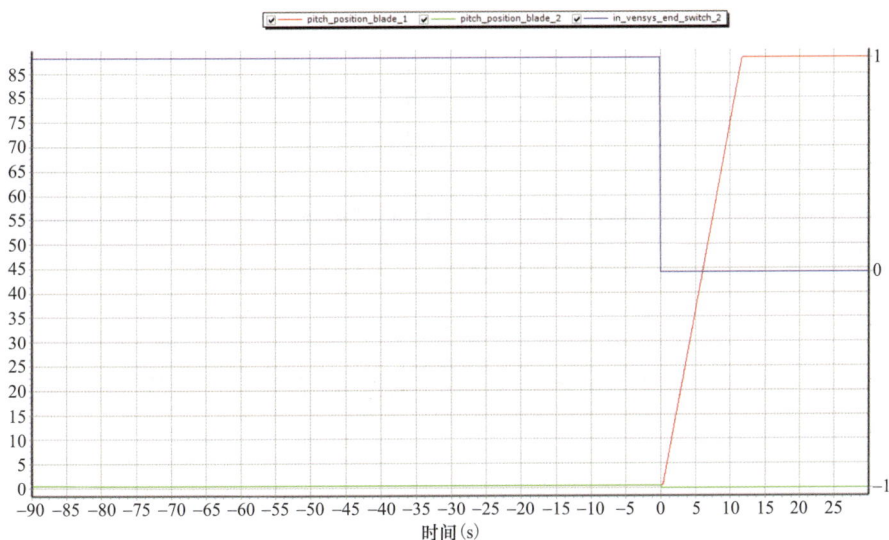

图 2-592 机组 2 号叶片 92°限位开关信号

（6）查看机组 2 号叶片 NG5-OK 信号（选取 1 号叶片角度作动作参考）。由图 2-593 得出，NG5-OK 信号在 0 时刻附近跳变为低电平持续不变，初步判断 NG5-OK 信号电源丢失。

（7）查看机组 2 号叶片编码器警告信号（选取 1 号叶片角度作动作参考）。由图 2-594 得出，编码器警告信号在 0 时刻附近跳变为低电平持续不变。

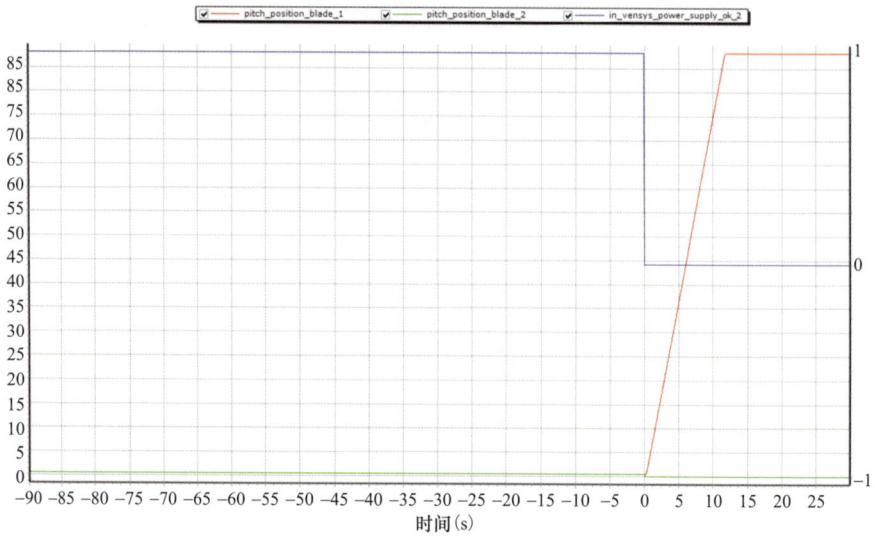

图 2-593 机组 2 号叶片 NG5-OK 信号

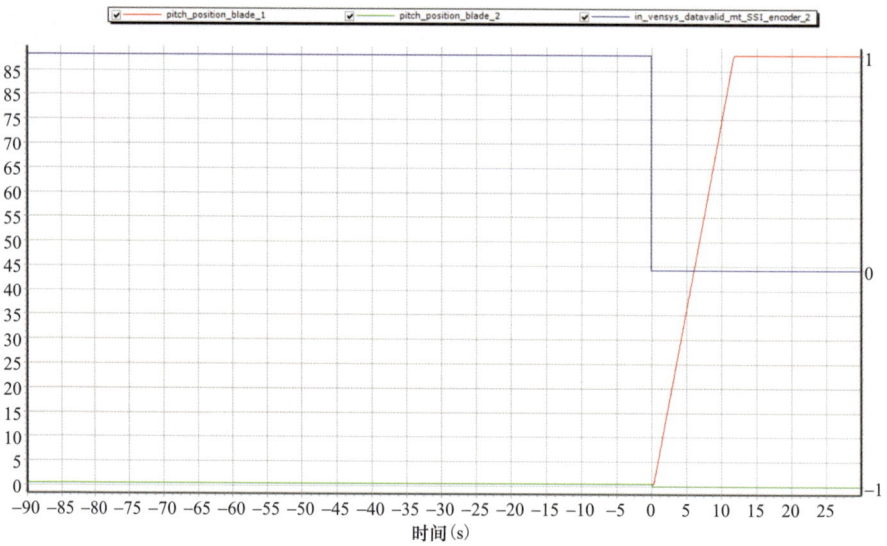

图 2-594 机组 2 号叶片编码器警告信号

（8）查看机组 2 号叶片全部数字量信号（选取 1 号叶片角度作动作参考）。由图 2-595 得出，该机组 2 号叶片 5°接近开关、92°限位开关、编码器警告信号、NG5-OK 信号均在 0 时刻附近丢失，AC2 及变桨电机未动作。

（9）相关故障解释及结果判断，如表 2-57 所示。

表 2-57 故 障 解 释 表

序号	丢失信号名称	信号丢失时刻	故障名称	故障触发时间	故障判断
1	旋编警告	−0.12ms	旋编电池电压低	持续 500ms	不触发
2	5°接近开关	−0.08ms	发电位置传感器异常	持续 140ms	不触发

续表

序号	丢失信号名称	信号丢失时刻	故障名称	故障触发时间	故障判断
3	92°限位开关	−0.06ms	变桨限位开关触发	持续80ms	不触发
4	NG5-OK信号	−0.06ms	变桨充电器反馈丢失	持续4s	不触发
5	17K4线圈失电	−0.02ms	变桨安全链触发	持续40ms	不触发
6	19K7外部安全链OK信号	−0.02ms	变桨故障1.4	持续20ms	变桨急停请求

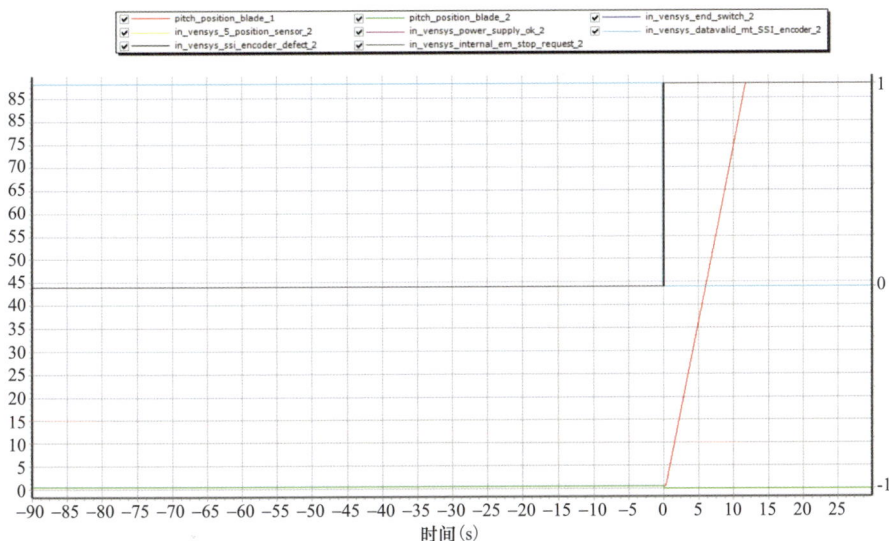

图 2-595　机组 2 号叶片全部数字量信号

综上所述，该机组 2 号叶片 13.1T2 模块正常（未报出变桨通信故障），5°接近开关、92°限位开关、编码器警告信号、NG5-OK 信号几乎同时丢失，AC2 及变桨电机未动作，且上述信号均为 13T1 模块所带负载。在 13T1 模块 24V 回路失电后，机组所有与 13T1 有关的高电平全部丢失，且 AC2 收不到使能命令，致使叶片卡死在 0°。19K7 继电器线圈虽然得电，但其触点反馈的是 13T1 的 24V，所以直接报出"变桨外部安全链故障"。

因此，此次故障为 2 号柜 13T1 模块 24V 回路失电引起。经现场排查确认，运维人员更换 13T1 模块后，机组恢复运行。

风电场发现损坏的 13T1 模块均因温度高造成，夏季戈壁滩温度高，加上密闭的轮毂导致变桨柜内热量无法散去，且更换的 13T1 模块散热板背部导热硅脂干涸，如图 2-596 所示。

图 2-596　13T1 模块

根据某厂家的高温高湿交变湿热试验分析报告显示：

（1）DC-DC 模块对高温高湿环境的适应性较差，2 号模块带载运行时，出现输出电压降至 2～3V 不断跳动的现象且短时间内可恢复的现象，恢复正常后手动指定电子负载 6A、13A 半载满载运行，发现给定满载电流 13A 时，模块输出电压降至 3.277V，说明该模块限流拐点提前。

（2）在湿热交变环境条件下，测试样品在经过近 30 天的耐久测试，4 个模块样品相继出现失效现象，1、2 号模块均出现脉冲形式输出，而且时好时坏，输出不稳定，放置 7 天后测试又基本正常。3 号模块失效时，输出电压降低至 12V 左右，一段时间后完全无输出。4 号模块在测试 27 天时失效，无输出。

▶ **事故处理措施及结果**

故障分析时序图如图 2-597 所示，故障分析时序汇总如下：

时间	角度1	角度2	角度3	1#电容高电压	2#电容高电压	3#电容高电压	AC2-OK	92度	5度	87度	NG5-OK	旋编诊断	变桨急停请求	备注
-90	0.48	0.47	0.46	59.47	59.043	58.277	1	1	1	0	1	1	0	机组正常
-0.12	0.48	0.47	0.46	59.111	58.692	59.24	1	1	1	0	1	0	0	①-旋编诊断丢失
-0.1	0.48	0.47	0.46	59.097	58.686	59.244	1	1	1	0	1	0	0	
-0.08	0.48	0.47	0.46	59.119	58.691	59.237	1	1	0	0	1	0	0	②-5度信号丢失
-0.06	0.48	0.47	0.46	59.115	58.696	59.231	1	0	0	0	0	0	0	③、92度、NG5_ok、19K7信号丢失
-0.04	0.48	0.47	0.46	59.111	58.7	59.226	1	0	0	0	0	0	0	
-0.02	0.48	0.47	0.46	59.109	58.703	59.233	1	0	0	0	0	0	1	变桨急停请求
0	0.48	0.47	0.46	59.106	58.705	59.239	1	0	0	0	0	0	1	安全链动作
0.02	0.48	0.47	0.46	59.105	58.696	59.244	1	0	0	0	0	0	1	
0.04	0.48	0.47	0.46	59.125	58.7	59.247	1	0	0	0	0	0	1	
0.06	0.48	0	0.46	59.087	58.692	59.217	1	0	0	0	0	0	1	④-角度2丢失
0.08	0.48	0	0.46	59.034	58.696	59.171	1	0	0	0	0	0	1	
4.00	28.87	0	28.93	57.757	58.686	58.157	1	0	0	0	0	0	1	顺桨过程
6.14	45.36	0	45.37	58.969	58.685	57.691	1	0	0	0	0	0	1	
13.76	88.19	0	88.28	59.455	58.661	58.223	1	0	0	0	0	0	1	
13.78	88.19	0	88.28	59.449	58.661	58.223	1	0	0	0	0	0	1	
29.96	88.19	0	88.28	59.126	58.613	59.563	1	0	0	0	0	0	1	
29.98	88.19	0	88.28	59.142	58.622	59.568	1	0	0	0	0	0	1	

图 2-597　故障分析时序图

时刻 1：13T1 模块 24V 电路图如图 2-598 所示。当 13T1 模块损坏后，电压从 24V 开始慢慢跌落，当电压跌落至 18.5V 以下时，编码器的诊断信号输出电压将低于 15V，此时 A4 模块将无法收到高电平信号，触发"旋编警告故障"。

时刻 2：当电压持续跌落至 15V 以下时，此时 A4 模块将无法收到高电平信号，触发"5°接近开关故障"。

时刻 3：当电压持续跌落至 15V 以下时，此时 A2 模块将无法收到高电平信号，触发"92°限位开关故障""变桨充电器反馈丢失故障""变桨安全链触发"，由于电压低于 KL2408 模块、13K3 继电器模块动作电压，AC2 使能回路彻底断开。

时刻 4：当电压持续跌落至 10V 以下时，此时旋转编码器无法正常工作，即 KL5001

模块采集的桨叶角度为 0°。

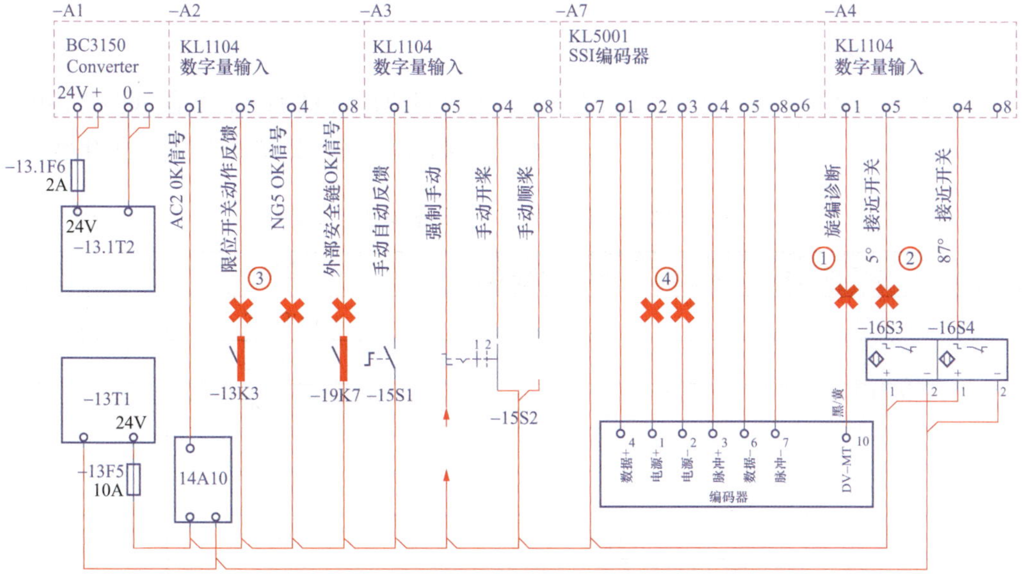

图 2-598 2 号柜 13T1 模块 24V 电路图

此次故障为 2 号柜 13T1 模块 24V 回路失电引起。经现场排查确认，运维人员更换 13T1 模块后，机组恢复运行。

▶ **隐患排查重点**

（1）设备维护。

1）机组触发安全链相关故障停机时，不可以直接复位启机。应详细排查故障原因，找出问题根本原因。

2）机组巡检过程中，应重点检查机舱内安全链相关支路线缆连接紧固度，确认无松动、异常磨损等现象。

3）机组调试并网前，必须完成安全链各回路测试工作，即过速测试、振动测试、急停按钮测试、急停按钮测试、软件系统测试、偏航系统测试、桨叶内部安全链测试等全部测试工作。

对于批量同类型故障，需深度分析故障触发原因并作一些策略性技改工作。

4）在巡检、定检中仔细检查变桨柜内是否存在短路、接地现象。

5）在巡检、定检中，检查 13T1 模块输入输出是否正常，若输出低于 24V，立即进行更换。

6）在巡检、定检中，仔细检查 13T1 模块散热是否正常，散热不良会引发 13T1 模块迅速老化损坏。

7）新机组并网后，应每年检查 13T1 背部导热硅胶是否存在缺失，发现缺失应立即进行补充。

8）变桨柜内安装强制循环风扇，当柜内温度较低时，不运行；当柜内温度超过 35°时，内循环散热风扇开启。

（2）运行调整。

夏季机组满发运行时，拷取不同机组变桨轴柜内部温度信息，针对部分变桨轴柜内部温度较高时，应在小风天气后立即组织对相应问题机组进行排查，查找温度较高异常原因。

2.9.3.3 安全链回路不稳定故障

▶ **事故表现**

某超低温型风力发电机组在运行过程中，机组安全链系统不稳定且易出现故障。

根据报出安全链相关故障的机组排查，发现风机运行中共有 5 台机组出现安全链系统相关故障，具体情况如表 2-58 所示。

表 2-58 　　　　　　　　　　　"安全链链接故障"统计表

序号	机位	故障名称	故障现象
1	07 号	安全链链接故障	KL6904 的 Diag2 指示灯快闪与 1 个脉冲交替闪烁
2	09 号	安全链链接故障	KL6904 的 Diag2 指示灯快闪与 1 个脉冲交替闪烁
3	12 号	安全链链接故障	KL6904 的 Diag2 指示灯快闪与 1 个脉冲交替闪烁
4	14 号	安全链链接故障	KL6904 的 Diag2 指示灯快闪与 1 个脉冲交替闪烁
5	23 号	安全链链接故障	KL6904 的 Diag2 指示灯快闪与 1 个脉冲交替闪烁

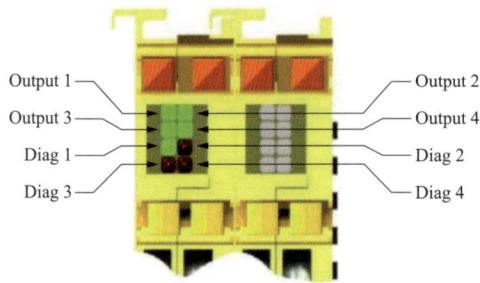

图 2-599　KL6904 模块指示灯定义

▶ **事故根本原因**

（1）根据倍福安全链逻辑端子 KL6904 的指示灯定义，如图 2-599 所示，KL6904 模块的 Diag2 指示灯代表执行器即电源接触器相关故障。

而根据指示灯诊断定义，如表 2-59 所示，"KL6904 的 Diag2 指示灯快闪与 1 个脉冲交替闪烁"代表输出开路或者输出电流小于 20mA 或大于 500mA。

表 2-59 　　　　　　　　　　KL6904 模块 Diag2 指示灯诊断定义

闪烁代码	含义
快闪与 1 个脉冲的闪烁交替	输出 1：开路或者电流小于 20mA（最小值）或者电流大于 500mA（最大值）
快闪与 2 个脉冲的闪烁交替	输出 2：开路或者电流小于 20mA（最小值）或者电流大于 500mA（最大值）

438

闪烁代码	含义
快闪与 3 个脉冲的闪烁交替	输出 3：开路或者电流小于 20mA（最小值）或音电流大于 500mA（最大值）
快闪与 4 个脉冲的闪烁交替	输出 4：开路或者电流小于 20mA（最小值）或者电流大于 500mA（最大值）
快闪与 5 个脉冲的闪烁交替	现场电压过低
快闪与 6 个脉冲的闪烁交替	现场电压过高
快闪与 7 个脉冲的闪烁交替	端子温度过低
快闪与 8 个脉冲的闪烁交替	端子温度过高
快闪与 9 个脉冲的闪烁交替	温度不一致错误
快闪与 10 个脉冲的闪烁交替	输出线路错误：开路，短路或者外部供电

（2）根据电气原理图，如图 2-600 所示，当安全链复位使能时及安全链复位后 KL6904 模块的 1 通道输出 24V 至 182K2 继电器，此回路即为 L6904 输出回路。因此，针对 KL6904 模块输出线路相关故障，需检查上述回路节点是否存在问题。

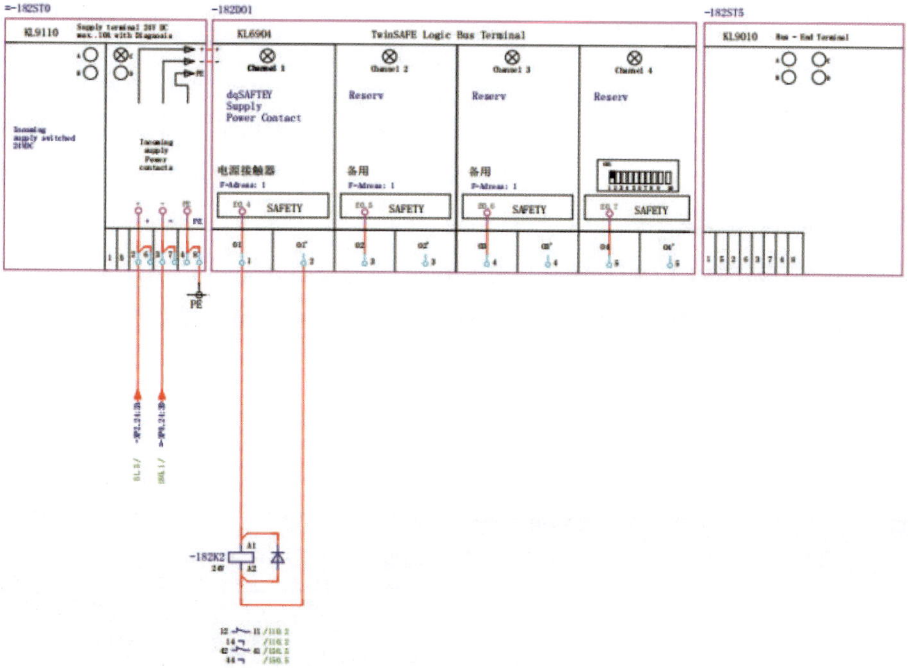

图 2-600　KL6904 输出电路

（3）针对上述情况，对故障机组进行了如下排查：

1）测量 KL6904 模块前端电源模块 182ST0 的输入电压，并通过调节开关电源 12G1 的电压调节旋钮调节电压，将其调整至 24.00V DC。

2）检查 KL6904 模块 1、2 引脚与 182K2 继电器 A1、A2 引脚接线是否紧固。

3）检查 KL6904 模块 1、2 引脚至 182K2 继电器 A1、A2 引脚间线缆是否存在断点。

4）使用 TwinCAT 进入 KL6904 的诊断界面（现场程序配置分为 4 种，需选用正确的配置表），确认模块内部除输出报错外无其他诊断位报错，如图 2-601 所示。

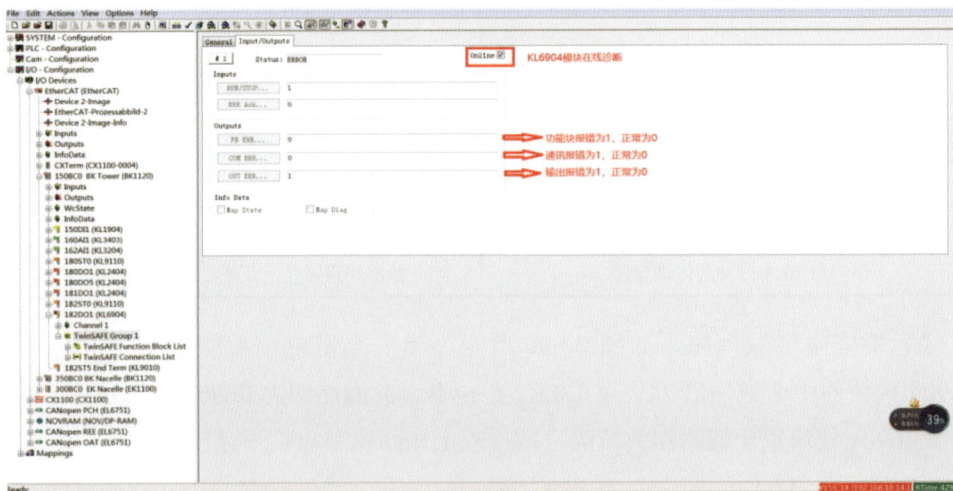

图 2-601　KL6904 模块在线诊断界面

上述检查均未发现异常，说明模块实际未开路。由输出电流异常（小于 20mA 或者大于 500mA）判断为 KL6904 模块的 24V DC 供电电压波动或者线路存在干扰导致。

▶ 事故处理措施及结果

为解决此情况，将 KL6904 模块 1、2 引脚至 182K2 继电器 A1、A2 引脚间线缆从原回路拆下后适当剪短至刚好可供布线，将优化长度后的线缆缠绕成双绞线，如图 2-602 所示，将其接回原回路。

在 KL6904 模块前端电源模块 182ST0 的 24V DC 电源输入端（正极）增加磁环，将线缆穿过磁环并缠绕两圈后接入 182ST0 模块，如图 2-603 所示。

图 2-602　双绞线示意图

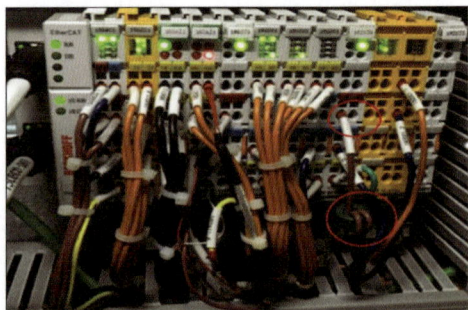

图 2-603　磁环增加位置示意图

目前现场安全链相关故障已基本处理完成，运行至今未再报出。安全链故障（KL6904 的 Diag2 指示灯快闪与 1 个脉冲交替闪烁）一般为 KL6904 模块的 24V DC 供电电压波动或者线路存在干扰所致，将线缆优化长度并缠绕成双绞线后接回原回路，故障消除。

▶ **隐患排查重点**

（1）设备维护。

1）机组触发安全链相关故障停机时，不可以直接复位启机。应详细排查故障原因，找出问题根本原因。

2）机组巡检过程中，应重点检查机舱内安全链相关支路线缆连接紧固度，确认无松动、异常磨损等现象。

3）机组调试并网前，必须完安全链各回路测试工作，即过速测试、振动测试、急停按钮测试、急停按钮测试、软件系统测试、偏航系统测试、桨叶内部安全链测试等全部测试工作。

4）对于批量同类型故障，需深度分析故障触发原因并作一些策略性技改工作。

5）针对干扰较强的信号反馈回路，需要检查其进入柜内的屏蔽层接线是否紧固，是否形成有效接地将干扰信号屏蔽。

6）检查高速轴刹车盘是否存在过度磨损、点蚀，定期清理刹车盘上的碳粉、油污等；检查制动器刹车片磨损情况，若磨损过大或不均匀，应及时进行更换；检查偏航余压是否符合规定，及时进行调整。

7）针对安全链存在脉动或者模拟量检查信号线缆的情况，应在信号线缆进、出线附近增加磁环，用来消除高频次谐波干扰。

8）针对模拟量信号反馈接点，应将信号线缆改造双绞线，此接法能有效抑制部分谐波信号干扰。

（2）运行调整。

机组在运行过程中存在安全链闪报现象，则应排查其 TCtracelog 数据，查看具体丢包位置，确定问题源头。

2.9.4 安全链通信故障事故案例及隐患排查

▶ **事故表现**

2021 年共报出 602 次故障，与变桨安全链有关的故障就高达 123 次，停机时长为 365h。几乎每天都有风机因为变桨系统的故障而停机 1h。某日某风机报出变桨电机堵转故障，对其进行了系统分析。

▶ **事故根本原因**

如果任意一个变桨发给主控的变桨电机堵转信号触发持续时间超过 30ms，则触发变桨电机堵转故障。

电机堵转，通俗地讲就是变桨驱动器在得到变桨控制系统发出的变桨信号时没有驱动变桨电机工作或驱动不了电机动作（比如有异物或是螺栓断裂后卡滞，变桨轴承损坏、电机和变速箱损坏等）和电机动作了编码器数据采集不到等原因造成与其他叶片角度不一致的情况。电机堵转严重时，会有电机电流过大问题，需要按照电机堵转要求检查。

注意：电机编码器有问题时，会引起驱动器输出紊乱，也会导致电流过大和桨叶角度偏差，报桨叶角度不一致故障，需要检查确认编码器及信号反馈状态。

为进行原因排查，对 log 数据进行分析，如图 2-604、图 2-605 所示。

A602　2022/4/11 6:39:51

1	时间	1号桨桨叶角度	2号桨桨叶角度	3号桨桨叶角度	变桨系统桨叶实际角度	天仁变桨1号桨叶电流	天仁变桨2号桨叶电流	天仁变桨3号桨叶电流
595	39:50.2	30.01	30.01	30	30.0066	70	110	80
596	39:50.3	30.01	30.01	30	30.0066	70	100	80
597	39:50.4	30.01	30.01	30	30.0066	50	90	80
598	39:50.5	30.01	30.01	30	30.0066	50	90	80
599	39:50.7	30.01	30.01	30	30.0066	50	80	80
600	39:50.8	30.01	30.01	30	30.0066	60	90	80
601	39:50.9	30.01	30.01	30	30.0066	50	80	80
602	39:50.9	30.01	30.01	30	30.0066	50	80	0
603	39:51.0	30.01	30.01	30	30.0066	50	80	0
604	39:51.1	30.01	30.01	30	30.0066	40	80	0
605	39:51.2	30.01	30.01	30	30.0066	40	80	0
606	39:51.4	30.01	30.01	30	30.0066	50	80	0
607	39:51.5	30.01	30.01	30	30.0066	60	80	0
608	39:51.6	30.01	30.01	30	30.0066	60	80	0
609	39:51.7	30.01	30.01	30	30.0066	60	90	0
610	39:51.7	30.01	30.01	30	30.0066	60	90	0
611	39:51.8	30.01	30.01	30	30.0066	70	90	0
612	39:51.9	30.01	30.01	30	30.0066	70	80	0
613	39:52.1	30.01	30.01	30	30.0066	60	80	0
614	39:52.2	30.01	30.01	30	30.0066	60	80	0
615	39:52.3	30.01	30.01	30	30.0066	80	80	0
616	39:52.4	30.01	30.01	30	30.0066	80	80	0
617	39:52.4	30.01	30	30	30.0033	90	80	0
618	39:52.5	30.01	30	30	30.0033	100	100	0
619	39:52.6	30	30	30	30	100	100	0
620	39:52.7	30	30	30	30	90	100	0
621	39:52.9	30	30	30	30	90	110	0
622	39:53.0	30	30	30	30	90	110	0
623	39:53.1	30	30	30	30	90	110	0

图 2-604　log 解析图 1

A807　2022/4/11 6:40:02

1	时间	1号桨桨叶角度	2号桨桨叶角度	3号桨桨叶角度	变桨系统桨叶实际角度	天仁变桨1号桨叶电流	天仁变桨2号桨叶电流	天仁变桨3号桨叶电流
807	40:02.5	40.79	40.47	30	37.0866	40	70	0
808	40:02.6	41.49	41.16	30	37.5499	50	70	0
809	40:02.6	42.19	41.85	30	38.0133	40	70	0
810	40:02.7	42.89	42.55	30	38.4799	50	60	0
811	40:02.8	43.58	43.24	30	38.94	40	60	0
812	40:02.9	44.28	43.94	30	39.4066	40	70	0
813	40:03.1	44.98	44.63	30	39.8699	40	60	0
814	40:03.2	45.68	45.32	30	40.3333	50	70	0
815	40:03.3	46.37	46.02	30	40.7966	50	70	0
816	40:03.3	47.07	46.71	30	41.2599	40	60	0
817	40:03.4	47.77	47.41	30	41.7266	40	70	0
818	40:03.5	48.46	48.1	30	42.1866	50	60	0
819	40:03.6	49.16	48.8	30	42.6533	40	60	0
820	40:03.8	49.85	49.49	30	43.1133	50	60	0
821	40:03.9	50.55	50.19	30	43.5799	40	60	0
822	40:04.0	51.25	50.88	30	44.0433	50	60	0
823	40:04.0	51.94	51.57	30	44.5033	50	60	0
824	40:04.1	52.64	52.27	30	44.97	50	60	0
825	40:04.2	53.33	52.96	30	45.43	50	60	0
826	40:04.3	54.03	53.66	30	45.8966	50	60	0
827	40:04.5	54.73	54.35	30	46.36	50	60	0
828	40:04.6	55.42	55.05	30	46.8233	60	60	0
829	40:04.7	56.12	55.74	30	47.2866	50	70	0
830	40:04.8	56.81	56.44	30	47.75	60	60	0
831	40:04.8	57.5	57.13	30	48.2099	50	60	0
832	40:04.9	58.2	57.83	30	48.6766	50	60	0
833	40:05.0	58.89	58.52	30	49.1366	50	60	0
834	40:05.2	59.59	59.22	30	49.6033	50	60	0
835	40:05.3	60.28	59.92	30	50.0666	60	60	0

图 2-605　log 解析图 2

根据该故障的特性，就是桨叶角度的变化和电流的变化，且三支桨叶角度偏差不超过 1°。因此需单独找出此类关键数据，随机将光标定格在故障时刻（录波数据开始后的第 8min）的位置，即可定位故障点。

从 log 解析图中可以看出，在这一时刻，风机处于开桨状态，因为停机状态下桨叶角度是 89°，所以此时该风机每一支叶片都在动作。说明每支叶片的变桨电机必须有电流，而且差异不是很大。由图 2-604 可得，该故障是由于 3 号桨叶的电流为零，即 3 号桨叶的驱动器不工作，导致 3 号桨叶的桨叶角度不变化，一直停留在 30°，主控发给该桨叶的角度在 30ms 内未执行或是执行了未有变化则触发该故障。在其他两支桨叶正常的情况下，因此锁定故障点为 3 号桨叶，随机联想到该故障或与变桨角度相关元器件损坏有关（如变桨驱动器和主桨 PLC 模块、变桨编码器、KL5001 模块、4K1 继电器等）。随后通过图 2-605 的观察，其他两支桨叶的角度和实际角度一样，就第三支桨叶还保留在 30°位置，说明桨叶角度确实没有变化，可排除编码器和 KL5001 模块的问题。因为这两个模块是桨叶角度的监控者，所以只需考虑该叶片的 PLC 模块或驱动器。这是由于在 log 数据上无法确认故障时，由 PLC 未给驱动器执行指令或是 PLC 下放指令而驱动器未执行所致。

▶ 事故处理措施及结果

维修人员现场检查并进行手动变桨，变桨电机抱闸能正常打开，说明 PLC 已发出指令，通过更换驱动器消除了故障。

▶ 隐患排查重点

（1）设备维护。

1）机组触发安全链相关故障停机时，不可以直接复位起机。应详细排查故障原因、找出问题根本原因。

2）日常巡检维护期间，应注意检查机舱安全链反馈线路连接紧固度，查看屏蔽层接地效果良好且屏蔽层无锈蚀、接触不充分等异常现象。

3）检查机舱柜门进线处，EFC 信号线缆转弯半径大于 6DR，无明显弯折破损等异常现象，且信号线缆必须经过防雷端子才能接入控制系统。

4）对运行时间超过 3 年的机组，应重点检查测试 EFC 继电器是否存在接触不良等异常现象，建议每 3 个月使用上位机软件做 EFC 触发测试或拉拔测试。

5）因为 EFC 信号是经过滑环到达轮毂内部，所以对于非免维护滑环，应使用专业的清洗设备对滑环本体及金针进行全方位清洗，防止碳粉堆积。

6）2.X 均加装有抱闸冗余保护接触器，在一定次数后判断抱闸接触器问题时，会直接报出抱闸接触器问题并先预警，一定次数后再故障停机。遇到此问题后，直接更换抱闸接触器及底座即可（底座、插头必须都换）。

7）4K1 故障引起的电机堵转跟轮毂异物与抱闸问题引起的电机堵转现象很类似，有时候 4K1 故障桨叶会恢复动作以某一速度去撞限位，而轮毂异物卡滞基本上不会动。处理此故障时，先确认轮毂是否有异物；强制闭合 4K1，若抱闸没有打开的声音，尝试用更换后的 4K1 再次强制闭合触点，如抱闸仍不能正常打开，则检查抱闸。

8）禁止不做任何判断的情况下直接更换 4K1 启机了事，以免掩盖真实的其他故障。

（2）运行调整。

对于运行时间超过 5 年的机组，现场应批量更换 EFC 反馈控制接触器，防止因设备老化造成风场批量性故障。

2.9.4.2　安全链模块通信中断故障

▶ **介绍栏**

变桨安全链主要由安全链输入模块 KL1904、安全链输出模块 KL2904、继电器及辅助触点组成。正常情况下，当主控及变桨安全链信号输入正常，经逻辑运算模块 KL6904 判断正常后，KL2904 输出信号，允许偏航和变桨动作；当主控安全链检测异常，KL2904 终止输出，336K3 继电器线圈失电，336K3 常开辅助触点断开，三个变桨轴柜内 11K1 线圈同时失电，相应 11K1 常开触点断开，变桨系统进入紧急模式，桨叶以 9°/s 迅速顺桨至安全位置，保护了风机的安全运行；当变桨 PLC 检测异常，如遇电容欠压、AC2 超温、CAN 通信故障、DP 故障、编码器故障、主控断安全链断开等情况时，变桨数字量输出模块 KL2408 停止输出，8K3 继电器线圈失电，8K3 常开辅助触点断开，导致 337K6 线圈失电，337K6 常开辅助触点断开，主控安全链模块检测异常，变桨系统进行紧急停机。

结合图 2-606 可以看出变桨系统与主控系统安全链的关系：变桨系统通过串联三个轴柜内的 8K3 继电器的触点来影响主控系统的安全链，而主控系统的安全链是通过并联三个轴柜内的 11K1 继电器的线圈来影响变桨系统，变桨系统安全链与主控系统安全链（EFC）相互独立而又相互影响。

纵观风机安全链，各安全链节点也并不是真正地串联在一起的，而是通过安全链模块中逻辑控制的关系联系在一起的。当每个输入信号在逻辑上都是高电平 1 时，几个信号相遇之后，其输出也必然都是高电平 1；但如果有 1 个输入信号变成低电平 0，其输出也必然是低电平 0，而逻辑上的输出则是通过安全链的输出模块来进行控制。

▶ **事故表现**

A01 风机故障时，SCADA 后台报出变桨急停故障，查看变桨安全链断开，故障无法复位。就地查看塔底柜面板故障指示灯熄灭，塔底安全链模块输入信号灯闪正常，逻辑运算模块 KL6904 诊断指示灯 Dia1（绿色）闪烁，快闪与一个脉冲的闪烁交替，说明某一安全链模块通信错误，不在连接运行状态；登机检查机舱柜内安全链模块，安全链输入模块及输出模块信号灯存在异常，机舱手动点击复位按钮，复位继电器 332K1 正常吸合，332K1 常开辅助触点闭合，但 336K3 继电器未动作，测量 A1 口无输出电压。综上判断，安全链输出模块 KL2904 模块通信中断，重启塔底柜 PLC 模块后通信恢复，塔底柜面板故障指示灯恢复。

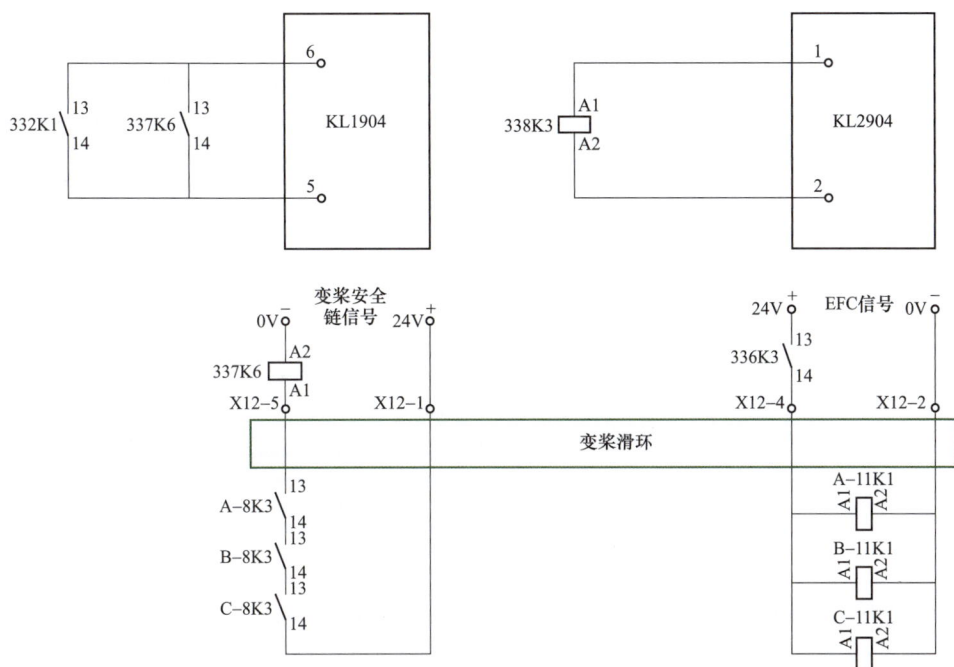

图 2-606 变浆安全链简图

▶ **事故根本原因**

点击机舱复位按钮，复位继电器 332K1 正常吸合，332K1 常开辅助触点闭合，短接变浆安全链信号，安全链输入正常，安全链输出模块正常输出，336K3 线圈得电，336K3 常开辅助触点闭合，三变浆轴柜内 11K1 线圈得电，EFC 信号正常，约 15s 后，复位继电器 332K1 正常断开，随后，336K3 继电器失电，检查 337K6 继电器线圈及常开触点正常。根据以上现象判断变浆安全链回路可能存在异常，但由于此回路包含控制柜内线路、变浆滑环内线路、轮毂及变浆轴柜内线路，因此采用分段排除的方法，逐步缩小故障范围。

首先，短接 X12-1 和 X12-5 端子，点击复位按钮，安全链恢复正常，则说明故障点应在机舱柜外部。随后测量 X12-5 端子到轴 A 柜内 8K3 常开触点的 13 口及 X12-1 端子到轴 C 内 8K3 常开触点的 14 口线路无接地，通、断正常；在复位瞬间，观察三轴柜内 8K3 继电器灯闪情况，同时先亮后灭，此现象说明在复位时，当变浆控制系统检测 EFC 信号输入正常，柜体自检无故障，则闭合柜体内 8K3，但在三轴柜外部某处线路存在闪断情况，导致 8K3 继电器先亮后断。

为进一步查明原因，对故障文件进行了仔细分析，发现了变浆安全链在故障后存在闪断情况（见图 2-607 标红位置），而出现此 0.02ms 级别的闪断问题，极大可能是变浆滑环的问题。

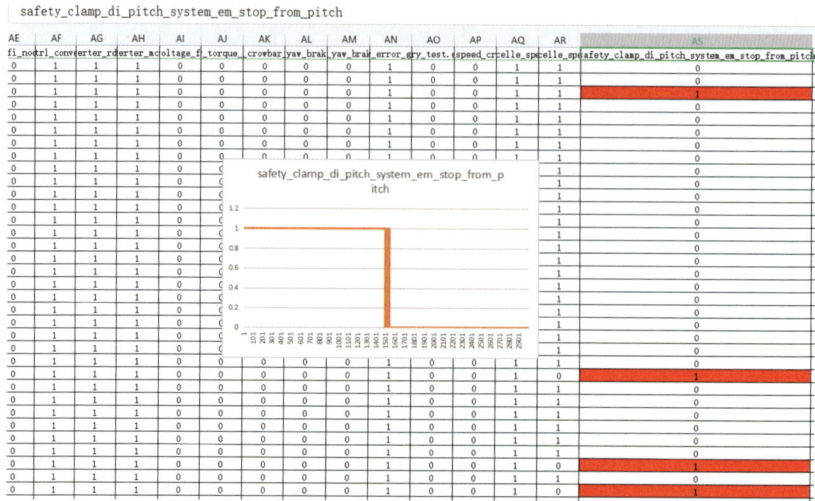

图 2-607　变桨安全链存在闪断信号

拆开滑环，检查变桨滑环外观未见明显异常，测量变桨安全链通道通、断正常，怀疑可能是因为滑道脏污引起的，于是重点对变桨滑环滑道进行了清洗。清洗后，故障仍未恢复，判断闪断并非由滑环滑道脏污引起。于是，拆掉变桨安全链滑环滑道对应电刷，详细检查发现故障根本原因为部分电刷存在弯曲现象（见图 2-608）。电刷弯曲将导致电刷与滑道接触面积及弹力不均，在机组运行过程中，容易出现丢包或闪断现象。

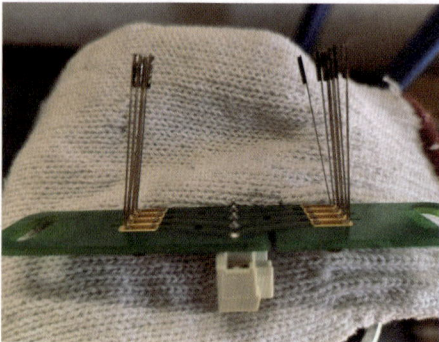

图 2-608　变桨安全链电刷存在弯曲现象

事故处理措施及结果

更换弯曲的电刷，并对变桨滑环滑道进行通道并联改造，安装后，故障消除。变桨滑环内部安全链通道改造方案如下：

滑环 24V 通道共有 12 个，1.5MW 风机实际使用了其中 4 个，分别为变桨安全链信号 2 个，EFC 信号 2 个，如图 2-609 所示。为避免变桨滑环内滑道脏污及电刷造成的闪断问题，可对变桨滑环滑道进行通道并联改造，在变桨滑环内部，将原单槽双电刷改为双槽四电刷，从而提高安全链回路的可靠性。

改造步骤如下：

（1）查找出哈丁头 A1、A6（EFC）及 A9、A12（变桨安全链）对应的变桨滑环通道，可采用测量通断的方法一一进行确定。

（2）拆除 A1、A6、A9、A12 对应滑道的临近通道上的备用电刷接线，用绝缘胶带包扎并固定好。

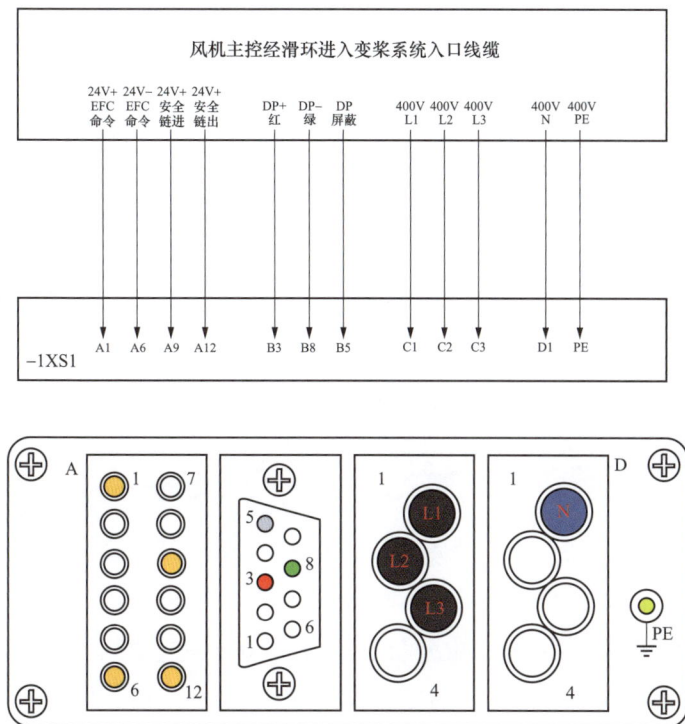

图 2-609 变桨滑环通道

（3）用连接片进行并联。

（4）在变桨滑环轮毂侧，找到相应的用连接片进行并联的备用接线，拆除接到相应的 A1、A6、A9、A12 通道上，即完成单槽双电刷为双槽四电刷改造，改造前、后对比情况见图 2-610。

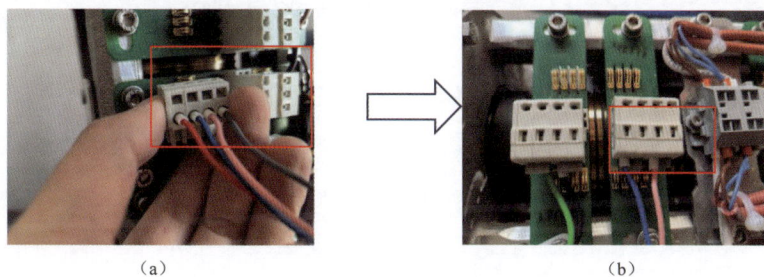

（a）　　　　　　　　　　（b）

图 2-610 变桨安全链通道改造对比图

（a）改造之前；（b）改造之后

▶ 隐患排查重点

（1）设备维护。

1）机组巡检过程中，应拆开滑环本体。对其端子排、屏蔽压接层金针支架及金针本体进行目视或部分位置进行手动拉拔测试。

2）检查机舱柜门进线处，通信线缆转弯半径大于 6DR，无明显弯折破损等异常现象。

3）对运行时间超过 3 年的机组，应重点检查其滑环金针与滑轨。对于免维护滑环只需要检查滑环进线连接端子紧固度即可。

4）对于非免维护滑环则应使用专业的清洗设备对滑环本体及金针进行全方位清洗，防止碳粉堆积。

5）双馈机组完成吊装后，应立即使用发泡剂对风轮中心套管进行密封，防止水汽从中心套管进入到滑环本体，从而对滑环造成不可逆的损伤。

6）对于并网超过 5 年的风场，现场除了需要对滑环做定期维护外还必须准备一定量的新滑环。

7）日常巡检维护时，应注意齿轮箱高速端是否存在渗油、漏油现象。若有渗、漏油情况，则应立即对漏油部位进行处理（如紧固密封端盖连接螺栓，重新涂抹端面密封胶），防止齿轮箱本体渗出油渍侵入到滑环内部，造成滑环本体失效。

8）对于滑环问题频发机组，则应组织相关人员立即进行更换且同时观察空心管是否存在偏心等异常问题。若存在异常问题，则应将空心管一同进行更换。

（2）运行调整。

机组报出变桨通信故障或变桨安全链故障，应注意结合故障数据查看安全链信号状态或变桨通信数据是否在 100ms 内同时断开。若断开数据超过 100ms，则问题原因在轮毂轴柜或轮毂内部连接线缆间；若在 100ms 内，则问题原因在滑环线及滑环侧。

2.10 ▶ 风机基础事故隐患排查

2.10.1 风机基础开裂异常事故案例及隐患排查

▶ **事故表现**

风机基础是风电机组运行的根基，基础工程的施工工艺、施工质量、运行情况直接影响到整个风电机组运行的安全性、经济性。从安全性来分析，基础部分的安全性对整个风电机组的安全运行起着决定性作用。基础一旦产生开裂、空腔、沉降、偏移、变形等不良现象，便影响机组安全运行。从经济性来分析，基础采用铆栓或基础环等结构方式，基础造价占整个风电机组工程的 25%～35%，一旦开展基础加固将造成长期停机损失。因基础运行隐患导致整个机组倒塔和长期停机，将造成几百万甚至上千万的经济损失。

2018 年 11 月 28 日 15:20，某项目 11 号风机在巡检过程中发现机组基础开裂，存在风机倒塔的隐患。发现问题后第一时间对风电机组进行停机，防止事件扩大。

▶ **事故根本原因**

（1）机组服役期间，重复动荷载和大偏心受力导致基础损伤。

（2）基础环与混凝土界面之间缺乏足够的抗剪能力，荷载造成两者之间界面分离。

（3）脱粘向下扩展至椭圆形穿筋孔处，机组运行荷载将由穿环钢筋及孔内混凝土承担，穿环钢筋及该局部混凝土结构受拉破坏。

（4）基础施工工艺不合格、施工过程质量差、施工材料不合格等导致混凝土强度不够，造成基础开裂等问题。

▶ **事故处理措施及结果**

1. 基础损伤过程

风机塔筒和基础运行期间始终承受着重复动荷载和大偏心作用力带来的疲劳荷载，基础环对混凝土的作用是反复的。基础环与混凝土界面之间缺乏足够的抗剪能力，易造成两者之间界面的脱开。此外，基础环下法兰处混凝土存在高应力集中，导致该局部混凝土受到反复挤压和收拉而破碎。此类风机基础损伤过程如下：

第一步：机组服役期间，基础环下法兰载荷将部分力分解到基础环壁，破坏基础环与基础之间的黏结力，基础环与混凝土界面脱开（从顶面开始），形成初始裂缝。

第二步：随着风荷载长期作用，裂缝向下扩展的过程中，一旦深度越过穿筋孔时，孔内混凝土及钢筋开始受力（长期的剪切疲劳作用将导致穿环钢筋截面损失甚至疲劳受剪脆断，以及穿筋孔内混凝土破碎散落）。

第三步：当裂缝进一步延伸至下法兰时，将导致下法兰与其周边混凝土松动，外悬挑部分将对其周边混凝土造成磨损。同时，裂缝向外扩展的过程中，随着风机塔筒摇摆幅度的加大，亦导致基础环周边表层混凝土因往复冲压而破碎。

第四步：长期服役期间，重复动荷载和大偏心力作用下，基础环下法兰周边混凝土经反复挤压和磨损后形成混凝土破碎及部分混凝土研磨成粉。同时，防水被撕拉破坏。

第五步：当防水未能及时修复，雨水顺着基础环壁流入椭圆形穿筋孔处，会造成内部钢筋锈蚀，该结构更易被破坏；同时，雨水顺着基础环壁流入基础环下法兰处，破损的混凝土粉末形成砂浆状液体被带至基础内外表面，导致基础环底部空隙增大。空隙的增大又进一步使基础环在恶劣天气下振幅变大，进一步磨耗底部混凝土，如此恶性循环，将导致基础环下法兰附近混凝土形成空腔和空隙增大。

第六步：在运行期间，风机基础始终承受重复动荷载和大偏心作用力下塔筒摇摆幅度将加大，基础环与穿环钢筋因直接接触而导致大量穿环钢筋疲劳脆断。此时，塔筒因为底部空腔加大而导致筒身倾斜严重，左右及上下摇摆加剧，以致无法正常运行，甚至倒塔。

2. 基础开裂问题分析诊断方法

（1）目视检查基础防水带表面是否存在裂纹、防水带脱落、开裂、鼓包等老化开裂情况。

（2）目视检查基础内、外混凝土表面是否存在裂纹、开裂等情况，记录裂纹的深度、长度、宽度等尺寸参数。

（3）目视检查基础内、外翻浆情况，确认翻浆严重程度。

（4）基础环水平检查、测量：分别将风机机头按一个方向偏航，每 45°停留一次，至少偏航 360°以上，检查并测量风机基础环水平的变化情况，检查基础是否存在偏移、倾斜、下沉等情况。

（5）使用超声波断层扫描设备，检查基础开裂、空腔等情况。

（6）基础环内、外侧基础表面及基础环侧壁取芯，通过取芯样品检测判定混凝土强度是否符合质量标准。

（7）取点钻芯 2m，通过视频检查基础混凝土内部运行情况，是否存在空腔、开裂等情况。

（8）在无风或小风天气状态下，停机，使用水准仪，将观测尺置于基础环上法兰面，采取 8 点测量方法进行观测。

3. 基础开裂问题修复措施

通过检查检测手段，确定基础开裂问题程度，基础问题程度分为轻微、一般及严重三种。

（1）完成基础损伤程度轻微修复。对基础表面存在轻微裂缝、混凝土轻微挤压破损、防水撕裂破坏等缺陷进行修复处理。基础裂纹修复后，基础整体强度相当，防水效果达到无渗漏、无渗透。

（2）完成基础损伤程度一般修复。对基础表面开裂严重、混凝土挤压破损程度一般、基础环与基础缝隙较大、塔筒内部基础渗水积水严重、轻微翻浆等缺陷进行修复处理。基础裂纹修复后，基础整体强度相当，复原度高，防水效果达到无渗漏、无渗透，机组运行良好、无缺陷、无反复。

（3）完成基础损伤程度严重修复。对基础大量翻浆、基础环附近表面混凝土挤压破碎严重、基础空腔较大、塔筒倾斜、晃动、下沉等缺陷进行修复处理。基础缺陷修复后，防水效果达到无渗漏、无渗透，强度达到设计要求，机组经检查测试基础及塔筒无振动异常、下沉情况，基础水平度在设计范围内，通过修复，满足风电机组运行要求，消除风电机组运行隐患。

4. 基础开裂后修复措施

现以本案例风电机组基础开裂严重问题为例，处理的具体修复措施及过程如下：回填土开挖→确认通注浆孔位置→钻取灌浆孔→清洁空腔→空腔抽水干燥→水平度测量→人工纠偏→调配灌浆材料→基础表面凿除→基层清理及表面裂纹修复→焊接栓钉→植筋和支模板→防水施工→安装在线振动检测设备。

（1）回填土开挖 50cm，便于基础侧壁取芯及基础加固施工，如图 2-611 所示。

图 2-611　回填土开挖施工图

（2）确认通注浆孔位置，通过混凝土三维超声断层扫描检测确定灌浆孔位置，如图 2-612 所示。

注意：避免钻芯伤到基础钢架结构

图 2-612　灌浆孔位置确认图

根据基础混凝土开裂翻浆情况，对开裂翻浆部位钻取灌浆孔，通过钻浆孔，检查基础内部开裂情况，同时择取基础开裂位置确定灌浆孔，如图 2-613 所示。

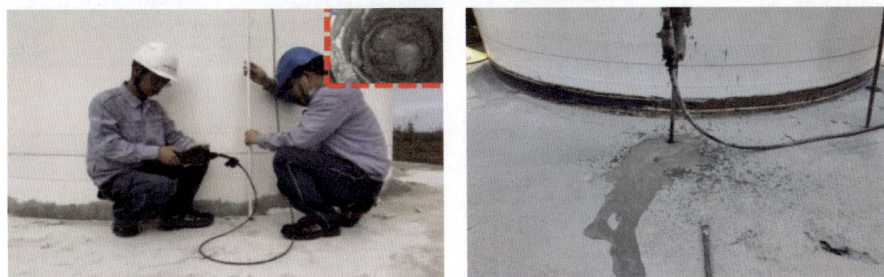

图 2-613　钻取灌浆孔图

（3）清洁空腔，使用高压水枪清洁基础开裂内腔，清除内部混凝土残渣、泥土等杂质，确保空腔内部清洁，如图 2-614 所示。

（4）空腔抽水干燥，将冲洗的基础空腔污水及杂质抽取排出空腔，并干燥基础空腔，确保基础空腔清洁、干燥，如图 2-615 所示。

（5）水平度测量，准确判断出基础环倾斜的方向。综合现场损伤观测及水平度测量分析结果，确定基础顶升最低点及需安设千斤顶顶升部位，如图 2-616 所示。

图 2-614　空腔清洁图

图 2-615　空腔抽水干燥图

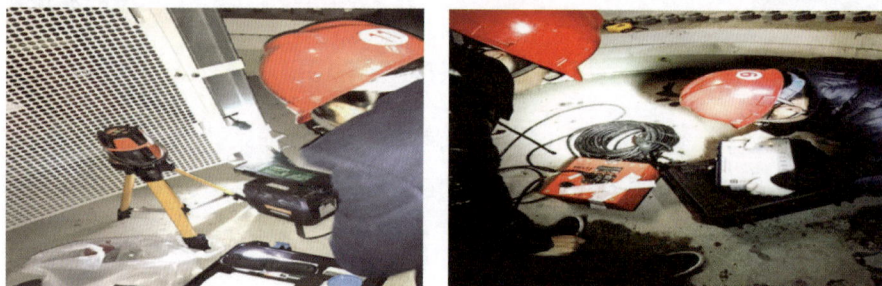

图 2-616　水平度测量图

（6）风机人工纠偏先调整机舱方向，使基础环水平度偏差在稍小范围内，做好水平测量记录。在风机塔筒内部基础环下放置千斤顶。利用千斤顶将下沉一侧的基础环和塔筒顶起实现纠偏目标。风机人工纠偏分多次进行，支顶时千斤顶同时均匀施力，基础环水平度达到偏差范围内（≤3mm）时，调整完毕，如图 2-617 所示。

（7）调配灌浆材料，按照灌浆材料进行专业配比。调配完成后，调整灌浆设备灌浆压力，使用灌浆设备将灌浆材料注入基础空腔，如图 2-618 所示。

备注：灌浆材料采用环氧树脂。合格的材料，各项参数标准应符合现场施工要求，抗压强度不小于 65MP，抗拉强度不小于 30MP，受拉弹模不小于 2500MP，抗弯强度不小于 45MP，伸长率不小于 1.2%。

图 2-617　风机人工纠偏图

图 2-618　调配灌浆材料图

（8）基础表面凿除，使用凿毛机或电镐对风机基础内、外表面进行全面凿毛，凿除至原基础保护层厚度，如图 2-619 所示。

图 2-619　基础表面凿除图

（9）基层清理并执行表面裂纹再次修复，凿除表面后将松动的混凝土进行剔除，并采用高压水枪冲洗干净。

（10）焊接栓钉，竖向植筋：基础环内、外植筋间距不大于 500mm，梅花形布置。采用 M12 螺纹钢筋，长度 500mm，植入深度 250mm。再布置径向间距 400mm，并预留不少于 30mm 保护层厚度，对基础环内、外壁进行栓钉焊接，如图 2-620 所示。栓钉间距不大于 200mm，梅花形布置，竖向布置共三层。

（11）植筋和支模板，采用高压水枪冲洗表面并干燥，喷涂界面剂，基础环内外再浇筑 300mm 厚超高性能混凝土，如图 2-621 所示。

图 2-620　基础环植筋图

注意：控制入模温度及水化热，里表温度、表面及气温温差。完成后需要进行养护。地面压光后及时采用薄膜进行覆盖，保持湿润，养护时间不少于 3d，养护期间不允许压重物和碰撞。

图 2-621　植筋与支模板施工图

（12）塔筒沉降、基础水平度测试，通过设备测量风机所有观测点的沉降量，沉降差控制倾斜率为 0.3%。除进行沉降观测外，还应观测基础环水平度偏差，保证施工后，基础环水平度偏差满足 2mm 的设计要求。

（13）防水施工。①表面处理，清除原有的失效防水体系，采用手动和电动工具对基础环表面进行打磨除锈，即无油脂、浮锈、污物、氧化皮、沙粒、灰尘、杂物等；对周边的基础混凝土进行清理，表面无污物、沙粒、灰尘、杂物等，如图 2-622 所示。②选用优异的防水材料，如图 2-623 所示。防水材料应具有良好的可塑性（具有一定弹力、抗撕拉能力）、附着力好（满足与碳钢、混凝土间良好的附着力）、较强的环境适应力（可耐酸、碱、盐腐蚀），同时具有长效的保护周期。③涂刷涂料底涂，基础环表面清理达标后，将"多元共聚"涂料底涂按甲乙组分三比一的比例混合均匀后，在基础环表面与风机基础混凝土待施工表面涂刷，如图 2-624 所示。基础环上涂层宽度约 70mm，基础混凝土上涂层宽度约 120mm。涂刷需均匀一致、整齐美观，无漏涂、流挂等现象。④注入聚氨酯密封胶，采用专用缝隙注胶枪将西卡聚氨酯密封胶注入基础环与基础混凝土之间的缝隙，确保缝隙注入粘弹体密封胶做到连续、饱满，沿塔筒底部一周，形成完整密封层，阻止空气、水分、杂质进入，如图 2-625 所示。⑤涂刮涂料面涂，将"多元共聚"涂料面涂按甲乙组分三比一的比例混合均匀后，均匀涂刷在已经刷过底涂的基面上。在涂刷过程中，应横竖刷两遍，确保无漏刷。基面有细小裂缝的可先用底涂刷一遍，较宽裂缝应先进行修补，再按照上述步骤进行施工，如图 2-626 所示。⑥安装在线振动检测设备，保证设备修复后监测风机运行情况，是否存在振动异常等情况。⑦竣工验收，施工完毕后进行验收工作，要求施工过程及质量严格按照方案施工执行。施工后基础恢复效果达到工艺质量要求。风机对基础加固后，机组恢复运行，目前运行良好。

注意：面涂施工应在底涂基本凝固干燥后进行，同样需要注意防雨。

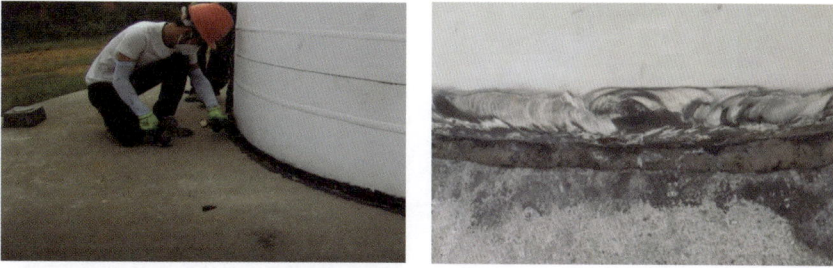

图 2-622　基础环表面清洁图

图 2-623　防水材料优选图

图 2-624　涂刷涂料底涂图

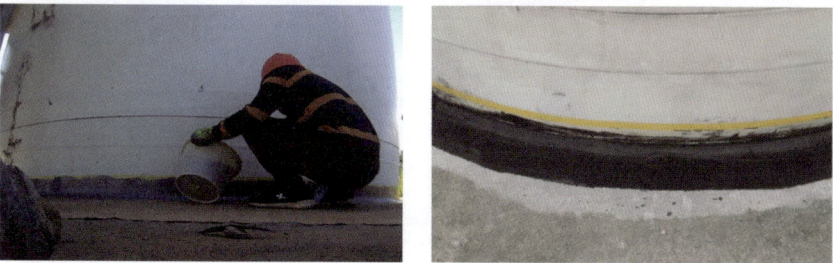

图 2-625　聚氨酯密封胶注入密封图

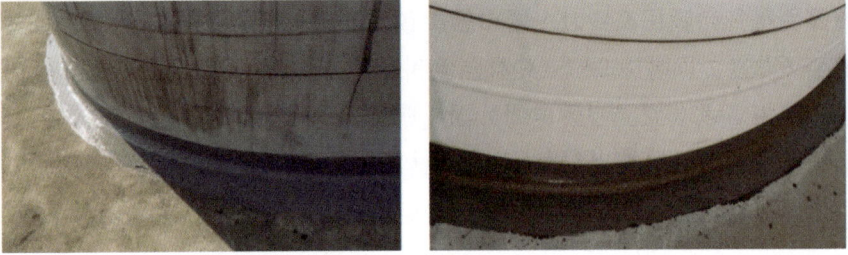

图 2-626　面涂施工图

▶ 隐患排查重点

（1）设备维护。

1）每月对风机基础进行排查，留存图片资料，开展对比、分析，做到基础变化、防水情况有迹可查。

2）每年开展塔筒垂直度、基础沉降观测，发现异常则加大观测频次，同时开展专项检测。

3）对可疑、塔筒晃幅偏大的机组安装塔筒健康在线监测系统，实现基础安全预警和健康管理。

4）基础加固运行 1 年，开展后评估，检测、评估基础运行状况，验证加固效果。

（2）运行调整。

1）根据防水材料性能及密封效果，推荐每五年进行防水带移除重做。雨水无法进入基础结构内部，就可以控制基础缺陷的发生和扩展。

2）加强建设期风机基础施工质量要求，对混凝体浇筑温度严格把控，减少浇筑过程中的应力，防止后期风机基础开裂。

3）加强日常巡检，发现基础开裂，若裂纹深度较深，应及时停机对基础进行相应的加固措施，防止风机倒塔。

3 光伏专业重点事故隐患排查

3.1 ▶ 光伏组件事故隐患排查

3.1.1 组件热斑

▶ **事故表现**

某光伏电站运维人员在光伏组件红外测温时，发现部分光伏组件电池片温度明显高于其他电池片，呈现"热斑效应"（见图3-1），组件运行存在安全隐患。

图3-1 光伏组件热斑效应图

光伏组件热斑效应是指在一定条件下，处于发电状态的光伏组件串联支路中被遮挡或有缺陷的区域被当做负载，消耗其他区域所产生的能量，导致局部过热。热斑效应在一定程度上会降低了组件的输出功率，若发热温度超过一定的极限便会导致光伏组件局部烧毁形成暗斑、焊点熔化、封装材料老化等永久损坏。其是影响光伏组件输出功率和使用寿命的重要因素，甚至可能导致安全隐患。

▶ **根本原因**

（1）电池片功率混挡、栅线虚焊或电池片自身存在缺陷（气泡、脱层、内部连接失败等）。此类情况引起热斑效应的频次较少。

（2）组件存在严重隐裂或碎片，隐裂主要原因有自身缺陷和后期使用中造成。组件在运输安装过程中过度的振动、外力撞击或安装时，其玻璃面受力不均匀都可能造成电池片隐裂。隐裂也是电池片的一种缺陷，对于组件通路来说，隐裂部位电阻增大，易造成热斑效应。

（3）组件表面粘贴顽固性污渍或杂物、植被异物的遮挡。由于遮挡部分电池片电子跃迁活跃度降低，对应电阻增大，由 $P=I^2R$ 可知，这些部位因电阻增大而耗损升高，而损耗则以温度形式释放，遮挡部位温度升高，造成热斑效应。此类原因引起的热斑效应频次较高。

▶ **处理措施及结果**

（1）从原理来讲，在电池片旁并联一个旁路二极管，可以降低热斑效应对组件发电的影响。正常情况下，旁路二极管处于反偏压，二极管不导通也不影响组件正常工作。当出现遮挡时，由于是串联回路，其他电池片促其反偏成为大电阻，此时二极管导通，把遮挡电池片从回路中短接剔除，回路由二极管连通。最理想的是每块电池片都并联一个旁路二极管，即使局部电池片效率低下也不会影响整体组件，以此来提高组件转换效率。

（2）优化制造工艺，组件生产时使用同一档次的电池片、焊接前检查隐裂片、防止漏焊虚焊、增加组件整体强度等。

（3）及时清除组件附近的杂草等异物，及时清理组件表面的灰尘、鸟粪等异物，保证组件表面无杂物。

（4）合理设定组件清洗时间，防止出现气温过低而结冰等现象。

（5）搬运组件时，尽量减少组件碰撞等现象，禁止在组件上放置重物，以防止组件内部损伤。

（6）在日常维护中，借助红外线热成像仪等设备进行热斑判断，及时更换已损坏的组件是防止出现热斑效应的重要举措。

▶ **隐患排查重点**

（1）设备维护。

1）加强光伏组件日常巡检，发现光伏组件周边有遮挡的树木、杂草等异物及时清理，避免组件表面被遮挡。

2）定期对光伏组件开展红外测温工作，及时发现光伏组件存在的隐患并加以消除。

3）定期对光伏组件表面进行清洗，清理干净光伏组件表面的积尘、污垢、鸟粪等异物，防止热斑效应的产生。

4）组件安装过程中，严控施工工艺，防止因施工工艺不规范、野蛮施工，以及搬运过程碰撞、踩踏、拖拽等原因造成组件安装前就留有缺陷或隐患，后期运行造成热斑的产生。

5）结合场站实际控制光伏组件清洗周期和时间，确保光伏组件始终保持良好的运行环境和状态。

6）检查光伏组件各排、列的布置间距，应保证每天09:00～15:00时段内前、后、左、右互不遮挡。

7）组件串的最低点距地面的距离不宜低于 300mm，并应考虑植被高度等因素引起遮挡。

8）建议考虑加装驱鸟器。

9）定期（或怀疑设备有问题时）测量组件温度，在辐照度大于 $500W/m^2$，风速不大于 2m/s 且无阴影遮挡时，同一光伏组件外表面，（电池正上方区域）在温度稳定后，温度差异应小于 20℃。

（2）运行调整。

1）加强光伏组件日常各支路的定期测试、测量工作电流等数据，并进行比对分析，及时发现各支流回路相关数据的差异，寻找问题点并及时解决。

2）提高监盘质量，及时发现各支流回路电流等数据的异常点，查找异常产生的原因，及时消除潜在缺陷。

3）当出现热班现象时，应尽快进行光伏组件更换，以免影响其他组件工作。因为热班不仅仅损坏组件，还有可能因发热引起火灾事故。

4）定期开展光伏板红外热成像检查。

3.1.2 组件隐裂及破损故障

事故表现

某光伏电站运维人员在运行巡检过程中发现部分光伏组件支路电流异常，输出功率异常，现场检查组件表面无损伤痕迹，初步判断组件隐裂引起。

光伏组件的隐裂是一种不良现象，是指组件中电池片在封装后出现的肉眼无法察觉的细微裂缝现象。电池片隐裂在机械载荷下扩大，可能会导致开路性的损坏，当隐裂较为严重时，可能发生热斑效应，使隐裂电池片区域温度升高（见图 3-2），加速组件封装材料的老化，对组件的电流输出造成影响，降低输出功率，最终加速组件的功率衰减，降低使用寿命。光伏组件隐裂的分类情况如表 3-1 所示。

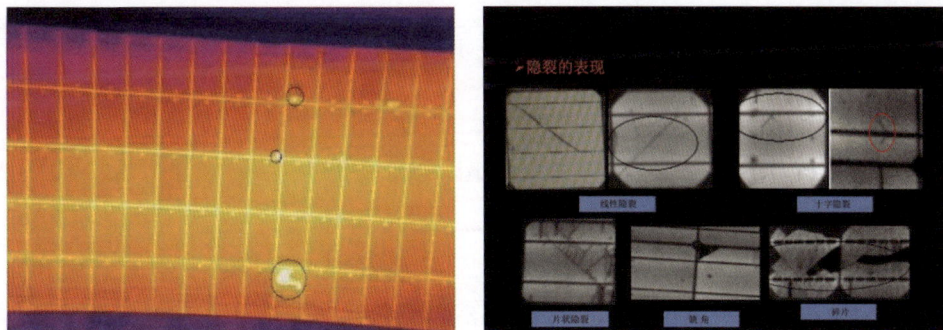

图 3-2 光伏组件隐裂示意图

表 3-1   光伏组件隐裂的分类

序号	类型	说明
1	黑块型	直接造成有效受光面积减少；黑色区域面积越大，影响越严重
2	树枝状	多条裂纹交叉，延伸至边缘后有众多分割区域内没有主栅线与互联条焊接，有完全脱离的风险
3	平行主栅（外侧）	部分分割的区域内没有主栅线与互联条焊接，有完全脱离的风险
4	十字交叉型	延伸至边缘后，部分分割的区域内主栅线与互联条焊接的长度太短，有脱离的风险
5	平行主栅（内侧）	分割的区域内有完整的主栅线与互联条焊接，但裂纹越靠近主栅线，互联条越容易脱落
6	与主栅线斜交	分割的区域内，包含部分与互联条焊接的主栅线，边缘交叉部位的互联条脱落的风险大
7	垂直于主栅线	分割的区域内包含所有数量的与互联条焊接的主栅线,互联条脱落的风险小

▶ **根本原因**

（1）光伏组件在装配过程中焊接工艺不到位、材料选型不当、焊带压接不当、电池片选料缺陷、玻璃装框不当、层压件安装不当等因素都会造成电池片的隐裂产生。

（2）装卸或运输过程中，防护不当引起的挤压、颠簸也会造成组件隐裂产生。

（3）施工过程中，光伏组件的保护不到位引起的碰撞等因素也会造成组件隐裂产生。

（4）运行过程中，受环境湿度影响造成的电池片翘曲也是引起组件隐裂产生的一部分因素。

▶ **处理措施及结果**

（1）加强电池片材料品质的选择，重视光伏组件订货过程中的相应技术规范的编制和要求。

（2）加强光伏组件生产过程监造，及时发现生产装配过程中存在的隐患和工艺不到位之处，消除组件出厂前隐患。

（3）加强光伏组件装卸、搬运、运输等全过程管理，做好光伏组件防护措施的落实。

▶ **隐患排查重点**

（1）设备维护。

1）加强光伏组件日常巡检，严格执行集团公司相关运行、检修导则要求，加强光伏组件的红外测温检查。

2）按照能效监督要求定期对光伏组件进行 EL 测试，及时发现光伏组件隐裂现象。

3）加强光伏组件技术监督标准执行和落实,通过状态检修等手段提高设备运行健康水平。

4）委托有资质单位定期开展光伏组件性能测度。

（2）运行调整。

1）加强光伏组件日常各支路的定期测试、测量工作电流等数据，并进行比对分析，及时发现各支流回路相关数据的差异，寻找问题点并及时解决。

2）提高监盘质量，及时发现各支流回路电流等数据的异常点，查找异常产生的原因，及时消除潜在缺陷。

3.1.3 组件清洁度（污垢或积雪）

▶ **事故表现**

（1）某光伏电站运维人员在监盘过程中发现部分光伏组件支路电流异常，输出功率异常，现场检查组件表面积尘较为严重，如图3-3所示。

图3-3 组件积尘图

（2）组件积雪是影响组件清洁度的另一种季节性现象，如图3-4所示。

图3-4 组件积雪图

组件清洁度的好坏直接影响到光伏组件的输出效能，是影响光伏电站发电效能的重要因素。据不完全统计，组件清洁度的不同对发电量的影响将达到5%～9%。可见光伏组件清洁度的好坏直接影响到电站的发电效能和经济效益。

▶ **根本原因**

（1）电站所在区域环境是造成光伏组件表面清洁度的主要因素，受土地、大风等因素影响，易造成光伏组件表面积尘、积灰、鸟粪等，影响光伏组件表面清洁度。

（2）电站对光伏组件清洁度重视不够，是管理方面的主要因素之一。

（3）电站未定期对光伏组件进行清洗，是造成光伏组件清洁度较差得主要因素。

▶ **处理措施及结果**

（1）加强光伏电站周边区域环境调研，结合季节性因素进行光伏组件表面清洁度的调查，从而结合不同环境、不同季节方面等因素制定光伏组件清洗计划。

（2）定期对光伏组件进行清洗，保持光伏组件表面清洁度。

▶ **隐患排查重点**

（1）设备维护。

1）加强光伏组件日常巡检，及时掌握光伏组件表面清洁度状况，从而结合清洁度情况制定清洗计划。

2）定期对光伏组件进行清洗，清洗时需将光伏组件表面彻底清洗干净。

3）通常光伏方阵输出功率低于初始状态（上一次清洁结束时）相同条件的输出功率的85%时，应对光伏组件进行清洁。

4）建议加装驱鸟器。

（2）运行调整。

1）加强逆变器、汇流箱中光伏组件日常各支路的数据比对分析，及时发现各支流回路相关数据的差异，是否因组件清洁度情况不同引起，从而制定清洗方案。

2）根据现场条件可以考虑采取降尘措施。

3）经过数据比对和经济性比较，适当增加清洗次数。

3.2 ▶ 汇流箱事故隐患排查

3.2.1 汇流箱支路电流故障

▶ **事故表现**

光伏设备在正常发电下，值班人员巡视后台监控发现汇流箱一条支路电流为0，箱内其余支路电流值正常，即判断该支路存在故障情况，如图3-5所示。

▶ **根本原因**

汇流箱内每一条支路连接采用串联的方式，几个支路并联接入汇流箱内母排，汇流箱目的就是用来汇集各支路电流，因此，一条支路电流为0，必然该支路回路中存在断点。

汇流箱一条支路由若干个光伏组件、输电电缆、MC4插头、熔断器底座、熔断器、监测单元、汇流小母排等串联组成，其中任一设备和相连导线出现故障或断线都会导致该支路电流为0。

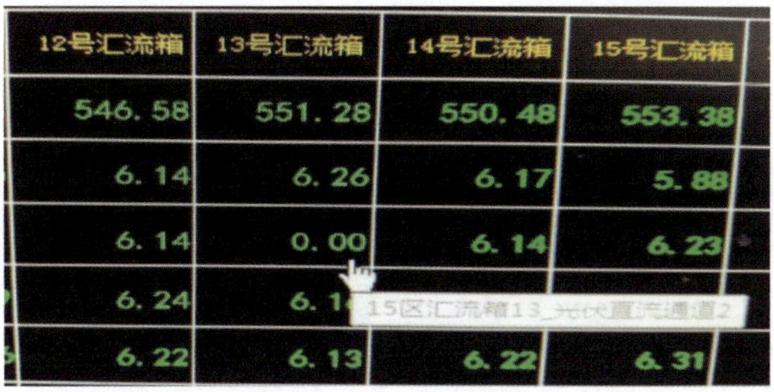

12号汇流箱	13号汇流箱	14号汇流箱	15号汇流箱
546.58	551.28	550.48	553.38
6.14	6.26	6.17	5.88
6.14	0.00	6.14	6.23
6.24	6.1		6.23
6.22	6.13	6.22	6.31

图 3-5　汇流箱支路故障参数

▶ **处理措施及结果**

人员抵达现场后，首先对该汇流箱支路上的设备进行外观检查。因极端天气、设备质量、施工工艺、人员误操作等因素，会出现光伏组件掉落、支架断裂、组件炸裂、导线松脱、导线断裂、设备烧毁等情况，由此可快速找到故障原因所在，进而根据具体情况进行修复或更换处理。当外观检查未发现问题后，即进行逐一排查。

1. 熔断器熔断故障处理

（1）熔断器因过热、熔体异常熔断、结构缺陷和参数不匹配等原因，导致熔断器熔断成为汇流箱支路无电流最常见的原因之一。针对熔断器这四种情况提出导致熔断器故障的原因有：接触不良、安装运行环境、散热、熔丝选择、填料选择、熔丝老化、过压、过流、熔断器撞针、外管、熔断器规格等方面。应对措施为在选型上应根据种类、额定电压、额定电流、分段能力、结构和尺寸、选择性等对不同的光伏发电系统进行熔断器选型。

（2）现场人员佩戴绝缘手套，断电后使用绝缘夹钳取出该支路正、负极熔断器，将万用表调至蜂鸣档，对正、负极熔断器两端分别进行测量，万用表发出蜂鸣声则表示熔断器正常，万用表无声音则表示熔断器熔断，需进行更换。

2. 熔断器底座故障处理

（1）熔断器底座与熔断器两端接触不良。包括熔断器选型与熔断器底座不符、人员安装熔断器时与熔断器底座两端压力不够，导致熔断器两端的接触电阻增大，接触电阻增大导致发热量增大、温度升高，进而加剧接触面氧化，接触电阻进一步增大，形成恶性循环，长期发热，最终导致汇流箱支路无电流。因此安装熔断器时，应对熔断器底座和熔断器的参数进行查看，比较是否适用，同时加大检修人员的责任心，做好熔断器的底座更换工作。

（2）熔断器底座进、出线未紧固。因人员疏忽，检修作业或故障处理后未能对熔断器底座进、出线进行紧固，长时间导线出现松动，增大导线与熔断器底座的接触电阻，熔断器底座出现发热并烧灼现象。应对措施为做好检修人员的作业流程培训，提高人员的作业水平。

（3）更换新的熔断器底座后，装入熔断器，确保熔断器底座与熔断器充分接触，熔断器底座连线紧固正常。在不通电的情况下，使用万用表蜂鸣挡对熔断器底座两端进行测量，发出蜂鸣声即可证明熔断器安装正常。在通电情况下，使用万用表直流电压挡测量熔断器底座两端电压，电压正常即可证明熔断器底座与导线连接紧固。

3. MC4 插头故障处理

MC4 插头为光伏组件连接器，是光伏发电系统中不可缺少的元器件之一。因前期施工质量、基础下沉、人员检修工艺等问题，会导致 MC4 插头出现松脱、烧毁等现象。

（1）MC4 插头松脱。因前期施工人员计算失误，导致组件正、负极出线电缆至汇流箱长度不够，施工人员采用生拉硬拽的方式硬性连接，长时间 MC4 插头出现松脱。还有一种现象为光伏电站在运维期地基出现下沉，MC4 插头出线电缆未留有足够的冗余长度，致使 MC4 插头出现松脱现象。此种现场前期施工阶段，应做好工程验收工作，工程转生产后，定检工作中如发现异常应及时处理消缺。

（2）MC4 插头烧毁。因人员安装不当，MC4 插头存在公母头型号不匹配、公母头未连接紧固等情况，导致公母头接触不良，长期发热直至烧毁。应对措施为电站应编制《作业指导手册》，保证人员按照手册流程进行，规范人员作业标准。

4. 监测单元、汇流小母排、组件和输电电缆故障处理

（1）监测单元故障分为接线松动和内部短路两种。监测单元故障不会影响光伏系统发电，但会导致值班人员无法查看汇流箱支路电流值，从而难以判断设备是否运行正常。正常情况下，监测单元故障会引起整个汇流箱通信中断，极少数情况为单支路通信中断。遇此情况，检修人员应前往现场，首先检查监测单元各连接线是否正确连接，是否出现松动，其次考虑监测单元可能存在死机情况，应对其进行断电重启。当上述操作不能解决问题时，应考虑为内部故障，需更换新的监测单元。

（2）汇流小母排故障为光伏支路与汇流箱小母排连接接触不良。一般汇流小母排故障会引起整个汇流箱电流中断，且小母排出现烧融迹象，极少数情况为小母排部分烧融，影响个别支路发电。引起小母排故障的原因为光伏支路与小母排连接螺栓不紧固，设备接触面的接触电阻增大，设备长期发热导致小母排与支路导线连接部位出现烧融现象。此种情况可在日常巡视、定检中被直观发现，解决办法为更换整个小母排，同时检修人员应做好定检工作，避免出现光伏支路与汇流箱小母排连接接触不良。

（3）组件故障分为内部故障和外部故障。外部故障较为直观，如因设备质量、极端天气、安装工艺和检修人员未定期定检等导致组件出现掉落、炸裂、破损和接线断开等情况，此种情况检修人员能快速找到故障组件所在。内部故障，如接线盒内部短路、热斑、电池片内部击穿和接地等，这些情况需使用钳形电流表、万用表、热成像仪和 I/V 曲线测试仪等仪器仪表进行检测，检修人员较难发现。对于故障组件，采用的方法为直接更换新组件。为减少故障组件发生，电站应定期进行巡视，做好定检工作，尤其做好极端天气后特殊巡视等。

（4）输电电缆故障分为断线和接地。常见的原因有机械损伤、绝缘受潮、绝缘老化变

质、过电压、设计和制作工艺不良等。查找方法：现场对汇流箱进行停电，使用绝缘电阻测试仪对该汇流箱电缆故障支路正、负极电缆进行绝缘测试，一般测试值为 0.05MΩ 以下，即确认该电缆接地；或在汇流箱不停电的情况下，用万用表直流电压挡一端分别接汇流箱电缆故障支路正、负极，一端接地，若发生电压偏移，即可确认该电缆存在接地。故障处理应对该回路元器件连接电缆进行逐一外观检查，如无法找到时，应对该回路上的设备进行逐一绝缘排查。当故障点出现在地下难以查找时，应将故障电缆隔离，重新挖沟布线。

▶ **隐患排查重点**

（1）设备维护。

1）加强汇流箱日常巡检质量，严格执行定期工作，加强熔断器及底座的日常检修管理，结合运行周期对熔断器及底座进行更换。

2）MC4 插头选择质量有保障的产品，同时严格执行集团公司关于光伏组件巡检的各项规定，结合定期巡检及状态检修工作，加强 MC4 插头的日常运行维护管理，更换插头选择相匹配的产品并保障检修质量。

3）定期对监测单元进行清扫检查，紧固接线。

4）定期开展红外测温工作，对汇流小母排各连接部位进行红外测温，及时消除发现的设备隐患。

5）定期开展光伏组件检查工作，可利用日常巡检与红外测温相结合的手段，对光伏组件开展检查，及时发现光伏组件运行隐患并消除。

6）多数光伏电站输电线路为直埋模式，应对线路路径进行完整标识，确保标识正确，加强日常巡检，防止因外力破坏造成的线路故障；同时定期对线路开展相关预防性试验工作，及时发现线路存在的隐患，并排除。

（2）运行调整。

1）加强设备的巡检，利用监控后台巡视设备运行数据，提高日常巡视的工作质量，及时发现存在异常的电气数据。

2）加强定期工作的开展，利用红外测温、预防性试验等手段及时发现设备潜在隐患并加以消除。

3）加强同类型汇流箱数据的比对分析，发现数据差异时及时分析并找到问题所在点，及时消除故障，提高设备安全运行水平。

4）定期检查汇流箱内电涌保护器工作是否正常，防止出现雷电过电压损坏熔断器等设备。

3.2.2　汇流箱通信故障

3.2.2.1　汇流箱通信质量不稳定

▶ **事故表现**

山地光伏因为其特殊的地形限制和地质条件，且为了控制成本常采用普通的双绞线作为 RS485 通信线，加之在施工过程中施工工艺不达标、野蛮施工等问题，导致山地式光伏电站较易出现汇流箱通信质量不稳定，时通、时断问题。

▶ **根本原因**

（1）距离过远。山地光伏依山势而建，并且多为未利用的荒地，场区不规整，导致部分汇流箱与方阵通信管理机距离较远，RS485 通信的有效传输距离一般在 1.2km 左右，而山地式光伏汇流箱的距离有时远大于 1.2km。若简单利用 RS485 总线通信形式易造成信号传输异常、通信不稳。

（2）高频干扰。高频干扰是指 RS485 通信信号上叠加的高频信号，频率高达几百千赫兹。其主要来源是逆变器，通过功率线耦合到了通信线上，这种干扰对信号解析影响很大，导致数据无法正确解析，出现丢帧或无法通信现象。高频干扰往往与共模干扰同时存在，相互叠加后，RS485 总线电压可能高达几十伏，远大于 RS485 芯片的额定工作电压，严重时会烧毁 RS485 芯片。

（3）反射波干扰。RS485 信号沿总线传输时，由于总线的分布电感、电容及电阻的存在，导致信号传输有一定延时，电压与电流在传输过程中会产生一个与信号波方向相反的行波，称为反射波。反射波降低了电路的噪声容限，容易引起波形失真，导致通信异常。

山地光伏汇流箱通信常采用一条双绞线电缆作总线，将各个节点串接起来，从总线到每个节点的引出线长度应尽量短，以便使引出线中的反射信号对总线信号的影响最低。有些网络连接尽管不正确，在短距离、低速率条件下仍可能正常工作，但随着通信距离的延长或通信速率的提高，其不良影响会越来越严重。主要原因是信号在各支路末端反射后与原信号叠加，会造成信号质量下降。同时因为总线特性阻抗的连续性，在阻抗不连续点就会发生信号的反射。因此光伏汇流箱采用 RS485 通信。随着传输距离的延长，出现阻抗不匹配、信号反射等原因产生影响通信质量问题。

▶ **处理措施及结果**

（1）针对由于距离较远而导致的通信质量下降问题，可以通过增加中继的方法对信号进行放大。如果确实需要长距离传输，还可以采用光纤作为信号传播介质，收、发两端各加一个光电转换器，以实现通信数据的稳定传输。

（2）针对高频干扰问题，可以通过增加一级防护电路的方法进行解决，如图 3-6 所示。主要用来消除高频干扰和共模干扰，瞬变电压拟制二极管 TVS 既能吸收共模干扰，也能吸收差模干扰，可将总线电压钳位到 12V 以内，保护 RS485 芯片。后端二阶 LC 低通滤波器可有效滤除高频干扰信号，防止信号失真。TVS 管的选择要考虑 RS485 芯片的最高工作电压。LC 滤波器截止频率一般选择 50kHz 以上，保证对 RS485 信号无影响，如 $L=220\mu H$，$C=0.01\mu F$。

（3）针对反射波干扰问题解决方法有两种：

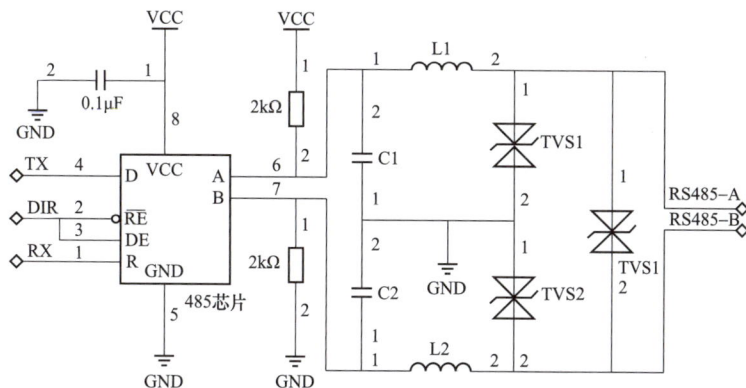

图 3-6　RS485 一级防护电路

1）在 RS485 总线的两端各桥接一个与总线阻抗同等大小的匹配电阻，使总线阻抗连续，这种方法操作简单、成本低，终端电阻在 RS485 网络中取 120Ω，相当于电缆特性阻抗的电阻，因为大多数双绞线电缆特性阻抗为 100～120Ω。

2）使用 RS485 专用的线缆，例如铠装型双绞屏蔽电缆 ASTP-120Ω（for RS485 & CAN）one pair 18 AWG，电缆外径 12.3mm 左右，黑色护套，可用于干扰严重、鼠害频繁，以及有防雷、防爆要求的场所。使用时，建议铠装层两端接地，最内层屏蔽一端接地。在布线施工时，多台汇流箱手牵手连接，建议不要将线缆剪断，而是只将绝缘层拨开，内部金属导线保持连续，这样也可以有效改善阻抗不连续问题。

▶ 隐患排查重点

（1）设备维护。

1）加强 RS485 通信线缆的日常维护，定期开展相应的试验及测试工作，确保线缆的传输稳定性，通过相应的试验及测试工作，及时发现线缆存在的问题，加以消除。

2）对传输距离较远的线路，可更换为光纤传输，提高信号传输稳定性。

3）加强通信系统设备的日常维护，定期开展设备清扫检查、紧固接线、设备测试等工作，确保通信系统设备的运行稳定性。

4）提高通信系统检修维护重要程度,将通信设备日常维护检修纳入场站日常管理重点工作。

5）对高频干扰及反射波干扰造成的通信故障，采取上述方法进行改造。

（2）运行调整。

提高运行监视质量，及时发现通信故障并消除。

3.2.2.2　汇流箱通信板烧毁

▶ 事故表现

山地光伏因为其特殊的地形限制和地质条件，且为了控制成本常采用普通的双绞线作为 RS485 通信线，加之在施工过程中施工工艺不达标、野蛮施工等问题，导致山地式光伏电站较易出现雷电及过电压引起的大面积光伏汇流箱通信板烧毁问题。

▶ **根本原因**

雷电干扰会造成过电压，尤其是山地光伏电站，汇流箱分布在山顶和山地不同位置，RS485 总线沿着山势走线，山顶位置的汇流箱容易受到感应雷的干扰。RS485 接收器差分输入端对地的共模电压允许–7～+12V，超过此范围的过压瞬变就可能损坏器件，引起过压瞬变的来源通常是雷电、静电放电、电源系统开关干扰等。因此，雷电在 RS485 传输线上引起的瞬变干扰，产生短时高压脉冲，轻则通信不稳定，重则烧毁通信器件。同时，山地光伏汇流箱通信常采用一条总线将各个节点串接起来的方式，雷电引发的瞬变往往导致传输线上的多个 RS485 收发器损坏，甚至将方阵通信管理机通信板烧毁。因此这也成为雷雨季节山地光伏汇流箱极易出现的通信问题。

▶ **处理措施及结果**

目前，应用在汇流箱测控装置上的 RS485 芯片，通过在内部集成 TVS 管（瞬变电压抑制二极管）的办法防过压瞬变。TVS 的作用原理是当管子两端经受瞬态能量冲击时，能极快地将其两端的阻抗降低，通过将能量吸收，将其两端间的电压钳制在其标称值上，保护后端的元件。受半导体工艺限制，集成到 RS485 芯片上的 TVS 很难做到大功率，在雷电到来时 TVS 瞬态能量可以损坏内置的元件；同时瞬态电流产生的强磁场会使近距离的其他电路上感应出高电压，即形成所谓的反击，造成电路损坏。因此 RS485 芯片上集成 TVS 的主要功能是为了消除静电，而无法防雷电。

针对这一问题，可以在一级防护基础上再增加一级过压防护，形成两级防护（见图 3-7）。当 RS485 总线上有过电压产生时，气体放电管 F3 进行差模保护，F1 和 F2 进行共模保护，此时过电压被钳制到约 400V，再经过热敏电阻 PTC 进行限流，TVS 二次钳压后，到 485 芯片的电压被钳位到 12V 以内，从而实现对 485 芯片的防护。经过这一改造之后，可以显著提高山地光伏汇流箱的抗雷电、抗过压作用，大大提高在雷雨季节山地光伏汇流箱通信的稳定性和可靠性。

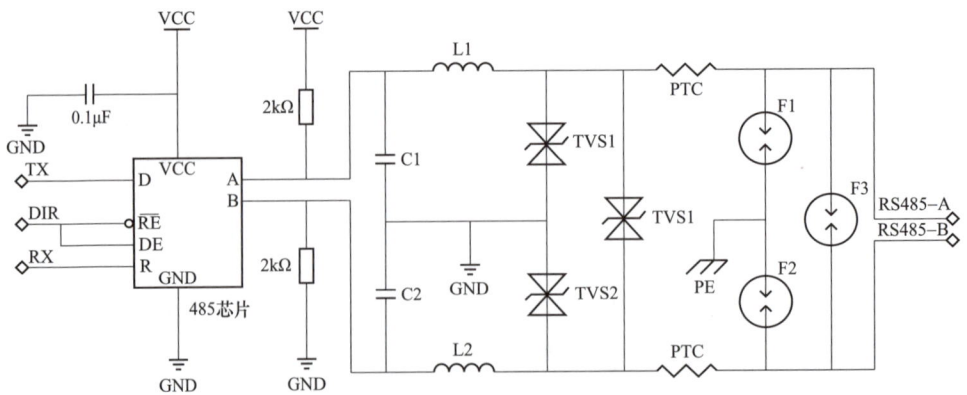

图 3-7　RS485 两级防护电路

▶ **隐患排查重点**

（1）设备维护。

1）对通信光缆敷设路径标示正确、完整，加强日常巡检，提升巡检质量，防止因外力因素造成的线路故障。

2）对易受雷击的相关设备进行技术改造，提升设备安全、稳定性能；必要时可在重点区域布置防雷措施。

（2）运行调整。

提高运行监视质量，及时发现通信故障并消除。

3.2.2.3　汇流箱通信线中断

▶ **事故表现**

山地光伏因为其特殊的地形限制和地质条件，且为了控制成本常采用普通的双绞线作为 RS485 通信线，加之在施工过程中施工工艺不达标、野蛮施工等问题，导致山地式光伏电站较易出现汇流箱通信线中断问题。

▶ **根本原因**

山地光伏由于特殊的地质条件，施工难度较大，在施工过程中难免出现未严格按照工艺施工问题，常用汇流箱 RS485 通信方式需要专门铺设通信电缆。由于受到外力的因素、雨水侵蚀等其他原因，通信电缆一旦出现问题需要挖开电缆沟，找到故障点或者重新敷设电缆，不便于后期维护，耗费大量的人力、物力、财力。

▶ **处理措施及结果**

1. 利用 PLC 直流电力载波通信技术。

电力载波通信（power line communication，PLC）是电力系统特有的通信方式，其通信原理示意图如图 3-8 所示。利用该技术可以不用单独敷设通信电缆，前期投入和后期维护成本都会大大降低。针对山地光伏电站，只要汇流箱能够正常发电，就能够保证汇流箱通信的畅通。针对光伏领域智能汇流箱通信的利用，直流电缆进行电力载波通信的研究和产品也有很多，而且成本不高，只需在原有通信的基础上增加一个 PLC 调制模块和解调模块即可，无论是对于新建工程或是电站汇流箱通信改造，都易于实行。

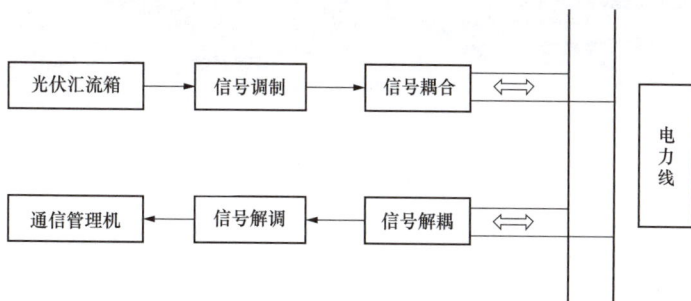

图 3-8　PLC 电力载波通信原理示意图

2. 利用无线通信技术。

利用无线通信技术可以提高电站的智能化运维水平，如可以对汇流箱进行智能定位，增加手持终端实时查看光伏电站各部分运行情况等，方便及时消缺，减少电量损失。

5G 具有高带宽、低时延、广连接的特性，可以对光伏电站增加更多的传感器，通过 5G 技术实现电站的各种信息连接，真正将每一串电池板的实时情况进行掌握，通过大数据技术和人工智能技术，真正实现光伏电站的智能化运维。

▶ 隐患排查重点

（1）设备维护。

1）对通信光缆敷设路径标示正确、完整，加强日常巡检，提升巡检质量，防止因外力因素造成的线路故障。

2）对相关设备进行技术改造，提升设备安全稳定性能。

（2）运行调整。

提高运行监视质量，及时发现通信故障并消除。

3.3 ▶ 基础与支架事故隐患排查

3.3.1 固定支架损坏

▶ 事故表现

某光伏电站所处区域发生大风天气，次日待风力减小后，电站运维人员组织对场站组件进行排查，经排查发现某光伏阵列区因大风导致组件刮落，支架受力倾斜倒塌共 5 架，组件跌落损坏共 24 处，支架变形无法使用共 2 架，如图 3-9 所示。

（a）　　　　　　　　　　　　　（b）

图 3-9　组件故障情况

（a）组件支架故障；（b）组件紧固不到位出现挂落情况

▶ 根本原因（RA）

故障的根本原因是支架及组件螺栓紧固不到位，部分支架拉筋未安装，致使大风天气，螺栓振动脱落，组件被刮落，支架受力倾斜、变形、倒塌。

▶ **处理措施及结果**

更换无法使用的组件和支架，重新安装矫正。更换变形损坏支架及组件，加固支架基础，将缺失支架拉筋补全。同时，要对光伏电站的组件及支架螺栓定期进行排查，尤其是施工期间。重点检查是否存在紧固不到位情况，防止随着大风不断冲击，各连接部分受风力影响来回振动，致使螺栓渐渐产生松动、脱扣现象，防止故障的发生。

▶ **隐患排查重点**

（1）设备维护。

1）日常巡检时，加强对支架固定螺栓的紧固排查，定期对螺栓进行预防性紧固措施。

2）特殊天气后（如大风、地震等）应及时进行排查紧固，电站也需及时关注天气动态，在强风天气到来前，统一安排进行紧固，避免故障的发生。

3）每季度对支架巡视不少于一次，特殊天气适当增加巡视次数。

4）检查支架无变形，螺栓紧固力矩值达到设计及厂家要求，厂家没有规定时应满足国家规范规定，螺栓长度宜露出螺母2～3扣，螺母侧应装有平垫和弹簧垫圈。

5）组件间风道间隙应符合设计要求。

6）组件压块与组件边框压接紧密，叶片螺母位置正确，无歪斜现象。

7）支架材料、规格尺寸、拉筋等符合设计要求。

8）支架及连接螺栓无腐蚀现象，支架焊接点无开裂、腐蚀、生锈现象。

9）支架基础牢固，支架与基础焊接牢固、可靠。

（2）运行调整。

1）加强施工期质量把关，在施工验收阶段最好再组织进行二次检查紧固。

2）制定防大风及强台风管理制度。

3）关注天气变化情况，大风及强台风前全面排查光伏支架、支架基础、组件安装等处螺栓、拉筋、焊缝等存在的安全隐患并完成整改。

4）制定现场支架专项检查计划，分片、分区逐步排查。

3.3.2 自动跟踪支架

3.3.2.1 自动跟踪式支架横梁断裂损坏

▶ **事故表现**

2017年4月23日，宁夏某光伏电站运维人员进行光伏区日常巡视检查过程中，发现89号方阵8号汇流箱第8支路转动横梁断裂，且横梁处于上、下弯曲状态，如图3-10所示横梁断裂情况，此处使用支架为平单轴跟踪支架。

▶ **根本原因**

施工过程中未将轴承立柱与基础立柱连接螺栓彻底紧固，在推拉杆联动横梁转动过程中，使轴承立柱受力严重不均匀，导致横梁在转动过程中倾斜、下沉，最终致使横梁断裂。

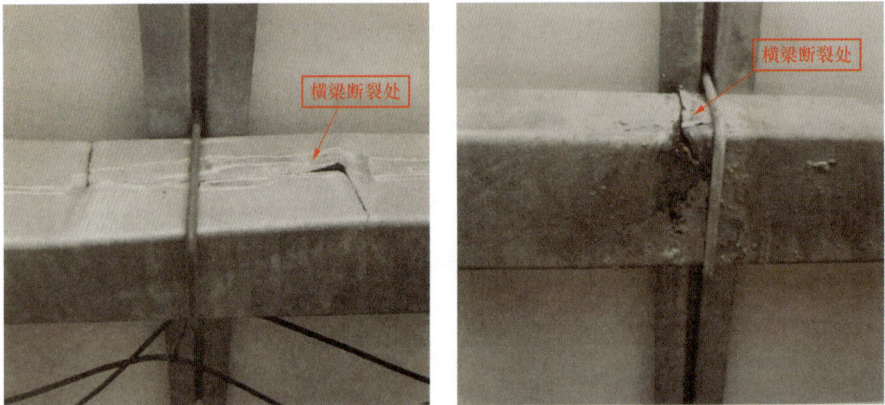

图 3-10 横梁断裂

▶ **处理措施及结果**

检查支架断裂情况，将断裂横梁所属组串支路解列，横梁断裂点组件进行拆卸；测量横梁备件长度，以横梁断裂点为中点，用专用切割器具将断裂部位两端截断，所截长度与所测量横梁条件长度保持一致。

更换横梁备件，连触点用专用钢制夹板固定（见图 3-11），同时紧固夹板螺栓；检查横梁更换无误，安装该处组件，并将该组串投入运行。组件恢复安装时采用加高垫（见图 3-12），避免横梁在运转过程中齿轮箱磨损组件。拔出该段横梁与推拉杆连接销钉，断开横梁与推拉杆连接，调整轴承立柱，并紧固轴承立柱与基础立柱连接螺栓，确保所有立柱高度一致且水平垂直，横梁整体平整（见图 3-13）。恢复横梁与推拉杆连接，插上销钉，检查该组支架整体转动正常。

图 3-11 钢制夹板固定连触点

图 3-12　组件安装加高垫

图 3-13　调整立柱、横梁

▶ **隐患排查重点**

（1）设备维护。

1）运维期间定期组织开展支架运行情况排查。

2）特殊天气前、后多次巡视检查，发现的问题及时制定方案整改闭环。

3）检查支架牢固，连接处无松动、脱落，转动机械部分无卡涩。

4）检查横梁各部无弯曲、变形，横梁整体平直。

5）检查转动轴承无锈蚀卡阻现象，轴承处添加润滑油。

6）检查跟踪系统驱动装置正常，减速机外部无破损，减速箱密封良好、无漏油。

7）检查各支撑立柱基础无不均匀沉降，立柱无倾斜，立柱顶标高一致。

8）检查横梁材质、规格型号与设计相符。横梁材料壁厚满足要求。

9）支架各固定螺栓长度宜露出螺母 2～3 扣。螺母侧有弹簧垫圈，检测螺栓力矩值符合设计及厂家要求。

10）螺栓强度达不到要求时，更换高强度螺栓。

（2）运行调整。

1）针对螺栓松动、未紧固到位情况，应加强施工阶段的质量验收，运维期间定期组织开展支架运行情况检查，特殊天气前、后再次巡视检查，发现的问题及时制定方案整改闭环。

2）检查跟踪系统调节正常。夜返功能应正常。

3）定期对转动部位进行加油。

3.3.2.2 自动跟踪式支架损坏

▶ **事故表现**

2019年7月15日08:55，宁夏某电站现场运维部人员在巡视某标段光伏区设备时，发现121号方阵2号逆变器12号汇流箱1支路所带平单轴181支架基础发生1根桩基整体拔出，2根桩基断裂，使得平单轴支架整体倾倒；2块270W组件破损，导致该支架所属组件无法正常跟踪发电（见图3-14）。

图3-14 基础倒塌现场

▶ **根本原因**

根据现场组件支架基础断裂及倒塌情况分析，判断事故由以下几点原因造成：

（1）平单轴支架D轴基础钻孔灌注桩基深入原状土持力层深度不符合施工图要求，单桩竖向抗拔力不满足设计要求；施工图要求桩基深入原状土持力层不小于1.6m，现场测量实际地埋深度只有0.6m。近期雨水较多，光伏区土质松软，进一步降低了单桩竖向抗拔力；早晨时间在平单轴驱动轴拉力及组件倾角较大引起横风受力作用下，D轴基础钻孔灌注桩基整体拔出。

（2）对断裂桩基断面检查发现，桩基钢筋笼顶部距离桩顶距离过大，U形支架地脚螺栓未伸入钢筋笼内，致使地脚螺栓受力时钢筋笼不能起到抗拉作用，使得桩基在U形地脚螺栓底部处断裂。

▶ **处理措施及结果**

断开 121 号方阵 2 号逆变器 12 号汇流箱直流断路器，断开第 1 支路正负极熔断器；拆卸 121 号方阵 2 号逆变器 12 号汇流箱第 1 支路所属组件；将 3 根损坏桩基拔出，同时对另外一侧 D 轴桩基进行检查，发现实际地埋深度约 0.5m，也进行拔出。根据现场情况，需重新浇筑混凝土基础。基础符合标准后，按照支架及组件安装工艺流程，完成该支路的组装工作。配合跟踪支架系统进行联动调试，运行正常。

▶ **隐患排查重点**

（1）设备维护。

1）运维人员需要重视气象台发布的大风预警，并根据预警对电站内的发电设备进行提前调整，未完成主动避险措施安装的系统，可以人工将设备调平，以此降低事故损失。同时加强电站资产管理，摸清站内设备的"脾气"，在灾害来临前按照预案提前进行防备。

2）全面排查隐蔽工程验收签证与影像资料、施工记录、检查抗拔试验报告，对未达到设计要求的或者有怀疑的桩基进行抽样检查，增加必要的抗拔措施。

（2）运行调整。

1）严格把控施工质量，特别是桩基隐蔽工程，而跟踪支架的设备，比固定支架要复杂。无论是设备厂商还是设计单位、施工方，都不能把顺序搞错，准确安装尤为关键。多风季节施工时，更要注重施工质量，先装减震器，再安装组件。

2）运行中的主动安全策略，采取主动避险功能，当大风来临时，跟踪系统将组件进行放平。

3.4 ▶ 光伏区接地系统事故隐患排查

3.4.1 组件串至直流汇流箱直流光伏电缆接地

▶ **事故表现**

2018 年 7 月 8 日 16:00，宁夏某 20MWp 光伏电站值班人员在交接班检查设备运行情况时，发现综合自动化监控后台 12#-7HL 第 10 支路电流为零，初步判断为组串支路烧断接地故障。由于夏季高温，组件输出功率较大，为保障现场生产安全，随即组织人员前往现场检查。

现场发现该支路 1 块光伏组件接线盒引线端子已烧毁，接线盒烧毁、盒盖脱落，组件背板出现烧焦，组件碎裂（故障现场如图 3-15 所示）。

▶ **根本原因**

直接原因：当日晴天少云，发电功率波动较大，该支路在云遮挡过后，瞬时电流增大，过载导致该支路 1 块组件接线盒烧毁，引起接线盒内部出现明火，组件受热碎裂。

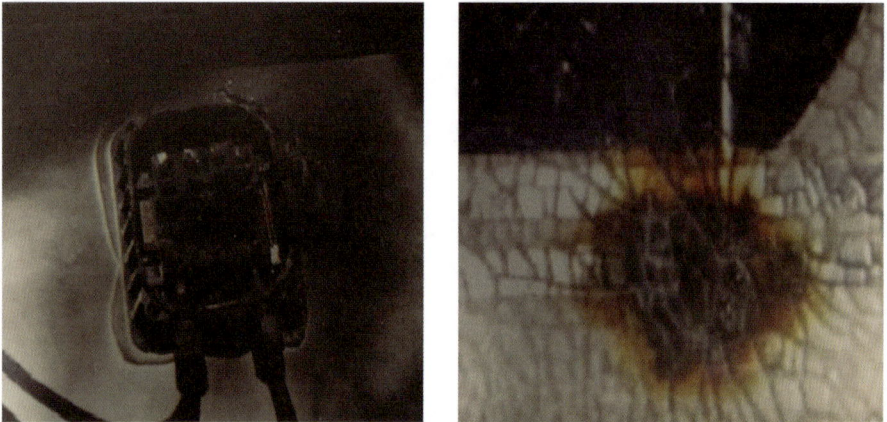

图 3-15 光伏组件接线盘故障现场

光伏接线盒主要具有两种功能：基本功能为连接光伏组件和负载，将组件产生的电流引出并产生功率；保护组件引出线，加装的二极管可以防止热斑效应。光伏组件接线盒作为组件的重要部件，它的机械设计、电气设计以及材料直接影响到接线盒的质量。现场通过分析接线盒和组件烧毁程度，初步判断原因可能如下：

（1）接线盒机械强度较低。由于市面的组件价格越来越低，接线盒价格也压得越来越低，个别企业采用回料生产接线盒外壳，大大降低了接线盒的机械强度，当遇到高温、极寒等极端天气，接线盒容易脱落。

（2）接线盒内部电性能较差。接线盒内容易受高温影响的部件为密封圈和二极管。高温会加快密封圈的老化速度，影响接线盒的密封性；如果接线盒内旁路二极管配置低，电流达不到指定要求，由于二极管和接线端子存在接触，会产生热量。另外，环境温度升高，接线盒温度也会持续升高，导致接线盒烧毁。

（3）接线盒无散热设计。夏季持续高温，二极管内部反向电流随着环境温度升高而增大，温度每升高 10℃，反向电流会增大一倍，影响组件的功率。

▶ **处理措施及结果**

由于该组件接线盒烧毁，已对背板及接线盒附近电池片造成影响，且组件也受热碎裂，无法正常投运，需更换整块组件。

拉开该支路汇流箱断路器，断开故障支路正、负极熔断器和故障组件 MC4 插头，并做安全措施。完成组件更换后，将更换组件按原方式接入组串。使用万用表测量电压是否正常，有无接地信况：选择直流电压挡，测量组件串支路直流开路电压约为 780V，测量正、负极对地电压正常，确认无接地情况。

合上该支路正、负极熔断器，合上汇流箱直流断路器，现场电流检测模块显示该支路与相邻支路电流无差异，支路运行正常。

▶ **隐患排查重点**

（1）设备维护。

1）在运行维护过程中，定期检查组件接线盒有无渗胶现象，组件背板有无变色痕迹。做到及时发现，及时检查，及时分析处理。

2）在更换新的接线盒之前，主要检查接线盒外观、密封性、防火等级、二极管等方面，确保使用质量较好的接线盒。

3）定期用热成像仪、点温仪等测量接线盒温度，发现温度明显偏高应采取措施进行更换。

4）检查光伏组件有无热斑，接线盒处上部有无遮挡，局部温度是否过高，绝缘是否良好。

5）检查接线盒处有无受潮、进水可能。

6）安装过程中，杜绝接线盒处电缆受力导致接线盒内接线端子松动而接触不良。

7）检查同一组件串中各光伏组件的电性能是否一致。

（2）运行调整。

1）加强设备的巡检，对接线盒温度等监测参数进行重点检查，及时发现存在异常的监测数据，及时发现设备潜在隐患并予以消除。

2）加强接线盒购置入库的质量监管，加强同类型接线盒数据的比对分析，优先选用机械强度强、散热性能优良的接线盒。

3）运行值班人员加强对各组串电流、电压数据比对分析，如发现同一逆变器不同组串的电流、电压存在比较大的偏差，有可能组串的直流回路存在接触不良，接触电阻增大引起电压、电流降低。对电压、电流有明显偏差回路重点检查，有可能是 MC4 插接件或组件接线盒内接触不良，应及时处理。

3.4.2 组串至组串式逆变器直流光伏电缆接地

▶ **事故表现**

某光伏电站组串式逆变器产生绝缘阻抗低告警。首先应用光伏组件及其线路直流接地故障检查方法进行检查，若未发现组串支路存在故障，则可能为逆变器自身直流接地故障。

▶ **根本原因**

组串式逆变器内部连接线破损，直流电缆与逆变器外壳碰接导致接地。

▶ **处理措施及结果**

（1）断开组串式逆变器的交、直流侧开关，拔下组串式逆变器底部 MC4 插头。

（2）解下组串逆变器底部至内部母排连接线，并用万用表测量每根连接线的对地绝缘阻值。若阻值较低接近 0，则说明该连接线绝缘损坏，需要更换连接线。用上述方法依次测量组串式逆变器每根连接线的阻值并对问题连接线进行更换。

（3）若组串式逆变器内部连接线阻值均正常，说明逆变器内部其他设备接地或逆变器误告警，联系相应逆变器厂家到场处理。

如图 3-16 所示，1 号标识左侧为光伏组件至组串式地埋线处；1 号标识左侧至 2 号标识区间为光伏组件至组串式逆变器处；2 号标识以上为逆变器内部。黑色标识为 MC4 捕头，绿色为接线盒。组串式逆变器内部结构见图 3-17。

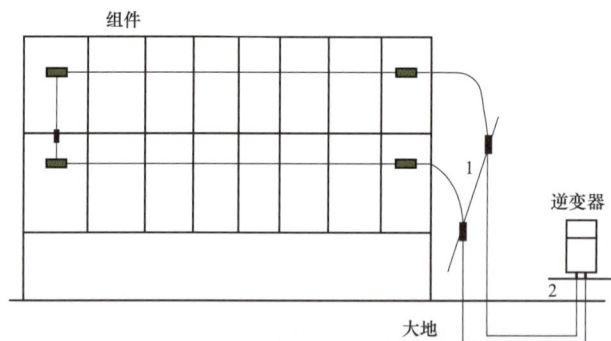

图 3-16 组串式逆变器、光伏组件接线图

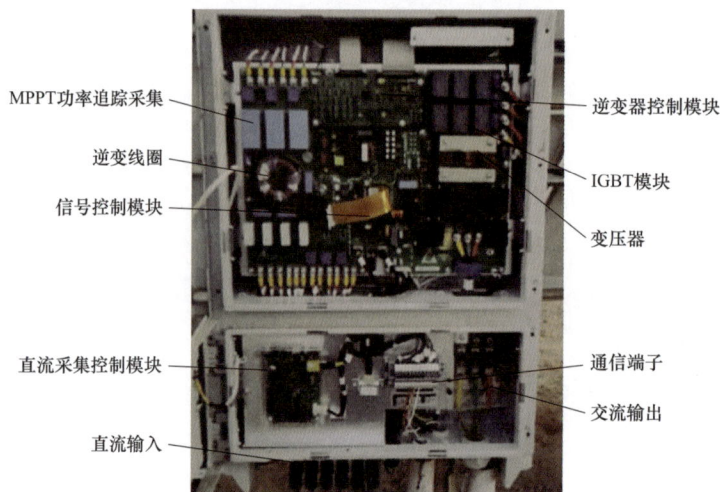

图 3-17 组串式逆变器内部结构图

▶ **隐患排查重点**

（1）设备维护。

1）加强组件逆变器的定期测试，及时发现，及时检查，及时分析处理逆变器异常情况。

2）在运行维护过程中，定期检查汇流箱保护器，定期对汇流箱、组件进行可靠性接地试验，对不合格部位及时进行整改。

3）定期检查逆变器直流侧电缆对地绝缘。

4）检查直流电缆有无碰磨、破损现象，保护管是否齐全。

5）MC4 插接件有无受潮、进水、破损现象，MC4 插接件接触是否到位，有无发热现象。

6）MC4 插接件防护等级是否满足设计要求。

7）MC4 插接件不应承受拉力，外接电缆同 MC4 插接件连接处应搪锡。

8）直流汇流箱进、出线端与汇流箱接地端绝缘电阻不应小于 20MΩ。

（2）运行调整。

1）做好光伏场站防雷接地维护。光伏支架和光伏组件边框接地线按设计要求更换为不小于 $4cm^2$ 接地线，组件与组件之间应做跨接线并接地。接地线的紧固螺钉需做防腐处理。

2）现场对光伏区存在隐患的 MC4 插头进行排查，用红外测温枪对插拔头处进行测温检查，对发热严重的插头重新制作更换；对光伏直流电缆敷设进行梳理，对存在表皮破损、接头防护差的线缆进行防护处理。

3）发生逆变器直流回路接地故障时，先断开逆变器直流回路开关，判断是逆变器内部直流部分接地，还是逆变器外部直流电缆接地。如果是外部直流电缆接地，对组串的直流电缆进行排查。如果是逆变器内部直流接地，检查逆变器密封是否良好，有无进水、结露等现象。打开逆变器检查内部直流电缆有无破损，接线有无松动、搭接、碰磨等现象。

3.4.3 逆变器直流接地故障

事故表现

2019 年 1 月 13 日 14:35，江西某 20MWp 光伏电站主控室运维监盘人员发现后台监控发生报警，打开报警显示"3 号箱式变压器测控逆变器 B 方阵绝缘阻抗异常""3 号箱式变压器测控逆变器 B 告警运行"，逆变器停止运行。检查汇流箱电流数据，3 号方阵 2 号汇流箱内第 2 光伏发电组串电流值为零（见图 3-18）。运维人员初步判断该光伏组串接地导致告警，立即派运维人员到现场排查故障并消缺。

现场运维人员用万用表分别对已停运的逆变器直流配电柜内各直流断路器正、负极进线端的对地电压进行测量。经测量 3#-2H1 所属逆变器侧正极对地电压为零，负极对地电压为 680V。在正常情况下，正、负极进线端对地电压绝对值应在 300~380V 之间，并且测量过程中对地电压会逐渐下降，故判断该支路存在接地故障。

根本原因

现场组串 MC4 插头发热熔断接地造成逆变器告警、停机。

光伏组串的 MC4 插头作为组件的重要连接件，插拔触头未紧密连接，有水分、尘埃等杂质进入，导致插拔触头接触不良，长期发热致使熔断接地。通过现场排查发现，光伏组串 MC4 插头有近 1/3 未连接到位，直流电缆沿支架分布，未放置在电缆槽内，光伏直流电缆中间有断线。可能造成光伏直流电缆接地的主要原因如下：

图 3-18　后台报警显示

（1）线头压接不牢固，造成电缆线芯松脱而发生接地，任何一根电缆线芯的松脱接地都有可能造成严重的后果。

（2）直流电缆在施工过程中受到破坏，接触金属桥架或土壤而发生接地。

（3）MC4 中间接头对直流回路的影响。在施工规范中，原则上是不允许有中间接头尤其是地埋部分，但实际在现场施工情况复杂而不可避免地会出现中间接头。施工单位因为图快、省事等，采用中间接头，接头多采用 MC4 插头，下雨后插头慢慢进水，导致接地故障。

▶ **处理措施及结果**

运维人员用万用表测量 3#-2HL 所有支路对地电压，发现第 2 支路存在接地情况，其余支路无接地，故确认故障点位于 2 号支路。断开汇流箱 2 号支路熔断器，检查组件接线情况发现，2 支路第 6 块组件 MC4 插头熔断烧毁。现场重新制作 2 号支路 MC4 插头，恢复组件连接后，测量该支路开路电压及对地电压无异常。投入运行后，使用钳形电流表测量该直流电流正常。

▶ **隐患排查重点**

（1）设备维护。

1）针对此次事故，当现场遇到逆变器报"绝缘阻抗低"故障告警，有没有明显故障点，现场排查故障方法需遵循：

首先，将同一组串的中间组件接线端子断开，此时形成两个小组串，分别对小组串的正、负极进行对地电压测量，其中必然会出现一个小组串正极或负极对地电压不正常情况。出现小组串正或负极对地电压不正常的小组串为接地点存在区域，应在此区域查找接地点。

其次，当判断出接地点位置存在于哪个小组串时，由于小组串的组件侧电极没有接至逆变器直流线缆，因此应认真分析组件侧电极对地电压。若组件侧电极对地电压为0V左右，判断为接地点在组件侧电极附近；若组件侧电极对地电压值等于空载电压，判断为接地点在直流线缆侧。

2）用红外测温仪器定期检查MC4插接件发热情况，发现温度高及时处理。

3）检查MC4插接件有无受潮、进水、破损现象，MC4插接件接触是否到位，有无发热现象。

4）MC4插接件不应承受拉力，外接电缆同MC4插接件连接处应搪锡。

5）测量直流线绝缘电阻不应小于20MΩ。

6）检查MC4插接件防护等级是否达到设计要求。

（2）运行调整。

1）现场对光伏区存在隐患的MC4插头进行排查，用红外测温枪对插拔头处进行测温检查，对发热严重的插头重新更换制作；对光伏直流电缆敷设进行梳理，对存在表皮破损、接头防护差的线缆进行防护处理。

2）在电站的建设过程中，电缆敷设和接线是重要一环，需严格把控施工过程和质量验收，提高施工人员素质及责任心，从而做好电缆敷设和接线工作。

3）当发现逆变器直流接地且支路电流为0，可以判断为组串回路烧损断线。首先检查MC4插接件、组件接线盒等处有无烧损现象。如果插接件、接线盒正常，再检查线槽内直流电缆有无损伤。

4）如果直流接地，电流显示正常，重点检查回路绝缘是否正常，插接件、接线盒是否有进水、受潮等现象。

3.4.4 逆变器交流接地故障

▶ **事故表现**

2019年9月15日，辽宁某光伏电站新增并网区域——光伏发电1区准备并网运行，运维人员对1区内的汇流箱及组串连接详细检查，确认无影响并网缺陷后，准备逆变器并网。操作人员按照并网流程进行逆变器并网操作，1区1号逆变器顺利并网，1区2号逆变器交流接触器不吸合，逆变器无法并网。

▶ **根本原因**

通过拆解逆变器交流接触器发现，接触器线圈已烧损。可能原因有以下几点：

（1）接触器内堆积尘埃太多或黏有水气，使用环境条件差，造成相间短路。

（2）操作频率过高或工作电流过大，控制回路触头容量不够。

（3）线圈制造不良或由于机械损伤、绝缘损坏等。

（4）线圈技术参数（如额定电压、频率、通电持续率及适用工作制等）与实际使用条件不符。

（5）线圈两端电压过高或过低，线圈电压过高，会使电流增大，甚至超过额定值。线圈电压过低，会造成衔铁吸合不紧密而产生振动，严重时，衔铁不能吸合、电流剧增使线圈烧毁。

▶ **处理措施及结果**

检修人员将逆变器停机，断开逆变器直流侧全部断路器、箱式变压器低压侧逆变器交流侧断路器，逆变器放电 15min，将 2 号逆变器交流接触器与 1 号逆变器交流接触器进行对换，2 号逆变器进行并网操作，并网成功。检查故障交流接触器，外观正常，打开接触器外壳，三相触头无闪络痕迹；打开后壳，测量线圈阻值，阻值为 3.6MΩ，属于正常，打开侧壳，交流接触器的电源逻辑控制模块有灼烧痕迹。外接 220V 电源，测量控制模块输入电压 219V，输出电压 9V。交流接触器电源逻辑控制模块损坏，联系厂家需整体采购交流接触器。10 月 7 日备件到站，安装更换后逆变器并网运行正常。

运维人员查看 1 区 2 号逆变器液晶显示屏，逆变器自检过程中持续 2min，交流电压分别 362、363、362.5V，直流电压 723V，此时只有 1 个直流支路投运，交流电流 0A，直流电流 0.3A。

在并网旋钮转从"OFF"至"ON"后，逆变器始终处于自检状态，且逆变器无故障信息。详细检查逆变器内控制板、采样板未发现异常（当逆变器内部逻辑控制模板有异常，逆变器会报相应故障信息）。初步判断无法并网是因为逆变器交流接触器故障引起。

▶ **隐患排查重点**

（1）设备维护。

1）在日常运维过程中，要求经常清理逆变器及主要附件保持清洁，及时更换损坏零件。

2）检查逆变器周围环境温度、湿度，滤网积灰是否严重，滤网是否有破损。如有破损及时更换。

3）检查逆变器密封是否良好，面板显示是否正常。

4）检查逆变器冷却风扇运行是否正常，风扇运行应无异音。

5）逆变器防雷接地是否良好。

（2）运行调整。

1）在设备投运时，因设备内元器件出厂时已安装完成，需要运维人员配合相关厂家详细检查，并核对设备出厂试验报告，确保设备内部所有元器件能正常带电投运。

2）在运行过程中，需加强对逆变器设备的定期巡检、维护，避免造成设备与人身事故。